· 褐煤高效清洁综合利用 ·

HEMEI GAOXIAO QINGJIE ZONGHE LIYONG

褐 煤 蜡

张救 向诚 等著

北 京

冶金工业出版社

2018

内 容 提 要

本书系统地论述了褐煤蜡研究、生产的整体过程。主要包括煤炭与褐煤、褐煤的组成、褐煤的干燥、褐煤蜡萃取原理、褐煤蜡萃取工艺、褐煤蜡脱树脂和地沥青、褐煤蜡精制、合成蜡制备、粗褐煤蜡的组成及理化性质、浅色蜡的组成及理化性质、褐煤树脂的组成及理化性质、褐煤蜡系列产品的应用、褐煤蜡质量指标及分析检验等内容。

本书可供化工行业及资源综合利用领域的科研人员、企业工程技术人员阅读，也可供大专院校有关师生参考。

图书在版编目 (CIP) 数据

褐煤蜡/张枚等著 . —北京：冶金工业出版社，2018.9
（褐煤高效清洁综合利用）
ISBN 978-7-5024-7843-8

Ⅰ. ①褐… Ⅱ. ①张… Ⅲ. ①褐煤蜡—研究 Ⅳ. ①TQ523.6

中国版本图书馆 CIP 数据核字（2018）第 194365 号

出 版 人　谭学余
地　　址　北京市东城区嵩祝院北巷 39 号　邮编　100009　电话　(010)64027926
网　　址　www.cnmip.com.cn　电子信箱　yjcbs@cnmip.com.cn
责任编辑　卢　敏　美术编辑　彭子赫　版式设计　孙跃红
责任校对　石　静　责任印制　李玉山
ISBN 978-7-5024-7843-8
冶金工业出版社出版发行；各地新华书店经销；三河市双峰印刷装订有限公司印刷
2018 年 9 月第 1 版，2018 年 9 月第 1 次印刷
787mm×1092mm　1/16；26 印张；625 千字；395 页
89.00 元
冶金工业出版社　投稿电话　(010)64027932　投稿信箱　tougao@cnmip.com.cn
冶金工业出版社营销中心　电话　(010)64044283　传真　(010)64027893
冶金书店　地址　北京市东四西大街 46 号(100010)　电话　(010)65289081(兼传真)
冶金工业出版社天猫旗舰店　yjgycbs.tmall.com
（本书如有印装质量问题，本社营销中心负责退换）

编 委 会

序 言

　　首先感谢本书作者聘请我为该书的主审及编写顾问。

　　因为我至今人生60年的生涯中，几乎有一半以上的时间都是与褐煤蜡打交道，到底是褐煤蜡找到了我，还是我找到了褐煤蜡，还真的说不清楚。

　　褐煤蜡，我一听到就感到亲切、一看到就觉得可爱。正如编者前言中所说的那样，褐煤蜡是无致癌作用的安全蜡，而且未来几年内，德国很有可能受原料限制而让出其现有褐煤蜡市场份额的一半，甚至更多。

　　认真审阅该书之后发现，作者真的花了不少心思、费了不少心血。全书内容全面、系统而完整，涵盖了褐煤蜡研究、生产的全过程：从原料到产品，一气呵成，一线贯通；有工艺有说明，有性质有组成；有引用有评论，有建议有创新；有传统工艺，有最新技术。这是一部"融褐煤蜡信息于一本、纳褐煤蜡数据于一书"的专著。整部专著配图66张、表格225个，再加上文字信息，可以说是一书在手，褐煤蜡信息十不离九。

　　认真审阅该书之后，有以下几点体会：

　　第一，该书作者是在用心写书。如第一章中的图1-1和图1-2（富蜡褐煤高效清洁综合利用最佳途径细化示意图），那简直就是站在庐山之外——国际化的视野。如果作者不是用心写书、胸怀天下，他们不可能公开这样的秘密武器。

　　第二，该书作者是在为天下苍生写书。该书作者从头到尾、自始至终一直强调褐煤高效清洁综合利用的重要性，一方面适当放慢煤炭开采增长速度，另一方面褐煤高效清洁综合利用，双管齐下，自然就能缓解我国煤炭资源的枯竭速度。如果作者不是为天下苍生写书，他们何须管你煤炭枯竭不枯竭？

　　第三，该书作者是在为未来褐煤蜡厂写书。作者在该书中至少3次谈到我国已经停产关门的4个褐煤蜡生产厂，并分析了这些褐煤蜡生产厂停产关门的原因。例如，他们说吉林舒兰和内蒙古翁牛特旗两个褐煤蜡生产厂停产关门的主要原因是原料褐煤含蜡量太低（大约3%）。如果作者不是为未来褐煤蜡厂写书，他们何须揭前人之短以供后人为镜？你要建厂尽管建，停产关门，自认倒霉!

我是理科出身，但从本书中看到了什么叫工程。想说的内容很多，但认真想想，还是留给读者去看——书中自有黄金屋。

一句话，该书是从工程的角度看工程，比起从科研的角度看工程，其视野要广很多，这也许就是理与工的差别。读者如果不相信，请看看他们写的前言与绪论，就知道作者为什么把"褐煤组成成分分离示意图（物质层面）"和"褐煤蜡族组分分离示意图（物质层面）"作为绪论9张图中的最后两张的用意。

2018 年 2 月 28 日

前　言

褐煤蜡是用各种有机溶剂从含蜡质的原料（褐煤、柴煤和泥炭）中萃取所得的各种蜡的总称。

褐煤蜡是无致癌作用的天然植物蜡（也可以说是矿物蜡），国外称其为蒙旦蜡（Montan Wax）。褐煤蜡物质层面上的组成是蜡质主体、树脂和地沥青三大部分，所以，它是由1000多种化合物单质组成的一种复杂混合物。

褐煤蜡具有良好的理化性能：熔点高、光泽度高、耐湿性好、绝缘性好、机械强度高，对酸和其他活性有机溶剂的化学稳定性好，在有机溶剂中可溶性好，能与石蜡、硬脂酸、蜂蜡、地蜡等熔合成稳定的组织结构（可提高混合物的熔点）。因此，褐煤蜡被广泛地应用于电气工业、精密铸造工业、印刷工业、擦亮工业和复写纸工业等几十个行业领域。另外，据美国和德国报道，褐煤蜡是无致癌作用的安全蜡，因此，它还广泛应用于医药、食品及日用化工领域，并且还在不断开拓一些新的应用领域，如航空航天、电子电讯、打印复印等。现在褐煤蜡作为价格昂贵的天然植物蜡卡那巴蜡——巴西棕榈蜡的代用品和补充品，已经应用到国民经济所有用蜡行业领域，它是国计民生中一种不可缺少的重要化工产品。

我国褐煤蜡研究与生产已经有近50年历史。但是，20世纪60年代后期至20世纪末相继在云南寻甸和潦浒、吉林舒兰、内蒙古翁牛特旗建成的4个褐煤蜡生产厂，先后都停产关门了。到现在，只有2014年建于云南玉溪峨山的一家褐煤蜡生产厂还在断断续续地生产。

因此，人们迫切需要一部专著，一部"容褐煤蜡信息于一本、纳褐煤蜡数据于一书"的专著。一方面，寻找上述几家褐煤蜡厂停产的原因；另一方面，全面总结国内外研究成果及其实际应用情况。由于受到环境因素的影响和政府能源政策调整的限制，据编者预计未来几年内，德国很有可能让出其现有褐煤蜡市场份额的50%（20000t）。

基于上述宗旨，我们课题组根据多年褐煤蜡研究实践的经验，在查阅国内外大量相关文献资料，并参考叶显彬、周劲风两位前辈编著的《褐煤蜡化学及应用》一书的基础上写成此书。

本书内容包括褐煤蜡研究生产的全过程，包括：煤炭与褐煤、褐煤的组成、褐煤的干燥、褐煤蜡萃取原理、褐煤蜡萃取工艺、褐煤蜡脱树脂和地沥青、褐煤蜡精制、合成蜡制备、褐煤蜡的组成及理化性质、浅色蜡的组成及理化性质、褐煤树脂的组成及理化性质、褐煤蜡系列产品的应用、褐煤蜡质量指标及分析检验（GB/T 2559—2005《褐煤蜡测定方法》11 个指标的试验测定方法和 MT/T 239—2006《褐煤蜡技术条件》），以及实用统计分析与试验设计。

本书有 6 个人编写，由张牧和向诚两位老师负责统筹，并特请李宝才教授为主审兼顾问。其中，张牧老师编写第 10~14 章共 5 章，向诚老师编写第 5~8 章共 4 章，戴伟锋老师编写第 3 章、第 4 章共 2 章，秦谊老师编写第 2 章、第 9 章共 2 章，角仕云老师编写第 15 章、前言和导论，并统稿。本书统稿完成之后，李宝才教授认真地审阅了本书并为本书撰写序言。

在本书公开出版之时，编者特向《褐煤蜡化学及应用》一书的编者叶显彬和周劲风两位前辈、认真审订本书并为本书撰写序言的李宝才教授、本书中引用到的那些论文的所有作者，表示衷心的感谢！

由于作者水平有限，时间仓促，书中不当之处，切盼不吝指正为要。

编写小组

昆明理工大学生命科学与技术学院

2018 年 3 月

目　录

1 绪 论

1.1 概述

褐煤，又名柴煤（Lignite，Brown coal，Wood coal）是一种介于泥炭与沥青煤之间的棕黑色、无光泽的低级煤。褐煤在所有煤中煤化程度最低，其含水量高、化学反应能力强、在空气中易风化、不易储存和运输、燃烧时对环境污染严重。

褐煤蜡是用各种有机溶剂从褐煤、柴煤和泥炭中萃取所得的各种蜡的总称。褐煤蜡，国外一般叫蒙旦蜡（Montan Wax），最早起名于德国采矿工业——Montan。将这种"原蜡"经物理方法和简单的化学方法处理所得的各种"改质蜡"，如前东德——民主德国生产的各种 ROMONTA 型蜡、美国生产的各种 ALPCO 型蜡、我国生产的脱脂蜡，也称为褐煤蜡。为了与浅色蜡区别开，褐煤蜡通常称为粗褐煤蜡。通过强氧化剂，例如铬酸、硫酸、硝酸、双氧水等，处理深色粗褐煤蜡而得浅色硬蜡，如前西德——联邦德国有名的 Hoeohs 蜡和 BASF 蜡，就不再称为褐煤蜡，它们按各生产厂家有不同的命名，在我国一般称为浅色蜡或浅色精制蜡。浅色蜡或浅色精制蜡再经过酯化或皂化可进一步加工生产各种合成蜡。

褐煤蜡是一种深褐色、相当坚硬而脆的混合物质。褐煤蜡表面光滑、断面暗亮，熔程在 78~96℃ 之间（因产地等而异），燃点为 300℃ 左右。

褐煤蜡具有良好的物理性质：熔点高、光泽度高、耐湿性好、绝缘性好、机械强度高，对酸和其他活性有机溶剂的化学稳定性好，在有机溶剂中可溶性好，能与石蜡、硬脂酸、蜂蜡、地蜡等熔合成稳定的组织结构，提高熔合物的熔点[1]。因此，褐煤蜡被广泛应用于电气工业、精密铸造工业、印刷工业、擦亮工业和复写纸工业等几十个行业领域。另外，据美国和日本报道，褐煤蜡是无致癌作用的安全蜡，因此，它还可在医药、食品及日用化工领域广泛使用。现在褐煤蜡是价格昂贵的天然植物蜡卡那巴蜡——巴西棕榈蜡的代用品和补充品。

褐煤蜡的生产首先始于德国。1897 年德国的 E. 波彦获得以过热蒸汽蒸馏褐煤制褐煤蜡的专利，1905 年在前东德哈勒附近的瓦斯雷本（Wnasleben）建成第一座褐煤蜡工厂并投产，到第一次世界大战结束时，德国已经有 7 家公司生产褐煤蜡，年产量在 600~2000t 之间。1957 年，又在德国的阿姆斯多夫建成了世界上最大的褐煤蜡厂，其产量占当时世界总产量的 80%[1]，商标名为"ROMONTA"；到 1966 年产量为 21000t，至 1974 年，前东德褐煤蜡生产能力已经高达 35000t，其产量占当时世界总产量的 80% 以上，控制着国际市场[1]。

我国 20 世纪 60 年代后期，原煤炭部下文煤炭科学研究院北京煤化学研究所等单位研制国产褐煤蜡制备技术，并于 20 世纪 70 年代初在云南寻甸、曲靖潦浒和吉林舒兰相继建成三个褐煤蜡生产工厂：云南寻甸县化工厂、云南煤炭化工厂、吉林舒兰矿务局化工厂，从而结束了当时我国褐煤蜡长期依赖进口的局面，填补了我国褐煤蜡产品的一项空白[2]。

1995 年，在内蒙古翁牛特旗建成我国第四个褐煤蜡生产厂（1000t/a）。

2014 年，在云南玉溪峨山建成我国第五个褐煤蜡生产厂（500t/a）。

遗憾的是，到目前为止，上述 5 家褐煤蜡生产厂中，前 4 家褐煤蜡厂都已经停产关门，只有 2014 年建于云南玉溪峨山的一家褐煤蜡生产厂还在断断续续地生产。

目前，世界上只有德国、美国、乌克兰和中国生产褐煤蜡，其中德国的褐煤蜡产量占市场份额的 85% 以上，德国垄断了褐煤蜡的国际市场，其褐煤蜡与各种精制蜡的生产能力高达 50000t/a[3]。

2015 年世界褐煤蜡及其深加工产品的需求量大约在 48000t 左右，其中粗褐煤蜡的需求大约 40000t，各种精制蜡（E 蜡、O 蜡、OP 蜡）的需求大约 8000t。

目前，德国是褐煤蜡及其精制蜡的产量大国，每年可生产褐煤蜡及各种精制蜡分别为 38000t 和 5500t，由于受到环境因素的影响和政府能源政策调整的限制——德国将逐渐关闭煤矿开采，估计 2017 年后德国的褐煤蜡及各种精制蜡将分别降到 30000t 和 2000t（之后还会不断萎缩），即使再加上美国、乌克兰和中国所生产的褐煤蜡及各种精制蜡，2017 年之后，世界褐煤蜡及各种精制蜡的产量最多为 31000t 和 2500t。而褐煤蜡和各种精制蜡的需求量还在逐年上升，即使按 2015 年世界褐煤蜡及精制蜡的需求量 40000t 和 8000t 计算，每年褐煤蜡及精制蜡分别将有 9000t 和 5500t 的缺口（2017 年后此量会继续攀升），因此，至少今后十年之内，褐煤蜡及精制蜡都将成为世界紧俏商品，这很可能导致褐煤蜡及精制蜡产品的单位价格大幅上涨。所以，对于中国富含褐煤蜡的几个褐煤矿区来说，这是天赐良机。

1.2 褐煤高效清洁综合利用途径的优化

"十三五"期间，在国际经济复苏继续疲软和国内经济新常态条件下，我国能源发展趋势及战略结构调整呈现出内外部环境新特点。大体上，可以概括为：

国内能源发展趋势及战略结构调整三大转变：（1）能源发展硬约束从经济增长向生态环保转变；（2）能源需求增长从工业为主向民用为主转变；（3）终端用能从一次能源向二次能源（电力）转变。

国际能源发展趋势及战略结构调整三大转变：（1）世界能源供求关系从偏紧向偏松转变；（2）全球能源增长点从页岩油气向可再生能源转变；（3）国际能源分布流向从西向东转变。

目前中国的能源结构中，煤依然占主导地位（大约 60%）。但是，中国理想的"燃料煤"已经开采得差不多了，正在向煤化程度比较低的褐煤过渡。作者认为，如果按目前煤矿开采增长速度计算，中国的煤炭资源最多还够开采 100 年。所以，我们认为必须采取两个措施以防止我国煤炭资源枯竭。其一是适当放慢煤炭开采增长速度，其二是煤化程度相对较低的褐煤综合利用最佳化。

要做到褐煤高效清洁综合利用最佳化，首先必须了解褐煤的组成。褐煤物质层面上的组成可分为三大部分：褐煤蜡、腐植酸和煤质。

对于富含褐煤蜡的褐煤，褐煤高效清洁综合利用第一步是提取褐煤蜡、第二步提腐植酸、第三步才是气化、液化、热解、炼焦、燃烧发电等。

我们课题组经过长期的研究实践，总结出褐煤高效清洁综合利用最佳途径如图 1-1 所示，其中的编号①、②、③、④就是褐煤高效清洁综合利用最佳途径的先后顺序：提褐煤蜡→提腐植酸→气化、液化、热解、燃烧发电→……；而镓、锗等，有则提，无则免；④灰渣用于水泥熟料和制砖，只是举其一二而已。

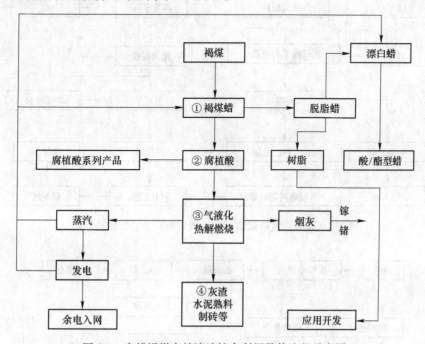

图 1-1　富蜡褐煤高效清洁综合利用最佳途径示意图

图 1-2 是富蜡褐煤高效清洁综合利用最佳途径的进一步细化。在图 1-2 中，筛分之后的粉煤返回与含水量较高的原料褐煤混合，一方面借助原料褐煤中的水分使粉煤成型，另一方面可降低原料褐煤的含水量，减轻干燥过程的负荷，一举两得。

1.3　褐煤蜡萃取及脱树脂和地沥青

褐煤综合利用最佳化，对富蜡褐煤资源而言，第一步就是褐煤蜡的萃取。

在我国已经探明的褐煤资源中，除内蒙古和吉林舒兰褐煤资源之外的褐煤煤田，基本都是成煤于第三纪之后比较年青的褐煤煤田。占国内褐煤储量 80% 的内蒙古褐煤以及吉林舒兰褐煤的含蜡量相对较低（小于 3.5%），在目前技术条件下都不具备工业化生产褐煤蜡的经济条件，而其他褐煤煤田的褐煤中树脂和地沥青的含量相对都较高，如黑龙江宝清煤田，树脂的含量高达 30% 以上。

所以，我们建议的褐煤蜡主产工艺流程是先在室温下萃取树脂（或地沥青），然后再在相对高的温度下萃取褐煤蜡。图 1-3 所示为粗褐煤蜡生产传统工艺示意图，图 1-4 所示为树脂与褐煤萃取的最佳途径示意图。

值得注意的是，无论是传统的先萃取出粗褐煤蜡，再从粗褐煤蜡中脱除树脂；还是先萃取树脂，后萃取褐煤蜡，所得产品褐煤蜡的性质都与原料褐煤、萃取器形式（间歇式或

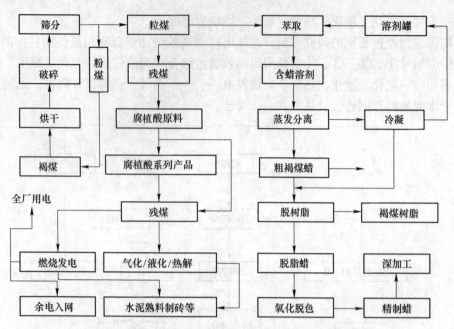

图 1-2　富蜡褐煤高效清洁综合利用最佳途径细化示意图

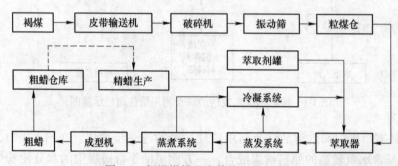

图 1-3　粗褐煤蜡生产传统工艺示意图

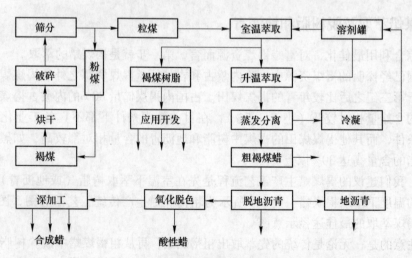

图 1-4　树脂与褐煤萃取最佳途径示意图

连续式）、萃取剂、萃取工艺条件及加工生产过程等有关。

提取、萃取、溶剂解、浸取等都是萃取的不同表达，本书中我们一般都用萃取一词，因为"萃取"的本义就是"聚集"，而提取、萃取、溶剂解、浸取等都没有"聚集"之义。

1.4 浅色精制蜡及合成蜡

浅色精制蜡和进一步的半合成蜡是粗褐煤蜡提质和增加附加值最有效的手段，也是提高企业经济效益和竞争实力的有效方法。德国生产的粗褐煤蜡中，大约有 35% 被进一步加工成浅色精制蜡和半合成蜡。

褐煤蜡氧化漂白精制过程中，决定产品浅色精制蜡质量的关键是氧化剂的选择。不同的氧化剂，对蜡中有效组分的破坏程度不同，从而导致产品的化学组成不同，所以，产品浅色精制蜡的性质也不同。

图 1-5 所示为传统精制蜡生产工艺流程示意图。图 1-6 所示为改进的传统褐煤蜡一段氧化精制工艺流程示意图（蒸发）。图 1-7 所示为改进的传统褐煤蜡两段氧化精制工艺流程示意图（蒸发）。改进的关键在水洗之后增加蒸发浓缩设备。

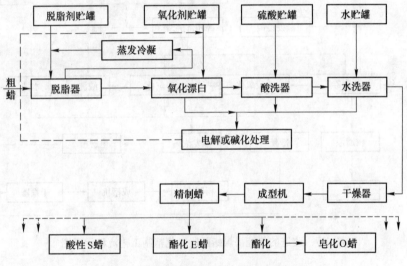

图 1-5 传统精制蜡生产工艺流程示意图

1.5 褐煤蜡系列产品组成

在褐煤蜡系列产品"褐煤（原料）→褐煤蜡（萃取）→脱脂蜡（脱脂）→酸性 S 蜡（氧化精制）→合成蜡（合成）"（树脂）的化学组成研究过程中，第一步，也是最难的一步，就是分离方法的建立。图 1-8 是褐煤组成成分分离示意图（物质层面）。图 1-9 是褐煤蜡族组分分离示意图（物质层面）。

1.6 褐煤蜡系列产品质量标准

到目前为止，我国只有 3 个与褐煤蜡系列产品相关的国家标准[4~6]（MT/T 239—2006

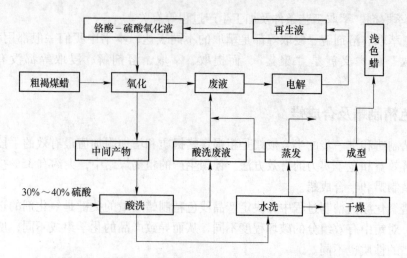

图 1-6　改进的传统褐煤蜡一段氧化精制工艺流程示意图

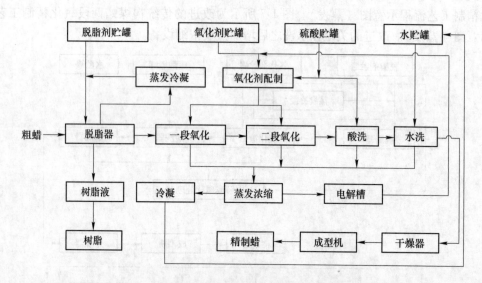

图 1-7　改进的传统褐煤蜡两段氧化精制工艺流程示意图

是煤炭部部颁标准）。其中 MT/T 239—2006《褐煤蜡技术条件》是真正的质量标准，而 GB/T 1575—2001《褐煤的苯萃取物产率测定方法》和 GB/T 2559—2005《褐煤蜡测定方法》只是相关项目的分析测定要求。

GB/T 2559—2005 是根据当时吉林舒兰褐煤蜡和云南寻甸褐煤蜡制订的质量标准，而且以吉林舒兰褐煤蜡为主，而吉林舒兰褐煤成煤时代较早，其褐煤蜡中树脂和地沥青的含量相对较低且蜡的熔点也较高（相对后来发现的褐煤煤田而言），我们认为有必要根据后来发现的褐煤煤田所产的褐煤蜡重新制订新的质量标准，以促进中国褐蜡工业的发展。

MT/T 239—2006《褐煤蜡技术条件》是粗褐煤蜡的质量标准，到目前为止，我国还没有浅色精制褐煤蜡和半合成褐煤蜡的质量标准，也有必要根据具体情况制订精制褐煤蜡和半合成褐煤蜡的质量标准。

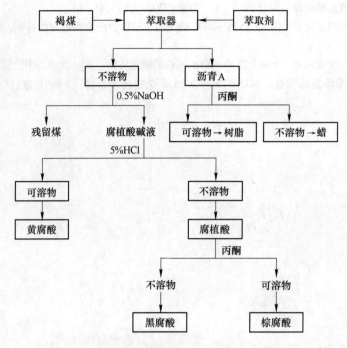

图 1-8 褐煤组成成分分离示意图（物质层面）

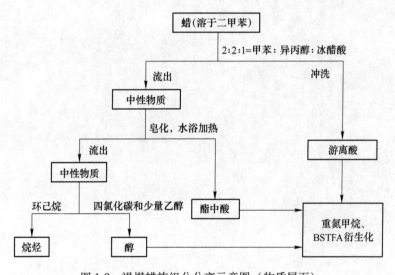

图 1-9 褐煤蜡族组分分离示意图（物质层面）

参 考 文 献

[1] 程宏谟，叶显彬. 国外褐煤蜡的一些研究和发展动向 [J]. 煤炭科学技术，1976（2）：64~65.

[2] 叶显彬. 关于发展我国褐煤蜡科学技术的若干问题 [J]. 煤炭科学技术，1995，23（8）：24~26.

[3] 宋之晔. 低热值富蜡褐煤的综合利用 [J]. 节能，2002（5）：48~40.

[4] 中华人民共和国国家标准. GB/T 1575—2001 褐煤的苯萃取物产率测定方法 [S]. 北京：中国标准出版社，2002.

[5] 中华人民共和国国家标准. GB/T 2559—2005 褐煤蜡测定方法 [S]. 北京：中国标准出版社，2006.

[6] 中华人民共和国煤炭部标准. MT/T 239—2006 褐煤蜡技术条件 [S]. 北京：中国煤炭工业出版社，2006.

2 煤炭与褐煤

2.1 褐煤的成因、主要组成

煤是一种由化石化植物的残留物组成的化石燃料。根据原始成煤物料的不同，可以将煤分为三大类：腐植煤类、残植煤类和腐泥煤类。其中腐植煤类主要是由高等植物生成，根据成煤过程的不同，又可分为褐煤、烟煤和无烟煤等不同类型。每一种类型的腐植煤都具有不同的特征，性质各不相同，用途亦因此而异。

腐植煤的生成过程，可以分为两个阶段：泥炭化阶段和煤化阶段。

泥炭化阶段是植物残骸堆积后，在生物化学的作用下转化成为泥炭的阶段，这一阶段的作用在泥炭沼泽中进行，其环境是在地面上。

在自然界中经常并行着植物的生长和死亡过程，但能够使死亡植物堆积起来成为泥炭，则需要有一定的条件。最基本的条件就是要使植物残骸和空气隔绝，静水则是很好的介质，此外还需要温暖湿润的气候，和不过分透水的土壤，以保持泥炭沼泽有足够的水分利于植物生长。

在泥炭沼泽中，植物残骸转化为泥炭的过程，有两个互相联系的现象，即植物组织的腐烂分解和植物残骸组分复杂的生物化学变化。

这两个过程都在微生物的作用下进行。植物残骸堆积的表面层，容易与氧接触，故分解较快。如在离表面层 20~30cm 处，受到需氧细菌的作用，分解很剧烈，当深度增加时，需氧细菌逐渐减少，分解亦随之减慢。在泥炭沼泽很深的地方仅有厌氧细菌作用，但该作用极微，已不能引起泥炭组成和性质的显著变化。深入下层，分解停止。

根据现代观点，在转化过程中，除了植物残骸组分的深度化学分解外，还有分解物质的合成作用。这种作用能否顺利进行，以与水中所溶解的矿物质的种类（特别是钙盐和镁盐）、浓度以及水的变动情况有关。

在泥炭化过程中，产生一种新物质叫做腐植酸，是原始植物各组分互相作用的产物，是泥炭的重要组分，也是植物残骸转变为煤的一种重要中间产物。腐植酸溶解于碱，当泥炭用碱处理时，则碱液为棕色；如将碱液以酸中和，即得棕色的粉末沉淀物，这种物质就是腐植酸。

在高等植物中含有树脂，但在健康植物中其含量并不大，当受伤时，体内即产生大量树脂，从伤口流出，以封住伤口。有些植物本身含有蜡质，主要分布在叶子、果皮的表面，以减少水分蒸发。在泥炭化过程中，脂肪、树脂、蜡质等比较稳定的物质变化很小，这些物质及部分转化物，在煤化学术语中称为沥青（Bitumen），在常压下能溶于中性的有机溶剂中。因而把泥炭中在常压下能溶于有机溶剂的物质称为泥炭沥青（Peat Bitumen）通常称为地沥青[1]。

需要指出的是，泥炭沥青与煤沥青（由煤焦油精炼加工所得的残渣）和石油沥青

（由石油精馏加工所得的残渣）虽然在中文名称上似乎相近，但它们却是完全不同的物质。

成煤的性质由泥炭性质和成煤的第二阶段——煤化阶段决定。

地壳下沉速度超过植物堆积速度时，泥炭堆积中断，而代之以黏土、泥砂的堆积，逐渐形成顶板，形成了埋覆泥炭。埋覆泥炭受到顶板的压力作用，发生压紧、失水、胶体老化等物理和物理化学变化，逐渐变成褐煤，这一过程称为成岩作用。成岩作用的地点离地面不远，温度和地面相差不大，影响成岩作用的主要因素是压力。此外，时间的因素也不能不加以考虑，埋覆泥炭只出现在第四纪，而第三纪则完全是褐煤。这些褐煤都处在离地面很近的地方，温度和压力都不高，促使埋覆泥炭转变为褐煤的是要因素是时间。

当泥炭层上形成岩石层顶板后即进入成煤的第二阶段——煤化阶段。这一阶段包括由泥炭转化成褐煤、褐煤转变成烟煤以及由烟煤变成载烟煤的一系列过程。这一系列过程的变化在深度不同的地壳内进行。煤化作用来自于地壳温度、压力、时间以及矿化剂等。

当泥炭层继续下沉和顶板加厚时，在地热和顶板的静压力作用下，使煤的变化逐渐脱离成岩作用范畴，而进入变质作用阶段。煤质除继续进行物理作用（失水、压紧）和物理化学作用（胶体老化）外，煤的各组分相互作用逐渐显著，结果形成了化学组成上不含糖类和形态上不含植物残骸的典型褐煤。

溶剂萃取（萃取）是研究泥炭或褐煤化学组成的一种常用方法。泥炭化学组成分离流程如图 2-1 所示[1]。

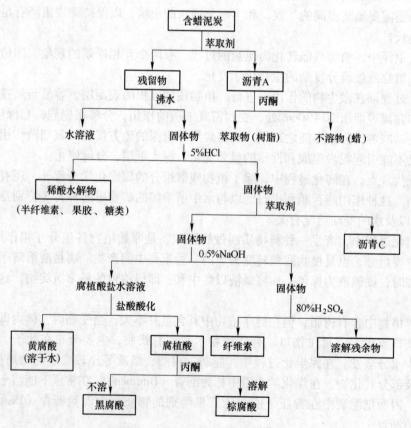

图 2-1　泥炭化学组成分离示意图

根据图 2-1 所示的分离流程，可将泥炭先后分成下列组分：沥青 A、稀酸水解物（半纤维素、果胶、糖类）、沥青 C、腐植酸（黄腐酸、黑腐酸、棕腐酸）、纤维素、不水解残留物。

常压下用中性有机溶剂从泥炭中萃取出的物质称为沥青 A，在工业生产中可萃取泥炭蜡。

由于成煤植物组成不同，泥炭中泥炭蜡的含量也有很大变化，有些泥炭中蜡含量可达 20%[2]，因泥炭水分、灰分都很高，所以其工业提取价值远不如褐煤。

在世界上只有乌克兰生产部分泥炭蜡，并建有泥炭研究所，专门从事泥炭的研究工作。

褐煤与泥炭的区别是：褐煤不含半纤维素、果胶、糖类等水溶性物质；褐煤中含有既不溶于有机溶剂也不溶于碱溶液的物质，称为腐植质，它与未分解的矿物一起留在残煤中。

褐煤与泥炭的共同点是：它们都含有可溶于碱的腐植酸和可溶于有机溶剂的沥青 A。但腐植酸和沥青 A 的化学组成和性质也有一定差别。泥炭和褐煤中均含有一定的甾族化合物（可生产甾体激素），主要分布于泥炭蜡和褐煤蜡的树脂组分中。

随着煤化程度的增高，沥青含量和腐植酸含量逐渐减少，到烟煤阶段，已经不再含有腐植酸。年轻烟煤不含或只含少量的沥青。从褐煤沥青 A 中可萃取褐煤蜡。用有机溶剂（如苯、甲苯、汽油等）萃取褐煤所得萃取物一般称为粗蒙旦蜡，即粗褐煤蜡。

根据外表特征，褐煤可划分为土状褐煤、暗褐煤和亮褐煤三种。另外还有一种特殊形态的褐煤——木褐煤。木褐煤有很明显的木质结构，化学组成除含有腐植酸、腐植质和蜡之外，还含有木质素和纤维素等物质。

若原始成煤植物中含有较多蜡质，结果就会形成高含蜡量的褐煤，用以萃取褐煤蜡。

由于不同产地的原始成煤植物组成不同，褐煤中褐煤蜡含量差别较大，且蜡的组成也有较大差别。一般由棕榈科植物演变而成的褐煤含有较高的褐煤蜡。在选择生产褐煤蜡的原料褐煤时，需要注意以下两点：

（1）从经济方面考虑，褐煤含蜡量应较高，国外认为萃取蜡的产率不应低于 10%（干基萃取率）[3,4]，而且萃取蜡中的树脂含量不应超过 20%。根据中国多年实际生产情况，可因地而异，一般来说，萃取蜡的产率大于 5%（干基萃取率），才具有工业开发价值。

（2）褐煤的含蜡量及组成主要由原始成煤植物物类决定，因此，对某一具体产地的褐煤，在试验室按标准方法测得的含蜡量一定，一般不能用化学方法再将其含蜡量提高。当然，煤经气化后，由 CO 和 H_2 合成制费-托蜡（Fischer-Tropsch wax）另当别论。

2.2 世界富蜡褐煤资源概况

世界富蜡褐煤储量不多，而且分布地区很不均匀。前民主德国是世界上富蜡褐煤储量最丰富的国家，主要分布在啥尔茨山东部的奥伯勒布林根，属于第三纪沥青褐煤矿床。这些褐煤的含蜡量都很高，一般在 10%~15%（干基），甚至高达 18%（干基）[5]，经过多年开采，现在的蜡含量已经降至 10%以下。

E. 彼得[6]对德国的一些褐煤用苯进行萃取试验，所得结果列于表 2-1。

表 2-1 德国褐煤的萃取试验结果

褐煤产地	产率[①]/%	熔点/℃	树脂含量/%
勒布林根	13.3~15.7	71~74	14.7
纳赫特施德特	17~18	78~81	14~16
纳赫特施德特	11.4	79~80	15~17
比特菲尔德	3.6	70~80	74
阿姆斯多夫	7.2	73	28
盖色尔塔乐	3.0	74	27
多尹本	5.5~7.9	76~77	23~25
博尔肯	5~9		
博尔肯	14~19	73	11~16
海姆施德特	4.6	78~79	27
罗梅格鲁伯	2.8	73.5	52
沃尔夫斯梅姆	7.5	63~66	50
波恩霍尔茨	7.8	85~90	70
第登博根	1.5	73	62
格罗萨尔罗德	4.4~5.7		51
格椤豪森	5.7		有光泽的树脂
萨尔茨豪森	1.7		
博艾特赛德	2		
福格尔斯堡	4.6~6.6		
麦色乐施夫珂乐	2.7~3.6	65~66	27

① 用苯萃取。

乌克兰富蜡褐煤的储量占世界第二位，主要在德涅泊尔煤田[6]。它分几个矿区，其中乌克兰的亚历山大矿区被认为是最有前途的生产褐煤蜡的矿区。该区的萨缅诺夫斯克工厂生产粗褐煤蜡所用的原料褐煤含粗蜡8%~12%（干基），个别地区高达18%，其中蜡质部分含量很高（70%~85%），树脂含量20%~42%[7,8]。

南乌拉尔煤田集中了俄罗斯最大的褐煤矿藏，且大部分适合于露天开采。其中最大的煤矿为巴什基里的巴巴耶夫、伏罗希洛夫和库涅加兹，还有屋列别尔的秋尔加伍，哈巴罗夫斯克和耶马—涅麦特尔等矿区。煤层厚度105m，平均为30~60m。煤的全水分为30%~60%，有时达68%。巴巴耶夫煤的灰分低（$A_d = 20\%$），而秋尔加伍和克里夫里夫等煤的灰分属于中等（$A_d = 20\%~28\%$），表2-2是巴巴耶夫、伏罗希洛夫和秋尔加伍三个矿区的煤样用苯萃取的结果[1]。

表 2-2 前苏联一些矿区煤的粗褐煤蜡产率

矿 区	粗褐煤蜡产率[①]/%
秋尔加伍	13.9
伏罗希洛夫	14.2
巴巴耶夫	15.3

① 用苯萃取（萃取率）。

美国矿务局在 1945 年对褐煤调查后指出，在阿肯色州和加利福尼亚州阿马多郡的伊昂都有含蜡量高的褐煤。表 2-3 是用苯萃取这些褐煤的结果[6]。

表 2-3　美国褐煤的粗褐煤蜡产率

褐煤产地		产率①/%	熔点/℃
州	郡		
	克　莱	2.5	
	达拉斯	7.8	80~83
	温　泉	9.5	78~82
	温　泉	11.1	78~82
	奎奇塔	6.3	81~84
阿肯色斯	奎奇塔	6.7	80~82
	奎奇塔	6.9	80~82
	波因塞特	7.6	78~81
	萨　林	5.7	81~85
	萨　林	9.4	79~83
	阿马多	14.2	80~83
加利福尼亚	阿马多	7.1	78~82
	阿马多	7.0	77~81
	伯　利	1.2	
北达科他	迪韦德	1.3	
	沃　德	1.3	
	成廉斯	1.6	
得克萨斯	哈里斯顿	1.7	
	米拉姆	1.7	
华盛顿	金	2.0	

① 用苯萃取。

世界各国五年褐煤产量分布如图 2-2 所示。图中数据为 1970 年、1980 年、1990 年、2000 年、2001 年世界 11 个褐煤产量大国的产量统计，基本能反映世界褐煤资源分布相对状况。需要说明的是：褐煤资源分布并不能代表褐煤蜡、腐植酸资源分布，例如中国已经探明的褐煤资源中内蒙古所占比例高达 80.0%，但内蒙古褐煤褐的煤蜡含量在 0.51%~3.5%、腐植酸含量在 10.93%~23.39% 之间，不具备褐煤蜡工业开发价值。

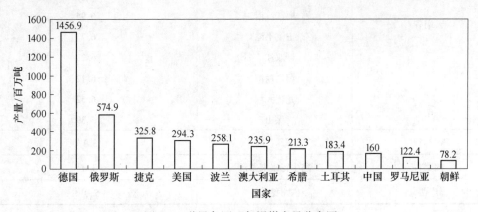

图 2-2　世界各国五年褐煤产量分布图

2.3 中国富蜡褐煤资源概况

2.3.1 总体情况

中国褐煤资源相当丰富，占全国煤炭储量的 17.2%，主要分布在 10 个省（区），其中又以内蒙古自治区、黑龙江、吉林、辽宁和云南省的储量最大。

中国褐煤主要生成于第三纪和侏罗纪，只有河北省万全煤田的褐煤生成于白垩纪。从储量看，以侏罗纪生成的较多，从矿点分布看，以第三纪生成的分布面较广。

中国褐煤的主要特性是：（1）水分含量较高，年轻褐煤全水分可达 35%～50% 以上，但侏罗纪年老褐煤全水分一般在 35%；（2）绝大多数都属于煤化程度较深的年老褐煤，只有云南以年轻煤为主；（3）褐煤硫含量多在 1%～2% 之间；（4）恒容高位空气干燥基发热量 $Q_{gr,v,ad}$ * 多在 16700～20880kJ/kg 之间。褐煤的干燥无灰基高位发热量 $Q_{gr,v,ad}$ 多在 25121～30145kJ/kg 之间；（5）褐煤元素组分中碳含量较低，氢、氧含量较高，C_{daf} 一般为 65%～76%，O_{daf} 一般为 15%～30%，H_{daf} 一般为 4.5%～6.5%，氮含量 N_{daf} 约为 1%～2.5%；（6）褐煤灰分中由于 Al_2O_3 含量普遍较低，而 CaO 含量较高，因此，它的煤灰熔点较低，软化温度 T_2 多在 1250℃ 以下，有的甚至低于 1200℃，故在气化和燃烧过程中，褐煤较易结渣而不利于固定态排渣炉子的正常操作，但吉林舒兰、梅河和山东黄县等早第三纪褐煤的软化温度 T_2 很多都在 1350℃ 以上；（7）褐煤蜡、原生腐植酸和焦油产率普遍较低。

了解中国褐煤的上述特性，对于合理利用各地的褐煤资源以及如何综合利用萃取褐煤蜡后的残煤非常有益。

总体来看，中国褐煤的含蜡量相对较低，但仍然有一些褐煤矿的褐煤含较高的褐煤蜡，具有工业开发前景（见表 2-4）。

表 2-4 中国部分褐煤的粗褐煤蜡产率

产 地		粗褐煤蜡产率[2]（干基）/%
云南省	寻甸金所	8.78
	寻甸魏所	6.46
	寻甸先锋	5.12
	曲靖潦浒（C₂）	6.91～7.91[1]
	丽江汝南	6.95
	玉溪平滩	6.73
	双江	6.23
	澜沧勐滨	6.12
	龙陵大坝	6.52
	保山	5.39
吉林省	舒兰	3.1[1]
内蒙古	翁牛特旗宋家营	5.0[1]
广西	铁州稔予坪	5.01[1]

① 用苯萃取；
② 用苯-乙醇作萃取剂。

到目前为止，已经开采的褐煤矿，以云南省寻甸县金所、玉溪峨山、黑龙江宝清的褐煤矿条件比较好。寻甸县金所褐煤矿在云南省东北部，距昆明市 90 多千米，在寻甸县西南 7 公里，昆明至东川的滇东北公路干线经过这里，在寻甸县城有铁路可与滇黔铁路相接，交通比较方便。煤层厚度超过 35m，表土覆盖层只有数米厚，露天开采十分有利。金所煤矿还有一个特点，就是整个煤层煤质较稳定，含蜡量都比较高（见表 2-5）。金所褐煤属于第三纪褐煤，在煤层中常常可以发现未成煤的木质纤维体，当地俗称为"朽木"，有的还保留着树木组织的层理结构。

表 2-5　寻甸县金所煤矿褐煤性质

煤　层	粗褐煤蜡产率（干基）[①]/%
分 1	13.98
分 2	10.36
分 3	10.34
分 4	9.32
分 5	9.72
分 6	9.72

① 用苯-乙醇作萃取剂。

到目前为止，金所矿区南北的魏所、羊街、杨林等地也均发现有褐煤矿藏。从地质条件看，寻甸县内，第三纪地层分布极广，有可能找到同类型的褐煤矿藏。

中国生产褐煤蜡的专业厂之一——云南省寻甸县化工厂就建在金所煤矿附近（现已经停产）。

云南省曲靖市潦浒煤矿是中国生产褐煤蜡的又一个原料煤基地，该矿区距昆明市 200 千米，距滇黔铁路上的曲靖站 40 千米，有公路相通。曲靖市潦浒煤矿分南矿和北矿，其中尤以南矿煤层厚（平均 11.51m），剥采比较小（1.95∶1），适于露天开采，该煤属于第三纪煤，含蜡量为 6%~8%（干基，苯溶剂）。

中国另一个生产褐煤蜡的专业厂——云南省煤炭化工厂就建立在潦浒煤矿附近（现已经停产）。

吉林舒兰矿务局化工厂在丰广煤矿找到含蜡量为 3.1%（干基），水分为 21.04% 的煤矿，所得粗褐煤蜡质量比较好（熔点高，树脂和地沥青含量较低），舒兰矿务局化工厂的褐煤蜡厂就建在那里（现已经停产）。

2.3.2　中国探明地质储量 10 亿吨以上的褐煤煤田简介

中国探明地质储量 10 亿吨以上的褐煤煤田共 15 处——集中在内蒙古 13 处、黑龙江和云南各 1 处。

（1）胜利煤田：白垩纪煤田，位于内蒙古锡林郭勒锡林浩特市，伴生有锗矿，探明地质储量 214 亿吨（其中 122 亿吨适合露天开采），煤种为褐煤。

（2）霍林河煤田：白垩纪煤田，位于内蒙古通辽霍林郭勒市，探明地质储量 131 亿吨（其中 30 亿吨适合露天开采），煤种为褐煤。

（3）白音华煤田：白垩纪煤田，位于内蒙古锡林郭勒西乌珠穆沁旗，探明地质储量140亿吨（其中45亿吨适合露天开采），煤种为褐煤。

（4）呼和诺尔煤田：白垩纪煤田，位于内蒙古呼伦贝尔，范围跨鄂温克旗和新巴尔虎左旗，探明地质储量104亿吨，煤种为褐煤。

（5）扎赉诺尔煤田：白垩纪煤田，位于内蒙古呼伦贝尔满洲里市，探明地质储量83亿吨，煤种为褐煤。

（6）昭通煤田：第三纪煤田，位于云南昭通，探明地质储量80亿吨（其中59亿吨适合露天开采），煤种为褐煤。

（7）乌尼特煤田：白垩纪煤田，位于内蒙古锡林郭勒东乌珠穆沁旗，探明地质储量69亿吨，煤种为褐煤。

（8）宝清煤田：第三纪煤田，位于黑龙江双鸭山市，探明地质储量65亿吨，煤种为褐煤。

（9）伊敏煤田：白垩纪煤田，位于内蒙古呼伦贝尔鄂温克旗，探明地质储量48亿吨（其中25亿吨适合露天开采），煤种为褐煤。

（10）宝日希勒煤田：白垩纪煤田，位于内蒙古呼伦贝尔陈巴尔虎旗，探明地质储量41亿吨（其中26亿吨适合露天开采），煤种为褐煤。

（11）大雁煤田：白垩纪煤田，位于内蒙古呼伦贝尔牙克石西南，探明地质储量36亿吨，煤种为褐煤。

（12）白音乌拉煤田：白垩纪煤田，位于内蒙古锡林郭勒苏尼特左旗，探明地质储量30亿吨，煤种为褐煤。

（13）红花尔基煤田：白垩纪煤田，位于内蒙古呼伦贝尔鄂温克旗，探明地质储量27亿吨，煤种为褐煤。

（14）呼山煤田：白垩纪煤田，位于内蒙古呼伦贝尔陈巴尔虎旗和新巴尔虎左旗交界处，探明地质储量23亿吨，煤种为褐煤。

（15）平庄元宝山煤田：白垩纪煤田，位于内蒙古赤峰市，探明地质储量16亿吨，煤种为褐煤。

2.3.3 中国已探明和未探明褐煤地质储量前三名

同样，褐煤地质储量布并不能代表褐煤蜡、腐植酸资源分布，例如中国已经探明的褐煤资源中内蒙古所占比例高达80.0%（见表2-6和图2-3），但内蒙古褐煤腐植酸含量在10.93%~23.39%、褐煤蜡含量在0.51%~3.5%之间，基本都不具备褐煤蜡和腐植酸工业开发价值。

表2-6　中国已探明和未探明褐煤地质储量前三名　　　　　　　　　　（亿吨）

编　号	省　份	探明储量	未探明储量	合　计
1	内蒙古	1001	1753.4	2754.4
2	云南	155	19.11	174.11
3	黑龙江	93	44.49	137.49

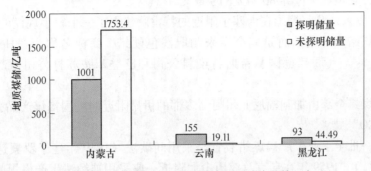

图 2-3　中国已探明和未探明褐煤地质储量前三名

2.4　国外褐煤蜡工业发展概况

褐煤蜡起名于德国 "Montan（采矿）"工业。1903 年，第五届柏林应用化学国际会议正式命名为蒙旦蜡（Montan wax），即我们所称的褐煤蜡。在前苏联则称为蒙旦蜡或褐煤蜡等。

大约在 19 世纪中叶，德国采矿业开始在德国中部发展起来。杜林根和克萨森地区发现的煤不同于鲁尔地区的硬黑型煤，前者是一种软、呈褐色的富蜡褐煤。这种煤特别适合于干馏，可提取各种规格的燃料油用石蜡。石蜡原来是用于制造蜡烛。E. 里贝克于 1880年发表了一篇论文，论述了用乙醚、石油醚和乙醇从褐煤中提取蜡[5]。

1890 年，E. 梅伊申请用汽油和醇的混合物来提取褐煤方法专利。1897 年 E. 波彦用过热蒸汽蒸馏获得褐煤蜡专利（德国专利 101315、116453 和 202909）[9]。因此，人们把1897 年作为生产褐煤蜡的第一年。以后又相继出现了用挥发性有机溶剂萃取干燥过的粉煤等方法。

1900 年第一个褐煤蜡工厂在哈尔茨山北投产，该厂由一个用褐煤生产褐煤蜡的小厂和一个按蒸汽—减压蒸馏原理生产浅色蜡的工厂组成。现在，该地已经建成了现代化的精制工厂，阿姆斯多夫生产的大部分粗褐煤蜡都在此精制。

虽然第一个褐煤蜡工厂未能实现生产低价蜡烛原料的愿望，但却发现了更有价值的产物——褐煤蜡。

1905 年，E. 里贝克采矿公司在勒布林根附近的万斯来本开办了第二个褐煤蜡工厂。到第一次世界大战结束时，德国已经有 7 个公司生产褐煤蜡，年产量 500~2000t。

第一次世界大战结束后，E. 里贝克采矿公司在阿姆斯多夫建立了第一个大型褐煤蜡生产厂，于 1922 年 1 月开始投产，至今已经有 90 多年历史。在这一时期，也开始大规模用铬酸氧化法从褐煤蜡加工成浅色褐煤蜡。

那时，德国巴登苯胺苏打厂（BASF）是德国最大的一个化工厂，它于 1925 年 8 月获得里贝克公司的股份，1925 年 11 月，又和德国其他一些化学股份有限公司组成 I. G. 联合企业。第二次世界大战后，I. G. 联合企业随着分裂，位于民主德国的里贝克采矿股份有限公司国营化[1]。

1957 年民主德国开始新建褐煤蜡厂。20 世纪 50 年代末更换了褐煤蜡的商标，选用"ROMONTA"，以取代原来使用的 "Marke RIEBECK" 商标。褐煤蜡生产主要在民主德国的阿姆斯多夫，它生产全世界80%以上的褐煤蜡[3]。

自1957年以来，联邦德国在卡塞尔附近的特雷萨建立了一个较小规模的褐煤蜡工厂，该厂生产的褐煤蜡不外销，而是完全用来制取浅色硬蜡，商标名称为"Hoechst Wachs"和"BASF Wachs"（联邦德国赫希斯特染料公司和巴登苯胺苏打公司生产的各种浅色蜡）[6]。

美国的褐煤蜡全部由加利福尼亚州阿马多郡的伊昂附近的美国褐煤产品公司生产，商标名为"ALFCO"蜡[6,10,11]。

前苏联第一批半工业生产褐煤蜡装置是采用间歇法（1939年建于罗蒙达城，1940年建于亚历山大城）。1959年在乌克兰亚历山大附近一座采用连续法生产褐煤蜡的萨缅诺夫斯工厂投产。前苏联在1990年前仅生产粗褐煤蜡，主要供国内使用。

2.5　中国褐煤蜡工业发展概况

中国20世纪50~60年代所使用的褐煤蜡主要是从民主德国进口，浅色精制蜡（主要是OP蜡）则从联邦德国进口。20世纪60年代时，由于种种原因，褐煤蜡的进口量逐渐减少，致使国内褐煤蜡供应日趋紧张，在这种情况下，使褐煤蜡这项化工产品能尽快立足于国内已经势在必行[1]。

1966年4月，原煤炭工业部有关主管部门委托吉林省舒兰矿务局和中国科学院山西煤炭化学研究所利用吉林舒兰褐煤试制国产褐煤蜡。该褐煤含蜡量3%左右（干基）。

考虑到云南省褐煤储量丰富，又位于内地，有些褐煤含蜡量较高，是萃取褐煤蜡较好基地，原煤炭部又委托煤炭科学研究院煤化学研究所和中国科学院山西煤炭化学所（曾称为太原燃料化学研究所）承担云南褐煤蜡的研究任务。

他们在开展一些必要的基础研究工作之后，又与云南省煤炭工业管理局、云南省煤管局煤机厂、云南省勘察设计院和云南省寻甸县化工厂等单位合作，利用寻甸金所褐煤进行了中间试验，为选择合理的萃取工艺及主要技术参数提供了必要的依据。

20世纪70年代初，在云南省建设了两家褐煤蜡生产厂——云南省煤炭化工厂（位于曲靖市潦浒）和云南省寻甸县化工厂（位于寻甸县金所）。

在此期间，吉林省舒兰矿务局继续从事褐煤蜡研制工作，也建成褐煤蜡生产工厂。

随着罐组式褐煤蜡萃取工艺投入生产后，对粉煤（即小于4mm）的利用自然要提到议事日程上来。因为这部分粉煤占煤量的25%~30%，难于用罐组式褐煤蜡萃取工艺处理，而其含蜡量与罐组式褐煤蜡萃取工艺所用的合格煤相差无几，所以，若能较好地利用这部分粉煤，既可提高萃取强度，又能充分利用褐煤资源，从而使生产成本相应降低。

用粉煤萃取褐煤蜡的研究开发工作，经历了以下几个阶段：

1977年2月湖南省益阳地区曾以当地产的褐煤为原料，利用广东省东莞糖厂生产甘蔗蜡的螺旋式连续萃取设备，进行了一次探索性的褐煤蜡连续式萃取试验，取得了初步效果。后来，云南省寻甸县化工厂、云南省设计院的云南省煤炭化工厂等单位又以寻甸县化工厂的粉煤为原料，在东莞糖厂进行了工业性试验。萃取溶剂仍为萃取甘蔗蜡用的120号汽油。先后进行了流程畅通试验、萃取温度试验、处理量试验以及综合条件试验等，所得褐煤蜡质量基本符合要求。但该工艺所需机电设备较多，设备加工制造要求较高，而且需要相应地配备较强的维修技术力量，因此，在褐煤蜡生产中未推广采用。

中国科学院山西煤炭化学研究所利用流态化技术进行过粉煤萃取褐煤蜡的一些研究工作[12,13]。

云南省煤炭化工厂进行了小型流态化粉煤萃取试验。该厂正式用于实际生产的是卧式链斗连续萃取器，与其他类型萃取器（如平转式、履带式）相比具有下列优点：设备结构简单、制作和维修都比较容易、密封性能好、易损件少、适应性强。

为了加快发展中国褐煤蜡工业，促进国际技术交流，原煤炭工业部从民主德国引进具有当时世界一流水平的粉煤萃取技术——槽带筛选机，在吉林舒兰矿务局化工厂加工制造，用于粉煤萃取褐煤蜡生产工艺。

20 世纪 70 年代，山西煤炭化学研究所还开展了褐煤蜡氧化精制浅色蜡的研究工作[14,15]，在云南省寻甸县化工厂建立了一套中间试验装置，并实现了铬酸氧化和母液电解再生及循环使用。所得浅色蜡质量基本达到联邦德国 Hoecchst 公司生产的 S 蜡水平。吉林省舒兰矿务局和煤炭科学研究院北京煤化学研究所等单位也开展过由褐煤蜡制 S 蜡、酯化蜡和皂化蜡的有关研究试验工作。

为进一步提高国产褐煤蜡的质量，并为制取浅色精制蜡提供优质原料蜡，以满足用户需要，煤科院北京煤化学研究所开展了粗褐煤蜡脱树脂及脱地沥青的研究工作[16]。云南省煤炭化工厂、云南省寻甸县化工厂和上海化学品三厂等单位也进行过一些有关褐煤蜡脱树脂的研究试验工作。

在研究褐煤蜡及精制蜡的基础上，煤科院北京煤化学研究所和中国科学院山西煤炭化学研究所等单位又开展了褐煤蜡产品的开发工作。其中"褐煤蜡—石蜡系"新中温精密铸造模料就是他们与北京油泵油嘴厂、沈阳铸造研究所和唐山精密铸造模料厂等单位共同研制成功的一个典型例子[17]。这不仅为褐煤蜡的利用开辟了更广阔的前景，提高了褐煤蜡在国民经济中的使用价值，而且对加快中国精密制造工业的发展也起了一定的作用。

随着中国褐煤蜡工业的不断发展和使用范围的日益扩大，有必要建立一套全国统一的褐煤蜡产品质量检验方法。20 世纪 80 年代曾经建立的 12 项国家标准方法[18,19]，能较全面、系统地反映褐煤蜡的主要理化性质测定要求以及适应国内用户和外贸出口的需要。其中有些项目，例如，酸值、皂化值、密度、地沥青、苯不溶物以及加热损失量等，与国外相比，都有了不少改进，尤其是地沥青测定技术已处于世界领先地位。

2.6 中国煤炭资源分布新格局

2.6.1 煤炭

中国的煤炭资源形成于 6 个不同的地质时期：古生代石炭纪晚期至二叠纪早期：距今约 3.20 亿~2.78 亿年；古生代二叠纪晚期：距今 2.64 亿~2.50 亿年；中生代三叠纪晚期：距今 2.27 亿~2.05 亿年；中生代侏罗纪早中期：距今 2.05 亿~1.59 亿年；中生代白垩纪早期：距今 1.42 亿~0.99 亿年；新生代第三纪：距今 6550 万~180 万年。

煤炭是指由古代植物遗体演变而来的化石能源。古代植物遗体由于地壳变化，如地震、板块运动等而堆积后逐步演变为泥炭和腐植泥。泥炭和腐植泥在地壳运动作用下而被掩埋，在较高温度和压力作用之下，经过长期成岩作用、微生物降解等逐渐演变为褐煤，褐煤继续经过很长时期的演变成为烟煤和无烟煤的过程称为煤的成煤过程——变质过程[20]。

煤的形成和演变过程也就是碳化过程。按碳化程度从低到高的次序为：泥炭→褐煤→长焰煤→不黏煤→弱黏煤→气煤→肥煤→焦煤→瘦煤→贫煤→无烟煤。

煤炭可分为褐煤和硬煤两大类，其中硬煤包括烟煤和无烟煤。

烟煤包括：长焰煤、不黏煤、弱黏煤、气煤、肥煤、焦煤、瘦煤、贫煤。

硬煤按碳化程度从低到高次序为：低变质烟煤（长焰煤→不黏煤→弱黏煤）→中变质烟煤（气煤→肥煤→焦煤→瘦煤）→高变质煤（贫煤→无烟煤）。

煤炭演变过程顺序逐级进行：泥炭→褐煤→低变质烟煤→气煤→肥煤→焦煤→瘦煤→贫煤→无烟煤。

煤的碳化程度与成煤时间、所处地层的压力和温度有关。时间越长、温度越高、压力越大，则碳化程度越高。由于碳化程度受成煤时间、成煤植物、温度、压力等多种因素影响，因而同一成煤年代产生煤种各不相同，而相同的煤种可能又来源于不同的年代。例如：侏罗纪煤普遍为低变质烟煤和气煤，而宁夏汝箕沟的侏罗纪煤由于受到火山余热影响，加速了碳化进程，煤种为无烟煤；辽宁抚顺的长焰煤来自第三纪，辽宁阜新长焰煤来自白垩纪，甘肃华亭的长焰煤来自侏罗纪，内蒙古准格尔的长焰煤来自石炭二叠纪。

褐煤：碳化程度仅高于泥碳，是碳化程度最低的煤种，颜色为褐色或褐黑色，水分含量较高（30%~50%）且含有腐植酸，发热量明显低于其他煤种，长距离运输成本较高，主要用于就近提取褐煤蜡、生产腐植酸、液化、气化、热解、发电等。褐煤的化学活性高、生物活性好，适合直接液化（煤变油）。

长焰煤：长焰煤由褐煤演变而来，是碳化程度最低的烟煤，燃烧时火焰长，适用于各种锅炉，化学活性高，适合直接液化。

不黏煤：不黏煤是成煤初期已经受到一定氧化作用的低变质烟煤，几乎没有黏结性，适用于各种锅炉，化学活性高，适合直接液化

弱黏煤：弱黏煤是黏结性较弱的低变质烟煤，适用于各种锅炉，化学活性高，适合直接液化。

气煤：气煤属于炼焦煤种，加热时会产生大量气体，单独炼焦生产的焦炭易碎易裂，一般都要与肥煤、焦煤、瘦煤配合炼焦，产品质量才好。

肥煤：肥煤属于炼焦煤种，黏结性最强，加热时会产生大量胶体，单独炼焦生产的焦炭耐磨性好，但横裂纹多、气孔多，一般与气煤、焦煤、瘦煤配合炼焦。

焦煤：炼焦煤种，黏结性较强，单独炼焦生产的焦炭块度大、抗碎强度高、裂纹少，但膨胀压力大，造成推焦困难，一般与气煤、肥煤、瘦煤配合炼焦。

瘦煤：瘦煤属于炼焦煤种，黏结性中等，单独炼焦生产的焦炭块度大、抗碎强度高、裂纹少，但耐磨性差，一般与气煤、肥煤、焦煤配合炼焦。

贫煤：贫煤是无烟煤的前身，是碳化程度最高的烟煤，加热时几乎不产生胶体，所以叫贫煤。贫煤燃点高、燃烧时火焰短，主要用于发电，低硫低灰的优质贫煤还可用于高炉喷吹，替代部分焦炭。

无烟煤：无烟煤是碳化程度最高的煤，燃点高、燃烧时火焰短、不冒烟。低硫低灰的优质无烟煤用途广泛，可用于合成氨工业制氢、高炉喷吹、制造电石、电极、人造石墨、碳化硅、碳纤维等，劣质无烟煤则用于发电。

以上粗略地介绍了煤炭的划分，相同的煤种由于其产地的不同，也会存在明显的质量差别，从而影响煤炭的具体用途。以炼焦煤为例，中国许多矿区所产的煤炭，虽然煤种属于炼焦煤，但由于含硫量、含灰量过高，即使进行洗选也无法达到炼焦的要求，只能作为动力煤燃烧。因而评价煤炭的优劣，既要看煤种，也要看煤质，其中的关键的煤质。

2.6.2 中国不同成煤期的煤炭资源特点

石炭二叠纪是最早的煤炭资源形成期，中国的石炭二叠纪煤基本上分布在黄河流域，石炭二叠纪煤种范围从长焰煤到无烟煤，在已探明的石炭二叠纪煤储量中，气煤占24%、无烟煤占17%、低变质烟煤占14%、贫煤占13%、焦煤占12%、肥煤占11%、瘦煤占9%。

晚二叠纪是中国南方主要的成煤时期，晚二叠纪煤广泛分布于江南各省区，其中绝大部分资源集于贵州、川南、滇东北。在已探明的晚二叠纪煤储量中，无烟煤占62%、焦煤占16%、贫煤占11%、瘦煤占8%、肥煤占2%、气煤占1%。

中国晚三叠纪煤的探明储量只有40亿吨，其中陕北三叠纪煤田就占了20亿吨，煤种为气煤。另外20亿吨零星散布于全国各地，基本可以忽略不计。

中国侏罗纪煤主要集中在内蒙古、陕西、甘肃，宁夏四省区交界地带和新疆北部。在各成煤期中，侏罗纪煤的平均含硫量最低、平均含灰量最低，这是侏罗纪煤的最大优势。侏罗纪期煤种范围从褐煤到无烟煤，在已探明的侏罗纪煤储量中，低变质烟煤占96%、气煤占3%、其他占1%。

中国白垩纪煤分布于内蒙古东部和东北三省，其中内蒙古东部的白垩纪煤几乎全部是褐煤，且多适合露天开采，东北三省的白垩纪煤从长焰煤到无烟煤，黑龙江七台河煤田是唯一的白垩纪无烟煤产地。在已探明的白垩纪时期煤储量中，褐煤占了81%。

第三纪是最后一个成煤期，由于经历时间最短，所以煤碳化程度普遍较低。煤种范围从褐煤到气煤，在已探明的第三纪煤储量中，褐煤占90%、长焰煤和气煤占10%。

石炭二叠纪煤含灰量在10%~20%的占34%，含灰量在20%~30%的占64%，含灰量在30%以上的占2%。

晚二叠纪煤含灰量在10%~20%占47%，含灰量在20%~30%的占45%，含灰量在30%以上的占8%。

侏罗纪煤含灰量在10%以下的占44%，含灰量在10%~20%的占55%，含灰量在20%以上的占1%。

白垩纪煤含灰量在10%~20%的占65%，含灰量在20%~30%占34%，含灰量在30%以上的占1%。

石炭二叠纪煤含硫量在1%以下的占24%，含硫量在1%~2%的占52%，含硫量在2%以上的占24%。

晚二叠纪煤含硫量在1%以下的占7%，含硫量在1%~2%的占29%，含硫量在2%以上的占64%。

侏罗纪煤含硫量在1%以下的占78%，含硫量在1%~2%的占22%。

白垩纪煤含硫量在1%以下的占64%，含硫量在1%~2%的占36%。

2.6.3 中国煤炭资源中不同成煤期的煤所占的地位

中国已探明的煤炭储量中，侏罗纪煤占 39.6%、石炭二叠纪煤占 38.0%、白垩纪煤占 12.2%、晚二叠纪煤占 7.5%、第三纪煤占 2.3%、晚三叠纪煤占 0.4%。

在中国尚未探明的煤炭预测储量中，侏罗纪煤占 65.5%、石炭二叠纪煤占 22.4%、晚二叠纪煤占 5.9%、白垩纪煤占 5.5%、第三纪煤占 0.4%、晚三叠纪煤占 0.3%。

中国已探明的褐煤储量中，白垩纪煤占 77%、第三纪煤占 22%、侏罗纪煤占 1%。

中国已探明的低变质烟煤储量中，侏罗纪煤占 92%、石炭二叠纪煤占 6%、其他占 2%。

中国已探明的气煤储量中，石炭二叠纪煤占 83%、侏罗纪煤占 8%、白垩纪煤占 6%，其他占 3%。

中国已探明的肥煤储量中，石炭二叠纪煤占 90%、晚二叠纪煤占 7%、其他占 3%。

中国已探明的焦煤储量中，石炭二叠纪煤占 70%、晚二叠纪煤占 18%、侏罗纪煤占 6%、白垩纪煤占 6%。

中国已探明的瘦煤储量中，石炭二叠纪煤占 83%、晚二叠纪煤占 16%、其他占 1%。

中国已探明的贫煤储量中，石炭二叠纪煤占 81%、晚二叠纪煤占 18%、其他占 1%。

中国已探明的无烟煤储量中，石炭二叠纪占 53%、晚二叠纪煤占 45%、其他占 2%。

2.6.4 中国已经探明地质储量 10 亿吨以上的 70 个大煤田简介

说明：（1）煤田探明储量数据截止时间并不一致，仅供参考；（2）不包括那些过去探明地质储量曾超过 10 亿吨，但目前已衰减到 10 亿吨以下的煤田。

（1）大同煤田：大同煤田位于山西最北端，属于双纪煤田（石炭二叠纪和侏罗纪），已经探明地质储量 373 亿吨，其中石炭二叠纪煤 308 亿吨、侏罗纪煤 65 亿吨。过去开发的都是侏罗纪矿区，煤种为弱黏煤，低硫低灰、发热量高，属于优质的动力煤。大同煤田侏罗纪矿区已经充分开发，今后没有增产潜力。最近开发了石炭二叠纪矿区，煤种为气煤，同样作为动力煤使用。

（2）宁武煤田：宁武煤田位于山西北部，属于双纪煤田（石炭二叠纪和侏罗纪），以石炭二叠纪煤为主，仅在中部有少量侏罗纪煤，且未进行开发。宁武煤田探明地质储量 412 亿吨，其中气煤 395 亿吨，主要作为动力煤使用。宁武煤田划分为四个矿区：平朔、轩岗、岚县、朔南，其中平朔矿区 112 亿吨的储量中有 60 亿吨适合露天开采，规划建三座大型露天矿：安太堡、安家岭、东露天，其中安太堡和安家领两座露天矿已经建成投产，正在建设东露天矿。

（3）西山煤田：石炭二叠纪煤田，位于太原西侧，探明地质储量 193 亿吨，其中焦煤 80 亿吨，贫煤 62 亿吨，瘦煤 25 亿吨，肥煤 20 亿吨，无烟煤 6 亿吨。西山煤田划分为 4 个矿区：古交，西山，清交，东社。其中古交矿区是中国目前产量最大的焦煤矿区。

（4）霍西煤田：霍西煤田位于山西中南部，属于石炭二叠纪煤田，探明地质储量 309 亿吨，其中焦煤 102 亿吨、肥煤 98 亿吨、瘦煤 69 亿吨、气煤 20 亿吨，无烟煤 13 亿吨、贫煤 7 亿吨。霍西煤田是一个典型的炼焦煤田，也是中国肥煤储量最多的煤田。霍西煤田划分为汾西矿区和霍州矿区。

（5）沁水煤田：沁水煤田位于山西中南部，属于石炭二叠纪煤田，探明地质储量843亿吨，其中无烟煤436亿吨、贫煤287亿吨、瘦煤83亿吨、焦煤37亿吨。沁水煤田是山西最大的煤田，也是中国最大的无烟煤基地。沁水煤田划分为6个矿区：霍东、阳泉、潞安、晋城、武夏、东山。

（6）河东煤田：河东煤田位于黄河以东、吕梁山以西，属于石炭二叠纪煤田。探明地质储量515亿吨，其中气煤169亿吨、焦煤123亿吨、瘦煤95亿吨、贫煤61亿吨、肥煤41亿吨、长焰煤26亿吨。河东煤田是中国焦煤储量最多的煤田。河东煤田划分为4个矿区：河保偏、离柳、乡宁、石隰。

（7）焦作煤田：石炭二叠纪煤田，探明地质储量24亿吨，煤种为无烟煤。

（8）新密煤田：新密煤田位于河南嵩山东边，属于石炭二叠纪煤田，探明地质储量27亿吨，煤种为贫煤和无烟煤。

（9）禹州煤田：石炭二叠纪煤田，探明地质储量17亿吨，煤种以贫煤和瘦煤为主。

（10）平顶山煤田：石炭二叠纪煤田，探明地质储量50亿吨，煤种以焦煤和肥煤为主。

（11）永夏煤田：永夏煤田位于河南永城和夏邑境内，属于石炭二叠纪煤田，探明地质储量25亿吨，煤种为瘦煤，贫煤和无烟煤。

（12）淮南煤田：淮南煤田以淮南市为主体，跨淮河两岸，石炭二叠纪煤田，探明地质储量153亿吨，煤种为气煤．淮南煤田划分为三个矿区：淮南、潘谢、新集。

（13）淮北煤田：淮北煤田位于安徽北部，属于石炭二叠纪煤田，探明地质储量67亿吨，煤种范围从气煤到贫煤，其中肥煤和焦煤占储量的一半以上。淮北煤田划分为4个矿区：闸河、宿州、临涣、涡阳。

（14）徐州煤田：石炭二叠纪煤田，探明地质储量34亿吨，煤种以气煤为主。徐州煤田是江苏唯一的煤炭产地，分为徐州矿区和丰沛矿区。

（15）滕州煤田：石炭二叠纪煤田，探明地质储量37亿吨，煤种为气煤。

（16）兖州煤田：石炭二叠纪煤田，探明地质储量33亿吨，煤种为气煤。

（17）济宁煤田：石炭二叠纪煤田，探明地质储量32亿吨，煤种以气煤为主，有少量肥煤。

（18）巨野煤田：巨野煤田属于石炭二叠纪煤田，探明地质储量55亿吨，煤种为气煤和肥煤。

（19）黄河北煤田：黄河北煤田位于山东西北部，属于石炭二叠纪煤田，探明地质储量25亿吨，煤种以气煤和肥煤为主。

（20）龙口煤田：龙口煤田位于龙口和蓬莱一带，属于第三纪煤田，是中国唯一的滨海煤田，探明地质储量27亿吨，其中陆地14亿吨、海底13亿吨、煤种为褐煤和长焰煤，现在已经开始开采海底煤炭。

（21）邯邢煤田：属于石炭二叠纪煤田，探明地质储量57亿吨，煤种以肥煤和焦煤为主，包括邯郸峰峰矿区和邢台临城矿区。

（22）蔚县煤田：侏罗纪煤田，探明地质储量14亿吨，煤种以长焰煤为主。

（23）开滦煤田：开滦煤田属于石炭二叠纪煤田，探明地质储量43亿吨，煤种以气煤和肥煤为主。

（24）京西煤田：京西煤田位于北京西南部，属于双纪煤田（侏罗纪和石炭二叠纪），探明地质储量 20 亿吨，煤种均为无烟煤。

（25）铁法煤田：白垩纪煤田，探明地质储量 19 亿吨，煤种为长焰煤。由于抚顺和阜新的煤炭资源趋于枯竭，铁法煤田目前已成为辽宁最重要的煤炭产地。

（26）鸡西煤田：白垩纪煤田，探明地质储量 23 亿吨，煤种以气煤为主。

（27）七台河煤田：白垩纪煤田，探明地质储量 17 亿吨，其中焦煤约 10 亿吨，七台河煤田是东北地区最重要的炼焦煤基地。

（28）双鸭山煤田：双鸭山煤田位于黑龙江双鸭山市，属于白垩纪煤田，探明地质储量 25 亿吨，煤种以气煤为主，包括三个矿区：双鸭山、集贤、双桦。

（29）宝清煤田：位于黑龙江双鸭山市宝清县，第三纪煤田，探明地质储量 65 亿吨，煤种为褐煤。

（30）鹤岗煤田：白垩纪煤田，探明地质储量 20 亿吨，煤种以气煤为主。

（31）大雁煤田：位于内蒙古呼伦贝尔牙克石西南，属于白垩纪煤田，探明地质储量 36 亿吨，煤种为褐煤。

（32）宝日希勒煤田：位于内蒙古呼伦贝尔陈巴尔虎旗，属于白垩纪煤田，探明地质储量 41 亿吨（其中 26 亿吨适合露天开采），煤种为褐煤。

（33）呼山煤田：位于内蒙古呼伦贝尔陈巴尔虎旗和新巴尔虎左旗交界处，属于白垩纪煤田，探明地质储量 23 亿吨，煤种为褐煤。

（34）伊敏煤田：位于内蒙古呼伦贝尔鄂温克旗，属于白垩纪煤田，探明地质储量 48 亿吨（其中 25 亿吨适合露天开采），煤种为褐煤。伊敏煤田是中国第一个采取煤电联营的方式建设的煤田，通过建设坑口电厂，将褐煤就地转化成电力输出。

（35）伊敏五牧场煤田：属于白垩纪煤田，探明地质储量 53 亿吨，煤种为长焰煤和褐煤。

（36）红花尔基煤田：红花尔基煤田位于内蒙古呼伦贝尔鄂温克旗，属于白垩纪煤田，探明地质储量 27 亿吨，煤种为褐煤。

（37）呼和诺尔煤田：呼和诺尔煤田位于内蒙古呼伦贝尔，属于白垩纪煤田，范围跨鄂温克旗和新巴尔虎左旗，探明地质储量 104 亿吨，煤种为褐煤。

（38）扎赉诺尔煤田：位于内蒙古呼伦贝尔满洲里市，属于白垩纪煤田，探明地质储量 83 亿吨，煤种为褐煤。

（39）霍林河煤田：位于内蒙古通辽霍林郭勒市，属于白垩纪煤田，探明地质储量 131 亿吨（其中 30 亿吨适合露天开采），煤种为褐煤。

（40）乌尼特煤田：位于内蒙古锡林郭勒东乌珠穆沁旗，属于白垩纪煤田，探明地质储量 69 亿吨，煤种为褐煤。

（41）白音华煤田：位于内蒙古锡林郭勒西乌珠穆沁旗，属于白垩纪煤田，探明地质储量 140 亿吨（其中 45 亿吨适合露天开采），煤种为褐煤。

（42）胜利煤田：位于内蒙古锡林郭勒锡林浩特市，属于白垩纪煤田，伴生有锗矿，探明地质储量 214 亿吨（其中 122 亿吨适合露天开采），煤种为褐煤，胜利煤田是中国可供露天开采量最大的煤田，也是中国最大的锗矿。胜利煤田规划建设 5 个露天矿和 5 个井矿，此外还有一个露天锗矿。

（43）白音乌拉煤田：位于内蒙古锡林郭勒苏尼特左旗，属于白垩纪煤田，探明地质储量30亿吨，煤种为褐煤。

（44）平庄元宝山煤田：位于内蒙古赤峰市，属于白垩纪煤田，探明地质储量16亿吨，煤种为褐煤。

（45）桌子山煤田：位于内蒙古乌海市与鄂尔多斯市交界处，属于石炭二叠纪煤田，探明地质储量29亿吨，煤种以肥煤和焦煤为主，是内蒙古最重要的炼焦煤基地。

（46）准格尔煤田：位于内蒙古鄂尔多斯市准格尔旗，属于石炭二叠纪煤田，探明地质储量253亿吨（其中40亿吨适合露天开采），煤种为长焰煤。

（47）神府东胜煤田：从陕北的神木、府谷、榆林、横山、靖边一带向北延伸到内蒙古鄂尔多斯东胜，侏罗纪煤田，探明地质储量2236亿吨（陕西1300多亿吨，内蒙古900多亿吨），是中国最大的煤田，煤种以不黏煤为主，低硫低灰，发热量高，属优质的动力煤。神府东胜煤田划分为6个矿区：神东、万利、新街、呼吉尔特、榆神、榆横。

（48）陕北石炭二叠纪煤田：与山西河东煤田同属一个煤田，只是被黄河切成了两部分。探明地质储量54亿吨，划分为府谷矿区和吴堡矿区，府谷矿区以气煤为主，吴堡矿区以焦煤为主。

（49）陕北三叠纪煤田：位于延安、子长、横山等地，探明地质储量20亿吨，是中国最大的三叠纪煤田，煤种为气煤。

（50）渭北煤田：位于渭河以北陕西中东部，石炭二叠纪煤田，探明地质储量62亿吨，煤种为焦煤、瘦煤、贫煤。渭北煤田划分为4个矿区：铜川、蒲白、澄合、韩城。

（51）黄陇煤田：位于陕西中西部，属于侏罗纪煤田，探明地质储量140亿吨，煤种为长焰煤和弱黏煤。黄陇煤田划分为4个矿区：黄陵、焦坪、旬耀、彬长。

（52）华亭煤田：位于甘肃陇东地区的华亭县，侏罗纪煤田，探明地质储量33亿吨，煤种为长焰煤。

（53）贺兰山煤田：双纪煤田（石炭二叠纪和侏罗纪），探明地质储量25亿吨，划分为石嘴山、石炭井、呼鲁斯太三个石炭二叠纪矿区和一个侏罗纪矿区（汝箕沟）。除呼鲁斯太矿区位于内蒙古境内外，其他三个矿区均位于宁夏境内。石嘴山矿区煤种为气煤，主要作为动力煤使用；石炭井矿区和呼鲁斯太矿区以焦煤为主；汝箕沟矿区的无烟煤全国最好质量煤，被称为"太西煤"以区别于一般的无烟煤。

（54）宁东煤田：位于宁夏东部，属于双纪煤田（侏罗纪和石炭二叠纪），探明地质储量269亿吨，划分为灵武、鸳鸯湖、马家滩、积家井、萌城五个侏罗纪矿区和横城、韦州两个石炭二叠纪矿区。侏罗纪矿区煤种为不黏煤和长焰煤，石炭二叠纪矿区煤种为气煤。

（55）木里煤田：位于青海省东北部，属于侏罗纪煤田，探明地质储量33亿吨，其中焦煤31亿吨。木里煤田划分为江仓矿区和聚乎更矿区。

（56）吐哈煤田：位于新疆吐鲁番—哈密盆地，属于侏罗纪煤田，探明地质储量441亿吨，煤种为长焰煤和气煤。

（57）塔北煤田：位于新疆塔里木盆地北部边缘，侏罗纪煤田，探明地质储量16亿吨，煤种为气煤。

（58）准东煤田：位于新疆准噶尔盆地东部，属于侏罗纪煤田，探明地质储量138亿吨，煤种为长焰煤，不黏煤和气煤。

（59）淮南煤田：位于新疆准噶尔盆地南部，属于侏罗纪煤田，探明地质储量259亿吨，煤种为长焰煤，不黏煤和气煤。

（60）淮北煤田：位于新疆准噶尔盆地北部，属于侏罗纪煤田，探明地质储量53亿吨，煤种为长焰煤和气煤。

（61）伊犁煤田：位于新疆伊犁，属于侏罗纪煤田，探明地质储量22亿吨，煤种为长焰煤和气煤。

（62）筠连煤田：位于宜宾市筠连县，属于晚二叠纪煤田，探明地质储量28亿吨，煤种为无烟煤。

（63）古叙煤田：位于泸州市古蔺、叙永两县境内，属于晚二叠纪煤田，探明地质储量37亿吨，煤种为无烟煤。

（64）黔北煤田：位于贵州北部，属于晚二叠纪煤田，探明地质储量151亿吨，煤种以无烟煤为主。

（65）织纳煤田：位于贵州织金、纳雍一带，属于晚二叠纪煤田，探明地质储量172亿吨，织纳煤田是中国南方最大的煤田，煤种为无烟煤。

（66）六盘水煤田：位于贵州六枝、盘县、水城一带，晚二叠纪煤田，探明地质储量147亿吨，其中炼焦煤种约占60%，六盘水煤田是中国南方最大的炼焦煤基地。

（67）兴义煤田：晚二叠纪煤田，探明地质储量17亿吨，煤种以无烟煤为主。

（68）昭通煤田：第三纪煤田，位于云南昭通，探明地质储量80亿吨（其中59亿吨适合露天开采），煤种为褐煤。

（69）老厂煤田：位于云南曲靖市，晚二叠纪煤田，探明地质储量38亿吨，煤种为无烟煤。

（70）恩洪煤田：位于云南曲靖市，晚二叠纪煤田，探明地质储量24亿吨，煤种以焦煤和瘦煤为主。

以上为全国已经探明地质储量10亿吨以上的70个大煤田，其中，褐煤已经探明地质储量为1303亿吨，约占全国煤炭总量的13%。这13%的低级煤炭非常宝贵，这不仅仅因为它们是化石燃料之一，更主要的还是因为这13%的低级煤炭中含有不同程度的褐煤蜡（1%~10%）和腐植酸（5%~50%），褐煤蜡和腐植酸都属于历经几千万年乃至几亿年自然形成的天然物质，具有极高的附加值，褐煤蜡和腐植酸对生命都具有极其重要的意义。

2.6.5 中国已经探明煤炭地质储量全国前10名

中国已经探明煤炭地质储量总量：10189亿吨。

（1）排在第一的是山西省，已经探明煤炭地质储量2652亿吨，占全国总量的26%，其中气煤898亿吨、无烟煤455亿吨、贫煤417亿吨、焦煤358亿吨、瘦煤273亿吨、肥煤165亿吨、低变质烟煤86亿吨。但山西省没有褐煤储量。

（2）排在第二的内蒙古，已经探明煤炭地质储量2247亿吨，占全国总量的22%，其中低变质烟煤1190亿吨、褐煤1001亿吨、其他56亿吨。内蒙古的褐煤储量中褐煤蜡含量和腐植酸含量都较低。

（3）排在第三的陕西省，已经探明煤炭地质储量1619亿吨，约占全国总量的16%，其中低变质烟煤 1486 亿吨、其他 133 亿吨。

（4）新疆区 952 亿吨，低变质烟煤 867 亿吨、气煤 72 亿吨、其他 13 亿吨。

（5）贵州省 524 亿吨，无烟煤 347 亿吨、贫煤 65 亿吨、焦煤 42 亿吨、瘦煤 33 亿吨、肥煤 18 亿吨、气煤 12 亿吨、其他 7 亿吨。

（6）宁夏区 309 亿吨，低变质烟煤 251 亿吨、其他 58 亿吨。

（7）安徽省 245 亿吨，气煤 137 亿吨、焦煤 45 亿吨、肥煤 15 亿吨、其他 48 亿吨。

（8）云南省 242 亿吨、褐煤 155 亿吨、无烟煤 41 亿吨、其他 46 亿吨。

（9）河南省 225 亿吨，无烟煤 84 亿吨、贫煤 51 亿吨、焦煤 47 亿吨、瘦煤 22 亿吨、肥煤 10 亿吨、低变质烟煤 8 亿吨、气煤 3 亿吨。

（10）黑龙江省 218 亿吨，褐煤 93 亿吨、气煤 51 亿吨、焦煤 35 亿吨、低变质烟煤 28 亿吨、其他 11 亿吨。

2.6.6 中国尚未探明的煤炭预测地质储量

煤炭预测储量反映的是找煤的潜力（四川的数据中包括重庆）。全国尚未探明的煤炭预测地质储量 45521 亿吨，其中新疆 18037.3 亿吨、内蒙古 12250.4 亿吨、山西 3899.18 亿吨、陕西 2031.1 亿吨、贵州 1896.9 亿吨、宁夏 1721.11 亿吨、甘肃 1428.87 亿吨、河南 919.71 亿吨、安徽 611.59 亿吨、河北 601.39 亿吨、云南 437.87 亿吨、山东 405.13 亿吨、青海 380.42 亿吨、四川 303.79 亿吨、黑龙江 176.13 亿吨、北京 86.72 亿吨、辽宁 59.27 亿吨、江苏 50.49 亿吨、湖南 45.35 亿吨、天津 44.52 亿吨、江西 40.84 亿吨、吉林 30.03 亿吨、福建 25.57 亿吨、广西 17.64 亿吨、广东 9.11 亿吨、西藏 8.09 亿吨、湖北 2.04 亿吨、浙江 0.44 亿吨、海南 0.01 亿吨。

以下是各具体煤种的情况：

（1）全国尚未探明的褐煤预测地质储量 1903.06 亿吨、其中内蒙古 1753.4 亿吨、黑龙江 44.49 亿吨、山东 24.67 亿吨、云南 19.11 亿吨、四川 14.3 亿吨、山西 12.68 亿吨、河北 9.98 亿吨、河南 8.82 亿吨、吉林 7.46 亿吨、辽宁 6.04 亿吨、广西 1.69 亿吨、广东 0.41 亿吨、海南 0.01 亿吨。

（2）全国尚未探明的低变质烟煤（长焰煤、不黏煤、弱黏煤）预测地质储量 24215.1 亿吨、其中新疆 12920 亿吨、内蒙古 9004 亿吨、宁夏 1264.83 亿吨、陕西 523.79 亿吨、甘肃 242.49 亿吨、青海 143.6 亿吨、山西 53.85 亿吨、辽宁 25.35 亿吨、吉林 11.06 亿吨、黑龙江 8.53 亿吨、河北 7.24 亿吨、河南 3.75 亿吨、山东 3.23 亿吨、广西 1.44 亿吨、云南 0.67 亿吨、安徽 0.66 亿吨、江西 0.38 亿吨、湖南 0.15 亿吨、西藏 0.08 亿吨。

（3）全国尚未探明的气煤预测地质储量 9392.38 亿吨、其中新疆 4754.5 亿吨、甘肃 1172.99 亿吨、内蒙古 1079.45 亿吨、陕西 800.15 亿吨、河北 508.44 亿吨、安徽 370.42 亿吨、山东 220.68 亿吨、河南 86.11 亿吨、宁夏 84.31 亿吨、黑龙江 83.33 亿吨、山西 70.42 亿吨、青海 51.86 亿吨、天津 44.52 亿吨、江苏 34.71 亿吨、辽宁 7.52 亿吨、云南 6.22 亿吨、贵州 5.22 亿吨、四川 4.9 亿吨、吉林 3.68 亿吨、江西 1.6 亿吨、湖南 1.27 亿吨、西藏 0.08 亿吨。

（4）全国尚未探明的肥煤预测地质储量 1032.11 亿吨、其中山西 343.9 亿吨、新疆 312.6 亿吨、陕西 115.89 亿吨、山东 76.5 亿吨、贵州 41.4 亿吨、安徽 35.0 亿吨、河北

30.19 亿吨、宁夏 20.73 亿吨、河南 19.2 亿吨、内蒙古 11.02 亿吨、青海 7.85 亿吨、四川 5.71 亿吨、云南 3.58 亿吨、湖南 2.28 亿吨、甘肃 1.63 亿吨、江苏 1.57 亿吨、辽宁 1.05 亿吨、江西 0.83 亿吨、吉林 0.48 亿吨、浙江 0.44 亿吨、西藏 0.2 亿吨、广东 0.06 亿吨。

（5）全国尚未探明的焦煤预测地质储量 1957.29 亿吨、其中山西 508.02 亿吨、内蒙古 364.18 亿吨、贵州 319.57 亿吨、河南 163.77 亿吨、安徽 154.37 亿吨、云南 124 亿吨、陕西 111.49 亿吨、四川 75.46 亿吨、黑龙江 37.65 亿吨、青海 33 亿吨、新疆 24.8 亿吨、宁夏 17.75 亿吨、江苏 6.9 亿吨、江西 6.09 亿吨、山东 5.64 亿吨、湖南 2.06 亿吨、辽宁 1.63 亿吨、吉林 0.71 亿吨、西藏 0.13 亿吨、广东 0.07 亿吨。

（6）全国尚未探明的瘦煤预测地质储量 803.75 亿吨、其中山西 301.89 亿吨、贵州 133.97 亿吨、河南 87.94 亿吨、陕西 64.45 亿吨、四川 55.38 亿吨、安徽 33.69 亿吨、云南 31.17 亿吨、青海 30.34 亿吨、新疆 25.4 亿吨、宁夏 24.79 亿吨、甘肃 5.72 亿吨、江西 2.35 亿吨、江苏 2.02 亿吨、吉林 1.88 亿吨、湖南 1.31 亿吨、黑龙江 0.55 亿吨、广西 0.44 亿吨、内蒙古 0.23 亿吨、西藏 0.14 亿吨、福建 0.09 亿吨。

（7）全国尚未探明的贫煤预测地质储量 1468.88 亿吨、其中山西 589.79 亿吨、贵州 247.27 亿吨、云南 125.48 亿吨、宁夏 123.52 亿吨、河南 109.29 亿吨、陕西 94.53 亿吨、青海 81.18 亿吨、山东 27.66 亿吨、内蒙古 23.96 亿吨、四川 14.78 亿吨、江西 5.52 亿吨、广西 5.46 亿吨、甘肃 4.83 亿吨、安徽 3.56 亿吨、江苏 3.45 亿吨、辽宁 2.15 亿吨、吉林 1.96 亿吨、湖南 1.65 亿吨、黑龙江 1.58 亿吨、广东 0.74 亿吨、湖北 0.49 亿吨、西藏 0.03 亿吨。

（8）全国尚未探明的无烟煤预测地质储量 4742.43 亿吨、其中山西 2018.63 亿吨、贵州 1149.47 亿吨、河南 440.83 亿吨、陕西 320.8 亿吨、宁夏 185.18 亿吨、四川 133.26 亿吨、云南 127.64 亿吨、北京 86.72 亿吨、山东 46.75 亿吨、河北 45.54 亿吨、湖南 36.63 亿吨、青海 32.59 亿吨、福建 25.48 亿吨、江西 24.07 亿吨、辽宁 15.53 亿吨、安徽 13.89 亿吨、广西 8.61 亿吨、内蒙古 8.15 亿吨、广东 7.83 亿吨、西藏 7.43 亿吨、吉林 2.8 亿吨、江苏 1.84 亿吨、湖北 1.55 亿吨、甘肃 1.21 亿吨。

2.6.7 中国主要煤炭资源大省区简介

（1）山西省：山西省煤炭探明储量超过全国总量的 1/4（26.03%），居全国第 1 位；预测储量居全国第 3 位。山西省是黄河流域石炭二叠纪聚煤区的中心，除晋北有少量侏罗纪煤外，其他皆为石炭二叠纪煤。山西煤种齐全，以炼焦煤和无烟煤优势突出，炼焦煤探明储量约占全国的 50%，无烟煤探明储量约占全国的 40%，具有举足轻重的地位。

（2）内蒙古区：内蒙古煤炭探明储量和预测储量均居全国第 2 位（22.05%）。内蒙古的煤炭资源主要分为两大块：鄂尔多斯市的低变质烟煤和东部地区的褐煤。鄂尔多斯市拥有神府东胜煤田的北半部和准格尔煤田，神府东胜煤田的煤种为不黏煤，准格尔煤田的煤种是长焰煤。内蒙古东部地区是中国最大的褐煤带，分布着十几个大型褐煤田，以及大量的中小褐煤田。鄂尔多斯市的不黏煤和长焰煤，以及东部地区的褐煤都属动力煤种（因褐煤蜡和腐植酸含量相对较低）。内蒙古的炼焦煤主要分布在桌子山煤田和乌达煤田，探明储量不大，其中桌子山煤田的焦煤预测储量很大，找煤前景广阔。在内蒙古的煤炭探明储量中，低变质烟煤占53%，褐煤占45%，炼焦煤占2%。

（3）新疆区：新疆区是中国找煤潜力最大的省区，探明储量居全国第4位，预测储量居全国第1位。新疆的煤炭资源主要集中在北部，其中以吐鲁番—哈密盆地、准噶尔盆地、伊犁河谷资源最为密集。新疆煤炭资源的99.9%为侏罗纪煤，是中国侏罗纪煤最集中的省区。在煤种方面，新疆的煤炭资源以低变质烟煤和气煤为主，已探明的煤炭储量中，低变质烟煤占91%、气煤占8%、其他占1%。

（4）陕西省：陕西省煤炭探明储量居全国第3位，预测储量居全国第4位。陕西拥有神府东胜煤田的南半部和黄陇煤田两大侏罗纪煤基地，两者占陕西煤炭探明储量的91%。与其他侏罗纪煤田相同，煤种也主要是低变质烟煤，低硫低灰，属优质的动力煤。陕西的炼焦煤资源主要来自陕北石炭二叠纪煤田和渭北石炭二叠纪煤田。

（5）贵州省：贵州煤炭探明储量和预测储量均居全国第5位。贵州是中国南方晚二叠纪聚煤区的主体，煤炭探明储量和预测储量均超过其他南方省区的总和。由于晚二叠纪的成煤特点，贵州的煤炭资源以无烟煤居多。在探明储量中，无烟煤占67%、贫煤占12%、炼焦煤种占21%。

（6）宁夏区：宁夏煤炭探明储量和预测储量均居全国第6位。宁夏的煤炭资源集中于东部，以侏罗纪煤为主，宁夏的煤炭探明储量中，低变质烟煤占81%。

（7）安徽省：安徽的煤炭探明储量居全国第7位，预测储量居全国第9位，安徽地处黄河流域石炭二叠纪聚煤区的东南端，煤炭探明储量的99%为石炭二叠纪煤，高度集中于皖北地区的淮南和淮北两大煤田。安徽的煤炭资源规模与河南接近，但开发程度要低得多，今后仍有较大的增产潜力。

（8）河南省：河南的煤炭探明储量居全国第9位，预测储量居全国第8位。河南煤炭资源在成煤年代及煤种结构方面与山西类似，除义马有少量侏罗纪长焰煤，其他皆为石炭二叠纪煤。河南是一个传统产煤大省，且仍有较大的找煤潜力，但由于河南的煤炭资源开发程度已经很高了，因而今后的增产潜力不大。

（9）甘肃：甘肃的煤炭探明储量较少，居全国第13位，预测储量居全国第7位，找煤潜力较大。甘肃煤炭资源的约95%为侏罗纪煤，集中于陇东地区，已发现的主要是华亭煤田，在尚未探明的预测储量中，庆阳占了全省的94%，但由于埋藏较深，目前仍停留在预测阶段。

2.6.8 中国的煤炭资源可挖年限

巨大的煤炭地质储量数据并不代表实际可用的有效储量，这是因为许多煤炭资源实际无法开发，例如受高压地下水威胁、瓦斯含量过高、铁路公路水库下的煤、城区地下的煤。煤田是多层且形状很不规则，矿井设计过程中不可避免地要放弃一些边边角角和超薄煤层，而且还要保留一部分煤体充当矿井支柱，开采过程中也不可能挖得太干净。综合这些因素，实际可以挖出来的煤炭比例并不高，平均约占地质储量的30%。

中国现有煤炭地质储量约1.02万亿吨，折合有效储量约3000亿吨，2009年煤炭产量将达30亿吨，2025年煤炭产量达到50亿吨的顶峰。中国现有储量足够挖60年。中国尚未探明的煤炭预测地质储量约4.55万亿吨，地质资源总量（探明+预测）5.57万亿吨，假设中国最终能探明煤炭资源总量的70%，则中国还能找到2.88万亿吨的地质储量，约合 8500 亿吨的有效储量，可以延长开采 170 年，中国煤炭资源将在 230 年后彻底枯竭。

编者按：我们课题组认为，以中国现在的煤炭开采增速计算，中国已经探明和尚未探明的煤炭资源最多够开采 100 年。因此，我们建议，对于已经探明的 1303 亿吨褐煤地质储量，特别是内蒙古自治区那些（1001 亿吨，占全国褐煤地质储量的 80%）目前认为没有褐煤蜡和腐植酸提取价值的褐煤，应该从现在开始适当放慢开采速度。因为，褐煤蜡和腐植酸都属于历经几千万年乃至几亿年自然形成的天然物质，具有极高的附加值，褐煤蜡和腐植酸对生命都具有极其重要的意义。

2.7 中国褐煤资源分布新格局

到 1995 年底，中国已探明的褐煤保有储量达 1303 亿吨，约占全国煤炭储量的 13%。中国褐煤资源主要分布在内蒙古自治区东部、云南省境内（寻甸、昭通、曲靖潦浒）和黑龙江省双鸭山市宝清县[21]。

2.7.1 中国褐煤资源的形成时代

从褐煤的形成时代看，中国褐煤以中生界侏罗纪褐煤储量的比例最大，约占全国褐煤储量的 80% 上下，主要分布在内蒙古自治区东部、云南省境内（寻甸、昭通、曲靖潦浒）和黑龙江省双鸭山市宝清县。新生代第三纪褐煤资源约占全国褐煤储量的 20% 上下，主要赋存在云南省境内。四川、广东、广西、海南等省（区）也有少量第三纪褐煤，华东区的第三纪褐煤主要分布在山东省境内，东北三省也有部分第三纪褐煤。在侏罗纪褐煤中极少有早中侏罗纪褐煤，一般均属晚侏罗纪褐煤。

中国侏罗纪褐煤资源的特点是含煤面积大、煤层厚。如内蒙古东部的胜利煤田，其煤层总厚度达 20~100m 以上，最厚处可达 237m。

晚第三纪褐煤资源的特点是除云南省境内的昭通煤田和小龙潭煤田等煤层厚度大，其可采总厚度可达 50m 以上外，其余绝大多数煤田的煤层厚度不超过 10m，且矿点多而分散、煤层埋藏浅，适合于小型露天开采。

早第三纪褐煤资源主要分布在东北三省和山东省境内，分布面积少，多为中小型煤田，煤层埋藏相对较深，大多只能井工开采。

2.7.2 中国褐煤资源的地质勘探状况和煤层赋存情况

据地矿部门的资料表明，中国对已有褐煤资源的勘探程度不高，在全国近 1300 亿吨的褐煤储量中，经过精查勘探的地质储量（A+B+C 级）还不到褐煤总储量的 6%。有 90% 以上的褐煤资源只经有普查或详查勘探，故其储量级别不高，可靠程度较低。鉴于大多数褐煤资源的硫分较低，S_d^T 一般在 1% 以下，因此，如何加强勘探和合理开发中国褐煤资源，将对褐煤的洁净燃烧具有十分重要的作用，同时对今后褐煤的综合利用，例如，提取褐煤蜡、腐植酸、液化、气化、热解等，也有重要的指导意义。

地质勘探资料显示，中国褐煤的埋藏深度普遍较浅，一般都不超过数百米，其中有不少距地表只有十几米甚至几米，而不少褐煤煤田适于露天开采，不仅可降低生产成本，提高生产效率，且还可增高生产的安全性。如内蒙古东部的扎赉诺尔、平庄、元宝山、霍林河、伊敏河等晚侏罗纪褐煤矿区，云南省的昭通、小龙潭、峨山等许多第三纪煤田，都可用露天开采。其中伊敏河第一露天矿目前已实现煤电联营，产煤直接供坑口电站使用，已取得了较好的经济效益和社会效益。

2.7.3 中国各大区褐煤资源的分布概况

由煤田地质勘探资料表明，中国的褐煤资源主要分布在华北地区，约占全国褐煤地质储量的75%以上（表2-7和表2-8），其中又以内蒙古东部地区赋存最多。西南区是中国仅次于华北区的第二大褐煤基地，其储量约占全国褐煤的12.5%，其中大部又分布在云南省境内。但西南区的褐煤几乎全部是第三纪较年轻褐煤，而华北的褐煤则绝大多数为侏罗纪的年老褐煤。东北、中南、西北和华东四大区褐煤资源的数量均较少。

2.7.4 中国各省（市、自治区）褐煤资源的分布

由表2-7表明，内蒙古自治区是中国褐煤储量占绝对多数的一个省（区）分，占全国褐煤资源的75%以上。褐煤储量占全国第二位的云南省，其褐煤资源也只占全国的12.5%左右。其他各省（区）的褐煤储量均不到全国的3%。表2-8所示为中国各大区褐煤储量分布。

表2-7 全国各省（区）褐煤储量分布　　　　　　　　　　　　（%）

省（区）别	主要成煤时代	占全国褐煤储量	占本省（区）煤炭储量
内蒙古	晚侏罗纪	80.0	47.4
云南	晚第三纪	12.6	65.7
黑龙江	早第三纪	2.6	8.5
辽宁	早第三纪	1.5	16.5
山东	早第三纪	1.3	4.3
吉林	早第三纪	0.9	8.0
广西	第三纪	0.8	35.8
其他各省	第三纪	2.7	

表2-8 中国各大区褐煤储量分布　　　　　　　　　　　　（%）

大区名称	华北	西南	东北	中南	西北	华东
占全国褐煤储量	77.8	12.5	4.7	2.0	1.7	1.3
占该区煤炭总储量	16.2	15.8	19.5	7.6	2.9	2.6

2.7.5 内蒙古自治区褐煤资源简介

中国储量最大的一些褐煤煤田几乎都集中在内蒙古东部靠近东北三省的边境地区约占80%。其中开发较早的有扎赉诺尔、元宝山、平庄等煤田，随后有霍林河煤田、伊敏河煤田和大雁煤田。这些煤田的储量都在几亿吨到上百亿吨。20世纪80年代开发的宝日希勒煤田不仅储量大，交通方便（在海拉尔市近郊区），且灰分、硫分均低，是中国的褐煤之

主要基地之一，但目前尚未大规模开发利用。储量最大的要数目前尚未大规模开发的胜利煤田，其地质储量达 150 亿吨以上。现将内蒙古自治区褐煤煤田中含褐煤蜡或腐植酸的主要煤田情况简介如下。

2.7.5.1 扎赉诺尔煤田

扎赉诺尔煤田位于内蒙古自治区东北部，呼伦贝尔盟之西部。行政隶属于满洲里市管理。煤田西起扎赉诺尔断层，东至阿尔公断层，北至中俄边界，南抵呼伦贝尔湖。煤出走向长 45km，倾向宽 23km，面积约 1035km²，煤田中部平缓，东西两侧较高，为丘陵和低山，海拔标高在 570~870m 之间。

煤田内交通方便，哈（尔滨）—满（洲里）铁路通过煤田北部，扎赉诺尔车站西距满洲里市 29km，东距海拉尔市 160km，有专用铁路线通往各生产矿井口，公路四通八达。

煤田出露地层自老而新为石炭、二叠纪的角页岩、砂质页岩等酸性熔岩，晚侏罗纪兴安岭统的粗面岩、安山岩、英安岩、凝灰岩、玄武岩，扎赉诺尔统煤系和第四纪泥岩、粉砂岩、砂砾岩、砂质黏土和腐植土等。

扎赉诺尔煤田的含煤系可分为大磨拐图河组和伊敏组。大磨拐图河组的底部为灰褐色砾岩、砂砾岩、灰色及黑色砂岩、粉砂岩、泥岩及Ⅲ、Ⅳ两个煤层群，全组厚度达 650m以上。伊敏组由灰白和灰黑色砂岩、砂质泥岩、泥岩、凝灰岩及Ⅰ、Ⅱ两个煤层群组成，总厚 400~750m。

煤田构造：煤田位于新华夏系第三沉降带呼伦贝尔盆地西缘，为呼伦贝尔湖地堑北部次一级盆地，呈一不对称的平缓向斜构造，轴向北北东 20°~30°，北部略抬起，向南倾没于呼伦贝尔湖向斜两翼地层东缓西陡，东翼倾角 3°~5°，西翼为 7°~10°。盆地东西两侧均有新华夏系北、北东主干断层控制，西部为扎赉诺尔断层，断距 350m 左右，东部为阿尔公断层，断距约 550m；这些构造控制了煤田的形成和煤系地层展布区内构造简单，具有小型挠曲，呈缓波状起伏，断裂发育，走向多呈北北东，倾角 50°~70°，落差介于 20~150m 之间。

煤田内发育有海西期花岗岩侵入前寒武纪及石炭~二叠纪地层，有时作为煤系基底。还有燕山期火山岩广泛分布于煤田外围，并直接构成扎赉诺尔群的基底。但火成岩对煤系、煤层均没有影响。

扎赉诺尔煤田周围水资源丰富，其南部有呼伦贝尔湖。面积 1822~2315km²，储水量在 90 亿立方米以上。地下含水层主要有早侏罗纪含煤地层裂隙含水层及第四纪含水层。煤田内水文地质条件多为简单至较复杂，瓦斯含量不大，为 1~2 级瓦斯矿。

煤田储量大，保有地质储量达 80 多亿吨，在呼伦贝尔湖 600m 以浅的预测区储量达140 多亿吨，其开采年限在数百年之久。

该区含煤地层总厚度为 1200m，共有四个煤层群，26 层煤，可采 16 层。煤种为褐煤，煤的灰分总体较低，该煤层群的上下两层煤为低灰分煤（<15%），中间煤层为中灰分煤（21.28%）。煤层平均挥发分为 42.59%~45.42%，原煤发热量为 19.5~22.8kJ/g，硫含量平均为 0.26%~0.41%，磷含量平均为 0.008%~0.016%，煤中腐植酸含量平均为 9.46%~14.62%

编者按：编者估计该煤田的褐煤蜡含量在 1.0% 上下。

2.7.5.2 霍林河煤田

霍林河是开发较晚的煤田，20世纪70年代开始筹建，20世纪80年代中期建成投产，属露天开采，设计生产能力为1000万吨/年。

该煤田位于东部哲里木盟扎鲁特旗境内，北距大石寨180km，南距扎鲁特旗130km。煤田至通辽市约350km，有铁路可通，产煤主要供通辽电厂使用。由于运距较远而综合经济效益较差。

该煤田走向长60km，倾向宽8~10km，面积540km^2，呈北东—南西条带状展布。该区地层自下而上为石炭、二叠纪、由板岩、变质砂岩、石英角岩等组成。上侏罗纪霍林河统为该煤田的含煤地层，依据其沉积特征可划分为6个块段：最下部的砾岩段，该段厚度约200m，为杂色砾岩夹薄层砂岩；其上为砂岩段，厚为150~200m，由灰色凝灰质粉砂岩组成，并局部夹有不可采的薄煤层；再上为下泥岩段，厚为100~500m，由灰褐色泥岩、粉砂岩及薄层细砂岩组成；更上为下含煤段，厚度达300~600m左右，由砂岩、粉砂岩、泥岩及煤层组成；其上为上泥岩段，厚为200~400m，由深灰色泥岩和薄层细砂岩组成；最上为上含煤段，厚度为300~600m，由砂岩、粉砂岩、泥岩和煤层组成，发育于煤田西南部。

煤系上复第三纪玄武岩，呈灰色或深灰色，具气孔状结构，厚度为100m左右，不整合于霍林河组之上，表土为第四纪腐植土和砂土、砂砾层组成。

该煤田为一轴向北北东向的宽缓向斜构造，东南翼倾角平缓。一般为8°~15°，西北翼倾角较陡，一般大于15°。煤田内断层发育，一组为北东向正断层，与褶皱轴向一致，断层倾角70°左右；另一组为北西向正断层，切割了向斜轴和北东向断层。断层倾角也为70°左右，构造为中等到简单。该煤田保有储量130多亿吨，计算深度在1150m以上。该煤田腐植酸含量：煤层露头的浅部风化带内腐植酸含量24%~67%，平均38%~60%，经加工处理后可做化肥。中深部煤层腐植酸含量一般为10%左右。

2.7.5.3 大雁煤田

大雁煤田位于大兴安岭西被，海拉尔河中段，东西走向长约40km，南北宽8km，面积320km^2，在内蒙古自治区呼伦贝尔盟鄂温克自治旗境内。哈（尔滨）—满（洲里）铁路横贯煤田，大雁车站距牙克石18km，东行可达齐齐哈尔市，西可至海拉尔市。区内多为低山丘陵地形，南、北两侧较高，中间较平缓，海拉尔河由东向西流经煤田北部。该区属大陆性气候，冬季长而严寒，年平均气温18.5℃，最低-46.7℃，最高36℃。该煤田已探明的保有储量有30多亿吨。该煤田腐植酸产率（HA_{ad}）：原煤10.97%~23.97%/15.73%。

2.7.5.4 胜利煤田

胜利煤田位于内蒙古自治区锡林郭勒盟阿巴嘎纳尔旗锡林浩特镇以北，地理坐标为东经115°30′~116°35′，北纬43°45′~44°18′。煤田东西长45km，南北宽15km，面积约660km^2。该区地处内蒙古高原，海拔在980~1100m之间，地貌为一宽缓的凹地，凹地东高西低。

该煤田的出露地层由老至新为寒武—奥陶纪温都尔庙群，为一套灰色、灰绿色绢云母石英片岩、二云母石英片岩及石英岩组成的变质岩系，厚度大于2360m。该煤田腐植酸均低于20%，属低腐植酸。该煤田苯抽出物（褐煤蜡 E_{ad}^B）均低于1.00%。

2.7.5.5 白音华煤田

白音华煤田是内蒙古十大煤田之一，矿区面积510km²，探明储量140.7亿吨，煤层共有三个煤组，平均厚度在34.5m左右，煤质为优质中灰低硫褐煤，其高位发热量为4600大卡，属优质动力褐煤。平均剥采比为3.37m/t。煤田电力供应、通讯、交通等基础设施较完备，为大型开采提供了必要条件。煤种为褐煤，水分10%~12%，灰分18.70%~21.29%，挥发分49.5%；硫分0.81%；腐植酸5.08%；灰熔点小于1250℃（1080~1500℃）。具中灰、低硫、中低热值、高挥发分、低熔灰分等特性。该煤田已列入全国十三个大型煤炭基地蒙东基地之中。总体规划已由国家发改委批准。该煤田腐植酸含量在10.93%~23.39%，全区平均含量为13.85%，按腐植酸含量分级属于低腐植酸煤。该煤田褐煤蜡（E_{ad}^B）含量在0.51%~2.14%之间，褐煤蜡平均值含量为1.39%。

从总体上看，内蒙古自治区的褐煤储量位居全国第一，但其褐煤蜡含量相对都较低，达不到目前褐煤蜡含量大于5%才有工业经济价值的要求。但从另一方面看，在有可能的情况下，还是应该适当放慢褐煤的开采速度，特别是那些褐煤蜡含量大于1%的煤田。如果我们把褐煤矿看成矿石，把其中的褐煤蜡看成黄金，试想想，1%的"含金量"，这恐怕是金矿中少有的"富金矿"。

参 考 文 献

[1] 叶显彬，周劲风. 褐煤蜡化学及应用 [M]. 北京：煤炭工业出版社，1989.

[2] 浙江大学. 固体燃料化学，1961.

[3] Erich Kliemchen. 75 Years production of montan wax, 50 Years montan wax from Amsdorf. DDR Röblingen am See. 1972.

[4] Lissner A, Thau A. Die Chemie der Braunkole. Band2. Halle (Saale), 1953.

[5] Fenton G. American Ink Maker, 1965, 43 (5)：78.

[6] Foedisch D. American Ink Maker, 1972, 50 (10)：30.

[7] Родэ В. В Химия Тв. Топхива, 1974 (6)：105.

[8] Шнапер В И. Химия Тв. Топхива, 1975 (6)：8.

[9] Lüdecke C. Taschenbuch für die wachsindustrie. Stuttgart, 1958.

[10] Warth A H. The Chemistry and Technology of Waxes.

[11] Bennett H. Industrial Waxes, Volume I, New York, 1975.

[12] 张铁军，杨贵林，等. 燃料化学学报，1981 (4)：349.

[13] 张铁军，杨贵林，等. 燃料化学学报，1982 (1)：79.

[14] 山西省燃料化学所. 燃料化工，1972 (4)：12.

[15] 孙淑和，唐运千，等. 云煤科技，1980 (4)：19.

[16] 叶显彬. 云煤科技，1980 (4)：14.

[17] 叶显彬，李仁琨，包冠乾. 云煤科技，1980 (4)：38.

[18] 中华人民共和国国家标准. GB/T 2559—2005 褐煤蜡测定方法 [S]. 北京：中国标准出版社，2006.

[19] 中华人民共和国国家标准. GB/T 1575—2001. 褐煤的苯萃取物产率测定方法［S］. 北京：中国标准出版社，2002.

[20] 三泰书斋. 中国煤炭资源分布大全.［2015-5-15］.
http：//www. 360doc. com/content/15/0511/08/22129012_ 469581298. shtml.

[21] 木瓜-Andy. 中国褐煤资源分布与生产情况.［2010-12-23］.
https：//wenku. baidu. com/view/09681c29 4b73f242336c5f13. html.

3　褐煤的组成

3.1　概述

要做到褐煤高效清洁综合利用最佳化，首先必须了解褐煤的组成。褐煤是一种由化石化植物的残留物组成的化石燃料，它的前身是泥炭。根据成煤时间（年代）的不同，可以将褐煤分为三个"年龄"级别：年青褐煤、年轻褐煤和年老褐煤。注意这里的"年龄"级别是按褐煤的"年龄"大小分级，例如，我国内蒙古的褐煤煤田几乎都属于白垩纪煤田、几乎都属于年老褐煤煤田，所以，内蒙古褐煤煤田的褐煤蜡含量和腐植酸含量相对都较低；而云南的昭通煤田和黑龙江的宝清煤田属于第三纪煤田，这两个煤田都属于年轻褐煤煤田，因此，昭通煤田和宝清煤田的褐煤蜡含量和腐植酸含量相对都较高，但由昭通煤田和宝清煤田褐煤制备的粗褐煤蜡中树脂的含量也较高；年青褐煤的前身就是泥炭，几乎都始于新生代第三纪晚期或新生代第四纪早期。

古生代石炭纪晚期至二叠纪早期：距今约 3.20 亿~2.78 亿年；

古生代二叠纪晚期：距今约 2.64 亿~2.50 亿年；

中生代三叠纪晚期：距今约 2.27 亿~2.05 亿年；

中生代侏罗纪早中期：距今约 2.05 亿~1.59 亿年；

中生代白垩纪早期：距今约 1.42 亿~0.99 亿年；

新生代第三纪：距今约 6550 万~180 万年。

总之，按褐煤的"年龄"大小顺序是：泥炭→年青褐煤→年轻褐煤→年老褐煤，而成煤时间先后顺序与褐煤的"年龄"大小顺序相反。

褐煤的组成，也有三个不同的水平级别：元素水平、分子水平、物质水平。

在元素水平上，无非是分析所研究的褐煤由哪些元素组成。C、H、O 是组成褐煤的三种主要元素，这三种元素几乎占到褐煤总量的 95% 以上；另外，在不同煤田的褐煤组成中，可能还有 N、S 及一些金属元素，如 Fe、Mn、Ga、Ge 等。在元素水平上，对任何煤田的分析研究，方法都一样，只要分析出研究对象中包含哪些元素即可，但只用元素所占比例，很难对研究对象——褐煤进行定性。

在分子水平上，有超大分子、大分子、中分子和小分子四个级别。到目前为止，关于褐煤分子水平级别的研究报道少得可怜，偶有涉及，也是停留在小分子水平上。但是，就像我们上面把褐煤划分为泥炭、年青褐煤、年轻褐煤（中年褐煤）和年老褐煤四个级别一样，褐煤也像人体一样，有四肢百骸、五脏六腑。如果我们只从表象上看，任何一个人的四肢百骸、五脏六腑都一样。而现代科学已经证明，天底下没有两个完全相同的人，这才是本质。这也从另一个角度说明众所周知的事实：不同年龄的人，其四肢百骸、五脏六腑都一样，而且四肢百骸、五脏六腑的"功能"都一样，其差别在"功效"。人类都有"四肢"，但每个人的"四肢"的灵活程度不一样；同一个人，其"四肢"的灵活程度又随其"年龄"的不同而发生变化。"百骸、五脏、六腑"的"功效"变化亦同此。

因此，我们只停留在元素水平或小分子水平上研究褐煤的"四肢百骸、五脏六腑"，恐怕无法解释褐煤中那些对生命有重要意义的"组分"的"功效"，我们认为应该向"中分子、大分子、超大分子"进军，因为"功效"是"组分"组合结果的集中体现。

在物质水平层面，褐煤主要由粗褐煤蜡、腐植酸和煤质主体（包括灰分）三大部分组成。其中粗褐煤蜡又可进一步分为褐煤蜡主体、树脂、沥青三个部分，褐煤蜡树脂也称为褐煤树脂，褐煤蜡沥青也称为褐煤沥青或地沥青。

到目前为止，中国国内的褐煤高效清洁综合利用，基本上是停留在褐煤"煤质主体"层面，例如，气化、液化、热解、燃烧等，这样的褐煤高效清洁综合利用最多只能说是褐煤的有效利用，谈不上"综合"二字，因为"气化、液化、热解、燃烧"等最终都是把褐煤当成煤给"烧"了。那些藏在褐煤蜡与腐植酸中对生命有重要意义的"组分"也被"烧"了，"烧"得真悲惨，这些一同被"烧"掉的"组分"，也许就是生命。

我们课题组经过长期的研究实践，总结出褐煤高效清洁综合利用最佳途径如图 3-1 所示，其中的编号①、②、③、④就是褐煤高效清洁综合利用最佳途径的先后顺序：提褐煤蜡→提腐植酸→气化、液化、热解、燃烧发电→……；而镓、锗等，有则提，无则免；④灰渣用于水泥熟料和制砖，只是举其一二而已。

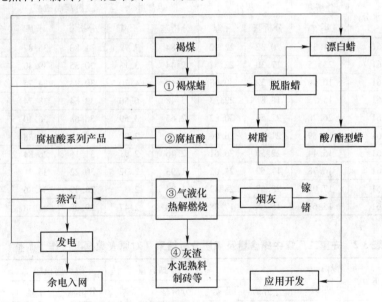

图 3-1　褐煤高效清洁综合利用最佳途径示意图

从煤的"年龄"大小顺"泥炭→年青褐煤→年轻褐煤（中年褐煤）→年老褐煤→长焰煤→不黏煤→弱黏煤→气煤→肥煤→焦煤→瘦煤→贫煤→无烟煤"看，煤体与人体非常相似。人都是人，煤都是煤；不同年龄的人，其四肢百骸、五脏六腑的"功效"不同，原因在于其四肢百骸、五脏六腑在"元素"水平上各种元素所占的比例不同、在"分子"水平上各种物质所占的比例不同、在"物质"水平上各种混合物所占的比例不同；13 个不同"年龄"的煤，在"元素水平、分子水平和物质水平"上各种元素、各种物质、各种混合物所占的比例不同，这是各种"年龄"的煤"功效"不同的主要原因，这亦是导致由不同"年龄"的煤制得的相同产品，如粗褐煤蜡、精制褐煤蜡、腐植酸及腐植酸盐等物理化学性质不同的主要原因。

所以，本章中收录一些不同层面上褐煤组成的研究结果，希望对今后的研究方向与焦点会有所启示，同时能对不同褐煤煤田的褐煤高效清洁综合利用途径的选择亦有所启示，这是编者所愿。

3.2 昭通褐煤煤田褐煤物质层面上的组成

1989 年，截以忠、李宝才对昭通褐煤制取褐煤蜡进行了研究[1]，他们在研究论文中还提供了昭通褐煤煤田褐煤物质层面上的组成，这里摘录其中相关部分研究结果以供参考。

3.2.1 富含褐煤蜡煤区的筛选

截以忠、李宝才发现三棵树煤厂、红泥区煤矿、红泥乡二厂煤矿、红泥乡一厂煤矿的褐煤蜡含量平均都在 3% 以下，不能作为褐煤蜡生产的原料，其余矿区分析结果列于表3-1~表3-4 中。

表 3-1　守望一厂煤中蜡含量及煤质分析结果　　　　　　　　（%）

编号	全水分	分析基水分	灰分		蜡含量		游离腐植酸		水溶腐植酸	
			分析基	干基	分析基	干基	分析基	干基	分析基	干基
上 1	61	11.35	20.32	22.92	6.84	7.72	31.80	35.87	0.11	0.12
上 2	61	23.15	17.30	22.51	2.44	3.18	30.35	39.40	0.58	0.75
上 3	61	10.96	27.32	30.68	4.19	4.70	30.94	34.75	0.66	0.07
上 4	61	15.75	18.81	22.33	5.48	6.50	32.64	38.74	0.81	0.96
上 5	61	26.70	22.59	30.82	2.63	3.59	36.68	36.40	0.63	0.86
下 1	61	16.89	21.66	26.06	2.41	2.90	30.15	36.28	0.09	0.11
下 2	61	15.44	22.50	26.61	2.46	2.91	31.16	26.84	0.05	0.06
下 3	61	16.78	17.52	21.05	1.93	2.32	30.21	36.31	0.46	0.55
下 4	61	17.08	23.57	28.42	1.94	2.34	28.49	34.36	0.22	0.26
下 5	61	15.67	15.08	17.88	2.08	2.47	29.08	34.48	0.16	0.19

表 3-2　守望二厂煤中蜡含量及煤质分析结果（对原表数据顺序作了调整）　　（%）

编号	全水分	分析基水分	灰分		蜡含量		游离腐植酸		水溶腐植酸	
			分析基	干基	分析基	干基	分析基	干基	分析基	干基
上 1	61	9.95	34.05	37.81	3.35	3.72	25.22	28.61	0.61	0.67
上 2	61	16.29	34.69	29.49	6.67	7.97	27.17	32.46	0.76	0.91
上 3	61	10.12	31.62	35.19	2.36	2.65	29.03	32.28	0.27	0.30
上 4	64	14.30	25.82	30.13	5.26	6.14	30.35	35.41	0.58	0.68
上 5	61	7.14	27.46	29.57	4.20	4.52	32.28	34.76	0.69	0.10
上 6	61	16.92	28.94	34.83	2.86	3.28	28.44	34.23	1.10	1.32
下 1	61	15.69	21.02	24.93	1.84	2.18	31.35	37.18	0.41	0.49
下 2	61	15.12	37.22	43.85	2.05	2.42	27.27	32.13	0.22	0.25
下 3	61	15.56	21.12	25.31	2.73	3.27	33.64	40.32	0.36	0.43
下 4	61	15.14	31.02	36.55	2.43	2.86	25.93	30.56	0.48	0.56

表 3-3 三善堂北矿煤中蜡含量及煤质分析结果（对原表数据顺序作了调整） （%）

编号	全水分	分析基水分	灰分		蜡含量		游离腐植酸		水溶腐植酸	
			分析基	干基	分析基	干基	分析基	干基	分析基	干基
上 1	62	14.31	13.05	15.23	4.22	4.92	32.83	38.38	0.08	0.09
上 2	61	23.91	12.39	14.39	4.34	5.04	30.99	36.00	0.28	0.32
上 3	64	5.93	13.28	14.12	1.40	1.50	27.60	29.34	0.76	0.81
中 1	64	21.14	9.82	12.45	2.42	3.08	33.32	42.25	0.13	0.16
中 2	60	14.98	16.45	19.35	4.02	4.73	34.11	40.12	0.04	0.05
中 3	61	11.61	13.55	15.33	3.53	3.99	30.11	34.06	0.13	0.15
中 4	60	23.74	9.12	11.80	2.03	2.03	29.84	38.62	0.28	0.28
下 1	60	10.23	13.30	14.82	1.98	2.20	41.40	46.12	0.15	0.17
下 2	60	12.25	12.90	14.74	1.12	1.28	38.73	44.27	0.14	0.16
下 3	64	20.73	9.73	12.27	1.29	1.63	33.98	42.87	0.18	0.23

表 3-4 三善堂东矿煤中蜡含量及煤质分析结果（对原表数据顺序作了调整） （%）

编号	全水分	分析基水分	灰分		蜡含量		游离腐植酸		水溶腐植酸	
			分析基	干基	分析基	干基	分析基	干基	分析基	干基
上 1	56	23.29	13.92	18.14	2.73	3.56	31.06	40.49	0.17	0.22
上 2	50	8.98	12.87	14.16	1.50	1.65	35.77	39.30	0.04	0.04
上 3	61	13.23	15.19	17.51	3.27	3.77	34.88	40.20	0.69	0.10
上 4	66	22.36	12.35	15.91	3.21	4.13	29.72	38.23	0.10	0.13
上 5	60	14.97	15.27	17.96	4.37	5.14	35.25	41.45	0.08	0.09
上 6	63	14.75	11.54	13.54	4.20	4.93	34.24	40.16	0.02	0.05
上 7	60	13.40	14.97	17.29	4.26	4.93	39.66	34.25	0.10	0.12
中 1	61	8.29	11.05	12.05	2.55	2.78	34.88	33.63	0.07	0.10
中 2	59	22.53	10.38	13.40	2.53	3.26	32.92	42.29	0.15	0.19
中 3	64	11.92	10.88	12.36	1.97	2.24	37.09	42.11	0.09	0.10

从表 3-1、表 3-2 可知，守望一厂、守望二厂褐煤灰分都比较高，为 19%~44%（干基）、全水分 70% 左右、蜡含量 2%~8%，其中蜡含量 3% 以上的点占 50%~60%，且大多分布在上层和中层，这是因为在煤化过程中受地下水、地壳运动、温度、压力等物理化学因素的作用，使质地较轻的植物蜡往上迁移富集，从而在上层得到富集，同时随着煤化程度的加深，蜡质分解破坏，造成下层蜡含量低。

在表 3-3 中，三善堂东西两矿煤样全水分也在 60% 左右，蜡含量 2%~5%，且分布均匀稳定，3% 以上的点在 50%，与守望一厂、守望二厂比较，突出的优点是灰分低，大都在 15% 以下。游离腐植酸含量在 30%（干基）之间，比守望两厂的高，虽水溶性腐植酸含量低一些，仍是褐煤高效清洁综合利用的好原则之一。

从文献及国内部分生产厂情况分析，蜡含量在 2%~8% 的褐煤均可用作生产褐煤蜡的原料。因此，守望一厂、守望二厂和三善堂东、西两矿的褐煤都可用于生产褐煤蜡。

3.2.2 昭通褐煤蜡的物理化学性质

为了进一步确定昭通褐煤蜡的质量是否满足工业应用的要求。作者对守望一、二厂，三善堂东、西矿两部分煤样进行大样萃取试验，每次用煤 7~8g，将制取的蜡样做了酸值、皂化值、酯值、熔点、树脂含量分析，结果列入表 3-5。

表 3-5　部分煤样中褐煤蜡的物理化学性质（对原表数据顺序作了调整）　　（%）

样品矿点号	大样抽取率（干基）/%	酸值/mg KOH·g⁻¹	皂化值/mg KOH·g⁻¹	酯值/mg KOH·g⁻¹	熔点/℃	树脂含量（丙酮可溶物）/%
守望上 1 号	7.41	42	76	34	81.8	26.90
守望上 2 号	7.72	52	85	33	79.6	29.20
守望上 3 号	4.29	52	69	17	81.5	26.27
守望上 4 号	6.85	54	76	22	81.5	27.87
守望上 5 号	4.83	50	77	27	81.1	26.26
守望上 6 号	4.58	54	76	22	81.3	26.72
三善堂西上 1 号	5.37	53	72	19	82.5	14.29
三善堂西上 2 号	5.39	54	80	26	82.0	14.70
三善堂西中 1 号	4.41	52	82	30	81.2	16.54
三善堂东上 1 号	5.43	58	72	14	82.5	18.23
三善堂东上 2 号	5.20	49	76	27	82.2	20.16
三善堂东上 3 号	5.58	56	83	27	82.5	15.37

从分析结果看出，无论是守望一厂、守望二厂，还是三善堂东、西两矿，褐煤蜡的酸值都在 50~58mg KOH/g 之间，说明其中含游离蜡酸丰富，与舒兰蜡接近，作为粗蜡直接使用，性能优于寻甸、潦浒褐煤蜡。皂化值 70~85mg KOH/g，熔程范围在 70.5~83.2℃之间。完全满足工业用蜡的要求。由于昭通蜡地沥青含量低于 10%，故其熔程高，略低于吉林舒兰蜡。作者认为正是由于它的低地沥青含量，其质量优于舒兰蜡。守望蜡的树脂含量较高，最高达 29.20%，与寻甸、潦浒蜡接近，比舒兰蜡略高一些。

由表 3-5 可以看出，树脂含量比我国生产的任何一种褐煤蜡都低，这一点非常重要，工业用褐煤蜡要求树脂含量越低越好。以上说明昭通粗蜡质量优于寻甸蜡、潦浒蜡，尤其是地沥青含量低、酸值高，特别有利于精制蜡的生产。

完成上述分析后，作者又对 4 个矿进行综合采样分析，每矿布点 200 以上，综合样量 150~200kg，当场破碎、缩分，得到 10kg 左右的样品供分析用。如表 3-6 和表 3-7 所示。

表 3-6　三善堂、守望综合煤样工业分析结果　　（%）

样品矿点号	全水分	分析基水分	灰分		蜡含量	
			A^f	A^g	E_B^f	E_B^g
三善堂东矿	58	27.87	10.72	14.86	3.43	4.76
三善堂西矿	59	12.75	13.06	14.97	3.34	3.98
守望一厂	60	17.36	23.86	28.87	2.63	3.18
守望二厂	60	18.23	25.62	31.33	2.87	3.51

表 3-7　三善堂、守望综合煤样中褐煤蜡的物理化学性质

样品矿点号	大样抽取率（干基）/%	酸值/mg KOH·g⁻¹	皂化值/mg KOH·g⁻¹	酯值/mg KOH·g⁻¹	熔程/℃	树脂/%	地沥青/%
三善堂东矿	4.96	56	90	84	82.5	16.25	9.85
三善堂西矿	4.19	55	83	28	81.0	16.06	2.76
守望一厂	3.35	53	83	30	81.0	28.42	7.85
守望二厂	4.14	57	84	27	80.6	28.77	6.82

综合样三善堂东矿大样抽取率为 5.0%、西矿 4.2%、守望一厂 3.4%、守望二厂 4.1%。三善堂东矿蜡含量与寻甸、潦浒接近。4 个矿蜡含量都比舒兰的蜡含量高。综合蜡样酸值为 53~57mg KOH/g，皂化值为 83~90mg KOH/g，酯值为 30~33mg KOH/g，地沥青最高接近 10%，最低只有 2.8%。如果考虑海拔高度因素，则会更低。综合样分析结果再次显示了三善堂蜡的低树脂含量，仅为 16%。由于我们取样布点时，一些灰分明显高的点也列入。将来生产时，可选择性挖掘，估计蜡含量会明显提高。

从分析结果还可看出，当煤分析基水分较低时，蜡抽出率（干基）就偏低，作者认为，这是由于煤中无机离子与蜡酸分子作用的结果。水分适量时，煤中 Ca^{2+}、Mg^{2+}、Fe^{3+}、K^+、Na^+ 等无机离子与蜡酸分子作用力较小，蜡酸能被有机溶剂抽出。水分偏低，蜡酸分子与上述无机离子作用力加强，形成蜡酸盐，不易被萃取。水分过高，虽干基抽出率高，但蜡得率下降，且溶剂消耗增加，容器负荷增大。因此，水分控制在 15%~25%，特别有利蜡的抽取，这一点对于指导工业生产具有非常重要的意义。

综上所述，三善堂、守望两地之褐煤蜡质量完全满足用蜡工业的要求。

3.2.3　结论

通过对召通守望，三善堂煤矿褐煤蜡的研究，作者得出如下结论：

（1）三善堂、守望两地褐煤中干基褐煤蜡含量均在 4% 以上，完全可以作为生产蜡的原料。

（2）昭通蜡具有酸值高、树脂、地沥青低等优点，可满足工业应用的各项指标，特别适合生产精质漂白蜡和各种改质蜡。

（3）昭通煤区易开采，建厂条件优越，是我国最有前景的褐煤蜡生产基地。

（4）三善堂褐煤灰分低、腐植酸含量高、蜡含量分布稳定，且质量好，适宜煤的化工综合利用。

3.3　宝清褐煤煤田褐煤物质层面上的组成

在中国已经探明地质储量 10 亿吨以上的 15 个褐煤煤田中，只有昭通煤田和宝清煤田属于富蜡煤田，上一节简单介绍了昭通煤田褐煤物质层面上的组成，这一节介绍位于黑龙江省双鸭山市宝清县朝阳区的宝清煤田褐煤在物质层面上的组成。

3.3.1　宝清褐煤含蜡量的原始数据

根据宝清朝阳区煤炭勘探报告[2]中宝清褐煤苯抽出物（褐煤蜡）及腐植酸情况：仅

10 号煤层在全区的苯萃取物主要成分为蜡和树脂，对该区 99 个样点进行了统计，苯萃取物含量为 0.69% ~ 16.04%，平均 4.29%，属于中-高产率苯萃取物褐煤，见表 3-8；该区腐植酸含量为 10.23% ~ 75.65%，平均 40.15%，属于富腐植酸褐煤。在中部有一条带腐植酸含量高达 60% ~ 70%，靠近南部 F3 露头处腐植酸含量高达 50% ~ 60%，平均 43.14%。

表 3-8　宝清煤田 10 号煤层苯抽出物（褐煤蜡）含量一览表

孔 号	苯萃取物产率 $E_{B,d}/\%$	孔 号	苯萃取物产率 $E_{B,d}/\%$	孔 号	苯萃取物产率 $E_{B,d}/\%$
903	2.33	16106	7.44	17205	2.42
1101	3.44	16107	1.49	17206	3.69
1102	1.60	16108	11.60	17207	5.22
1103	2.09	16109	6.11	17210	4.68
1204	1.74	16201	5.22	17212	5.50
1206	1.57	16202	6.30	17300	5.34
1301	16.04	16203	5.93	17302	3.58
1304	1.43	16204	4.61	17304	4.44
1409	6.12	16205	5.32	17306	7.67
1412	3.66	16206	7.50	17308	6.31
1505	0.86	16207	7.00	1807	1.27
1506	1.62	16212	3.70	1810	2.29
1513	0.69	16300	5.18	1811	0.97
1514	5.21	16302	7.03	1812	2.48
1515	4.90	16304	4.59	1813	9.07
1516	2.12	16306	3.76	1815	4.87
15201	3.83	16308	4.43	1817	5.06
15202	0.97	1701	2.54	18100	5.08
15203	6.59	1702	0.94	18102	6.69
15204	5.51	1703	2.25	18104	6.12
15205	8.99	1705	1.54	18201	3.03
15206	3.69	1708	4.78	18202	3.92
15207	5.22	1712	2.10	18203	5.18
15300	3.53	1713	6.39	1902	3.11
15302	6.86	1714	3.56	1903	2.95
15304	4.85	1715	4.95	1904	2.60
15306	8.26	1718	6.04	1905	4.92
15308	6.78	1723	4.52	1906	6.78
1609	1.66	17100	5.50	1907	7.23
1618	5.85	17106	6.90	1908	4.84
1619	5.11	17107	5.57	2102	2.40

孔 号	苯萃取物产率 $E_{B,d}/\%$	孔 号	苯萃取物产率 $E_{B,d}/\%$	孔 号	苯萃取物产率 $E_{B,d}/\%$
1620	4.51	17108	8.69	2104	4.08
804	4.12	1405	4.16	1803	4.76
803	2.9	C_{10}	4.51	1804	6.5
C_2	3.18	C_9	5.7	C_{11}	2.5
C_3	5.21	1601	3.04	2003	5.6
1201	3.55	1602	5.14	2201	2.4
1202	2.35	1603	5.45	2202	3.33
1603	5.45	1604	4.8	2203	1.48
1604	4.80	1801	3.93	2404	1.94
1801	3.93	1802	4.26	2402	2.79
1802	4.26	C_8	3	2602	1.03
1601	3.04	1803	4.76	2202	3.33
1602	5.14	1804	6.50	2203	1.48
2201	2.40	C_{11}	2.50	2404	1.94
C_8	3	2003	5.60	2402	2.79
1625	4.30	17109	7.92	16105	2.90
16102	1.39	17201	4.03	17204	2.88
16104	5.56	17202	5.84	1201	3.55
601	2.32	804	4.12	1202	2.35
C_5	3.09	803	2.90	1405	4.16
801	2.3	C_2	3.18	C_{10}	4.51
802	3.22	C_3	5.21	C_9	5.70
2602	1.03				

依据矿区勘探数据推算：黑龙江宝清 10 号煤层的褐煤资源量达 11.59 亿吨（全区可开采），局部褐煤中褐煤蜡平均含量大于 5%（干基），腐植酸平均含量大于 50%（干基），褐煤蜡资源储量近 4000 万吨，腐植酸资源储量近 4 亿吨。

因此，对宝清褐煤的开发，首先应该考虑褐煤蜡的提取，其次是腐植酸的提取，之后才是气化、液化、热解、燃烧发电等。有鉴于此，神华国能宝清煤电化有限公司与中国科学院山西煤炭化学研究所、昆明理工大学合作，开展了预研究工作，在此基础上，正式立项开展宝清褐煤高效清洁综合利用研发工作。其中昆明理工大学的主要研发内容是：神华国能宝清煤电化有限公司褐煤生产褐煤蜡系列产品项目的前期研究。

3.3.2 宝清褐煤的理化性质[3]

神华国能宝清煤电化有限公司褐煤生产褐煤蜡系列产品项目的前期研究和项目立项之后，宝清公司正式提供了第一批 10 袋褐煤样品，总重 500kg。课题组每袋平行测定三次，测试项目包括全水分、分析基水分、灰分、总腐植酸、游离腐植酸、褐煤蜡甲苯萃取率。第一批 10 袋褐煤样品理化性质分析测试结果的平均值归纳汇总于表 3-9 中。之后又采了第二批 4 袋、第三批 8 袋煤样进行平行分析测定。该项目的部分研究结果见表 3-9 和表 3-10。

表 3-9 宝清褐煤理化性质分析报告单（第一批煤样平均值汇总）   （%）

编号	全水分	分析基水分	灰分（干基）	总腐植酸（干基）	游离腐植酸（干基）	甲苯萃取率（干基）
1	54.71	20.10	41.39	36.96	35.41	4.69
2	49.97	14.34	31.51	53.17	53.33	6.95
3	50.10	21.93	33.71	51.02	46.79	8.34
4	53.46	8.58	39.67	39.37	39.43	4.59
5	49.65	11.11	29.77	61.87	58.36	6.51
6	49.67	7.89	31.14	59.37	58.32	7.24
7	50.26	11.38	36.05	54.67	54.10	4.61
8	47.18	12.50	34.96	61.66	57.86	7.21
9	49.89	20.29	38.18	56.37	55.40	5.37
10	42.69	15.56	47.99	47.12	46.12	5.32
平均	49.76	14.37	36.44	52.16	50.51	6.08

表 3-10 宝清褐煤理化性质分析报告单（三批平均值汇总）   （%）

编号	全水分	分析基水分	灰分（干基）	总腐植酸（干基）	游离腐植酸（干基）	甲苯萃取率（干基）
第一批	49.76	14.37	36.44	52.16	50.51	6.08
第二批	33.86	11.25	64.47	25.50	26.17	2.52
第三批	49.94	10.21	39.08	35.85	38.01	5.24

由表 3-9 可以看出，宝清第一批褐煤样品总腐植酸最低、最高和平均含量分别为：36.96%、61.87%、52.16%（干基）；褐煤蜡最低、最高和平均产率（可被萃取出来的褐煤蜡）分别为 4.59%、8.34%、6.08%（干基）；缺点是这批煤样灰分特别高，高达 36.44%，而腐植酸含量不算高：52.16%。由此可以得到的初步结论：宝清褐煤现有样品分析数据表明，宝清褐煤可用于生产褐煤蜡，具有工业应用开发价值。同时必须对甲苯萃取物进行大样制备，考察萃取物的理化性质，确定是否为褐煤蜡。

3.3.3 关于宝清褐煤生产褐煤蜡的结论[3]

把三批采样分析结果汇总于表 3-10 中并制成图 3-2，由表 3-10 和图 3-2 可以看出，对宝清褐煤而言，褐煤蜡含量高的矿区采样点褐煤中总腐植酸含量也高，而灰分的含量则相对较低，反之亦然。也就是说，对宝清褐煤而言，褐煤蜡含量越高，总腐植酸含量也越高，而灰分含量则越低。

宝清褐煤局部有选择性可生产褐煤蜡，所以，在生产过程中，首先应通过采样分析，确定哪些矿区点的褐煤能用于褐煤蜡生产：褐煤蜡含量大于 5% 才具有工业生产价值。

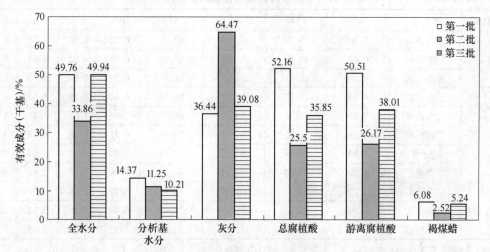

图 3-2　宝清褐煤有效成分分布图

3.4　褐煤中苯总提物的估算

前两节介绍的是中国已经探明地质储量 10 亿吨以上的 15 个褐煤煤田中的两个富蜡煤田——昭通煤田和宝清煤田，目的在于希望有关开发单位不要把这些富蜡褐煤当成燃料烧掉。

1987 年，陈文敏对"我国褐煤蜡资源及其分布"进行了研究，并提出根据元素组成分析结果中的氢氮比 H/N 估算苯总提物 E_B^T 的计算公式[4]，文中各富蜡褐煤煤田物质层面的数据也是非常宝贵的资料。

陈文敏系统地研究了中国褐煤蜡资源的分布，发现褐煤越年轻，其 E_B^T 的平均含量越高；第三纪褐煤中的氢氮 H/N 重量比大者其 E_B^T 也高，并导出根据氢氮 H/N 重量比计算褐煤苯总提物 E_B^T 的经验公式。中国侏罗纪褐煤中的 E_B^T 含量低于 2%，无提取的经济价值（如内蒙古褐煤）。

3.4.1　中国褐煤蜡资源分布特征

我国褐煤的褐煤蜡含量一般（以干基计 E_B^g）在 1%~2% 左右，大于 3% 的不多见，含量最高者不超过 10%。这与我国褐煤的煤化程度较深有关。从我国褐煤蜡的地区分布来看，总的趋势是云南的褐煤中蜡含量最高。在产褐煤的矿点中，云南有 5 个 E_B^g 在 2.0%~8.0% 之间，而其他地区较低，尤以内蒙古、山东更低。总的是南方褐煤中含蜡量高于北方褐煤含蜡量。从表 3-11 可以看出，以 E_B^T 来衡量，则 E_B^T 大于 5% 的几乎都分布在南方。

从表 3-11 还可以看出，E_B^T 大于 5% 的褐煤，其 V^T 都在 55% 以上，C^T 都小于 71%，H^T 几乎都在 6% 以上，但氮含量都低于 1.3%。这样它们的 H/N 重量比都在 4.99 以上，E_B^T 越高，H/N 比也愈大。可以看出褐煤蜡是一种含氢量高、含蛋白质少的脂肪烃类物质。

表 3-11　中国较高褐煤蜡含量的矿点褐煤组成　　　　（％）

成煤时代	矿　点	W^T	A^g	V^T	C^T	H^T	N^T	E_B^T	H/N
晚第三纪	云吉潦浒	7.20	17.76	62.04	67.88	6.52	1.04	9.21	6.27
	云南寻甸	6.84	15.06	61.78	67.79	6.04	0.92	8.98	6.57
	潦浒七队	4.58	6.32	59.63	68.71	6.20	1.14	8.50	1.14
	云南罗茨	4.28	19.95	61.73	64.33	6.44	1.29	5.62	4.99
	云南曲靖	9.89	18.95	60.47	66.52	5.96	1.08	6.18	5.52
	广西钦州	17.56	18.41	56.44	70.78	6.42	1.16	6.63	5.53
	穗子坪	5.12	15.84	60.35	74.54	6.63	1.04	3.69	6.38
	广西邕宁	6.73	15.07	59.14	64.20	5.08	0.96	2.65	5.29
早第三纪	广东茂名	2.22	55.31	60.27	76.86	6.78	2.08	3.00	3.26
	吉林舒蓝	8.54	29.81	55.65	72.67	6.00	1.88	3.33	3.19
	吉林珲春	5.47	32.50	48.92	72.53	5.22	1.01	2.05	5.17

注：上角标 T 表示总体或全部；W^T 为全水分；A^g 为干基灰分；V^T 为全挥发分；C^T 为碳含量；H^T 为氢含量；N^T 为氮含量；E_B^T 为总提物；H/N 为氢氮比。

3.4.2　褐煤蜡含量 E_B^T 与成煤时代的关系

从表 3-12 中可以看出，我国晚第三纪褐煤中的 E_B^T 含量最高，平均 3.94％。第三纪褐煤中的 E_B^T 平均为 1.92％，而早、中侏罗世的褐煤中的 E_B^T 更低，为 0.62％。所以我国侏罗纪褐煤基本都无提取褐煤蜡的经济价值。

表 3-12　不同时代褐煤 E_B^T 含量分布　　　　（％）

成煤时代	煤样数	W^T	W^g	V^T	C^T	H^T	H/N	稳定组	E_B^T
晚第三纪	32	12.35	18.99	55.92	68.41	5.67	8.29	5.91	3.94
早第三纪	35	10.56	23.26	49.68	72.82	5.76	7.91	3.71	1.92
晚侏罗纪	19	12.79	17.45	45.56	72.30	5.10	7.05	2.03	0.81
早、中侏罗纪	14	8.23	10.53	38.60	75.43	5.19	6.88	0.75	0.62

从表 3-12 容易看出，不同时代的褐煤其蜡含量之所以有明显的差异，在于 V^T、H/N、稳定组含量不同所致。一般来说，E_B^T 高的褐煤，其 V^T 也高；但 V^T 高的煤，E_B^T 不一定高。H/N 比高的晚第三纪褐煤其蜡含量也高，反之，H/N 比低的早、中侏罗纪褐煤的蜡含量也低；稳定组 H/N 比高的晚第三纪褐煤，其 E_B^T 也高。所以要寻找提取褐煤蜡的资源，可以按上述原则来判断。

（1）中国早第三纪褐煤的蜡含量 E_B^T 与 H/N 重量比的关系：

$$E_B^T = 1.224 \frac{H}{N} - 4.17 \quad （\%） \tag{3-1}$$

（2）中国晚第三纪褐煤的蜡含量 E_B^T 和 H/N 重量比的关系：

$$E_B^T = 1.941 \frac{H}{N} - 3.12 \quad （\%） \tag{3-2}$$

3.4.3　结论

通过对中国不同地区、不同时代、不同煤田的褐煤蜡含量 E_B^T 分布特征和 E_B^T 与其他煤化度指标的相互关系研究，可以得出以下初步结论：

（1）中国的褐煤大多为较年老的褐煤，蜡含量 E_B^T 都小于 10%。

（2）从地区分布来看，我国褐煤蜡资源以云南省境内的平均品位最高，广西、吉林有少数含蜡较高的褐煤。

（3）从不同成煤时代来看，晚第三纪褐煤的蜡含量最高，蜡含量 E_B^T 平均为 3.94%；其次是早第三纪褐煤，其平均含蜡量为 1.92%。至于晚侏罗纪褐煤，早、中侏罗纪褐煤，E_B^T 含量低，无提取的经济价值。

（4）我国晚第三纪褐煤中 H/N 重量比大于 3.6% 的褐煤，蜡含量 E_B^T 随 H/N 重量比增高而增大，E_B^T 含量总的趋势是随 H/N 原子比增大而增大。

3.5 云南褐煤蜡初探

1984 年，胡正品在《云南地质》上发表了《云南褐煤蜡初探》的研究论文[70]。该文根据云南省已有的褐煤蜡分析化验资料，总结出褐煤蜡在煤层中的分布很不均匀。褐煤蜡与煤中的氢呈明显的正相关关系——这与我们引用过陈文敏的《我国褐煤蜡资源及其分布》[4] 中褐煤蜡含量与褐煤中 H/N 重量比成正比是一致的结论。胡正品认为，这种正相关关系是因为褐煤蜡含量的变化是受煤岩成分的控制，稳定组分的多少是控制褐煤蜡含量多少的主要因素。煤化程度也与褐煤蜡的贫富有关，煤化程度低的褐煤蜡含量就高；反之，煤化程度高的褐煤蜡含量低。文中对云南省一些主要褐煤煤田的褐煤蜡含量作了一定的比较，并分析其控制因素。最后得出结论，凡煤化程度低、稳定组分高的褐煤，褐煤蜡含量一定高。

云南褐煤绝大部分为第三纪之后的年青褐煤，属腐植煤类型，产于第三纪山间盆地和谷地中。成煤时期主要为中新世和上新世，属渐新世的很少。褐煤分布遍及全省各地，储量极其丰富，不仅占全省煤炭总储量之冠，在全国褐煤储量中也名列前茅——排名第二。在云南省众多的褐煤矿区中，有不少的矿区是属于煤化程度很低的泥炭矿或软褐煤矿，含有丰富的褐煤蜡及腐植酸。

褐煤蜡是一种变质的植物蜡（其实包含少量动物蜡）。在常压下用有机溶剂萃取褐煤所得的产物——粗褐煤蜡，主要由纯蜡、树脂和地沥青组成，是一种分子量较大的脂肪酸、醇、脂组成的复杂混合物。由于褐煤蜡制品具有良好的物理化学性能，已经广泛用于机械精密铸造、电缆电线、油漆、涂料、皮革、复写纸和蜡纸等方面，为国防、轻化工业的重要原料。我国 20 世纪 50 年代前不生产褐煤蜡，完全依靠从德国进口，20 世纪 60 年代才研制开发成功褐煤蜡生产工艺并投入生产。从此在云南省地质勘探工作中开始重视对褐煤蜡的评价，但一般只限于化验成果的罗列，没有综合研究成果。所以该论文对褐煤蜡的贫富变化规律及其控制因素进行初步探讨。

3.5.1 褐煤蜡在煤层中的分布概况

根据云南省大量的褐煤蜡化验资料，褐煤蜡在煤层中的分布并不均匀，有的矿区含蜡量（E_B^g）仅 1% 左右，有的矿区却高达 10% 以上。即使同一矿区，不同煤层的含蜡量也有较大差别，例如曲靖潦浒矿区 C_2、C_{2+3} 和 C_3 煤层，E_B^g 平均值可达 6% 左右（个别地段可高达 9% 以上)，而 C_4 煤层的 E_B^r 平均值只有 3.58%。有的矿区即使同一煤层，其含蜡量也不均匀。

例如在昭通矿区分布面积达 140km² 的 M_2 煤层，E_B^r 普遍小于 1.5%，而在矿区西部大约 10km² 的范围内却相当富集，平均值为 3%~4%，基本达到了工业品位。

3.5.2 褐煤蜡与煤中的氢的相关关系

云南省主要褐煤矿区的大量煤样化验成果表明，褐煤蜡的贫富与煤中的氢含量密切相关。总的趋势是，褐煤蜡含量随煤中氢含量的增减而增减。

901 钻孔，当 H^T 为 0.54% 左右时，E_B^T 相差不大，一般为 4%~5%，但当 H^T 降到 5.98% 时，E_B^T 就随之降低，仅有 2.08%；当 H^T 升到 5.98% 时，E_B^T 也随之上升、高达 9.06%。1103 钻孔和 1102 钻孔的 H^T 虽然变化不大（极差约 0.6%），但 E_B^T 的波动幅度还是受 H^T 所制约。

潦浒三个矿区的 219 件低灰煤样的实测氢值和褐煤蜡萃取率分组统计计算的结果如表 3-13 所示，也足以说明这一相关关系。

表 3-13　氢值与褐煤萃取率统计表

昭通矿区煤芯样			弥勒矿区煤芯样			潦浒矿区煤芯样		
组次	$H^T/\%$	$E_B^T/\%$	组次	$H^T/\%$	$E_B^T/\%$	组次	$H^T/\%$	$E_B^T/\%$
①	4.52	1.61	①	4.57	2.62	④	5.09	4.95
②	4.72	1.66	②	4.75	3.19	⑤	5.23	5.08
③	4.89	1.73	③	4.94	3.52	⑥	5.60	4.45
④	5.08	2.28	④	5.13	4.69	⑦	5.69	5.32
⑤	5.30	3.57	⑤	5.29	4.63	⑧	5.92	6.57
⑥	5.51	5.57	⑥	5.49	4.93	⑨	6.10	7.14
⑦	5.69	6.44	⑦	5.68	5.47	⑩	6.39	7.93
⑧	5.87	6.89	⑧	5.96	6.82	⑪	6.51	8.64

注：表中组次是按氢值的大小排列，从 4.4% 开始，每隔 0.2% 分成一组，如 4.4%~4.6% 为①组，4.6%~4.8% 为②组，依次类推。

昭通、弥勒、潦浒三个矿区的褐煤蜡萃取率与煤中氢含量都呈线性相关关系。经检验，在 95% 概率的情况下，它们各自的相关系数 r 值，均在临界域内，说明 E_B^T 与 H^T 大于 4.5% 时，当 H^T 每增 0.5%，昭通、弥勒、潦浒三个矿区 E_B^T 分别递增为 1.9%、0.5% 和 1.2%。增减幅度略有差别，这是因为煤岩成分和煤化程度不尽相同的缘故。

表 3-14 是几个褐煤矿区的煤质综合成果，尽管这些矿区地质情况不同，但褐煤蜡含量随煤中氢含量的增减而增减的趋势仍然相当明显。

表 3-14 中，陇川矿区的 E_B^T 值偏低是由于煤的灰分萃取率偏高引起的，高灰分煤的矿物质多，有机质相对减少，必然降低干基褐煤蜡萃取率，但一经换算成可燃基，E_B^T 值也就正常了。

表 3-14　云南几个矿区的煤质综合成果表　　　　　　　（%）

矿区 \ 指标	W^T	A^g	V^T	C^T	H^T	E_B^g	E_B^T
允佑河	9.09	21.59	54.05	64.56	4.98	1.26	1.61
小龙潭	13.29	11.69	51.38	69.26	5.08	1.34	1.52
昭通	14.67	24.83	56.87	66.69	5.11	1.82	22.42
山心村	11.90	18.13	54.77	65.33	5.37	3.42	4.18
罗茨	10.49	19.07	54.19	66.85	5.55	3.99	4.93
昌宁	7.95	9.42	59.38	66.02	5.61	5.24	5.78
陇川	9.58	29.02	54.75	65.97	5.70	4.43	6.24
潦浒	14.26	17.24	60.55	67.02	6.04	5.60	6.81
寻甸	9.69	14.56	62.69	67.70	6.06	8.95	10.48
右所	7.68	17.28	62.05	68.60	6.10	9.59	11.59

3.5.3　褐煤蜡贫富变化的控制因素

褐煤蜡含量与煤中氢含量的相关关系只是一种现象，因为煤的氢含量取决于煤岩成分，所以从本质上看，褐煤蜡含量的变化是受煤岩成分的控制。在煤的有机显微组分中，稳定组分的多少对此影响最大。以昭通矿区为例，褐煤蜡含量普遍偏低，而唯独在矿区西侧富集，其原因是煤的有机显微组分比例起了变化，主要是稳定组分增加了。表 3-15 所列三个钻孔的煤岩鉴定成果可以说明这一点。

表 3-15　昭通矿区褐煤蜡与煤岩成分的关系

钻孔	煤层	煤岩显微组分/%				褐煤蜡萃取率/%	
		镜质类	丝质类	稳定类	矿物类	E_B^g	E_B^T
3414	M_1	62.78	2.99	7.81	26.42	2.58	3.04
	M_2	65.25	3.36	7.59	23.80	2.65	3.44
2512	M_1	57.02	1.90	0.48	40.60	0.62	1.30
	M_2	74.65	0.98	0.34	24.03	1.33	1.85
0615	M_1	80.22	2.00	0.54	17.25	1.25	1.54
	M_2	64.90	0.96	0.94	33.20	1.29	1.98

昭通褐煤镜质组分的化验结果，煤中氢 H^T 只有 5% 左右，褐煤蜡萃取率 E_B^T 只有 2% 左右。可见，镜质组分不是褐煤蜡富集的因素，贫氢的丝质组分更不是，这就反证了稳定组分的多少是控制褐煤蜡贫富的主要因素。至于煤中的矿物质，纯粹导致褐煤蜡的贫化。

昭通褐煤的显微煤岩类型，多属中等矿化亮煤型。煤岩有机显微组分，以镜质组分凝胶化基质占绝对优势（一般大于 90%，甚至 100%），丝质组分平均 2.5%，稳定组分平均 4.2%。稳定组分中多数为角质层，有少量的树脂体、木栓层和孢子体。其成煤植物多为栎、栗、榆、核桃、小朴、恺木、云杉、铁杉等，成煤环境为高中环绕的富水低位沼泽，成煤植物中的蜡质、树脂等成分本来就很少，加上水介质不畅通，富集很困难，反映在煤岩成分上，稳定组分就很少，因此昭通褐煤蜡含量偏低。

与昭通褐煤煤化程度相当的罗茨褐煤，煤岩鉴定成果为：显微煤岩类型，属角质矿化暗亮煤；煤岩显微组分，以镜质组分居多（一般在 75% 左右），其次为稳定组分（一般在 15% 左右），丝质组分很少（0~5%），矿物质多少不等（5%~20%），稳定组分主要为角质层、树脂体和木栓层，孢子体比较少见；在局部地段，角质层和树脂体特别富集，达 30%~50%，与镜质组分互为消长。又据孢粉分析资料，罗茨褐煤的成煤植物主要为阔叶树，杂有较多的针叶树，以山毛样科占绝对优势，其次是松科。这些特征与昭通褐煤显然不同（主要是煤中的稳定组分较高），致使罗茨褐煤的蜡含量比昭通褐煤高。

从化学角度看，煤中的稳定组分主要是由成煤植物中化学稳定性强的角质、木栓质、脂肪、树脂、孢粉质等脂类化合物所形成，这些脂类化合物与褐煤蜡的化学组成基本上一样，而煤中的镜质组分和丝质组分则是由植物根、茎、叶的木质纤维组织经凝胶化作用和炭化作用转变而成，木质纤维组织的化学成分主要是木质素芳香族化合物和纤维素、半纤维素等碳水化合物。有资料说明，木本植物的不同部分的有机组分含量百分比有很大差别，如木质部中，碳水化合物占 60%~75%、木质素占 20%~30%、脂类化合物仅占 2%~3%；而木栓和孢子花粉中的脂类化合物却分别高达 30% 和 90%。由此可见，褐煤蜡的主要来源应是成煤原始植物中富含脂类化合物的角质层、木栓层、树脂体、孢子花粉等有机组分。煤中的稳定组分之所以对褐煤蜡起控制作用，其实质就在于此。

煤中稳定组分的多少与成煤的古地理环境、泥炭沼泽中水的酸碱度和介质的氧化还原条件也有一定的关系。腐植煤原始质料中的稳定组分本来比例就很低（如阔叶树和松柏类约占 1%~3%），如没有适宜的聚煤环境和沉积条件，褐煤蜡不可能富集。除此以外，煤化程度对褐煤蜡的贫富也起控制作用。煤的各种有机显微组分，在煤化过程中都在逐渐变化，不同的煤化阶段，它们的物理化学性质和工艺性质都具有不同的特点。煤的稳定组分与褐煤蜡均属于高分子长链脂肪酸和高级一元醇形成的脂类，既然褐煤蜡受煤中稳定组分的控制，那它也会在煤化过程中起相应变化，主要表现在褐煤蜡的化学组成不断失去氧而转化为碳氢化合物。因此，当煤的稳定组分相近时，煤化程度低的褐煤蜡含量高，煤化程度高的褐煤蜡含量低。例如越州褐煤与罗茨褐煤的煤岩成分差不多，由于前者的煤化程度较低，其蜡含量也就高于后者。有人称小龙潭褐煤为典型的高变质褐煤（即煤化程度高）、潦浒褐煤为典型的低变质褐煤（即煤化程度低），说明小龙潭褐煤的煤化程度比潦浒褐煤的煤化程度高，反映在褐煤蜡的含量上，小龙潭褐煤的褐煤蜡含量就比潦浒褐煤的褐煤蜡含量低得多。表 3-16 以煤的挥发分大致表征煤化程度，可以看出褐煤蜡含量随煤化程度的变化情况。

表 3-16　褐煤蜡与煤化程度的关系

（%）

矿区 ＼ 指标	V^T	C^T	H^T	E_B^T
小龙潭	51.80	69.26	5.08	1.52
永平羊街	51.58	64.84	5.01	1.94
普 耳	51.60	66.59	5.51	2.93
罗 茨	54.19	66.85	5.55	4.93
可 保	57.18	68.61	5.60	5.83
越 州	60.55	66.91	5.91	6.30
潦 浒	60.55	67.02	6.04	6.81
会 泽	61.80	65.19	5.70	6.96

3.5.4 结束语

（1）褐煤蜡在煤中的分布并不均匀，即使是在同一个矿区或同一煤层，也有很大差别。

（2）褐煤蜡与煤中氢的关系相当密切，一般是褐煤蜡含量随煤中氢含量的增高而增高，富氢褐煤是褐煤蜡富集的明显标志。如果煤的氢含量相近，则随煤的灰分增加而减少。

（3）煤中稳定组分的多少及煤化程度的高低，是控制褐煤蜡贫富的决定因素。煤化程度低、稳定组分高的褐煤，褐煤蜡含量一定非常可观。

基于上述认识，为抓好云南褐煤的综合利用，对于那些已经普查勘探过但缺乏褐煤蜡化验资料的矿区，应对褐煤蜡进行补充评价，除了系统的采样化验褐煤蜡外，还应兼作煤岩鉴定、煤的工业分析和元素分析，并结合原有的煤质资料进行综合研究，以掌握其内在联系的规律，来判析整体，指导评价工作的进行，切不能凭一些零零星星的褐煤蜡化验成果就作出评价的结论。

陈文敏[4]和胡正品[70]所发表的这两篇论文中关于褐煤蜡含量与褐煤中的氢含量呈正相关的结论，不失为判断估算褐煤中蜡含量的一种方法，前者有估算公式，后者只有数据分析，如果真能建立一个高度显著的根据褐煤中的氢含量 H^T 计算褐煤蜡含量的通式，那将为褐煤勘察者和研究者提供有效参考。

3.6 内蒙古赤峰市丹峰煤田褐煤物质层面上的组成

张学仁等在《丹峰煤田富蜡褐煤资源赋存特征及开发利用》一文中提供了内蒙古赤峰市丹峰煤田褐煤物质层面上的组成如表 3-17 所示[5]。

表 3-17 丹峰煤田褐煤蜡、腐植酸和稀有元素含量统计表

检测样品号	褐煤蜡/%	腐植酸/%	镓	锗
918			$50×10^{-6}$	$2×10^{-6}$
919			$40×10^{-6}$	$3×10^{-6}$
920	2.69	24.0		
921		20.4		
922	4.68	33.1	$10×10^{-6}$	0
923	2.73	22.7	$13×10^{-6}$	$1×10^{-6}$
924	3.66	34.7	$11×10^{-6}$	0
925	3.22	29.8	$6×10^{-6}$	$1×10^{-6}$
926	0.31			
927	0.74			
928	0.80	22.1	$12×10^{-6}$	$16×10^{-6}$
929	4.62	32.8	$5×10^{-6}$	$5×10^{-6}$
930	1.62	16.6	$12×10^{-6}$	$6×10^{-6}$
931	2.30			
平均	2.49	26.24	$17.67×10^{-6}$	$3.77×10^{-6}$

注：平均值为编者计算。

作者在文中提供的勘查资料：褐煤的有机成分中，含碳量 50.73%~67.35%；含氢量 4.06%~8.41%；含氮量 1.41%~1.92%，分析基发热量平均 9.20MJ/kg；挥发分>40%；灰分 50.28%，煤质处于泥炭与褐煤之间，可视为高灰分低级褐煤。故煤化程度极差，发热量很低。富蜡褐煤宏观特征表现为灰褐色、棕褐色，暗煤、污手，手触摸有油腻感。多为块状或板状，具明显木质结构，炭化程度极低，部分层位保留有相当数量的植物残体，质地松软；并含有腐植酸和稀有元素镓等。对其检测显示：褐煤蜡含量 0.8%~4.68%，平均含量 3.00%；腐植酸含量 16.6%~34.7% 平均含量 26.24%。各项样品检测指标如表 3-17 所示。

1995 年乌丹镇投资建成设计生产能力 1000t/a 的我国第四个褐煤蜡生产厂。

无论是论文作者所说的褐煤蜡平均含量 3.00%，还是由表 3-17 计算的消费结果 2.49%，都达不到到目前为止具有工业生产价值的 5% 褐煤蜡平均含量指标，原料褐煤中蜡含量从 5% 下降 3%，原料成本将增加 65%、操作费用（干燥、破碎、筛分、萃取）也相应增加 65%，所以，1995 年投资建厂的后果，可想而知。

3.7　褐煤分子水平层面上的组成

周俊等[6]在《褐煤中可溶有机质的分离和检测研究进展》一文中，结合他们课题组的研究成果——从褐煤中分离到的烃类，含氧、氮、硫和氯的杂原子化合物分别进行了综述。他们从褐煤中分离和检测到的烃类主要是正构烷烃、芳烃和萜类化合物，含氧化合物包括酚、醛、酮、酸和酯类化合物。在此基础上，对褐煤的应用前景进行了展望，并提出了一些如何使褐煤中的有机质的可溶化、有机质的分离和分离后的产物的分析的有效方法。

当前褐煤的主要用途是直接燃烧发电，这可能是一种浪费，而褐煤被视为劣质燃料是因为其存在高水分（20%~50%）、高灰分（30% 左右）、低热值、低灰熔点、热稳定性差和容易风化、自燃等问题。褐煤和石油、天然气一样，它本身并不是污染源，但是由于人们从分子水平上对褐煤的组成结构知之甚微，在褐煤转化理论的研究以及利用技术的开发等方面一直没有取得重大突破。因此，非常必要寻找一条合适的路径来充分利用褐煤资源。目前甚至更长一段时间内褐煤资源利用过程中需要解决的主要化学问题，首先是要对褐煤中的有机质的组成结构有一个确切的认识。

真正认识褐煤中所有有机质的组成是一项长期而艰巨的工作，到目前为止，人们尚未深入了解褐煤的结构和组成，对于组成褐煤的各种不同的分子的认识仍然是提出较为模糊的零散的概念。该论文从褐煤中检测和分离得到的可溶有机化合物的成分入手，结合他们课题组多年来的研究成果，分别对这些化合物进行简要的概括和讨论。

3.7.1　烃类化合物

3.7.1.1　正构烷烃

以 KOH 作为催化剂，在 280℃ 条件下，彭耀丽等[7]用甲醇对锡林浩特褐煤进行超临界醇解，醇解产物依次用正己烷、乙醚、甲醇和 THF 进行分级萃取后进行 GC-MS 分析。在正己烷萃取物（F2）和乙醚萃取物（F3）中分别检测到 C_{20}~C_{30} 和 C_{18}~C_{32} 的正构烷烃，在上述碳数范围内连续分布且基本上呈正态分布。正构烷烃广泛存在于植物及其他生物体中，C_{20} 以下的正构烷烃源于菌藻类，C_{20} 以上者来自高等植物蜡质[8]。这为有机地球化学的研究提供了重要的依据。

3.7.1.2 芳烃

在大多数煤中，碳的存在形式是芳香族结构[9]，通过不同的方法可以转化成多种形式的有机化合物，因此，以煤作为原料制取芳香族化合物具有突出和显著的优越性。以甲醇作溶剂，Chen 等[10]用高压釜分别对锡林浩特和霍林郭勒褐煤进行超临界甲醇解，在两者醇解产物中分别检测到 13 种芳烃类化合物（图3-3）。

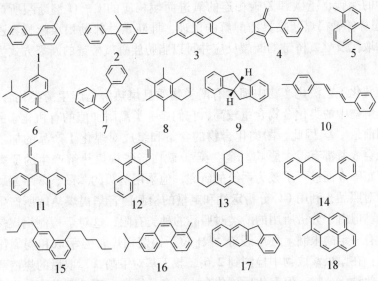

图3-3　锡林浩特褐煤和霍林郭勒褐煤甲醇解产物中检测到的芳烃

因为都是褐煤，醇解产物中共同存在 8 种相同的芳烃（化合物 2、5、6、7、9、13、16 和 18），但是，不同的煤种决定了锡林浩特褐煤中单独含有化合物 1、8、11、12 和 15，而霍林郭勒褐煤中独有芳烃 3、4、10、14 和 17。

3.7.1.3 萜类

史继扬等[11]通过对云南水井湾褐煤进行溶剂萃取，检测到一系列的生物标志物，从中鉴定出藿烯、β-藿烷以及丰富的升藿烷，此外还鉴定出脱 A-羽扇烯、脱 A-羽扇烷、朽松木烷、山达脂海松烷、降海松烷、松香烷以及它们的同分异构体。刘奎等[12]用氯仿分别萃取内蒙古扎赉诺尔和云南寻甸褐煤。可溶物用正己烷溶解后再进行柱层析分离。从分离的馏分中检测到具有明显奇偶优势的正构烷烃、两种类异戊二烯烃、二萜烷和五环三萜烷以及一种鲜见报道的三环二萜烯。其中扎赉诺尔煤的芳烃馏分以二萜芳烃为主，而寻甸褐煤却以三萜芳烃为主。Franciszek 等[13]以甲苯为溶剂，对波兰的两种褐煤进行超临界醇解，醇解产物中检测到三环和四环的二萜烷、单环和四环的三萜烷及五环的三萜烷。

3.7.2 含氧化合物

有机氧含量比较高是褐煤的主要特征，且高的有机氧含量也是导致褐煤热值低的因素之一，这也为从褐煤中获得含氧的高附加值有机化学品提供了机遇[14]。褐煤中的氧主要以酚羟基、羰基、羧基和酯基的形式存在。深入了解褐煤的醇解产物中的含氧有机物的组成是研究褐煤中的氧的赋存形态的一个重要着眼点。以甲醇或乙醇这两种低碳醇作溶剂，作者课题组[15,16]已经对锡林浩特和霍林郭勒褐煤超临界醇解的条件和醇解产物的分布进行了较为深入的研究。对于醇解机理的解释，Mondragon 等[17]认为，煤在乙醇中的溶解性提高是因为乙醇能够在超临界条件下使煤中的醚氧桥键断裂并对煤的烷基化起到促进作用，而 Iino 等[18]则认为乙醇加速了煤的溶胀作用，进一步地促进了煤在乙醇中的溶解。Lu 等[16]认为，超临界醇解生成的含氧有机物由甲醇或乙醇中的氧原子亲核进攻与霍林郭勒褐煤有机质中的酯碳、脂碳和芳碳相连的氧进而使相应的 C—O 键断裂所产生。王玉高等[19]分析了霍林郭勒褐煤超临界乙醇解的机理，推断霍林郭勒褐煤超临界乙醇解过程中存在着烷基的取代及醚氧桥键的断裂反应并且以脂肪族醚氧桥键的断裂方式为主。

3.7.2.1 酚

大部分煤转化工艺液化产物中都含有酚类物质且煤热解是产生酚类化合物主要原因。褐煤的低温热解物中酚类化合物含量较高，它们是一类高附加值的有机化学品，有着诱人的回收和利用前景[20]。因此，酚类化合物的含量和组成对煤化工产品的加工工艺及整体经济效益和社会效益都有很大影响。童兰英[21]就白音华褐煤热解产生的酚类化合物在产率、组成及分布等方面进行了较为系统的研究，他采用购买的苯酚、苯甲酚、二苯甲酚和三甲苯酚作为对照品，利用 GC 分析定性和定量的检测白音华褐煤热解所产生的酚类的组成和相对含量。但由于分析所用的酚类对照品的种类有限，这对于检测褐煤热解所产生的其他种类的酚有一定的限制。孙小熳等[22]比较了锡盟褐煤常温萃取和弱氧化产物中检测到的酚类区别：在原煤萃取物中检测到 2,6-二叔丁基对甲酚，萃取后的煤渣氧化后的萃取液中也检测到此种化合物，但氧化后该化合物的含量提高，而且原煤萃取液中检测到的 2,2-二叔丁基对甲基苯酚甲烷消失。由此推断 2,6-二叔丁基对甲酚是在 2,2-二叔丁基对甲基苯酚甲烷弱氧化反应中断键得到的。Aktas 等[23]用甲苯对预处理后的波兰褐煤进行超临界甲苯萃取，萃取物用柱层析的方法进行分离，在苯作为洗脱剂的馏分中，检测到的酚类化合物的含量占到该馏分检测到的化合物总量的 28.2%，其中分别以苯酚、苯甲酚、苯乙酚、苯丙酚和丁基苯酚的形式存在。

3.7.2.2 醛

岳晓明等[24]从锡林浩特褐煤的丙酮—CS_2 微波萃取物中检测到三种醛类化合物：o-羟基苯甲醛、p-羟基苯甲醛和 4-羟基-3-甲氧基苯甲醛。Chen 等[10]在锡林浩特褐煤和霍林郭勒的超临界醇解产物中同时检测到 20（2-甲氧基-5-甲基苯基）丙醛，而锡林浩特褐煤醇解产物中检测到 2,4,5-三甲氧基苯甲醛，霍林郭勒褐煤醇解产物中检测到（E)-十七碳-15-烯醛。相比较其他种类的含氧化合物，除了锡林浩特和霍林郭勒褐煤，从其他种类褐煤的萃取物或热解物中检测到醛类化合物鲜有报道。

3.7.2.3 酮

相比较醛类化合物，从褐煤中检测和分离到酮类化合物的种类较为偏多。Zhou 等[25]采用柱层析的方法，从胜利褐煤的苯-甲醇热溶物中富集到两种支链和 13 种碳原子从 $C_{15} \sim C_{27}$ 分布的直链的甲基酮。甲基酮类化合物不仅可以作为有机合成中间体使用，也是非常重要的香料中间体和制药原料[26~28]。当甲基酮被用作香料使用时，低级脂肪酮的香气较弱，$C_8 \sim C_{13}$ 的不对称甲基酮则具有相对较浓的令人愉悦的香气，可以直接作为香料使用。而长链甲基酮无论是作为香料本身使用，还是用作合成香料的中间体，均具有重要意义[29]。Chen 等[10]从锡林浩特和霍林郭勒两种褐煤的超临界甲醇解产物中共检测到 20 种酮类的化合物（图 3-4），但作者认为从有机化合物分类的角度，其中化合物 3、5 和 19 应该归属为酯类化合物。

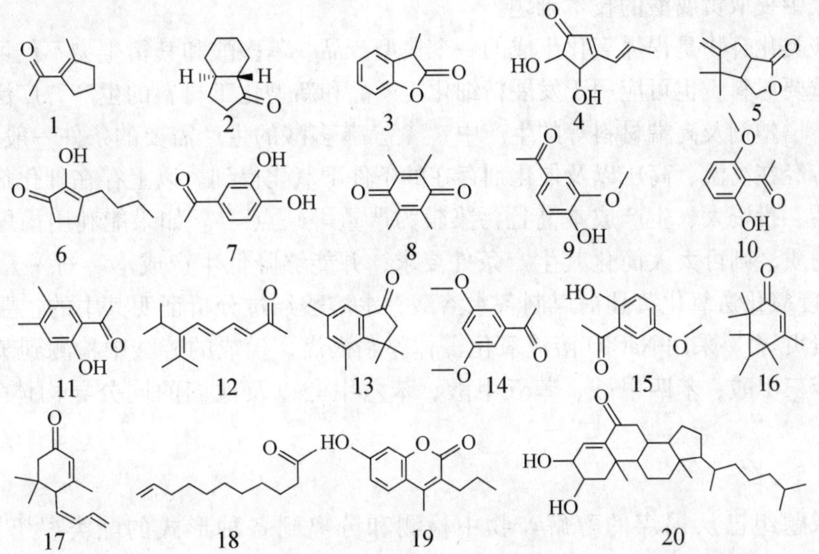

图 3-4　锡林浩特褐煤和霍林郭勒褐煤甲醇解产物中检测到的酮

3.7.2.4　酸

褐煤中不仅存在脂肪酸，还含有芳香酸，这一发现已经得到科学家的证实[30~32]。宫贵贞等[33]概括和总结了国内外学者利用各种方法对煤氧化解聚以获得有机酸的研究，还报道了其反应的机理和产物分布情况。Monika[34]利用 GC-MS 的分析方法，分析了脂肪酸在几种波兰褐煤中的分布情况，研究发现了一系列从正十六烷酸到正三十三烷酸连续分布的长链碳烷酸，其中从 $C_{20} \sim C_{30}$ 分布的碳烷酸的所占的比例最高。同时也检测到了一些分子量比较小的羧酸。检测到的所有羧酸中主要是饱和的碳烷酸，只检测到 9-十八烯酸和 9-十六烯酸这两种不饱和酸。长链的不饱和脂肪酸具有促进饱和脂肪酸及所衍生的酯类等化合物在血液中运行时的作用，以减少上述物质在血管壁上沉积的可能性，进而达到防治血管动脉硬化的目的。另外，脂肪酸在人体内燃烧氧化后增加了血液的缓冲性，兴奋中枢神经并加速新陈代谢，使机体能量的产生进一步增强。

褐煤非燃烧利用的其中一个重要方面就是生产腐植酸。我国把腐植酸做药用的历史较久，早在北宋时代（公元 1127 年）就开始应用，明代李时珍《本草纲目》中记载的"东墙土腐烂之古木"和"乌金石"实际上指的就是泥炭和风化煤。利用褐煤作为原料可以生产的腐植酸产品种类很多，目前已经成功用于生产的产品包括：硝基腐植酸、腐植酸钠、腐植酸钾、硝基腐植酸钾、硝基腐植酸铵、磺甲基腐植酸钠、黄腐酸、黄腐酸铁和腐植酸复混肥等[36]。用褐煤生产腐植酸虽然其工艺各不相同，但基本都是利用各种试剂对褐煤进行提取，以获得有用的组分。李宝才等[37]用硝酸氧化寻甸褐煤后用丙酮萃取制得黄腐酸。试验结果表明：利用硝酸氧化褐煤可以使黄腐酸的收率大幅度提高，是生产工业及药用黄腐酸及农用抗旱剂的有效途径。徐东耀等[38]利用氢氧化钠和稀硫酸溶液对褐煤中的腐植酸进行溶解并提取，采用正交试验法找出了提取腐植酸的最优条件。折步国等[39]报道了以硫酸锌为催化剂，硝酸和硫酸这两种混酸氧化降解天祝褐煤的独特工艺，使天祝褐煤中原生黄腐酸的含量从大约2%提高到30%左右，成功解决了从含腐植酸较低的天祝褐煤中提取黄腐酸的技术难题。

苯多酸类化合物是褐煤氧化生成的一个典型产品。苯多酸和其衍生物不仅可以作为有机化工的重要原料，也可应用于发展精细化工产品和新型化工材料的生产，广泛应用于塑料、树脂、增塑剂及高端材料等的生产中[40~44]。苯多酸的生产需要的条件一般比较苛刻，由对应的芳烃在高温、高压以及催化剂存在的条件下氧化得到。以上存在催化剂选择性较低且易失活、投资大、生产成本高且污染较为严重等缺点[45]。如果能利用褐煤氧化直接获取以上物质，则可大大简化其生产条件要求，并能够降低生产成本。刘兴玉等[46]采用碱-空气深度氧化法氧化黄县褐煤制备水溶酸，水溶酸经过分析证明其中的主要成分是苯多酸。宫贵贞等[47]采用NaClO溶液氧化霍林郭勒褐煤，生成的芳酸中检测到苯甲酸、苯二甲酸、苯三甲酸、苯四甲酸、苯五甲酸、苯六甲酸以及他们的同分异构体等16种苯多酸。

3.7.2.5 酯

作者课题组已从褐煤的醇解产物中检测和分离到各种形式的酯类[10,15,16,28,29]。Lu等[16]研究发现：当超临界的温度高于200℃时，褐煤含有的羧酸能够和甲醇或乙醇发生酯化反应而生成相应的甲酯或乙酯。Wang等[49]通过对从霍林郭勒褐煤的超临界醇解研究也得到了同样的结论，他通过柱层析分离还得到了一系列的碳原子数 $C_6 \sim C_{27}$ 连续分布的长链脂肪酸乙酯。长链脂肪酸乙酯采用GC-MS分析时出现的典型分子离子峰是 m/z 88，其裂解机理已得到科学家的合理解释[50]。彭耀丽[48]从锡林浩特褐煤的醇解产物中分离得到带有6个甲基支链的四十二碳烷酸甲酯，该化合物为白色的片状晶体，经GC-MS检测不出峰，HPLC检测出现一个单峰，证明该化合物纯度较高，采用FTIR、^{1}HNMR和^{13}CNMR初步得到了该化合物的结构，但甲基的取代位置需要结合其他表征手段进一步确证。长碳脂肪酸甲乙酯具有优良的润滑性、柔软性、铺展性，广泛用于化妆品、医药、塑料、纺织、皮革、机械切削加工等诸多行业及产品加工。脂肪酸酯的另一个重要应用方向是用作脂肪酸衍生物中间体。此外，它还可以作为车用油（柴油）的重要替代产品[51]。彭耀丽[48]还从锡林浩特褐煤醇解的反应产物中分离出一系列的烷基从癸基到十四基连续分布的碳酸酯类化合物，另外一端相连的均是苯基。她推测此类化合物应该来源于锡林浩特褐煤自身的结构单元，揭示了褐煤中一种新的有机氧的赋存状态。

3.7.3 含氮有机物

煤中存在的含氮有机物在燃烧时转化为 N_2O 和 NO_x 排放到大气中，对环境造成十分严重的污染。其中 N_2O 可参与形成酸雨和光化学烟雾，而 N_2O 不仅会导致温室效应，还会直接破坏臭氧层[52~54]。但是从另外一个角度考虑，若能把这些含氮化合物从煤中提取或分离出来，他们亦是重要的有机化学品。Wei 等[55]以环己酮作为溶剂，采用 Pd/C 催化用 THF/甲醇混合溶剂萃取过的平朔和大同褐煤残渣，并用 GC-MS 分析产物中的石油醚可溶物，和非催化的石油醚可溶物相比，两者检测到的含氮化合物有明显区别：在非催化的石油醚可溶物中检测到 3 种丁胺基吖啶，而在 Pd/C 催化后的石油醚可溶物中检测到苯胺和 6 种烷基苯胺，其中烷基包括甲基、异丙基、丁基、2,2-二甲基丙基、己基和环己基。Liu 等[56]用 H_2O_2 氧化龙口褐煤，在水溶产物中含量最高的一种化合物为结构相对复杂的含氮化合物，作者根据质谱图推测其可能结构如图 3-5 所示。Ding 等[57]用二硫化碳萃取胜利褐煤，萃取物依次以不同比例的正己烷/乙酸乙酯混合溶剂进行梯度洗脱，从其中的一个馏分中检测到一系列的脂肪酰胺，包括 14 种碳原子数从 C_{15} 到 C_{28} 连续分布的正构烷酰胺和两种烯酰胺（C_{18} 和 C_{22}）。脂肪酰胺属于天然脂类化合物，具有显著的生物活性和药用价值[58]。

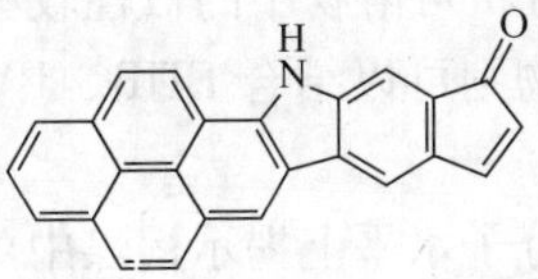

图 3-5 龙口褐煤 H_2O_2 氧化后的水溶产物中检测到的一种含氮化合物

3.7.4 含硫有机物

煤中含有的硫的质量分数也比较高，其含量随煤源而异，占煤重的 0.2%～11%[59]。直接燃烧高硫煤尤其是褐煤产生的 SO_2 被认为是主要的大气污染源[60]。煤中的无机硫主要以硫化物、硫酸盐和硫单质的形式存在[61]。重选法、磁选法、浮选法、絮凝法、电选法、干选法、辐射脱硫法和微波处理法等这些物理方法是较为简单、成本最低、应用最多的脱除无机硫的有效方法[62]。科学家也报道了一些脱除有机硫的化学方法[63~66]：如碱溶、HNO_3 氧化等方法。但有机硫的有效脱除方法依然是一个技术难题，因此充分认识和了解褐煤中有机硫的组成结构对于有效地脱除煤中的有机硫十分重要。Chen 等[10]利用 GC-MS 分析锡林浩特和霍林郭勒褐煤的超临界醇解产物，从中检测到 4-叔-丁基苯硫醇和 1-(3,7-二甲基苯并 [b] 噻吩-2-) 乙酮两种含硫化合物。而彭耀丽等[48]对锡林浩特和霍林郭勒褐煤的超临界醇解产物利用柱层析进行族组分分离后得到的含硫化合物相对较多，检测到噻吩、噻唑、噻吨、5-丁酰基-2-硫代-六氢-嘧啶-4，6-二甲醇和 4，4'-双（二甲氨基）硫代二苯甲酮。

3.7.5 含卤素的有机物

虽然卤素在煤中的含量很低，但其对环境造成的影响仍然不容忽视，特别需要加以重视的是煤燃烧时可能释放的二噁英具有很强的毒害作用[67~69]。煤中的有机卤素与无机卤素相比，其毒性更强，因而更需要关注，但国内外关于褐煤中所含卤素的研究报道很少。Liu 等[56]用 30%的 H_2O_2 氧化龙口褐煤，在其中的水溶产物中检测到 7 种含氯有机化合物，包括 2,2-二氯乙酸、4-氯丁酸、2-氯丙酸、2-氯乙酸、4-氯-1-羟基丁酯、4-氯-1-丁醇和 1，1,3,3-四氯-2-丙酮，其中 2,2-二氯乙酸的含量最高。

3.7.6 结束语

合理高效利用我国十分丰富的褐煤资源，不仅有利于节能减排和环境的可持续发展，而且在褐煤提质过程中可以生产出许多宝贵的化工产品，具有很强的经济利益，这也为低值碳资源转化为高附加值的有机化学品开辟了新的道路和途径。选用合适的溶剂使褐煤中的有机质可溶化，并对可溶物进行精细分离和精确分析是从分子水平上揭示褐煤中有机质组成结构的首要条件。选用极性不同的各种溶剂进行分级萃取、常温条件下的超声萃取、温和条件下的变温热溶等这些方法都可以在尽量不破坏褐煤中共价键的情况下实现褐煤中有机质的可溶化。不仅可以采用传统的硅胶柱层析方法对可溶物进行精细分离，也可以使用较为先进的方法中压制备色谱快速分离褐煤中的可溶物。GC-MS 分析是鉴定褐煤可溶物中的中低极性、热稳定和易挥发的中小极性分子的常用手段，近年来日趋成熟的 HPLC-MS 和 HPLC-FTIR 技术可以用来分析可溶物中的极性较大、分子量较高和热不稳定的化合物，分离得到的纯度较高的有机物则可以结合 FTIR、UV、MS 和 NMR 等分析手段确证化合物的结构。

以上的所有方法均有助于从分子水平上揭示褐煤中可溶有机质的组成结构，为褐煤的高附加值利用提供有力的理论基础和科学依据。

编者按：在褐煤研究领域，这是难得一见的中小分子水平上的稀有论文，所以，几乎是全文引用，希望论文作者不要见责为要。

上述论文从褐煤中分离得到的化合物，与后面章节中将要讲到的由粗褐煤蜡、精制褐煤蜡和褐煤蜡树脂中分离得到的化合物有许多类似之处。但作者认为，即使原始物质（如同一产地的褐煤），用不同的溶剂（萃取剂）或不同的方法分离得到的中小分子水平上的化合物，即使组成（即组分）相同，各组分所占的比例也不会相同，况且组成也不一定相同。而且上述论文中提到的超临界醇解或微波萃取等，本质上都属于萃取（有时称为抽提或提取），只是所用的萃取剂和手段（仪器设备）不同而已，所以文中所说的"分子水平"，实际上是从褐煤中萃取出来的粗褐煤蜡（占褐的比例<8%）的"分子水平"。我们什么时候能够实现褐煤全组分（褐煤蜡+残煤）的"分子水平"上的结构分析，这是一个世界难题，但希望将来可以实现。

参 考 文 献

[1] 截以忠，李宝才. 昭通褐煤制取褐煤蜡的研究 [J]. 云南化工，1989 (2)：5~9.

[2] 黑龙江省煤田地质——〇勘探队. 黑龙江省宝清县朝阳勘查区煤炭勘探报告（内部资料），2005-6-30.

[3] 昆明理工大学. 神华国能宝清煤电化有限公司褐煤生产褐煤蜡系列产品项目的前期研究结题报告，2016-12.

[4] 陈文敏. 我国褐煤蜡资源及其分布 [J]. 煤炭分析及利用，1987 (2)：12~17.

[5] 张学仁，于洋，等. 丹峰煤田富蜡褐煤资源赋存特征及开发利用 [J]. 西部探矿工程，2006 (6)：120~122.

[6] 周俊，宗志敏，等. 褐煤中可溶有机质的分离和检测研究进展 [J]. 化工进展，2013, 32 (9)：

2085~2091.

[7] 彭耀丽，李艳，周肖，等．褐煤超临界醇解反应与产物的组成分析 [J]．煤炭工程，2009（2）：88~90.

[8] 侯读杰，张林晔．实用油气地球化学 [M]．北京：石油工业出版社，2003：148~150.

[9] Schobert H H，Song C S. Chemicals and materials from coal in the 21st century [J]．Fuel，2002，81：15~32.

[10] Chen B，Wei X Y，Zong Z M，et al. Difference in chemical composition of the products from super-critical methanolysis of two lignites [J]．Applied Energy，2011，88（1）：4570~4576.

[11] 史继扬，向明菊，洪紫青，等．五环三萜烷的物源和演化 [J]．沉积学报，1991，9（S1）：26~30.

[12] 刘奎，孙淑和，吴奇虎，等．褐煤的生物标志物研究 [J]．煤炭转化，1996，19（1）：22~32.

[13] Frnaciszek C，Marek S，Bemd R，Simoneitc T. Super-critical fluid extracts from brown coal lithotypes and their group components-molecular composition of non-polar compounds [J]．fuel，2002，81：1933~1944.

[14] Mac K，Shindo H，Miura K. A new two-step oxidative degradation method for producing valuable chemicals from low rank coals under mild conditions [J]．Energy & Fuels，2001，15（3）：611~617.

[15] 芦海云，魏贤勇，孙兵，等．氧化钙催化的霍林郭勒褐煤的超临界甲醇解研究 [J]．武汉科技大学学报，2010，33（1）：83~88

[16] Lu H Y，Wei X Y，Yu R，et al. Sequential thermal dissolution of Huolinguole lignite in methnaol and ethanol [J]．Energy & Fuels，2011，25（6）：2741~2745.

[17] Mondragon F，Itoh H，Ouchi K. Solubility increase of coal by alkylation wiht various alcohols [J]．Fuel，1982，61（11）：1131~1134.

[18] Iino M，Matsuda M. Synergistic effect of alcohol-benzene mixtures for coal extraction [J]．Bulletin of the Chemical Society of Japan，1984，57（11）：3280~3294.

[19] 王玉高，魏贤勇，李鹏，等．霍林郭勒褐煤超临界乙醇解机理分析 [J]．燃料化学学报，2012，40（3）：263~266.

[20] 葛宜掌．煤低温热解液体产物中的酚类化合物（Ⅲ）分离与利用 [J]．煤炭转化，1997，20（2）：49~55.

[21] 童兰英．白音华褐煤热解及酚类化合物分布研究 [D]．大连：大连理工大学，2008.

[22] 孙小熳，张敬华，秦春梅，等．褐煤弱氧化产物的分析 [J]．转化利用，2009，15（3）：43~45.

[23] Aktas Z，Aral O. Super-critical toluene exrtaction of a reduced Trukish lignite [J]．Fuel Processing Technology，1996，48：61~72.

[24] 岳晓明，王英华，魏贤勇，等．微波辅助下锡林浩特褐煤的 CS_2—丙酮萃取物组成分析 [J]．河南师范大学学报（自然科学版），2012，40（2）：91~96.

[25] Zhou J，Zong Z M，Chen B，et al. Enrichment and identification of methyl alkanones from thermally soluble Shengli lignite [J]．Energy Sources，Part A：Recovery，Utilization and Environmental Efect，accepted（DOI 10. 1080/ 15567036. 2011. 652759）．

[26] Tsutomu I，Sigeaki M，Tokio N，et al. A selective and efficient method for alcohol oxidations mediated by N-oxoammonium salts in combination with sodium bromite [J]．J. Org. Chem. ，1990，55（2）：462~466.

[27] 王亚军，沈宗旋，丁娟，等．L-脯氨酸催化α-酮酰胺与甲基酮的不对称直接 Aldol 反应 [J]．有机化学，2007，26（2）：235~239.

[28] Hayashi Y，Yamamoto T，Yamamoto A，et al. Crabon-oxygen bond cleavage of esters promoted by hydrido and alkylcobalt（Ⅰ）Complexes having triphenylphosphine ligands Isolation of an insertion intermediate and molecular structure of phenoxotris（triphenylphosphine）cobal t（Ⅰ）[J]．J. Am. Chem. Soc，1986，108（3）：385~391.

［29］凌关庭. 食品添加剂手册［M］. 北京：化学工业出版社，1997.

［30］Shaw G J, Franich R A, Eglinton G, et al. Diterpenoid acids in Yalloum lingite［J］. Physics and Chemistry of the Earth, 2011, 12：281~286.

［31］Rezanka T. Identiifcation of very-long-chain acids from peat and coals by capillary gas chromatography-mass spectrometry［J］. Journal of Chromatography A, 1992, 627（1-2）：241~245.

［32］Peruavuori J, Simpson A J, Lam B, et al. Structural features of lingite humic acid in light of NMR and thermal degradation experiments［J］. Journal of Molecular Structure, 2007, 826（2-3）：131~142.

［33］宫贵贞，储济明，魏贤勇，等. 煤氧化解聚的研究进展［J］. 化工进展，2011, 30（11）：2461~2466.

［34］Monika J F. GC-MS investigation of distribution of fatty acids in selected Polish brown coals［J］. Chemometrics and Intelligent Laboratory Systems, 2004, 72：241~244.

［35］林启寿. 中草药成分化学［M］. 北京：科学出版社，1977：143.

［36］郑平. 煤炭腐植酸的生产和应用［M］. 北京：化学工业出版社，1991：151~156.

［37］李宝才，戴以忠，张慧芬，等. HNO_3 氧化褐煤制取黄腐酸［J］. 云南化工，1994（4）：5~8.

［38］徐东耀，徐小方，王岩，等. 提取褐煤中腐植酸的新方法［J］. 煤炭加工与综合利用，2007（2）：29~31.

［39］折步国，刘玉兰，周占京，等. 从天祝褐煤中提取黄腐酸的研究［J］. 腐植酸，2000（1）：15~17.

［40］Ren H, Snu J, Zhao Q, et al. Synthesis and characterization of a novel heat resistant epoxy resin based on N,N′-bis（5-hydroxy-1-naphthy1）pyromellitic diimide［J］. Polymer, 2008, 49（4）：5249~5253.

［41］吴晓聪，冯宇川，刘柏根. 间苯二甲酸制备高性能醇酸树脂［J］. 江西化工，2006（4）：157~159.

［42］叶照坚，邱孟杰，李青. 苯多元羧酸酯类增塑剂的合成［J］. 塑料助剂，2003（6）：21~24.

［43］Wang X L, Li J, Lin H Y, et al. Synthesis, structures and elecrtochemical propetries of two novel metal-organic coordination complexes based on trimesic acid（H_3BTC）and 2,5-bis（3-pyridy1）-1,3,4-oxadiazole（BPO）［J］. Solid State Sci, 2009, 11（12）：2118~2124.

［44］Karabach Y Y, Kirillov A M, Haukka M, et al. Copper（Ⅱ）coordination polymers derived from triethanolamine and pyromellitic acid for bioinspired mild peroxidative oxidation of cyclohexane［J］. Inorg Biochem. 2008, 102（5-6）：1190~1194.

［45］赵继芳，孔庆江. 偏三甲苯气相空气氧化法制备偏苯三甲酸酐［J］. 化学与粘合，2004（3）：148~150.

［46］刘兴玉，南国枝，曹重远. 褐煤氧化制备水溶酸［J］. 石油大学学报（自然科学版），1999, 23（3）：83~85.

［47］宫贵贞，魏贤勇，宗志敏. 两种煤的次氯酸钠水溶液降解产物的分离与分析［J］. 燃料化学学报，2012, 40（1）：1~7.

［48］彭耀丽. 锡林浩特和霍林郭勒褐煤的超临界醇解［D］. 徐州：中国矿业大学，2009.

［49］Wang Y G, Wei X Y, Lu H Y, et al. Separation and analysis of the products from super-critical ethnaolysis of Huolinguole lignite［J］. Energy Sources, Part A：Recovery, Utilization, and Environmental Effects, 2011, accepted（DOI：10.1080/15567036.2011.578114）.

［50］徐雁前，刘生梅，段毅. 柴达木盆地第四系沉积物中长链脂肪酸乙酯化合物的检出及意义［J］. 沉积学报，1994, 12（3）：99~105.

［51］谭桂琼，陈天祥，周华东，等. 交酯化法合成乌桕脂肪酸乙酯［J］. 贵州工业大学学报（自然科学版），2003, 32（6）：71~94.

［52］Kambara S, Takarada T, Toyoshima M, et al. Relation between functional forms of coal nitrogen and NO_x emissions from pulverized coal combustion［J］. Fuel, 1995, 74（9）：247~1253.

[53] Tomita A. Suppression of nitrogen oxides emission by carbonaceous reductants [J]. Fuel Process Technology, 2001, 71 (1-3): 53~70.

[54] Stnaczyk K. Temperature-time sieve-A case of nirtogen in coal [J]. Energy & Fuels, 2004, 18 (2): 405~409.

[55] Wei X Y, Ni Z H, Xiong Y C, et al. Pd/C-catalyzed release of Organonitrogen compounds from bintuminous coals [J]. Energy & Fuels, 2002. 16 (2): 527~528.

[56] Liu Z X, Liu Z C, Zong Z M, et al. GC-MS analysis of water-soluble products from the mild oxidation of Longkou brown coal with H_2O_2 [J]. Energy & Fuels, 2003, 17 (2): 424~426.

[57] Ding M J, Zong Z M, Zong Y, et al. Isolation and identification of fatty acid amides from Shengli coal [J]. Energy & Fuels, 2008, 20 (2): 2419~2421.

[58] Walker J M, Krey J F, Chen J S, et al. Targetedlipidomics: fatty acid amides and pain modulation [J]. Prostaglandins & Other Lipid Mediators, 2005, 77 (1-4): 35~45.

[59] 孙林兵, 倪中海, 张丽芳, 等. 煤热解过程中氮、硫析出形态的研究进展 [J]. 洁净煤技术, 2002, 8 (3): 47~50.

[60] Demirbas A. Sulfur removal from coal by oxydesulfurization using alkaline solution from wood ash [J]. Energy Conversion & Management, 1999, 40 (17): 1815~1824.

[61] 章春芳, 解庆林, 张萍, 等. 煤炭生物脱硫技术研究进展 [J]. 矿业安全与环保, 2008, 35 (4): 69~71.

[62] 田正山, 王全坤, 白素贞. 高硫煤燃前脱硫技术 [J]. 化工时刊, 2009, 23 (7): 53~56.

[63] Meffe S, Perkson A, Trass O. Coal beneifciation and organic sulfur removal [J]. Fuel, 1996, 75 (1): 25~30.

[64] Vasilakos N P, Clinton C S. Chemical beneifciation of coal with aqueous hydrogen peroxide / sulphuric acid solutions [J]. Fuel, 1984, 63 (11): 1561~1563.

[65] Liu K C, Yang J, Jia J P, et al. Desulphurization of coal via low temperature atmospheric alkaline oxidation [J]. Chemosphere, 2008, 71 (1): 183~188.

[66] Alvarez R, Clemente C, Gómez-Limón D. The influence of nitric acid oxidation of low rank coal and its impact on coal structure [J]. Fuel, 2003, 82 (15-17): 2007~2015.

[67] Vassilev S V, Eskenazy G M, Vassilva C G. Contents, modes of occurrence and origin of chlorine and bromine in coal [J]. Fuel, 2000, 79 (8): 903~921.

[68] Chagger H K, Jones J M, Pourkashanian M, et al. The formation of VOC, PAH and dioxins during incineration [J]. Process Safety and Environmental Protection, 2000, 78 (B1): 53~59.

[69] Scigala R, Maslanka A, Gliwice P. Energetics combustion of fuels as a potential source of dioxins and furans emissions [J]. Chemik, 2000, 53: 91~94.

[70] 胡正品. 云南褐煤蜡初探 [J]. 云南地质, 1984, 3 (4): 352~360.

4 褐煤的干燥

4.1 概述

要做到褐煤高效清洁综合利用最佳化,首先必须了解褐煤的组成。在褐煤高效清洁综合利用途径中,无论第一步是萃取褐煤蜡,还是气化、液化、热解、炼焦、燃烧发电,都必须对褐煤进行干燥,因为褐煤中含水量比较高,一般都在30%~60%。

富含水分的褐煤属于煤化程度较低的年青煤种,在我国主要分布内蒙古、云南、黑龙江、四川等地。褐煤的特点是水分高、孔隙率大、挥发分高、热值低,并含有不同比例的腐植酸。褐煤的氧含量相对较高,有的高达30%,所以,褐煤的热稳定性差、化学活性好,并具有生物活性成分,块状褐煤加热时容易破碎,放置在空气中容易风化变质、碎裂成小块甚至变成粉末,使热值进一步降低。由于含蜡量高的年青褐煤中含有30%~60%的水分,用其直接提褐煤蜡、气化、液化、热解、炼焦、燃烧发电都非常不利,例如用褐煤燃烧发电,燃烧过程中需要消耗大量的能量以蒸发30%~60%的水分;另一方面褐煤挥发分高,容易发生爆炸。此外,由于水分蒸发过程会带走大量热量,使得燃烧排烟过程热损失大、发电热效率低。温室气体的大量排放以及对褐煤气化、液化等工艺的要求比较苛刻,从而使富含水量的褐煤利用面临严峻的考验。大量开采含水量高的褐煤直接用于气化、液化、热解、炼焦或燃烧,不仅过程设备操作不稳定,而且效率很低。褐煤的高水分含量使得这些煤种(泥炭、年青褐煤、年轻褐煤、年老褐煤)不可能远距离运输,只能在当地使用,这极大地限制了褐煤的开采、加工与利用规模。所以,开发先进的富含水褐煤干燥技术和设备,对于提高褐煤的市场竞争力和降低操作成本都具有重要意义。

在各类煤种中,褐煤的含水量排名第一,全水分一般可达30%~60%。例如,云南省昭通煤田的全水分高达61%,黑龙江省宝清煤田的全水分高达50%(褐煤运到昆明之后分析,在当地分析也应在60%以上)。根据水分的结合状态可分为游离水和结晶水两大类,前者又可分为外在水分和内在水分两种。褐煤脱水过程除脱去部分水分外,同时还伴随着煤的组成和结构变化,这主要是脱水作用和脱水过程温度较高。

含水量大的褐煤干燥提质是在一定温度下经脱水后转化成具有类似烟煤性质的提质煤。提质后褐煤将更有利于综合利用、贮存和运输。这是褐煤提质过程的第一阶段。如果除去褐煤水分中50%~60%的水分,则非常有利于后序加工过程,例如,褐煤蜡萃取过程的溶剂消耗可降低20%左右、褐煤直接燃烧后产生的温室气体的排放量将会降低15%~20%,这相当于提高富含水褐煤的经济价值。

对运输而言,煤炭的运输费用也决定了煤炭的价格,目前的煤炭每吨每公里运费约为0.12元,连褐煤中大量的水分一直进行长距离运输,无形中增加了褐煤的成本,因此高水分含量限制了将煤田当地的褐煤远距离运输。此外,在北方寒冷季节,富含水褐煤在搬运和储存等方面都十分困难。

对褐煤高效清洁综合利用过程中的提蜡、气化、液化、热解、炼焦、燃烧发电等而言，褐煤的优势就是成本低廉，褐煤原料成本是烟煤成本的25%~33%，是天然气发电的14%~17%。然而，褐煤含水量高、熔点低、易结渣等特点导致褐煤发电的电热效率低，这就使低热值褐煤应用遇到空前的挑战。褐煤燃烧的缺点是高排放量（其中有大量的水蒸气）、低热值以及温室气体（GHG）排放问题，这是一个世界性的难题。因此，世界各国纷纷投入大量人力、物力和财力进行褐煤干燥成型技术的研究和开发。

所以，褐煤干燥是褐煤高效清洁综合利用过程的第一步：提蜡、气化、液化、热解、炼焦、燃烧发电等，都必须对褐煤进行干燥。

4.2 国内外褐煤干燥技术简介

国内外褐煤干燥技术开发比较早，典型的国家有德国、俄罗斯、澳大利亚、日本和美国等。代表性的技术有：（1）德国的管式干燥器褐煤型煤技术；（2）日本的一种添加生物质黏结剂的粉煤成型工艺、D-K褐煤脱水工艺等；（3）美国的K燃料工艺（K-Fuel Process）。本节简介几种褐煤干燥技术。

4.2.1 国外褐煤干燥技术[1]

德国、乌克兰、美国、澳大利亚、希腊、波兰等国家都有丰富的褐煤资源，为了提高低阶煤的市场竞争力、提高效率，各国都进行了褐煤干燥技术的研究工作。例如，欧洲把褐煤的干燥作为洁净煤技术项目中的一个重要组成部分；美国针对 Power River Basin 褐煤也在开展煤炭干燥和煤质改性的研究；澳大利亚专门成立了 CRC of Clean Power from Lignite 和 CRC Power Generation from Low Rank Coals 两个联合研究中心进行褐煤利用技术的研究，其中褐煤的预干燥处理技术是近年来的研究重点；印度尼西亚拥有丰富的褐煤资源，原料煤灰分很低，但水分高达30%~60%，因此，印度尼西亚煤炭企业正在努力寻求经济、高效的褐煤干燥技术，以增强印度尼西亚煤炭在国际市场的竞争力。

褐煤干燥过程中的水分蒸发会消耗大量的热能，采用传统热烟气对高水分褐煤进行干燥，由于蒸发的水分中含有大量的空气，因此，其中水蒸气的潜热不能得到利用。此外，由于褐煤挥发分高、着火温度低、容易产生过热现象，使煤质变差，控制得不好，还会发生自燃或爆炸。为防止爆炸所采取的较低热风干燥温度的方法，则存在干燥强度低、速度慢、不适合工业生产要求等问题，而且经常规干燥的煤在放置时会很快吸收空气中的水分，恢复或接近到原来的水平。所以，高水分的褐煤干燥技术必须采用其他干燥介质和设备。国外研究表明，过热蒸汽干燥是一种十分适合干燥褐煤的新型技术。

4.2.1.1 普通烟气干燥技术

普通烟气干燥方式通常按干燥温度、进料时间或产品是块煤还是粉煤来进行分类。在这些分类中，由于干燥设备、冷却方式不同及干燥产品时是否稳定等因素，其工艺也有所区别。普通干燥工艺技术有很多种，包括固定床、流化床、回转窑和夹带系统等，其优点是干燥过程大部分是在相对较低的温度下进行，干燥介质为热烟道气，利用烟道气与褐煤直接接触使之受热，水分蒸发干燥，效率较高；但由于褐煤的燃点较低，干燥过程中常常因局部过热导致煤质变差，控制得不好还会引起爆炸。因为这些工艺在常压低温下进行，故成本较低。

4.2.1.2　热油干燥技术

热油干燥方式是以油类为干燥介质，把煤和油混合成浆，一般在常压下加热脱水。在两个阶段炭化工艺中，原料首先在热油中进行干燥，大部分油在第二阶段的烟气分离装置中回收再利用；少部分油被吸收，用于增加产品的稳定性和提高热值。其工艺成本取决于所能回收的油的数量。

4.2.1.3　热水干燥技术

热水干燥方式是将煤水混合物装入高压容器内，密闭抽真空后加热该高压容器。该反应过程是模拟褐煤在自然界中高温高压的变质过程，目的是使褐煤改质，使处于高温高压热水中的褐煤的水分以液态形式排出。褐煤具有较长的碳氢侧链和大量的羧基（—COOH）、甲氧基（—OCH$_3$）及羟基（—OH）等亲水性官能团，这些官能团都是以较弱的桥键结合的。热解脱掉褐煤分子结构上的侧链，减少了褐煤内在水分的重新吸附机会，同时褐煤在热解过程中产生的 CO_2、SO_2 等小分子气体将水分从毛细孔中排出。由于生成的煤焦油在较高的温度和压力下，不易从褐煤的缝隙和毛细孔中逸出，冷却后就会凝固在缝隙和毛细孔中，把褐煤的缝隙和毛细管封闭，减少了煤的表面积，使煤的内在水分被永久的脱除。

4.2.1.4　管式干燥机间接干燥技术

德国和乌克兰对低变质程度年青烟煤的干燥普遍采用以低压饱和蒸汽为干燥介质的管式干燥机（Tubelar Dryer）技术。这种干燥机外观与滚筒干燥机相似，但其内部设置了大量干燥管，故称之为管式干燥机，见图 4-1。这种干燥机采用间接干燥原理（煤在管内流动，蒸汽通过管壁传热），具有安全、可靠性高的特点，且结构合理、传热效率高，干燥效果较好，特别适用于燃点低、易燃、易爆的年青煤种。

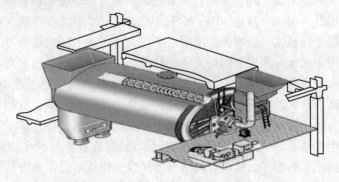

图 4-1　管式干燥机

德国克水泵（Sehwarze Pump）型煤厂采用 16 台管式干燥机用来干燥褐煤，入料全水分为 56%，最终产品煤全水分可降到 19.5%，降水幅度很大。德国泽玛格（ZEMAG）公司是蒸汽管式干燥机的主要供应商之一，在低变质年青煤的干燥方面有着数十年的历史和丰富经验。该公司设计的管式干燥机为回转窑系统，在鼓形体内设置一个多管系统，鼓体稍微倾斜，原料煤连续不断地从上方送入干燥机管内。由于鼓体倾斜，当鼓体旋转时，煤可以进出干燥机。干燥所需的热能由多管系统内的低压蒸汽提供，低压蒸汽沿鼓体轴向进入，并迅速向管外表面扩散。与煤一起进入机体内的空气吸收了水分以后在除尘器内与干煤粉分离。

4.2.1.5 流化床蒸汽干燥技术

在流化床干燥器内，蒸汽不仅是干燥介质，而且还可以作为流化介质。因此，干燥蒸发的蒸汽不含空气和其他杂物，可通过多种方法进一步回收利用。例如，蒸发的水分经过再循环作为流化介质进入流化床，利用凝结时所放出的汽化潜热，将其压缩成为过热蒸汽。过热蒸汽将高水分褐煤流从干燥机的底部吹向沸腾床上部，产生流化现象。流化床的蒸气吸收褐煤中蒸发出的水分，原料煤从干燥机的上部输入，经过旋流分离器，部分蒸汽再被导回干燥机。干燥机所需能量由蒸汽轮机提供。

4.2.1.6 蒸汽空气联合干燥技术

蒸汽空气联合干燥技术利用从冷凝器出来的热水作为干燥介质，虽然热水干燥比过热蒸汽干燥在干燥速度和干燥程度上相对较差，但用热水作为干燥介质对于电厂来说是一种废热利用的最佳选择。此工艺为美国 Power River Basin 发电厂近年开发的集成干燥技术。空气被热循环水加热到约43℃后作为流化床干燥器的流化介质，同时50℃的热水作为流化床的干燥热源介质。试验结果表明，采用此法将入炉煤水分降低后，电热效率大幅提高，CO_2 排放量明显减少。以试验电厂为例，煤的水分从 37.5% 降低到 31.4%，锅炉净效率提高了 2.6%，净铁热流量提高 2.8%，燃料量减少 10.8%，烟气量降低 4%。由于煤流量减少和可磨性提高，磨煤机功耗降低 17%，风机功耗降低 3.8%。总体统计结果表明，全厂电耗可降低 3.8%，效果十分显著。

4.2.1.7 床混式干燥机技术

床混式干燥机（BMD）适合于电厂的预干燥过程，利用流化床燃烧技术可实现热电联产。开发该技术的目的是利用流化床热床料的热量。将流化床作为一个热源，用它来干燥高水分的物料，如褐煤、泥炭、生物质等。干燥机在蒸汽环境下工作，从而有可能回收蒸汽的潜热，将之送回干燥工序中使用。过热蒸汽高速进入干燥管底部，从流化床分出一股热床料流在干燥机燃料入口前与过热蒸汽混合。蒸汽携带燃料同床料一起经过干燥器后进入旋流分离器，干燥燃料和床料从蒸汽流中分离后直接送往流化床锅炉燃烧。一部分蒸汽从旋流分离器回收后返回干燥机底部重新与新的床料混合，其他蒸汽则由蒸汽循环管路分离后引入热交换器冷凝，或作为给水加热器或空气预热器的热源。

4.2.1.8 亚太煤钢公司的冷干工艺

在专用设备中用剪切原理打破褐煤的碳结构，使煤发生变化，在 20~30℃ 实现煤水分离，然后施加压力，挤出蠕状煤条，硬化后，再送入大型漏斗状干燥器，经蒸气干燥48h后连续排出，制成型煤产品。该工艺的特点是先机械排水，然后烘干，能耗相对较低，但专用设备的大型化还有待解决。

4.2.1.9 德国科林 DWT 技术

DWT 技术对进入过热蒸汽流化床干燥器的褐煤粒度有要求，粒度小于 4mm 占 96% 以上，小于 1mm 占 57% 以上。干燥褐煤所需的热量由位于流化层内的蒸汽盘管提供。干燥的褐煤通过旋转阀从干燥器导出，干燥过程中生成的二次蒸汽（流化蒸汽和从褐煤中蒸发的水分）经过电除尘器，一部分经过循环风机作为流化蒸汽循环使用，剩余部分可全部经过蒸汽再压缩热泵（蒸汽压缩机）提高其温度和压力后进入干燥器内的换热盘管回收热量，换热后作为清洁的冷凝水回收。

4.2.2 国内典型的褐煤干燥提质技术[1]

4.2.2.1 神华宝日希勒褐煤提质工业示范项目

该技术主要是将含水量大的原料褐煤经过快速加热脱水、干燥，在无黏结剂条件下迅速压制成型。工艺系统包括备煤系统、热烟气系统、干燥系统、成型系统、冷却系统、成品输送储存共六大系统和循环流化床高温烟气炉、粉煤直管式气流干燥装置及无黏结剂高压对辊成型机等关键设备组成。

4.2.2.2 白音华煤电公司褐煤提质干燥项目

该项目为采用先干燥去水再干选排矸、降温的生产工艺，核心设备主要为振动混流干燥器和复合式干选机。

4.2.2.3 大唐华银电力股份有限公司褐煤干燥提质技术

在美国 LFC 技术基础上自主研发出低阶煤转化提质技术（LCC），并在内蒙古锡林郭勒市建设处理能力 1000t/d 的褐煤干燥示范装置生产线。LCC 热解提质工艺是以低阶煤提质为目的，生产固体燃料和液体燃料。原工艺将 3~50mm 粒级褐煤通过给煤机送入干燥炉，通过调节炉内温度和停留时间脱出原料煤水分。在干燥炉和热解炉中间，有一个细格子的转鼓，使上部落下来的煤与下部吹上来的循环加热气体形成对流进行混合，控制进入热解炉的流量。干燥后的煤进入约 540℃ 的热解炉热解。产品半焦发热量比原料煤提高 50% 以上。采用 LCC 技术对褐煤进行加工提质后，可生产出高稳定性、低硫量、高热值的低温半焦（PMC）和低温煤焦油（PCT）。

4.2.2.4 大唐国际锡林浩特褐煤滚筒干燥技术

该工艺将小于 30mm 的褐煤输入带有扬料装置的滚筒干燥机，通入热烟气直接接触换热，实现高水分褐煤不同程度的干燥。结果表明在最优工艺参数下可将褐煤全水分由原来的 35%~40% 干燥到 15% 以下。该项目证实了滚筒干燥技术可用于高水分褐煤的干燥，掌握了褐煤滚筒干燥过程中的关键技术，并计划采用部分成型工艺路线将粒径小于 1mm 的褐煤分离出来进行无黏结剂高压成型，解决干燥后褐煤易扬尘、回水、自燃、亏吨等问题。

4.2.2.5 呼伦贝尔金新化工型煤工艺

采用德国 Zemag 机械制造有限公司的蒸汽管式干燥技术，工艺设计采用中国化学工程股份有限公司和德国 Zemag 机械制造有限公司共同开发的工艺技术。褐煤干燥成型系统包括原料褐煤的破碎筛分、褐煤干燥、干煤细碎及成型。计划型煤生产能力 100 万吨/年，原料煤消耗量 125 万吨/年。

4.2.2.6 微波干燥—物理蒸发干燥技术[2]

微波加热的原理是：当有极分子电介质和无极分子电介质置于微波电磁场中时，介质材料中会形成偶极子或已有的偶极子重新排列，并随着高频交变电磁场以每秒高达数亿次的速度摆动，分子要随着不断变化的高频电场的方向重新排列，就必须克服分子原有的热运动和分子相互间作用的干扰和阻碍，产生类似于摩擦的作用，实现分子水平上的"搅拌"，从而产生大量的热。可见微波加热与常规加热是两种迥然不同的加热方法。微波加热是一种"冷热源"，它在产生和接触到物体时，不是一股热气，而是电磁能。它加热具有即时性、整体性、选择性和能量利用高效性。而且相对于传统加热方式，微波加热还有安全、卫生、无污染的优点。

国外用微波干燥褐煤的尝试没有成功，尽管它可以用于快速干燥试验室的煤样。毫无疑问微波可以提供能量来干燥褐煤，但在过度干燥的情况下有潜在的着火风险，这也导致了澳大利亚新南威尔士州南部一个商业微波泥煤干燥厂的关闭。

编者按：微波实现的分子水平上的"搅拌"，编者认为微波加热过程中对"生命"有"杀伤作用"。

4.2.2.7 太阳能干燥—物理蒸发干燥技术[2]

当煤直接暴露于太阳光下和未饱和的空气中，煤可以一直干燥到与空气湿度保持平衡的水分含量。太阳能干燥工艺需要将煤湿磨成一种可以泵送的煤浆，然后在一个裸露的池塘中干燥，以生产一种致密块煤产品阵。该工艺需要的土地面积大，而且生产也与季节和气候条件密切相关。由于该项技术适合劳动力比较便宜和干旱的褐煤矿区，因此很难推广。

4.2.3 褐煤干燥提质技术比较[2]

DWT技术、管式干燥技术和滚筒干燥技术的比较见表4-1。过热蒸汽内加热流化床褐煤干燥技术同其他干燥技术的技术经济对比见表4-2。

表4-1 不同干燥技术比较对照表

序号	项目描述	蒸汽流化床（DWT）	管式干燥机	滚筒干燥机
1	湿褐煤含水量（质量分数）/%	25~65	25~58	30~65
2	干褐煤含水量（质量分数）/%	8~12	10~25	25~30
3	最大湿煤处理能力/t·h^{-1}	210	40~50	80
4	占地面积	小，无需多台布置	较大，规模化需要多台布置	较大，规模化需要多台布置
5	褐煤干燥热源	0.5MPa低压蒸汽	0.5MPa低压蒸汽	高温热烟气
6	褐煤干燥能量消耗（原料煤含水50%）	（680+360）千焦/千克水	3025千焦/千克水	3444千焦/千克水
7	技术先进性	二次蒸汽回收利用，节省能耗	间接换热，二次蒸汽排放，无法回收	热烟气与褐煤直接换热，换热后的生成蒸汽与废气直接排放
8	安全性	高，微正压，空气无法进入，无需考虑氧气含量与燃爆问题，安全性好	安全性一般，褐煤与少量空气一起进入，氧含量要严格控制，防止燃烧爆炸，安全性一般	热烟气与褐煤直接换热，着重控制氧气含量防止燃烧爆炸，安全性差

序号	项目描述	蒸汽流化床（DWT）	管式干燥机	滚筒干燥机
9	环保	干燥温度 120～150℃ 纯物理过程，副产品为冷凝液，无灰尘排放，环保性好	干燥温度 150～160℃ 环保性能一般，排放物为蒸汽，冷凝液和少量灰尘，环保性较好	初始反应温度 500～600℃，物理+化学反应，副产品是烟气和水汽排空，大量灰尘排出，少量焦油以及其他杂质析出，环保性差

表4-2　过热蒸汽内加热流化床褐煤干燥技术同其他干燥技术的技术经济对比

干燥工艺	干燥热源	运行每吨产品成本/元	数量/台	投资/万元	安全性	环保节能	备 注
SFCU 过热蒸汽流化床（天力）	饱和蒸汽	9.06	1	3480	褐煤接触环境为过热蒸汽，安全	过热蒸汽可以完全回收利用，节能节水	无尾气排放、占地面积小
SFCU 过热蒸汽流化床（RWE）	饱和蒸汽	11.52	1	9000	褐煤接触环境为过热蒸汽，安全	过热蒸汽可以完全回收利用，节能节水	无尾气排放、占地面积小
SDCU 过热蒸汽回转干燥	饱和蒸汽	9.84	2	4800	褐煤接触环境为过热蒸汽，安全	过热蒸汽可以完全回收利用，节能节水	无尾气排放、占地面积大
管式干燥机 ZEMAG	饱和蒸汽	17.6	4	3500	褐煤接触环境为少量热空气，较安全	尾气直接排放，不节能	占地面积大
烟气转筒干燥机	热烟气（350℃）	37.08	2	5000	褐煤接触环境为热烟气，不安全	尾气直接排放，不节能	占地面积大

4.3　褐煤干燥特性[3]

秦谊、张惠芬等[3]所著《褐煤高效清洁综合利用中原料煤干燥特性研究》一文，在褐煤蜡萃取研究领域也是一篇难得一见的稀有论文，所以，几乎是全文引用以飨读者。

该论文研究了褐煤资源高效综合利用中干燥时间、干燥温度、干燥方式等因素对原料煤性质，特别是粗褐煤蜡和腐植酸产率的影响。结果表明：原料煤的干燥需要在适宜的温度下和时间内进行，水分不是越低越好，否则不仅浪费能源和时间，还会影响主要产品的产率及品质。褐煤蜡产率与含水量之间存在重要的内在联系，即不同干燥条件下，褐煤中水含量在10%～20%之间时，褐煤蜡产率均较高。同时，原料煤在开采后允许进行一定时间的放置，除水质量分数降低外不会对原料煤产生其他影响。建议在褐煤高效清洁综合利用中，原料煤的干燥最好在100～150℃之间进行，调节干燥时间（需30～60min），使水质量分数控制在10%～20%之间。

我国褐煤资源丰富，但由于低热值、高水分、易自燃等特点，褐煤长期被视作一种劣质煤炭资源，它的高效、清洁利用是一个迫切需要解决的问题[4]。近年来，随着褐煤干燥提质、热解、气化、液化等工业技术的快速发展和应用，褐煤资源的利用效率已得到很大提高[5~7]。然而，这些利用途径几乎都是将褐煤作为能源资源加以开发利用，其产品最终多用作燃料及化工原料——这使褐煤名不符实，使得褐煤资源价值的最大化受到很大限制。作者所在课题组经过长期的基础研究和技术攻关，研发出了一条以高附加值的褐煤蜡和腐植酸系列产品为主导，集有机溶剂常压连续萃取技术、液固逆流萃取脱脂技术、硫酸—重铬酸钠氧化脱色技术、氧化废液离子膜电氧化再生技术、酸洗液均相膜扩散渗析回收技术、洁净氧化电解技术等一系列工艺技术为一体的中国褐煤资源高效清洁综合利用新途径[9~16]。其主要内容是：首先从褐煤中萃取褐煤蜡，将粗褐煤蜡进行脱树脂、氧化脱色、半合成等生产褐煤蜡系列产品；以萃取蜡后的残煤生产黄腐酸、腐植酸盐、腐植酸有机肥、石油钻井助剂等腐植酸系列产品；共涉及可以应用到农业、工业、医药、食品等领域的30多种产品。该途径初步实现了褐煤资源的高效、清洁、综合利用。

褐煤高水分、易自燃和风化的特性决定了褐煤用作化工原料往往需要先进行干燥。但不同于一般的干燥提质，褐煤高效清洁综合利用中的原料煤干燥，除了提高生产效率，主要是出于产品产量和品质的考虑。初步研究发现，干燥效果不仅影响原料煤官能团含量、褐煤蜡和腐植酸产率等性质，还决定着粗褐煤蜡、黄腐酸、腐植酸盐等源头产品的品质，进而影响到后续的一系列产品。因此原料煤干燥问题是该利用途径面临的第一个也是最关键的科学问题之一。

目前有关褐煤干燥前处理的研究多以褐煤作为一种能源资源加以考察，除有少量文献报道了部分干燥因素对褐煤蜡萃取率的影响外[17,18]，以褐煤蜡和腐植酸产率为出发点，单独探讨干燥对原料煤性质影响的文献未见有报道，两类研究的角度和内容差异较大。本文首次以褐煤蜡和腐植酸产率为考察对象，探讨了干燥因素，如干燥时间、干燥温度、干燥方式等对原料煤性质的影响，特别是阐述了褐煤蜡产率与含水量的内在关系，以期为褐煤资源高效清洁综合利用新途径的有效实施提供有力的理论和技术支持。

4.3.1 试验

4.3.1.1 试验材料

褐煤采自云南省峨山县小棚粗煤矿。原料煤开采后，迅速粉碎过筛，4℃密封保存备用，同时测定主要理化性质（表4-3）。试验所用试剂均为分析纯。试验室用水为蒸馏水。

表4-3　原料煤的性质

水分 /%	灰分 /%	总腐植酸 /%	游离腐植酸 /%	总酸性基 /mmol·g^{-1}	羧基 /mmol·g^{-1}	酚羟基 /mmol·g^{-1}	粗褐煤蜡 /%
54.71	18.00	53.41	55.65	4.81	0.97	3.84	8.50

除水分为收到基外，其余指标均以干燥基计算。

4.3.1.2 煤样分析

煤样中水分和灰分的测定分别按照国家标准 GB/T 212—2008《煤的工业分析方法》中的方法进行。总腐植酸、游离腐植酸、总酸性基、羧基和酚羟基等理化性质的测定方法参照文献 [19]，其中总腐植酸和游离腐植酸的测定采用容量法、总酸性基的测定采用氢氧化钡法、羧基的测定采用碱溶酸析醋酸钙法、酚羟基用差减法得到。褐煤蜡含量的测定参照国家标准 GB/T 1575—2001《褐煤的苯萃取物产率测定方法》。

4.3.2 结果与分析

4.3.2.1 干燥温度的影响

将原料煤放到烘箱中鼓风干燥，固定干燥时间为90min，考察不同干燥温度对原料煤中水分、灰分、腐植酸、官能团、褐煤蜡等含量的影响，结果见图4-2和图4-3，除水分外其他测量值均以干基计算。

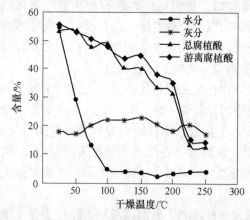 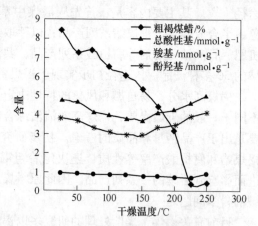

图4-2 干燥温度对原料煤中水分、灰分和　　　　图4-3 干燥温度对原料煤中粗褐煤蜡和
　　　　腐植酸质量分数的影响　　　　　　　　　　　　　　官能团含量的影响

由图4-2可见，原料煤中的水分随干燥温度的变化明显分为两个阶段，100℃之前随温度的上升水分迅速下降，100℃之后基本保持在3%~4%不再大幅变化。灰分随干燥温度的升高无明显变化。总腐植酸和游离腐植酸随干燥温度变化的趋势大致相同，即随温度的升高缓慢降低，200℃后迅速降低至12%左右，说明在高温条件下，腐植酸可能大量热解或炭化。所以，为保持原料煤中腐植酸的质量分数干燥最好在200℃以下进行。

从图4-3可以看出，原料煤中的粗褐煤蜡产率随干燥温度的升高整体呈显著下降趋势，在50~80℃之间有稍微上升，之后继续下降，在200℃后迅速降低至0.5%左右。分析认为，粗褐煤蜡产率的降低可能有以下几方面的原因：（1）原料煤中水分的大幅降低不利于褐煤蜡的溶出；（2）干燥过程中煤粒收缩，造成孔隙结构变小或崩塌，增加了蜡的溶出难度；（3）高温可能导致粗蜡中树脂物、脂肪酸、酯类等物质的氧化分解，及焦油等物质的析出。随干燥温度的升高，原料煤羧基含量较稳定，只有轻微的下降，认为是高温导致的脱羧反应，而酚羟基的变化较明显，150℃之前随干燥温度的上升逐渐下降，150℃之后随温度的上升也逐渐上升，导致总酸性基也随之变化。可推测，这是因为低温时酚羟基因缓慢氧化而减少，而温度升高到一定程度，褐煤分子结构中的甲氧基等基团转化为酚羟基，或者是褐煤的局部热解导致其大分子芳环结构裂解氧化使酚羟基含量增高。官能团相对含量的高低直接影响着腐植酸产品的质量。根据以上分析，为保持粗褐煤蜡和腐植酸的产率，同时减少干燥时间，原料煤干燥最好在100~150℃之间进行。

4.3.2.2 干燥时间的影响

将原料煤放到烘箱中鼓风干燥，固定干燥温度为200℃，考察不同干燥时间对原料煤中水分、灰分、腐植酸、官能团、褐煤蜡等含量的影响,结果见图4-4和图4-5。为突出干燥时间的作用,同时减少试验时间,此处选择了一个较高的温度作为固定条件。较高的干燥温度有助于避免时间较短(如15min)条件下,出现干燥时间的影响不易评估的现象。

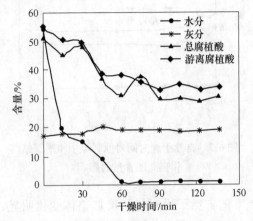
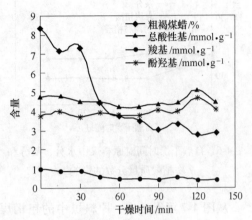

图4-4 干燥时间对原料煤中水分、灰分和
　　　 腐植酸质量分数的影响

图4-5 干燥温度对原料煤中粗褐煤蜡和
　　　 官能团含量的影响

从图4-4可见,原料煤中的水分随干燥时间的增加迅速下降,60min时下降至最低,之后稳定在1%左右不再变化。灰分随干燥时间的增加无明显变化。总腐植酸和游离腐植酸含量随干燥时间变化的趋势大致相同,即先随时间的增加逐渐降低,90min后分别保持在30%和34%左右不再大幅变化,说明腐植酸类物质的氧化分解主要受温度的控制。所以,为保持原料煤中腐植酸的含量,干燥时间最好控制在90min以内。

从图4-5可以看出,原料煤中的粗褐煤蜡产率随干燥时间的增加整体呈显著下降趋势,在15~30min之间有稍微上升,之后迅速下降至4%左右(60min),90min后降低至3%左右不再大幅变化。分析认为,粗褐煤蜡产率随干燥时间增加而降低的原因与温度增加对其的影响相同。随干燥时间的增加,原料煤羧基含量出现轻微的下降趋势,认为是高温导致的脱羧反应,而总酸性基和酚羟基含量的变化不明显。根据以上分析,为保持粗褐煤蜡和腐植酸的产率及品质,同时减少干燥时间,原料煤的干燥时间最好控制在60min以内。

4.3.2.3 自然干燥时间的影响

原料煤在开采后和干燥前,经常会经过一定时间的放置,这期间原料煤可能会面临水分蒸发、空气氧化等情况的发生。我们将这段时间称为原料煤的自然干燥时间,其对原料煤的影响也是需要考察的重要内容。将原料煤放到干燥箱中,鼓风不加热。鼓风机风量为10m³/min,风温为(20±2)℃,试验室湿度为30%~50%。考察不同自然干燥时间对原料煤中水分、灰分、腐植酸、官能团、褐煤蜡等的影响,结果见图4-6和图4-7。

从图4-6可见,在前5天内原料煤中的水分迅速下降,10天后基本稳定在9%左右不再大幅变化。灰分随自然干燥时间的增加无明显变化。总腐植酸和游离腐植酸含量随时间变化的趋势大致相同,在前5天内有稍微下降,之后就基本不再变化。

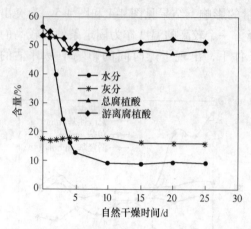

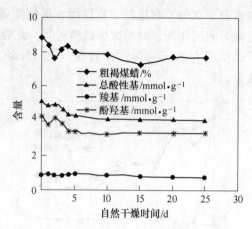

图 4-6　自然干燥时间对原料煤中水分、灰分和
腐植酸质量分数的影响

图 4-7　自然干燥时间对原料煤中粗褐煤蜡
和官能团含量的影响

从图 4-7 可以看出，原料煤中的粗褐煤蜡产率随自然干燥时间的增加整体变化明显，在前 5 天内经历了一个小幅下降又上升的过程，之后基本保持不变。原料煤中羧基含量随自然干燥时间的增加无明显变化。而总酸性基和酚羟基含量在前 5 天内有小幅下降，之后基本保持不变。以上结果表明，原料煤在放置过程中主要是水分的蒸发，被空气氧化的现象并不明显，一定时间的放置不会影响原料煤中腐植酸、官能团、褐煤蜡等含量和性质。

4.2.3.4　粗褐煤蜡产率与水分的关系

分析原料煤中水分与粗褐煤蜡产率的数据可以发现，在加热干燥的方式下，整体上粗褐煤蜡产率随水分的降低而降低，且干燥至质量恒定时，粗褐煤蜡产率也可能降至极低的水平。出现这种现象的原因可能有以下几个：（1）粗褐煤蜡分子结构中含有很多羟基、羰基、羧基等基团可与水分子产生氢键、范德华力等，随着水分降低，这种分子间作用力逐渐增强导致褐煤蜡不易溶出[20]；（2）褐煤在水分过低时体积明显收缩，造成孔径变小，阻碍了褐煤蜡的溶出；（3）长时间的高温干燥本身就造成了褐煤蜡的损失。Lissner 等的研究也认为褐煤过度干燥对萃取物的产率及质量都会带来不良影响[21]。

同时还发现了一个有趣的现象。在以上 3 个试验中，随着水分的大幅降低，粗褐煤蜡产率都有一个先降低后升高的过程，且均在水分为 10%～20% 之间时达到一个峰值。为了更清楚地表现这种关联性，将粗褐煤蜡产率的数值扩大 7 倍后作图，具体如图 4-8 所示。该现象与 Wollmerstädt 和 Lohmeier 等的研究[18]及我们课题组的前期研究成果[22]高度吻合。前者在探讨不同原料——褐煤干燥温度、含水量、颗粒大小与褐煤蜡提取率和提取速度关系的研究中发现，水分在 10%～20% 范围内，提取率和提取速度可以达到最大值，并且将干燥至质量恒定的褐煤重新润湿至 20% 水分时，仍可恢复水分为 20% 时的提取率。我们在褐煤蜡提取新工艺的研究中也发现，原料煤水分在 14.64% 时提取率较佳。褐煤高效综合利用技术在云南玉溪峨山的工业化生产实践结果也证实了这一点，现在实际生产中原料煤一般要求干燥至含水 15% 左右。一般认为，这是由于当原料煤水分减少到一定程度时有利于有机溶剂的浸入，从而提高了萃取率；当水分继续减少时，上段所述不利的影响开始占上风，最终导致萃取率降低。

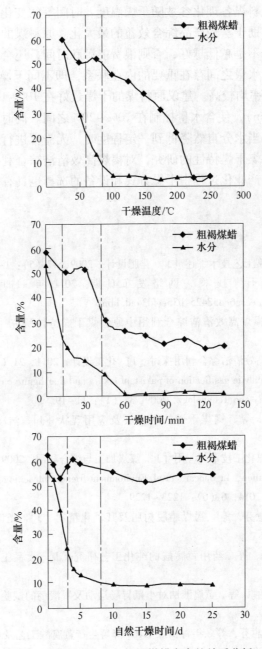

图 4-8 原料煤水分与粗褐煤蜡产率的关系分析

以上分析表明，褐煤资源综合利用中，需要对原料煤进行干燥以提高生产效率，但其干燥程度应适宜。干燥程度太高，不仅消耗能源和时间，而且会降低粗褐煤蜡和腐植酸的产率。推荐干燥至水分 10%~20% 为宜。

4.4 结语

研究表明，干燥对褐煤资源高效综合利用中原料煤的性质，特别是褐煤蜡和腐植酸的产率具有重要影响。原料煤各理化参数随干燥温度、时间等的变化趋势并不十分一致，合理地设定干燥条件，有助于实现产品综合效益的最大化。原料煤的干燥需要在适宜的温度下和时间内进行，水分不是越低越好，否则浪费能源和时间，还会影响主要产品的产率及品质。褐煤蜡产率与含水量之间存在重要的内在联系，即不同干燥条件下，水分在10%~20%之间时，褐煤蜡产率均较高。建议原料煤的干燥最好在100~150℃之间进行，调节干燥时间（约需30~60min），使含水量控制在10%~20%之间。同时，原料煤在开采后允许进行一定时间的放置，当水分自然降低到一定程度时，无需再进行加热干燥，此时原料煤受到的影响最小。原料煤干燥特性的研究，对褐煤高效清洁综合利用新途径具有重要的理论意义和实际价值，对产业化过程中干燥方式和设备的选择也具有重要的指导意义。

参 考 文 献

[1] 汪寿建. 褐煤干燥成型工艺技术综述 [J]. 化肥设计, 2009, 47 (5)：1~9.

[2] ahua20034522. 褐煤干燥技术. 网络发布日期：2011年11月5日, 网址：https://wenku. baidu. com/view/eeaa6ed584254b35eefd34ad. html.

[3] 秦谊, 张惠芬, 等. 褐煤高效清洁综合利用中原料煤干燥特性研究 [J]. 化学工程, 2015, 43 (11)：60~65.

[4] 章卫星, 夏昊. 褐煤高效清洁综合利用探讨 [J]. 化工设计, 2011, 21 (1)：42~44.

[5] Jaffri G, Zhang Jiyu. Catalytic gasification of pakistani lakhra and thar lignite chars in steam gasification [J]. Journal of Fuel Chemistry and Technology, 2009, 37 (1)：11~19.

[6] 蒋斌, 李胜, 高俊荣, 等. 褐煤干燥技术发展及应用现状 [J]. 洁净煤技术, 2011, 17 (6)：69~72.

[7] 李旭辉. 浅析褐煤的煤化工技术与应用 [J]. 煤炭加工与综合利用, 2009 (5)：38~42.

[8] Yuan Cheng, Zhang Huifen, Li Baocai, et al. Environment friendly bleaching methods of montan wax [J]. J. Chem. Pharm. Res., 2014, 6 (6)：1223~1229.

[9] 王林超, 曾灵娜, 张慧芬, 等. 褐煤蜡脱树脂及其氧化精制 [J]. 光谱试验室, 2013, 30 (1)：158~161.

[10] 张惠芬, 秦谊, 何静, 等. 药用黄腐酸的纯化工艺研究 [J]. 食品工业科技, 2012, 33 (22)：296~298.

[11] 李月梅, 李宝才, 李鹏, 等. 黄腐酸钠对小鼠胃肠运动及胃溃疡的试验研究 [J]. 中药材, 2011, 34 (10)：1565~1569.

[12] 张水花, 李宝才, 张惠芬, 等. 年青褐煤 H_2O_2 降解生产黄腐酸工艺及产物性质 [J]. 化学工程, 2010, 38 (4)：85~88.

[13] 李宝才, 周梅村, 张惠芬, 等. 云南昭通褐煤树脂物化学组成与分布特征 [J]. 煤炭学报, 2004, 29 (3)：328~332.

[14] 李宝才, 傅家谟, 卜贻孙, 等. 褐煤树脂中结合酸的化学组成与结构特征 [J]. 煤炭学报, 2001, 26 (2)：213~219.

[15] 李宝才, 张惠芬. 云南褐煤蜡氧化精制的研究 [J]. 燃料化学学报, 1999, 27 (3)：277~281.

[16] 李宝才, 周梅村, 刘伯林, 等. 蒙旦树脂作为固体软化——增粘剂在轮胎胶料中的应用 [J]. 云南工业大学学报, 1999, 15 (3)：46~48.

[17] Včelák V, Věchet A. Various influences concerning extraction yield of lignite [J]. Fette Seifen Anstrich-

mittel，1958，60（8）：648~653.

[18] Wollmerstädt M，Lohmeier R，Herdegen V，et al. Influence of drying on the extraction of different processed lignites［J］. Eur. J. Lipid Sci. Technol. ，2014，116（2）：177~184.

[19] 李善祥. 腐植酸产品分析及标准［M］. 北京：化学工业出版社，2007.

[20] Wei Xi，Yuan Cheng，Li Baocai，et al. Montan wax：The state-of-the-art review［J］. J. Chem. Pharm. Res. ，2014，6（6）：1230~1236.

[21] Lissner A，Thau A. Die Chemie der Braunkohle. Band 2. Chemisch-technische Veredlung［M］. Halle：VEB Wilhelm Knapp，1953.

[22] 张惠芬，秦谊，李宝才，等. 云南褐煤提取褐煤蜡的新工艺［J］. 光谱试验室，2013，30（3）：1272~1276.

5 褐煤蜡萃取

5.1 概述

要做到褐煤高效清洁综合利用最佳化，首先必须了解褐煤物质层面上的组成。褐煤高效清洁综合利用的第一步就是从褐煤中先把高附加值的褐煤蜡组分萃取分离出来；一般来说，富含褐煤蜡的褐煤原料（通常都是成煤于第三纪中晚期的年青煤），同时也富含腐植酸（腐植酸含量大约是褐煤蜡含量的 8~12 倍），所以，褐煤高效清洁综合利用的第二步是从萃取褐煤蜡之后的残煤中再把高附加值的腐植酸组分提取分离出来；之后才选择气化、液化、热解、炼焦、燃烧发电之一作为褐煤高效清洁综合利用的第三步。

所以，本章主要介绍褐煤蜡萃取的单体设备萃取器及溶剂萃取、褐煤蜡萃取原理、萃取工艺条件的选择、备煤工艺简介、褐煤蜡萃取研究进展。

5.2 溶剂萃取

萃取，有时也称为提取或萃取，有些研究人员甚至把萃取称为溶剂解，如第 3 章中的超临界醇解，实际就是用醇作为溶剂进行超临界萃取、萃取或提取，在本书中，我们一般用萃取一词来描述有效组分的分离。

5.2.1 溶剂萃取

萃取是溶剂萃取的简称。

5.2.1.1 定义

溶剂萃取是根据原料中各种组分在不同溶剂中的溶解度差别，选用对有效组分溶解度大、对不希望溶出组分溶解度小的溶剂，从而将有效组分从原料中溶解出来并分离的一种物理分离方法。

5.2.1.2 原理

溶剂萃取是根据被萃取组分在不同溶剂中溶解度差异，选用对被萃取的有效组分溶解度大，对杂质组分溶解度小的溶剂，从而将被萃取的有效组分从原料中溶解分离出来的一种物理分离方法。我们所说的杂质是相对于有效组分为杂质。例如，在褐煤物质层面的组成中：

褐煤＝粗褐煤蜡 + 残煤 1（杂质），此时腐植酸也为杂质；

粗褐煤蜡＝蜡质 + ［树脂 + 地沥青］（杂质）；

残煤 1＝腐植酸 + 残煤 2（杂质）。

5.2.1.3 萃取机理

溶剂萃取机理包括三个基本过程：浸润渗透、解析溶解、扩散置换。

（1）浸润渗透：溶剂从溶剂主体扩散到有效组分内部。

（2）解析溶解：在有效组分内部，有效组分被溶剂溶解。

（3）扩散置换：被溶剂溶解的有效组分扩散到溶剂主体。

之后进行过滤并对滤液冷却结晶即可得到有效组分。

5.2.2 萃取溶剂的选择

萃取溶剂通常被简称为萃取剂。

5.2.2.1 选择萃取剂的原则

（1）萃取剂对"杂质"的溶解度小或不溶解"杂质"。

（2）萃取剂对被萃取的有效组分有较大的溶解度。

（3）萃取剂不与被萃取的有效组分发生不可逆反应（最好不反应）。

（4）有几种可供选择时，优先选择沸点低、毒性低、不易燃、便宜的萃取剂。

（5）萃取剂易与被萃取的有效组分分离，且易于回收。

5.2.2.2 选择萃取剂的依据

选择萃取剂的依据是溶剂对"有效组分"的溶解度，而溶解度遵循的原则是相似相溶原则，相似相溶原则实际是对溶剂极性进行分析研究的产物。人们通常根据相似相溶原则选择萃取溶剂——萃取剂。

5.2.2.3 相似相溶原则

（1）极性大的物质易溶于极性大的溶剂。

（2）极性小的物质易溶于极性小的溶剂。

（3）非极性的物质易溶于非极性的溶剂。

这里所说的相似，是指溶剂的极性相近。所以，相似相溶原则的本质是极性相近的物质能够互溶。

对于褐煤蜡萃取而言，因为粗褐煤蜡=蜡质+［树脂＋地沥青］（杂质），所以，如果我们能够找到：（1）一种只溶解杂质地沥青的溶剂先把地沥青萃取分离出来；（2）再选择另一种只溶解杂质树脂的溶剂把树脂萃取分离出来；（3）之后又选择第三种只溶解蜡质的溶剂把蜡质萃取分离出来。这是比较理想的分级萃取分离程序。

但是，因为蜡质、树脂和地沥青中都含有不同比例的烷烃、烷醇、烷酸以及一些环状化合物、萜类化合物、甾醇等，所以，很难实现上述比较理想的三步走战略，一般都是先在相对高温下一次把蜡质、树脂、地沥青都萃取出来，这就是众所周知的粗褐煤蜡。之后再在相对低温下脱除树脂和地沥青。

5.2.2.4 选择萃取剂的一般规律

如上所述，选择萃取剂的依据是溶剂对"有效组分"的溶解度，而溶解度遵循的原则是相似相溶原则，而相似相溶原则的本质是极性相近的物质能够互溶。所以，人们一般根据相似相溶原则选择溶剂——萃取剂。

（1）选择极性大的溶剂从水溶液中萃取极性大的有效组分，如最常用的乙酸乙酯与正丁醇。

（2）选择非极性或极性小的溶剂萃取非极性或极性小的有效组分，如最常用的石油醚和正己烷。

（3）对极性相差不大的两种溶剂，优先选择低沸程的溶剂。

5.2.2.5 常用有机溶剂极性等参数

在表 5-1 中给出了常见有机溶剂极性顺序，并同时列出溶剂的黏度、沸点、吸收波长等物理参数。

表 5-1 常见有机溶剂极性顺序

参数名称 化合物名称	极性	极性归一	黏度	沸点	吸收波长
i-pentane（异戊烷）	0.00	0.00		30	
n-pentane（正戊烷）	0.00	0.00	0.23	36	210
Petroleum ether（石油醚）	0.01	0.00	0.30	30~60	210
Hexane（己烷）	0.06	0.01	0.33	69	210
Cyclohexane（环己烷）	0.10	0.01	1.00	81	210
Isooctane（异辛烷）	0.10	0.01	0.53	99	210
Trifluoroacetic acid（三氟乙酸）	0.10	0.01		72	
Trimethylpentane（三甲基戊烷）	0.10	0.01	0.47	99	215
Cyclopentane（环戊烷）	0.20	0.02	0.47	49	210
n-heptane（庚烷）	0.20	0.02	0.41	98	200
Butyl chloride（丁基氯，丁酰氯）	1.00	0.10	0.46	78	220
Trichloroethylene（三氯乙烯）	1.00	0.10	0.57	87	273
Carbon tetrachloride（四氯化碳）	1.60	0.16	0.97	77	265
Trichlorotrifluoroethane（三氯三氟代乙烷）	1.90	0.19	0.71	48	231
i-propyl ether（丙基醚，丙醚）	2.40	0.24	0.37	68	220
Toluene（甲苯）	2.40	0.24	0.59	111	285
p-xylene（对二甲苯）	2.50	0.25	0.65	138	290
Chlorobenzene（氯苯）	2.70	0.26	0.80	132	
o-dichlorobenzene（邻二氯苯）	2.70	0.26	1.33	180	295
Ethyl ether（二乙醚）	2.90	0.28	0.23	35	220
Benzene（苯）	3.00	0.29	0.65	80	280
Isobutyl alcohol（异丁醇）	3.00	0.29	4.70	108	220
Methylene chloride（二氯甲烷）	3.40	0.33	0.44	240	245
Ethylene dichloride（二氯化乙烯）	3.50	0.34	0.78	84	228
n-butanol（正丁醇）	3.70	0.36	2.95	117	210
n-butyl acetate（醋酸丁酯，乙酸丁酯）	4.00	0.39		126	254
n-propanol（丙醇）	4.00	0.39	2.27	98	210
Methyl isobutyl ketone（甲基异丁酮）	4.20	0.41		119	330
Tetrahydrofuran（四氢呋喃）	4.20	0.41	0.55	66	220
Ethyl acetate（乙酸乙酯）	4.30	0.42	0.45	77	260
i-propanol（异丙醇）	4.30	0.42	2.37	82	210

参数名称 化合物名称	极性	极性归一	黏度	沸点	吸收波长
Chloroform（氯仿）	4.40	0.43	0.57	61	245
Methyl ethyl ketone（甲基乙基酮）	4.50	0.44	0.43	80	330
Dioxane（二恶烷，二氧六环）	4.80	0.47	1.54	102	220
Pyridine（吡啶）	5.30	0.52	0.97	115	305
Acetone（丙酮）	5.40	0.53	0.32	57	330
Nitromethane（硝基甲烷）	6.00	0.59	0.67	101	330
Acetic acid（乙酸）	6.20	0.61	1.28	118	230
Acetonitrile（乙腈）	6.20	0.61	0.37	82	210
Aniline（苯胺）	6.30	0.62	4.40	184	
Dimethyl formamide（二甲基甲酰胺）	6.40	0.63	0.92	153	270
Methanol（甲醇）	6.60	0.65	0.6	65	210
Ethylene glycol（乙二醇）	6.90	0.68	19.9	197	210
Dimethyl sulfoxide（二甲亚砜 DMSO）	7.20	0.71	2.24	189	268
Water（水）	10.2	1.00	1.00	100	268

5.2.2.6 常见溶剂的极性大小

在溶剂萃取研究过程中，经常涉及根据相似相溶原则选择溶剂——萃取剂，实际就是根据待萃取的有效组分和溶剂的极性选择萃取剂，常见溶剂的极性大小如下：水（最大）>甲酰胺>乙腈>甲醇>乙醇>正丙醇>乙酸乙酯>丙酮>氯仿>四氢呋喃>甲乙酮>正丁醇≈异丙醇>乙酸乙酯>三氯甲烷>乙醚>异丙醚>二氯甲烷>溴乙烷>苯>二甲苯>甲苯>四氯化碳>二硫化碳>环己烷>石油醚≈正己烷>煤油（最小）。

在有机溶剂中，除甲醇和石油醚不互溶外，其他有机溶剂之间皆互溶。

5.2.2.7 常见混合溶剂的极性顺序

在溶剂萃取研究过程中，还会涉及用混合溶剂作为萃取剂的问题，选择混合溶剂的依据依然是相似相溶原则。常见混合溶剂的极性顺序如下（由大到小，括号内的数字是混合比例）：

氯仿-甲醇（9+1）>苯-丙酮（1+1）>乙酸乙酯-甲醇（99+1）>乙醚-甲醇（99+1）>苯-乙醚（1+9）>苯-乙酸乙酯（3+7）>氯仿-丙酮（7+3）>氯仿-甲醇（95+5）>苯-乙酸乙酯（1+1）>苯-乙醚（4+6）>氯仿-丙酮（85+15）>苯-甲醇（9+1）>氯仿-甲醇（99+1）>氯仿-乙醚（8+2）>环己烷-乙酸乙酯（1+1）>苯-乙醚（6+4）>苯-甲醇（95+5）>氯仿-乙醚（9+1）>苯-乙酸乙酯（8+2）>苯-丙酮（9+1）>氯仿-丙酮（95+5）>环己烷-乙酸乙酯（8+2）>苯-氯仿（1+1）。

我们可以通过调节混合溶剂的比例以调节混合溶剂的极性。

对于溶剂萃取过程，萃取剂和萃取方法（传统萃取、超临界 CO_2 萃取、超声波萃取、微波萃取等）是决定萃取效果的关键手段，所以，萃取剂和萃取方法的选择非常重要。

各种新式萃取方法（超临界萃取、超声波萃取、微波萃取等）只不过是操作方式或加热方法不同而已,其基本原理与传统萃取相同。

影响萃取效果的因素有原料、粒度、温度、压力、浓度差、时间、溶剂相对运动方式等。

5.2.3 溶剂萃取流程和段数(或级数)

溶剂萃取有液-液萃取和固-液萃取两种类型。无论是液-液萃取还是固-液萃取,只通过一次萃取(单级萃取)往往难以达到萃取要求的目的,所以,通常会涉及两次以上的萃取过程。两次以上的萃取过程通常称为多级萃取或多段萃取,但一般情况下,从工程角度和经济观点考虑,一般最好不要超过三级萃取。

无论是液-液萃取还是固-液萃取,通常有三种基本萃取形式。

图5-1为固-液单级逆流萃取形式,固体原料和新鲜溶剂接触,随后进行机械分离。这种萃取方法溶质(有效组分)回收率低,而且所得萃取液的浓度比较小,利用于工业很不经济。

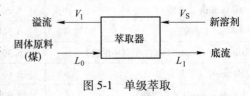

图5-1 单级萃取

图5-2为固-液三级错流萃取,新鲜溶剂和固体物料先在第一级接触,从第一级出来的底流物料送至第二级,再与新鲜溶剂接触,其后各级均可按此操作——底流物料送至下一级总与新鲜溶剂接触。由于新鲜溶剂分别加入各级,故萃取的推动力——浓度差较大,萃取效果比较好。但这种操作方法也存在缺点,溶剂消耗量大,且消耗较多的能量,需要溶剂的再生循环使用。

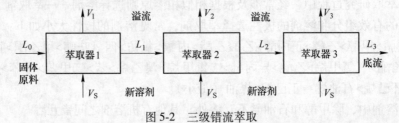

图5-2 三级错流萃取

图5-3为固-液三级逆流萃取,底流液与溢流液依次逆向通过各级,溶剂与物料互呈逆流。溶剂在流动过程中有效组分浓度逐渐增高,它在各级与平衡浓度更高的物料进行接触,所以,仍然能发生传质过程。虽然物料在出口处浓度较低,但与进来的纯溶剂接触,仍然能使溶质浓度继续降低。连续多级逆流萃取,可获得较高浓度的萃取液和较高的溶质回收率。

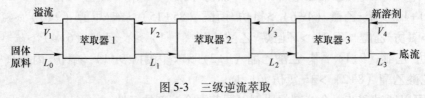

图5-3 三级逆流萃取

5.3 褐煤蜡萃取原理

同一种溶剂对于不同物质,具有不同的溶解度;不同的溶剂,对同一种物质有不同的溶解度。利用这种性质，加入适当的溶剂于被处理的物料中，而使物料中的有效组分得到完全或部分分离的过程，称为溶剂萃取。被处理的物料，经溶剂处理后，其易溶解部分——有效组分从物料溶入溶剂内。物质由一相转入另一相的过程称为传质过程，因此，萃取操作亦属于传质过程。

从褐煤中萃取褐煤蜡属固-液萃取。在油脂、香料、医药、日用化学等工业部门有时也把固-液萃取称为浸取或浸出[1]。

在褐煤蜡工业中，不论是间歇的罐组式萃取工艺，还是连续萃取工艺，一般都采用多级逆流萃取操作。

如同其他质量传递过程一样，褐煤蜡萃取过程的设计计算也建立在"平衡级"或"理论级"的概念基础上。所谓一个"理论级"，就是离开该级的萃取液浓度与底流液的浓度达到平衡状态的单位。在萃取中，因为没有足够的接触时间使溶质（蜡质）——有效组分完全溶解，所以，溶质与溶液很少能达到理论上的平衡，而且不可能把固体（残煤）与溶液完全分离，所以，离开萃取器的固体中总夹带有一些液体及溶解在液体中的溶质——有效组分。当溶质被固体吸附，溶液和固体之间虽可建立平衡，但常因沉降和排出不完全而导致各级效率降低。因此，除了理论级数以外，还需要考虑有实际意义的总级数效率，以求得已知的萃取操作中实际所需级数，最简单的办法就是运用实际的平衡数据进行计算。

由于固-液萃取是化工常用的单元操作，有关具体设计计算方法在一般化学工程专业书上都有详细介绍（《蒙旦蜡化学及工艺学》）[2]。

5.4 萃取工艺条件的选择

褐煤蜡不是固定组成的产品，而是由成百上千种化合物组成的一种混合物，这种混合物的组成、性质等与褐煤蜡的原料——褐煤的特性、萃取所采用的溶剂种类以及萃取工艺等有关。

本章中所说的褐煤蜡是指通常意义上的粗褐煤蜡，不包括后面章节中将要讲到的精制褐煤蜡。

影响褐煤蜡萃取效果的因素有原料、粒度、温度、压力、浓度差、时间、萃取剂相对运动方式等。

5.4.1 萃取剂的选择

为了得到萃取率高、质量好的褐煤蜡，应该采用一种选择性好的溶剂——对褐煤蜡溶解度，作为萃取剂。一般来讲，适合萃取褐煤蜡的溶剂应满足如下一些要求：

（1）沸点范围应在 75~130℃ 之间。如果采用混合溶剂，则其主要组分（在工业生产中主要是苯或甲苯），其沸点必须在此范围之内。混合溶剂中的少量组分（大多是含氧的水溶性溶剂）的沸点常常较低，但最好不要低于 65℃。混合溶剂组分的沸点太低或太高，特别是配入量较大时，常会增大溶剂的损失（前者由于较高的蒸汽压，易于汽化而造成在溶剂循环中损失，后者由于其沸点太高，不论从萃取过的煤中，或从蒸馏塔中进行蒸馏时，都难以回收）。

（2）应能获得尽可能高的褐煤蜡萃取率。

（3）必须具有良好的选择性，即所得萃取物——褐煤蜡中含蜡质比例要高，而树脂和地沥青含量要尽可能少。

（4）应具有较低比热和较低蒸发热，以便可以比较容易地从萃取过的残煤中蒸发回收。

（5）凝固点不能太低，以保证冬季仍然能够正常生产。

（6）市场供应量大，且价格便宜，以保证萃取过程在经济上合理可行。

（7）毒性较小，以保证操作人员的身体健康并降低对环境的危害。

（8）对萃取设备没有腐蚀作用。

迄今为止，还没有找到完全符合上述 8 条要求的萃取剂。所以，任何一种萃取剂的选择使用，在进行工业化应用之前，都有必要在试验室进行一些前期试验，找出某种溶剂或某种混合溶剂最适合某种煤。表 5-2～表 5-4 列出了溶剂性质对褐煤蜡萃取率及其组成的影响[1~3]。

表 5-2　由溶剂特性决定的褐煤蜡性质[1]

溶　剂	溶剂沸程 /℃	萃取率/%		熔点 /℃	酸值 /mg KOH·g^{-1}	皂化值 /mg KOH·g^{-1}	灰分 /%
		占干煤	占苯萃取物				
苯	75~80	12.0	100.0	75~76	31	73	0.20
甲苯	110	12.6	105.0	77	32	82	0.30
二甲苯	136~140	12.7	105.0	76.5~77	29	75	0.30
环己烷	81	9.9	82.5	77.5	20	82	0.30
石油醚	40~50	5.0	41.7	79	23	57	0.00
汽油	60~95	6.6	55.0	79	23	68	0.00
四氯化碳	77~78	10.8	83.6	76~77	29	64	0.00
三氯乙烯	87~88	12.7	105.9	73~74	33	78	0.35
二氯乙烷	83.7	11.7	97.5	77	32	77	0.10
甲醇	65	2.8	23.6	78	30	58	3.00
乙醇	78	6.0	50.0	74	46	80	15.0
乙醇-苯（1:1）		16.4	136.6	74	38	85	0.70
乙醇-苯（9:1）		14.9	124.1	74	36	93	0.40
正丙醇	97	13.5	112.5	73~74	40	82	0.35
异戊醇	130~132	15.1	125.8	74	32	82	0.33
丙　酮	56.1	5.0	41.7	66	41	94	0.28
吡　啶	115	19.4	161.7	76~77	45	79	1.40
丁　酮	80	12.7	105.8	73~74	47	103	0.20
醋酸丁酮	100~132	14.3	119.1	76	40	85	0.14

表 5-3 溶剂种类对萃取及其组成的影响[1]

溶剂种类	溶剂	粗褐煤蜡萃取率/%	乙醚①可溶物（树脂）/%	石蜡①不溶物（地沥青）/%	其他指标				
					灰分/%	酸值/mg KOH·g⁻¹	酯值/mg KOH·g⁻¹	皂化值/mg KOH·g⁻¹	凝固点/℃
醇类	甲 醇	2.8	41	29	3.0	30	28	58	78
	乙 醇	6.0	27	23	1.5	46	34	80	74
	丙 醇	13.5	20	14	0.3	40	50	82	73.5
	异戊醇	15.1	18	14	0.3	32	50	92	74
酯类	乙酸乙酯	11.7	23	7	0.2	34	45	89	74.5
	醋酸丁酯	14.3	16	7	0.1	40	45	85	76
酮	甲基乙基酮	12.7	21	21	0.2	47	56	103	73.5
氯化烃	四氯化碳	10.3	13	0	0.2	29	35	64	76.5
	三氯乙烯	12.7	13	1	0.3	33	45	78	73.5
	二氯乙烯	11.7	19.5	1	0.1	32	45	77	77
脂肪烃	石油醚（80~95℃）	9.9	11	0	0.1	28	42	70	78
	石油醚（90~105℃）	9.9	13	0	0.1	29	45	74	77
	（石油）汽油（107~135℃）	10.9	14	0	0.1	29	45	74	78
	（褐煤）汽油②（70~110℃）	11.1	14	0	0.1	32	44	75	77
	（褐煤）汽油（103~125℃）	11.9	14	0	0.3	29	36	65	77
环烃	环己烷	9.9	13	0	0.3	29	53	82	76
芳烃	苯	12.0	14	0.4	0.2	31	42	73	75.5
	甲 苯	12.6	14.5	0.4	0.3	32	50	82	77
	二甲苯	12.7	15.5	0.1	0.3	29	47	76	77
醇类和芳烃混合物	苯乙醇（1:1）	16.4	21	25	0.2	38	47	85	74
	苯乙醇（9:1）	14.9	16	12	0.3	36	43	79	74

注：酸值表示中和1g目标物中游离酸所需氢氧化钾（KOH）的毫克（mg）数：mg KOH/g 或写成 KOH mg/g。皂化值是皂化1g蜡产品所需 KOH 的毫克数。皂化值表示在规定条件下，中和并皂化1g物质所消耗的 KOH 毫克数，其单位为 mg KOH/g。所以有：皂化值＝酯值＋酸值。

①在早期文献中，曾把粗褐煤蜡的乙醚或可溶物作为树脂，而把石蜡不溶物称为地沥青。20世纪70年代后，则分别用丙酮可溶物为异醇醇不溶物来表示。

②所谓褐煤汽油主要是褐煤低温干馏所回收的轻油，并经精炼和随后加工制备而得。

由表 5-2~表 5-4 可以看出，每一种溶剂对褐煤中粗褐煤蜡组分各有一种特效的溶解能力。因此，不同溶剂对同一种褐煤的萃取物——褐煤蜡的性质也呈现出较大差异。

下面就一些主要溶剂对褐煤蜡萃取的适用性进行简要评述。

5.4.1.1 苯（Benzene）

苯在加热的条件下对褐煤蜡溶解较好。此外，在试验室条件下对水的溶解能力较弱。

表 5-4 溶剂种类对萃取率及其组成的影响[1]

溶剂种类	溶剂	产率/%	粗褐煤蜡组成			指标			
			蜡/%	树脂/%	地沥青/%	酸值/mg KOH·g⁻¹	酯值/mg KOH·g⁻¹	皂化值/mg KOH·g⁻¹	熔点/℃
醇	甲 醇	4.0	70.8	28.3	0.9	95	74	169	76
	乙 醇	6.5	79.3	20.5	0.2	99	70	169	79
	正丙醇	11.2	77.8	22.2	0.0	53	97	150	85
	异丙醇	9.6	84.9	15.0	0.1	85	72	157	82
	异己醇	13.5	62.9	22.9	14.2	41	101	142	87
酯	乙酸乙酯	11.5	87.3	12.5	0.2	70	90	160	84
	乙酸异丙酯	13.0	80.5	18.5	1.0	64	73	137	82
	溶纤剂乙酸酯	9.9	83.7	15.3	1.0	65	113	178	86
酮	甲基乙基酮	11.4	87.1	11.2	1.7	75	80	155	87
氯化烃	二氯乙烯	10.1	82.9	12.4	4.7	67	91	148	87
	四氯乙烯	9.4	78.2	13.4	8.4	50	90	140	87
脂肪烃	正己烷	4.4	83.9	18.5	0.5	49	49	98	83
	橡胶溶剂	5.8	83.6	15.4	1.0	49	64	113	87
芳烃	甲 苯	9.9	81.0	12.2	6.8	56	78	134	87
脂肪烃和芳香烃的混合物	97A 型	9.4	80.8	13.0	6.2	52	133	185	87
	250 型（50%芳烃）	8.2	82.9	13.0	4.1	52	74	125	86
	50/50 型（50%芳烃）	8.5	79.3	12.9	7.8	50	66	115	87

苯是褐煤蜡生产中最早使用的传统溶剂，它的合适沸点范围有利于提高褐煤蜡的萃取率，且在萃取过程中溶剂的损失也较少。但苯的选择性不理想，粗褐煤蜡中树脂和地沥青含量都较高，而且苯的毒性较大，尤其是热苯对人体的危害更大、对环境的影响也很大。苯的一些物理化学常数见表 5-5[4]。

表 5-5 苯的主要物理化学常数

分子量	78.11
密度	0.88947（10℃），0.87368（25℃），0.86845（10℃）
凝固点/℃	5.51
沸点/℃	80.099
蒸发潜热/J·g⁻¹	394.815
比热	液：0.406（20℃），0.444（60℃），0.473（90℃）
	汽：0.301（平均）
介电常数	2.284（20℃）
爆炸限在空气中浓度/%	1.41~6.75

续表 5-5

最大允许浓度/mg·L^{-1}	0.05
中毒浓度/mg·L^{-1}	10
致死浓度/mg·L^{-1}	27.1

5.4.1.2 甲苯 (Toluene)

由于甲苯的毒性比苯弱，所以，甲苯有时用作苯的代用品。由于其沸程较高（109~112℃），在蒸汽管路中会发生再冷却，造成无益的循环蒸馏。而且蒸煮蜡和脱除残煤中溶剂的过程中也需要较高的蒸汽温度。

在早期文献中，曾把粗褐煤蜡的乙醚可溶物作为树脂，而把石蜡不溶物称为地沥青[5]。20 世纪 70 年代后，则分别用丙酮可溶物与异丙醇不溶物来表示。所谓褐煤汽油主要是褐煤低温干馏所回收的轻油，并经精炼和后加工制备而得。

E. 彼得的研究结果表明[1]，采用甲苯和二甲苯（沸点 136~146℃）所得萃取物的萃取率与用苯的相近。他认为，甲苯和二甲苯沸点较高，预测会得到较高的萃取率，但由于—CH$_3$ 基团进入苯分子，使芳烃性质减弱。德国到目前为止，一直采用甲苯作溶剂。

纯甲苯理化常数如表 5-6 所示。

表 5-6　纯甲苯理化常数

相对分子量	92.14
相对密度（20℃）	0.866
沸点/℃	109~112
比热/kJ·kg^{-1}（20℃）	1.67
凝固点/℃	95
闪点（闭杯）/℃	4.4
折光率	1.4967
爆炸极限（体积）/%	1.2~7.0
半数致死量/mg·kg^{-1}	5000

5.4.1.3 汽油 (Gasoline, Petrol)

一般认为，汽油是具有烷烃性质的常用溶剂。如选择合适的沸程范围，虽然萃取率较用苯略低，但粗褐煤蜡质量会有所提高，只是生产安全性差[1]。

原云南省寻甸县化工厂和云南煤炭化工厂曾用 120 号汽油进行过一些试验，获得质量比较好的产品。但由于萃取率降低，油价较高，使粗褐煤蜡的成本增加。因此，未能将汽油用于实际工业应用。

5.4.1.4 混合溶剂 (Mixed solvent)

由于单一溶剂的局限性，人们自然联想到使用混合溶剂，以取长补短，达到既有较高的褐煤蜡萃取率，又能获得较好质量的粗褐煤蜡产品。苏联自 1962 年起，已将苯-汽油（1:1）混合溶剂成功地用在褐煤蜡生产中。

后来，国外趋向用脂肪烃与芳香烃的混合物取代苯-汽油混合溶剂[1]。

5.4.2 煤料粒度

根据传质的扩散动力理论，萃取率与煤和溶剂间的接触面积有关。

苏联 В. И. Шнапер[6]认为，在萃取过程中并不是煤颗粒全部表面都参与萃取，而只是平分所谓积极"工作"的表面参与萃取，这部分表面又叫做"萃取有效表面"。这部分表面的大小与煤料粒度、溶剂对煤的浸润性等有关。苏联 В. И. Шнапер[6]通过研究萃取过程的动力学特性，得出如下结论：粒度小于 0.2mm 及大于 3.3mm 的煤都不适合于萃取。

到目前为止，国内外对萃取用褐煤最佳粒度还没有取得一致看法。原料煤的粒度、煤本身的特性、萃取溶剂的特性以及萃取工艺条件等都会影响到萃取物的萃取率和特性。从褐煤蜡萃取工艺过程来看，一般认为，对于间歇式萃取工艺需采用粒度较粗的煤料，而对于连续式工艺则可采用粒度较细的粉煤。例如，民主德国在采用间歇式工艺时，采用 1~5mm 粒度级煤料，而采用连续式工艺时，则采用 0.1~1.5mm 粒度级煤料[2]或 0.5~2.0mm 粒度级煤料[2]。苏联萨缅诺夫斯克工厂连续生产工艺则采用 0.1~3.3mm 粒度级煤料[7]。

5.4.3 萃取时间

工厂萃取过程的生产能力和经济效益与萃取时间有着非常密切关系。

А. А. Воꜱрова 研究指出[8]，萃取物的收率应当是时间的幂函数：

$$E = at^b$$

式中 E——萃取物萃取率，%；

t——萃取时间，h；

a，b——与煤种、煤的粒度、萃取器种类及萃取剂有关的固定常数。

为了确定 a、b 值，В. И. Шнапер 等[6]又进行了系统的研究试验，见表5-7。

表5-7 常数 a 和 b 的值

粒度/mm	$A = \lg a$	a	b
>3.3	1.45	14.0	0.625
<3.3~1.6	1.43	18.9	0.364
<1.6~1.0	1.34	13.6	0.213
<1.0~0.5	1.33	13.5	0.122
<0.5~0.3	1.30	13.5	0.123
<0.3~0.2	0.54	11.3	0.839
<0.2~0.1	0.96	12.5	0.753
<0.1	0.53	11.3	0.708

将 $E = at^b$ 两边同时取常用对数，得到线性公式：

$$\lg E = \lg a + b \lg t \rightarrow y = A + bx$$

这是一个线性公式，这条直线在纵坐标上的截距为 $A = \lg a$，其斜率等于 b。

В. И. Шнапер 等[6]以 $\lg E$ 为纵坐标、以 $\lg t$ 为横坐标作图（图略）[1]，再用图解内插法来确定 a 和 b 的值，如表5-7所示（其实，如果提供 E、t 的原始数据，用回归分析方法求

a、*b* 值更好，同时还能说明相关程度与显著性）。

由此可见，达到同一萃取率所需萃取时间与原料煤特性、溶剂特性和萃取设备类型有关。对于不同的原料煤和特定的萃取剂所需的最佳萃取时间，需要通过试验加以确定。从工业化和经济角度综合考虑，一般认为，当提取出 80%萃取物之后，煤的萃取过程即可停止。也就是说，从工程角度考虑，一般把获得 80%萃取物作为萃取终点，因为当有 80%褐煤蜡被萃取出来之后，萃取的推动力已经下降了很多，之后的萃取速度很慢，如果再提高这个比例，单位时间获得的褐煤蜡量比之前要小很多。注意这里的 80%是针对原料煤中褐煤蜡含量而言。

5.4.4 温度和压力

褐煤蜡萃取实际是褐煤中蜡质溶于溶剂的过程。一般情况下，物质的溶解度是随着温度升高而增大，所以，冷溶剂对煤中褐煤蜡的萃取能力很小。随着温度的提高，溶剂的萃取能力相应增大。但是，如果萃取温度远高于溶剂沸点，则会从根本上改变最终萃取物——褐煤蜡的性质。

最理想的萃取温度一般常认为是低于溶剂沸点 2~3℃[9]。在这种温度下，一方面萃取速度较快，另一方面原料煤中的褐煤蜡几乎全部被萃取出来。

然而，在实际工业生产中要维持在接近于溶剂沸点的萃取温度下操作，在技术上会遇到许多难题，例如，冷凝设备复杂化，溶剂渗漏以及废气跑掉所造成的溶剂损失增加等；另一方面，降低温度会导致萃取不完全。因此，确定最佳萃取温度范围具有非常重要的现实意义。

在实际工业生产中，最佳萃取温度与煤料特性、溶剂种类以及萃取器类型等有关，需要通过实际试验加以确定。

苏联 В. И. Шнапер[9]关于萃取温度对褐煤蜡萃取率和质量的影响研究表明，苏联亚历山大煤在萃取温度低于溶剂沸点 10~15℃时比较合适，这样的萃取温度对褐煤蜡的萃取率和质量没有不良影响。

一般认为，压力萃取是不可取的[3,10]。从煤化学观点看，褐煤在压力作用下，用有机溶剂萃取所得萃取物——褐煤蜡，除了沥青 A 之外，还有一部分沥青 B，后者不是原生物，而是褐煤分解后的产物[2]，是非蜡组分。褐煤蜡分解出较多非蜡质组分会降低萃取物——褐煤蜡的质量。

5.5 备煤工艺途径简介

为了满足褐煤蜡研究和生产过程中对原料煤的蜡含量、粒度、水分的要求，以便获得最佳的萃取效果，需要对开采出来的原煤进行备煤。备煤包括筛选、破碎、干燥、粉碎和过筛等工序。

筛选时要拣出矸石和朽木等杂质，并分析测试蜡含量，以便于备煤工序操作，提高萃取效率。

由于褐煤煤化程度相对较低，不论是露天开采还是井下开采，原料煤水分都较高。为了提高干燥效率、节约能源，需要事先把它破碎为较均匀的小块。

民主德国的备煤过程如图 5-4 所示[1]。

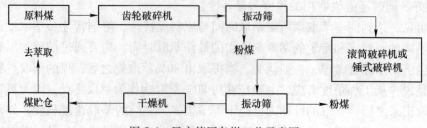

图 5-4　民主德国备煤工艺示意图

煤的干燥采用转动管状干燥机和盘状干燥机。热源采用蒸汽，由电厂提供，或由本厂锅炉提供，蒸汽压力为 0.3~0.35MPa，温度 180℃。

我国褐煤蜡厂备煤流程如图 5-5 所示。

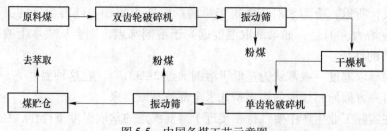

图 5-5　中国备煤工艺示意图

也有的工厂采用如下备煤流程：原料煤→破碎→干燥→筛分→合格煤送入贮煤仓，以备萃取所用。

5.6　褐煤蜡萃取研究进展

本节的重点放在近 40 年以来在褐煤蜡萃取研究过程中褐煤原料组成、主体设备、萃取剂及工艺条件方面到底做了哪些工作，以及上述四大要素对粗褐煤蜡乃至精制褐煤蜡质量的影响，而褐煤蜡萃取工艺流程将在第 6 章中讨论。

5.6.1　粉状褐煤流化萃取褐煤蜡工艺开发研究

1985 年，张铁军等[11] 报道了"粉状褐煤流化萃取褐煤蜡工艺开发研究"论文，他们在文中介绍的流化床萃取褐煤蜡新工艺，将散式流态化技术用于褐煤蜡萃取，以溶剂为动力，携带煤粒，实现流化连续萃取。在试验室研究的基础上，完成了每年 100t 蜡生产能力的中间试验，提出了适宜的操作条件。用平均含蜡量 7.15%、含水量约 23%、灰分 12% 的寻甸褐煤为原料，萃取率（收率）达到 65%~70%，苯耗量 0.46t/t 蜡。所得产品蜡含水分 1.12%、灰分 0.3%、熔点 84℃、苯不溶物 0.61%、树脂 21.16%、地沥青 11.54%、酸值为 35.50、皂化值为 102.25。该试验为工业生产装置的设计提供了基础数据。

褐煤蜡可用有机溶剂（苯、汽油等）从褐煤萃取制得。它具有良好的物理化学性质，如熔点较高、化学稳定性强、硬度大、电绝缘性好、表面光洁、防水耐酸等，故在电机、精密铸造、印刷、纺织，以及日化等工业上有着广泛的用途，因而其产量日益增长，生产工艺也逐渐由间歇式发展为连续式[12~14]。我国自 60 年代末开始生产褐煤蜡，生产工艺均采用间歇罐组式。这种工艺有明显缺点：一般只能处理 $3 \sim 15mm$ 的块状褐煤，设备庞大、生产效率低、残煤溶剂回收不完全，溶剂大量损失并造成环境污染。

国外生产褐煤蜡虽采用连续过程[15]，但由于原料粒度分布不均、萃取不完全、萃取率只有 60% 左右，并多采用机械传动，易出故障，因此，有必要研究开发更为先进的萃取工艺。

基于固-液或气-固两相流动的流态化萃取技术，以液体为推动力推动固体，具有不用机械搅拌、可处理细颗粒物料、可在较低的固液比条件下连续操作、设备体积小、便于自动控制等特点，所以，流态化技术广泛用于化工、制药、冶金等许多工业生产过程。

5.6.1.1　工艺过程的选择

煤的粒度是影响萃取率的主要因素之一。我们对云南寻甸褐煤的研究结果表明[16,17]，在相同的萃取条件下，蜡萃取率随粒度增大而下降，二者具有线性关系。从资源充分利用以及流态化技术的要求考虑，选用粒径小于 3mm 的粉状褐煤较为适宜。

根据文献［16］研究结果，对粒径小于 3mm 褐煤，要达到 80% 的萃取收率，停留时间需 45min。若采用立式逆流，设备过高，又由于褐煤与溶剂苯的比重差小，采用逆流方式难以实现萃取过程，故选用并流萃取方式。在并流萃取过程中，存在固体粒子的停留时间分布问题。对于一段连续式，煤粒处于完全混合状态，其停留时间分布为遵循全混流 CSTR 的停留时间分布[13]。

$$E(t) = \frac{1}{t} e^{-\frac{t}{t_m}}$$

式中　$E(t)$ ——停留时间分布密度函数；

　　　t，t_m ——停留时间和平均停留时间。

对于多段串联式，停留时间分布为：

$$E(t) = \frac{1}{t_i(N-1)!} \left(\frac{t}{t_i} \right)^{N-1} e^{-\frac{t}{t_i}}$$

式中　N ——串联段数；

　　　t_i ——每段的平均停留时间。

从模拟流化萃取试验中归纳出粒子群的表观动力学方程式[16]

$$1 - x = e^{-Kt}, \quad K = \frac{1}{a+bt}$$

式中　x ——萃取率；

　　　K ——总包表观萃取系数；

　　　t ——萃取时间；

　　　a，b ——试验常数。

上述经验动力学方程用于计算多段连续式萃取过程，其萃取收率为：

$$\bar{x} = \int_0^\infty x_i(t) E(t) \, dt$$

以平均停留时间 t 为 60min 为例，t 的计算结果如表 5-8 所示。

从计算结果看出，总萃取率随段数增加而提高。从而可以得出多段流化萃取更为适宜的结论。

表 5-8 不同萃取温度不同萃取段数的 $\bar{x}$ 值

萃取段数 萃取温度/℃	1	2	3	4	5
50	0.520	0.544	0.557	0.562	0.565
60	0.754	0.784	0.791	0.805	0.809
70	0.793	0.820	0.832	0.838	0.841

基于上述研究结果并吸取了螺旋式连续萃取工业试验的经验，确定了"粉状褐煤多段并流流化萃取"新工艺。设计了年产 100t 褐煤蜡中间试验装置。

5.6.1.2 试验结果和讨论

为考察流程的可行性及设备的可靠性，用 0.2~3.0mm 细颗粒寻甸褐煤并以工业苯作溶剂进行了长期连续试验。同时进行了萃取温度及萃取时间两个主要工艺参数的考查。并在所选定的最佳操作条件下进行了蜡平衡、萃取收率及苯耗试验，对产品蜡进行了质量分析，以此确定了本工艺的经济指标。

A 试验条件

试验用原料煤性质：

水分	蜡含量（干基）	筛分<0.2mm 量	朽木量
27%~33%	6.8%~7.3%	2.0%	3.0%

试验条件：

进煤量	300~390kg/h
苯循环量	16~24m³/h
萃取温度	50~68℃
残煤苯回收器温度	60~70℃

B 温度对萃取过程的影响

试验在进煤量 300kg/h、苯循环量 20m³/h、循环苯蜡含量<2%的条件下进行，所得结果如下：

萃取温度	50℃	55℃	60℃	65~68℃
萃取收率	21%	35%	48%	65%~70%

试验结果与小试研究结果相符。值得提出的是，本工艺可在溶剂沸腾（即 65~68℃）情况下操作。由于溶剂沸腾产生搅动，萃取器内呈三相流态化，从而促进了溶剂和煤粒子的良好接触，强化了传质过程。

C 苯循环量对萃取过程的影响

苯循环量既影响流化速度也与细颗粒物料的停留时间有关。为了选取既满足萃取操作的稳定性又达到所要求停留时间的适宜循环量，进行了循环量试验。其试验条件为：进煤量 300kg/h，萃取温度 60℃，循环苯含蜡量小于 2%。所得结果为：

苯循环量	16m³/h	18m³/h	20m³/h	24m³/h
萃取收率	65%	54.5%	48%	32.5%

从以上结果看出，苯循环量越小，即煤粒在流化萃取器内停留时间越长，萃取收率越高。但试验过程中发现，当苯循环量大于$18m^3/h$时，流化萃取操作稳定，而小于$18m^3/h$时，有时发生煤粒流动不畅，甚至发生堆积现象。为达到稳定操作，苯循环量选取$18m^3/h$为宜。

D 最佳操作条件与试验结果

经过长期连续运转及一系列条件试验，确定了最佳操作条件。在此条件下进行了蜡平衡、萃取率及苯耗试验并对产品蜡进行了质量分析（表5-9），结果如下：

最佳操作条件：

进煤量：	300kg/h
苯循环量：	$13m^3/h$
萃取温度：	65~68℃
残煤苯回收器温度：	60~70℃
冷凝器温度：	20~30℃
循环苯蜡含量：	<2%
萃取率（以残煤含蜡量计）：	65%~70%
蜡平衡（80h试验结果）：	
以残煤含蜡量计：	880kg
以含蜡溶剂浓度计：	824kg
实际生产量：	817kg
苯耗（平均值）：	0.46kg/kg wax

表5-9 产品蜡质量分析结果

项 目	水分/%	灰分/%	熔点/℃	苯不溶物/%	树脂/%	地沥青/%	酸值/mg KOH · g^{-1}	皂化值/mg KOH · g^{-1}
企业标准	<1.5	≤0.5	>78	≤20	22~24	24~27	30~40	90~100
试验结果	1.12	1.26	81	5.28	21.16	11.54	33.50	102.25
		0.30[①]		0.61[①]				

① 三级分离结果，其余为一级沉降分离。

从表5-9结果可以看出，该工艺过程可以达到长期、稳定连续运转。放大后试验条件基本与试验室小试条件相同。由流化萃取所得粗蜡产品的质量经过三级沉降分离达到企业标准而地沥青含量较少。

E 中间试验装置生产能力和消耗指标

经过30天稳定连续运转，确定了以下生产能力和消耗指标：

萃取收率	65%
处理煤的能力	300~390kg/h
生产强度	4.1kg/(m^3 · h)
蜡的生产能力	5.0t/(年 · 人)
苯耗	0.46kg/kg wax（6.125kg/h）
系统苯损失	0.375kg/h
残煤带出苯损失	5.75kg/h

水耗	656m³/t wax
电耗	2237kW · h/t wax
蒸汽耗量	24t/t wax

F 中间试验结果与国内外生产结果对比

根据目前所掌握的国内外生产数据进行对比如表 5-10 所示。

表 5-10 结果比较

项 目	生产强度 /kg · (m³ · h)⁻¹	萃取率 /%	苯耗 /kg · kg⁻¹wax	成本 /元 · t⁻¹wax
苏联民主德国[18] （水平斗式）	2.5	<60	<0.2	
云南寻甸（罐组式）	3.0	60~70	1.5	1500
云南寻甸（流化萃取）	4.1	65~70	0.46	1230

5.6.1.3 流化萃取工艺特点

中间试验结果表明，本工艺可处理细颗粒煤（粒度范围 0.2~3.0mm），其工艺特点如下：

（1）过程操作简单，启动容易；

（2）萃取速度快，45min~1h 即可；

（3）消耗定额低，具有较好的经济效益；

（4）系统密封性好、苯耗低、劳动环境大为改善、生产安全；

（5）职工劳动强度比罐组式大为降低；

（6）产品质量达到企业标准，地沥青含量较低；

（7）设备结构简单、制造容易、造价便宜、维修方便。

说明：原文中的萃取率实际是相对于原料煤中可萃取出来的褐煤蜡含量的萃取收率，故编者已经全部改为萃取收率。

流态化技术比较成熟，无论是气-固流态化还是固-液流态化，都可以采用循环流态化技术；张铁军等所介绍的中试工艺，后来为什么没有工业化？在很大程度上可能与褐煤蜡的萃取收率（65%）相对较低有关，如果能够把这一萃取收率提高到 80% 以上，我们相信其工业化的前景一定很好，希望有条件的企业今后能够提供这样类似的中试环境，我们认为如果引入循环流态化技术，褐煤蜡的萃取收率一定能够提高到 80% 以上。

5.6.2 昭通褐煤制取褐煤蜡的研究

截以忠、李宝才等《昭通褐煤制取褐煤蜡的研究》[19]一文的研究结果，已经在前面第 3 章引用，本章只简述其结果。

论文作者通过对昭通守望、三善堂煤矿褐煤萃取褐煤蜡的研究，得出结论：

（1）三善堂、守望两地褐煤中干基褐煤蜡含量均在 4% 以上，完全可以作为生产蜡的原料。

（2）昭通褐煤蜡具有酸值高、树脂、地沥青低等优点，可满足工业应用的各项指标，特别适合生产精质漂白蜡和各种改质蜡。

（3）昭通煤区易开采、建厂条件优越，是我国最有前景的褐煤蜡生产基地。

（4）三善堂褐煤灰分低、腐植酸含量高、蜡含量分布稳定，且质量好，适宜煤的化工综合利用。

5.6.3 粗苯制取溶剂苯生产褐煤蜡

1991 年，刘一心发表了《粗苯制取溶剂苯生产褐煤蜡》[20] 研究论文，文中提到当时云南省曲靖地区的两个 5 万吨/年机焦装置，因资金等种种原因，粗苯回收装置都未上，只简单地提供一点热量，使宝贵的苯类资源和煤气一道燃烧。而当时曲靖地区境内的两个褐煤蜡厂（当时全国仅有三个褐煤蜡厂）因纯苯的供应紧张，严重影响生产，能否根据本地区的特点，因陋就简，走机焦副产品综合利用的途径生产苯？受寻甸化工厂的委托，刘一心开发了粗苯代用溶剂技术，小试和生产性试验均获比较满意的结果，在介绍技术情况同时，希望能对苯和褐煤蜡生产有一定启发作用。

5.6.3.1 试验

粗苯的组成很复杂，其中含苯、甲苯、二甲苯、乙苯、丙苯等沸点在 164℃ 以下的馏分 70%～90%，还含有 0.5%～1% 的硫化物，如硫醇、硫醚、噻吩等以及 3%～5% 的萘及微量的酚，大多具有臭味。

褐煤蜡生产的传统溶剂是纯苯，其沸点较低，为 80～81℃（在云南约为 76℃ 左右），粗苯的馏程则较高较宽。

根据粗苯的外在情况及物化性质，要达到代替纯苯作为褐煤蜡的溶剂，论文作者认为在试验中要解决三个问题：（1）脱色、脱恶臭；（2）处理后得到的溶剂苯的回收率要高于 75%；（3）褐煤蜡的产率不应低于纯苯，而且蜡质量应合乎企业标准需要。

试验方案：论文作者选择了传统的化学精制和蒸馏方法处理粗苯，并以水蒸气代替过热蒸汽进行蒸馏。

A 试验原理

采用化学处理法即酸碱洗涤法。浓硫酸能和粗苯中的不饱和物作用，生成中性硫酸酯和叠合物，还能溶解硫醚、噻吩等化合物，使这些物质随酸渣排出，达到脱臭、脱有害杂质。作为溶剂专用的硫酸，浓度和用量都比传统的低。化学处理后再经蒸馏，即可得到能作褐煤蜡溶剂的混合馏分——溶剂苯。

B 试验流程

试验流程如图 5-6 所示。

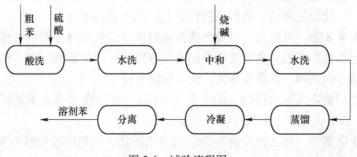

图 5-6 试验流程图

C 试验设备

带搅拌夹套反应器 1 台,储槽（2~6m³）2 台,蒸发器 1 台,冷凝器 2 台,油泵 1 台。

D 试验概况

（1）小试在本院进行。以等板桥粗苯为原料,共作 9 次粗苯处理试验,逐步调整硫酸浓度及用量。对水蒸气带馏用于粗苯蒸馏的可能性,及所得的溶剂苯对褐煤蜡的溶解能力和蜡质量进行考察。得到的溶剂苯无色无恶臭,回收率达 75% 以上,对褐煤蜡有良好的溶解能力。其萃取率与纯苯相近,蜡质量也不相上下,基本达到预期目的。决定作生产性试验,并考虑工艺建备。

（2）生产性试验在寻甸化工厂进行。第一阶段为粗苯处理。在原脱脂车间内改造、利用其部分设备。历时 5 天,处理粗苯 7.7t,回收率达 88%（6.8t）。第二阶段为应用。把所得的溶剂苯按 10%~15% 掺入纯苯中用于生产。操作按原远程进行,得到合格产品及满意的回收率。历时 7 天。

E 试验数据与结果

（1）粗苯处理与回收率,见表 5-11。

表 5-11 粗苯处理

编号	项目	处理量	硫酸浓度 /%	蒸馏加水量 次数	溶剂苯回收率 /%	溶剂苯 外观	备 注
小试	A03	200g	93	1	79.3	无色无恶臭	损失
	A04	200g	93	1	70.0	无色无恶臭	
	A05	200g	90	1	69.6	无色无恶臭	
	A06	200g	90	4	75.3	无色无恶臭	
中试	12 月 6 日	585.5kg	93	8	88	无色无恶臭	残渣油约 100kg
	7 日	1000kg	90				
	8 日上午	1000kg	90	8~10			残渣油约 240kg
	8 日下午	1000kg	90			无色无恶臭	
	9 日白班	1000kg	90				
	9 日晚班	1000kg	90			微黄	残渣油约 210kg
	10 日上午	1000kg	90				
	10 日下午	1000kg	90			（蒸馏浓带出）	

化学处理:酸洗硫酸的浓度及用量均比传统的精苯生产工艺低,浓度 90% 即可,用量亦减少 1/3~2/3。化学处理后,物料呈浅棕黄色,无粗苯的恶臭。

中试处理粗苯 8 罐。可看出,只要严格按规程操作,水洗时只有轻微的乳化现象,基本可以分离。但如操作不当,则乳化严重而引起分离困难。又如酸洗时,温度高会导致副反应增多、酸渣多而黏稠,既造成损失,还会堵塞管路。

蒸馏:精制后的粗苯加水蒸馏（即水蒸气带馏）。可以在水沸点下进行分馏切割,回收馏程在 180℃ 以下,生产上完全可以用饱和蒸汽。

中试共作 3 次蒸馏,每次处理量 2~3t。经水汽蒸馏,切割回收的溶剂苯无色透明、无恶臭。

共处理粗苯 $8.65m^3$（7.72t），回收溶剂苯 $7.73m^3$（6.8t），回收率 88%。

（2）原料粗苯及溶剂苯馏程和比重测定见表 5-12。

表 5-12　馏程和比重测定表

名称	温度/℃ 馏出/%	初馏点	10	20	30	40	50	60	70	80	88	90	终馏点	180℃馏出/%	比重
小试	粗　苯	71	76	78	78	80	83	88	95	100	200				0.915
	溶剂苯	68	76	78	79	81	84	90	101	165	205				0.897
中试	粗　苯	76	81		84		89		97	112		168	190	94	0.892
	溶剂苯	77	82		93		101		106	112		122	200	97.2	0.880

注：1. 粗苯用吸收法测定酚及吡啶，未检出。
　　2. 大气压为 602~609mmHg，馏程温度未经校正。
　　3. 中试所得溶剂苯，比重 0.88、180℃ 以前馏分达 97.2% 以上。

（3）溶剂苯与纯苯浸取率比较。从表 5-13 可看出溶剂苯对褐煤蜡的浸取能力与纯苯相近。按 10%~15% 掺入纯苯，作为车间生产溶剂，每罐煤产蜡量与用纯苯接近。

表 5-13　浸取率比较表

项　目	溶剂名称	小　试				中　试	
		A06 溶剂苯		纯　苯		溶剂苯	纯　苯
固液比		1：3.7	1：5	1：3.7	1：5	1：5.3	1：5.3
浸取次数		2	3	2	3	3	3
蜡回收率/%		2.0	3.5	1.97	3.5	3.34	2.70

（4）用溶剂苯作溶剂时褐煤蜡中高沸点残留物的脱除：溶剂苯中有少量高沸点溶剂，如残留在褐煤蜡中，会使褐煤蜡产品的熔点降低，加热损失量升高。我们采用加水蒸馏，可使蜡中绝大部分高沸点物在蒸发器内被蒸发回收，极少数的一部分在蒸煮锅中被赶跑（见表 5-14）。

表 5-14　加热损失量

放蜡时间	13 日晚	16 日晚	17 日早	17 日白	17 日晚	18 日早	18 日白	18 日晚
熔点/℃	82	84	81	84	82.5	81.5	82	82
加热损失量/%	2.15	0.75	0.97	0.94	0.98	0.67	0.78	2.16

（5）溶剂苯与纯苯浸取之褐煤蜡质量比较。小试在常压下浸取，故熔点偏低、树脂偏高，还可在正常生产中得到改变。中试混合苯生产的蜡，质量指标与纯苯生产的基本接近，达到滇 Q/QHG7—1987 企业标准（见表 5-15）。

表 5-15　质量比较表

分析项目	溶剂名称	小试		中试				滇 Q/QHG7—1987 标准
		A06 溶剂苯	纯苯	1 号 纯苯	2 号 纯苯	3 号 混合苯	4 号 混合苯	
熔点/℃		75.5	77.8	83.5	82.0	83.5	82.5	82~87
树脂/%		42.05	36.64	25.53	27.43	22.70	24.56	≤26

续表 5-15

溶剂名称 / 分析项目	小试		中试				滇 Q/QHG7 —1987 标准
	A06 溶剂苯	纯苯	1 号 纯苯	2 号 纯苯	3 号 混合苯	4 号 混合苯	
酸值/mg KOH·g⁻¹	39	45	46	43	45		≥27
皂化值/mg KOH·g⁻¹	62	67	113	139	115	107	≥80
地沥青/%	5.57	7.72	11.53	10.93	11.86	12.39	≤13
加热损失/%	0.43	0.46	0.74	2.79	0.75	0.76	≤2
样品来源	小试样品		车间产品		中试产品		

F 成本核算

成本核算见表 5-16。

表 5-16 处理 1t 粗苯费用

名　称	单耗	单价/元	金额/元
粗苯	1t	1500	1500
药品			27.6
水电气			29.2
人工	3 个		15
运费			30
维修折旧			60
合　计			1657.3

溶剂苯成本：按回收率 88% 计为 1823 元/吨。按回收率 80% 计为 2012 元/吨，比当时纯苯价低 500~700 元/吨。成本核算价均按 1987 年价格。

5.6.3.2 结论与讨论

A 结论

表 5-17 所示为副产品价值。

表 5-17 副产品价值（每处理 1t 粗苯回收量）

名　称	数量/kg	单价/元	金额/元
粗苯	30	150	45
残液	50	0.3	15
合　计			60

通过小试或中试，可以得出如下结论：

（1）粗苯通过简单化学精制及水蒸气蒸馏可以得到无色无恶臭，适合褐煤蜡生产要求的混合型溶剂。生产工艺及设备并不复杂，可以利用一些化工厂的闲置设备加以改造组装。

（2）溶剂苯用于褐煤蜡生产，除蒸煮设备需略加改造外，工艺设备不需变动。

（3）溶剂苯或掺入 10%~15% 溶剂苯于纯溶剂的混合苯，用于褐煤蜡生产时，蜡的萃取率接近纯苯，苯质量也达企业标准要求。

B 讨论

（1）关于环保及综合利用。处理 1t 粗苯产生含酸废水约 100kg、含碱废水约 100kg、酸渣 10~15kg，如长期排放会造成环境污染，应考虑环境保护和酸渣利用。蒸馏残液可作沥青稀释剂和塑料油膏稀释剂使用，粗萘可提取工业萘，都有回收价值。酸洗回收的稀酸可制土普钙或硫酸亚铁等。这样既提高经济效益，又避免污染环境。

（2）曲靖地区境内有两个褐煤蜡厂，每年约需溶剂 2000t，机焦厂上粗苯装置，所回收的粗苯，在无条件上精苯装置前，可向褐煤蜡厂供应粗苯或溶剂苯，既可积累资金和经验，又可缓解褐煤蜡厂的溶剂。

说明：刘一心在文中所说的溶剂苯，实质上是含苯、甲苯、二甲苯、乙苯、丙苯等的混合溶剂，我们在本章前面已经提到，通过调整混合溶剂组分可以改变其极性，刘一心的试验，实际是在无意中调整了混合溶剂的极性。所以，筛选混合溶剂可能会研究出更理想的粗褐煤蜡产品。

5.6.4 超临界萃取法提取褐煤蜡的初步研究

1991 年，熊利红、高晋生发表《超临界萃取法提取褐煤蜡的初步研究》[21]，用 CO_2、C_2H_6、C_3H_8 和 C_4H_{10} 作为萃取剂，采用超临界萃取，第一次把超临界萃取法用于褐煤蜡萃取过程，属于新技术在传统工业中的应用与尝试。

褐煤蜡（包括泥炭蜡）是褐煤的溶剂萃取产物[22]，含蜡 60%~90% 的苯萃取物称粗褐煤蜡，除去其中的树脂并经氧化剂脱色可得精制褐煤蜡。目前世界粗褐煤蜡产量约为 2.5 万~3 万吨/年，其中 80%~85% 集中在民主德国，而 60%~70% 的粗蜡在联邦德国精制。褐煤蜡在工业中有许多用途，如用于生产地板蜡、鞋油、特殊润滑脂、特种纸张、精密铸造和橡胶剂等[23,24]。虽然化学合成技术有了高度发展，但至今褐煤蜡仍是难以取代。其原因：（1）合成同样结构的产物，不仅技术上困难而且经济上不合算；（2）与其他天然蜡，如蜂蜡、坎特利蜡和巴西棕榈蜡等相近，所以德国卫生部和美国食品与药品协会推荐采用褐煤蜡生产食品包装纸。前几年粗蜡价格为 2500 马克/t，而精制蜡很贵，根据质量每吨从几千到一万马克（1 德国马克大约相当于人民币 3.83 元）。

5.6.4.1 褐煤蜡的传统提取方法

一般是将含蜡量高的褐煤干燥至含水分 15% 左右，用甲苯在 85℃ 下萃取，萃取后残煤用蒸汽吹扫，冷凝以回收吸持的甲苯，蒸馏萃取液蒸出甲苯得粗蜡。

粗褐煤蜡精制方法：先破碎粗蜡，以二氯甲烷萃取树脂，剩下的蜡以铬酸氧化，得浅色精制蜡[23]。

传统工艺的萃取率不高、溶剂耗量大、能耗也大、精制麻烦并产生废水。

5.6.4.2 超临界萃取法

A 原料煤

为联邦德国 sehneppenhainer 褐煤，其煤质列于表 5-18。

B 萃取剂

有 CO_2、C_2H_6、C_3H_8 和 C_4H_{10} 等，来自钢瓶。

表 5-18　原料煤分析

工业分析/%			元素分析/%					二甲苯萃取产率[1]/%	
M_{ad}	A_d	V_{daf}	C	H	N	S	O[2]	ar	daf
44.0	19.1	68.9	68.70	8.29	0.51	5.28	17.22	10.7	23.0

① 萃取条件：110℃，6h；

② 差减法。

C　萃取流程

萃取流程如图 5-7 所示。在加压萃取器中用上述压缩气体进行萃取，在降压罐中气体和蜡分离，气体循环使用。

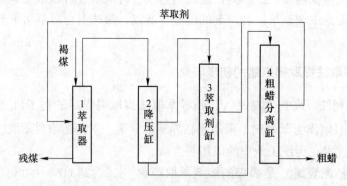

图 5-7　超临界萃取流程示意图

D　萃取结果

萃取结果列于表 5-19。由表 5-19 可见，在类似条件下，烃类气体的萃取率高于 CO_2 的萃取率，烃类气体中的 C_2H_6 萃取率不如 C_3H_8 和 C_4H_{10} 萃取率；萃取温度看来以 150℃ 为好，更高温度未作试验。用 C_3H_8 作萃取剂在 32MPa、150℃ 和 21.22kg C_3H_8/kg 煤的条件下，粗蜡回收率相对于二甲苯萃取率达到 94.6%，效果最好。所得残煤再用二甲苯彻底萃取，其萃取率仅 2.8%（干燥无灰基）。传统工艺的回收率只 30%~40%。

表 5-19　原料煤分析

序号	萃取剂	萃取条件			粗蜡回收率/%
		压力/MPa	温度/℃	萃取剂/煤（重量比）	相对于原料煤的二甲苯萃取物
1	CO_2	32	120	38.25	31.7
2	CO_2	32	55	38.25	2.3
3	C_3H_8	32	150	21.22	94.6
4	C_3H_8	32	120	7.07	73.7
5	C_3H_8	32	55	21.22	27.0
6	C_3H_8	32	120	21.22	84.9
7	C_2H_6	32	55	18.35	27.8
8	C_2H_6	32	120	18.35	54.1
9	C_4H_{10}	32	150	20.56	84.4

E　萃取蜡的质量

上述 3 号试验的萃取蜡在冷氯仿中的可溶物（树脂）为 23.7%，而在沸氯仿中不溶的高分子沥青质几乎没有，故蜡含量为 76.3%。

各次试验所得粗蜡的酸值、皂化值分别为 $25\sim59$mg KOH/g、$60\sim119$mg KOH/g，丙酮可溶物为 $3.2\%\sim23.4\%$。

与传统工艺所得的粗蜡相比，它不含黑色的高分子沥青，树脂含量也较低，特别是当回收率不高时，更为明显，故有利于精制。如果进一步考察萃取条件和粗蜡组成关系，有可能不用精制而直接得到精制蜡。

5.6.4.3　褐煤蜡生产和发电相结合的初步经济核算

褐煤直接发电的收益（以 1t 干燥无灰褐煤计）：低位发热量 31.08GJ/t，发电效率以 33% 计可发电 2849kW·h，收益为 2849kW·h×0.166 马克/(kW·h) = 473 马克。

褐煤提取蜡后再发电的收益：0.233t 粗蜡×2500 马克/t = 557.5 马克；剩下 0.777t 抽余褐煤扣除萃取过程的耗能 8.05GJ，还可发电 275kW·h；发电收益：1275kW·h × 0.166 马克/(kW·h) = 221.65 马克；合计 769.15 马克，比直接发电的效益高 296.15 马克。

以上计算尽管用德国马克计价，但对我国基本上也适用。可见如果褐煤中的蜡含量较高（德国以至少 15% 以上，我国以不少于 10%），对褐煤进行加工利用不但合理利用资源，在经济上也有竞争力。

5.6.4.4　超临界萃取法的优点

与传统的苯类溶剂萃取法比较，超临界萃取法的优点是：

（1）煤无需干燥。按传统工艺要先干燥至水分 15% 左右。一方面能耗大，另一方面褐煤的凝胶结构遭到一定程度破坏，部分蜡分子在煤的基质中被固定。所以萃取收率只有试验室萃取试验的 $30\%\sim40\%$，而超临界法的萃取收率可达 $80\%\sim90\%$ 以上。

（2）无高浓度废水产生。传统工艺含苯类和其他芳香烃杂质的高浓度废水排放，因此必须处理。

（3）粗蜡中不含黑色沥青质，树脂也较少，选择性优于苯类溶剂。但超临界萃取法也有缺点：操作压力高，需用高压容器、阀门和压缩机等设备投资大，技术要求高。

此法也可用于粗蜡精制以及废油再生、从废橡胶轮胎中提取液体油等。

说明：如果真像论文作者所说：超临界萃取的萃取收率可达 $80\%\sim90\%$ 以上，那工业化的效益应该非常可观。但是，编者不敢苟同论文作者所说：原料煤无需干燥的观点，如果原料煤含水量达到 50%，则会使超临界萃取器的负荷几乎翻倍，或者说会使超临界萃取器的体积几乎翻倍，这会导致一次投资成本和操作费用按比例增加。工业化生产与试验室研究，仅从影响萃取率和褐煤蜡质量的因素看，都会有比较大的差别，而且超临界萃取是在高压下操作。

5.6.5　舒兰褐煤蜡萃取工艺条件的研究

1992 年，马治邦等发表《舒兰褐煤蜡萃取工艺条件的研究》[25]，研究了混合溶剂萃取吉林舒兰褐煤蜡的效果，目的是改变萃取条件，提高褐煤蜡产率，寻找在常压萃取条件下可以代替甲苯的溶剂，同时对褐煤蜡萃取过程的规律加以探讨，以期改善舒兰褐煤蜡工业生产的经济效益。

5.6.5.1　前言

用有机溶剂萃取褐煤，制得的褐煤蜡在制革、造纸、纺织、精密铸造和日用化学工业中具有广泛的用途。萃取出蜡的残余褐煤，发热量略有提高，沥青含量减少，比表面积增大，除了直接用作燃料外，尚可以用作制取煤碱剂、有机-无机复合肥料、盐碱土壤改良剂、型煤以及低温干馏的原料，从而有效地利用了褐煤资源。

由吉林舒兰褐煤萃取出的褐煤蜡，熔点高、树脂含量低，是我国生产的优质褐煤蜡。舒兰矿务局化工厂原有的低压罐组间歇式萃取工艺，是用苯萃取 1~10mm 粒度煤。最近，由民主德国引进的连续萃取设备，是在常压下用甲苯在 85℃ 条件下萃取粒度 0.2~1mm 粒煤，扩大了褐煤蜡的生产能力，提高了含蜡褐煤资源的利用率。

舒兰褐煤含蜡量远远低于含蜡 8% 的经济含量，致使舒兰褐煤蜡生产成本较高。随着生产的发展，迫切需要扩大萃取溶剂来源，改善生产的经济效益。

对某一种煤而言，提高蜡产率的途径是改进萃取器和萃取工艺条件。萃取熔剂的物理化学性质对褐煤蜡的产率、组成和萃取速率有决定性的影响，而混合溶剂又往往比单一组分溶剂有更好的萃取效能，酒精与苯混合，酒精的不利影响由于苯的存在可以得到弥补或消失，甚至有好的作用。

5.6.5.2　试验方法

A　煤样

吉林舒兰矿务局化工厂生产褐煤蜡的原料煤。煤的工业和元素分析（质量分数）：$W^t = 18.49\%$，$A^t = 25.85\%$，$V^t = 30.18\%$，$S^t = 0.25\%$，$C^t = 40.84\%$，$H^t = 3.98\%$，$N^t = 1.04\%$。萃取试样粒度 <0.2mm 和 0.2~1mm 两个粒级。

B　溶剂

苯，分析纯试剂；溶剂汽油：120 号汽油，工业酒精及其混合物，各种溶剂的馏程温度列于表 5-20。

表 5-20　溶剂的馏程分布

萃取溶剂（体积比）	馏程温度/℃						馏出 90%V 的温度范围/℃
	初馏点	10%	30%	50%	70%	90%	
苯	80.1						
汽油	83.0	91.0	93.0	95.0	98.0	104	21.0
苯：汽油 = 1：1	77.0	80.0	82.0	83.0	91.0	91	14.0
苯：汽油 = 19：1	65.0	67.0	74.0	79.0	80.5	81.5	17.4
苯：汽油 = 9：1	63.0	66.0	71.5	77.0	80.5	81.5	18.8

C　试验方法

准确称取 5~6g 煤样，量取 100mL 溶剂分别装入索氏萃取器的滤纸筒和三角瓶内，油浴加热到设定温度，恒温回流萃取设定时间，蒸发出萃取液中溶剂，得到的蜡在温度 105℃ 的烘箱中干燥 2.5h，按下式计算褐煤蜡产率。

$$F = \frac{G}{W} \times 100\%$$

式中 G——萃取出的褐煤蜡质量，g；

W——煤样质量，g。

褐煤蜡的质量鉴定按照国家标准 GB 3812~3816—83 方法进行。

5.6.5.3 试验结果和讨论

A 溶剂的萃取效果

用不同溶剂在油温度 105℃ 对粒度小于 0.2mm 粉煤萃取 2.5h，测得的褐煤蜡产率及其性质列于表 5-21。

表 5-21 各种溶剂萃取舒兰褐煤蜡产率及其性质

蜡名称	萃取溶剂（体积比）	蜡产率（质量分数）/%	蜡的性质					
			熔点/℃	酸值/mg KOH·g⁻¹	皂化值/mg KOH·g⁻¹	酯值/mg KOH·g⁻¹	树脂/%	地沥青/%
B	苯	1.84	88.1	62.07	96.05	38.98	11.22	3.43
G	汽油	1.81	82.0	32.68	73.08	40.40	30.85	12.55
BG	苯：汽油 = 1：1	2.67	85.7	50.34	113.3	63.00	21.85	5.99
BA-1	苯：汽油 = 19：1	3.05	86.2	66.54	99.08	32.54	14.96	4.46
BA-2	苯：汽油 = 9：1	3.07	85.6	70.54	111.7	41.15	29.72	3.45

蜡名称	蜡的外观	元素分析				
		C	H	N	O+S	H/C
B	棕黑，硬质	80.10	12.32	0.40	7.27	1.83
G	深黄，软质	81.78	13.41	0.19	4.62	1.93
BG	棕黄，硬质	80.67	13.09	0.20	6.04	1.93
BA-1	棕黑，硬质	79.97	12.42	0.35	7.26	1.88
BA-2	棕黑，硬质					

由表 5-21 的数据表明，混合溶剂萃取的褐煤蜡产率比用单一溶剂高。BG 蜡产率 2.67%，BA-1 蜡产率 3.05%，都高于 B 蜡产率 1.84%，各种蜡的熔点都高于 82℃，其中 BA-1 蜡熔点是 86.2℃，最接近 B 蜡的 88.1℃。各种蜡的酸值变化较大，在 32.68~70.54 之间，溶剂中含有汽油，蜡的酸值减小，G 蜡的酸值只有 32.58，BG 蜡为 50.34；反之，萃取溶剂中含有极性溶剂酒精时，蜡的酸值就增大，BA-1 和 BA-2 蜡酸值分别为 66.5 和 70.54，高于 B 蜡的 62.07。由混合溶剂萃取的蜡的皂化值均大于 B 蜡，G 蜡的皂化值则低于 B 蜡，B 蜡和 BA-1 蜡的皂化值和酯化值基本相同，分别是 96.05~99.08 和 32.54~33.98。混合溶剂制得蜡的丙酮可溶物树脂含量比 B 蜡高，其中 BA-1 蜡含树脂 14.96%，BA-2 蜡树脂含量 29.75%，改变苯和酒精混合物中酒精含量，可以制得不同性质的 BA 类型蜡。

褐煤蜡的元素分析表明，BA-1 蜡的 C、H、N、O+S 和 H/C 原子比与 B 蜡基本相同，G 蜡和 BG 蜡 H/C 原子比则比 B 蜡高，而 N 和 O+S 含量却比 B 蜡低。红外光谱分析表明，各种蜡分子结构中的主要官能团相同，其差别在于它们的含量不同，影响了蜡的性能。在红外光谱图上，以 1380cm^{-1} 处的甲基特征吸收峰高与 1468cm^{-1} 处的甲基和亚甲基吸收峰高的比值，B 蜡和 BA-1 蜡分别是 0.13 和 0.11，而 G 蜡和 BG 蜡则分别是 0.20 和 0.19，说明 G 和 BG 蜡分子中比 B 和 BA-1 蜡含有较多的甲基，分子碳链较短，蜡的外观呈黄色软质或硬质黄色，而 B 蜡和 BA-1 的分子是比较长的碳链，甲基含量也差不多。

研究表明，BA-1 蜡和 B 蜡的分子结构、元素组成和物理化学性质基本一样，溶剂汽油对煤的湿润性和萃取选择性较好；酒精是极性溶剂，对煤的湿润性较差，但萃取能力较强；苯和汽油以及苯和酒精混合溶剂，呈现良好的互补协同作用，采用适当配比，可以得到褐煤蜡产率高、性质符合要求的粗褐煤蜡。

据文献报道，溶剂汽油萃取出的褐煤蜡质量比较好、树脂含量低，但在我们这次研究中，用常规的丙酮可溶物测定方法，测出 G 蜡的树脂含量高于 B 蜡的树脂含量，树脂的性状也不同，呈浅黄色，在室温可流动。其原因有待进一步查明。G 蜡和 BG 蜡的树脂的 H/C 原子比分别是 1.81 和 1.75，很接近蜡的 H/C 原子比，而 B 蜡和 BA-1 蜡的树脂的 H/C 原子比分别是 1.55 和 1.66，与蜡的 H/C 原子比则明显偏低。所有 G 蜡和 BG 蜡的树脂中含有某种蜡成分可能是导致树脂测定偏高原因之一。

B　溶剂的萃取温度

取粒度 0.2~10mm 褐煤，用各种溶剂，在不同油浴温度下，常压萃取 2.0h，褐煤蜡产率及萃取煤层温度列于表 5-22。

表 5-22　各种溶剂萃取的煤层温度及蜡产率（质量分数）　　　　　（%）

蜡名称	油浴温度/℃			萃取煤层温度/℃
	95	105	115	
B	1.68	1.69	1.57	73
G	1.39	1.99	1.60	80
BG	2.02	2.11	1.94	72
BA-1[①]	3.12	3.09		63
BA-2	3.07	2.92	3.02	65

① 煤粒度<0.2mm。

试验表明，粉煤在常压液相萃取时，每种溶剂的煤层萃取温度一定，油浴温度的升高，只是使溶剂回流量增加。苯的煤层萃取温度 73℃。溶剂汽油沸程温度范围 21℃，萃取煤层温度 80℃，随着油浴温度升高，溶剂流量和馏分组成改变，在高于 105℃ 油浴温度下，蜡的产率高于苯的产率。萃取 BG 蜡和 BA-1 蜡的两种混合溶剂，萃取煤层温度分别是 72℃ 和 63℃，低于汽油和苯单独萃取时的温度，但褐煤蜡的产率却明显提高，表明苯和汽油以及苯和酒精混合溶剂对舒兰褐煤具有较强的萃取能力，共沸点降低，实现在较低温度萃取出更多蜡的效果。

C　蜡产率与萃取时间的关系

褐煤蜡产率与萃取时间的关系直接影响萃取设备的生产能力和生产过程的物料消耗。用不同溶剂萃取粒度 0.2~1.0mm 褐煤的蜡产率 E 与时间 t 关系列于表 5-23 中。

由表 5-23 可知，萃取机理对各种溶剂都一样，初期 20min 内蜡的产率增加很快，萃取主要是在煤粒表面上进行，在 20~60min 内，蜡产率增加逐渐减慢，萃取发生在煤粒外表面和孔隙内表面，传质扩散作用增大，超过 60min 以后，随着时间增长，蜡产率变化不大，表明有效扩散的煤表面上蜡大部分已萃取出来，而且过程主要是由煤粒内孔表面传质扩散控制。

表 5-23　各种溶剂的蜡产率（质量分数）与萃取时间关系　　　　　（%）

蜡名称	萃取时间 t/min					
	20	40	60	80	100	120
B	1.25	1.46	1.57	1.52	1.35	1.57
G	1.33	1.65	1.85	1.68	1.75	1.76
BG	1.77	1.91	2.02	1.98	2.13	2.05
BA-1	1.80	2.48	2.58	2.78	2.84	2.78
BA-2	2.18	2.62	2.87	2.96	2.88	3.00

线性相关分析表明，蜡产率的倒数 $1/E$ 与萃取时间的倒数 $1/t$ 之间呈近似的线性关系，其经验方程式：

$$E = \frac{t}{a + bt} \times 100\%$$

式中，a、b 是受煤料、萃取溶剂性质制约，与萃取时间无关的常数。用图解内插法求出不同溶剂萃取时间 $t = 20~120$min 的 a、b 值大小，褐煤蜡的试验产率与式中计算值列于表 5-24。以萃取 120min 的蜡产率作为舒兰褐煤萃取出蜡的基准，在不同萃取时间蜡的相对产率列于表 5-25。

表 5-24　常数 a、b 值与计算的蜡产率

蜡名称	经验方程中常数		褐煤蜡产率（质量分数，萃取40min）/%		
	a	b	实　测	计　算	偏　差
B	3.94	0.60	1.46	1.43	0.03
G	4.55	0.52	1.65	1.58	0.07
BG	1.82	0.47	1.91	1.94	-0.03
BA-1	5.15	0.30	2.48	2.33	0.15
BA-2	3.33	0.29	2.62	2.67	-0.05

表 5-25　萃取过程蜡的相对产率　　　　　　　　　（%）

蜡名称	萃取时间 t/min					
	20	40	60	80	100	120
B	79.6	92.9		96.8		100
G	75.6	93.8			99.4	100
BG	86.3	93.2	98.5	96.6		100
BA-1	66.5	89.2	92.3	100		100
BA-2	72.5	87.5	95.7	98.7	96.0	100

表 5-25 的数据表明，当萃取 40min 时，G 蜡和 BG 蜡的相对产率分别是 93.8% 和 93.2%，大于苯的相对产率，证明汽油、苯和汽油混合溶剂对煤有较好的浸润性和渗透力。BA-1 和 BA-2 蜡的相对产率则分别是 89.2% 和 87.5%，低于苯萃取的相对产率，说明含有极性溶剂酒精的混合溶剂对煤的湿润性和渗透力不如苯，而且混合溶剂中酒精含量愈多，其渗透力愈差，但萃取能力变强，选择性变差，蜡产率增加。选择适当酒精与苯的配比、制备合适的煤料粒度分布、控制水分、创造良好溶剂渗透条件，将是提高舒兰褐煤蜡产率，萃取质量满足要求蜡的可靠途径。

D 褐煤蜡的萃取速率

在褐煤蜡生产过程中，每萃取周期处理煤量 W 和蜡产量 G 与时间 t 的关系：

$$G = W\frac{0.01t}{a + bt}$$

蜡的萃取速率 M 与时间 t 的关系式：

$$M = \frac{\mathrm{d}G}{\mathrm{d}t} = \frac{0.01aW}{(a + bt)^2}$$

即蜡的生成速率是萃取时间平方倒数的函数，且受煤料性状和溶剂性质影响。褐煤蜡的生产实践亦证明，萃取速率的有效扩散表面的大小与煤的粒度、溶剂对煤的浸湿性和渗透深度有关。粒度小于 0.2mm 和大于 3.3mm 煤，不合适萃取，随着时间的增加，蜡的产率几乎没有多大变化。工业生产中，罐组式萃取装置，适宜的粒度是 1~5mm，粉煤连续萃取用 0.2~1.0mm 粒度级煤有利于萃取时的扩散过程，可以在较短萃取时间内，得到较高的蜡产率。因此，选择合适溶剂和煤的粒度级，适当缩短萃取时间，是提高萃取装置生产能力的有效措施。

E 褐煤蜡生产的经济效益

舒兰褐煤用苯和汽油以及苯和酒精混合溶剂萃取出的 BG 和 BA-1 蜡产率分别是苯萃取的 130% 和 170%，使每吨粗褐煤蜡生产溶剂消耗减少 23% 和 41%。若生产 1t B 蜡用 1.3t 苯，而 BG 蜡和 BA-1 蜡分别仅用 1t 和 0.76t 混合溶剂，大大降低了褐煤蜡生产中溶剂的成本费用。

BA-1 蜡的树脂含量虽然高于 B 蜡，全小于 15%，其他性质基本上同 B 蜡相同，况且粗褐煤蜡具有广泛用途，对它的质量要求也有一定范围，因此这种蜡会有市场。

萃取 BA-1 蜡溶剂的初馏点 67℃、馏程温度范围 17℃、煤层萃取温度 63℃，这将使粗褐煤蜡生产过程的热能消耗低于 B 蜡生产的用量。对于粉煤连续萃取过程，苯和酒精混合溶剂可以代替甲苯，扩大了溶剂来源，弥补苯在常压萃取蜡收率较低的不足。

显然，用苯和酒精混合溶剂萃取舒兰褐煤技术，将会明显改善舒兰褐煤蜡工业生产的经济效益，很有实用价值。

5.6.5.4 结论

（1）舒兰褐煤含树脂较低，适合用苯和汽油以及苯和酒精两种混合溶剂萃取褐煤蜡。在萃取煤层温度分别为 72℃ 和 65℃，常压萃取 40min，BG 蜡和 BA-1 蜡产率是 B 蜡的 1.3 和 1.7 倍，褐煤蜡产率大幅提高。

（2）BA-1 蜡的物理化学性质、元素组成、分子结构以及外观与 B 蜡都基本相同，改变混合溶剂中酒精含量尚可调节蜡性质，有一定伸缩性，以满足市场要求。BG 蜡是浅色硬质蜡。

（3）根据试验数据，用图解法得到褐煤蜡产率与萃取时间的经验方程式；求出受煤料、溶剂性质等制约，与时间无关的常数值，利用数学方法推导出褐煤蜡萃取速率与萃取时间平方成倒数关系的函数式。指出，选用合适的煤粒度和溶剂，适当缩短萃取时间是提高褐煤蜡萃取装置生产能力的有效途径。

（4）在褐煤蜡工业生产过程中，用苯和酒精混合溶剂代替往常使用的苯和甲苯技术完全可行，并使舒兰褐煤蜡产率增加，减少能源消耗，扩大了溶剂来源，将大大改善舒兰褐煤蜡工业生产的经济性，这项技术很有实用价值。

舒兰褐煤的 G 蜡和 BG 蜡及其树脂性质和使用性有待进一步研究。

说明：论文作者所说的产率就是通常意义上的褐煤蜡萃取率（相对于原料煤重量百分比）。

编者认为导致吉林舒兰矿务局化工厂关门停产的真正原因是原料煤含蜡量太低（3%上下），要不然，舒兰褐煤蜡的理化性质国内第一，可与德国褐煤蜡相媲美。原料、溶剂等，要知道德国当年褐煤原料中褐煤蜡的含量大于10%，拿3%的褐煤蜡含量与10%的褐煤蜡含量相比，原料消耗、溶剂消耗、操作费用等都不在一个档次上，所以，编者认为，当年在吉林舒兰建设褐煤蜡生产厂，本身就是决策失误。

这篇文章的背后至少为我们提示了两个本质问题，其一是褐煤蜡含量超过5%的褐煤才具有工业提蜡价值（起码到目前为止如此）；其二是用极性不同的溶剂萃取得到的粗褐蜡（可能包括之后的精制蜡）的理化性质也不同，所以才会出现调整混合溶剂组分的比例，可制得满足不同用户要求的褐煤蜡。

5.6.6 舒兰褐煤蜡萃取溶剂的研究

1992 年，马治邦等发表《舒兰褐煤蜡萃取溶剂的研究》[26]，研究以苯/酒精、苯/汽油混合溶剂萃取舒兰褐煤蜡，得出在蜡产率、蜡的质量上都较单一苯的萃取物为好；为此进行了产率和煤的粒度、萃取温度、萃取时间的条件试验。得出最佳条件为：煤料 0.2~1.0mm，以苯/酒精在常压下于混合溶剂沸点下萃取 40min。

主要结论与《舒兰褐煤蜡萃取工艺条件的研究》[25]相同，故不再重复。

5.6.7 用非苯溶剂从稔子坪煤中萃取褐煤蜡

1994 年，王平、何秋发表《用非苯溶剂从稔子坪煤中萃取褐煤蜡》[27]和《非苯溶剂提取褐煤蜡试验》[28]两篇论文，下面是这两篇论文中的主要结论。

随着市场经济的发展，煤炭的综合加工和深度利用将成为一个重要方向，从褐煤中提取蜡是综合利用褐煤的一条有效途径。在提取褐煤蜡时，就同一种煤而言，溶剂类型是影响蜡产率和质量的重要因素。苯是生产褐煤蜡的传统溶剂，但苯的选择性不理想，且毒性大。因此，以苯为萃取剂有较大的缺陷，需要研究代用溶剂。本文即主要叙述以稔子坪煤为原料，选择廉价、低毒的萃取剂，进行萃取褐煤蜡的试验和各项工艺参数及技术指标的测定结果。这些试验结果，将为稔子坪煤的综合加工利用提供可靠的技术依据。

5.6.7.1 试验方法

A 原料

试验中采用稔子坪长焰煤,煤质分析结果见表5-26。

表5-26 原料煤样煤质分析

$M_{ad}/\%$	$A_d/\%$	$V_{daf}/\%$	$Q_{gr,ad}/MJ \cdot kg^{-1}$	$E_{B,a}/\%$	$HA_{ad}/\%$
10.96	16.34	62.12	23.91	4.28	44.97

B 萃取剂

乙醇、90号汽油及汽油/乙醇混合溶剂作萃取剂。汽油特性见表5-27。

表5-27 90号汽油性质

项　　目	指　　标
10%馏出温度/℃	<75
50%馏出温度/℃	<120
98%馏出温度/℃	<180
沸点/℃	40~200

C 操作方法

称取一定量的煤样装入三角瓶中,再按重量比加入萃取剂后,放入预先升温到一定温度并恒温的水加热器中,加热回流、计时。萃取结束后,过滤洗涤;滤液用预先恒重的三角瓶接收;将盛有滤液的三角瓶加热蒸发除去溶剂后,再放入升温到110~120℃的恒温干燥箱中,烘干至恒重,计算蜡产率和萃取率。

5.6.7.2 试验结果

A 不同萃取剂的萃取结果

几种萃取剂的萃取结果见表5-28。

表5-28 不同萃取剂萃取结果

项目	苯	乙醇	汽油	乙醇/汽油	
				1:2	2:1
温度/℃	78	78	80	80	80
产率/%	3.10	0.81	0.88	5.26	2.68

从表5-28可以看出,单纯用乙醇、汽油萃取时,蜡的产率较低,而用乙醇/汽油混合溶剂萃取时蜡的产率较高;特别是用乙醇/汽油(1:2)混合溶剂时,蜡产率最高,约为用苯的1.7倍。这说明混合溶剂对稔子坪煤褐煤蜡的萃取有协同效应。

B 混合溶剂及工艺条件萃取试验结果

为进一步考察乙醇/汽油混合溶剂的最佳配比及最佳工艺条件,采用正交试验法,对溶剂配比、萃取温度、萃取时间、固液比、煤料粒度等5个因素进行了试验和评价。通过正交试验得到的最佳萃取条件是:萃取时间120min,萃取温度85℃,固液比1:3.5,煤料粒度 0.2~0.5mm，溶剂配比（乙醇/汽油）1：2。

C　混合溶剂蜡及苯蜡的质量分析

用混合溶剂和苯萃取的褐煤蜡质量分析见表 5-29。从表 5-29 可看出，混合溶剂蜡比苯蜡质量稍优。但这两种蜡的熔点和树脂含量均不符合工业用蜡要求。为此对混合溶剂蜡进行了脱脂试验，取得了较为满意的结果。脱脂蜡参数为：熔点 84.5℃，树脂 7.88%，地沥青 4.60%，符合 MT 239—91《褐煤蜡技术要求》。

表 5-29　混合溶剂蜡及苯蜡质量分析

项目	粗蜡		脱脂蜡	MT 239—91	
蜡样	混合溶剂蜡	苯　蜡		A	B
熔点/℃	74.0	72.4	84.5	81~85	83~87
树脂/%	41.5	48.0	7.88	≤27	≤20
地沥青/%	3.73	4.00	4.60	≤12	≤8
酸值/mg KOH·g^{-1}	55.0	46.8	52.0	30~50	50~70
皂化值/mg KOH·g^{-1}	101.0	108.0	101	90~120	100~130
苯不溶物/%	0.01	0.02			
灰分/%	0.01	0.03			
气味/%	固体无味	固体无味			

5.6.7.3　结论

（1）乙醇/汽油混合溶剂对稔子坪煤褐煤蜡的萃取有协同效应。

（2）用乙醇/汽油混合溶剂萃取褐煤蜡产率为 6.31%，高于苯溶剂萃取产率。

（3）在不考虑煤料粒度影响的情况下，固液比和溶剂配比是影响萃取产率的主要因素。最佳萃取条件是：萃取时间 120min，萃取温度 85℃，固液比 1：3.5，煤料粒度 0.2~0.5mm，溶剂配比（乙醇/汽油）1：2。

（4）粗蜡熔点低，树脂含量高，经脱脂可满足工业要求。同时，有必要进一步研究树脂的加工利用。

（5）由于条件所限，采用的是 90 号汽油，沸点较高，因此溶剂的回收温度高，应采用低沸点汽油。

说明：论文作者所说的产率就是通常意义上的褐煤蜡萃取率（相对于原料煤重量百分比）。对褐煤蜡萃取而言，一般情况下，最佳工艺条件与煤种、设备形式、萃取剂种类等有关，所得最佳工艺条件中，乙醇：汽油＝1：2，而乙醇的沸点为 78℃，在 85℃下操作，如果萃取器密封不好，则会发生乙醇"气漏"损失，无论是试验研究还是工业化生产，都必须考虑诸如此类的问题。

5.6.8　富蜡褐煤化学脱灰及其对萃取的影响

2012 年，胡光洲等发表《富蜡褐煤化学脱灰及其对萃取的影响》[29]，他们分别用 HCl 和 NaOH 溶液对褐煤进行预处理，考察酸、碱处理对富蜡褐煤灰分脱除的影响；采用多种溶剂萃取，研究褐煤化学脱灰对萃取率、萃取物组成的影响机理。结果表明：对于 0.2~

10mm 富蜡褐煤, 酸处理脱灰率随粒度增大先减小后增加, 变化范围为 13.24%~21.95%, 粒径为 1~3mm 时为最小; 碱处理脱灰率随粒度增大而减小, 变化范围为 72.02%~46.12%。酸处理能提高萃取率, 溶剂极性越大, 萃取率提高越明显, 萃取物中直链烃小分子的含量明显增多; 碱液处理会降低萃取率, 溶剂极性越大, 萃取率降低越大, 导致萃取物中非直链烃小分子以外的成分流失。

矿物质是影响褐煤蜡溶出的因素之一。矿物质在褐煤颗粒表面的分布会阻止溶剂与褐煤有机质的接触, 这种包裹作用会降低褐煤蜡的萃取率。从萃取接触面角度来看, 采用化学处理方法将褐煤表面矿物质脱除有利于褐煤蜡的溶出, 但是化学脱灰过程可能同时影响了褐煤蜡的提取率和组成。由于化学脱灰对煤有机组分影响研究没有定论, 而且对富蜡褐煤萃取的影响很少见报道, 因此研究化学脱灰对褐煤蜡提取率及组成的影响, 能反映化学脱灰对煤有机结构与组成是否发生改变, 还能为提高褐煤蜡产率提供一个可能途径。作者以高灰的富蜡褐煤为对象, 破碎后选取 0.2~0.3mm、0.3~0.6mm、0.6~1mm、1~3mm、3~6mm、6~10mm 等6个粒级, 分别用酸溶液和碱溶液浸泡后放入到沸腾的水浴锅中, 沸煮 1h, 研究粒度对酸碱脱灰的影响; 然后选用 1~3mm 酸、碱处理过的煤样用环己烷、叔丁醇及其复合溶剂分别进行萃取, 对脱灰后的褐煤用苯萃取褐煤蜡, 分别研究酸处理和碱处理对褐煤蜡萃取率和组成的影响。

5.6.8.1　试验

A　原料

试验用煤为高灰的内蒙赤峰富蜡褐煤, 工业分析见表 5-30。将煤样粉碎, 分别取 0.2~0.3mm、0.3~0.6mm、0.6~1mm、1~3mm、3~6mm、6~10mm 共 6 个粒级, 因为更小的粒级和更大的粒级都不适合褐煤蜡的生产。脱灰处理后的煤在 80℃下真空干燥 24h, 放入干燥器内备用。

表 5-30　褐煤的工业和元素分析（空气干燥基）　　　　　　　（%）

水分	灰分	挥发分	S 含量	N 含量
13.47	48.03	34.82	0.44	0.74

B　酸处理和碱处理

采用浓 HCl 脱灰法过程为:

（1）将市售浓 HCl 与蒸馏水按 1:1 的体积比配成 HCl 溶液;

（2）称取 10g 煤样放入烧杯中, 加入 50mL 上述 HCl 溶液;

（3）将烧杯放入加热到沸腾的水浴锅中, 沸煮 1h;

（4）将烧杯取出冷却至室温;

（5）将烧杯中的煤样抽滤;

（6）抽滤后的煤样放在表面皿中, 自然干燥 3d。

采用 NaOH 法脱灰过程为:

（1）配置 0.1mol/L 的 NaOH 溶液;

（2）其他步骤同酸处理过程。

$$脱灰率 \ Y = (原煤灰分 - 处理后灰分)/原煤灰分 × 100\%$$

C 煤的萃取

称取 10g 煤样，置于索氏萃取器中，用 100mL 苯进行萃取；自冷凝管滴下第 1 滴回流液时起计时，虹吸时间为 5min，萃取时间为 2h。对萃取液进行常压蒸馏、浓缩；将浓缩液移入已称重的称量瓶中，于烘箱内 100℃下烘 1h，称量萃取物重。萃取率＝萃取物质量/无灰基煤质量。

D 褐煤蜡的 GC-MS 分析

对不同溶剂萃取褐煤蜡进行 GC-MS 分析，试验所采用的仪器为：HP 190915-433 型毛细管柱（30.0m×250μm×0.25μm）；氦气为载气，流速 1.0mL/min；分流比 20∶1；进样口温度 300℃；EI 源，离子化电压 70eV，离子源温度 230℃；质量扫描范围 30~500amu。

5.6.8.2 结果与讨论

A 盐酸处理脱灰

煤中矿物质有一部分不溶于酸性，用酸处理仅能脱除少量白云石、方解石等酸溶性矿物质，而高岭石、伊利石、石英、黄铁矿等则需通过碱-酸法处理来脱除。脱灰效果主要与酸和矿物的接触范围以及反应产物洗涤清除效果等因素相关。本研究采用盐酸溶液脱灰，研究盐酸对富蜡褐煤的脱灰效果，以及粒径对脱灰效果的影响。表 5-31 是不同粒径的褐煤经盐酸脱灰的效果。

表 5-31 不同粒径煤样酸处理后的灰分及脱灰率

粒径/mm	0.2~0.3	0.3~0.6	0.6~1	1~3	3~6	6~10
脱灰率/%	21.95	19.02	17.30	13.24	14.46	19.12

从表 5-31 中，可以看出当粒度在 0.2~3mm 范围时，脱灰率随着粒度的增大而减小；当粒度大于 3mm 时，脱灰率随着粒度的增大而增大，且粒度在 6~10mm 范围时，脱灰率竟然高达 19.12%。

粒度在 0.2~3mm 范围时，脱灰率随着粒度的增大而减小，这可能是粒度较小时，酸与煤粉中矿物能得到充分接触，所以脱灰较好。当粒度大于 3mm 时，脱灰率随着粒度的增大而增大，可能的原因是酸溶性矿物较多分布于大粒级煤中，且酸与矿物反应后的离子溶液很容易用蒸馏水洗涤下来，所以脱灰效果相对较好。

B 酸处理脱灰对褐煤蜡溶出的影响

选用粒径范围在 1~3mm 的煤样分别用苯、叔丁醇、环己烷以及其复合溶剂来对酸处理后的煤样进行萃取，对比脱灰前后萃取率的变化，研究矿物质减少后对蜡萃取率的影响。

酸处理后各溶剂萃取率都增加。但是，用不同溶剂对其进行萃取，所增加的萃取率并不是按比例增加，苯、叔丁醇、环己烷和叔丁醇、环己烷复合溶剂的蜡萃取率增加率分别为 62.4%、93.4%、18.8%、18.7%。这表明酸处理过程对原褐煤蜡小分子的赋存形式有影响，有两个证据，一是在灰分脱除率只有十几个百分点的情况下，新有效接触表面很难达到原来有效表面积的 93.45%，二是在有效表面积增加率相同情况下，萃取率的增加率不可能差距那么大。

从溶剂极性上来看，叔丁醇>苯>环己烷，蜡萃取率增加率的大小顺序与此相同，可见酸处理后，褐煤蜡小分子更容易被强极性溶剂溶出。酸处理对复合溶剂的提蜡率影响较小，可能是复合溶剂的协同作用已经能较大限度萃取出褐煤蜡，酸处理对褐煤蜡溶出的促进作用相对较弱，或者与协同效应相重叠。

工业上为提高褐煤蜡的产率而先对煤样进行脱灰处理再进行萃取，要综合考虑经济效益是否也会提高。

C　碱液处理脱灰

本研究采用浓度为 0.1mol/L 的 NaOH 溶液浸泡煤样，并在水浴锅中沸煮 1h，从而脱除煤样中的部分矿物质。表 5-32 是不同粒径褐煤 NaOH 脱灰的效果。

表 5-32　不同粒径煤样碱液处理后的灰分及脱灰率

粒径/mm	0.2~0.3	0.3~0.6	0.6~1	1~3	3~6	6~10
脱灰率/%	72.02	67.24	60.30	53.24	48.46	46.12

煤中矿物质大部分都能溶于碱液，尤其是硅酸盐类。从表 5-32 可以看出碱液脱灰效果比较明显，最大脱灰率能达到 72.02%，最小脱灰率也能达到 46.12%，说明该褐煤矿物中碱溶性矿物含量较大；粒度越小脱灰率越高，因为粒度越小，碱液与矿物质接触面越大；没有像酸处理那样出现在粒度范围 1~3mm 出现最小脱灰率的情况，这是由于碱脱灰率较大，洗涤效果、煤本身的孔隙特性等因素对碱脱灰影响很小。

D　碱液处理脱灰对褐煤蜡溶出的影响

选用粒径范围在 1~3mm 的褐煤，分别用苯、叔丁醇、环己烷以及叔丁醇环己烷的复合溶剂来对碱处理后的煤样进行萃取，对比脱灰前后萃取率的变化，研究不同粒度煤样矿物质减少后，对蜡萃取率的影响。

碱液处理脱灰后会降低褐煤蜡萃取率。但是，对不同溶剂，降低的比例不一样。较强极性溶剂叔丁醇的蜡萃取率降低率最大，达到 17.8%；环己烷萃取率降低率最小，为 3.13%；混合溶剂萃取率降低率为 19.3%。

碱液脱灰效率高，增加的可萃取有效表面积大，可是萃取率却都下降，可能是碱液脱灰的同时也脱除了部分褐煤蜡成分，试验现象可以证明此种原因存在，因为用烧碱处理过褐煤的废液呈黑褐色，处理时间越长，颜色越深，有部分如羧酸类的成分被 NaOH 溶剂溶解。由于不同溶剂对可溶于碱液成分的溶解能力不同，所以各溶剂萃取率降低率不同，从萃取率数据上来看，极性越强的溶剂萃取率降低率越大。

复合溶剂的萃取率降低率最大，因为复合溶剂对流失部分的萃取能力最大。

E　化学脱灰后产物的 GC-MS 分析

酸碱处理都对褐煤蜡小分子与大分子间作用力有影响，通过对酸、碱处理后再萃取得到的褐煤蜡进行 GC-MS 表征，对比产物及含量的变化来确定具体的影响行为。

表 5-33 显示了苯萃取蜡的主要成分，由表中数据可知苯萃取蜡中含有约 44.48%（质量分数，下同）的正构烷烃、2.40% 的支链烷烃、3.19% 的烯烃、27.14% 的酮、2.44% 的酯、1.13% 的醇等物质。

表 5-33 苯萃取蜡的主要成分

序号	名　称	分子式	分子量	相对含量/%	匹配度
1	十二烷	$C_{12}H_{26}$	170	0.48	60
2	18-松香烃	$C_{19}H_{34}$	262	1.46	93
3	二十一烷	$C_{21}H_{44}$	296	0.60	93
4	十三烷	$C_{13}H_{28}$	184	1.21	94
5	十六烷	$C_{16}H_{34}$	226	3.21	93
6	十五烷	$C_{15}H_{32}$	212	2.00	93
7	1,16-十六碳二醇	$C_{16}H_{34}O_2$	258	0.36	49
8	十八烷	$C_{18}H_{38}$	254	4.93	95
9	×				
10	2-二十五酮	$C_{25}H_{50}O$	366	1.26	72
11	1-十七碳烯-16-酮	$C_{17}H_{32}O$	252	1.26	91
12	3-(2′,2′-二甲酯基-2′-甲酰氨基乙基-1′)-4-(4-羟基-3-丁基)-吲哚	$C_{17}H_{26}N_2O_5$	338	2.00	90
13	1,15-十六碳二烯	$C_{16}H_{30}$	222	2.34	93
14	二十烷	$C_{20}H_{42}$	282	8.90	97
15	2-十九酮	$C_{19}H_{38}O$	282	1.78	78
16	1,19-二十碳二烯	$C_{20}H_{38}$	278	0.85	93
17	二十八烷	$C_{28}H_{58}$	394	3.00	49
18	十七烷基环氧乙烷	$C_{19}H_{38}O$	282	1.99	91
19	二十六烷	$C_{26}H_{54}$	366	9.88	90
20	×				
21	2-二十七酮	$C_{27}H_{54}O$	394	3.18	97
22	1,22-二十二碳二醇	$C_{22}H_{46}O_2$	342	0.77	10
23	9-辛基-二十二烷	$C_{30}H_{62}$	422	2.40	95
24	乙酸-10,11-二羟基-3,7,11-三甲基-2,6-二烯酯	$C_{17}H_{30}O_4$	298	1.82	47
25	×				
26	二十三烷	$C_{23}H_{48}$	324	4.47	93
27	2-二十九酮	$C_{29}H_{58}O$	422	9.44	93
28	Z,Z-6,25-三十四碳二烯-2-酮	$C_{34}H_{64}O$	488	3.80	10
29	十九烷	$C_{19}H_{40}$	268	1.94	90
30	十八酸十二酯	$C_{30}H_{60}O_2$	452	2.44	25
31	×				
32	2-二十五酮	$C_{25}H_{50}O$	366	6.68	87

续表 5-33

序号	名　称	分子式	分子量	相对含量/%	匹配度
33	羊毛甾-7,9(11)-二亚乙基三胺-18-酸-22,25-环氧-3,17,20-三羟基-γ-内酯	$C_{30}H_{44}O_5$	484	2.52	10
34	×				
35	2-三十二酮	$C_{32}H_{64}O$	464	1.52	50

注："×"表示未知物或其所对应的离子流色谱峰是干扰峰。

其中正构烷烃中的二十六烷、二十烷、二十三烷及十八烷含量较高，分别占总含量的9.88%、8.9%、4.47%、4.93%；酮类物质中2-二十九酮和2-二十五酮含量较高，分别占总含量的9.44%和6.68%；酯类物质主要为十八酸十二酯，占总含量的2.44%；醇类物质主要为1,22-二十二碳二醇和1,16-十六碳二醇，分别占总含量的0.77%和0.36%。

从表5-34中数据可以看出，经 HCl 处理后萃取的褐煤蜡主要是由直链烃、直链醇和直链酮组成，其中直链烃占总成分的75%左右。$C_{20} \sim C_{29}$直链烃占总成分60%多，而$C_{27} \sim C_{29}$的直链烃又占了将近40%。从这些数据中可以得出结论，褐煤蜡中蜡酸部分碳原子数

表 5-34　经 HCl 处理后萃取出褐煤蜡的主要成分

序号	名　称	分子式	分子量	相对含量/%
1	十六烷	$C_{16}H_{34}$	226.27	1.609
2	十八烷	$C_{18}H_{38}$	254.30	5.140
3	二十四烷	$C_{24}H_{50}$	338.39	2.462
4	二十二烷	$C_{22}H_{46}$	310.36	7.296
5	二十八烷	$C_{28}H_{58}$	366.39	4.371
6	二十四烷醛	$C_{24}H_{48}O$	352.37	2.851
7	二十七烷	$C_{27}H_{56}$	380.44	14.379
8	2-二十五烷酮	$C_{25}H_{50}O$	310.36	4.138
9	二十八烷	$C_{28}H_{58}$	394.45	3.494
10	噁丙环	$C_{19}H_{38}O$	282.29	1.909
11	十七烷基-二十九烷	$C_{29}H_{60}$	408.47	15.937
12	2-二十五烷酮	$C_{25}H_{50}O$	366.39	3.713
13	二十四烷	$C_{24}H_{50}$	338.39	2.882
14	2-甲基-1,19-二十碳二烯	$C_{20}H_{38}$	278.30	6.045
15	Z-14-二十九烷	$C_{29}H_{58}$	406.45	3.714
16	二十七烷	$C_{27}H_{56}$	380.44	6.278
17	2-二十九烷酮	$C_{29}H_{58}O$	422.45	6.566
18	2-二十五烷酮	$C_{25}H_{50}O$	366.39	5.319
19	二十二烷	$C_{22}H_{46}$	394.45	1.898

在 $C_{20} \sim C_{29}$，且大部分为直链烃结构，褐煤蜡中还含有少量的蜡醇、一些酮或醛结构。

表 5-35 中是通过质谱分析出来主要的 14 种化合物，其中序号为 3、8 和 13 是同种物质。从表 5-35 中可看出，经 NaOH 处理后的褐煤所提取出来的褐煤蜡中部分结构仍是以直链烃为主，分析出的化合物中，直链烃占到了总化合物的 80% 左右，其中二十烷烃占总成分的 35% 以上。C 原子数在 $C_{16} \sim C_{32}$ 之间，其中 $C_{20} \sim C_{27}$ 占总成分的 85% 左右。

表 5-35　经 NaOH 处理后萃取出褐煤蜡的主要成分

序号	名　称	分子式	分子量	相对含量/%
1	二十三烷	$C_{23}H_{48}$	324.38	7.134
2	二十四烷	$C_{24}H_{50}$	338.39	7.706
3	二十烷	$C_{20}H_{42}$	282.33	11.360
4	三十二烷	$C_{32}H_{66}$	450.52	3.988
5	二十七烷	$C_{27}H_{56}$	380.44	18.001
6	2-二十五烷酮	$C_{25}H_{50}O$	366.39	4.600
7	二十八烷	$C_{28}H_{58}$	394.45	4.004
8	二十烷	$C_{20}H_{42}$	282.33	20.184
9	2-二十七烷酮	$C_{27}H_{54}O$	394.42	4.803
10	十九烷	$C_{19}H_{40}$	268.31	2.460
11	2-二十九烷酮	$C_{29}H_{58}O$	422.45	3.007
12	十六烷	$C_{16}H_{34}$	226.27	6.399
13	二十烷	$C_{20}H_{42}$	282.33	2.511
14	2-十七烷酮	$C_{17}H_{34}O$	254.26	3.843

对比表 5-33 中未脱灰苯萃取蜡的组成，酸处理后物质种类明显减少，从含量上来说，酸处理后萃取物中直链烃含量大大增加，其他醇类、醛类等组成也有，所以酸处理对蜡溶出的影响可能是使在褐煤骨架中游离的链烃组分能更多被溶解出来。碱处理后直链烷烃含量增加更多，其他组成大大减少，结合碱处理后萃取率降低的现象来分析，碱处理后除直链烃以外的组分大部分流失。

5.6.8.3　结论

（1）对于 0.2 ~ 10mm 富蜡褐煤，酸处理脱灰率随粒度增大先减小后增加，酸处理脱灰率为 13.24% ~ 21.95%，粒度为 1 ~ 3mm 时脱灰率最小；碱处理脱灰率为 72.02% ~ 46.12%，脱灰率随粒度增大而降低。

（2）酸处理能提高褐煤蜡萃取率，对极性溶剂萃取率提高率较明显，碱液处理会降低萃取率，极性溶剂降低更大。

（3）酸碱处理都能对褐煤蜡小分子与大分子间作用力产生影响，酸处理有利于褐煤中游离态的直链烃小分子的溶解，碱处理会使非直链烃小分子成分流失。

说明：褐煤蜡萃取之前是否应该进行脱灰分处理，这是一个值得沉思的问题。根据我们课题组长期对全国各地的褐煤进行研究的结果，一般情况下，褐煤蜡含量高的褐煤，腐植酸含量也高，对应的灰分含量则较低，没有必要脱灰（见图 5-8 褐煤有效成分分布图）。

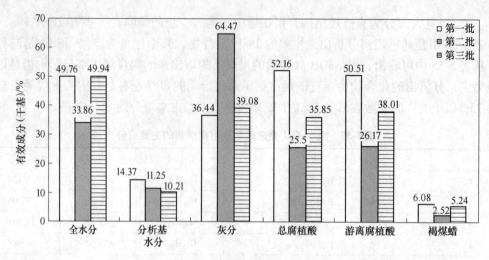

图 5-8　褐煤有效成分分布图

再者，即使需要脱灰，首先应该考虑未脱灰之前萃取出来的粗褐煤蜡的化学组分的性质，再返回来考虑用什么手段脱灰。该论文作者用的脱灰剂是强酸强碱：HCl 和 NaOH。用强酸 HCl 时，粗褐煤蜡化学组分中的"碱性"组分必定被强酸 HCl"吃"得一干二净；而用强碱 NaOH 时，粗褐煤蜡化学组分中的"酸性"组分必定被强碱 NaOH"吃"得所剩无几。

对比表 5-33~表 5-35 不难发现，未处理、酸处理、碱处理对应的粗褐煤蜡化学组分数分别是 35、19、14，经酸、碱处理后两组的组分总数也只有 33，还没有未经酸、碱处理之前一组的组分 35 多。这说明什么问题？粗褐煤蜡化学组分中有一半左右在酸、碱处理时被酸、碱"中和"了。

未处理前的粗褐煤蜡化学组分有烷、醇、酮、烯、酯；经酸处理后的组分中只有烷、酮、烯而多出醛，"醇、酯"被酸"中和"了；经碱处理后的组分中只有烷、酮，"醇、酯、烯"被碱"中和"了。而被"中和"的都是蜡。

如果以未处理前的褐煤为基准，酸、碱处理未必能够提高蜡的萃取率。

5.6.9　云南褐煤提取褐煤蜡的新工艺

2013 年，张惠芬等发表《云南褐煤提取褐煤蜡的新工艺》[30]，该研究建立了以甲苯为萃取剂的褐煤蜡萃取新工艺。通过正交试验对 5 个影响因素进行了考察，得到最佳萃取工艺条件为：萃取温度 90℃，萃取时间 1.5h，料液比 1∶5，水分 14.64%，粒度 0.5~1.0mm，在此条件下褐煤蜡萃取率可达 6.82%，且品质较好。该工艺的建立可以为提高我国褐煤资源利用率，弥补褐煤蜡产量不足，提供有力的技术支持。

5.6.9.1　引言

褐煤蜡一般是指从含蜡质的褐煤中用有机溶剂萃取得到的一种含有纯蜡、树脂和地沥青的矿物蜡。由于良好的物理化学性能，褐煤蜡被广泛用作价格昂贵的天然动物蜡和植物蜡的代用品及补充品，到目前为止，任何一种天然蜡或合成蜡都无法替代褐煤蜡，是国民经济中一种不可缺少的重要化工产品[31]。褐煤蜡在国内外市场需求巨大，但国内几乎完全依赖从国外进口。我国褐煤蜡工业 20 世纪 70 年代初期开始建立，时间短、基础较薄弱，与国外先进国家相比，还有较大的差距。同时，资源的制约也是一大因素。虽然我国褐煤储量丰富，但大部分矿区褐煤蜡含量都低于 8%，没有工业生产褐煤蜡的经济价值，致使褐煤蜡生产成本较高，从而导致亏损，迫切需要提高生产的经济效益。而改进工艺技术、提高褐煤蜡萃取率，是增加产能、降低生产成本的有效途径之一。国内对褐煤蜡萃取工艺的研究多集中在 20 世纪八九十年代，进入 21 世纪以来有关这方面的报道寥寥无几，导致褐煤蜡生产技术发展较为滞后。本研究以云南峨山褐煤为原料，选择适当的萃取溶剂，通过正交试验系统地对褐煤蜡萃取过程中影响蜡产率的各个因素进行了考察，确定最佳工艺条件，最终建立了一套新的褐煤蜡生产工艺。该工艺使褐煤蜡产率得到极大提高，这将为提高我国褐煤资源利用率、弥补褐煤蜡产量不足，提供有力的技术支持。

5.6.9.2 试验部分

A 材料与仪器

褐煤采自云南省玉溪市峨山彝族自治县，粉碎后过筛，测定主要理化性质（表 5-36）以备用；所用试剂均为分析纯，试验用水为蒸馏水。

表 5-36 原料煤的性质

样　品	水分/%	灰分（干基）/%	总褐煤蜡（干基)/%
峨山褐煤	40.94	17.34	7.50

HGT-2 型干式恒温器（天津市恒奥科技发展有限公司）；T2000Y 型电子天平（美国双杰兄弟有限公司）；HG101-3 型电热鼓风干燥箱（南京试验仪器厂）；DL-5-B 型低速大容量多管离心机（上海安亭科学仪器厂）；EYELAN-1100 型旋转蒸发仪（上海爱朗仪器有限公司）；KSF1400 型马弗炉（宜兴市前锦炉业设备有限公司）。

B 试验方法

a 萃取剂的选择

对同一种煤，不同的溶剂影响蜡的产率和质量，溶剂是萃取褐煤蜡的重要影响因素[32]。苯是生产褐煤蜡的传统溶剂，但其选择性不理想，粗蜡中树脂和地沥青含量均较高，且毒性大，尤其热苯对人体的危害更大。而与苯价格相似的甲苯，毒性较苯弱，且有研究表明采用甲苯做萃取剂所得褐煤蜡的产率及品质都稍优于苯[1]。因此，本研究选用甲苯作为萃取溶剂。

b 褐煤蜡的萃取

准确称取一定粒度的褐煤样品，加入一定体积的甲苯，振荡混匀，放入预先设定好温度的干式恒温器中萃取，一段时间后取出，以 3000r/min 的速度离心 10min，将萃取液与煤渣分离，用 3 倍体积的甲苯（V/W）清洗煤渣 2 次。合并萃取液与清洗液，蒸出甲苯，所得褐煤蜡在 105℃ 下干燥到恒重，计算萃取率。

c 萃取工艺的优化

萃取温度、萃取时间、料液比、褐煤水分、褐煤粒度是影响褐煤蜡萃取率的主要因素。本研究先通过单因素预试验考察各因素对甲苯萃取峨山褐煤萃取褐煤蜡的影响，确定各因素取值范围。在此基础上以褐煤蜡产率为指标，用五因素四水平 $L_{16}(4^5)$ 正交试验对萃取工艺进行优化，最终确定甲苯萃取峨山褐煤萃取褐煤蜡的最佳工艺条件。

将粉碎好的褐煤用筛子（孔径 0.2mm、0.5mm、1.0mm、2.5mm、5.0mm）进行筛分截取，得粒度分别为 0.2~0.5mm、0.5~1.0mm、1.0~2.5mm、2.5~5.0mm 的 4 种煤样。再将每种煤样分别干燥 0、1h、3h、4h，可得水分依次为 40.64%、27.98%、14.64%、4.71% 的四类 16 种煤样。正交试验因素水平见表 5-37。

表 5-37　五因素四水平 $L_{16}(4^5)$ 因素水平表

水　平	因　素				
	温度 A/℃	时间 B/h	料液比 C/g·mL^{-1}	水分 D/%	粒度 E/mm
1	85	1.0	1:2	4.17	0.2~0.5
2	90	1.5	1:3	14.64	0.5~1.0
3	95	2.0	1:4	27.98	1.0~2.5
4	100	2.5	1:5	40.64	2.5~5.0

d　样品分析

原料煤中水分和灰分的测定分别按照文献 [33] 中的空气干燥法和缓慢灰化法进行。总褐煤蜡含量的测定参照文献 [34]。褐煤蜡中灰分、熔点、酸值、皂化值、树脂含量等主要理化性质的分析按照文献 [35] 中的方法进行。

5.6.9.3　结果与讨论

A　正交试验结果与分析

正交试验结果及方差分析如表 5-38 和表 5-39 所示。通过极差分析可以看出，影响褐煤蜡产率的各因素主次顺序为 C>D>B>E>A，各个因素优化水平为 $A_3B_2C_4D_2E_2$。同时方差分析表明，料液比对褐煤蜡产率的影响达到了显著水平（$P<0.05$），其他因素对褐煤蜡产率无显著影响。

表 5-38　正交试验结果

试验号	A	B	C	D	E	萃取率/%
1	1	1	1	1	1	4.54
2	1	2	2	2	2	6.18
3	1	3	3	3	3	5.44
4	1	4	4	4	4	5.26
5	2	1	2	3	4	5.54
6	2	2	1	4	3	5.41
7	2	3	4	1	2	5.50
8	2	4	3	2	1	5.88
9	3	1	3	4	2	6.03
10	3	2	4	3	1	6.36
11	3	3	1	2	4	4.92
12	3	4	2	1	3	5.04

续表 5-38

试验号	A	B	C	D	E	萃取率/%
13	4	1	4	2	3	5.86
14	4	2	3	1	4	5.37
15	4	3	2	4	1	5.78
16	4	4	1	3	2	5.03
k_1	5.492	5.492	4.975	5.112	5.640	
k_2	5.582	5.830	5.635	5.710	5.685	
k_3	5.588	5.410	5.680	5.593	5.438	
k_4	5.510	5.303	5.745	5.620	5.272	
R	0.233	0.527	0.770	0.598	0.413	

表 5-39 方差分析表

变异来源	偏差平方和	自由度	均方	F 值	显著性
B	0.623	3	0.208	4.418	
C	1.544	3	0.515	10.950	*
D	0.868	3	0.289	6.156	
E	0.437	3	0.145	3.099	
误差（A）	0.141	3	0.047	1.000	

注：$F_{0.05}(3, 3) = 9.280$，$F_{0.01}(3, 3) = 29.460$；∗—差异显著性达到 5% 的水平。

料液比对褐煤蜡萃取率的影响作用最为明显。从萃取率均值可知，$C_4 > C_3 > C_2 > C_1$，随着料液比的减小，褐煤蜡产率一直随之升高，但增幅逐渐减小，同时考虑到过小的料液比会增加溶剂用量，加大浓缩难度，提高生产成本，因此因素 C 选择 C_4 水平即可。

原料煤水分对褐煤蜡萃取率的影响作用次之，从萃取率均值可知，$D_2 > D_4 > D_3 > D_1$。一般认为，褐煤水分含量较少时有利于有机溶剂的浸入和蜡质的溶出，褐煤蜡的产率是随水分的减少而增加的。但也有研究认为褐煤过度干燥对萃取物的产率及质量都会带来不良影响，本研究的结果也证实了这一点。同时，过度降低褐煤水分，也会大幅增加干燥费用。因此，因素 D 选择 D_2 水平较为合适。

萃取时间对褐煤蜡萃取率的影响作用处于中等。从萃取率均值可知，$B_2 > B_1 > B_3 > B_4$，较短的萃取时间就可以获得最高的产率，时间延长产率反而会下降。因素 B 的最优水平 B_2 同时满足褐煤蜡产率和生产效率的要求。

原料煤粒度对褐煤蜡萃取率的影响作用较小。从产率均值可知，$E_2 > E_1 > E_3 > E_4$，整体上粒度越小褐煤蜡产率越高，但煤粒过细会增加萃取液的过滤难度。因素 E 选择最优水平为 E_2 较为合适。萃取温度对褐煤蜡产率的影响作用最小，各水平产率均值相差不大，为降低生产成本，因素 A 选择 A_2 水平。

以萃取率最大为原则，同时考虑生产成本、生产效率、生产操作等因素，最终确定褐煤蜡最佳萃取工艺条件为 $A_2B_2C_4D_2E_2$，即温度 90℃、时间 1.5h、料液比 1∶5、水分 14.64%、粒度 0.5～1.0mm。

B 验证试验

在确定的最佳工艺条件下进行 3 次试验，褐煤蜡的萃取率分别为 6.67%、6.95%、6.83%，平均值为 6.82%，相对标准偏差 RSD 为 2.06%。相对于总褐煤蜡的萃取率为90.93%。同现有文献报道的萃取工艺相比，褐煤蜡产率得到极大提高。

C 样品分析

对最佳工艺萃取的褐煤蜡样品灰分、熔点、酸值、皂化值、树脂含量等主要理化性质进行分析，结果如表 5-40 所示。该工艺萃取的褐煤蜡品质较好，几个主要质量指标均达到了国家煤炭行业标准对褐煤蜡一级品的要求[36]。特别是树脂物质含量低于 20%，非常有利于粗褐煤蜡的进一步深加工。

表 5-40 褐煤蜡分析结果

灰分/%	熔点/℃	酸值 /mg KOH · g^{-1}	皂化值 /mg KOH · g^{-1}	树脂物质 /%
0.31	83.50	53.78	103.06	18.53

5.6.9.4 结论

建立了用甲苯从褐煤中萃取褐煤蜡的新工艺。通过正交试验对 5 个影响因素进行了考察，得到最佳萃取工艺条件为：萃取温度 90℃，萃取时间 1.5h，料液比 1∶5，水分14.64%，粒度 0.5~1.0mm，在此条件下褐煤蜡产率可达 6.82%，且品质较好。同现有文献报道的萃取工艺相比，产率得到极大提高。该工艺的建立可以为提高我国褐煤资源利用率，弥补褐煤蜡产量不足，提供有力的技术支持。

5.6.10 石油醚提取褐煤蜡的条件选择及优化

2014 年，朱娟等发表《石油醚提取褐煤蜡的条件选择及优化》[37]，以石油醚为萃取剂，对云南曲靖褐煤进行了褐煤蜡提取试验研究，采用单因素试验对褐煤蜡提取率影响因素进行选择，并用正交试验设计方法对提取条件进行了优化，对优化产物进行了酸值、皂化值测定。结果表明：对褐煤蜡提取率影响最大的因素是提取温度，其次是水分，提取时间影响最小。优化工艺为：含水量为 6.32%，温度为 45℃，时间为 150min，料液比为 1∶4。在此条件下提取率达到 4.97%，产物酸值、皂化值分别为：46.95mg KOH/g、62.03mgKOH/g。

说明：这篇论文的整体结构与上一篇基本一致，所以，引用其结论。

5.6.11 乙酸乙酯提取褐煤蜡的试验研究

2016 年，胡兆平等发表《乙酸乙酯提取褐煤蜡的试验研究》[38]，以乙酸乙酯为萃取剂，试验研究了从年轻褐煤中萃取褐煤蜡的新工艺。通过探究褐煤含水量、料液比、反应温度和反应时间对褐煤蜡萃取率的影响，确定了该方法的最佳萃取试验条件。当褐煤含水量为 14.24%、料液比为 1∶3、萃取温度为 50℃、萃取时间为 120min 时，褐煤蜡的萃取率最高、萃取品质最好。并对制得褐煤蜡的熔点、树脂含量、酸值、皂化值和灰分等质量指标进行了测定。

褐煤蜡别名蒙旦蜡，是一种由树脂、蜡和地沥青组成的混合物，褐煤蜡及其加工制品在汽车、化工等领域已被广泛应用，目前任何一种合成蜡或天然蜡均不能取代褐煤蜡在国民经济中的作用[39]。现在大多数提取褐煤蜡的技术中，均采用苯作为萃取剂，然而苯的毒性较大、高温下极易挥发、对生产人员身体和周围环境易造成极大危害。同时苯易萃取褐煤蜡中的地沥青和树脂，而对褐煤蜡中的蜡萃取能力较差，从而导致萃取出的褐煤蜡中粗蜡含量较低。因此，开发低毒或无毒的萃取剂，用于褐煤蜡的萃取具有重要意义。乙酸乙酯又称醋酸乙酯，是一种无色透明、低毒性的液体，被广泛用于涂料、油漆、氯化橡胶和醋酸纤维等的生产过程。本文以乙酸乙酯为溶剂从年轻褐煤中提取褐煤蜡，通过试验探讨了褐煤含水量、料液比、萃取温度和萃取时间对褐煤蜡萃取率的影响，获得了最佳提取试验条件，并对制得的褐煤蜡的熔点、树脂含量、酸值、皂化值和灰分等质量指标进行了测定。

5.6.11.1　试验内容

A　褐煤水分测定

将褐煤粉碎、过筛，称取适量的褐煤放于称量瓶中，置于105℃的烘箱中烘至一定时间后，冷却到室温称重，按下式计算褐煤含水量：

$$Q = \frac{m - m_1}{m} \times 100\%$$

式中　Q——褐煤含水量；

m——初始褐煤的质量；

m_1——烘箱烘后褐煤的质量。

B　褐煤蜡的萃取步骤

准确称量一定量的褐煤于三口烧瓶中，加入适量的乙酸乙酯，置于一定温度的水浴锅中，机械搅拌，萃取一段时间后，转入离心管中在4000r/min下离心15min，进行固液分离，再加入适量乙酸乙酯溶液洗涤残渣3次，将离心液合并浓缩，回收溶剂，获得褐煤蜡蜡液，最后将蜡液放于烘箱中干燥，室温冷却后，即得褐煤蜡产品。

C　褐煤蜡的萃取条件探究

按上述褐煤蜡的萃取步骤，按表5-41安排的萃取条件，探究褐煤蜡的最佳萃取条件。

表5-41　褐煤蜡萃取试验条件

编　号	褐煤含水量/%	料液比	萃取时间/min	萃取温度/℃
试验1	4.16	1:2	100	45
试验2	4.16	1:3	120	50
试验3	4.16	1:4	140	55
试验4	9.92	1:4	120	55
试验5	9.92	1:2	140	50
试验6	9.92	1:3	100	45
试验7	14.24	1:3	120	50
试验8	14.24	1:4	100	45

续表 5-41

编 号	褐煤含水量/%	料液比	萃取时间/min	萃取温度/℃
试验 9	14.24	1:2	140	55
试验 10	23.78	1:2	140	55
试验 11	23.78	1:4	100	45
试验 12	23.78	1:3	120	50
试验 13	34.63	1:3	100	45
试验 14	34.63	1:2	140	55
试验 15	34.63	1:4	120	50

D 褐煤蜡的质量指标测定

根据文献［35］中的方法分别对制得褐煤蜡的熔点、树脂含量、酸值、皂化值和灰分等质量指标进行测定。

5.6.11.2 试验结果和讨论

A 不同萃取条件对褐煤蜡萃取率的影响

不同萃取条件下的褐煤蜡萃取率如表 5-42 所示。

表 5-42 不同萃取条件下褐煤蜡的萃取率

试验编号	萃取率/%	试验编号	萃取率/%	试验编号	萃取率/%
试验 1	3.34	试验 6	3.67	试验 11	4.81
试验 2	4.71	试验 7	5.43	试验 12	3.12
试验 3	4.12	试验 8	4.95	试验 13	4.59
试验 4	4.36	试验 9	4.31	试验 14	4.27
试验 5	4.59	试验 10	3.99	试验 15	3.85

从表 5-42 试验结果可以看出，褐煤含水量、料液比、萃取时间和萃取温度均对褐煤蜡的萃取率有影响。当萃取条件为：褐煤含水量 14.24%、料液比 1:3、萃取温度50℃、萃取时间 120min 时，褐煤蜡的萃取率最高。在该萃取条件下，褐煤蜡萃取率为 5.43%。

B 褐煤蜡质量指标测定结果

由表 5-43 可知，通过本试验制得的褐煤蜡树脂含量和地沥青含量均较低，褐煤蜡中蜡含量较高，说明乙酸乙酯对褐煤蜡中的蜡选择性较好。除此之外，所得褐煤蜡的熔点、酸值、皂化值和灰分与市面上褐煤蜡粗蜡质量指标相吻合。

表 5-43 褐煤蜡质量指标测定结果

项 目	熔点/℃	酸值 /mg KOH · g^{-1}	皂化值 /mg KOH · g^{-1}	树脂/%	地沥青/%	灰分/%
褐煤蜡	80~82	34.62	97.68	6.47	0.59	0.18

5.6.11.3　结论

（1）通过大量试验对比，获知了以乙酸乙酯为溶剂从褐煤中提取褐煤蜡的最佳试验条件，并探究了褐煤含水量、料液比、萃取时间和萃取温度对褐煤蜡萃取率的影响。

（2）对试验制得的褐煤蜡质量指标进行了测定，测定结果表明乙酸乙酯对褐煤蜡中蜡的选择性较好。

说明：原料煤中树脂和地沥青含量可能本来就低。

5.6.12　褐煤蜡的提取工艺考察研究

李敏[40]《褐煤蜡的提取工艺考察研究》（昆明理工大学 2011 届硕士毕业论文）结论摘录。

5.6.12.1　摘要

蒙旦蜡也称褐煤蜡，是从褐煤中提取所得的一种复杂化合物的混合物，其中树脂部分萜类、甾类成分丰富，具有作为药物开发的潜力。为获得高萃取率褐煤蜡，综合利用这一稀缺资源，展开其提取工艺的研究十分必要。

作者从提高褐煤蜡萃取率的角度出发，重点针对褐煤蜡的萃取工艺进行了考察研究。以甲苯作为溶剂，探索了煤料粒度、煤料水分含量、温度、时间、固液比 5 个因素对萃取结果的影响，通过对云南峨山和寻甸两地的褐煤进行单因素试验和正交试验的分析，得出结果：

（1）峨山煤料的最优萃取条件：温度 95℃，时间 90min，煤料含水量 14.64%，料液比 1:3。

（2）寻甸煤料的最优萃取条件：温度 100℃，时间 150min，煤料含水量 12.63%，料液比 1:3。

（3）通过极差分析和方差分析得出各因素的影响水平，未发现具有显著性影响的因素，说明各因素对提取结果都具有一定的影响，且影响程度相当。

对两地煤所含水量的褐煤蜡进行了酸值和皂化值的测定，并利用 GC-MS 进行分析，对比了两地褐煤蜡化学组成差异，为褐煤蜡的利用提供了化学依据。

5.6.12.2　褐煤蜡的化学组成

峨山和寻甸两地的褐煤蜡化学组成见表 5-44 和表 5-45。经分析，两地褐煤蜡中大部分是正构烷醇和正构烷酸，正构醇衍生物（TMS）的特征峰 M/Z = 75，其次是 M/Z = 103。对于正构烷酸衍生物（TMS），分子离子峰始终出现，其特征离子为 M/Z = 73、117、132、145。

由表 5-44、表 5-45 初步推测峨山褐煤蜡中，正构烷醇是占绝对优势的化合物，主要是 $C_{22} \sim C_{31}$ 烷醇。其次是正构烷酸，主要由 C_{24}、C_{26}、C_{28}、C_{30} 酸组成。而烷烃的含量非常少。寻甸褐煤蜡中却是 C_{24}、C_{26}、C_{28} 正构烷酸占优势，其次是正构烷醇，且从谱图中可以看出，寻甸褐煤蜡谱图中有很多非酸和非醇类物质的峰，表明它含较多其他物质，初步推测是树脂中的萜类物质。说明寻甸褐煤蜡树脂含量较高，而峨山的较少，质量比较好。

表 5-44　峨山褐煤蜡（硅醚）化学组成

序号	化合物名称	分子式	分子量	主要质谱离子
1	八甲基硅醚	$C_8H_{24}O_2Si_3$	236	45，59，73，103，205，221，222
2	1,2-邻苯乙酸丁酯	$C_{16}H_{22}O_4$	278	57，104，149，150，223，278
3	十五烷酸	$C_{14}H_{29}COOH$	242	73，75，117，129，132，145，314
4	十七烷酸	$C_{16}H_{33}COOH$	270	73，75，117，129，132，145，341
5	二十三烷烃	$C_{23}H_{48}$	324	55，57，85，99，113，324
6	二十二烷醇	$C_{22}H_{45}OH$	326	46，55，73，75，83，103，384
7	二十四烷醇	$C_{24}H_{49}OH$	354	57，73，75，83，103，411
8	二十五烷醇 二十四烷酸	$C_{25}H_{51}OH$ $C_{23}H_{47}COOH$	368	55，57，73，75，83，103，117，129，132，145，426，440
9	二十六烷醇	$C_{26}H_{53}OH$	382	57，73，75，83，103，440
10	二十七烷醇 二十六烷酸	$C_{27}H_{55}OH$ $C_{25}H_{51}COOH$	396	47，55，57，73，75，83，103，117，129，132，145，454，469
11	二十八烷醇	$C_{28}H_{57}OH$	410	57，73，75，83，103，468
12	二十九烷醇 二十八烷酸	$C_{29}H_{59}OH$ $C_{27}H_{55}COOH$	424	55，57，73，75，83，117，129，132，145，482，497
13	三十一烷醇 三十烷酸	$C_{31}H_{63}OH$ $C_{29}H_{59}COOH$	452	55，57，73，75，85，117，129，132，145，510，525

表 5-45　寻甸褐煤蜡（硅醚）化学组成

序号	化合物名称	分子式	分子量	主要质谱离子
1	八甲基硅醚	$C_8H_{24}O_2Si_3$	236	45，59，73，103，205，221，222
2	1,2-邻苯乙酸丁酯	$C_{16}H_{22}O_4$	278	57，104，149，150，223，278
3	二十二烷醇	$C_{22}H_{45}OH$	330	55，57，73，75，83，103，383
4	二十四烷醇	$C_{24}H_{49}OH$	358	55，57，73，75，83，103，412
5	二十五烷醇 二十四烷酸	$C_{25}H_{51}OH$ $C_{23}H_{47}COOH$	372	55，57，73，75，83，103，117，129，132，145，426，441
6	二十六烷醇 二十五烷酸	$C_{26}H_{53}OH$ $C_{24}H_{49}COOH$	386	55，57，73，75，103，117，129，132，145，440，455
7	二十六烷醇	$C_{26}H_{53}OH$	386	57，73，75，83，103，440
8	五环三萜类			
9	二十六烷酸	$C_{25}H_{51}COOH$	400	73，75，118，129，132，145，469
10	五环三萜类			
11	二十八烷醇	$C_{28}H_{57}OH$	414	57，73，75，83，103，468
12	二十九烷醇 二十八烷酸	$C_{29}H_{59}OH$ $C_{27}H_{55}COOH$	428	55，57，73，75，83，117，129，132，145，482，497

　　它们的正构物都表现出很好的奇偶变化规律，即在含氧化合物中，偶数碳化合物的含量比奇数碳化合物高得多。这与一般动植物蜡的分布规律一致，保留了天然植物蜡的基本

特征，也说明这两种蜡的原料煤属比较年轻的褐煤。

说明：褐煤煤种不同，最佳萃取工艺条件不同，对应的褐煤蜡组成与理化性质也不同。表5-44和表5-45中并没有列出离子谱图中的全部物质。

5.6.13 褐煤粒度和含水量对萃取率影响

褐煤的粒度和含水量对萃取物——褐煤蜡的萃取率和质量都有影响[41]。如果煤的粒度太大，则萃取速度慢；如果煤粒太细，则溶剂不易在煤层中滤过，并且会使较多的煤粉带入蜡中，影响产品质量。

褐煤粒度和含水量对萃取率影响试验结果如表5-46、图5-9和表5-47、图5-10所示。

表 5-46 褐煤粒度对萃取率的影响

筛子目数	粒度/mm	萃取率（第一组）/%	萃取率（第二组）/%
100	<0.15	6.34	6.42
80	0.15~0.20	7.38	7.65
60	0.2~0.3	7.85	7.96
40	0.3~0.45	8.43	8.32
20	0.45~0.90	8.32	8.30
10	0.9~2.0	7.12	7.30
6	2.0~3.35	6.84	6.65
<6	>3.35	6.50	6.43

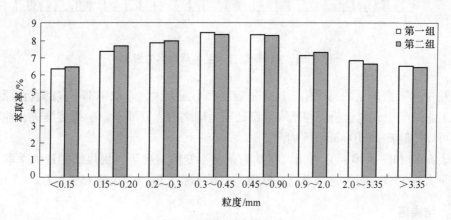

图 5-9 宝清褐煤粒度对萃取率的影响

由表5-46和图5-9可以看出，在其他条件不变的情况下，最大萃取率出现在粒径1mm左右，与文献报道结果一致，其中涉及机理比较复杂，简而言之，褐煤粒径太小反而容易形成"团聚体"，从而导致沟流短路，粒径太大则直接导致沟流短路，所以，在试验室条件下，褐煤粒径太小或太大都不利于提高褐煤蜡萃取率，最佳粒径1mm左右。

在试验室中进行试验时，粒状粉煤静止，而萃取剂循环流动，在这种情况下，粒煤的粒径越小，萃取剂就越容易从形成团聚的"粒煤体"外围浅表通过，而不能进入"粒煤体"的内部孔隙，这样一来，萃取剂就无法置换"粒煤体"内孔隙中的水分，从而只能萃

表 5-47　宝清褐煤含水量对萃取率的影响

褐煤含水量/%	萃取率（第一组）/%	萃取率（第二组）/%	备　注
0	6.28	6.33	烘干
5	7.42	7.30	烘干
10	8.26	8.34	烘干
15	8.32	8.46	烘干
20	7.58	7.65	烘干
30	6.48	6.34	烘干
40	5.26	5.31	烘干
50	3.20	3.15	未烘

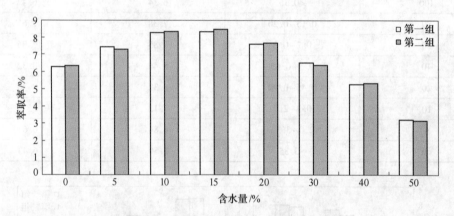

图 5-10　宝清褐煤含水量对萃取率的影响

取出"粒煤体"潜表层的褐煤蜡。这才是粒度太小或太大，萃取率都不高的真正原因。

在工业生产中，粒状粉煤和萃取剂都处于运动之中，只要不影响螺旋推进，粒状粉煤的粒径可以控制在 1~10mm 范围内。

由表 5-47 和图 5-10 可以看出，在其他条件不变的情况下，褐煤蜡的最大萃取率出现在含水量大约 15% 左右，这一点与文献报道结果一致，最佳含水量 15% 左右。

5.6.14　结束语

近 40 年来，关于褐煤蜡萃取发表的文章仅 12 篇，相当于每 4 年才有 1 篇褐煤蜡萃取的研究论文发表，这实属研究的冷门，但往往会从冷门中窜出一鸣惊人。

在这 12 篇论文中，从萃取方式看，涉及传统萃取、流态化萃取和超临界萃取；从原料煤来源看，涉及云南寻甸、昭通、曲靖、峨山、黑龙江宝清、吉林舒兰、内蒙古赤峰、广西稔子坪煤；从萃取剂选用看，涉及苯、甲苯、汽油、酒精、叔丁醇、环己烷、石油醚、乙酸乙酯、CO_2、C_2H_6、C_3H_8 和 C_4H_{10} 共 12 种溶剂及其混合溶剂。

我们在前面讲过，影响褐煤蜡萃取效果和褐煤蜡质量的因素有：原料组成（主要是含蜡量和含水量）、粒度、温度、压力、浓度差、时间、萃取剂及萃取剂的相对运动方式等。

对特定的原料褐煤，到底是哪种溶剂好，没有对比（只用一种溶剂）根本说明不了问题，有的论文连煤的出处都不交待。

关于萃取率、产率和收率。萃取率是被萃取出来的褐煤蜡占原料煤的分率，乘 100 则为百分比。产率和收率则是被萃取出来的褐煤蜡占原料煤中的褐煤蜡的分率，原则上我们无法计算出产率和收率，因为不可能把原料煤中的褐煤蜡全都萃取出来。但我们可以用萃取 72h（三个昼夜）的萃取率作为原料煤中褐煤蜡的分率 $x_\infty\%$，当我们试验测得褐煤蜡萃取率 $x_i\%$ 之后，可用下式近似计算产率或收率：

$$y_i = 100 \times \frac{x_i}{x_\infty}\%$$

带百分号"%"时：$y_i\%$，% 前的数值 y_i 称为产率、收率或得率百分数，百分数的数值在 0~100 之间，产率、收率或得率百分数除以 100 去掉"%"才称为产率、收率或得率，率的取值范围在 0~1 之间。

参 考 文 献

[1] 叶显彬，周劲风. 褐煤蜡化学及应用 [M]. 北京：煤炭工业出版社，1989.

[2] Vcelak V. Chemie und Technologie des Montan wachses [M]. Praha，1959.

[3] Foedisch D. American Ink Maker [J]. 1972，30（10）：50.

[4] Lissner A，Thau A. Die Chemie der Braunkole. Band2. Halle（Saale），1953.

[5] Erich Kliemchen. 75 Years production of montan wax，50 Years montan wax from Amsdorf [M]. DDR Röblingen am See，1972.

[6] Шнапер В И. Химия ТВ. Топлива，1970（3）：40.

[7] Шнапер В И，ЗиницК. И Ф ТВ. Топлива，1968（3）：55.

[8] Воѕрова А А. Изучҿние и комплексная перераѕотка смол и ѕититутов ѕурых уѕей днепровског ѕассейа [M]. Издво АН УССР，1958.

[9] Шнапер В И. Исследование Основных Закономерноссей Пропесса Зкстракпни Алексанлрийских Вурых Углей с Челыю Повышения еѕо Зффектив-ности [M]. Каил. Дис. ИГИ. М. 1969.

[10] Foerst W. Ullmaanns Encyklopädie der technischen Chemie [M]. 18 Band，292.

[11] 张铁军，赵连仲，狄维权，等. 粉状褐煤流化萃取褐煤蜡工艺开发研究 [J]. 燃料化学学报，1985，13（4）：352~356.

[12] Ролэ В В，Химия Твердоіо Топлива. 1974（6）：10.

[13] Шнапер В И，Святеп И Е，Yіоль Украины. 1968（5）：46.

[14] Erich Kliemchem，75 Years Production of Montan Wax.，50 Years Montan Wax from Amsdorf [M]. DDR，2972.

[15] 郭慕孙. 流态化浸取和洗涤 [M]. 北京：科学出版社，1979.

[16] 张铁军，杨贵林，等. 燃料化学学报，1981，9（4）：348.

[17] 张铁军，杨贵林. 燃料化学学报，1982，10（1）：79.

[18] Daizo Kunii. Octave Levenspiel. Fluidization Engineering [M]. John Wiley and Soms，Inc. New York，1969.

[19] 截以忠，李宝才，等. 昭通褐煤制取褐煤蜡的研究 [J]. 云南化工，1989（2）：5~9.

［20］刘一心．粗苯制取溶剂苯生产褐煤蜡［J］．曲靖科技，1991（2）：19～23.

［21］熊利红，高晋生．超临界萃取法提取褐煤蜡的初步研究［J］．煤炭分析及利用，1991（3）：1～3.

［22］Berkwitz N. The Chemisty of Coal［J］. Elsevier, Amsterdam Oxford New York Tokogo, 1985：284～287.

［23］朱之培，高晋生．煤化学［M］．上海科学技术出版社，1984：153～156.

［24］白浚仁．煤质学［M］．北京：地质出版社，1989：179～181.

［25］马治邦，蕾宗佑，于绍芬．舒兰褐煤蜡萃取工艺条件的研究［J］．煤炭资源开发与利用：科技与信息，1992（5）：1～7.

［26］马治邦，薛宗佑，于绍芬．舒兰褐煤蜡萃取溶剂的研究［J］．煤炭分析及利用，1992(1)：34～36.

［27］王平，何秋云．用非苯溶剂从稔子坪煤中萃取褐煤蜡［J］．煤炭加工与综合利用，1994（2）：37～38.

［28］王平，何秋云．非苯溶剂提取褐煤蜡试验［J］．广西煤炭，1994，12（2）：85～88.

［29］胡光洲，石欣欣，等．富蜡褐煤化学脱灰及其对萃取的影响［J］．中国矿业大学学报，2012，41（3）：446～451.

［30］张惠芬，秦谊，李宝才，等．云南褐煤提取褐煤蜡的新工艺［J］．光谱试验室，2013，30（3）：1272～1276.

［31］叶显彬．关于发展我国褐煤蜡科学技术的若干问题［J］．煤炭科学技术，1995，23（8）：24～26.

［32］Lissner A, Thau A. Die Chemie Der Braunkohle. Band2. Chemisch-Technische Veredlung［M］. Halle：VEB Wilhelm Knapp，1953.

［33］中华人民共和国国家标准．GB/T 212—2008 煤的工业分析方法［S］．北京：中国标准出版社，2008.

［34］中华人民共和国国家标准．GB/T 1575—2001 褐煤的苯萃取物产率测定方法［S］．北京：中国标准出版社，2002.

［35］中华人民共和国国家标准．GB/T 2559—2005 褐煤蜡测定方法［S］．北京：中国标准出版社，2006.

［36］原煤炭部部颁标准．MT/T 239—2006 褐煤蜡技术条件［S］．北京：中国煤炭工业出版社，2006.

［37］朱娟，张水花，郭斌．石油醚提取褐煤蜡的条件选择及优化［J］．山东化工，2014，43（11）：39～44.

［38］胡兆平，邵光伟，高建仁，等．乙酸乙酯提取褐煤蜡的试验研究［J］．山东化工，2016，45（9）：26～27，30.

［39］李宝才，孙淑和，吴奇虎，等．蒙旦树脂化学组成的研究［J］．燃料化学学报，1995，23（4）：429～432.

［40］李敏．褐煤蜡的提取工艺考察研究［D］．昆明理工大学，2011.

［41］昆明理工大学．神华国能宝清煤电化有限公司褐煤生产褐煤蜡系列产品项目的前期研究·结题报告，2016-12.

6 褐煤蜡萃取工艺

6.1 概述

在第五章中我们讲过，要做到褐煤高效清洁综合利用最佳化，首先必须了解褐煤物质层面上的组成。在了解褐煤物质层面的组成基础上，对于富含褐煤蜡和腐植酸的褐煤原料（通常都是成煤于第三纪中晚期甚至之后的年青煤），褐煤高效清洁综合利用的第一步就是从褐煤中先把高附加值的褐煤蜡组分萃取分离出来；一般来说，富含褐煤蜡的褐煤原料，同时也富含腐植酸（腐植酸含量大约是褐煤蜡含量的 8~12 倍），所以，褐煤高效清洁综合利用的第二步是从萃取褐煤蜡之后的残煤中再把高附加值的腐植酸组分提取分离出来；之后才选择气化、液化、热解、炼焦、燃烧发电之一作为褐煤高效清洁综合利用的第三步。

第五章的重点是褐煤蜡萃取的单体设备：萃取器。我们在第五章中介绍了溶剂萃取原理、褐煤蜡萃取原理、褐煤蜡萃取工艺条件的选择及备煤工艺简介。

本章的重点是褐煤蜡萃取的工程化——从试验室研究走向工业化生产。

试验一点，工程一片。工业化生产流程远比试验室研究流程复杂得多，因为工业生产不但涉及原料（褐煤、萃取剂与水等）利用率问题，还涉及是否环境友好（或绿色生产）、操作费用及经济效益等问题。

6.2 备煤工艺

因为褐煤蜡萃取需要，所以，我们在第五章中已经简单介绍了备煤工艺，但没有进行深入细致的分析。

为了满足褐煤蜡研究和生产过程中对原料煤的蜡含量、粒度、水分的要求，以便获得最佳的萃取效果和较好的产品质量，需要对从煤矿中开采出来的原料煤进行备煤，过程包括筛选、破碎、干燥、粉碎和过筛等工序。

筛选时要拣出矸石和"朽木"等杂质，并分析测试褐煤蜡含量，筛选出褐煤蜡含量满足要求（>5%），以便于备煤工序操作，提高萃取效率以保证工厂的正常生产。

由于褐煤煤化程度相对较低，不论是露天开采还是井下开采的褐煤，一般情况下，原料煤中水分含量都较高，有些褐煤刚开采出来时，水分含量高达 60%。为了提高干燥效率、节约能源，需要事先把原料煤破碎为较均匀的小块。

图 6-1 是前民主德国典型的备煤工艺流程示意图[1]。

原料煤经齿轮破碎机破碎为较为均匀的小煤块后，由皮带输送机送入一级振动筛，由一级振动筛筛分出细粉煤，而一级振动筛之上的小煤块再由皮带输送机送入破碎机（滚筒式或锤击式）二次破碎为更小的煤粒，之后送入二级振动筛筛分出细粉煤，二级振动筛之上的合格粒煤送入干燥机进行干燥，在干燥机中干燥到生产工艺要求的合格含水量，如

15%，之后送入粒煤临时贮仓（缓冲），以供褐煤蜡萃取车间作为合格的原料煤。

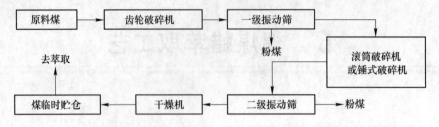

图 6-1　前民主德国典型的备煤工艺流程示意图

我们已经在第四章中专门讨论了褐煤的干燥，在德国，褐煤干燥通常采用转动管式干燥机和盘式干燥机。热源采用蒸汽，可由电厂提供，或由本厂锅炉提供，蒸汽压力为 0.3~0.35MPa，温度 180℃。

我国早期褐煤蜡厂的备煤流程如图 6-2 所示。

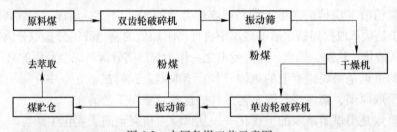

图 6-2　中国备煤工艺示意图

图 6-1 与图 6-2 的差别在于是先破碎后干燥，还是先干燥后破碎。这并不是技术先进或落后的标志，只不过适应情况不同而已。

先干燥后破碎的备煤工艺，适用于原料含水量相对较高的原料煤，因为含水量相对较高的原料煤像面团一样，无论是滚筒式破碎机还是锤击式破碎机，甚至球磨机，都无能为力——无法破碎；而先破碎后干燥的备煤工艺，适用于原料含水量相对较低的原料煤。所以，要具体问题具体分析，根据原料煤的含水量来确定是先破碎后干燥，还是先干燥后破碎。

6.3　褐煤蜡萃取间歇生产工艺

工业褐煤蜡生产过程包括褐煤蜡萃取、含蜡溶液过滤及浓缩、萃取剂回收和褐煤蜡成型等工序。

褐煤蜡萃取间歇生产工艺，就是通常所说的罐组式——多级萃取器串联。

图 6-3 是褐煤蜡萃取间歇生产工艺流程示意图。

褐煤蜡萃取间歇生产工艺，按逆流萃取原理进行。一般 6 个萃取器（萃取罐）一组进行操作。新鲜苯经预热后，用泵打入最后一个萃取器（第 8 罐），依次逆流经第 5、第 4 两个萃取器，然后该含蜡溶液流入中间槽暂存，再依次用泵打入后三个萃取器（第 3 罐→第 2 罐→第 1 罐，第 1 罐就是新煤罐），所得含蜡浓溶液进过滤器，滤液送入蒸发器，在蒸发器中进行溶剂和水分脱除，蜡液再经蒸煮锅进一步除尽残余溶剂和水分，最后将蜡成型——粗褐煤蜡。

具体操作程序：当某一萃取器萃取结束时，停止送入新鲜溶剂，再从该萃取器顶部通入蒸汽，将罐内含蜡溶液压入贮槽中，这一过程称为"下压"。然后关掉萃取器顶部的蒸汽阀门，打开萃取器底部的蒸汽阀门，吹除残存于煤中的萃取剂，送至冷凝器冷凝进行回收再利用，这一过程称为"上吹"。最后把残煤从萃取器中排出。

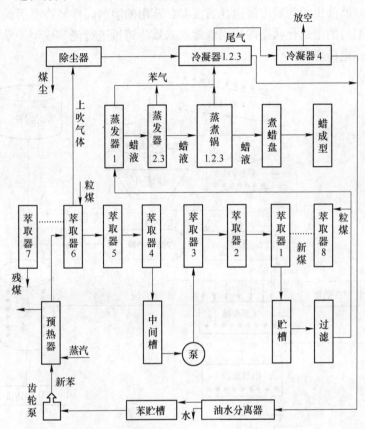

图 6-3　褐煤蜡萃取间歇生产工艺流程示意图

6.4　褐煤蜡萃取连续生产工艺

褐煤蜡萃取连续生产工艺与间歇生产工艺类似，也是按逆流萃取原理进行，连续生产工艺与间歇生产工艺最大的区别在于萃取器。除了萃取器本身结构有着根本不同以外，间歇生产工艺是以多个萃取器组成一组或若干组，以此来实现逆流萃取操作；而连续生产工艺则以一个萃取器作为一个独立的逆流萃取单元设备。当然，根据生产规模，也可以设置多个萃取器。

图 6-4 为前民主德国阿姆斯多夫工厂连续生产褐煤蜡的工艺流程示意图[1~3]。

将含蜡厚料——褐煤卸到输送机上，用电磁铁吸选出褐煤中的金属杂物后，煤经振动筛，振动筛筛下物料进入煤斗 4，振动筛筛上物料进入粉碎机。煤粉碎后与振动筛筛上物料一同进入 $600m^3$ 的料槽，以备进入干燥器（为防止自然燃烧和爆炸，必须每日清洗一次槽底和筛子）。褐煤经回转式干燥器之后，水含量降至 14%～16% 之间，粒度为 0.5～2mm 的合格干煤进入连续萃取器中，热苯（或其他萃取剂）在 60℃（工艺控制温度）下进行萃取。该萃取器中装有长约 10m、高 1.2m 的连接有 84 个斗槽的斗式输送机，煤连续通过该输送机，在热萃取剂的喷淋下进行逆流萃取。煤在输送机中平均停留 20min，煤与溶剂之比为 1:4，萃取器用通过夹套的蒸汽进行加热。经萃取器萃取后的含溶液残煤经螺旋输送机送入残煤蒸出器，直接通入蒸汽，以回收残余萃取剂。该萃取剂冷凝后，循环再用于生产中。从萃取器抽出的含蜡溶液送往蒸发器，蒸出的溶剂同样经冷凝后循环再用于生产中。而蒸出溶剂后的呈熔化状态的粗褐煤蜡送入蜡浇铸机进行浇铸成型。萃取过的残煤经蒸汽处理后用作电厂燃料。

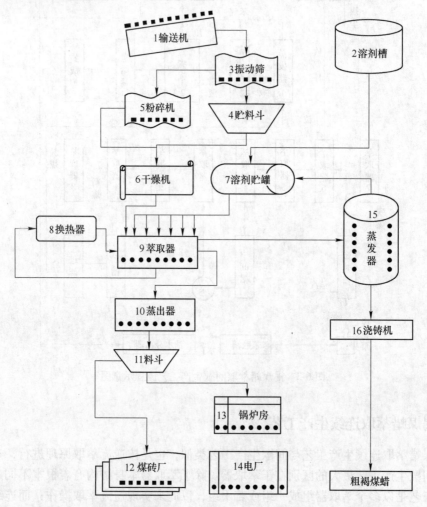

图 6-4　前民主德国阿姆斯多夫工厂连续生产褐煤蜡工艺流程简图

图 6-5 为苏联萨缅诺夫斯克工厂连续生产褐煤蜡的工艺流程示意图[1,3]。

首先进行褐煤的机械备煤和干燥，接着进行粉碎和过筛，然后将合格煤送入连续流动萃取器中，在大气压力下进行逆流萃取，从上面喷入的萃取剂在萃取器中经过煤层过滤，所得萃取液送往蒸发器蒸出溶剂，然后将溶剂冷凝回收再用，所得的粗褐煤蜡浇铸成型，入库。

萃取后的残煤蒸出残留萃取剂后，作煤砖或制煤碱剂原料。

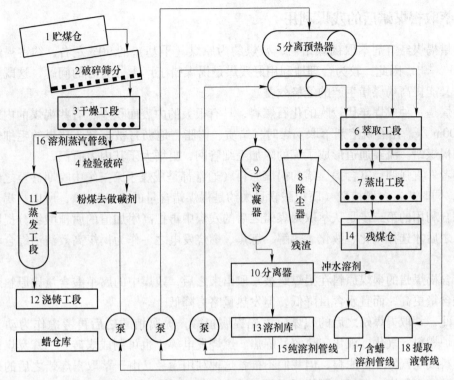

图 6-5 苏联萨缅诺夫斯克工厂连续生产工艺流程简图

据文献[1,4]报道,在美国布埃纳维斯塔和联邦德国特雷萨褐煤蜡厂所采用的萃取方法与前民主德国阿姆斯多夫工厂及苏联萨缅诺夫斯克工厂稍有不同,但萃取原理都相同。

中国20世纪建设投产的四个褐煤蜡生产厂几乎都采用间歇生产工艺,后来,吉林舒兰矿务局化工厂从前民主德国阿姆斯多夫工厂引进槽带筛粉煤连续萃取工艺技术,该技术具有当时世界先进水平,但吉林舒兰矿务局化工厂的褐煤蜡生产工艺,最终还是由于原料褐煤含蜡量低而停产关门。

目前,中国建于20世纪的四个褐煤蜡生产厂都处于停产关门状态,只有21世纪新建于云南省玉溪市峨山县的褐煤蜡生产车间还在断断续续地生产。

间歇生产工艺与连续生产工艺,各有优点和缺点。

间歇生产工艺,投资相对较少,设备结构简单、加工制造容易、维修方便,而且可在加压下进行萃取,也就是说,间歇萃取工艺可以在溶剂的沸点以上进行,这样可以增大萃取速度并提高萃取率,但往往给粗蜡质量带来一些不利影响。为了保持溶剂在萃取器中流通良好,必须预先脱除煤中细粉煤。因此,含蜡的褐煤资源有相当一部分(细粉煤)没能得到充分利用。

连续生产工艺能够处理细粉煤,除了能较有效利用褐煤原料以外,还有助于本身实现机械化和自动化,大大提高劳动生产率,因而能减轻工人的劳动强度,提高生产的安全性。

6.5　萃取褐煤蜡后的残煤利用

富蜡褐煤经溶剂萃取褐煤蜡后，残煤约为原煤（干基）的90%左右，约占褐煤蜡成本的40%[1,4]。因此，较为合理地利用好残煤是褐煤蜡工厂十分关心的问题，这既可消除残料，又能提高褐煤蜡生产的经济效益。

褐煤是一种成煤年代较晚的化石燃料，具有很大的内表面积[1]，有些褐煤的内表面积高达200m²/g。用有机溶剂萃取褐煤时，蜡质、树脂、地沥青被溶解，从煤的毛细管流出而得粗褐煤蜡。流经通道形成了煤的附加毛细管网，更增大了其内表面积。

编者一直强调，富含褐煤蜡的褐煤原料（通常都是成煤于第三纪中晚期甚至之后的年青煤），同时也富含腐植酸（腐植酸含量大约是褐煤蜡含量的8~12倍），所以，褐煤高效清洁综合利用的第二步是从萃取褐煤蜡之后的残煤中再把高附加值的腐植酸组分提取分离出来；之后才选择气化、液化、热解、炼焦、燃烧发电之一作为褐煤高效清洁综合利用的第三步。

富含褐煤蜡的褐煤原料在褐煤蜡被萃取出来之后，残煤中的腐植酸含量比原料煤中的腐植酸含量更高，而且水含量降低，但发热量略有降低[1]。

因此，萃取褐煤蜡之后的残煤应该先提腐植酸，提腐植酸之后再考虑作为动力燃料——锅炉燃料、气化、液化、热解、炼焦、燃烧发电等。也可制成煤砖——蜂窝煤，作为民用燃料或煤气发生炉原料，但我们不推荐这种利用途径。由于萃取褐煤蜡之后的残煤不需要再破碎、干燥，所以，可降低后续综合利用过程的费用，同时可降低褐煤蜡生产的成本。

但是，如果把残煤作为燃料燃烧，还是没有充分利用原煤中的许多化学组分。

要知道，富含褐煤蜡的褐煤原料，通常都是成煤于第三纪中晚期甚至更晚的年青煤。"年青"意味着什么？"年青"意味着"活力"！

什么是"活力"？单说"活"，舌头有水为活，否则为死。

我们回过头看看第二章中讲过的煤的形成和演变过程也就是煤的碳化过程。按碳化程度从低到高的次序为：泥炭→褐煤→长焰煤→不黏煤→弱粘煤→气煤→肥煤→焦煤→瘦煤→贫煤→无烟煤。

最后的"无烟煤"，很好用，一燃烧即了。这就是没有"活力"。

真正的"活力"不在"无烟煤"中，而在"褐煤"、"泥炭"中。

所以，要寻找生命的"活力"，最好到"褐煤"、"泥炭"中寻找。这就是编者在前面讲第三章"褐煤的组成"时，把褐煤分为三个"年龄"级别：年青褐煤、年轻褐煤和年老褐煤的真实原因，其实"泥炭"属于"年青褐煤"的前身。

编者相信，"褐煤"的真正价值在其生命活性。

苏联褐煤蜡工厂残煤的利用方式之一是制取煤碱剂，其工艺要点如下[1]：

将残煤粉碎到1mm，然后将此粉煤与42%氢氧化钠溶液以干煤比1∶8（即1000kg煤，370kg NaOH）混合，使煤中腐植酸转变为水溶性的腐植酸钠。

所得粉状产品——煤碱剂，主要用于石油、气井钻探时泥浆的稳定剂，以降低其黏度和出水率。

国外还利用这种残煤来制取活性炭、硝基腐植酸、腐植酸钠等产品[1]。

下面就残煤生产磺化制品方面略作一简介。

苏联 Д.Т. 扎博拉姆尼[1,5]利用萨缅诺夫斯克褐煤蜡厂残煤制取硫代甲基衍生物方面进行了一些研究工作。

其残煤含有 5.8%水分、14.1%灰分和 34.9%腐植酸。

残煤通过磺化处理，在芳香核上引进了磺基，因而提高了离子化程度、阳离子交换性、亲水性和煤的反应能力。

该产品对于钻井泥浆溶液的稳定性具有良好的效能。此外，硫代甲基衍生物水溶液可用以制取表面活性剂，而非溶性部分则可作为离子交换树脂。

6.6 其他现代萃取工艺

我们在第五章中曾经介绍过 1991 年熊利红、高晋生发表的"超临界萃取法提取褐煤蜡的初步研究"[6]一文中的超临界萃取工艺流程，如图 6-6 所示。

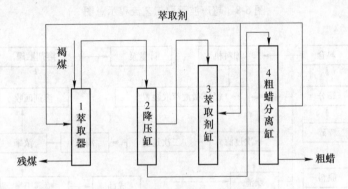

图 6-6 超临界萃取流程示意图

下面再介绍几种新式萃取工艺以飨读者。

图 6-7 为常规超临界 CO_2 萃取示意图。

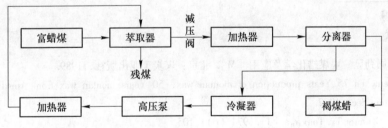

图 6-7 常规超临界 CO_2 萃取示意图

图 6-8 为超声波萃取工艺流程示意图。

图 6-9 为微波萃取工艺流程示意图。

对比分析图 6-8、图 6-9，不难发现，其差别在"超声"与"微"，如果还存在"张波"、"李波"、"牛波"、"马波"，只要把图 6-9 中的"微"换成"张"、"李"、"牛"、"马"，就可以得到"张"、"李"、"牛"、"马"波萃取工艺流程示意图。这就好像最早的"萃取"一词，后来被创新为提取、萃取、浸取、浸提、溶剂解一样，提取、萃取、浸取、浸提、溶剂解名词一步步创新的结果，就是把读者搞得头晕脑胀，整不清楚时，还以为萃取提取、萃取、浸取、浸提、溶剂解是不同的物理过程，其实都是一事——溶剂萃取，其功能就是用某种溶剂通过溶解把需要的组分从某个混合物中分离出来。所以，在本书中，除原文引用之外，我们一律用萃取来描述溶剂萃取这一物理过程。

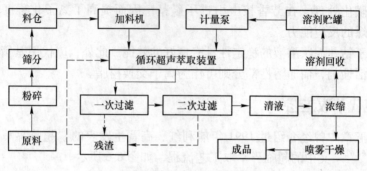

图 6-8 超声波萃取工艺流程示意图

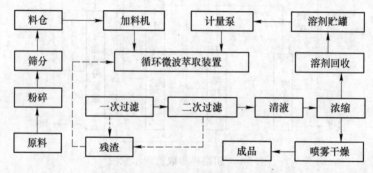

图 6-9 微波萃取工艺流程示意图

参 考 文 献

[1] 叶显彬，周劲风．褐煤蜡化学及应用 [M]．北京：煤炭工业出版社，1989．

[2] Erich Kliemchen. 75 Years production of montan wax, 50 Years montan wax from Amsdorf [M]. DDR Röblingen am See，1972．

[3] Родэ В В . Химия T_B. Топхив а [J]．1974 (6)：105．

[4] Foedisch D. American Ink Maker [J]．1972，50 (10)：30．

[5] Заωратный Д Т，Химия T_B И Д. Топлива [J]．1975 (6)：89．

[6] 熊利红，高晋生．超临界萃取法提取褐煤蜡的初步研究 [J]．煤炭分析及利用，1991 (3)：1-3．

7 褐煤蜡脱树脂和地沥青

7.1 概述

在第六章中我们只走出褐煤高效清洁综合利用最佳化的第一步——褐煤蜡萃取。通过褐煤蜡萃取得到粗褐煤蜡，不同的用户或不同的标准，对粗褐煤蜡有不同的要求。

由我国现有能够用于生产粗褐煤蜡的富蜡矿（蜡含量>5%）褐煤·生产的粗褐煤蜡，很难达到现行的部颁标准[1]或国家标准[2]的要求。

表 7-1 是原煤炭部部颁标准—褐煤蜡技术条件 MT/T 239—2006 技术要求和试验方法出处，表 7-2 是我们课题组对黑龙江宝清煤田 10 号煤层煤样萃取所得粗褐煤蜡的分析结果[3]。

表 7-1 技术要求和试验方法[1]

项　目	级　别		试验方法
	一级	二级	
外观	黑褐色固体	黑褐色固体	
熔点/℃	83~87	81~85	
酸值/mg KOH · g⁻¹	50~70	30~50	
皂化值/mg KOH · g⁻¹	100~130	90~120	GB/T 2559—2005
树脂物质/%	≤20	≤27	
地沥青/%	≤8	≤12	
苯不溶物/%	≤0.5	≤1.0	
灰分/%	≤0.5	≤0.6	

表 7-2 宝清褐煤蜡理化性质（三个样品三次分析结果平均值）

样品名称	熔程/℃	灰分/%	树脂/%	苯不溶物/%	地沥青/%	酸值/mg KOH · g⁻¹	皂化值/mg KOH · g⁻¹
褐煤蜡（未脱灰）	79~83	0.13	39.4	0.23	8.33	30~35	60~90
褐煤蜡（已脱灰）	79~83	0.13	36.4	0.18	8.05	30~35	60~89
脱脂蜡（未脱灰）	79~83	0.37	2.3	0.74	8.55	25~35	64~88
标准一级	83~87	≤0.5	≤20	≤0.5	≤8	50~70	100~130
标准二级	81~85	≤0.6	≤27	≤1.0	≤12	30~50	90~120
脱脂蜡		一级	一级	一级	二级	二级	

由表 7-2 可以看出，宝清粗褐煤蜡几乎不可能达到 MT/T 239—2006 技术要求的一级质量指标，即便是宝清脱脂蜡，也只能勉强达到一级质量指标。

问题出在哪里呢？我们认为主要是当年制订 MT/T 239 的历史背景。MT/T 239 主要根据吉林舒兰蜡和云南寻甸蜡的蜡质特征制订，尤其是吉林舒兰褐煤，成煤时间长、蜡含量低（约3%），所以由舒兰褐煤萃取得到的粗褐煤蜡自然就硬度大、熔点高、树脂和地沥青含量低（大部分已经转化为煤质），用这样的标准来衡量由后期才发现或开采的更年轻褐煤（如云南峨山煤和黑龙江宝清煤）萃取所得的粗褐煤蜡，不太合适。

在年青煤、年轻煤（中年褐煤）和年老煤中，年青煤的蜡含量之所以高，就是因为年青煤的"骨髓——蜡"多，但年青煤的"骨头——硬度"不硬，所以，我们认为有必要制定新标准以适应年青褐煤蜡的生产与企业发展。

在进入褐煤蜡脱树脂和脱地沥青内容之前，有必要先说明褐煤蜡物质层面上的组成。

褐煤蜡本身是一种由成百上千种化合物组成的混合物，到目前为止，一般都认为褐煤蜡物质层面上组成包括三个主要组分：褐煤蜡蜡质、树脂和地沥青[4]。其中的蜡质、树脂和地沥青依然是分别由几十甚至几百种化合物组成的混合物，都不是单一化合物。

粗褐煤蜡中树脂和地沥青的存在，一方面影响粗褐煤蜡的物理化学性质，如颜色、硬度、黏度、熔点范围——熔程；另一方面，又影响粗褐煤蜡的应用领域，这实际由粗褐煤蜡的理化性质决定，如颜色、硬度、黏度、熔程分别决定粗褐煤蜡的应用领域的差别。颜色好看，应用广泛；硬度大、熔点高，应用领域自然就更广泛。

所以，相对于褐煤蜡质而言，树脂和地沥青属于"毒物"[4]，需要在应用于某些要求特殊的领域之前，脱除粗褐煤蜡中的树脂和地沥青，这就是本章主题。

试验一点，工程一片。工业化生产流程远比试验室研究流程复杂得多，因为工业生产不但涉及原料（褐煤、萃取剂与水等）利用率问题，还涉及是否环境友好（或绿色生产）、操作费用及经济效益等问题。褐煤蜡萃取如此，褐煤蜡脱树脂和脱地沥青也如此，后面章节将要讨论的褐煤蜡漂白精制等亦如此。

在本书中，脱树脂往往简称为脱脂。

7.2　粗褐煤蜡脱树脂

粗褐煤蜡中树脂含量主要取决于褐煤原料煤种的特性，而褐煤原料煤种的特性又取决于成煤时间、成煤植物与成煤环境。一般情况下，年青煤组分中树脂含量比年轻煤（中年褐煤）中的树脂含量高，而年老煤中的树脂含量最低；另外，在实际工业生产过程中所用的萃取剂，对粗褐煤蜡中的树脂含量也有很大影响，这主要是因为不同的萃取剂对原料褐煤中的树脂组分的溶解度差异所致。

注意树脂是由很多化合物组成的混合物，不同的萃取剂对树脂组分中的众多化合的溶解度不同，所以，对于特定的煤种，需要进行试验研究，从一些可供选择的萃取剂中筛选出比较理想的萃取剂，以用于上一章中所讲的褐煤蜡萃取，这是保证褐煤蜡质量的第一步。所以，必须慎重筛选褐煤蜡萃取剂——选择对蜡质溶解度大、对树脂和地沥青溶解度小的萃取剂，这是针对褐煤蜡萃取剂而言。

褐煤蜡中的树脂和地沥青，对粗蜡产品质量影响非常大，一般都需要在应用于某些要求特殊的领域之前，脱除粗褐煤蜡中的树脂和地沥青。这不仅是褐煤蜡使用行业的要求，而且也是进一步的精制蜡生产及合成蜡的制备之前，必须完成的工作任务，因为脱除树脂和地沥青之后，可以降低精制过程中氧化、漂白、精制时氧化剂的用量，同时也能使所得精制蜡产品长期保持其本色。

工业生产过程中粗褐煤蜡脱树脂一般可以分两种方法。一种是在生产褐煤蜡过程中将所得含蜡溶液浓缩到含蜡量为10%～20%，然后将其冷却、结晶，再离心过滤，分出脱脂蜡；另一种方法是先制得固体粗褐煤蜡产品，再将固体粗褐煤蜡粉碎成细粉，用冷脱脂剂浸泡、洗涤和过滤，分别得到脱脂蜡和树脂。

特别说明：从粗褐煤蜡中脱除树脂，其本质和原理与前面两章中讲的褐煤蜡萃取一样，都属于溶剂萃取。但是，褐煤蜡萃取时要筛选对蜡质溶解度大、对树脂和地沥青溶解度小的溶剂——萃取剂；而从粗褐煤蜡中脱除树脂或脱除地沥青时，则返萃取之道而行，要筛选对蜡质溶解度小、对树脂和地沥青溶解度大的溶剂——脱脂剂或脱地沥青剂。

因为褐煤蜡萃取、脱脂、脱地沥青的本质和原理都是溶剂萃取，而我们已经把用于褐煤蜡萃取的溶剂称为萃取剂。所以，为了不至于把读者搞得头昏脑涨，本书中我们把用于褐煤蜡脱除树脂的溶剂称为脱脂剂、把用于褐煤蜡脱除地沥青的溶剂称为脱地沥青剂。

下面就粗褐煤蜡脱树脂所用的溶剂以及用苯脱树脂时各组分的平衡关系、传质过程、脱树脂和脱地沥青的方法以及低树脂、低地沥青的褐煤蜡生产途径等作一简单介绍[4]。

7.2.1 各种有机溶剂的脱树脂效率

粗褐煤蜡脱树脂，一般都是采用有机溶剂进行选择萃取的办法，溶剂——脱脂剂的选择依据仍然是前面章节中介绍的相似相溶原则。

其原理是筛选对蜡质溶解度小、对树脂溶解大的溶剂——脱脂剂，在较低温度下蜡质与树脂的溶解度不同——蜡质析出，而树脂被溶解残留于溶液中。

中国煤炭科学研究总院北京煤炭化学研究所叶显彬等曾对粗褐煤蜡脱树脂进行过试验研究[5]。采用乙醇、醋酸乙酯、二氯乙烷-乙醇（3∶1）和丙酮等作溶剂。脱树脂后的褐煤蜡质量得到提高——树脂含量降低、硬度增大、熔点提高、固态蜡的黏性降低。

鉴于我国粗褐煤蜡生产过去主要采用苯作溶剂，所以，如采用上述化学溶剂法脱树脂，要另增添一些工艺装置、成本较高。叶显彬等利用树脂在较低温度下不凝固的特性，进行了冷苯脱树脂研究试验。初步试验表明，其脱树脂效果可与其他化学溶剂法相媲美。该方法不需另增添新溶剂、工艺简单、溶剂再生回收也比较容易，所以，这是一种较有发展前途的脱树脂方法——褐煤蜡萃取与脱脂选用相同的溶剂，只要能够达到目的，这应该是最佳选择。

原云南省煤炭化工厂尹公善等也曾用冷苯脱树脂进行过试验研究[6]。他们考察了蜡溶液浓度、结晶时间、结晶洗涤用苯量和洗涤次数以及离心分离因素等对脱树脂过程的影响。综合试验结果表明，在试验时室温为（20±2）℃情况下，一次脱树脂的最佳操作条件见表7-3。

表 7-3　一次脱树脂的最佳条件

蜡溶液浓度	10~20
结晶温度/℃	20±2（室温）
结晶时间/h	1
洗涤用苯量	结晶量：洗涤量=1：（1~2）
洗涤次数	1 次
离心分离因素	168~671
分离停留时间/min	5

前苏联 Я. И. Макаровескнй[7]用 24 种有机溶剂对由亚历山大煤制得的褐煤蜡脱树脂方面进行了研究。所用溶剂性质列于表 7-4。

表 7-4　脱树脂溶剂的性质

溶　剂	沸点/℃	摩尔容积/cm³·mol⁻¹	溶　剂	沸点/℃	摩尔容积/cm³·mol⁻¹
正戊烷	36.3	116.1	苯	81.0	88.0
正己烷	68.7	131.1	甲苯	110~111	106.0
环己烷	83.2	108.7	间二甲苯	139.0	122.0
正戊烷	98.5	145.0	对二甲苯	138.0	122.0
三氯甲烷	61.2	79.5	邻二甲苯	144.4	122.0
甲基三氯甲烷	74.1	101.0	顺二氯乙烯	60.8	75.0
过氯乙烷	85.5	55.4	反二氯乙烯	47.9	77.0
二氯甲烷	40~41	64.0	醋酸乙酯	77.1	97.8
二氯乙烷	83.8	78.5	丙酮	56.1	73.0
三氯乙烷	88~90	91.0	二氯己环	101.4	85.0
四氯化碳	76.5	94.3	乙醇	78.1	58.3
氯苯	130~132	102.1	氨基丙醇	82.4	6.5

粗褐煤蜡和溶剂的混合物煮沸后，在 10℃下保持 1h，然后从液相中分离出固相。一般情况下蜡与溶剂的质量比为 1：8，所得结果列于表 7-5 和表 7-6。

表 7-5　粗褐煤蜡用倾析法脱树脂的效果　　　　　　　　　（%）

溶　剂	萃取效率	萃取物在溶液中的浓度	树脂在溶液中的浓度	树脂在精致蜡中的含量	硬树脂程度
正戊烷	3.05	0.54	0.46	12.9	17.2
正己烷	2.08	0.33	0.30	12.4	12.3
环己烷	1.65	0.28	0.22	11.8	8.5
三氯甲烷	13.40	2.94	1.97	5.9	58.7
甲基三氯甲烷	4.06	0.76	0.60	12.6	23.3
二氯乙烷	5.85	1.08	0.98		34.8
二氯甲烷	11.10	2.15	1.00	6.5	64.4

溶　剂	萃取效率	萃取物在溶液中的浓度	树脂在溶液中的浓度	树脂在精致蜡中的含量	硬树脂程度
四氯化碳	4.57	1.11	0.80		22.4
氯苯	11.10	1.57	1.30	7.3	62.5
苯	9.55	1.59	1.30		54.7
甲苯	9.70	1.60	1.30	8.3	54.9
间二甲苯	8.06	1.30	1.10	9.3	43.5
过氧乙烷	7.35	4.87	3.48	9.7	33.9
醋酸乙酯		0.70	0.70		16.5
丙酮	4.30	0.67	0.60	13.1	25.2
汽油[①]					37.7
汽油∶苯＝1∶1[②]					43.5

注：蜡粒度0.4~0.5mm。蜡样5g，溶剂量39g，粗蜡中树脂含量15.7%，相接触时间30min，温度10℃。

① 接触时间2h。

② 接触时间1h。

表7-6　粗褐煤蜡用真空过滤法脱树脂的效果　　　　　　　　　　（%）

溶　剂	萃取收率	萃取物在溶液中的浓度	树脂在溶剂中的浓度	树脂在精致蜡中的含量	硬树脂程度
正戊烷	1.58	0.23	0.19	14.3	8.0
正己烷	1.53	0.21	0.19	14.5	8.4
邻庚烷	1.40	0.14	0.12	13.8	5.4
二氯乙烷	3.44	0.50	0.42	13.8	17.8
过氯乙烷	4.25	1.11	0.88	13.2	20.7
苯	8.30	1.23	0.92	9.9	38.4
氯苯	7.83	0.98	0.78	10.2	38.2
甲苯	8.00	1.12	0.97	11.0	44.5
对二甲苯	4.00	0.54	0.45	11.8	20.5
邻二甲苯	12.20	1.71	1.33	7.9	58.7
顺二氯乙烷	13.20	1.61	1.33	6.9	65.0
反二氯乙烷	15.30	1.73	1.20	6.2	64.8
二氯甲烷	13.40	2.28	1.70	6.2	61.3
三氯乙烷	13.95	2.07	1.44	7.5	60.0
三氯甲烷[①]	16.20	2.54	1.76	5.0	68.5

注：蜡粒度0.6~0.7mm。蜡样3g，溶剂量24g，粗蜡中树脂含量16.3%，相接触时间15min，温度10℃。

① 蜡样5g，溶剂量39g。

从固体蜡中萃取树脂经历以下几个阶段：溶剂由固相和液相分离面渗透到固体结构，溶剂扩散到颗粒里面，颗粒泡胀，泡胀的固体颗粒里面的树脂传送到相的分离面，树脂扩散到溶剂中。萃取的不同阶段取决于不同溶剂的性质。

假定溶剂渗透到固相中的阻力是限制物系扩散过程的最主要因素之一，那么可以想象摩尔容积对脱树脂效率有很大影响。

7.2.2 粗褐煤蜡用苯脱树脂时各组分的平衡关系

前苏联 Я. И. Макаровескнй[8] 研究了固体蜡—树脂—苯在多相物系中平衡关系，研究结果可在计算褐煤蜡脱树脂工艺时使用。

Я. И. Макаровескнй 研究了温度在 10~40℃ 范围内褐煤蜡在苯中的溶解度并作图，结论是脱树脂蜡的溶解度随温度升高按指数规律增大，取 $\lg(1/T)$ 为横坐标，则上述相互关系呈线性关系。

当温度为 10℃ 、萃取时间为 30min 时，树脂在蜡（粒度 0.4~0.5mm）与苯之间的分配系数可用真空过滤法测得。试验结果列于表 7-7。

表 7-7 蜡–树脂–苯系统中的平衡关系

溶解量 /g·g⁻¹粗蜡	溶液中树脂的浓度 x（质量分数）/%	固体蜡中树脂的浓度 y（质量分数）/%	树脂分配系数 $K=y/x$	最终浓度差（质量分数）/% $\Delta c = y - x$	树脂萃取程度 σ（质量分数）/%
1.5	6.65	10.8	1.65	4.15	44.1
2.0	6.75	9.9	1.47	3.15	51.0
3.0	4.45	8.5	1.94	4.05	71.2
4.0	3.50	7.0	2.00	3.50	71.2
5.0	2.05	6.8	2.30	3.85	68.6
6.0	2.77	6.0	2.20	3.23	84.5
10.0	1.49	4.6	3.01	3.11	86.0

从表 7-7 可以看出，当溶剂：蜡的比值从 3 增加到 10，分配系数由 2 变化到 3，变化不显著。

分配系数 K 表征溶剂的利用"效率"。因为树脂在固体物相（蜡）中的残留浓度 y 为 $K=y/x$ 的分子，所以以分配系数 K 越小，溶剂的"效率"越高。

从表 7-7 所列数据可以看出，溶剂：蜡的最佳比为 6~8($K=2.5~2.75$)，此时树脂的提取率为 70%。选择最佳比为 7.75，其 K 值可达 2.75。

为保证所要求的脱树脂率，应该采用三级萃取[4]。三级萃取时，第一级萃取后的蜡含树脂量应为 11%~12%。

为了模拟三级萃取过程，制备了三部分脱树脂蜡。第一级使用粗蜡，第二级使用含树脂 12.5% 的蜡，第三级使用含树脂 7% 的蜡。纯苯经第三级萃取之后到第二级，再到第一级。萃取温度保持在（10±0.5）℃。试验流程如图 7-1 所示。

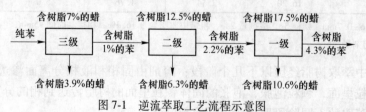

图 7-1 逆流萃取工艺流程示意图

7.2.3 苯-树脂-褐煤蜡体系的传质过程

为了在工业生产中实现固-液体系的萃取过程，需要研究该体系（即苯-粗蜡体系）的主要物理-化学特性，考察褐煤蜡粒度及物相接触时间对脱树脂作用的影响。所得数据是树脂传质系数计算的基础，这一系数是固-液体系脱树脂过程的主要动力学参数。

从效率观点考虑，蜡与溶剂的比值为 1：（7.5~8.0）为最佳。为了进一步开展研究工作，蜡与苯的重量比选为 1：7.75。

表 7-8 是不同粒度的蜡在不同物相接触时间的情况下脱除树脂程度的测定结果。从表 7-8 所列数据中可以看出，随着蜡的粒度减小，萃取树脂所需时间显著缩短。这是由于不同物相接触总表面积的增大以及固体膜厚度减小使固相中传质阻力减小。当蜡的粒度为 0.09~0.1mm 时，萃取率很高（69%~70%），而且萃取几乎与萃取时间无关。要使粒度为 0.4~0.5mm 的蜡也能达到同样的萃取率，则萃取时间需要 1h 以上。应当指出的是，绝大部分树脂在 30min 内均被萃取出，对于粒度 0.5mm 以下的蜡，在外部用力搅拌的情况下，在 30min 内就可达到平衡，此时传质已经停止。

表 7-8 10℃时各种粒度级别的蜡用苯脱树脂的特性

蜡的粒度级 /mm	时间 /min	留存蜡中的树脂含量（质量分数）/%	树脂萃取程度（液相）（质量分数）/%	蜡的损失占粗蜡的百分比（质量分数）/%	树脂中蜡的浓度（质量分数）/%	蜡的保持性 /g·g⁻¹
2.0	5	16.7	12	0.82	25.0	1.44
1.0~0.8	5	16.3	19.6	0.52	15.0	1.55
0.63~0.71	5	11.5	25.2	0.74	16.5	1.99
	20	10.7	37.0	0.88	13.0	2.60
	30	10.8	47.0	1.17	14.0	2.34
0.4~0.5	5	10.3	35.5	0.80	12.4	1.71
	20	9.4	53.6	1.78	17.7	1.62
	30	8.1	64.8	1.16	10.3	2.42
	60	6.2	71.5	2.21	14.2	1.98
0.2~0.3	5	9.3	49.0	1.10	12.6	1.62
	20	6.7	61.0	1.20	11.1	2.82
	30	7.2	64.0	1.60	14.1	2.52
0.10~0.09	5	5.2	67.5	1.65	13.3	15.3
	20	8.2	67.0	1.77	14.5	2.42
	30	6.3	70.0	1.93	15.0	2.42

根据分散度与脱树脂程度的关系，可计算出树脂从蜡转移到苯溶液的传质系数。计算时，若树脂浓度变化很大，推动力可用各物相中树脂浓度（按质量计算）的对数平均差数来表示，而在其他情况下，可用每一物相中树脂的初始浓度与终止浓度的算术平均值的算术差数来表示。物相接触面积可按式（7-1）计算。

$$S = \frac{6}{d_v}$$

式中 S——蜡颗粒表面的总表面积，cm^2；

   d_v——蜡颗粒体积相当直径，cm。

蜡颗粒的真正表面积与计算表面积的差异在于蜡颗粒并不是准确的球形，而且蜡颗粒在苯中膨胀后其大小和形状均会发生变化。

表7-9列出了计算的传质系数 β 与时间 t 的关系。

表 7-9 蜡-树脂-苯体系的传质系数

时间 /s	粒 d /mm	表面积 S/cm^2	扩散流 $q\times10^{-6}$ /g·(cm^2×s)× $(q-G/(S\times\tau))^{-1}$	各物相中树脂浓度 （质量分数）/%		过程的推动力 /g·g^{-1} ΔC（$\Delta C=\Delta_1-\Delta_2$）或 $\Delta C=(\Delta_1-\Delta_2)/$ $(2.5lg(\Delta_1/\Delta_2))$	传质系数 $\beta\times10^{-5}$ （$\beta = q/\Delta C$） /g·（cm^2×s× $(g/g))^{-1}$	备注
				固相（y）	液相（x）			
300	2.00	30	2.61	16.7	0.4	0.175	1.49	ΔC 算数平均值
	0.90	67	1.49	16.3	0.5	0.173	0.86	
	0.67	90	1.43	11.5	0.7	0.141	1.02	
	0.45	133	1.43	10.3	0.9	0.134	1.07	
	0.25	40	1.04	9.3	1.3	0.120	0.80	
	0.10	600	0.60	5.2	2.0	0.097	0.62	
						平均	0.99	
1200	0.67	90	0.545	10.7	1.13	0.121	0.45	ΔC 对数平均值
	0.45	133	0.522	9.4	1.43	0.113	0.46	
	0.25	240	0.329	8.5	1.94	0.089	0.37	
						平均	0.43	
1800	0.67	90	0.445	10.8	1.33	0.120	0.38	
	0.45	133	0.414	8.1	1.87	0.101	0.41	
	0.25	240	0.228	7.2	1.80	0.094	0.24	
						平均	0.34	

从表7-9中的数据可以看出，传质强度随着时间增加而下降。这种变化的规律可用式 (7-2) 表示：

$$\beta = \frac{a}{t} + c \tag{7-2}$$

式中，a 和 c 为常数。显然，当 $t\to\infty$ 时，$\beta=c$。因此，当 $t^{-1}=0$（$\tau\to\infty$） 时，$\beta=c=0.28$，$a=3.81$。在某一规定的萃取时间内，β 值不随蜡颗粒的变化而变化，这是不稳定过程的特点，这类过程的特点可用傅里叶不稳定准数表示：

$$F_0 = D\frac{t}{L^2} \tag{7-3}$$

式中 t——传质过程的时间；

L——特定的线性尺寸（在这里 $L=d_v$）；

D——流导系数，在这里是传质系数，这一系数应当考虑到在所有各个阶段由蜡颗粒内部扩散到溶液的传质总阻力。

表 7-10 为树脂萃取程度与傅里叶扩散准数（t/L^2）之间的相互关系。

表 7-10　傅里叶准数的扩散参数

时间 t/s	线性尺寸 $L(d)$/cm	提取程度 （质量分数） /%	(t/L^2) /cm·s^{-2}	时间 t/s	线性尺寸 $L(d)$/cm	提取程度 （质量分数） /%	(t/L^2) /cm·s^{-2}
	10×10^3	68	3330×10^{-5}		10×10^3	67	13300×10^{-6}
	25×10^3	49	480×10^{-5}	1.2×10^3	25×10^3	61	1920×10^{-6}
	35×10^3	40	246×10^{-5}		45×10^3	54	597×10^{-6}
0.3×10^3/s	45×10^3	32	149×10^{-5}		67×10^3	37	269×10^{-6}
	67×10^3	25	67×10^{-5}		10×10^3	70	20000×10^{-6}
	90×10^3	19	36×10^{-5}	1.8×10^3	25×10^3	64	2880×10^{-6}
					45×10^3	65	890×10^{-6}
	200×10^3	12	8×10^{-5}		67×10^3	47	400×10^{-6}

从以表 7-10 中数据可以看出，在 $(1\sim1.2)\times10^6$ 范围内的参数临界值开始，扩散都在不强烈的情况下进行，而传质实际已经结束。

所得试验数据是计算树脂在固相中的扩散系数的基础。利用巴烈尔的球公式计算扩散系数：

$$6D't = L^2 \tag{7-4}$$

式中　D'——扩散系数，cm^2/s。

结果分析表明，粒度在 0.09～0.1mm，传质过程在 5min 内完成，而粒度在 0.4～0.5mm，传质过程在 60min 内完成。

因此，固相扩散系数（D'）为 $(0.5\sim1.0)\times10^{-1}$cm^2/s。树脂由蜡颗粒表面扩散到苯中的扩散系数可用谢衣别尔经验公式计算：

$$D_{AB} = 8.2\times10^{-8}\times\frac{T}{\mu}\times\frac{1+\left(3\dfrac{V_B}{V_A}\right)^{\frac{2}{3}}}{(V_A)^{\frac{2}{3}}} \tag{7-5}$$

式中　D_{AB}——A 向 B 扩散系数；

　　　T——温度，K；

　　　μ——溶剂黏度，cP（对于苯，$\mu=0.7$cP）；

　　　V_B——溶剂的摩尔容积（$V_苯=88$cm^3）；

　　　V_A——溶质的摩尔容积（对于高分子物及聚合物，$V_A=2.0$）。

扩散系数大于或等于 1.38×10^6cm^2/s 说明树脂在液相中的扩散按二次方的速度加快进行，树脂在固相中的传质有限。从以上数据可以得出如下结论：用苯从蜡中萃取树脂时，在液态和固态体系中，当物相接触时间不超过 30min 时，粒度在 0~0.5mm 的蜡完全能够达到脱树脂的临界条件。

7.2.4　粗褐煤蜡脱树脂工艺

7.2 节中已讲到，粗褐煤蜡脱树脂工艺可分为两种方法，即"两步法"和"一步法"。前者是对固体粗褐煤用选择性溶剂脱树脂（首先破碎，然后萃取）；后者是在褐煤蜡生产过程中进行脱树脂，所以，从技术经济角度出发，后者比较合理可行。图 7-2 为前苏联"一步法"脱树脂工艺流程示意图。

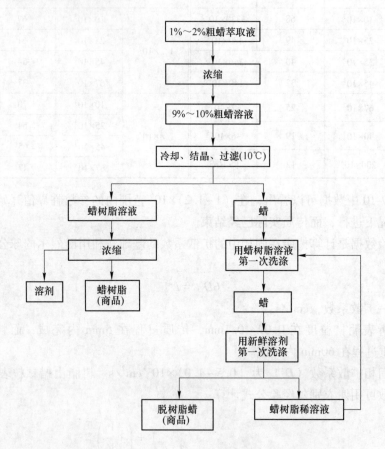

图 7-2　前苏联的"一步法"脱树脂工艺流程图

为了使褐煤蜡结晶效果更好，从生产粗褐煤蜡的萃取器中排出的萃取液（含蜡 1%~2%），首先通入一个蒸发器进行适当脱除溶剂，溶液浓缩到含蜡 9%~10% 后，将其送入冷却器中，借助冷却剂使含蜡溶液逐渐冷却到 10℃ 左右，再送入过滤器进行迅速过滤，所得滤渣即为脱树脂蜡。将脱树脂蜡用溶剂洗涤，以进一步除去粘在蜡表面上的树脂。所得滤液送入蒸发器中进行浓缩，最后得到含有少量蜡的树脂，而回收的溶剂仍可用于粗褐煤蜡萃取或脱树脂的生产中。

图 7-3 为常规脱树脂工艺流程示意图。

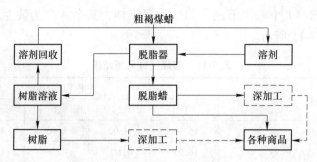

图 7-3 常规脱树脂工艺流程示意图

7.3 粗褐煤蜡脱地沥青

在本书 2.2 节中已经提到，世界上能生产褐煤蜡的优质褐煤资源主要蕴藏在前民主德国。据 B. Karabon 报道[9]，这种褐煤用苯萃取的萃取率可达 12%～16%（干基），粗褐煤蜡中树脂含量低于 15%、地沥青含量低于 10%。民主德国的褐煤蜡产量占全世界总产量的 80% 以上，销往世界 50 多个国家。

由于煤质特性关系，用德国这种褐煤生产的 ROMONTA 型褐煤蜡，其地沥青含量较低，因此人们对地沥青的研究一直没有引起足够的重视。在前民主德国制定的褐煤蜡质量国家标准（TGL—5881）中也未列出地沥青一项。后来，随着一些国家（如前苏联、美国、捷克斯洛伐克、波兰等）相继建立了褐煤蜡工厂，发现他们所产的褐煤蜡中树脂和地沥青含量均高于前民主德国 ROMONTA 型蜡。加之褐煤蜡用途的不断增多，对褐煤蜡的质量也提出了更高的要求，对地沥青这一有害成分日趋引起了人们的重视。因此，20 世纪 70 年代后期，科学工作者在研究评定褐煤蜡质量时已开始考虑地沥青这一有害成分[4]。

据国外 20 世纪 50～70 年代出版的有关褐煤蜡文献记载，他们在试验室中曾用石蜡[10] 或石油醚[11] 来分离褐煤蜡中地沥青。1953 年，前民主德国 W. Presting 和 U. K. Steinbach 发表了一篇题为《关于褐煤蜡中的暗色物》的论文[12]，提出粗褐煤蜡用异丙醇反复煮沸，蜡和树脂完全热溶，而地沥青作为不溶的残留物被分离出来。

尽管在试验室里可用上述溶剂法把褐煤蜡中地沥青分离出来，但由于异丙醇价格昂贵，用于工业生产时成本太高，故不可取。

波兰 B. Karabon 的研究结果表明[9]，地沥青主要富集在 70℃ 和 78℃ 萃取温度下所得的萃取馏分中。因此，他提出在略低于苯沸点温度（例如 70℃ 或 60℃）下进行萃取，即可得到含地沥青低的褐煤蜡。

7.4 低树脂、低地沥青含量褐煤蜡的生产

采用冷却结晶法可得到不同树脂含量的褐煤蜡（脱脂蜡），但褐煤蜡中地沥青含量不仅没有脱除，反而相对富集[5,9]。因此，对树脂和地沥青含量较高的粗褐煤蜡，采用冷却结晶法有一定的局限性。

波兰 B. Karabon 在常压不同温度下，用苯萃取褐煤对所得萃取物组成变化的研究[9]，为生产低树脂、低地沥青的褐煤提供了一条途径，现简介如下。

共用 5 个褐煤样，1 个采用前民主德国的褐煤样，其余 4 个为波兰不同矿区的褐煤。煤质分析结果如表 7-11 所示。

表 7-11 褐煤试样分析结果

分 析 项 目	各褐煤样分析结果				
	①	②	③	④	⑤
水分/%	16.20	14.00	8.00	16.50	7.10
灰分（干基）/%	16.07	7.80	18.79	13.23	4.00
低温焦油产率（干基）/%	26.20	30.00	30.80	16.70	35.80
苯萃取物的产率（干基）/%	16.28	20.00	22.30	7.29	15.73
粗蜡中树脂的含量（丙酮可溶物）/%	15.10	25.80	21.50	37.60	
粗蜡中地沥青含量（异丙醇不溶物）/%	8.10	16.50	16.20	6.30	

注：① 为前民主德国用于生产褐煤蜡用的褐煤；② 为波兰卡劳斯克 1 号褐煤；③ 为彼兰卡劳斯克 2 号褐煤；④ 为波兰柯尼矿褐煤；⑤ 为波兰图罗夫矿褐煤。

试验步骤如下：将 200g 粒度为 1~10mm 的褐煤样，用苯依次在温度为 5.5℃、10℃、20℃、30℃、40℃、50℃、60℃、70℃和 78℃下充分萃取 7h。由每个试样得到 9 个不同萃取馏分。

试验结果表明，用苯依次在不同温度下萃取所得的馏分中，地沥青含量随着萃取温度的提高而增加。温度低于 30℃下所得的馏分不含地沥青。相反，地沥青主要富集在 70℃和 78℃萃取温度下所得的馏分中。此时的树脂含量反而减少。第一种馏分所含的树脂最高，树脂含量随萃取温度的提高而减少，50℃时最少。温度升高后，树脂含量又有所提高。温度低于 20℃时所得馏分几乎是蒙旦树脂。

研究结果提出了树脂含量和地沥青含量低的褐煤蜡生产方法：褐煤先在 20℃下用苯萃取，以脱除大部分树脂；然后把脱树脂的煤在 60℃温度下再用苯进行萃取，这样所得的萃取物即为所要求的产品。而大部分地沥青则留在萃取后的残煤中。

按这种方法对 5 种不同褐煤进行的选择性萃取，结果列于表 7-12 中。

从表 7-12 可以看出，卡劳斯克矿褐煤按此方法可得到相当于前民主德国 ROMONTA 型蜡的质量，而用萃取物中树脂含量较高的柯尼矿和图罗夫矿褐煤就得不到这样质量的产品[4]。

表 7-12 依次在 20℃、60℃和 78℃下用苯萃取褐煤所得的馏分产率和族组成

褐煤试样号	用苯依次萃取的温度/℃	萃取产率（占总产率的百分数）/%	树脂含量/%	地沥青含量/%
1	20	9.34	80.0	0.04
	60	77.90	9.6	5.02
	78	12.76	8.7	24.31
	78①	100.00	15.0	8.96
2	20	23.65	83.2	0.03
	60	68.72	9.4	13.40
	78	7.63	13.3	34.20
	78①	100.00	25.0	16.40

褐煤试样号	用苯依次萃取的温度/℃	萃取产率 （占总产率的百分数）/%	树脂含量/%	地沥青含量/%
3	20	19.16	82.0	0.02
	60	73.56	9.2	13.80
	78	7.28	11.9	32.70
	78[①]	100.00	21.7	16.20
4	20	25.10	84.8	0.01
	60	62.07	24.9	5.13
	78	12.83	25.4	15.82
	78[①]	100.00	37.8	6.40
5	20	62.30	85.1	0.05
	60	28.75	35.7	4.25
	78	8.95	38.3	11.82
	78[①]	100.00	66.0	4.21

① 在78℃下用苯单级萃取。

因此用苯选择性萃取褐煤时，所采用的方法和温度与褐煤的性质和褐煤蜡族组成有关。所以，对于某一具体褐煤，仍需要通过试验来找出最佳萃取条件。

说明：以上第二、第三、第四节中的主要结论，虽然是以苯为萃取剂、脱脂剂，但溶剂萃取的原理、本质、规律是其共性，所以，即使改用其他溶剂来完成相关任务，这些结论仍然具有参考价值，故简列于本书。

7.5 褐煤蜡脱树脂研究进展

7.5.1 室温下以苯萃取粗褐煤蜡的脱脂试验

1982，谢文龙等发表《室温下以苯萃取粗褐煤蜡的脱脂试验》[13]一文。

国产粗褐煤蜡由于含有 20%~30% 的树脂，因而熔点低、并造成含有这种粗蜡的化工产品发粘，不符合某些特殊工业用蜡的要求。因此脱除树脂是提高褐煤蜡质量的一项重要工作。

国内虽有酒精脱脂、氧化法脱脂等方法，但以"冷苯脱脂"法较为成功，发展最为迅速。《云南化工技术》（1979 年四期）发表的《粗褐煤蜡脱脂试验总结》一文介绍了冷苯脱脂法的工艺过程，其生产工艺与过去的"酒精脱脂"和"氧化脱脂"等法相比，具有工艺简单、收率高、成本低等优点。但也存在一些不足，如须在低温下冷却结晶，结晶物疏松，固液分离比较困难，设备操作比较复杂，投资较大等。

1980 年我们在冷苯脱脂基础上，做了以冷苯直接萃取粗蜡脱脂的试验，得到比较满意的结果，生产产品质量指标均达到或超过了进口脱脂蜡的质量水平，且投资更省，收率更高。

7.5.1.1 冷苯脱脂的理论根据

据国内外有关资料介绍，一般将粗蜡分为三种组分：纯蜡、树脂和地沥青。纯蜡主要是由22~32个碳原子的高级醋肪酸、醇和它们所形成的脂类以及酮、烃组成，树脂主要是一些萜类化合物以及一些多环结构的酸类组成，地沥青主要是一些含氧的树脂酸、游离醇以及聚合脂类，其中含硫和灰较高。从这三种组分的组成看，纯蜡和地沥青是长碳链的脂肪族化合物，属弱极性化合物；树脂为一些多核环状及芳香环结构的化合物，极性基团较多。根据"结构相似相溶"的原理，丙酮、乙醇等极性较强的溶剂对树脂有很好的溶解能力，而对纯蜡、地沥青则溶解度较小。苯在温度较高时，对蜡和树脂都具有很好的溶解性，当温度较低时，蜡的溶解度显著下降、而树脂则有较大的溶解度，此刻蜡即过饱和而析出，而树脂的析出量则少。冷苯萃取粗蜡而溶解较多的树脂和较少的蜡，从而改变了蜡的组成，降低了树脂的含量，得到质量较好的脱脂蜡。

7.5.1.2 冷苯脱脂的试验

为了减少试验次数，缩短试验周期，我们采用正交设计法进行试验。

试验目的：保持所得产品中树脂含量在12%以下，考察各因素对产品收率的影响，寻求简便合理的工艺条件。

考核项目：收率（%），树脂含量（%）。

因素和水平的选取：根据实践经验，影响产品收率和质量的因素很多，其中主要的有：（1）冷苯萃取和热溶结晶，（2）粗蜡的粒度，（3）固液比，（4）搅拌与否，（5）萃取时间，（6）试验的温度。本试验固定在室温，考察前5个因素，选取两个水平。

表头设计：根据因素和水平的安排，选用 $L_8(2^7)$ 正交表，该表有7个列号，本试验只有5个因素，占了5个列号，其余省去。试验方案见表7-13，结果分析见表7-14。

表 7-13　脱脂试验方案表

试验号 \ 因素	A 蜡苯固液比	B 萃取时间/h	C 搅拌否	D 粒度/mm	E 萃取方法	收率/%	树脂含量/%
1	1(1:5)	1(2)	1(搅拌)	2(≤3.5)	2(热溶结晶)		
2	2(1:10)	1(2)	2(不搅拌)	2(≤3.5)	1(冷萃取)		
3	1(1:5)	2(1)	2(不搅拌)	2(≤3.5)	2(热溶结晶)		
4	2(1:10)	2(1)	1(搅拌)	2(≤3.5)	1(冷萃取)		
5	1(1:5)	1(2)	2(不搅拌)	1(≤1)	1(冷萃取)		
6	2(1:10)	1(2)	1(搅拌)	1(≤1)	2(热溶结晶)		
7	1(1:5)	2(1)	1(搅拌)	1(≤1)	1(冷萃取)		
8	2(1:10)	2(1)	2(不搅拌)	1(≤1)	2(热溶结晶)		

注：1. 表中E因素中，"热溶结晶法"为以一定量粗蜡在加热下溶于苯内，使其降至室温，离心固液分离。"冷萃取"为以一定粒度的粗蜡置于苯内浸泡、静置，倾出上层清液。

2. 表中 K_1 为"1"水平的收率加和，K_2 为"2"水平的收率加和，k_1 为"1"水平的收率平均值，k_2 为"2"水平的收率平均值，R 为极差。比较5个因素的极差 R，最大是因素E，其次是C、B、A，最小是D，将这些影响因素按主次排列为：E、C、B、A、D。

表 7-14　脱脂试验结果分析表（试验温度 26℃）

试验号 \ 因素	A 蜡苯固液比	B 萃取时间/h	C 搅拌否	D 粒度/mm	E 萃取方法	收率/%	树脂含量/%
1	1(1:5)	1(2)	1(搅拌)	2(≤3.5)	2(热溶结晶)	63.1	18.20
2	2(1:10)	1(2)	2(不搅拌)	2(≤3.5)	1(冷萃取)	89.8	22.71
3	1(1:5)	2(1)	2(不搅拌)	2(≤3.5)	2(热溶结晶)	63.6	18.15
4	2(1:10)	2(1)	1(搅拌)	2(≤3.5)	1(冷萃取)	67.0	9.14
5	1(1:5)	1(2)	2(不搅拌)	2(≤1)	1(冷萃取)	92.0	21.81
6	2(1:10)	1(2)	1(搅拌)	2(≤1)	2(热溶结晶)	50.0	9.94
7	1(1:5)	2(1)	1(搅拌)	2(≤1)	1(冷萃取)	72.7	11.80
8	2(1:10)	2(1)	2(不搅拌)	2(≤1)	2(热溶结晶)	49.9	10.56
K_1	291.4	293.1	252.8	264.6	321.5		
K_2	256.7	253.2	295.3	283.5	226.6	收率加和 548.1	
k_1	72.9	73.3	63.2	66.2	80.4		
k_2	64.2	63.4	73.8	70.9	56.7		
R	8.7	10.0	10.6	4.7	23.7		

根据上述计算和分析，在选取较好生产条件时，E 是最重要的因素，因此必须选取它的好水平，即，"1" 水平收率高，选取 E_1。其他因素则根据产品质量和工艺、操作简化和保持质量的原则选取，综合考虑，$A_1B_2C_1D_1E_1$ 和 $A_2B_2C_1D_2E_1$，都可能是较好的生产条件。另外上列 8 个试验中，从含树脂指标看，不加搅拌的 4 个试验产品都不合格，加搅拌的几乎都为合格品。为进一步验证上述结果及能否缩短生产周期（即缩短搅拌和沉降时间），再安排一轮试验。

第二轮试验目的：考核项目同上，固定 E_1 和 C_1 两个因素，扩大时间范围，进一步验证和考察可否缩短搅拌和沉降时间。

选取蜡苯固液比，搅拌沉降时间和粗蜡粒度三个因素，水平仍取 2 个。

选用 $L_4(2^3)$ 正交表，试验方案见表 7-15、结果分析见表 7-16。

表 7-15　脱脂试验方案表（试验温度 26℃）

试验号 \ 因素	A 蜡苯固液比	B 搅拌沉降时间/h	D 粒度/mm	收率/%	树脂含量/%
1	1(1:5)	1(搅拌 1h，静置 1h)	1(≤3.5)		
2	2(1:10)	1(搅拌 1h，静置 1h)	2(≤1)		
3	1(1:5)	2(搅拌 15min，静置 0.5h)	2(≤1)		
4	2(1:10)	2(搅拌 15min，静置 0.5h)	1(≤3.5)		

以上试验 3 个因素的极差 R 主次排列为：B，A，C。

但各因素的极差 R 均不太大，产品质量都较好，$A_1B_2C_2$ 和 $A_2B_2C_1$ 较优，综合考虑生产工艺的简化和缩短周期，并取较好收率，因此，较优条件可取 $A_1B_2C_1$。

表 7-16　脱脂试验结果分析表（试验温度 26℃）

试验号 / 因素	A 蜡苯固液比	B 搅拌沉降时间/h	D 粒度/mm	收率/%	树脂含量/%
1	1(1∶5)	1(搅拌 1h，静置 1h)	1(≤3.5)	63.64	9.09
2	2(1∶10)	1(搅拌 1h，静置 1h)	2(≤1)	63.03	4.50
3	1(1∶5)	2(搅拌 15min，静置 0.5h)	2(≤1)	69.32	8.78
4	2(1∶10)	2(搅拌 15min，静置 0.5h)	1(≤3.5)	65.87	8.43
K₁	132.96	126.67	129.51	收率加和 261.86	
K₂	128.90	135.19	132.35		
k₁	66.48	63.34	64.76		
k₂	64.45	67.60	66.18		
R	2.03	4.26	1.42		

7.5.1.3　用冷苯萃取法批量生产脱脂蜡的工艺试验

根据试验结果，选用较优组合进行工艺生产试验。

A　工艺原理

在室温下，将破碎至一定粒度的粗蜡和冷苯按一定比例加入萃取器中，搅拌一定时间，静置沉降，大部分树脂和少部分蜡溶于苯中，脱脂蜡沉于底部，抽出上层清液、蒸除溶剂得副产品——树脂。下层沉淀物转入蒸煮锅中，蒸去溶剂即为成品——脱脂蜡。

B　工艺条件

萃取温度：室温；

萃取时间：搅拌 15min，静置半小时；

蜡苯固液比：1∶5（重量比）；

粗蜡粒度：3.5mm 以下。

C　工艺流程及操作

冷苯脱脂工艺流程示意图如图 7-4 所示。粗蜡经粉碎机 1 破碎筛分后，加入萃取器 2 中并用泵将苯贮缸 7 中的苯打入萃取器 2 中，在室温下搅拌静置。萃取器 2 中上层清液用

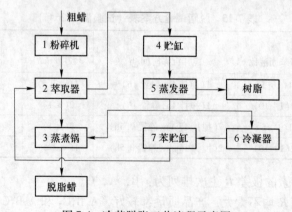

图 7-4　冷苯脱脂工艺流程示意图

泵抽入贮缸 4，再放入蒸发器 5 蒸发，树脂由下部放出，苯蒸气导入冷凝器 6 冷却，冷凝液入苯贮缸 7 循环使用。萃取器 2 中下层沉淀物放入蒸煮锅 3，经蒸煮后放出成型得脱脂蜡产品，蒸煮锅 3 流出苯蒸气导入冷凝器 6 冷凝，冷凝液流入苯贮缸 7 循环使用。

D 试验结果（见表 7-17）

我们用我厂（原云南省煤炭化工厂）生产减水剂的反应槽和球磨机按上述工艺条件和工艺流程生产了三十多千克脱脂蜡，并回收了部分树脂，达到了预期的效果。粗蜡熔点为 81~84℃，树脂含量为 23%~27%，经上述脱脂处理后的熔点达到 86~88℃，树脂含量降至 11% 以下，收率可达 62%~70%。表中的收率，因成品在转移过程中有损失，故比实际收率偏低。

表 7-17 冷苯萃取法脱脂蜡的产品收率和质量

试验号	指 标	粗蜡	脱脂蜡	树脂
1	收率/%		56	
	熔点/℃	81~84	86~88	
	树脂含量/%	23~27	9.47	
2	收率/%		62	
	熔点/℃	81~84	86~88	69
	树脂含量/%	23~27	9.67	60

注：表中树脂为以萃取粗蜡分离出的溶液蒸去溶剂后的产物，树脂含量为冷丙酮可溶物。

从试验结果看，室温下用冷苯萃取粗蜡生产脱脂蜡的方法比较成功，已经过了两次批量生产的考验。它具有工艺操作简便易行的特点，只需在粗蜡生产工艺的基础上增加破碎、萃取、搅拌、树脂回收设备就行了，其他诸如溶剂、蒸煮、冷凝、溶剂回收可和粗蜡生产共用，且可得到质量较好、收率较高的产品。还可根据用户的不同要求，适当调整固液比和粗蜡破碎粒度，得到不同树脂含量的脱脂蜡。

文中所列试验结果，由于时间仓促，误差稍大，在作工艺设计时，须作进一步验证和补充。另外，如粗蜡破碎至 3.5mm 以下有困难时，可采用适当加大粒度、提高固液比、增加萃取次数的方法予以弥补，但须加以比较，权衡利弊。

说明：该冷苯脱脂试验在原云南省煤炭化工厂进行，已经类似工业化中试，对所有试验室规模的试验设计会有启发，故几乎是全文引用。

7.5.2 冷却结晶法脱除粗褐煤蜡中树脂的研究

1993 年，叶显彬等发表《冷却结晶法脱除粗褐煤蜡中树脂的研究》[14]。

褐煤蜡主要是由蜡质、树脂和地沥青三种组分所组成的混合物，其中树脂对产品质量影响较大，常需预先加以除去。作者利用树脂在较低温度下能溶于多种溶剂的特性，用冷却结晶法对粗褐煤蜡脱树脂进行了研究。考察了粗褐煤蜡脱树脂的主要影响因素——含蜡苯溶液的浓度、冷却速率和最终冷却结晶温度等。研究结果表明，这是一种很有实用价值的脱树脂方法。

7.5.2.1 试验方法

将热的含蜡苯溶液倒入恒温槽，逐步降温，当降至 35℃ 左右时加入蜡晶种，然后按规定的降温速率逐渐降 10℃，形成结晶蜡，再在此温度下静置 0.5h 以上。

将此结晶液过滤，并用 10℃苯洗涤脱脂蜡晶体。再将脱脂蜡晶体进行蒸馏，以除去其中的苯溶剂。

7.5.2.2 试验结果与讨论

A 含蜡溶液的浓度

褐煤蜡苯溶液的浓度对脱脂蜡结晶体产率和脱脂效率影响很大，试验结果表明，随着溶液浓度提高，总的趋势是脱脂蜡产率增加，蜡中树脂含量也相应增加，当浓度过高时，有部分结晶物呈胶体状，极难过滤和洗涤。根据我们和国外有关研究结果[15]，从脱脂效率和经济上考虑，以采用质量分数为 15%左右的浓度为宜。

B 溶解度

脱脂蜡在结晶过程中其产率决定于固体蜡与其溶液之间的平衡关系，通常可用固体在溶剂中的溶解度来表示。

物质的溶解度对于选择结晶方法十分重要，褐煤蜡的溶解度随着温度的降低而下降。当溶液冷却到某一温度时，就变成饱和溶液，而树脂在较低温度下却不会结晶出来[16]。因此，可以采用冷却结晶法制得脱脂蜡。

C 冷却速率和最终冷却温度

在结晶过程中采用自然冷却或恒速降温操作是不可取的。这样既有发生初级成核的可能，又有生产能力较低的问题[17]。如果采用迅速冷却，往往又会造成较大的结晶密度和相当小的粒度，不利于随后的过滤和洗涤[18]。适宜的冷却结晶操作，应在整个结晶过程中过饱和度自始至终维持在某一预期的恒定值，控制在介稳区中。适宜的冷却结晶程序可以按式（7-6）求得[17]：

$$-\frac{d\theta}{dt} = \frac{3M_S G}{bVL_S}\left[\left(\frac{G}{L_S}\right)^2 t^2 + 2\left(\frac{G}{L_S}\right) t + 1\right] \tag{7-6}$$

式中　θ——结晶温度，℃；

t——结晶时间，s；

M_S——所加入晶种质量，kg；

G——结晶速度，一般取 10^{-7}m/s；

V——结晶母液的容积，m³；

L_S——晶种粒度，对于 100 目的微粒大约为 $1.5×100^4$m；

b——此值相当于溶解度曲线上某点的斜率，$b = \dfrac{C - C'}{\theta - \theta'}$，（$C-C'$）为浓度变化值，

（$\theta-\theta'$）为温度变化值。

在试验条件下 b 不是一个定值，需要分段作近似计算。最后求得的浓度为 15%时的最佳冷却结晶曲线。

在结晶初始阶段应使溶液以很慢的速率降温，然后随着晶体表面的增大可逐步增大其冷却速率。这样可以避免均相成核，获得较粗的匀整晶体。

由于苯的凝固点为 4℃，在低于 10℃情况下往往会使整个溶液呈浆状，无法排出，也难于过滤和洗涤。因此，最终冷却结晶温度以不低于 10℃为宜。

D 加晶种种以控制结晶

一些研究表明[17]，在不加晶种的情况下，不论采用迅速冷却或缓慢冷却，溶液的状

态都会穿过介稳区而到达超溶解度曲线，出现初级成核现象，产生较多微小的晶核。在加晶种并控制冷却的情况下，溶液则始终保持在介稳状态，不会发生初级成核现象，这样可制得预定粒度和合乎质量要求的匀整晶体。

晶体的加入量取决于整个结晶过程中可被结晶出来的溶质量、晶体的粒度和所希望得到的产品粒度。结合本试验情况，经有关计算[19]，晶种加入量为粗褐煤蜡投料量的0.48%，晶种粒度约为0.15mm。

7.5.3　黑龙江褐煤蜡及褐煤蜡树脂成分的化学成分研究

韦曦[20]《黑龙江褐煤蜡及褐煤蜡树脂成分的化学成分研究》（昆明理工大学2015届硕士毕业论文）关于树脂部分的结论摘录。

褐煤蜡萃取条件研究结果显示：黑龙江褐煤中的水分是影响褐煤蜡萃取率和速度的最大因素，水分在10%~20%之间褐煤蜡萃取率较高，15%~20%基本达到最大值。其次，大粒径褐煤的蜡萃取率高于小粒径褐煤；干燥温度对褐煤蜡的影响不大；真空干燥可提高褐煤蜡萃取率。化学成分研究方面，我们将黑龙江褐煤中的褐煤蜡和褐煤树脂成分与产自云南三地（峨山，寻甸和昭通）的褐煤蜡和褐煤树脂进行了对比研究，结果发现：与云南三地褐煤蜡相比，黑龙江褐煤蜡及其分离得到的游离酸、结合酸、醇、烃四部分在化学成分上差异极小；与云南三地褐煤树脂相比，黑龙江树脂及其分离得到的游离酸、结合酸、醇、烃四部分在化学成分上也没有明显差异。

7.5.3.1　褐煤树脂的制备以及阴离子交换树脂处理过程

树脂制备过程：取10g褐煤粗蜡放置锥形瓶中，用200mL左右的丙酮，19℃条件下浸泡，并随时摇晃锥形瓶，将上层液体倒入用于离心的容器中，3000r/min离心，取上清液置于旋蒸瓶中旋蒸，即得到树脂，反复多次浸泡粗褐煤蜡，直至上清液完全澄清，褐煤树脂全部浸出，之后再在105℃下鼓风干燥机烘干。

阴离子交换树脂的处理方法同褐煤蜡分离的处理方法一致。

7.5.3.2　褐煤树脂的分离过程

褐煤树脂的分离过程如图7-5所示。

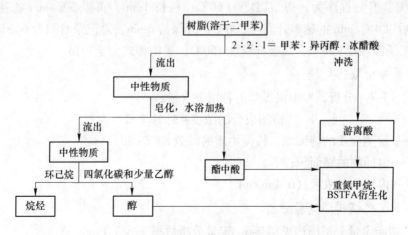

图7-5　褐煤树脂组分分离示意图

7.5.3.3 褐煤树脂分离结果

褐煤树脂分离结果如表7-18所示。

表7-18　分离褐煤树脂分离结果　（%）

树脂产地	游离酸	结合酸	总酸	烃	醇	回收率
黑龙江	24.65	10.87	35.52	4.18	40.53	80.23
峨 山	18.76	9.34	28.10	12.55	44.89	85.54
寻 甸	28.13	8.78	36.91	8.88	42.77	88.56
昭 通	21.46	15.50	36.96	8.30	41.97	89.23

7.5.3.4 褐煤树脂的定量分析

A　褐煤蜡树脂的衍生化

取样品5mg，放置于衍生化小瓶子中，向里面加入重氮甲烷乙醚溶液，盖上盖子。在60℃条件下衍生化一个小时，将瓶子取出，冷却至室温，打开盖子，继续加入重氮甲烷乙醚试剂，如此反复5~8次。最后再用BSTFA衍生化1~2次，考虑到三甲基硅烷的水解可能，该过程要格外小心，不要接触到水，最后用氮气吹干样品。

B　内标液的制备

精密称定碳三十六烷（99%）标准品4mg，加甲苯定容至10mL，待用。

C　气相以及气质分析条件

GC条件：进样量为3μL，进样口压力为122.8kPa，进样口温度为300℃，进样模式为不分流，色谱柱恒定流量；载气为高纯N_2，其流量为3mL/min；燃气为高纯H_2，其流量为45mL/min；助燃气为高纯空气，其流量为300mL/min；检测器温度为300℃；程序升温设置为：初始温度为160℃，保持3min，再以6℃/min的速率升温至285℃，然后以4℃/min的速率升温至300℃，并保持6min，总记录时间为33.583min。

GC-MS条件：进样量2μL，进样口压力为56.7kPa，进样口温度为250℃，进样模式为不分流，色谱柱恒定流量；载气为He，其流量为1mL/min；进样口温度250℃，传输线温度为300℃。升温程序为：初始温度为60℃，保持1min，再以5℃/min的速率升温至200℃，然后以4℃/min的速率升温至300℃，并保持6min，总记录时间为64min。电子能量70eV，离子源温度230℃，四极杆温度150℃，采集模式为全扫描。

D　定量分析数据处理

利用式（7-7）分析试验中褐煤蜡的各组分含量：

$$检测成分的浓度 = A_1/A_2 \times C \tag{7-7}$$

式中　A_1——检测物质的峰面积，检测物质的碳数$n = 8\sim32$；

　　　A_2——内标物的峰面积；

　　　C——内标物的浓度（0.4mg/mL）。

E　黑龙江褐煤树脂定量分析

黑龙江树脂定量分析图谱见图7-6，定量分析数据见表7-19。

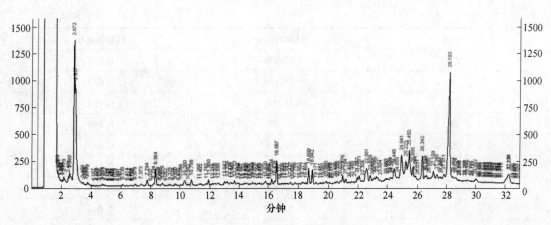

图 7-6 黑龙江树脂定量分析图谱

表 7-19 黑龙江褐煤树脂定量分析结果

序 号	保留时间/min	相对峰面积
1	2.179	0.030
2	2.481	0.021
3	2.560	0.085
4	2.872	0.712
5	2.937	0.666
6	3.779	0.021
7	7.373	0.020
8	7.794	0.042
9	8.364	0.090
10	8.819	0.022
11	10.350	0.048
12	10.788	0.041
13	11.950	0.031
14	12.595	0.027
15	13.042	0.026
16	13.209	0.033
17	13.713	0.026
18	15.820	0.029
19	16.234	0.031
20	16.567	0.130
21	18.277	0.020
22	18.699	0.085
23	18.942	0.081
24	19.860	0.022

序　号	保留时间/min	相对峰面积
25	20. 976	0. 052
26	21. 164	0. 030
27	21. 947	0. 036
28	22. 071	0. 056
29	22. 304	0. 023
30	22. 581	0. 182
31	22. 839	0. 058
32	23. 117	0. 040
33	23. 257	0. 073
34	23. 504	0. 020
35	23. 889	0. 044
36	23. 997	0. 035
37	24. 189	0. 040
38	24. 446	0. 147
39	24. 655	0. 043
40	24. 941	0. 291
41	25. 223	0. 206
42	25. 450	0. 344
43	25. 695	0. 102
44	25. 844	0. 063
45	26. 342	0. 206
46	26. 550	0. 033
47	26. 641	0. 046
48	26. 800	0. 028
49	27. 109	0. 111
50	27. 348	0. 067
51	27. 544	0. 037
52	27. 811	0. 066
53	28. 193	1. 000
54	28. 464	0. 024
55	28. 624	0. 023
56	29. 992	0. 033
57	32. 194	0. 101
58	32. 230	0. 055

　　黑龙江褐煤树脂成分与产自云南三地（峨山，寻甸和昭通）的褐煤树脂成分相比，结果发现：黑龙江树脂及其分离得到的游离酸、结合酸、醇、烃四部分在化学组成上也没有

明显差异。

说明：本节收录的三篇论文，第一篇涉及工业生产，第二篇涉及脱脂过程计算，第三篇涉及树脂成分分析。从总体上讲，到目前为止，对褐煤蜡脱树脂研究投入的人力、物力和财力还是不够。一方面，到目前为止，公开报道的研究论文太少，既没有筛选出真正理想的脱脂剂，也没有找到公认的脱地沥青方法；另一方面，对树脂与地沥青的应用研究几乎还没有起步。我们认为，对树脂与地沥青成分真正意义上的掌握，是开发树脂与地沥青应用的前提。

参 考 文 献

[1] 原煤炭部部颁标准. MT/T 239—2006 褐煤蜡技术条件 [S]. 北京：中国煤炭工业出版社，2006.

[2] 中华人民共和国国家标准. GB/T 2559—2005 褐煤蜡测定方法 [S]. 北京：中国标准出版社，2006.

[3] 昆明理工大学. 神华国能宝清煤电化有限公司褐煤生产褐煤蜡系列产品项目的前期研究. 结题报告，2016 年 12 月.

[4] 叶显彬，周劲风. 褐煤蜡化学及应用 [M]. 北京：煤炭工业出版社，1989.

[5] 叶显彬. 云煤科技，1980 (4)：14.

[6] 尹公善，等. 云煤科技，1980 (4)：26.

[7] Я. И. Макаровескнй. Химия Тв. Топлива，1973 (6)：63.

[8] Я. И. Макаровескнй. Химия Тв. Топлива，1974 (4)：63.

[9] B. Karabon. Fette-Seifen-Anstrichmittel，1977，79 (8)：319.

[10] V. Vcelak. Chemie und Technologie des Montan wachses. Praha. 1959.

[11] В. И. Шнапер. Химия Тв. Топхива，1975 (6)：8.

[12] W. Presting，U. K. Steinbach. Chemische Technik，1953 (5)：571.

[13] 谢文龙，张凯芬，李纯新. 室温下以苯萃取粗褐煤蜡的脱脂试验 [J]. 云南化工，1982 (3)：4~9.

[14] 叶显彬，储少岗. 冷却结晶法脱除粗褐煤蜡中树脂的研究 [J]. 燃料化学学报，1993，21 (1)：109~111.

[15] А А Боброва. Изучение. И Комплексная Переработка Смол И Бнтумов Бурих Углей Пнепровского Бассейна. изд-во АН YCCP，1958，1.

[16] D. Foedisch，American Ink Maker，1972，50 (10)：30.

[17] 丁绪淮，谈道. 工业结晶 [M]. 北京：化学工业出版社，1985.

[18] A V Hook. Crystallization-Theory and Practice. New York：Reinhold Publi-shing Corporation，1961：212.

[19] 天津大学化工原理教研室. 化工原理下册 [M]. 天津：天津科学技术出版社，1987：278.

[20] 韦曦. 黑龙江褐煤蜡及褐煤蜡树脂成分的化学成分研究 [D]. 昆明理工大学，2015.

8 褐煤蜡精制

8.1 概述

褐煤蜡脱树脂和脱地沥青也属于褐煤精制内容之一，但是，由树脂和地沥青含量本来就低的褐煤原料生产的粗褐煤蜡，并不需要脱树脂和脱地沥青，所以，作者把褐煤蜡脱树脂和脱地沥青单独成章，以免造成误会。

含树脂和地沥青高的粗褐煤蜡，经过第 7 章所讲的脱树脂之后，一般称为脱脂蜡。

脱脂蜡既可以作为产品出售，也可以进一步深加工成为精制褐煤蜡——通常简称为精制蜡，进一步提升产品品位并拓宽应用领域及范围。

本章中所说的精制蜡，是指脱脂蜡（或不需要脱脂的褐煤蜡）经过适当的氧化剂氧化漂白后的浅色蜡产品——酸性 S 蜡，通常称为浅色蜡。

浅色蜡的生产过程，通常是在前期脱脂蜡片中加入铬酸和硫酸（或其他强氧化剂体系），氧化漂白，过滤氧化液，固体经硫酸酸洗、水洗、烘干成片，即可制得浅色蜡——酸性 S 蜡。

浅色精制蜡是褐煤蜡的产品升级，可提高企业经济效益和市场竞争能力，也是应对同类产品市场激烈竞争的有效方法与途径。国际 80% 以上的褐煤蜡都转化成浅色精制蜡才上市，其中，德国的国际市场占有率高达 95% 以上。浅色精制蜡作为重要化工基础原料、高分子行业助剂（工程塑料行业如 PVC 的润滑剂、脱模剂、稳定剂）、皮革行业加脂剂（赋予皮革蜡感、自然光亮）、家居美容等行业的光亮剂（如鞋油、乳胶漆、地板上光蜡、汽车上光蜡等）、日用化工（化妆品如唇膏类化妆品）、精密制造蜡模等，蜡的乳化液作为现代加工技术助剂或添加剂，越来越受到市场广泛的关注，所以浅色精制蜡的市场前景非常可观。

8.2 粗褐煤蜡的提质加工方法简介

对树脂和地沥青含量高的粗褐煤蜡的提质，第一步是脱除其中的树脂和地沥青，第二步是褐煤蜡氧化漂白——浅色蜡即酸性 S 蜡的制备，第三步是进一步深加工——合成蜡——即酯化蜡或皂化蜡的生产。

褐煤蜡中的有害物质地沥青和树脂严重影响褐煤蜡提质加工产品的质量，在提质加工之前，对地沥青和树脂含量较高的粗褐煤蜡，需要预先脱除地沥青和树脂（这是第 7 章的任务），这样可以减少氧化精制时氧化剂的消耗并保证精制褐煤蜡——酸性 S 蜡的质量。

目前工业生产过程中，褐煤蜡常用脱除树脂方法基本上采取冷溶剂（丙酮或冷甲苯）脱树脂法和冷却结晶法[1]。冷溶剂脱树脂原理是在较低温度下，利用褐煤蜡部分和褐煤树脂部分在溶剂中溶解度差异，即褐煤树脂易溶于冷溶剂，而褐煤蜡较难溶于冷溶剂，以达到蜡和树脂的分离目的。北京煤化学研究所叶显斌曾采用乙醇、乙酸乙酯和丙酮等作溶剂，对粗褐煤蜡脱树脂进行过试验研究。叶显斌和尹公善分别根据我国粗褐煤蜡生产实际情况，以冷苯作溶剂脱除褐煤树脂，并对脱树脂工艺条件进行了探讨，这种方法的效果不逊色于其他化学溶剂法。李宝才[2]等曾将粗褐煤蜡制成薄片，用乙酸乙酯多次浸泡脱除褐煤树脂，直到乙酸乙酯浸泡液颜色明显变浅，得到脱脂蜡，并对其制得的脱脂蜡进行了化学氧化精制研究，得到了颜色较浅的酸性 S 蜡。

粗褐煤蜡脱除褐煤树脂后的颜色仍然较深，需要对脱脂蜡进一步深加工。目前，脱脂蜡的提质加工主要采用脱色法进行，主要有物理脱色法[3]和化学氧化脱色法[4]等。物理脱色法有溶剂分离法、活性炭吸附法和水蒸气减压蒸馏法等。

减压蒸馏是利用粗褐煤蜡中地沥青质的沸点差异进行分离，但减压蒸馏产物复杂、产率低、易发生裂解，效果不佳，减压蒸馏不适合褐煤蜡的提质加工。

溶剂分离法是将粗褐煤蜡磨碎，用丙酮、乙醇或乙酸乙酯等有机溶剂多次萃取，萃取剩余物和萃取物的颜色分别为棕黑色和深棕色，精制效果也不理想。溶剂分离法的本质就是粗褐煤蜡脱树脂的方法——溶剂萃取。因此，溶剂分离法也不适合褐煤蜡的提质加工。

活性炭吸附脱色是将粗褐煤蜡融化并保持 90~95℃，加入活性炭，再加入有机溶剂，保温 1~2h，但脱色效果不明显。

化学氧化脱色法是利用强氧化剂把脱脂蜡中的暗黑物质氧化为二氧化碳，纯蜡中的酯水解和氧化为醇和酸，通过控制氧化条件可以得到不同酸值和皂化值的浅色蜡，并且可通过皂化和酯化，进一步改性成各种高附加值的浅色蜡下游衍生产品。其中：

（1）硝酸氧化法有对设备要求高、反应剧烈、工艺复杂、产率太低等缺点，不具备工业化的条件。

（2）高锰酸钾氧化法制得的精制浅色蜡一般为浅黄色到黄色，外观不佳，且还原产物二氧化锰与产品分离比较困难。

（3）三氧化铬和重铬酸钠（或重铬酸钾）法实质上都是 $Cr_2O_7^{2-}$ 在强酸条件下生成铬酸，铬酸在与褐煤蜡发生反应。

（4）铬酸—硫酸氧化脱色法可以较好地保持褐煤蜡的天然结构且产率较高，是目前公认的褐煤蜡化学氧化脱色的最佳工艺和方法。但该方法产生的高浓度含铬废水难以有效处理，只能用于生产制革工业中糅革剂的生产[5]，该过程需要加入葡萄糖来还原反应剩余的六价铬 Cr^{6+}，生产成本较高，这势必间接的消耗大量粮食。含铬酸性废液的电化学氧化再生解决了铬酸氧化脱色法的污染问题。20 世纪 20 年代，德国就已经开始利用该工艺进行酸性蜡的研究和生产，但该工艺的技术要点一直被视为商业机密而予以保护。1974 年，云南省寻甸县化工厂也曾利用这一工艺建立了年产 20t 浅色蜡的生产装置，但由于电能消耗较大，生产成本高，目前已经停产。袁承等以峨山褐煤蜡为原料，考察了双氧水、过氧乙酸以及双氧水-过氧乙酸与铬酸-硫酸体系联合氧化精制效果[6]，有效地减少了六价铬的氧化剂的使用量，但精制效果没有铬酸-硫酸效果理想。因此，铬酸-硫酸氧化脱色法是目前生产精制浅色蜡的最好方法，研究开发电能利用效率较高的电解设备和膜材料是决定褐煤蜡工业能否正常发展的关键[7]。

8.3 浅色精制蜡生产工艺技术

浅色精制蜡工业生产过程中曾采用水蒸气减压蒸馏法、硝酸法和铬盐法。最早使用蒸馏法，因酯型蜡受热分解、断裂成小分子，且收率只有30%左右，工艺过程复杂；硝酸法使褐煤蜡深色组分变成硝化深色物而被分离，得到的蜡呈棕色，收率也不高，环境压力较大。上述方法早已被工业生产所淘汰。

使用铬盐氧化法得到的蜡色泽浅、硬度大、收率高达80%以上，目前世界上都采用这种工艺制取浅色精制蜡。长期的试验和生产实践证明，铬盐氧化法生产浅色蜡比较现实，而且经济可行。铬盐法分铬酸法和重铬盐法（重铬酸钠·红矾钠和重铬酸钾·红矾钾）。

8.3.1 铬酸法

铬酸法以铬酸、硫酸作为氧化剂氧化褐煤蜡粗褐煤蜡后，六价铬 Cr^{6+} 变成三价铬 Cr^{3+}，三价铬 Cr^{3+} 再经电解，又变成六价铬 Cr^{6+}，形成铬酸，再进行氧化，往复循环。其特点：投资大、电耗大（15000~20000kW·h/t）、工艺相对复杂、氧化剂消耗对成本影响很大。德国干斯特霍分（Gersth ofen）厂为了生产蒽醌，于1904年建立生产铬酸工厂，1927年后用于生产 S 蜡。干斯特霍分厂和豪斯特染料厂（Farhwerke Hoechst I G）都是用铬酸氧化法制取浅色蜡，过去分别称为干斯特霍分蜡和 I. G. 蜡，现统一称为豪斯特蜡，就是目前克莱恩公司的豪斯特蜡。中国云南寻甸化工二厂20世纪70年代末，吉林舒兰1985年曾也采用该工艺生产（中试装置），最后都因电解槽隔膜过不了关、电耗高、污染大、成本高而被淘汰。

8.3.2 重铬盐法（红矾法）

红矾法与铬酸法相比。铬酸法：工艺复杂、能耗高、污染大、投资大，氧化剂消耗量直接影响成本。红矾法：工艺简单、能耗低、污染小、投资小，氧化剂消耗量对生产成本基本没有影响，反而对提高产品质量和蜡的外观颜色变浅起到积极作用，因氧化废液被加工成另一种产品——铬粉，但铬粉的质量和性能是该方法的技术关键。

红矾法是重铬酸钠或重铬酸钾在硫酸介质中氧化褐煤蜡后，生成铬矾和硫酸钠或硫酸钾混合物，因电解再生困难，铬矾混合物一时找不到出路，直到铬矾混合物成功开发成制革工业中大量使用号称"第一鞣剂"的固体碱式硫酸铬（Gr(OH)SO₄）——铬鞣剂（标准铬粉）后，该工艺才显示出较强的生命力。德国 VÖplke 工厂和 BASF 公司就利用该工艺生产，不但满足德国国内需要，还大量出口浅色蜡和铬鞣剂系列产品。中国国内只有吉林舒兰在20世纪90年代初，曾采用该工艺生产浅色精制蜡和硫酸铬鞣粉剂，成为国内独家技术，产品一举两得，为我国生产浅色精制蜡和硫酸铬鞣粉剂开辟了一条新的途径，但早已关门停产。

该技术是以脱脂蜡为还原剂，红矾、硫酸为氧化剂，进行氧化还原反应。控制反应条件，使脱脂蜡颜色变浅，转变成高碳脂肪酸（S 蜡，碳链为 C_{26} ~ C_{36} 的脂肪酸）。过程中 Cr^{6+} 变为 Cr^{3+}，形成含铬矾的氧化废液。然后对氧化废液进行电解，使 Cr^{3+} 变为 Cr^{6+}，调整浓度后循环使用。所得酸性 S 蜡（高碳脂肪酸>85%）化学组成为：一元饱和脂肪酸占65%左右，二元饱和脂肪酸占20%左右，还有15%左右没反应的酯型蜡和脂肪烃。

下面是电解过程中发生的主要反应：

阳极： $2Cr^{3+} + 7H_2O \longrightarrow Cr_2O_7^{2-} + 14H^+ + 6e$ $\qquad \eta = 1.334V$ （8-1）

$\qquad 2H_2O \longrightarrow 2H^+ + O^2 \uparrow + 2e$ $\qquad\qquad \eta = 1.229V$ （8-2）

$$2H^+ + SO_4^{2-} \longrightarrow H_2SO_4 \tag{8-3}$$

阴极：$2H_2O \longrightarrow H_2 \uparrow + 2OH^- + 2e \qquad \eta = -0.828V \tag{8-4}$

$$K^+ + OH^- \longrightarrow KOH \tag{8-5}$$

8.4 浅色精制蜡生产工艺流程

由于一次氧化难以达到氧化漂白效果，所以，实际工业生产过程中，通常都会采用两级串联的二次氧化。对于工业生产而言，一次氧化称为一段，所以又分别称为一段氧化和二段氧化，即工业生产一般都由两段串联完成氧化任务，这样，既可排除氧化废液对反应的干扰，使反应进行完全，又能使在氧化过程中，硫酸和铬酸相互反应产生初生态氧，其反应式为：

$$3H_2SO_4 + 2H_2CrO_4 \longrightarrow Cr_2(SO_4)_3 + 5H_2O + 3[O]$$

初生态的氧 [O] 反应性非常活泼，促使树脂和地沥青被氧化。树脂和地沥青被氧化生成酸，从而提高精制蜡的硬度、酸值、皂化值等；氧化后所得的母液通过电解还原再生，重新得到硫酸和铬酸，在生产过程中循环使用循环使用，这样的设计安排，可以实现绿色生产工艺，如果设计能够做到最优化，几乎不对外排放污水，既保证生产正常进行，又不造成环境污染。

8.4.1 改进的传统褐煤蜡一段氧化精制工艺

1972 年中国科学院山西煤炭化学研究所曾对硝酸-硫酸氧化、臭氧氧化、重铬酸钾-硫酸氧化等方法对粗褐煤蜡进行了漂白精制试验，最后选定用铬酸-硫酸氧化法[8]。在此试验基础上，1974 年在云南寻甸县化工厂建立了年产 20t 的浅色蜡车间，以寻甸粗褐煤蜡为原料，所得浅色蜡收率达 70% 左右，产品质量基本上达到了前联邦德国酸性 S 蜡水平。

改进的传统褐煤蜡一段氧化精制工艺如图 8-1 所示（图 8-1 中增加了水洗废液蒸发浓缩回收）。

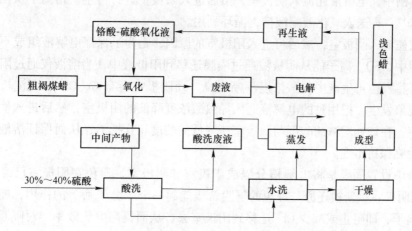

图 8-1 改进的传统褐煤蜡一段氧化精制工艺流程示意图

传统褐煤蜡氧化精制工艺过程主体可分为氧化—产品成型、酸洗水洗—电解再生部分两大部分，现简要说明如下。

8.4.1.1 氧化—产品成型部分

强氧化剂铬酸—硫酸混合溶液在加热条件下，可将粗褐煤蜡中树脂和地沥青氧化成二氧化碳和水，溶液中酯型蜡部分被游离硫酸皂化，其他组分主要转变为高级脂肪酸。通过氧化漂白制得的浅色蜡（相当于酸性 S 蜡）含有约 80% 高级脂肪酸和仅约 20% 酯型蜡。

在氧化过程中，铬酸离子从六价 Cr^{6+} 还原成三价 Cr^{3+}，溶液从橙红色变为绿色，其反应式如下：

$$2CrO_3 + 3H_2SO_4 \longrightarrow Cr_2(SO_4)_2 + 3H_2O + 3[O]$$

操作时将固体铬酐溶于水制成铬酸，并与硫酸溶液混合。由于铬酐难溶于硫酸溶液，故配制时不能将固体铬酐直接加到硫酸溶液中。

粗褐煤蜡破碎后放入衬铅的搪瓷反应釜中，控制温度在 (110 ± 5)℃ 条件下用铬酸—硫酸混合液进行氧化。反应终了时蜡漂浮在液面，分离废液后，蜡用 30%~50% 的稀硫酸进行酸洗、干燥和成型，即得浅色精制褐煤蜡。

8.4.1.2 酸洗水洗—电解再生部分

酸洗废液和经蒸发浓缩的水洗废液被送入电解槽电解氧化还原再生（如果不浓缩水洗废液，水洗废液量很大，会加大电解槽负荷），可同时回收 H_2SO_4 和 Cr^{3+} 废液电解再生是采用隔膜电解，以铅板作电极，在阳极室将 Cr^{3+} 氧化成 Cr^{6+}。其反应式如下：

阳极：
$$6OH^- + 6e \longrightarrow 3[O] + 3H_2O$$
$$2Cr^{3+} + 4H_2O + 3[O] \longrightarrow Cr_2O_7^{2-} + 8H^+$$

阴极：
$$6H^+ + 6e \longrightarrow 3H_2 \uparrow$$

总过程：
$$Cr_2(SO_4)_3 + 4H_2O + 3[O] \longrightarrow H_2Cr_2O_7 + 3H_2SO_4$$
$$H_2Cr_2O_7 \longrightarrow 2CrO_3 + H_2O$$

在电解槽中，电解液先流入阴极室，然后进入阳极室进行再生。铬离子从三价 Cr^{3+} 氧化成六价 Cr^{6+}，再送入氧化液配液槽，循环利用。

电解液先流入阴极室，然后再进入阳极室的原因，是为了保证电解液组成不变。因为在电解过程中，SO_4^{2-} 离子能从阴极液通过隔膜迁移到阳极液中，当溶液仅通过阳极室而多次循环时，将发生再生液中硫酸浓度不断增高，而阴极室会有 $Cr(OH)_3$ 沉淀析出。为了避免这种现象发生，把用过的电解液通入导致酸浓度降低的阴极室，然后进入使酸浓度增大的阳极室，在该处增浓的酸度与阴极室所降低的酸度相互抵消，从而保证溶液在循环过程中酸度始终保持不变。

电解槽中设置隔膜是将电解槽分隔成阳极室和阴极室，避免在阳极室已经氧化了的 Cr^{6+} 扩散到阴极室重新被还原。理想的隔膜希望能起一个"分子筛"的作用，能够有选择性地透过离子，即阻止或减少 Cr^{6+} 迁移到阴极室去，从而提高电流效率。对隔膜的要求有以下四条：

（1）有一定的耐腐蚀性及较高的机械强度；

（2）扩散阻力（即渗透性）要适中；

（3）离子能自由通过，即有一定的电阻，以保证有较低的槽压；

（4）能耐一定的温度。

8.4.2 改进的传统褐煤蜡两段氧化精制工艺

改进的传统褐煤蜡两段氧化精制工艺（包含粗褐煤蜡脱脂）如图 8-2 所示。图 8-2 中废液在进入电解槽之前增加了一段氧化、二段氧化、酸洗、水洗、混合废液、蒸发浓缩，并冷凝回收水，同时 H_2SO_4、Cr 和水，设计最优化时可实现封闭循环——零排放，但一般很难做到。

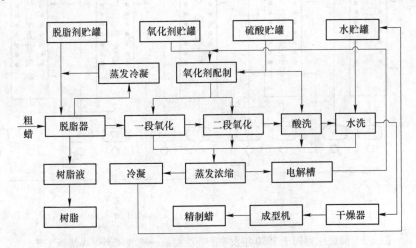

图 8-2　改进的传统褐煤蜡二段氧化精制工艺流程示意图

因为图 8-2 中各物料的走向已经标识得非常明确，而过程中的主要反应与上述改进的传统褐煤蜡各段氧化精制工艺相同，故不再重复描述说明。

8.4.3 前民主德国的连续铬酸-硫酸精制褐煤蜡新工艺

前民主德国于 1970 年发明了连续铬酸-硫酸精制褐煤蜡新工艺[8]，具体工艺流程如图 8-3 所示。

这种连续铬酸-硫酸精制褐煤蜡新工艺是将粗褐煤蜡与铬-硫混酸以逆流方式先后在两个转盘式萃取器中连续混合，并不断搅拌，然后在同一设备中连续分离。接着将氧化漂白蜡送入第三转盘式萃取器进行酸洗，再依次送入第四、第五转盘式萃取器进行水洗。最后将氧化漂白的精制褐煤蜡送往薄膜蒸发器做进一步浓缩提纯处理。

采用连续铬酸-硫酸精制褐煤蜡新工艺，可以保证精制褐煤蜡产品质量稳定，容易实现设备自动化，减少设备电耗及操作维护人员。由于设备数量少，可以减少建厂占地面积，因而可以大降低一次投资费用和产品成本。

另外，前苏联 Y. Д. Врегвадзе[9] 提出的粗褐煤蜡脱色精制法非常独特。在室温和大气压力下，利用 Co^{60} 或铟-钙作射源，在空气中用 γ 射线照射细粒粗褐煤蜡，在照射功率 2~8Gy/s 时，照射剂量为 5000~100000Gy 就能破坏其中的树脂和地沥青，获得满足质量要求的浅色蜡——酸性 S 蜡[8]。

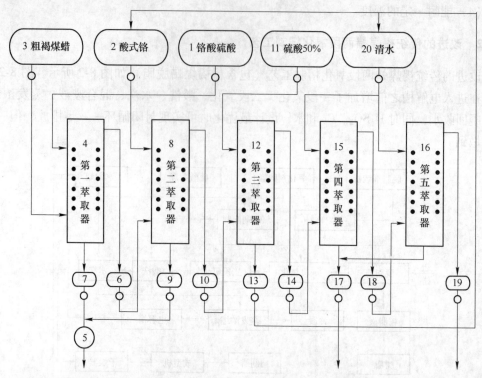

图 8-3　前民主德国于 1970 年发明的连续铬酸—硫酸精制褐煤蜡新工艺

1—铬酸硫酸贮罐；2—酸式铬（Ⅲ）-硫酸盐溶液贮罐；3—粗褐煤蜡贮罐（~90℃）；

4—转盘式萃取器（氧化反应器）；5—冷却器；6—蜡中间贮槽；7—铬硫酸盐溶液贮罐；

8—第二转盘式萃取器；9—铬硫酸盐溶液中间贮槽；10—蜡中间贮槽；

11—50%硫酸贮罐（~90℃）；12—第三转盘式萃取器（酸洗器）；13，14—蜡中间贮槽；

15—第四转盘式萃取器（水洗器）；16—第五转盘式萃取器（水洗器）；17—废水贮罐；

18—蜡中间贮槽；19—洗涤好的蜡贮槽；20—清水贮罐

8.5　浅色精制蜡研究进展

8.5.1　浅色褐蜡煤

1986 年，李宝才等发表《浅色褐蜡煤》[10] 一文，下面是该论文中关于浅色褐蜡煤生产的主要内容。

8.5.1.1　绪言

用有机溶剂从褐煤（或泥煤）提取的粗褐煤蜡，精制之后生产出浅色的蒙旦蜡。从而使粗褐煤蜡变成附加什极高的浅色蜡。通常，浅色蜡加工方法是将具有复杂组分的粗褐煤蜡经脱树脂后漂白精制，再经化学处理而制得。

E. Boyen 1897 年的 DRP 101373 专利[1] 中已包含有将褐煤蜡精制成浅色产品的雏形，但到 1927 年才真正生产浅色蜡。当时粗褐煤蜡的生产规模已经很大。粗褐煤蜡主要是由有价值的酯型蜡组成，约 60%~70%，还含有很多暗色的树脂和似沥青物质，大约 30%~40%。树脂量如果超过 15%，则产品发黏。还会因树脂含量高而降低粗褐煤蜡与石蜡的共熔性，也反映在粗褐煤蜡与其他物质的混合性能上，使制品的物理化学性质和机械性能变差。地沥青易与铁、铝和钙等形成金属皂类，铁、皂与硫络合生成染色能力极强的黑色物质，褐煤蜡中的灰分主要来自地沥青，当褐煤蜡中地沥青占 14% 时，灰分约为 3.5% ~ 4.2%[12]，这会影响到粗褐煤蜡的广泛应用。因此，通过精制来生产满足各种要求的产品。

8.5.1.2 浅色褐煤蜡的制取

A 概述

制备浅色蒙旦蜡时遇到的一个特殊问题是蒙旦蜡是一种组成异常复杂的混合物。其中包含有多种不同的有机化合物，总计近千种，现已检出的有 200 种左右[13]。蜡的来源不同，纯蜡、树脂、地沥青数量比例相差很大，如德国制取浅色蜡用的粗褐煤蜡（产地为前西德 Kassel Treysa 和前东德 Halle Amsdorf）。其中纯蜡约占 75%，主要由 C_{22} ~ C_{34} 偶数碳原子的正构蜡酸和蜡醇的醋组成。树脂和地沥青质主要由萜烯和树脂酸组成。他们部分地与蜡化学结合在一起[11]。

树脂和地沥青的存在，使粗褐煤蜡呈黑褐色。

粗褐煤蜡改质的主要目的是从粗褐煤蜡中除去有害的树脂和地沥青，而不破坏其中的蜡质。由于粗褐煤蜡中三种主要组分的组成复杂，同时这三种组分化学结合在一起。这就使得将树脂和地沥青质从粗褐煤蜡中分出变得非常困难。

已报道过许多由粗褐煤蜡制取浅色蜡的方法，但其中只有少数具有工业应用价值。如用过热水蒸气在真空下蒸馏粗褐煤蜡[14]已经淘汰，采用这种方法在很大程度上会导致蜡的热分解，在高温下大部分长链蜡分子被断裂成较小的分子，从而改变酯型蜡的性质，同时，4t 粗褐煤蜡只能得到约 1t 中等硬度的浅色蜡，产率只有 25%，剩下许多似沥青的残渣。

之后又有研究者采用 HNO_3、H_2SO_4 氧化漂白，都没能够工业化。

为了脱除树脂，保护蜡质少被氧化或不少被氧化，为此可向蜡中混入石蜡。由于蒙旦蜡中蜡的分解和石蜡的混入，因此未能得到真正的硬酯型蜡。

而 1928 年开始用的铬-硫混酸氧化脱色法一直沿用至今。

众所周知的 I. G. Farbe indusrtie 公司生产的 "I. G. 蜡" 已有 90 多年的历史。Werk Gesth ofen 的 Hoechst Aktiengesellshafen 公司和 BASF 公司（德国最大的化学公司，巴登苯苏打厂）生产各种牌号的浅色蜡，其产量居世界之首。

用铬-硫混酸氧化脱色法制成的浅色蜡，可直接使用，还可进一步化学改性。这是因为氧化产物中含有丰富的—COOH 基，故特别易皂化和酯化。由此可以生产出一系列新的 "半合成" 或 "化学改良" 的浅色硬蜡。各种精制褐煤蜡加工工艺流程如图 8-4 所示（从褐煤开始）。

B 脱树脂

树脂的存在对产品质量影响很大，常预先除去，然后氧化精制。脱树脂的优点在于：减少精制蜡氧化时氧化剂的消耗，产品能在长时间内保持其本色。各种溶剂萃取所得粗褐煤蜡和其中树脂的性质见表 8-1。

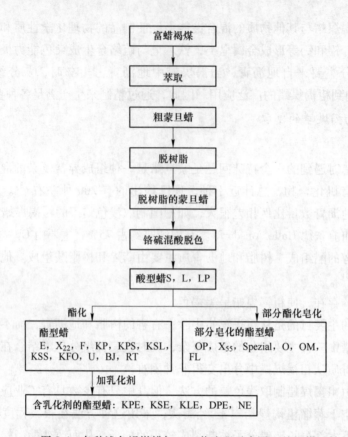

图 8-4　各种浅色褐煤蜡加工工艺流程示意图（从褐煤开始）

表 8-1　各种溶剂萃取所得粗褐煤蜡和其中树脂的性质的比较

物质名称	指　标	萃　取　溶　剂			
		苯-乙醇	二氯乙烷	苯	汽油
粗褐煤蜡	熔点/℃	78~118	76~97	76~83	80~95
	酸值/mg KOH·g^{-1}	14~72	21~67	39~47	81~88
	皂化值/mg KOH·g^{-1}	108~238	110~152	128~137	115
	碘值/mg KOH·g^{-1}	10~60	27~34	23~24	10~14
蜡中树脂	熔点/℃	50~100	55~100	52~90	56~70
	酸值/mg KOH·g^{-1}	26~128	20~137	94~120	47~81
	皂化值/mg KOH·g^{-1}	106~240	98~137	218~289	110~166
	碘值/mg KOH·g^{-1}	5~48	98~289		

　　所谓树脂是指能使蜡颜色变深的萜烯、聚萜烯和树脂酸。在脱树脂过程中，只能将那部分未与粗褐煤蜡中蜡发生键合的树脂脱除。蜡中若含有适量的树脂，对蜡的某些性质（如乳化性质）也会有好的影响。因此，树脂脱到什么程度，要与蜡的具体用途结合起来，不能盲目地追求脱树脂的完全程度。有时为了制备某种要求的产品，甚至可能要往脱过树脂的蜡中加入一定未脱树脂的蜡——再加入树脂，从而配成具有一定树脂含量的蜡。

温度在−20~20℃范围内时，树脂比蜡和地沥青易溶于某些溶剂。如在20℃时从褐煤中首先萃取出树脂富聚物，然后在60℃时才可萃取出蜡。根据树脂在溶剂中的溶解度，前苏联研究者 Makdrovskii 等将溶剂分成三组：

第一组为烷烃和环烷烃以及不含"活泼"氢原子的氯代烃（如四氯化碳等）；

第二组是芳烃；

第三组含有"活泼"氢原子的氯代烃（如二氯甲烷等）。

其中以第二组脱树脂效率最高，这是与溶剂的克分子容积有关，克分子容积越小则脱树脂效果愈好。第三组溶剂，虽然克分子容积小，但萃取效率相差较大，这可能是由于溶剂分子从容器中扩散到蜡中，并不是萃取过程为控制步骤，而是与氯代烃的偶极矩、溶解参数与蜡组成有关。

下列溶剂对树脂的脱除比较适合，丙酮、醋酸乙酯、甲醇或二氯甲烷。用上述溶剂处理粗褐煤蜡，可脱除10%~15%的树脂。最早用的溶剂是乙醚。后改用热乙醇，经冷却过滤，再用乙醚处理，但这种方法不能很好地分离出树脂，蜡中仍残留一定量的树脂（5%~7%），而树脂中亦含大量的蜡（有的达40%）。硫醚脱树脂能力较强，可分离出30%树脂，其中混有的蜡在0℃和−25℃下经两次结晶分离。丙酮是常用的溶剂，在试验室条件下，可以采用苯和丙酮混合溶剂等方法。二氯乙烷和乙醇混合溶剂的优点不论是褐煤蜡的萃取，还是树脂的分离均可采用，并且简化了操作步骤。在较高温度下用二氯乙烷-乙醇萃取蜡和树脂，然后降低温度使蜡结晶与树脂分离。另一优点是分离效率高，蜡含量可达99%以上。此外，还有二氯乙烷、苯等溶剂分离方法。

令人感兴趣是波兰研究者提出了一个具有特色的方法，细颗粒褐煤经 Co[80] 或 In-Ca γ 射线照射，辐射剂量为5万~10万 Gy 强度，2~8Gy/s，树脂、地沥青及其他杂质均被破坏，蜡质却未受任何影响。也有采用超声波作用褐煤得到相同结果的报道。Kosrtok 采用多段逆流萃取方法，能很好地分离出脱树脂蜡（纯度96%~98%）和纯的树脂。

单靠脱树脂还不能将粗褐煤蜡完全脱色。因为与蜡键合的那部分树脂及其他使蜡颜色变深的物质（特别是沥青状的地沥青质）、煤粉等杂质都还没有除去，因此还必须借助氧化精制手段，破坏地沥青并将着色成分除去。

C 氧化漂白

通过硫-铬混酸氧化漂白，可达到粗褐煤蜡的完全脱色。硫-铬混酸脱色法是先由 W. Pungo 提出并使用。他建议用硫-铬混酸（在冰蜡酸中）氧化粗褐煤蜡。在 W. Pungo 使用冰酯酚以后，M. Jahrstofer 部分地、Th. Hellthaler 完全地用稀 H_2SO_4 代替了冰醋酸。这个方法用于 I. G 的生产。经过改进的硫-铬混酸漂白法至今在德国、乌克兰、美国等国家使用。我国的云南寻甸化工厂、吉林舒兰矿务局综合利用公司也是采用硫-铬混酸氧化法生产浅色蜡。该法原理是粗褐煤蜡中地沥青质在稀 H_2SO_4 介质中被 Cr^{6+} 氧化，废液中的 Cr^{3+} 经电解再生循环使用。有些生产厂采用 $K_2Cr_2O_7$ 的稀 H_2SO_4 溶液，废液用于鞣革工业。

粗褐煤蜡用硫-铬混酸漂白的目的是通过氧化将有害的树脂和地沥青分解成 CO_2，而不使有价值的蜡组分发生过多的化学变化。通过加入适量的氧化剂（通常占粗褐煤蜡重量120%~220%的 CrO_3）可使树脂和地沥青接近完全分解，同时得到脱色程度不同的浅色蜡产品。粗褐煤蜡中蜡质仅仅是发生蜡的水解，游离醇进一步被氧化成相应的酸。蜡质经过硫-铬混酸脱色组成未发生重大变化。

由于粗褐煤蜡在氧化过程中酯分解成为游离酸和游离醇，以及游离醇进一步氧化成酸，所以，产品中蜡酸含量很高，故这种蜡也被称为酸型蜡。酸型蜡的酸值很高，通常在110~150mg KOH/g 之间。如酸性 S 蜡、L 蜡和 LP 蜡是著名的酸型蜡。

漂白条件直接影响产品的质量。如深度氧化生成几乎纯的、酸值约 150mg KOH/g 的酸型蜡，由于这种蜡具有很多羧基，因而可作为"半合成"的原料，进一步化学改性，制造生产各种性能的蜡。也可控制氧化条件、抑制蜡的水解，制成以酯型蜡为主和酸值大约为 80mg KOH/g 的浅色蜡产品[8]。

D　酯化和皂化

氧化漂白所得酸性蜡的重要改质方法是用醇酯化。酯化法可得纯洁的、无树脂和地沥青的全酯型蜡，即酯型蜡。

一般地讲，酯化是将熔化了的酸性蜡在温度（115±5）℃条件下，以 H_2SO_4 作催化剂与醇作用，使其进行酯化反应，由于酯化速度慢，短期内难达到化学平衡，所需时间较长，约 8~12h。得到的酯型蜡的性质与加入的醇的种类有关。通常采用的醇往往是二元醇，如乙二醇、丙二醇-1,2,丁二醇-1,3。当与二元醇反应时，一分子醇与两分子的羧酸结合，链长增长约一倍。

酯化的结果生成有价值的酯型蜡。例如与乙二醇反应得到的 E 蜡，在很多方面都有优异的性质。

除二元醇化，一元醇（例如脂肪族醇）和多元醇（例如甘油和季戊四醇）、芳香醇等均可作为酯化剂。通过改变醇的类型，使所得酯型蜡的性质（如硬度、滴点、黏度、溶解度、成糊性能、光泽和可乳化性等）在很宽的范围内变化。

有时为了用户的特殊需要，在酯化过程中可加入非离子型的乳化剂，这种含乳化剂的酯型蜡很容易制成乳状液。

另一大类改性的浅色蜡的制造方法是皂化。皂化可以改善产品的一系列性质，如硬度、吸收熔剂能力、成糊能力和滑动作用等。一般皂化方法是将一部分蜡酸酯化，然后再使其余的蜡酸接近完全皂化。从而得到部分皂化的酯型蜡。作为酯化用的醇主要还是二元醇，皂化剂主要是碱土金属氧化物或氢氧化物，特别是氢氧化钙。OP 型蜡或 O 型蜡就是典型的皂化蒙旦蜡。表 8-2 是典型浅色蜡的性质和应用范围举例[13]。

表 8-2　典型浅色蜡的性质和应用范围[13]

种　类		滴点 /℃	酸值 /mg KOH · g⁻¹	皂化值 /mg KOH · g⁻¹	20℃ 比重 /g · cm⁻³	颜色	主要应用范围
硬蜡 酸性蜡	S	81~87	135~155	155~175	1.00~1.20	淡黄	擦亮剂、乳化液、发色体显色、塑料润滑剂、平光浆。用于纺织品、木材、纸张等乳化剂
	L	81~87	120~140	140~160	1.00~1.02	黄	
	LP	81~87	115~130	140~160	1.00~1.02	黄	
酯型蜡	E	79~85	15~20	125~155	1.01~1.03	淡黄	擦亮剂、乳化液、含溶剂的擦亮剂糊
	X22	78~86	25~35	120~150	1.01~1.03	淡黄	含溶剂的擦亮剂糊
	F	77~83	6~10	85~105	0.97~0.99	淡黄	含溶剂的擦亮剂糊
	KP	81~87	20~30	115~140	1.01~1.03	黄	复写纸

种类		滴点/℃	酸值/mg KOH·g^{-1}	皂化值/mg KOH·g^{-1}	20℃比重/g·cm^{-3}	颜色	主要应用范围
酯型蜡	KPS	79~85	30~40	135~150	1.00~1.02	黄	擦亮剂，特别是自身发亮乳状液
	KSL	81~87	25~35	120~145	1.00~1.02	黄	
	KSS	82~88	25~35	100~130	1.00~1.02	黄	自身发亮乳状液
	KFO	83~89	85~95	120~145	1.00~1.02	黄	自身发亮乳状液
	U	82~88	78~88	120~135	1.00~1.02	黄	自身发亮乳状液
含乳化剂酯型蜡	KPE	79~85	20~30	100~130	1.00~1.02	黄	自身发亮乳状液
	KSE	82~88	20~30	80~110	1.00~1.02	黄	自身发亮乳状液
	KLE	82~88	25~35	80~110	1.00~1.02	黄	自身发亮乳状液
	DPE	89~94	20~30	80~110	1.00~1.02	黄	用于纸面涂层的乳状液
部分皂化酯型蜡	OP	98~104	10~15	100~115	1.01~1.03	黄	含溶剂擦亮剂、塑料润滑剂
	X55	98~104	10~15	90~110	1.01~1.03	附加	含溶剂擦亮剂，特别是糊状的
	特殊	97~107	13~18	75~108	1.00~1.02	褐黑	含溶剂擦亮剂，特别是糊状的
	O	100~105	10~15	100~115	1.01~1.03	黄	含溶剂擦亮剂，特别是糊状的
	OM	90~97	20~25	110~125	1.00~1.02	黄	含溶剂擦亮剂，特别是糊状的
	FL	94~100	35~45	80~100	0.99~1.01	黄	带溶剂的液态或固态擦亮剂
软蜡酯型蜡	BJ	77~83	17~25	125~150	0.97~0.98	黄	擦亮剂乳状液
	RJ	75~80	17~24	80~100	0.97~0.99	黄	含溶剂擦亮剂，擦亮剂乳状液
含乳化剂酯型蜡	NE	74~82	45~45	110~135	0.97~0.99	黄	擦亮剂乳状液

E 其他反应

除上述改性方法外，Endros 申请了全合成酯型蜡的专利。采用 C^{30} 的以 α-烯烃经 CrO$_3$ 氧化。制得长链酸的混合物，将其中一部分酸还原成醇。酸与醇再酯化，或与 C$_{19}$~C$_{24}$ 醇酯化，通过 Zieglar 合成制备出自动发亮的合成酯型蜡。这些工作具有重要的意义。尽管前东德 Gustav Sobottkta 褐煤联合企业经理 Erich Kliemchen 表示，前东德具有的褐煤资源足够世界褐煤蜡用户 2000 年。但从长远观点看，合成蜡仍是一个发展方向。

醋酸的酰胺化、氢化、酮化、卤化、裂解虽有研究报道，但对实际生产没有多少意义。

8.5.1.3 浅色蒙旦蜡的性质和应用

浅色蒙旦蜡与未经化学改质的粗褐煤蜡相比，有其特殊的优越性，详见表 8-2。如酸型蜡的结晶度、亮度、硬度、乳化能力，对发色母体颜色的分散增强能力等都高；而酯型蜡的典型性质是低酸值和高皂化值，这是由于其酯含量高（比粗褐煤蜡的酯含量还高）的结果。

浅色褐煤蜡用途广泛，如利用酯型蜡有很好的润滑作用而作为塑料工业的添加剂，当作擦亮剂时，酯型蜡的光泽和可乳化性都很好。作为精密铸造的模料，可以节约大量的硬酯酸，从而节用了食用油酯。酯型蜡还可制造自身发亮乳化液。

我国褐煤资源丰富，遍布云南、广东、广西、内蒙古、吉林、辽宁和新疆等地，为发展我国的褐煤蜡、浅色蜡工业，提供了优越的资源条件，目前我国褐煤蜡工业虽已有了一定的规模，但与国际水平相比，无论是生产工艺，还是产品质量和品种，成本消耗均有很大差距，还有许多开拓性工作要做。

说明：这是一篇难得一见的稀有论文，但很多读者可能一眼带过。作者在论文中几乎涉及褐煤蜡研究或生产相关的所有过程：原料、萃取、粗褐煤蜡及浅色蜡和合成蜡等，精心分析研究之后，相信会有所得，故几乎是全文引用。

8.5.2 褐煤蜡精制方法研究

1988 年，郑筱梅等发表《褐煤蜡精制方法研究》[3]一文，虽然论文提出的用化学氧化法精制褐煤蜡，以及各种条件对精蜡颜色和收效的影响在之前都已有报道，但其结论不无参考价值。所以，下面简要引用其中关于浅色褐蜡煤研究与生产的主要内容。

8.5.2.1 概述

褐煤蜡是利用苯和 120 号溶剂油从褐煤中萃取得到的产品，为黑褐色块状物，熔点83~86℃。它主要由三部分组成，主要是蜡，其次是树脂和沥青。蜡主要含有由高级脂肪酸与高级脂肪醇生成的脂、游离的高级脂肪酸以及少量的醇、酮、芳烃等；树脂主要由环状化合物组成，具有萜烯类结构；沥青是一些含氧高分子化合物和稠环化合物。树脂和沥青颜色很深，即使含量很少也会使蜡的颜色变深。由于褐煤蜡的颜色近黑色，限制了它的使用，如能将其精制为浅色蜡，可大大扩大它的使用范围。褐煤蜡的脱色关键是除掉其中的树脂和沥青。鉴于褐煤蜡的成分复杂、熔点高，常规的脱色方法不一定适用，我们分别对溶剂精制、减压蒸馏、吸附脱色及化学氧化法进行了研究。

8.5.2.2 几种精制方法的比较

A 减压蒸馏

对褐煤蜡进行了减压蒸馏，试图利用沸点不同分离深色物质，减压蒸馏结果如表 8-3所示。

表 8-3 褐煤蜡减压蒸馏结果（残压 4mmHg）

液相温度/℃		气相温度/℃		馏出物性状
减压下	常压下	减压下	常压下	
275	460	54 初馏点	191	棕色液体
275~295	460~486	54~103	191~253	深棕色液体、量很少
295~306	486~495	103~145	253~308	黄色粉末、量很少
306~320	495~512	145~196	308~367	黄色液体、同时出现黄色气体
>320	>512	>196	>367	黄色浓烟气体、有刺激味

注：1. 常压下沸点按石油馏分在不同压力下的沸点换算图查得。
　　2. 残压 4mmHg 下 208℃ 以前的气相总收率为 7%~10%。

粗蜡经减压蒸馏得到的产品复杂、收率很低、易发生裂化。结果表明褐煤蜡不宜用减压蒸。

B 溶剂精制

据资料介绍，褐煤蜡中的树脂（低温下）溶于丙酮、乙醚、乙酸乙酯等溶剂，而蜡则不溶（不溶怎么能够用这些溶剂萃取蜡）；蜡可溶于脱芳烃的石油醚而沥青则不溶。我们试图用溶剂除去深色的树脂及沥青，将蜡磨碎，分别用乙醇、丙酮、苯酚等有机试多次回流萃取，得到的萃取液为深棕色，萃取剩余物为棕黑色。将萃取剩余物用脱芳烃的石油醚（60~90℃）回流溶解 2h，静置过夜，沉淀物为黑色，溶液为棕黑色，蒸去溶剂后得到的蜡为棕黑色（比原料颜色稍浅）对褐煤蜡溶剂精制，脱色效果不好。

C　吸附脱色

将粗蜡熔化并保持在 95℃，在熔融态下加入活性炭，考察吸附脱色效果。因粗蜡熔点高，熔化后黏度仍很大，活性炭加入后起不到脱色效果。用溶剂油将粗蜡溶解，保持 85℃，加入活性炭，仍达不到脱色效果。

D　化学精制

用氧化剂在加热条件下与粗蜡反应，反应进行剧烈，经几段氧化后可得到浅黄色精蜡。

几种方法比较的结果，确定化学氧化精制为可行的办法。对几种氧化剂进行比较，以 JP 氧化剂效果最好。

8.5.2.3　化学氧化精制

A　方法原理

JP 氧化剂与酸配成溶液，在加热时与粗蜡发生下列反应：

$$O_x(JP) + 沥青、树脂 + H^+ \longrightarrow R(JP) + H_2O + CO_2\uparrow (加热)$$

$$O_x(JP) + 蜡 + H^+ \longrightarrow R(JP) + H_2O + 脂肪酸(加热)$$

其中，$O_x(JP)$ 为氧化剂的氧化态，$R(JP)$ 为氧化剂的还原态。

氧化液是水溶液，反应后分为两层，蜡层浮于母液之上，易分离。分离后的蜡用酸洗，使其中的蜡皂转变为脂肪酸，再用水洗去蜡中残留的酸等物质即可得到浅色精蜡。

B　氧化剂用量的影响

考察了氧化剂用量对精蜡色泽和收率的影响，结果如表 8-4 所示。

表 8-4　氧化剂用量的影响

剂蜡比/mol·kg^{-1}	11	16.6	18	20	21	22	23	24	27
精蜡颜色	棕	棕黄	绿黄	深黄黄绿	浅黄	浅黄	浅黄	浅黄	黄白
精蜡收率/%	84.3	81.5	80.0	78~80	76~80	77~80	74~78	73.6	68~73

剂蜡比大于 21 可得到浅色蜡，从色泽和收率综合考虑；剂蜡比以 21~22 为宜。氧化后的蜡液在 95℃下酸洗、水洗、保温脱水，即得到浅色精制蜡。

C　氧化段数的影响

氧化段数	一	二	三	五
精蜡颜色	棕黄	黄（略带绿）	浅黄	黄白
精蜡收率/%	83	80	77~80	62

随着氧化段数增加，精蜡色泽变浅、收率下降，以三段氧化为宜。

D 氧化剂浓度的影响

浓度/mol·L⁻¹	1	1.1	1.2	1.3
精蜡颜色	深黄	黄	浅黄	浅黄
精蜡收率/%	80	80	77~80	76

氧化剂浓度小于 1mol/L，反应进行较慢，反应时间拖长，蜡颜色加深；浓度大于 1.4mol/L，氧化液体积太小，母液与蜡层不易分离，以 1.1~1.2mol/L 为宜。

E 反应温度的影响

反应温度低于 110℃ 蜡层黏度大，与氧化液混合不匀，使反应时间延长，精蜡颜色加深；温度高于 120℃ 反应太剧烈，反应物容易溢出，反应温度以 110~120℃ 较合适。

8.5.2.4 氧化液的再生

据资料介绍，JP 氧化液可在 4.0~4.5V、电流密度 1.3~3.0A/dm² 下电解再生，采用隔膜电解槽多槽流动电解，电流效率可达 80%~90%[17]，因氧化褐煤蜡后的母液含有不少有机物，为考察电解法是否仍然适合，对使用了一次、二次、三次的母液分别进行静止电解试验，结果列于表 8-5。

表 8-5 电解试验结果（电极：铅板；隔膜：素烧瓷板）

电解时间/h	1.0	2.0	3.0	3.5	4.0
氧化态浓度/g·L⁻¹	25.7~27.0	41.7~43.6	54.8~65.5	63.9~69.6	72.3
再生率/%	26.6~28.4	48.2~50.8	65.9~80.4	78.2~85.9	89.6
电流效率/%	82.0~87.6	71.4~78.4	67.8~82.7	69.0~75.8	69.1

注：母液中 JP 总含量为 78~80g/L（氧化态~还原态），电解前母液中氧化态为 4~8g/L，再生率按还原态含量 74g/L 计算。

结果表明，对氧化褐煤蜡后的母液同样可以电解再生，当再生率为 90% 时电流效率可达 70% 左右，采用流动电解法可使阳极附近溶液不断更新，使电流效率提高，准确的电流效率需进行流动电解试验才能确定。

以再生的母液为基础配制的氧化液，按上述条件与粗蜡反应仍得到浅黄色精蜡，证明采用母液电解再生循环使用的方法可行。

化学氧化法得到的精蜡色泽浅黄、细腻、有光泽，其主要质量指标近似于德国酸性 S 蜡。表 8-6 为精蜡与德国 S 蜡质量指标对照表。

表 8-6 精蜡与德国 S 蜡质量指标对照

指 标	颜 色	熔点/℃	酸值/mg KOH·g⁻¹	皂化值/mg KOH·g⁻¹
精蜡	浅黄	79~85	100~130	170~197
S 蜡	浅黄	80~83	130~150	155~175

说明：蜡的组成一般为酸、酯、醇、酮和烷烃，以及少量烯烃、甾醇和萜类化合物，要比较两种蜡的性质，最好用这两种蜡的原始原料，以相同的条件（溶剂、温度等等）进行萃取、脱酯、精制等，只有这样具有现实意义？否则，即使是相同颜色、熔点、酸值、

皂化值的两种蜡，其"功效"也未必一样。

何以见得？我们完全可以用两组不同比例的酸、酯、醇、酮、烷烃、烯烃、甾醇和萜类化合物"仿制"（配制）出颜色、熔点、酸值、皂化值完全相同的两种蜡，但这两种蜡的"功效"因酸、酯、醇、酮、烷烃、烯烃、甾醇和萜类化合物的比例不同而不同。

8.5.3　用舒兰褐煤制取浅色硬质褐煤蜡

1989 年，马治邦等发表《用舒兰褐煤制取浅色硬质褐煤蜡》[18]，他们用毒性比苯小的溶剂汽油萃取舒兰褐煤，呈现出较好的选择性和浸润性，制得的褐煤蜡（G 蜡）灰分含量少、树脂和地沥青含量，一般也比苯萃取的蜡（B 蜡）低，且与石蜡有较好的熔融性能，在氧化精制过程中铬酐用量少、精制蜡收率高。此外，这种粗褐煤蜡可以代替氧化精制的 S 蜡，直接用于制备精密铸造的模料。

并用体积比为 1∶1 的苯和汽油·混合溶剂萃取，得到一种浅棕色硬质褐煤蜡（BG蜡），其产率是 B 蜡的 1.3 倍。BG 蜡熔点 85.7℃、酸值 50.34、皂化值 118.34、树脂含量21.85%、地沥青含量 5.99%，其质量优于云南寻甸褐煤蜡厂生产的 G 蜡，可以直接代替 S蜡，制取精密铸造的模料。

然而，用溶剂汽油萃取舒兰褐煤，却得到一种棕色的软质褐煤蜡（G 蜡）。萃取溶液在温度 45℃出现白色结晶体。用常规丙酮可溶物法测定 G 蜡的树脂含量较高，而树脂性质和形状也与 B 蜡的树脂不同，H/C 原子比接近 G 蜡、大于 B 蜡，在室温中呈现橘黄色的半流动体。

根据褐煤蜡组分在溶剂汽油中溶解度和结晶特性，他们探讨了用溶剂汽油萃取舒兰褐煤并进行组分分离以及制取浅色硬质褐煤蜡的工艺及其条件。

褐煤蜡的萃取是在 LJ4 搅拌萃取仪中进行的，未用搅拌器。萃取液的冷却离心分离在KOKUSANH-103RS 型冷冻离心机中进行。制取浅色硬质褐煤蜡的工艺流程如图 8-5 所示。

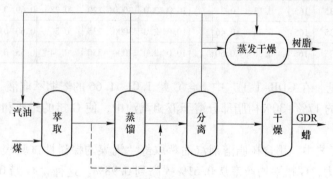

图 8-5　浅色硬质褐煤蜡萃取工艺流程示意图

在 GDR-Ⅰ工艺中（图 8-5 中实线），取粒度小于 0.2mm 或小于 3mm、100g 粉煤和450mL 溶剂汽油分别装入萃取筒和圆底烧瓶内，在油温 125℃下回流萃取 2.5~4.5h。萃取液先进行蒸馏回收溶剂，然后将含蜡 1.01%~1.66%（汽油 $d_4^3 = 0.7g/cm^3$）的浓缩萃取液冷却到 20℃，静放结晶 1.0h 后，在离心机转数 3000r/min 下分离成富含树脂的液相和固相蜡。树脂和蜡在恒温干燥箱 105℃干燥 2.5~3.0h 至恒重。

GDR-Ⅱ工艺（图 8-5 中虚线）同 GDR-Ⅰ工艺，不同之处在于含蜡 0.28%~0.52% 稀萃取液不经蒸馏浓缩，而是直接冷却到 10℃，静放结晶 1.0h 后，离心分离，并且让含树脂汽油的一部分循环，与补充新鲜汽油混合作下一次萃取溶剂，以减少溶剂回收蒸发量，另一部分则送去蒸发干燥，回收溶剂和树脂。GDR-Ⅰ和 GDR-Ⅱ两种工艺路线的试验条件和结果如表 8-7 所示。

表 8-7　硬质褐煤蜡制取工艺条件和试验结果

工艺编号	煤		溶剂				蒸馏浓缩的萃取液/mL	冷却分离			含树脂汽油		硬质蜡		树脂		由褐煤蜡分出树脂/%
	粒度/mm	重量/g	汽油/mL	含树脂汽油				温度/℃	时间/h	转数/r·min^{-1}	容积/mL	树脂/g·(100mL)$^{-1}$	重量/g	产率(质量分数)/%	重量/g	产率(质量分数)/%	
				循环量/mL	树脂/g·(100mL)$^{-1}$	树脂量/g											
GDR-Ⅰ																	
1	<0.2	100×6	450×6				400	0	1.0	3000			3.85	0.64	0.79	0.13	16.9
2	<0.2	100×6	450×6				400	0	1.0	3000			2.88	0.48	0.88	0.15	23.9
3	<0.2	100×6	450×6				400	10.0	1.0	3000			2.59	0.43	0.75	0.13	22.5
4	<1.0	100×6	450×6				400	10.0	1.0	3000			1.97	0.33	0.86	0.14	29.9
5	<0.2	100×6	450×6				400	20.0	16.0	3000			2.00	0.49	0.79	0.13	29.0
6	<3	100×6	450×6				400	16.0	16.0	3000			2.84	0.47	0.59	0.10	17.2
GDR-Ⅱ																	
1	<2	100	400					10.0	2.0	3000	215	0.13	0.40	0.49	0.25	0.28	36.4
2	<2	100	235	165	0.13	0.21		10.0	2.0	3000	220	0.28	0.69	0.69	0.76	0.55	44.4
3	<2	100	235	165	0.28	0.46		10.0	2.0	3000	235	0.30	0.60	0.60	0.86	0.40	40.0
4	<2	100	235	165	0.30	0.50		10.0	2.0	3000	250	0.34	0.55	0.56	0.85	0.35	38.5

由表 8-7 可见，在 GDR-Ⅰ工艺中，含 G 蜡 1.01~1.66 的浓缩萃取液，在温度 0~20℃ 冷却分离，G 蜡的 17%~30% 树脂部分溶于液相汽油中，使 G 蜡的蜡质和树脂部分有效的分离开。

在 GDR-Ⅱ工艺中，用含树脂溶剂汽油萃取舒兰褐煤的探讨性试验表明，它比纯汽油有较大的萃取能力，G 蜡平均产率从 0.61% 提高到 0.98%。这种含 G 蜡 0.28%~0.57% 的稀萃取液冷却分离以后，液相可溶部分平均产率从 0.13% 提高到 0.41%，即 G 蜡中树脂平均含量增加了。但在离心分离过程中，G 蜡的 36%~44% 溶于汽油，树脂部分也几乎全部同蜡质分离开，证明冷却分离对 G 蜡稀溶液的脱树脂也有效。

初步试验表明，由 GDR-Ⅰ和 GDR-Ⅱ两种工艺路线，都可以得到浅色光亮的硬质褐煤蜡（GDR 蜡），GDR-Ⅱ工艺制得的 GDR 蜡平均产率比 GDR-Ⅰ的产率高 25%，蜡的外观光亮、颜色更浅，有待进一步研究。表 8-8 列出由 GDR-Ⅰ工艺制取的浅色硬质褐煤蜡的性质。

表 8-8 浅色硬质褐煤蜡的性质

蜡名称	结晶温度/℃	熔点/℃	酸值/mg KOH · g⁻¹	皂化值/mg KOH · g⁻¹	树脂/%	地沥青/%	脱树脂率/%	脱地沥青率/%	蜡外观
G		82.0	32.68	37.08	30.5	12.65			黄棕、软质
GDR-Ⅰ-1	0	86.5	46.68	102.63	1.12	8.06	96.3	35.8	浅黄、硬质
GDR-Ⅰ-2	10	87.5	47.82	101.50	0.86	6.61	97.2	47.3	浅黄、硬质
GDR-Ⅰ-3	20	85.5	43.74	99.79	4.85	9.71	84.2	22.6	浅黄、硬质

表 8-8 分析数据表明。由 GDR-Ⅰ 工艺制得浅色硬质褐煤蜡的树脂含量很低，GDR-Ⅰ-2 蜡含树脂 0.86%，GDR-Ⅰ-3 蜡含树脂 4.85%。树脂脱除率分别是 96.3%、97.2% 和 84.2%，同时地沥青含量比 G 蜡分别减少 35.8%、47.3% 和 22.6%。GDR-Ⅰ-2 蜡与 G 蜡相比较，熔点从 82℃ 提高到 87.5℃，酸值从 32.68mg KOH/g 提高到 47.82mg KOH/g，皂化值明显增加，从 37.8mg KOH/g 增加到 101.5mg KOH/g，相当于醇化蜡中的 E 或 F 蜡的皂化值。

初步研究结果表明，用设计的 GDR-Ⅰ 和 GDR-Ⅱ 两种工艺路线都可以用溶剂汽油萃取舒兰褐煤。制取浅色硬质褐煤蜡，同时回收树脂。两种工艺试验对比表明，GDR-Ⅱ 工艺更具有优越性，GDR 蜡平均产率从 0.47% 提高到 0.56%，树脂产率平均从 0.13% 提高到 0.41%，由于溶剂循环尚减少了溶剂蒸发的热量消耗。在蜡取液含蜡 0.25%~1.77%、温度 10℃ 静放结晶 1.0h，3000r/min 离心分离试验条件下，从 G 蜡脱除树脂 97.2%，脱除地沥青 47.3%，制得低树脂、低地沥青、高皂化值的浅色光亮的褐煤蜡，其性质类似于 B 蜡经过氧化精制或酯化所得到的酯化蜡。溶剂汽油改质褐煤蜡技术是很有应用价值的，值得深入研究和利用。

说明：不同比例的混合溶剂因极性不同而改变萃取效果，这是不争的事实。舒兰褐煤成煤年代比其他年青煤早，其蜡含量、树脂含量和地沥青含量相对都较低，所以，萃取所得蜡的质量相对较好也是不争的事实。选用汽油作为萃取剂，对于试验研究可能没有问题，但用于工业生产可能要求太高，例如，当是过程中所使用的阀门就必须全部为气动阀门（电动阀门会打火花，不安全）。所以，试验研究阶段就应该考虑工业生产的可行性。

8.5.4 褐煤蜡氧化精制的研究

1999 年，李宝才等《云南褐煤蜡氧化精制的研究》[2] 和《蒙旦蜡氧化精制的研究》[19] 对云南潦浒、寻甸、昭通蒙旦蜡进行了脱树脂和氧化精制研究，探索国产蒙旦蜡能否经精制漂白后满足合成改性 O 蜡、E 蜡、OP 蜡的要求。试验结果表明，潦浒、寻甸两工厂生产的蒙旦蜡经氧化精制不能达到完全脱色，而昭通蒙旦蜡在相同的精制条件下极易脱色，所得浅色蜡质量好，达到和超过国外同类产品的质量，因此昭通蒙旦蜡是生产浅色蜡的理想原料。在精制反应中，加入适量 YPSO-1 添加剂，对改善反应条件、蜡相与无机相的分离、浅色蜡得率和质量均有良好的影响，文中还讨论了潦浒、寻甸脱脂蜡经氧化精制不能完全脱色的原因。

蒙旦蜡是一种组分异常复杂的混合物，含有上千种有机化合物。其中纯蜡部分为工业上最有使用价值的部分。从褐煤中分离或精制成纯蜡，一直是蒙旦蜡生产者和研究者的重要任务[21,22]。蒙旦蜡精制成浅色硬蜡，是蒙旦蜡拓宽应用范围、提高使用价值、增加经济效益的根本途径[22]。为此，本文以铬盐法对潦浒、寻甸、昭通蒙旦蜡进行氧化精制试验，并对结果比较，阐述蒙旦蜡中存在物质与精制脱色的关系。

8.5.4.1 试验部分

A 样品来源

试验中采用的寻甸粗蒙旦蜡、潦浒粗蒙旦蜡分别取自寻甸县化工一厂和云南省煤炭厅潦浒煤炭化工厂，昭通粗蒙旦蜡为试验室制备，均为苯萃取物。

B 脱树脂

称取一定量粗蜡，制成 1~2mm 薄片和适度大小，置于 1000mL 具塞圆底烧瓶中，加入一定量的乙酸乙酯浸泡，倾出萃取液，反复多次，直至萃取液明显变浅。蒸馏回收溶剂，残留物为蒙旦树脂。除去固体物中的溶剂，乙酸乙酯不溶物为脱树脂蜡。文中符号说明：LHRRMW——潦浒脱脂蜡，XDRRMW——寻甸脱脂蜡，ZTRRMW——昭通脱脂蜡。

C 脱脂蜡的氧化精制

将一定量脱脂蜡置于 1000mL 安有搅拌装置的三颈烧瓶中，加入一定量 50%H_2SO_4 溶液，加热熔化、搅拌乳化，并控制温度在 110~120℃，滴加几滴 YPSO-1，加入 50%$Na_2Cr_2O_7 \cdot 2H_2O$ 水溶液，若温度低于110℃，蒸发部分水，使温度升至110℃以上，搅拌 3~4h。待蜡相凝结并与液相分开，倾出母液。重复上述操作进行二次氧化漂白。反应完毕，用酸洗除去蜡中的 Cr^{3+}，然后水洗至溶液 pH=6~7。

D 蒙旦蜡酸值、皂化值、熔点及树脂的测定

按中华人民共和国煤炭工业部标准[24]测定。

8.5.4.2 结果与讨论

A 粗蜡脱树脂

研究结果表明[25~27]，褐煤蜡中深色组分，尤其是蒙旦树脂，由于存在着各种萜酸、萜醇、萜酮及胆甾醇、萜烷、多芳萜烃等物质，严重影响精蜡的产率和质量，必须将各种树脂物尽可能地从粗蜡中除去。树脂物作为固体软化—增黏剂可用于橡胶工业中[25]。

脱树脂的溶剂很多，主要考虑脱树脂效率、分离回收、毒性、成本等因素。乙酸乙酯的优点是脱树脂效率高，且在常温下操作，故本试验采用乙酸乙酯作为脱树脂的溶剂。脱树脂的关键是将粗蜡制成一定厚度的薄片（1~2mm），使溶剂尽可能地渗透到蜡中，溶解树脂并转移到液相中。太厚，溶剂渗透所需时间长，影响脱树脂效率；太薄，除去树脂后的薄片易碎裂，影响液固分离。表 8-9 给出了各种树脂含量的脱脂蜡的物理化学性质。从表中数据可知，用乙酸乙酯作为选择性溶剂的液固萃取能有效地从粗蜡中除去树脂，比其他任何方法简单，易操作。可设计为间歇和连续操作，且在常温下进行。

表 8-9 脱脂蜡的物理化学性质

样品名称	熔点/℃	酸值 /mg KOH·g^{-1}	皂化值 /mg KOH·g^{-1}	酯值 /mg KOH·g^{-1}	树脂含量 （丙酮法）/%
潦浒脱脂蜡（厂提供）	85.5	43	115	72	9.02
潦浒脱脂蜡	86.1	31	113	82	4.14

样品名称	熔点/℃	酸值 /mg KOH·g⁻¹	皂化值 /mg KOH·g⁻¹	酯值 /mg KOH·g⁻¹	树脂含量 （丙酮法）/%
寻甸脱脂蜡	89.2	32	128	96	4.14
昭通脱脂蜡（三善堂）	85.6	53	109	56	2.71
昭通脱脂蜡（综合样）	83.8	46	95	49	8.96

需要指出的是脱树脂只能将游离的树脂物除去，对于与长链脂肪酸、脂肪醇结合的树脂醇、树脂酸的那部分树脂物仍有可能存在于蒙旦蜡中。此外，对于稠环芳烃或多芳萜烃，仍有一定量残留于蒙旦蜡中，影响脱脂蜡的质量和氧化精制效果。而多芳萜烃在蒙旦蜡中含量多少，取决于生产粗蒙旦蜡的工艺条件。也就是说脱脂蜡的好坏与粗蒙旦蜡的生产工艺及条件控制有直接的关系。

B 脱脂蜡的氧化精制

对于脱脂蜡的氧化精制，分别考察了时间、温度、氧化剂、硫酸用量，进行了近百次氧化精制试验。根据蜡的收率、物理化学性质，如熔点、酸值、皂化值，尤其是外观颜色，以及精制蜡和母液分离情况，确定了最佳反应条件和参数为：反应温度 110~120℃，Ⅰ段氧化时间 3~4h，Ⅱ段 2~3h，硫酸浓度 50%，蜡∶氧化剂∶硫酸比为 1∶（2~3.5）∶（4~6）（重量），$Na_2Cr_2O_7 \cdot 2H_2O$ 配制为 50%的水溶液。

本工作的关键是在加氧化剂之前，滴加适量的 YPSO-1（0.01%~0.1%）。试验中，当加入氧化剂或在反应过程中，反应剧烈，产生大量气体，带着酸雾，将蜡和液体沿着冷凝管冲出，导致试验失败，即使控制加入氧化剂的量和速度，喷溅也时常发生，操作困难，反应条件也难于控制。工业生产时也会产生类似的现象，大量的铬酸蒸汽逸出，造成红矾损失，更为严重的是污染环境、有害健康。

当加入 YPSO-1 后，在搅拌条件下，喷溅现象根本被消除，反应平稳，效果良好。操作环境大大改善。另一个重要发现是，昭通褐煤蜡极易制成外观优良的浅色蜡，控制氧化剂用量和其他条件，可制取淡黄至净白的精制蜡，蜡质十分纯正，可满足进一步加工改质的要求，这将是云南，严格地说是昭通地区的一大财富（我们正在申请专利保护这一发现）。根据上述试验结果，选择固定氧化剂总量，考察Ⅰ段和Ⅱ段精制氧化剂不同用量对精制蜡的质量，收率的影响。结果由表 8-10~表 8-12 给出。结果表明，Ⅰ段精制氧化剂用量应为总用量的 70%~80%效果最好。

表 8-10 潦浒脱脂蜡精制条件及精制蜡性质

序号	树脂/%	Ⅰ、Ⅱ段蜡∶氧化剂	精蜡产率/%	熔点/℃	酸值 /mg KOH·g⁻¹	皂化值 /mg KOH·g⁻¹	颜色
1	4.14	1∶2.0 1∶0.8	83.0	83	137	163	绿色 奶油色
2	4.14	1∶1.0 1∶1.8	85.0	81	137	193	微黄色 绿色
3	4.14	1∶1.4 1∶1.4	79.2	82	138	180	微黄色 奶油色

注：氧化剂配比为蜡∶$Na_2CR_2O_7 \cdot H_2O$∶$H_2SO_4 = 1∶28∶60$。

表 8-11　寻甸脱脂蜡精制条件及精制蜡性质

序号	树脂/%	Ⅰ、Ⅱ段蜡：氧化剂	精蜡产率/%	熔点/℃	酸值/mg KOH·g⁻¹	皂化值/mg KOH·g⁻¹	颜色
1	4.14	1：2.0 1：0.8	86.0	85	145	183	淡绿色
2	4.14	1：1.0 1：1.8	73.0	85	157	199	黑色 黄色
3	4.14	1：1.4 1：1.4	82.0	79	150	183	微黄色

注：氧化剂配比为蜡：$Na_2CR_2O_7 \cdot H_2O$：$H_2SO_4 = 1：28：60$。

表 8-12　昭通脱脂蜡精制条件及精制蜡性质

序号	树脂/%	Ⅰ、Ⅱ段蜡：氧化剂	精蜡产率/%	熔点/℃	酸值/mg KOH·g⁻¹	皂化值/mg KOH·g⁻¹	颜色
1	23.9	1：2.0 1：0.8	80.0	82	151	180	淡绿色
2	29.0	1：0.8 1：1.8	66.0	80	153	179	黑色 黄色
3	27.4	1：1.5 1：0.5	86.0	80	137	188	奶油色
4	2.74	1：2.0 1：0.8	86.0	82	167	213	纯白
5	8.96	1：2.0 1：0.8	88.0	80	161	168	奶油色
6	8.96	1：1.0 1：0.5	89.6	82	129	149	微黄色 奶油色
7	8.96	1：1.4 1：1.4	86.0	80	175	213	奶油色

注：氧化剂配比为蜡：$Na_2CR_2O_7 \cdot H_2O$：$H_2SO_4 = 1：28：60$。

　　从表 8-10、表 8-11 可以看出，潦浒脱脂蜡和寻甸脱脂蜡氧化精制所得浅色蜡，其酸值、皂化值以及产率都相近。一个重要的区别，也是最重要的指标，即外观颜色，寻甸浅色蜡不如潦浒浅色蜡。脱脂蜡中树脂含量十分接近，但漂白效果不一样。试验中观察到，随着氧化反应的进行，蜡的颜色变化为：褐色→棕褐→棕黄→黄→浅黄→绿→淡绿乳白→乳白→净白。对于潦浒和寻甸蒙旦蜡，要将其制成乳白色非常困难，需要更多的氧化剂，同时产率也迅速下降，从经济效益考虑不可行，只能将其氧化精制至黄色至浅黄。进一步氧化精制，颜色变为浅黄绿，外观反觉不好。从中得到启示，褐煤蜡中存在着某些具有荧光的物质，宏观上反映出苹果绿色，这部分物质在大量黄色物中被掩盖，当黄色物质氧化分解后，具有绿色的物质显示出来。从蒙旦树脂中烃的分离过程中知道[26]，这类物质在日光灯下，具有天蓝色荧光，阳光下呈现绿色。色-质分析证明了这些物质是具有二芳、三芳的三环二萜烃和二芳、三芳、四芳的五环三萜烃。经过脱树脂，大部分被分离到蒙旦蜡树脂中，只有少量残存于脱脂蜡中，残留量与粗蜡中该类物质含量成正比。从树脂烃的总离子质量色谱图中知道，寻甸树脂此类物质的量大大超过潦浒[25,26]。虽然这类物质的残留量不高，但对精制蜡产品的外观颜色的影响很大。

在表 8-12 中，对不同树脂量的昭通蒙旦蜡进行了氧化精制。结果显示，守望粗蜡（树脂 29.0%）直接氧化精制，无论产率还是颜色都不理想。而三善堂粗蜡（树脂23.9%），即使不脱树脂，在该反应条件下，产率、颜色和质量都令人满意。当树脂含量降至 2.7%、产率均达到和超过 86%、蜡：氧化剂为 1：2.8 时，外观颜色净白，十分漂亮。蜡与氧化剂比降至 1：2，结果也非常好。改变树脂量为 8.96%、蜡：氧化剂比为 1：1.5，颜色为乳黄，产量高达 89.6%！其他两次试验产率为 86%、88.8%，外观为乳白色。说明昭通三善堂蒙旦蜡是制备浅色蜡的优质原料。

潦浒、寻甸、昭通蒙旦蜡，萃取所用溶剂均为苯，但脱脂蜡的氧化精制结果出现如此大的差异，作者认为：

（1）蒙旦蜡的化学组成、性质不同。蒙旦树脂组成研究表明[28]，潦浒、寻甸蒙旦蜡主要起源于植物蜡（松科植物），在树脂物中存在相当的去氢松香酸、松脂酸、海松酸、松香酸之类的物质。而昭通蜡是一种动物蜡和植物蜡的混合物，松香酸类物质含量极低。潦浒、寻甸蜡是一种天然酯型蜡，而昭通蒙旦蜡与舒兰蜡一样，游离蜡酸比较高，是一种天然酸性蜡[29]。昭通蒙旦蜡就内在质量而言，优于舒兰、潦浒、寻甸蒙旦蜡。

（2）蒙旦蜡萃取的条件不同导致蜡的质量不同。潦浒、寻甸褐煤蜡由生产厂提供，厂家为了提高萃取率，在操作上提高温度、增加压力，导致不属于蜡而又严重影响蒙旦蜡质量的物质，如稠环芳烃、稠环萜烃被萃取出来。而昭通褐煤蜡为试验室制备，虽然萃取十分完全，但温度、压力没有工厂的高。

（3）潦浒、寻甸蒙旦蜡中不饱和烃和芳构化的三环二萜烃、五环三萜烃，如 1,2,3,4-四氢化䓛烯，18-降松香-8,11,13-三烯，䓛烯，苯骈萤蒽，A,B,C-三环，A,B,C,D-四环芳构萜烃，7-甲基-3-乙基-1,2-环戊烷骈屈，1,2,9-三甲基-1,2,3,4-四氢化菲，2,2,9-三甲基-1,2,3,4-四氢化菲等物质，当脱树脂时可将其中大部分除去，使氧化精制蜡的品质得到改善，但不能彻底除尽，而这些物质具有颜色或荧光，由于抗氧能力强，即使在强氧化条件下，也难于将其分解达到脱色的目的，往往使最终产品具有淡绿色（过去一直认为是 Cr^{3+} 未被洗净）昭通蜡中上述物质也有分布，但含量极低。

此外，由于潦浒、寻甸蒙旦蜡属酯型蜡，使用的氧化剂有相当一部分被用于氧化由酯水解产生的蜡醇，另一部分才真正用于分解蜡中致色物。也就是说要达到与昭通精制蜡的外观质量，将要消耗更多的氧化剂，增加成本是必然的事。

说明：这是一篇比较系统、完整的文章，几乎是全文引用，对褐煤蜡的研究、生产等都应该有比较重要的指导意义。

8.5.5 褐煤蜡的工业制备及精制技术

2011 年，张声俊等发表《褐煤蜡的工业制备及精制技术》[30]，他们将褐煤置于有机液中用间歇方法萃取，在萃取液沸点下得到组成复杂的粗褐煤蜡混合物（简称粗蜡），粗蜡经脱除树脂、氧化精制、酯化和皂化等方法进行精制，则得到不同熔点的一系列浅色精制蜡制品。为矿物天然蜡制备技术提供了新方法。下面是该论文的主要内容。

中国是褐煤储量大国之一，尤其是内蒙古[31]，不仅褐煤储量大，而且质量优异，可称为世界优质褐煤，因而其他矿物含量也较为丰富。从褐煤中提取煤蜡用于工业的技术大多来自于国外。

德国是褐煤蜡的故乡和发源地，早在 1905 年万斯莱本褐煤蜡厂在德国建成投产。1944 年德国蜡产量为 21800t，1966 年阿姆斯多夫厂产量达 32000t。现在德国褐煤蜡年生产能力 35000t 以上，约占世界总产量 80% 左右，在全球 50 多个国家和地区应用。

德国的褐煤蜡采用冷苯脱树脂脱脂蜡。粗蜡经脱脂、氧化漂白、部分酯化和皂化等工序，可加工成 30 多种浅色蜡[32]，以满足不同行业对蜡的要求。

1945 年以来，美国相继建成两个褐煤蜡厂，年总产量为 6000t；乌克兰的萨缅诺夫褐煤蜡厂年生产褐煤蜡 639t；捷克的米尔褐煤蜡厂年生产规模 1200t。各国主要商品褐煤蜡质量如表 8-13 所示[3]。

表 8-13　各国商品褐煤蜡技术指标

项目	熔点 /℃	密度 /g·cm⁻³	树脂 /%	皂化值 /mg KOH·g⁻¹	酸值 /mg KOH·g⁻¹	苯不溶物 /%	灰分 /%	地沥青 /%
德国	83~87	1.02~1.03	14~18	86~92	31~38	0.5	0.2~0.6	5.0
美国	85~87	1.02~1.03	21~34	112~120	50~55	<0.2	0.1~0.4	0.1~0.4
乌克兰	83~87	1.02~1.03	16~20	104~129	24~39	<0.5	<0.2	20
捷克	80~82	1.03	32~46	73~94	32~38	0.3	0.4	8.0
中国	83~87	1.02	<20	100~130	50~70	<0.5	<0.5	<8
波兰	81~83	1.03	35~37	65~72	40~43	0.1	1.1~0.5	14.5

众所周知，从褐煤中提取出来的蜡质为粗褐煤蜡，经过精制而除去树脂和地沥青等成分才得到纯蜡[34]。褐煤蜡的特点是熔点高、质硬发脆、耐湿性、化学稳定性好、机械强度高、表面光亮似镜、导电性低[35]。且能与其他蜡类（石蜡、蜂蜡、硬脂酸和地蜡）及某些合成材料（聚乙烯、聚丙烯）共熔成均匀的蜡膏。我国粗蜡中纯蜡占 50%~65%、树脂占 20%~30%、地沥青占 15%~20%。纯蜡主要由一些长链脂肪酸、少量的长链高级醇以及由它们所组成的酯所组成[36]。树脂是含 70% 萜烯和多萜物以及约 30% 的树脂酸和含氧树脂酸等物质。典型浅色蜡的质量指标如表 8-14 所示。

由于褐煤蜡来源于成煤植物的有机化合物，它没有致癌作用，因此在日用品、轻化工、纺织、造纸工业得到广泛应用。

表 8-14 不同牌号精制蜡的质量指标

项目	色泽	熔点/℃	酸值 /mg KOH·g^{-1}	皂化值 /mg KOH·g^{-1}	黏度 /MPa·s	灰分/%	地沥青 /%
S 蜡	乳白	80~83	130~150	155~175	25~30	<0.05	<1.5
E 蜡	乳白	78~81	15~20	145~165	15~30	<0.05	<1.0
F 蜡	淡黄	79~85	15~20	125~155			
KPE 蜡	黄	79~85	20~30	100~130			
OP 蜡	黄	98~100	10~15	100~115		<0.2	<1.0

本研究用内蒙古自治区锡林格勒盟的褐煤和云南褐煤为原料以间歇式方法从褐煤中提取蜡，其旨在于从中找出制备规律，进而达到工业实施的目的，建立褐煤蜡生产制备线。

8.5.5.1 从褐煤中提取蜡的制备技术

由褐煤提取褐煤蜡，通常是采用萃取的方法而得到褐煤蜡。褐煤蜡的萃取过程中选取适合的萃取溶剂成为关键技术，其次是由萃取工艺而决定。由于固液两相萃取，众多的研究均采用多次错流萃取和多级逆流萃取的方式进行分离。虽然萃取效果好，但溶剂消耗量大、能耗高[2]。本研究以二氯乙烷/乙醇混合液作为萃取溶剂，均采用多级逆流循环萃取的方式而得到褐煤蜡。

A 提取工艺技术

间歇式褐煤蜡制备技术包括褐煤蜡的溶剂萃取、含蜡溶液过滤及浓缩、溶剂回收和蜡成型等工序过程。完成萃取过程由 6~8 个萃取罐构成生产线，溶剂泵是最后一个萃取罐。依次逆流经过其他罐，将稀蜡溶液放入中间贮槽。以二氯乙烷/乙醇为溶剂浸取褐煤蜡的装置示意如图 8-6 所示。

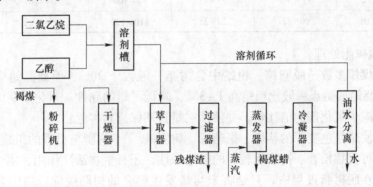

图 8-6 以二氯乙烷/乙醇为溶剂萃取褐煤蜡的装置流程示意图

在图 8-6 中褐煤经粉碎到粒度为 3~8mm、脱水至 15%~20%，投料于萃取罐中，加入一定量的萃取剂（约为原料煤的 4~6 倍）。煤在萃取罐中静置萃取 2~4h。为了提高萃取率，缩短萃取时间。经冷凝器冷凝后，溶剂循环使用。在蒸发器的底部得到褐煤蜡液，经蒸煮锅进一步除去残余溶剂和水，将蜡成型于所需的形状。

B 褐煤蜡的改质精制

粗蜡中含有暗色的树脂和沥青物质。树脂含量超过 15% 时，蜡产品发黏，降低了共熔性，其物理化学性质和机械性质也变坏；沥青物质易形成金属皂类、生成黑色物，并使蜡灰分增加，影响蜡的广泛应用[38]。粗蜡改质精制的目的是将有害的树脂和暗色的沥青物质从粗蜡中除去，生产酸型蜡（S 蜡），然后再经过酯化或部分酯化皂化处理，生产一系列的浅色硬质蜡。典型的浅色蜡型号及性质列于表 8-15。

表 8-15 浅色蜡的型号及性质

蜡　型		熔点/℃	酸值 /mg KOH·g^{-1}	皂化值 /mg KOH·g^{-1}	密度 /g·cm^{-3}	颜色
酸型蜡	S	81~87	136~155	155~175	1.00~1.20	淡黄
	L	81~87	120~140	140~160	1.00~1.02	黄
	LP	81~87	115~130	140~160	1.00~1.02	黄
酯型蜡	E	79~85	15~20	125~155	1.01~1.03	淡黄
	F	77~83	6~10	85~105	0.97~0.99	棕色
	KP	81~87	20~30	115~140	1.01~1.03	黄
	KPS	78~85	30~40	135~150	1.00~1.02	黄
	KSL	81~87	25~35	120~145	1.00~1.02	黄
乳化酯型蜡	KPE	79~85	20~30	100~130	1.00~1.02	黄
	KSE	82~88	20~30	80~110	1.00~1.02	黄
	DPE	89~94	20~30	80~110	1.00~1.02	黄
	KLE	81~87	25~35	80~110	1.00~1.02	黄
皂化酯型蜡	O	100~105	10~15	100~115	1.01~1.03	黄
	OP	98~104	10~15	100~115	1.01~1.03	黄
	FL	94~100	35~45	80~100	0.99~1.01	黄
	OM	90~97	20~25	110~125	1.00~1.02	黄

a 粗蜡脱树脂处理

国外的褐煤蜡多数是脱脂蜡。粗蜡中含树脂一般大于 20%，而商品蜡中树脂含量在 12% 以下，脱脂蜡的熔点一般比粗蜡高 1~3℃，降低了蜡的黏性。氧化精制时，以脱脂蜡作原料，可以减少氧化剂的消耗量，并使精制蜡长期保持其本色。

树脂是能使蜡颜色变深的萜烯、聚萜烯、树脂酸[39]。树脂与松香的组成和性质相近，在多种情况下可代替松香。树脂有较好的电绝缘性，还有生物活性作用，用于电器、油漆和医药工业。在脱树脂过程中，只是将未与蜡发生键合的树脂脱除。蜡中含有适量的树脂，对蜡的某些性质（如乳化性质）尚有好的影响。因此，树脂脱除视蜡的用途而定。

树脂比蜡和沥青易溶于某些溶剂，用于脱树脂的溶剂有乙酸乙酯、二氯乙烷和乙醇的混合溶剂、苯、二氯甲烷、汽油等，粗蜡脱树脂是将粗蜡粉碎至 0.4~0.5mm，以 1:8 之比加入苯，在 10℃ 下萃取，可以得到脱除 54% 的脱脂蜡，收率为 90%。将粗蜡加入 120 号汽油中，使其浓度为 10%~15%，在 80~90℃ 水浴下回流 30~40min，使蜡溶解、冷却到 45℃。结晶分离含树脂母液和蜡，再经洗涤，可以得到脱脂蜡，收率为 70%，含树脂 15.04%，蒸馏回收溶剂后，尚可得到 10% 的树脂收率。一般在 45℃ 开始结晶，这样可在较高温度下进行结晶分离，甚至可以省去冷冻工艺过程。

二氯乙烷和乙醇混合物可使褐煤蜡的萃取与脱树脂在同一过程进行。在较高温度下，用这种混合溶剂萃取蜡，然后降低温度。使蜡结晶与树脂分离，脱脂蜡中蜡含量90%以上。表8-16列出二氯乙烷和乙醇混合物制取脱脂蜡的试验结果。

表8-16　粗蜡脱树脂试验结果

指标项目	粗　蜡	脱　脂　蜡	
粗蜡溶液浓度/%		11.5	9.6
结晶时溶剂与粗蜡之比		7.7:1	9.4:1
洗涤时溶剂与粗蜡之比		6.9:1	7.8:1
蜡收率/%		60.72	59.74
树脂收率/%		40.98	42.07
密度/g·cm^{-3}	1.01		
熔点/℃	88.3	89.50	90.2
酸值/mg KOH·g^{-1}	29.12	33.33	31.95
树脂含量/%	28.44	2.32	2.03

b　蜡的氧化精制

粗蜡的精制有物理方法和化学方法。物理方法有溶剂分离、活性炭及白土吸附等，但分离精制效果均不明显。

粗蜡的硝酸氧化法工业生产已很成熟，但效率较低，精制蜡质量很难达到要求。重铬酸钾氧化法是德国巴的希采用的先进技术，且氧化的废液用于制革工业。

本研究是用铬酸氧化法工艺。先将粗蜡放入衬铅并带有搅拌的反应器中，加热溶化后不断搅拌，分几次缓慢地加入一定量的铬酸-硫酸混合液，在110~120℃下进行深度氧化。反应初始阶段，放热反应较剧烈、温度上升较快、蒸发速度快。蜡液变得黏稠；随着氧化反应的继续，蜡液逐渐变稀；反应终了，蜡聚集在表面，分离掉母液，加稀硫酸煮洗，再加清水煮洗直至中性；除去蜡中水分，得到色泽微黄、酸值约为140mg KOH/g 的 S 蜡。废液通过电解再生，氧化剂重复利用。

为了减少氧化剂的耗量，可以先用丙酮除去粗蜡中大部分树脂，然后用硫酸和铬酸作氧化剂氧化。

氧化由两段进行，这既可排除氧化废液对反应的干扰，使反应进行完全，又能使在氧化过程中，硫酸和铬酸相互反应产生了初生态氧，其反应式为：

$$3H_2SO_4 + 2H_2CrO_4 \longrightarrow Cr_2(SO_4)_3 + 5H_2O + 3[O]$$

初生态的氧反应性很活泼，促使树脂被氧化。地沥青经氧化成为酸，这种酸使精制蜡具有一定的硬度；氧化后所得的母液通过电解方法再生，重新得到硫酸和铬酸，在生产过程中循环使用。

电解再生过程中，硫酸铬在阳极（铅板）上进行如下的分解反应：

$$Cr_2(SO_4)_3 + 6H_2O - 6e^- \longrightarrow 2Cr_2O_3 + 3H_2SO_4 + 6H^+$$

铬酸和水反应即可得到铬酸：

$$Cr_2O_3 + H_2O \longrightarrow H_2CrO_4$$

上述两反应中所生成的硫酸和铬酸可以配制成氧化剂循环使用。

c 酯化和皂化

氧化精制的酸性蜡改质的主要方法是用醇酯化。酯化法可以得到纯洁、无树脂和地沥青的全酯醋，即酯型蜡。

将熔化了的酸性蜡在 $100 \sim 120℃$ 下，以 H_2SO_4 作催化剂，与醇作用，使其进行酯化反应。

由于酯化反应速度慢，短时期内难达到化学平衡，所需时间较长，为 $8 \sim 12h$。酯型蜡的性质与加入的醇的种类有关。在通常情况下，用二元醇作为增链剂，当与二元醇反应时，$1mol$ 醇与 $2mol$ 羧酸结合，链长增长约一倍。

酯化的结果生成了有价值的酯型蜡。由乙二醇反应可得到 E 蜡，它是浅黄色的结晶性硬蜡，擦光亮度和吸油性能很好。与碱作用，更易于皂化和乳化。

除二元醇外，一元醇和多元醇、芳香醇等也可作为酯化剂。通过改变醇的类型，使所得的酯型蜡的性质（如硬度、滴点、黏度、溶解度、成糊性能、光泽和乳化性等）在很宽的范围内变化。

在酯化过程中加入非离子型的乳化剂，这种含乳化剂的酯型蜡很容易制成乳状液。

皂化可以改善产品的一系列性质，如硬度、吸收溶剂能力、成糊能力和滑动作用等。皂化是改性浅色蜡的另一种方法，将一部分蜡酯酸化，然后再使其余的蜡酸接近完全皂化，从而得到部分皂化的酯型蜡。用碱金属氧化物或氢氧化物作为皂化剂。由氢氧化钙制备得到的 OP 蜡或 O 蜡就是典型的皂化蜡。

另外，用乙二胺处理酸性蜡或酯化蜡，所制得的酰胺蜡具有较高的硬度和熔点，可用作润滑剂和擦亮剂。

8.5.5.2 褐煤蜡成分的表征

褐煤虽然结构和组成较复杂，但通过一系列的工艺后，可制得用途广泛的各种制品。

A 褐煤蜡的表征

按照以上所述的工艺制备褐煤蜡，它们的性质如表 8-17 所示。

表 8-17　自制褐煤蜡的性质分析结果

序号	密度 /g·cm^{-3}	熔点/℃	酸值 /mg KOH·g^{-1}	皂化值 /mg KOH·g^{-1}	颜色	备注
1	$1.00 \sim 1.02$	$81 \sim 86$	$135 \sim 142$	$150 \sim 170$	浅黄	酸型蜡
2	$1.00 \sim 1.03$	$79 \sim 84$	$20 \sim 30$	$120 \sim 140$	棕色	酸型蜡
3	$1.00 \sim 1.02$	$82 \sim 84$	$25 \sim 31$	$100 \sim 130$	黄色	乳化蜡
4	$1.00 \sim 1.02$	$85 \sim 96$	$20 \sim 29$	$80 \sim 130$	黄色	乳化蜡
5	$1.00 \sim 1.01$	$100 \sim 105$	$10 \sim 15$	$100 \sim 110$	黄色	皂化蜡
6	$1.00 \sim 1.02$	$98 \sim 104$	$15 \sim 25$	$110 \sim 125$	黄色	皂化蜡

B 分析与讨论

由红外光谱图分析可知 $340 \sim 360℃$ 范围内蒸出的馏分含有烷烃、烯烃和醇类化合物，在不同温度范围条件下馏出物，正好与预期产物结果吻合。

8.5.5.3 结论

褐煤虽然结构和组成复杂，褐煤含较高的活性基因、腐植酸和蜡，经过用不同溶剂萃取或化学处理后，提取与精制可以得到各种贵重化工产品和原料。本文通过间歇式生产工艺制取褐煤蜡，对褐煤蜡进行了粗蜡脱树脂，蜡的氧化精制、酯化和皂化，进一步对褐煤蜡进行提纯精制，制得性能优良的十余种蜡制品。制得的产品可广泛用于轻工、日用品、纺织及造纸等行业。

本研究所建立的间歇式提取工艺，其设备投资小、产率高、操作简便，且安全易于掌握，生产制备过程中溶剂便于回收，对环境无污染、产品质量与技术的先进性等均超过国外同类技术，生产的蜡系列产品的出品率优良。

本技术的推广实施将缓解我国天然矿物蜡的紧缺，为开发我国褐煤高效清洁综合利用、工业生产和产品的深入研制将有重要意义。

以上两篇论文都涉及褐煤蜡萃取、脱脂、精制及合成蜡的主要过程，对褐煤蜡研究、生产具有很大的参考价值。

8.5.6 过氧乙酸与过氧化氢组合漂白研究进展

2014 年，李宝才等发表《过氧乙酸与过氧化氢组合漂白研究进展》[40]，论文介绍了过氧乙酸与过氧化氢的漂白机理及助剂；阐述了过氧乙酸与过氧化氢组合漂白的研究概况，从互补性应用优化条件及与其他环保漂白剂的联合应用四个方面对其进行综述；最后展望了其作为绿色漂白剂在其他领域，特别是褐煤蜡漂白工艺中的应用前景。

近年来，随着全民环保意识的日益增强，已对纸浆和织物等的漂白工艺提出了更高的环保要求，因此，由传统的含氯漂白向新型的无氯漂白转变已成必然的发展趋势[41]，而无氯漂剂及其工艺是其中的关键。特别是，过氧乙酸和过氧化氢作为优良的无氯环保漂剂备受行业者青睐[42,43]。这是因为过氧乙酸具有较高的氧化电位，分解产物对环境无公害，在中性或弱酸性条件下反应有利于保护纤维的机械性能[44]。而过氧化氢具有漂白选择性较好、白度提高较明显、废液污染小等优点[45]。据目前已有报道：单一使用过氧乙酸或过氧化氢进行漂白时很难达到较高白度，而使用二者进行组合漂白时白度提高显著[46~48]，因此过氧乙酸和过氧化氢组合漂白正成为高白度无氯漂白工艺研究的新热点。本文的意义在于综述近年来关于过氧乙酸和过氧化氢组合漂白的研究概况，特别是对其应用在褐煤蜡漂白中作出的重要展望。

8.5.6.1 过氧乙酸与过氧化氢漂白机理

目前关于过氧乙酸的漂白机理主要存在以下两种观点：一种观点认为在酸性介质中过氧乙酸产生一种 OH^+，该阳离子能够进攻木质素的电负性部位并与之发生氧化和芳环的羟基化反应，以此来除去木质素中 $C=C$ 双键、羰基等发色基团从而降解色素分子。另一种观点则认为在漂白过程中过氧乙酸分解产生的过氧羟基自由基的活性基团，它可与色素的共轭体系发生反应而起到漂白的作用[49,50]。与过氧乙酸漂白机理不同，过氧化氢在弱酸性条件下比较稳定，在碱性条件下极易分解[51]，通常认为 HOO^- 是漂白的主要成分，它主要进攻 α-羰基及邻对醌结构，产生消色。同时，HOO^- 引发过氧化氢分解生成的 $HOO \cdot$ 和 $HO \cdot$ 游离基，它们具有较高的活性，可破坏共轭羰基和 $C=C$ 双键等发色基团，使其变为无色基团来达到漂白效果[52,53]。

8.5.6.2 过氧乙酸与过氧化氢漂白助剂

由于过氧乙酸本身不稳定，尤其在 Cr^{3+}、Mn^{2+} 等重金属离子存在时易分解，因此如何控制漂白浆液中的金属离子分布已成为其漂白工艺中的关键问题[54]。目前使用较多的方法是：加入稳定剂以束缚重金属离子来防止过氧乙酸的无效分解。过氧乙酸的稳定剂主要有：硅酸钠、焦磷酸钠、六偏磷酸钠等[55]。同样，过氧化氢性质也不稳定，特别是在Cu^{2+}、Fe^{2+}等过渡金属离子存在时，分解更为剧烈，以致其脱木素选择性下降及还可能引发纤维降解反应[56]，其次是过氧化氢对已钝化的残余木素氧化效果不明显[57]。因此如何控制漂白浆液中的金属离子分布及如何提高过氧化氢脱木素能力成为其漂白工艺中的关键问题[58]。目前广泛应用的解决办法是：在过氧化氢漂白时加入适当和适量的螯合剂、稳定剂、缓冲剂及活化剂[59]。螯合剂主要有：乙二胺四乙酸、三聚磷酸盐等，稳定剂和缓冲剂主要是：$MgSO_4$ 和 Na_2SiO_3，而常见的活化剂有酰胺类、氰胺、多金属盐酸盐、杂菲等。

8.5.6.3　过氧乙酸与过氧化氢漂白互补性

普遍认为木素的发色基团主要是羰基与双键的共轭体系以及包括邻对醌在内的醌型结构等[60,61]。漂白的本质就是改变发色基团的化学结构，阻止发色基团之间的共轭、消除助色基团或者防止助色基团和发色基团之间的联合。漂白化学反应可以分为亲电反应和亲核反应两类。亲电反应是以阳离子和游离基为主的亲电试剂进攻非共轭木素结构中羰基的对位碳原子以及与烷氧基连接的碳原子，同时也可进攻邻位碳原子以及与环共轭的烯[62,63]；亲核反应是以阴离子为主的亲核试剂进攻羰基和共轭羰基结构[64]。一般认为：一种漂白剂只能选择性地进攻某些发色基团，对白度的提高存在一定限度[25]，且漂白剂在破坏原有发色基团的同时还可能生成新的发色基团。如果把破坏发色基团功能不同的几种漂白剂组合使用，那么就可能出现：不仅能够破坏原有发色基团而且还能够使新生发色基团变成无色结构，这样成浆白度势必大大提高。研究表明：过氧化氢漂白是通过 HOO^- 进攻木素中的 α-羰基及邻对醌结构，但对 C＝C 双键的进攻能力弱，且漂白过程中有新的发色基团生成。过氧乙酸主要进攻 C＝C 双键使之羰基化并对某些新生发色基团也具有良好漂白性，于是过氧化氢与过氧乙酸就形成了漂白的互补性[46]。关于过氧乙酸与过氧化氢组合漂白的应用效果，研究者们进行了大量的探究工作，并取得了较好的效果。

8.5.6.4　过氧乙酸与过氧化氢组合漂白的应用

A　过氧乙酸与过氧化氢组合在纸浆漂白工艺中的应用

目前过氧乙酸与过氧化氢组合漂白主要在纸浆漂白工艺中应用较多，王强等[48]对麦草化机浆进行过氧乙酸单漂（Pa）、过氧化氢单漂（P）及过氧乙酸与过氧化氢组合漂白（PPa 或 PaP）。结果显示：白度为 20.2%ISO 的原浆经 2.0%过氧乙酸单漂后，成浆白度只能达到 37.2%ISO，经 5.0%过氧化氢单漂后，成浆白度也只能达到 40.3%ISO；而使用过氧乙酸与过氧化氢组合漂白后，成浆白度可达到 54.6%ISO（5%过氧化氢置于初漂段）和 60.0%ISO（2%过氧乙酸置于初漂段）。此外在 2%过氧乙酸置于初漂段的基础上，增加两段 5%过氧化氢复漂（即 PaP5P5），结果最终成浆白度可达到 70.3%ISO，且纸张的强度性能提高。同样，葛培锦等[66]在麦草生物化机浆中也验证了组合漂白的优越性：白度为 29.6%ISO 的原浆经 6%过氧乙酸单漂后，成浆白度为 41.2%ISO，仅比 3%过氧乙酸单漂时增加 1.1%ISO，这说明仅靠单纯的常规过氧乙酸漂白难以使成浆达到较高的白度。经 8%过氧化氢单漂后，成浆白度为 44.1%ISO，仅比 5%过氧化氢单漂增加 2.2%ISO，这说明仅靠单纯的常规过氧化氢漂白同样难以使成浆达到较高的白度。而采用过氧乙酸与过氧化氢组合漂白后，成浆白度分别可达 61.9%ISO（PaP3P3）和 72.1%ISO（PaP5P5），这说明了组合漂白比任何一种单漂效果都要好。

B　过氧乙酸与过氧化氢组合漂白在织物漂白工艺中的应用

过氧乙酸与过氧化氢组合漂白不仅在纸浆漂白工艺中应用，且在织物漂白中也渐渐兴起。魏玉娟等[46]对比了过氧乙酸单漂、过氧化氢单漂、过氧乙酸与过氧化氢组合漂白对大麻织物的漂白效果，通过分析大麻织物的一些性能和木质素含量得出：漂白前木素含量为 5.8%，经 10g/L 过氧乙酸单漂、10g/L 过氧化氢单漂、过氧乙酸初漂与过氧化氢复漂后大麻织物中木质素含量分别为 4.02%、4.53%和 3.63%；且使用二者组合漂白时，在保持一定强力前提下，可使大麻织物获得较好的白度，由此可见该组合漂白在织物漂白中也具有较大的应用前景。

8.5.6.5　过氧乙酸与过氧化氢组合漂白应用的优化条件

关于组合漂白的组合方式存在如下两种：过氧乙酸—过氧化氢（PaP）和过氧化氢—过氧乙酸（PPa），大多试验证明了 PaP 效果优于 PPa，陈嘉翔等[67]认为对于 PaP 组合漂白优于 PPa 组合漂白的机理是：过氧乙酸使发色基团 C＝C 双键变为无色基团时部分被氧化为羰基，这样紧接着过氧化氢漂白就能很好地除去羰基发色基团，从而进一步提高白度。李鸿斌等[47]认为随着漂白段数的增加，木素结构改变，暴露出更多的羟基，使得浆的结合力增加，成浆强度增加。关于过氧乙酸与过氧化氢影响各自漂段效果的主要因素也有大量研究者做了工作，一般认为过氧乙酸段影响白度的主要因素次序是：过氧乙酸用量>反应温度>反应时间>pH 值；影响强力的主要因素次序是：过氧乙酸用量>pH 值>反应温度>反应时间。而过氧化氢段影响白度的主要因素次序是：反应温度>双氧水用量>反应时间>硅酸钠用量，影响强力的主要因素次序是：双氧水用量>反应温度>反应时间>硅酸钠用量[65]。因此为了同时达到较好白度和强力，寻找不同浆料或织物的组合漂白优化条件便成了研究重点。

8.5.6.6　过氧乙酸与过氧化氢与其他环保漂白剂的联合应用

为了在过氧乙酸与过氧化氢组合漂白的基础上达到更好的漂白效果，研究者们尝试着与其他环保漂白剂联合应用，并取得了显著效果，这样便拓展形成一条高白度的绿色漂白工艺。

A　过氧乙酸与过氧化氢组合和氧气的联合应用

氧脱木素是在碱性介质中利用分子氧的两个未成对电子对形成 $HOO^-\cdot$、$O_2^-\cdot$ 和 $HO\cdot$ 等游离基与料浆中残留的木素进行游离基反应，使木素大分子变成小分子从而溶于碱液中。研究表明氧、过氧乙酸和过氧化氢三者进行联合漂白（即 OPaP）成浆白度可以大大提高。孙冬冬[70]在研究过氧乙酸用于硫酸盐麦草浆多段漂白时，初漂段为氧漂，白度为 34.6%ISO 的原浆经氧漂后白度为 52.8%ISO，再经过氧乙酸复漂后白度为 71.8%ISO，最后经过氧化氢复漂后白度为 74.2% ISO。而若不加氧漂段，只经过 PaP 漂后最终白度为 60.5%ISO[48]，这比添加氧漂段小了 13.7%ISO。

B　过氧乙酸与过氧化氢组合和木聚糖酶的联合应用

目前木聚糖酶对料浆漂白的作用机理仍不很明确，主要存在如下两种观点：一种观点认为在碱性条件下木聚糖酶通过水解部分被吸回的木聚糖可使残余木素暴露出来，从而使漂白剂与残余木质素更容易发生作用以达到脱木素的目的。另一种观点则认为木聚糖酶在降解木聚糖的同时破坏了木素—碳水化合物复合体联结，从而有利于这部分木素的脱除[71,72]。刘丽等[64]研究蓝桉硫酸盐浆 TCF 漂白时，初漂段为氧漂，白度为 31.8%ISO 的原浆经氧漂后白度为 51.5%ISO，再经木聚糖酶复漂（X）后白度为 58.1%ISO，最后经过氧乙酸与过氧化氢组合复漂后（即 OXPaP）白度为 86.3%ISO。若省去木聚糖酶漂段（即OPaP）则最终白度为 84.9%ISO。另外经酶处理的浆（OXPaP）与未经酶处理的浆（OPaP）相比，产品的裂断长、抗张指数、撕裂指数都有所提高。

C 过氧乙酸与过氧化氢组合和二氧化氯的联合应用

二氧化氯具有较强的脱木素能力和较好的脱木素选择性，也能大幅度减少了纤维素和半纤维素的降解[73]，其主要与酚型木素单元发生反应，酚型木素单元被氧化生成含有羧基的可溶性黏糠酸衍生物[74~77]。研究表明过氧乙酸、过氧化氢和二氧化氯三者进行联合漂白（即 PaPD）成浆白度可以大大提高。孙冬冬等[70]在研究过氧乙酸用于硫酸盐麦草浆多段漂白时，初漂段为氧漂，白度为 34.6%ISO 的原浆经氧漂后白度为 52.8%ISO，经过氧乙酸复漂后白度为 71.8%ISO，再经过氧化氢复漂后白度为 74.2%ISO，最后经二氧化氯复漂（D）白度为 87.5%ISO，由此可见 OPaPD 比 OPaP 白度增加 13.3%ISO，这与 D 段对低硬度浆有更突出的脱木素效果和 Pa 对 P 段有活化作用有关。

8.5.6.7 展望

由此可见，过氧乙酸与过氧化氢组合漂白及与其他环保漂剂的联合应用在纸浆和织物漂白中具有其合理优越性。此外，根据其氧化特点亦可在合成化工中用作官能团的转化、双键的开环。且在一些行业可代替重金属氧化剂如高锰酸钾、重铬酸盐等作为绿色氧化剂。根据其氧化降解作用本课题组已实现年青褐煤过氧化氢降解生产黄腐植酸工艺及产物性质鉴定[78]，这对取代传统硝酸制备腐植酸有重要的环保进步意义。而在褐煤资源中还存在另一种重要的产品——褐煤蜡，因其优良特性被广泛应用于日化、铸造、汽车等领域。但由于褐煤粗蜡中芳构化的三环二萜、五环三萜烃类等物质而使其呈黑褐色[79]，即便脱脂后的褐煤蜡颜色依然较深，这大大影响了其应用范围。因此如何除去褐煤蜡中暗色物质的氧化漂白成了研究重点，目前较为成熟的脱色方法仍是铬漂氧化法[4]，但其对环境造成一定压力，故寻求新的环保氧化体系成为了该领域的研究热点。褐煤蜡中的暗色物质主要是含有羧基、C＝C 双键及木素激活脱氢产物等[80]，而过氧化氢与过氧乙酸能够很好地进攻羧基、邻对醌结构以及 C＝C 双键等[46]，且林振发等[81]用过氧化氢在褐煤蜡氧化精制中也取得了一定的应用效果，本课题组已经开展了过氧化氢与过氧乙酸组合漂白褐煤蜡的相关工作并已取得了实质性突破。相信随着人们对二者组合漂白及与其他环保漂剂的联合应用的研究不断深入，过氧乙酸和过氧化氢作为环保无氯漂剂将会得到更加广泛的应用。

说明：该论文虽然不是具体针对褐煤蜡氧化精制而写，但对褐煤蜡氧化精制不无启发作用，不过，选择氧化剂时，必须考虑氧化剂对褐煤蜡蜡质是否具有破坏作用。

8.5.7 脱树脂褐煤蜡的氧化漂白新工艺

2014 年 Cheng Yuan 等发表《Environment friendly bleaching methods of montan wax》[82]，

2015年袁承等发表《脱树脂褐煤蜡的氧化漂白新工艺》[6]，这两篇论文以云南峨山脱树脂褐煤蜡（ESDMW）为研究对象，以色度（L）值为主要考察指标，研究脱树脂褐煤蜡的氧化漂白新工艺。考察了在 H_2O_2、CH_3COOOH 以及 H_2O_2 与 CH_3COOOH 组合 3 种氧化体系下的漂白效果，结果显示 H_2O_2 与 CH_3COOOH 组合体系优于 H_2O_2 和 CH_3COOOH 的单独体系，且 CH_3COOOH/H_2O_2 组合的效果较好。对 CH_3COOOH/H_2O_2 组合时的工艺参数进行了响应面优化，得到最佳条件为：$m(CH_3COOOH):m(ESDMW)=20:1$，$m(H_2O_2):m(ESDMW)=36.7:1$，时间 80min，温度 118.5℃，该条件下产物的 L 值为 62.02，与模型预测值 63.03 基本相符。同时进行了 CH_3COOOH/H_2O_2 组合体系与 Cr^{6+} 体系的联合漂白，结果表明 $Cr^{6+}+CH_3COOOH/H_2O_2$ 联合方式的漂白效果最好，优化后的联合方式，在保证较佳漂白效果的前提下有效减少了 Cr^{6+} 氧化剂的用量。

说明：这两篇论文实际就是受到前一篇综述的启发，不过，选择氧化剂时，必须考虑氧化剂对褐煤蜡蜡质是否具有破坏作用。

8.5.8　褐煤蜡的精制及应用研究

2015 年，文铭孝等发表《褐煤蜡的精制及应用研究》[83]，论文以褐煤蜡为基本原料，通过脱脂和氧化精制，并对其进一步加工，制成以碳链长 $C_{22}\sim C_{28}$ 为主要成分的长链线性饱和羧酸钠盐成核剂。文章主要考察了褐煤蜡的脱脂和氧化精制时的氧化剂比例、氧化反应时间对产物收率和颜色的影响[4]以及制成钠盐产品对塑料产品的力学性能影响。

褐煤蜡是从褐煤中提取的蜡，是一种组分复杂的混合物，未经过精制的褐煤蜡需求较少，而精制脱色后的各种蜡具有广泛的用途。精制后的褐煤蜡经过皂化后制成长链线性饱和羧酸钠盐，是一种优良的成核剂，其作为一种功能性助剂可以改变塑料制品的结晶形态，提高其刚性、韧性、热变形温度、蠕变性能、透明性及制品表面光泽度等物理机械性能与加工性能，从而提高制品的使用性能，拓宽应用范围[30]。

本文主要研究以褐煤蜡为原料，经脱脂后对其进行氧化漂泊，得到浅色蜡，并以精制蜡的收率和颜色作为主要指标，对氧化脱色过程中的影响因素进了研究，并对制得的浅色蜡皂化而成的成核剂应用在塑料改性上进行初步探讨。

8.5.8.1　试验精制及皂化方法

（1）精制：在三口瓶中加入一定量褐煤蜡、乙酸乙酯混合搅拌，加热回流 3h，降至室温后过滤得脱脂蜡。脱脂蜡在 H_2O_2 与氨水的混合溶液中加热回流 2h，冷却后过滤烘干得精制蜡。

（2）皂化：在三口瓶中加入一定量的精制蜡、NaOH 溶液、二甲苯和 95% 乙醇，加热回流 5h，冷却后过滤烘干得其钠盐。

8.5.8.2　结果与讨论

A　定性结果

由精制褐煤蜡甲酯化的质谱图，其中四个主要的峰分别为 $C_{21}H_{43}COOCH_3$、$C_{23}H_{47}COOCH_3$、$C_{25}H_{51}COOCH_3$、$C_{27}H_{55}COOCH_3$。

由离子峰图四个主峰的定性结果为：$CH_3(CH_2)_{20}COOH$、$CH_3(CH_2)_{22}COOH$、$CH_3(CH_2)_{24}COOH$、$CH_3(CH_2)_{26}COOH$。

B 氧化剂比例对产物的影响

在经过脱脂后的褐煤蜡，通过改变不同的氧化剂比例，对产率和颜色的影响分别见表 8-18。

表 8-18 氧化剂比例对产率和颜色的影响

H_2O_2：氨水	收率/%	颜 色
1：1	70.5	棕黄
1.5：1	71.4	黄
2：1	72.2	浅黄
2.5：1	72.5	浅黄
3：1	72.3	浅黄
4：1	72.7	浅黄

氧化剂是由双氧水和氨水组合的，起氧化作用的主要是双氧水。由表 8-18 可以看出，氧化剂的比例改变对产物的收率影响不大，但是对其颜色影响较大。当氨水占的比重大时，由于双氧水在碱性条件下分解比较快，氧化脱色的效果就差；而当双氧水量继续增加，对产物的颜色没有太大改变，所以双氧水和氨水的比例应该在 2：1~3：1 为宜。

C 氧化反应时间对产物的影响

脱脂后的褐煤蜡，在双氧水和氨水比为 2：1，加热回流，反应时间对产率影响分别如表 8-19 所示。

表 8-19 反应时间对产率的影响

时间/h	收率/%	颜 色
0.5	69.5	棕黄
1	71.3	黄
1.5	71.8	黄
2	72.4	浅黄
2.5	71.9	浅黄
3	72.5	浅黄

由表 8-19 可知，反应时间从 0.5h 增加到 3h，产率增加并不明显，反应时间达到 2h 后，产率和颜色都没有明显变化。氧化反应主要是对褐煤蜡进行脱色，对产物收率的影响并不大。

D 造粒工艺应用试验结果

精制褐煤蜡经过皂化后制成钠盐，并进行了造粒工艺应用试验，试验结果见表 8-20。

表 8-20 造粒工艺应用试验

描述	添加量/%	屈服强度/MPa	断裂强度/MPa	弹性模量/MPa	断裂伸长率/%	浊度
1 号	0	37.0	26.3	1050	420	3.5
2 号	0.2	46.2	42.8	2260	40	1.0

从以上试验结果可以看出，对于褐煤蜡制成的成核剂应用于造粒工艺生产透明料时，产品机械强度、弹性提高，而且透明度明显提高，但是断裂伸长率降低。

8.5.8.3 结论

（1）经 FTIR 及 MS 鉴定分析，经过处理后的褐煤蜡钠盐是以碳链长 $C_{22} \sim C_{28}$ 为主要成分的长链线性饱和羧酸钠盐。

（2）褐煤蜡精制的最佳工艺条件为：以双氧水和氨水组成的氧化剂比例为 2∶1，反应时间 2h，所得产物产率为 72%。

（3）精制褐煤蜡制成钠盐，应用于造粒工艺生产透明料时，产品的机械强度、弹性提高，而且透明度明显提高。

8.5.9 褐煤蜡脱树脂及其氧化精制

2013 年，王林超等发表《褐煤蜡脱树脂及其氧化精制》[4]，论文研究了用甲苯将 3 个不同产地的褐煤粗蜡脱去树脂成分，并对所得的脱脂蜡进行氧化精制的研究。采用正交试验设计方法考察第一次氧化时间、第二次氧化时间、氧化剂用量比例、酸用量比例对精制蜡颜色的影响。结果表明，酸用量比例对精制蜡颜色的影响达到显著水平，一次氧化时间、二次氧化时间和氧化剂用量比例影响不显著。优化工艺条件为：t_1 为 5h，t_2 为 3h，投料与氧化剂用量比例为 1∶2.8(m/m)，投料与酸用量比例为 1∶5(m/V)，在此条件下所得精制蜡颜色最浅，产率最高达 83.5%。在最佳工艺条件下对 3 种脱脂蜡进行氧化对比研究，从蜡色上看，峨山精制蜡较白，接近昭通蜡，而寻甸蜡颜色微带黄色。对结果进行分析，寻甸蜡质相对而言较差，峨山蜡更具经济价值。

8.5.10 褐煤蜡的氧化精制新工艺及其质量测评新方法研究

昆明理工大学硕士毕业论文《褐煤蜡的氧化精制新工艺及其质量测评新方法研究》[86] 摘要：褐煤蜡的氧化精制工艺向低铬和无铬转型已经成为该行业发展的基本趋势，探寻更加优良的氧化精制方法也一直是该领域的研究热点，因为这对褐煤蜡高端产品的研发乃至整体附加值的提升均至关重要。此外，长期以来关于褐煤蜡的质量评价一直没有一个较为完美的方法学体系，特别是缺少一个综合外观颜色品质和内部物质基础的质量标准，但其对褐煤蜡的产品分级、质量控制、掺假鉴别以及产地归属均不可或缺。基于此，本论文开展了一系列的相关工作，力求在突破原有技术瓶颈的基础上为褐煤蜡的工艺转型及质量标准的建立提供一定的理论依据和实践基础。具体内容及研究结果如下：

（1）通过大量的文献调研，综述了褐煤、褐煤蜡、氧化精制工艺、环保氧化剂、颜色空间技术及指纹图谱技术等背景知识；并在此基础上归纳出本论文研究课题的主要内容、研究意义、技术路线以及预期目标。

（2）系统地研究了无铬氧化剂体系（过氧化氢（P）、过氧乙酸（Pa）、P-Pa、Pa-P）和低铬氧化剂体系（Pa-P-Cr^{6+}、Cr^{6+}-Pa-P）的氧化漂白效果，结果表明 Pa-P 法和 Cr^{6+}-Pa-P 法相对较好，并在此基础上做了相关的优化试验。根据响应面法优化后 Pa-P 法的最佳白度工艺条件为：Pa∶峨山脱树脂褐煤蜡（ESRRMW）为 20∶1，P∶ESRRMW 为 36.7∶1，时间（t）为 80min，温度（T）为 118.5℃，在该条件下产物的 L 值为 62.02。此外，根据初步简约优化后 Cr^{6+}-Pa-P 法的较佳白度工艺条件为：$Na_2Cr_2O_7 \cdot 2H_2O$: ESRRMW 为 1.96 : 1，其余与 Pa-P 法的最佳参数值保持一致，在该条件下产物的 L 值为 62.09。从二者所得的产物性质来看，后者明显比前者好，且后者与 Cr^{6+} 法所得的产品性质接近。

（3）采用 CIE Lab 色彩模式对褐煤蜡的外观颜色进行数字化表征，在检验其可行性和可靠性的基础上，初步建立了一个关于褐煤蜡颜色品质的评分模型 $y = 0.9L - |0.02a| - |0.08b|$，并分别获得了昭通、峨山、寻甸、宝清四地区 Cr^{6+} 法精制褐煤蜡的综合得分为：80.5、80.7、72.3、76.6，其与人的视觉感知趋势一致；该方法弥补了语言描述无法对颜色差异进行量化的缺陷，并为褐煤蜡的颜色品质分级提供有力的参考依据。

（4）利用 GC 表征了昭通、峨山、寻甸、宝清四地区的 Pa-P 法、Cr^{6+} 法和 Cr^{6+}-Pa-P 法精制褐煤蜡产品的全组分，结果表明后两者的组分基本一致，而与前者存在一定差别；同时四地区用相同工艺制备的精制褐煤蜡产品成分间存在"大同小异"的特点。再利用 GC-MS 对 Pa-P 法和 Cr^{6+} 法制备的部分精制褐煤蜡产品的全组分和局部组分进行定性分析，结果表明二者所制备的精制褐煤蜡主要成分为 $C_{15} \sim C_{30}$ 的酸类物质，其他少量成分主要为 $C_{20} \sim C_{30}$ 的醇类物质和 $C_{20} \sim C_{30}$ 的烃类物质；且后者的酸类物质比前者的多，前者的醇类物质比后者的多，而两者的烃类物质基本一致，该结果与氧化精制过程中物质变化的基本原理相符；同时还揭示了前者的产品质量不及后者的根本原因在于其氧化程度相对较浅。

（5）在方法学考察可行的基础上，建立了四地区褐煤蜡系列产品的 GC 指纹图谱，通过相对保留时间和相对峰面积的数值来反映其内部组成特征，结果表明四地区的指纹图谱间在具有较高相似度的基础上也呈现出一定的差异性，并利用这一特点在褐煤蜡的工艺调控、掺假鉴别以及产地归属等方面均呈现出颇高的应用价值。此外，与德国的同类褐煤蜡产品相比，表明中国的褐煤蜡产品达到了与之相媲美的水平。

参 考 文 献

［1］叶显彬，储少岗. 冷却结晶法脱除粗褐煤蜡中树脂的研究［J］. 燃料化学学报，1993，23（1）：108~112.

［2］李宝才，张惠芬. 云南褐煤蜡氧化精制的研究［J］. 燃料化学学报，1999，27（3）：277~281.

［3］郑筱梅，李自林. 褐煤蜡精制方法研究［J］. 重庆师范大学学报（自然科学版），1988，4（2）：58~61.

［4］王林超，曾灵娜，等. 褐煤蜡脱树脂及其氧化精制［J］. 光谱试验室，2013，30（1）：158~162.

［5］贺金泉，马子权，等. 利用含铬废液生产液体铬鞣剂［J］. 环境工程，1997，6（5）：53~55.

［6］袁承，张惠芬，张籹，等. 脱树脂褐煤蜡的氧化漂白新工艺［J］. 林产化学与工业，2015，35（4）：97~104.

［7］孙跃，张福水，角仕云，等. 电氧化法回收褐煤蜡精制废液中铬的电流效率优化研究［J］. 应用化工，2017，46（9）：1678~1682.

［8］叶显彬，周劲风. 褐煤蜡化学及应用［M］. 北京：煤炭工业出版社，1989.

［9］Врегвадзе У Д. АВТ. СВИД. СССР，204473，1966.

［10］李宝才，孙淑和，吴奇虎. 浅色褐蜡煤［J］. 江西腐植酸，1986（2）：15-21.

［11］Boyen E V，DP 101373 and 116453（1897）.

[12] K. H. Stetter Fette. Seifen. Anstrichmzittel, 1979, 81（4）：159.

[13] Presting W, Steinbach U K, Fotte. Seifen. Anstrichmittel, 1955, 57：329.

[14] Presting W, Kreuler U Th, Fette. Seifen. Anstrichmittel, 1965, 67：334.

[15] Kunge D, Fette. Seifen. Anstrichmittel, 1959, 61：31.

[16] Ger. Offen 2432215, 1976.

[17] Хомягов Б Г. Техенологая. Электро химиечских лроноеопств.（1949）：282~294, 404~406.

[18] 马治邦，薛宗佑，于绍芬. 用舒兰褐煤制取浅色硬质褐煤蜡 [J]. 东北煤炭技术, 1989（2）：24~26.

[19] 李宝才，戴以忠，等. 蒙旦蜡氧化精制的研究 [J]. 云南工业大学学报, 1999, 15（2）：12~15.

[20] 李宝才，孙淑和，等. 浅色蒙旦蜡 [J]. 江西腐植酸, 1986（2）：15.

[21] 李宝才，孙淑和，吴奇虎. 褐煤蜡的硝酸氧化精制 [J]. 江西腐植酸, 1987（1）：29.

[22] 舒兰矿务局. 红矾钠制取精制蜡和碱式硫酸铬（鉴定报告），1991.

[24] 中华人民共和国煤炭工业部. GB 2559~2564—81 褐煤蜡的测定方法. 北京：技术标准出版社, 1981.

[25] 李宝才，戴以忠，张惠芬，等. 蒙旦蜡精制新工艺的研究（云南省科学技术委员会应用基础基金项目鉴定报告）. 云南工业大学, 1998.

[26] 李宝才，戴以忠，张惠芬，等. 蒙旦树脂烃化学组成及结构特征 [J]. 燃料化学学报, 1999, 27（1）：80~90.

[27] 李宝才，戴以忠，张惠芬，等. 蒙旦树脂化学组成的研究 [J]. 燃料化学学报, 1995, 23（4）：429~434.

[28] 李宝才，戴以忠，张惠芬，等. 蒙旦树脂化学组成及应用研究（云南省科学技术委员会应用基础基金项目鉴定报告）. 云南工业大学, 1994.

[29] 戴以忠，李宝才. 昭通褐煤制取褐煤蜡的研究 [J]. 云南化工, 1989（2）：5~9.

[30] 张声俊，刘吉平，等. 褐煤蜡的工业制备及精制技术 [J]. 化工进展, 2011, 30（增刊）：509~513.

[31] 沈萍，刘喜奇，王立君，等. 浅谈褐煤的形成机制及开发加工利用 [J]. 中国煤炭地质, 2009（21）：17~19.

[32] 孟凡英，孟欣，褐煤利用的新技术 [J]. 中国科技信息, 2009（23）：33~39.

[33] 褐煤高效清洁综合利用研究报告 [J]. 北京：北京理工大学, 2008.

[34] 沈国娟，张明旭，王龙贵. 浅谈褐煤的利用途径 [J]. 煤炭加工与综合利用, 2005（6）：25~27.

[35] 刘民娟，刘大野，丹峰煤田富蜡褐煤资源特征及其利用方向 [J]. 内蒙古煤炭经济, 2004（6）：20~22.

[36] 宋之晔. 低热值富蜡褐煤的综合利用 [J]. 节能, 2002（5）：48-49.

[38] 朱继升，陈兰光，成绍鑫，等. 精制褐煤蜡的化学组成及其研究方法 [J]. 腐植酸, 1994（2）：1~5.

[39] 李宝才，张健，周梅村，等. 褐煤树脂醇类化学组成与分布特征 [J]. 昆明理工大学学报（理工版），2004, 29（3）：82~90.

[40] 李宝才，袁承，秦谊，等. 过氧乙酸与过氧化氢组合漂白研究进展 [J]. 昆明理工大学学报（自然科学版），2014, 39,（3）：94~97.

[41] 胡剑民，沈葵忠，房桂干，等. 竹材化学浆 ECF/TCF 漂白技术 [J]. 中华纸业, 2010, 31（12）：12~15.

[42] Pratima Bajpai. Environmentally Benign Approaches for Pulp Bleaching [M]. 2nd ed. The Nether-lands：Elsevier Science, 2012：97~134.

［43］ Pratima Bajpai. Environmentally Benign Approaches for Pulp Bleaching ［M］. 3nd ed. The Nether-lands：Elsevier Science，2012：167~188.

［44］ 邹艳洁，徐立新，刘洪斌. 过氧乙酸漂白的脱木素选择性 ［J］. 纸和造纸，2007，26（1）：35~37.

［45］ 李金玲，谢益民. 杉木化学浆过氧化氢漂白的研究 ［J］. 湖北造纸，2012（3）：49~52.

［46］ 魏玉娟，李瑞. 过氧乙酸漂白大麻织物的工艺研究 ［J］. 印染助剂，2011，28（7）：32~35.

［47］ 李鸿斌，任维羡，林曙明. 桉木化机浆过醋酸与过氧化氢漂白的研究 ［J］. 造纸化学品，2002，14（1）：19.

［48］ 王强，陈嘉川，杨桂花，等. 麦草化机浆制浆及漂白的研究 ［J］. 2009，28（4）：34~36.

［49］ 田野，陈嘉川、杨桂花. 烧碱蒽醌麦草浆过氧乙酸漂白 ［J］. 纸浆造纸工艺，2012，43（4）：14~18.

［50］ 刘杰. 大豆蛋白复合纤维 E 亚麻混纺纱的过氧乙酸漂白工艺 ［J］. 天津工业大学学报，2009，28（5）：54~56.

［51］ 张瑞霞，李静. 纸浆过氧化氢漂白稳定剂的研究进展 ［J］. 造纸化学品，2012（6）：1~6.

［52］ 韩颖，翟华敏. 机械浆碱性过氧化氢漂白的研究进展 ［J］. 中国造纸，2008，28（1）：50~55.

［53］ Gamer A，Gellerstedt G. Oxidation of residual lignin with alkaline hydrogen peroxide part Ⅱ：Elimination of chromophoricgroups ［J］. JPPS，2001，27（1）：244.

［54］ 郑建美. 金属离子影响过氧乙酸分解速度的探讨及对策 ［J］. 化学工程与装备，2007（4）：8~12.

［55］ 张峰，殷佳敏，卢鹏举. 过醋酸漂液的稳定性及稳定剂的选择 ［J］. 印染助剂，2004，21（5）：29~31.

［56］ Fisher A E O，Maxwell S C，Naughton D P. Superoxide and hydrogen peroxide superession by metalions and their EDTA complex ［J］. Biochemical and Biochemical research Communication，2004，316（1）：48~51.

［57］ Chang H M，Kadla J F，Jameel H. The Chemstry of ligin model compound reaction with peroxy oxide ［C］. Proceedings of 10th ISWPC，Yokohama，Japan，1999.

［58］ Anna Wuorimaa，Reija Jokela. Recent development un the stabilization of hydrogen peroxide bleaching of pulps：An owerview ［J］. Bolic Pulp and paper Research Journal，2006，21（4）：435.

［59］ 邹鸿春，谭国民. 几种助剂在过氧化氢漂白中的应用 ［J］. 纸和造纸，2004（1）：34~35.

［60］ 李新平，陈中豪. 漂白过程中木素发色基团的研究方法 ［J］. 中国造纸学报，1999，14（增刊）：115~120.

［61］ Lin S Y，Kringstad K P. Photosensitivegroups in lignin and model compounds ［J］. Tappi，1970，53（4）：658~663.

［62］ 谢来苏，詹怀宇. 制浆原理与工程 ［M］. 北京：中国轻工业出版社，2005：105~123.

［63］ 曾园. 低污染负荷纸浆漂白技术研究进展 ［J］. 湖北造纸，2011（3）：8~12.

［64］ 刘丽，刘宏华. 李海燕，等. 蓝桉硫酸盐浆 TCF 漂白 ［J］. 中国造纸学报，2002，17（2）：37~40.

［65］ 贾维妮，徐俊，张瑞萍. 大豆蛋白织物漂白工艺研究 ［J］. 印染助剂，2010，27（5）：50~52.

［66］ 葛培锦，李昭成，陈嘉川，等. 麦草生物化机浆过氧乙酸与过氧化氢漂白 ［J］. 中华纸业，2004，25（9）：26~28.

［67］ 陈嘉翔，詹怀仁，余家鸾. 现代制浆漂白技术与原理 ［M］. 广州：华南理工大学出版社，2000：235~364.

［68］ 杨骐铭，唐凤华，张运展. 过氧乙酸用于杨木 NS-AQ 浆漂白 ［J］. 中国造纸，2003，22（12）：5~8.

［69］陈团伟，康彬彬，刘龙燕，等．咸酥花生加工中漂白工艺的研究［J］．包装与食品机械，2010，28（5）：9~12.

［70］孙冬冬，徐立新，温雪梅，等．过氧乙酸用于硫酸盐麦草浆多段漂白［J］．中国造纸，2007，26（1）：66~68.

［71］阴眷梅，刘忠．木聚糖酶的性质及其在纸浆漂白中的应用［J］．杭州化工，2007，37（4）：39.

［72］王治艳，陈嘉川，杨桂花．木聚糖酶用于麦草浆 ECF 漂白的研究［J］．中国造纸学报，2010，25（1）：5~8.

［73］王小雅，曹云峰．纸浆绿色漂白——二氧化氯漂白［J］．纤维素科学与技术，2012，20（3）：78~86.

［74］Wright P J, Ginfing Y A, Abbot. Kinetic models for peroxide bleaching under alkaline conditions. Part 1. One and two chromophore models［J］. Journal of Wood and Technology, 1991, 11（3）：349~371.

［75］Brogdon B N, Mancosky D G, Lucia L A. New insights into modification during chlorine dioxide bleaching sequences（Ⅰ）：chlorine dioxide delign-fication［J］. Journal of Wood Chemistry and Technology, 2004, 24（3）：201.

［76］周学飞．制浆漂白技术最新进展［J］．纤维科学与技术，2004，12（3）：36~41.

［77］Hamzeh Y, Benatar N, Mortha G, et al. Modified ECF bleaching sequences of timizing the use of chlorine dioxide［J］. App Ita Journal, 2007, 60（2）：151.

［78］张水花，李宝才，张惠芬，等．年青褐煤 H_2O_2 降解生产黄腐酸工艺及产物性质［J］．化学工程，2010，38（4）：85~88.

［79］李宝才，卜贻孙，张惠芬，等．褐煤树脂中游离酸的化学组成与结构特征［J］．燃料化学学报，2000，28（2）：162~168.

［80］石欣欣，甄会丽．褐煤蜡树脂化学组成的研究概况［J］．中国科技博览，2012，2（7）：102.

［81］林振发，王鑫，张志银，等．一种褐煤蜡的氧化脱色精制方法：中国，CN201010535750.0［P］．2012-05-23.

［82］Cheng Yuan, Huifen Zhang, Mi Zhang, et al. Environment friendly bleaching methods of montan wax［J］. Journal of Chemical and Pharmaceutical Research, 2014, 6（6）：1223~1229.

［83］文铭孝，文武，翁行尚．褐煤蜡的精制及应用研究［J］．广东化工，2015，42（14）：1~2.

［84］王小强，竺栋荣，等．羧酸盐类成核剂的合成及其增刚改性聚丙烯［J］．石化技术与应用，2007，25（4）：320~323.

［85］李宝才，孙淑和，等．蒙旦蜡化学组成的研究Ⅲ游离蜡酸［J］．云南工学院学报，1900，6（4）：20~27.

［86］袁承．褐煤蜡的氧化精制新工艺及其质量测评新方法研究［D］．昆明理工大学，2015.

9 合成蜡制备

9.1 概述

由褐煤原料第一步经过萃取制得粗褐煤蜡，第二步粗褐煤蜡脱脂得脱脂蜡，第三步脱脂蜡经过氧化漂白得到浅色精制蜡——酸性 S 蜡、酸性 L 蜡、酸性 LP 蜡等，浅色酸性蜡再经过酯化或皂化就可以得到各种深加工产品。

9.1.1 酯化反应和皂化反应

9.1.1.1 酯化反应

酯化反应是一类典型的有机化学反应，是醇与羧酸或含氧无机酸生成酯和水的反应，分为醇与羧酸反应、醇与无机含氧酸反应和醇与无机强酸的反应三类。醇与羧酸的酯化反应是可逆反应，并且一般反应极缓慢，故常用浓硫酸作催化剂。醇与多元羧酸反应，则可生成多种酯。醇与无机强酸的反应，其速度一般较快。典型的酯化反应有乙醇和醋酸的反应，生成具有芳香气味的乙酸乙酯，是制造染料和医药的原料。酯化反应被广泛地应用于有机合成等领域。

醇与羧酸的反应过程一般是：羧酸分子中的羟基与醇分子中羟基的氢原子结合成水，其余部分互相结合成酯。口诀：酸脱羟基醇脱氢（酸脱氢氧醇脱氢）。

以要言之，酯化反应是醇与酸反应，因其产物是酯，故称为酯化反应。

举例如下：

（1）乙酸和乙醇在浓硫酸加热的条件下反应生成乙酸乙酯和水。

$$CH_3COOH + C_2H_5OH \rightleftharpoons CH_3COOC_2H_5 + H_2O$$

（2）乙二酸跟甲醇可生成乙二酸氢甲酯或乙二酸二甲酯。

$$HOOC—COOH + CH_3OH \rightleftharpoons HOOC—COOCH_3 + H_2O$$

（3）无机强酸跟醇的反应，其速度一般较快，如浓硫酸跟乙醇在常温下即能反应生成硫酸氢乙酯。

$$C_2H_5OH + HOSO_2OH \rightleftharpoons C_2H_5OSO_2OH + H_2O$$

（4）硫酸氢乙酯进一步与乙醇反应

$$C_2H_5OH + C_2H_5OSO_2OH \rightleftharpoons (C_2H_5O)_2SO_2 + H_2O$$

多元醇跟无机含氧强酸反应，也生成酯。

9.1.1.2 皂化反应

皂化反应通常指的是碱（通常为强碱）和酯反应，而生产出醇和羧酸盐。

浅色精制蜡中不但含有丰富的羧基—COOH，同时也含有不少羟基—OH，酯基—COOR，所以，浅色精制蜡不但能与醇发生酯化反应，而且能与碱（一般为强碱）发生皂化反应。

9.1.2　合成蜡制备

合成蜡一般指的是由酸性蜡再经过酯化或皂化所得的浅色蜡。

氧化漂白所得浅色酸性蜡的重要改质方法是用醇酯化。酯化法可得高纯、无树脂和地沥青的全酯型蜡，即酯型蜡。

一般地讲，酯化是将熔化了的酸性蜡在温度 (115 ± 5)℃条件下，以 H_2SO_4 作催化剂与醇作用，使其进行酯化反应，由于酯化速度慢，短期内难达到化学平衡，所需时间较长，约 $8\sim12h$。得到的酯型蜡的性质与加入的醇的种类有关。通常采用的醇往往是二元醇，如乙二醇、丙二醇-1,2,丁二醇-1,3。当与二元醇反应时，一分子醇与两分子的羧酸结合，链长增长约一倍[1]。

酯化的结果是生成更有价值的酯型蜡。例如，浅色精制蜡与乙二醇反应得到的 E 蜡，在很多方面都有其优异的性质。

除二元醇化，一元醇（例如脂肪族醇）和多元醇（例如甘油和季戊四醇）、芳香醇等都可作为酯化剂。通过改变醇的类型，使所得酯型蜡的性质（如硬度、滴点、黏度、溶解度、成糊性能、光泽和可乳化性等）在很宽的范围内变化。

有时为了满足用户的特殊需要，在酯化过程中可加入非离子型的乳化剂，这种含乳化剂的酯型蜡很容易制成乳状液。

另一大类改质的浅色蜡的制备方法是酯化加皂化。酯化加皂化可以改善产品的一系列性质，如硬度、吸收熔剂能力、成糊能力和滑动作用等。一般酯化加皂化方法是先将一部分蜡酸酯化，然后再使其余的蜡酸接近完全皂化。从而得到部分皂化的酯型蜡。作为酯化用的醇主要还是二元醇，皂化剂主要是碱土金属氧化物或氢氧化物，特别是氢氧化钙。OP 型蜡或 O 型蜡就是典型的皂化褐煤蜡。

9.2　合成蜡型号及理化指标

国外把从褐煤、柴煤用适当有机溶剂萃取所得的蜡称为蒙旦蜡（即褐煤蜡）。从这种"原蜡"经物理方法和简单的化学方法处理所得的各种"改质蜡"（如民主德国国营"Gustav Sabottka"褐煤联合企业生产的各种 ROMONTA 型蜡以及美国褐煤产品公司生产的各种 ALPCO 型蜡）也叫作褐煤蜡。通过强氧化剂（例如铬酸、硫酸、硝酸、双氧水等）处理深色褐煤蜡而得的各种浅色硬蜡（例如，前联邦德国著名的 Hoechst 蜡和 BASF 蜡）一般不称为褐煤蜡，它们按各生产厂家而有不同的命名，国外有时也把它称为浅色蒙旦蜡，以区别于其他一些浅色硬蜡[2,3]。

褐煤蜡经铬酸、硫酸等强氧化剂深度氧化脱色后，可以制得色泽白至微黄、质硬而脆、酸值很高、主要成分是 $C_{20}\sim C_{30}$ 酸的 S 蜡。以 S 蜡为基础，用乙二醇、丁二醇等酯化，或再经部分皂化，可制成一系列高熔点且性质不同的合成蜡。这种合成蜡，在第二次世界大战以前由德国 I.G. 染料工业公司生产[2]，统称为 I.G. 蜡。第二次世界大战以后，由联邦德国的 Hoechst 公司和 BASF 公司生产，分别称为 Hoechst 蜡和 BASF 蜡，其产品数量和质量都居世界之首。

表 9-1 为联邦德国 Hoechst 公司生产的合成蜡（浅色蒙旦蜡）的主要型号及理化指标[1~3]。

表 9-1 典型的浅色蒙旦蜡及理化指标

蜡型号	蜡指标	滴点/℃	酸值	皂化值	密度（20℃）/g·cm⁻³	颜色
硬酸性蜡	S	81~87	135~155	155~175	1.00~1.20	淡黄
	L	81~87	120~140	140~160	1.00~1.02	黄
	LP	81~87	115~130	140~160	1.00~1.02	黄
酯型蜡	E	79~85	15~20	125~155	1.01~1.03	淡黄
	X22	78~86	25~35	120~150	1.01~1.03	褐黄
	F	77~83	6~10	85~105	0.97~0.99	淡黄
	KP	81~88	20~30	118~140	1.01~1.03	褐
	KPS	79~85	30~40	135~150	1.00~1.02	黄
	KSL	81~87	25~35	120~145	1.00~1.02	黄
	KSS	82~88	25~35	100~130	1.00~1.02	黄
	KFO	83~89	85~95	120~145	1.00~1.02	黄
	U	82~88	78~88	120~135	1.00~1.02	黄
含乳化剂的酯型蜡	KPE	79~85	20~30	100~130	1.00~1.02	黄
	KSE	82~88	20~30	80~110	1.00~1.02	黄
	KLE	82~88	25~35	80~110	1.00~1.02	黄
	DPE	89~94	20~30	80~110	1.00~1.02	黄
	NE	74~82	45~55	110~135	0.97~0.99	黄
部分皂化的酯型蜡	OP	98~104	10~15	100~115	1.01~1.03	黄
	X55	98~104	10~15	90~110	1.01~1.03	米色
	Spezail	97~107	13~18	75~128	1.00~1.02	褐黑
	O	100~105	10~15	100~115	1.01~1.03	黄
	OM	90~97	20~25	110~125	1.00~1.02	黄
	FL	94~100	35~45	80~100	0.99~1.01	黄
软酯型蜡	BJ	77~83	17~25	123~150	0.97~0.98	黄
	RJ	75~80	17~24	80~100	0.95~0.98	黄

9.3 合成蜡的生产工艺

粗褐煤蜡经铬硫混酸氧化脱色，制得酸型蜡，然后再经酯化或部分酯化皂化，制得一系列新的"部分合成"或"化学改质"的浅色硬蜡。

图 9-1 是合成蜡加工生产工艺流程示意图[1~3]。

现将德国 Hoechst 公司生产的几种常用合成蜡制备方法介绍如下。

9.3.1 S 蜡制备

S 蜡可直接作原蜡使用，也是各种 I.G. 合成蜡的中间原料。S 蜡在用蜡工业中占有特

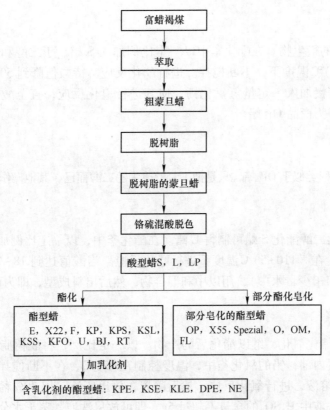

图 9-1　联邦德国生产浅色蒙旦蜡的工艺流程图

（以 Hoechst 蜡为例）

别重要的地位。但是，目前，中国国内没有 S 蜡生产厂家。

粗褐煤蜡颜色较深（黑褐色），因含有一定量的有害组分树脂和地沥青，又称暗色物，因而影响了其应用领域和使用价值。粗褐煤蜡→脱脂蜡→酸性 S 蜡→合成蜡，蜡的附加值不断提高，因而，应用领域也不断扩大。

为了充分发挥褐煤蜡的优良特性，消除其不利因素，需要对粗褐煤蜡做进一步加工。

粗褐煤蜡的氧化脱色，早期曾采用卤素、高锰酸钾或双氧水氧化，加压力下皂化后用活性炭处理，碱熔融后用硫酸精制等化学方法，但均未能工业化生产。硝酸氧化法在工业上已经成熟，但收率较低。重铬酸氧化法，德国巴换希工厂采用过，但由于氧化废液铬钒的电解再生比较困难，所以，废液只能用于制革工业。铬酸氧化法解决了废液电解再生问题。1922 年德国大规模生产，1945 年仅干斯特霍芬（Gesthofen）工厂就年产 S 蜡 3000t，此工艺已有 90 多年历史，一直沿用至今。具体操作是将褐煤蜡放入衬铅带有搅拌的反应器中，加热熔化后，经不断搅拌，分几次缓慢加入一定量的铬酸—硫酸混合液，在（110±5）℃下进行深度氧化。反应开始时，放热反应剧烈，温度上升，水分大量蒸发，蜡液变得黏稠，随着氧化反应的继续，蜡液逐渐变稀。反应终了，蜡聚集在表面，然后分离掉母液，加稀硫酸煮洗，再加清水煮洗，煮洗至洗液呈中性，放掉洗液，蒸干水分，即可制得色泽白至微黄，酸值在 140 左右的 S 蜡。

9.3.2 OP 蜡制备

OP 蜡是 S 蜡的衍生物。在酯化釜中以一定比例加入 S 蜡、丁二醇和浓度为 20% 的稀硫酸，在（110±5）℃温度下，不断搅拌。进行酯化反应。待酸值降到 50~55 时，仍然继续不断地搅拌，缓慢加入一定量氢氧化钙，使其进行皂化反应，直至酸值下降到 12~14 时，出料成型，即为商品 OP 蜡。

9.3.3 O 蜡制备

O 蜡的生产过程类似于 OP 蜡，只是把丁二醇改为乙二醇而已，其他操作条件基本相同。

9.3.4 E 蜡制备

用稍过量的乙二醇酯化 S 蜡可制得 E 蜡。在酯化釜中，以一定比例加入 S 蜡、乙二醇和 20% 的稀硫酸，在（110±5）℃温度下进行酯化反应。当酸值达到 18~20 时加入一定量的氢氧化钾（先溶于少量水中），用以中和混合物，然后出料成型，即为商品 E 蜡。

9.3.5 KP 蜡制备

KP 蜡是褐煤蜡先氧化，继以酯化后的产物。以一定比例，将脱树脂褐煤蜡与未脱树脂的粗褐煤蜡共置内部衬铅的氧化釜中，温度控制在 120℃，在不断搅拌下，缓慢加入一定量的铬酸-硫酸溶液，进行氧化反应。然后静置，放出废液，用 30% 稀硫酸煮洗，再用清水煮洗至每升洗液中 H_2SO_4 的含量不超过 5g，即可放尽洗液，蒸干水分。然后将该蜡转移到酯化锅中，以一定比例，加入乙二醇、丁二醇和 20% 稀硫酸，在（110±5）℃温度条件下，不断搅拌，进行酯化反应。当酸值降到 20~25 时，再加进少量马赛皂和 G 醇，即为成品 KP 蜡。

说明：马赛皂是以橄榄油为主要原料制得的橄榄油肥皂。G 醇是由 G 酮用硅藻土上担体催化剂（8% 铜，8% 锰，4% 锌）在 300℃下加氢制得；G 醇的作用是当蜡固化时，促使在其表面上形成冷却环花纹。

9.3.6 KPS 蜡制备

KPS 蜡的生产过程与 KP 蜡完全一样，只是使用更多的脱树脂褐煤蜡和较多的铬酸-硫酸混合液。所得成品 KPS 蜡除颜色比 KP 蜡稍浅一些以外，其理化性质与 KP 蜡完全一样。

9.3.7 CR 蜡制备

CR 蜡是一种 S 蜡的丁二醇酯和脱树脂褐煤蜡的混合物。以一定比例，将 S 蜡、丁二醇、水和浓硫酸共置于酯化锅内，在（110±5）℃温度条件下，不断搅拌，进行酯化反应。当酸值降到 36~37 时，再加入一定量的脱树脂褐煤蜡，熔化混合，并将此混合物搅拌 1h，即为成品 CR 蜡。

综上所述，合成蜡制备共涉及三大组分：粗褐煤蜡（可为 0%）、S 蜡、醇。选用不同的醇并配制不同比例的三大组分，可以合成满足各种要求的合成蜡，这为我们提供了非常充分的想象空间。

9.4 合成蜡的性能及应用

不同应用领域的用户，对蜡的要求不同。我们完全可以根据用户的要求，以及合成蜡的三大组分：粗褐煤蜡（可为0%）、S蜡、醇，为用户量身定制其用途要求的合成蜡。选用不同的醇并配制不同比例的三大组分，可以合成满足各种要求的合成蜡。而且褐煤蜡是安全蜡[2]，可以用于食品与医药行业，可以说没有褐煤蜡不可用的用蜡领域存在。

9.4.1 S蜡

S蜡是白色至米黄色、质硬而脆的结晶性蜡，其主要成分为C_{26}、C_{28}、C_{30}的高碳蜡酸，属于酸型蜡。S蜡组分中，高碳蜡酸的含量约占85%。S蜡中除含上述的85%游离蜡酸外，尚含有约15%未反应的蜡酯。S蜡由3部分蜡酸组成：褐煤蜡水解分出的蜡酸、水解分出的蜡醇经氧化后变成的一元羧酸、约20%的含有羟基的蜡酯氧化后变成的二元羧酸。

S蜡主要用作其他一些合成蜡（如O蜡、OP蜡、E蜡等）的中间原料。由于S蜡酸值特别高，很容易皂化，与各种碱类作用后可成为很好的乳化剂，故可以用于各种乳化型产品，如白色乳胶体的上光蜡，自亮型蜡乳液等。S蜡对于各种油溶性、脂溶性染料有很好的溶色性能，故也适用于皮鞋油和复写纸配方中使用。在以石蜡为主要原料的蜡烛配方中，加入少量S蜡，可以提高蜡烛的熔点和硬度，在较热天气里也不会弯曲变形。S蜡也用于精密铸造工业，可以提高蜡模的熔点和强度。

9.4.2 O蜡与OP蜡

O蜡与OP蜡都是浅色高熔点、质硬而脆的非晶型合成蜡。其特点是吸油性和亲油性都特别好，甚至比著名的巴西棕榈蜡还要好，OP蜡的吸油性比O蜡更好，能溶于3~5倍热的有机溶剂（如松节油或溶剂汽油）中，可凝结成结构非常坚实、细腻、表面平整的光亮硬膏体，并具有很好的揩擦光亮度，不出现任何溶剂渗析分离现象。

这两种酯型合成蜡广泛用于皮鞋油、地板蜡、家具蜡、汽车蜡等上光蜡制品中，作为主要的硬性光亮蜡原料。

在上光蜡配方中，OP蜡、O蜡与巴西棕榈蜡以适当比例配合起来使用，充分发挥各自的特点，使优化配方成为可能。

在生产溶剂型硬膏体的皮鞋油、家具蜡、汽车蜡等上光蜡产品配方中，采用OP蜡，其膏体的表面光泽及膏体的硬度均比采用O蜡的要好。

O类蜡本身不适于作乳化剂，但作为乳化添加剂，它能增加光泽和薄膜硬度，适用于制造擦亮剂和上釉及彩色纸。

OP蜡和O蜡还适用于作制造和加工热塑材料（如聚氯乙烯）的润滑剂，其特点是在高温下仍能润滑表面，从而避免油类和挥发性物质存在的缺点。

9.4.3 E蜡

E蜡是浅黄色的结晶性硬蜡，它具有很好的揩擦光亮度和吸油性能。与碱类作用，比OP蜡或O蜡更易于皂化和乳化。E蜡适用于各种需要皂化、乳化的浅色的蜡制品中。

E 蜡与 OP 蜡、地蜡、石蜡等适当配合，可产生出溶剂型的浅色上光蜡或各种颜色的皮鞋油。E 蜡乳化液用于各种擦亮剂、家具工业的蜡质着色剂、上釉和彩色纸等。E 蜡的另一个重要用途是在塑料工业中用作润滑剂。E 蜡还可用于制造铅笔、蜡笔和油毡等。

9.4.4 KP 蜡与 KPS 蜡

KP 蜡和 KPS 蜡的物理化学性质完全一样，只是 KPS 蜡的颜色比 KP 蜡稍浅。

KP 蜡主要用于复写纸和打字蜡纸。它可与适量的油酸、马福林配合，在水中乳化成为颗粒极细的蜡乳液，配制成自亮型的液体鞋油。KP 蜡乳化液也可用来保存水果。

在能乳化的蜡中，KPS 蜡占有一个特殊的地位，因为它可用于制取干亮乳化液，这是一种细分散蜡乳化液，在干燥后能够形成一层光亮薄膜，而不用再抛光。

9.4.5 CR 蜡

CR 蜡是一种深棕色、结晶性、易乳化的硬蜡，专用于生产黑色皮鞋油的特种蜡。

用 CR 蜡制成的皮鞋油膏体结构坚实良好，能较好地经受气温变化的考验，像用巴西棕榈蜡制造的鞋油那样，有着较好的表面圈状花纹。

CR 蜡不仅用作黑色或深色鞋油的主要原料，而且如其本身较深的颜色对产品没有妨碍时，也可用于其他的蜡品，它是一种很容易皂化的光亮蜡。

9.5 浅色蒙旦蜡的加工进展

1995 年，李宝才等在《浅色蒙旦蜡的加工进展》中[4]对褐煤蜡的精制和改性进行了综述。主要讲述脱脂蜡（脱脂）→酸性 S 蜡（氧化精制）→合成蜡（合成）所有过程。下面是其中的主要内容。

9.5.1 概述

蜡化学是一门古老的学科，几乎与人类文明同时诞生。但褐煤蜡生产的历史仅有 90 多年，由于其有着极高的应用价值，科学研究者做了大量卓有成效的工作，使得褐煤蜡在生产应用方面得到迅速的发展。最近，在褐煤蜡组成、精制、改性等方面，不断有文献报道[2,5~13]。

9.5.2 蒙旦蜡的精制与漂白

一般地，浅色蜡的生产按如下工艺进行：用苯、汽油，苯和乙醇混合溶剂将蒙旦蜡从褐煤、泥煤中萃取出来，称之为粗蒙旦蜡，然后用选择性溶剂进行脱树脂得到脱脂蜡，再进一步用强氧化剂，如 $CrO_3+H_2SO_4 \cdot K_2Cr_2O_7$、$H_2SO_4 \cdot HNO_3$ 等氧化脱色得到浅色精制蒙旦蜡或漂白蒙旦蜡。所选择的氧化剂，精制工艺要求：尽可能保持天然蜡的结构，获得高产率的浅色蜡，颜色越浅越好，浅色蜡适合进一步的改性。为此，各国研究者做了许多工作，发表了有参考价值的文献和专利。

P. I. Belkevich 用 H_2SO_4 首先氧化脱树脂泥炭蜡[14]，再在一定温度下用 $K_2Cr_2O_7$ 氧化直到六价铬完全消失，用 H_2SO_4 洗涤蜡。

D. Haussig Hans 报道了粗蒙旦蜡连续铬酸精制[15]，氧化蜡和 $Cr_2(SO_4)_3$-H_2SO_4 在一个

旋转柱筒里逆流混合、分离。接着以相似的方法进行 H_2SO_4、H_2O 洗涤。

Zinnert、Friedrich 等的专利[16]描述了粗蒙旦蜡的氧化漂白，部分氢化、皂化。同时提出将破碎为 $50\sim400\mu m$ 的粗蜡，在空气温度为 $30\sim55℃$，用 $1\%\sim10\%N_2O_3$ 或 NO_2 漂白数小时，伴随着微不足道的皂化酯的硝化。漂白后的蜡再用重量 $50\%CrO_3$ 的 H_2SO_4 溶液漂白，其结果与用蜡重的 $100\%\sim120\%CrO_3$ 氧化漂白相同。

Zinnert 等的专利[17]报道，无树脂或含树脂的粗蜡通过两步小心氧化漂白而得到。首先使用的氧化液为 $100\sim110g$ CrO_3 溶于含 $50\%\sim90\%$ 水的稀硫酸溶液 $500\sim600g$ 中，蜡量为该溶液的 $30\%\sim80\%$，在 $100\sim110℃$ 氧化，同时蒸出水。然后加入 $500\sim600g/L$ 的氧化剂溶液继续氧化。最后按常规方法处理，具体是：$550kg$ H_2SO_4＋$866L$ 无盐水＋$104kg$ CrO_3，取按此比例配制的氧化液 $2600L$ 加入到具有搅拌器的容器中，并加热至 $100℃$，加入 $450kg$ 液体无树脂蒙旦蜡。温度升至 $108℃$ 开始下降，另外 $2600L$ 氧化液在 $20min$ 内加入，反应 $5h$。在氧化混合物中，CrO_3 降到 $22g/L$，分离酸相，用 $300\sim450g/L$ H_2SO_4 溶液洗至无 CrO_3，热水洗至中性。熔化的蜡用硬壳滚筒机压片，得到浅黄色、鳞片状的硬蜡，酸值为 $84.0mg$ KOH/g。

Drescher[18]指出：精制蜡的程度可通过改变乳化时间和加入 $K_2Cr_2O_7$-H_2O 溶液的时间来控制。如部分脱树脂蒙旦蜡相对应于 80% 的 CrO_3 的精制，$5min$ 的乳化时间，$20min$ $K_2Cr_2O_7$ 作用时间，可获 89% 的蜡产率，酸值 $102mg$ KOH/g、皂化值 $136mg$ KOH/g、酯值 $34mg$ KOH/g、羟基值 $7mg$ KOH/g、固化点 $80℃$。

Presting 等[19]报道蒙旦蜡在精制之前进行热处理可使酯蜡成分增加。在铬酸氧化前加入脱水剂，尤其是 H_2SO_4，蜡在 $120\sim190℃$ 进行热预处理，或没有脱水剂，温度 $\leqslant300℃$ 处理。如：一种脱树脂的粗蒙旦蜡，酸值 $28.8mg$ KOH/g、OH 值 33.0，于 $170\sim180℃$ 加热 $7h$，用 221 份 $K_2Cr_2O_7$ 和 735 份 40% 是 H_2SO_4 处理，给出产率 93.0% 的浅黄色精制蒙旦蜡，酸值 $75.0mg$ KOH/g、OH 值 9.5。而没有热预处理的精制蜡酸值 $103.0mg$ KOH/g。

Drescher[20]用 $37\%\sim38\%$ 的铬酸盐或 CrO_3 与 H_2SO_4（分子比（$4\sim4.5$）:1）的混合液精制脱树脂粗蒙旦蜡，其目的是为了于精制前蒸馏出 $65\%\sim70\%$ 的初始水。等反应 $1\sim3h$ 后，再进一步加入水作为洗涤液。例如，$5kg$ 脱树脂蜡熔化并缓慢加入 $20kg$ 37.5% 的 H_2SO_4 乳化，蒸出 $18L$ 水，混合物于 $116℃$ 回流 $1h$，于 $100℃$ 下加入水，分离精制蜡。该蜡用硫酸溶液再精制 $0.5h$，用 12.5 升水洗涤蜡，在惰性气流中于 $100\sim110℃$ 干燥，得到 $4.5kg$ 精制蜡，酸值 $157mg$ KOH/g、皂化值 $187mg$ KOH/g。

Kreuter[21]用在精制的最后过程加入阳离子或非离子表面活性剂，如十八（碳烷）胺和羟乙基壬基酚，使得后处理得到改善。他们还提出快速精制，较少水解的方法[22]，在 $108℃$ 用多于 $200g$ CrO_3/L 和足够的 H_2SO_4 处理，精制后溶液中有少于 5% 游离硫酸。

N. N. Umnik[23]则在 $50\%H_2SO_4$ 的六价铬化合物于 $115℃$ 下对蜡进行漂白氧化。铬化合物在 $2\sim3h$ 缓缓地加入。

V. I. Gridunov[24]报道了蒙旦蜡的连续精制生产。一种具有高纯度、高产率的蒙旦蜡通过铬硫酸氧化无沥青蜡而制得。Cr_2O_3，$(NH_4)_2SO_4$ 的分离是用循环冲洗液来完成的。蒙旦蜡提取液的最后漂白，使用当量的 $NaClO_3$，反应温度 $100℃$，得到具有完整的浅色蜡[25]。无沥青蒙旦蜡通过 Cr(VI) 化合物在热的稀硫酸下脱色，保持氧化剂/蜡/H_2SO_4 比例 3：5：5，于 100℃ 加入 0.002%~0.1% 的某种硅化合物，以加强脱色[26]。

Fuchs. Guenther[27] 提出 H_2SO_4 和重铬盐漂白蒙旦蜡的一个方法是，850kg 脱树脂粗蒙旦蜡与 3140kg 1.42%~3% 的 H_2SO_4 于 115℃ 进行乳化，在 30~45min 内与 1000kg $Na_2Cr_2O_7$ 和 800kg 水的混合溶液处理，于 120℃ 加热 3h，得到 700~750kg 精制蒙旦蜡，具有酸值 90mg KOH/g、皂化值 130mg KOH/g、残留 Cr^{3+} 含量 0.5%。

A. P. Larionov 指出[28]蒙旦蜡（A）的氧化，试剂的浓度准确地对应方程式：

$$A + Na_2Cr_2O_7 + 4H_2SO_4 + 24H_2O \longrightarrow 氧化后的 A + Cr_2(SO_4)_3 \cdot Na_2SO_4 \cdot 24H_2O(I)$$

则如反应能很好地进行。（I）与 Na_2CrO_7 以及还原剂（如糖蜜）生成一种水合硫酸铬，可用于鞣制皮革。因为（I）是一个希望的副产品，A 的氧化必须以此方法进行以保证正确的组成和纯度。

Fuchs、Guenter 等[29]改进了精制方法，固体蒙旦蜡（含有部分或全部树脂杂质）和固体 $K_2Cr_2O_7$ 加到 H_2SO_4 溶液中，保持温度 105~120℃，比通过熔化粗蜡，再用 H_2SO_4 和碱金属重铬盐处理的精制蜡具有良好的颜色性质。

Stetter、Karl、Heinz[30]也提出仔细漂白蒙旦蜡，仍然用铬硫酸溶液，即 2kg 熔化的粗蜡 1min 内加入到温度为 100℃ 的 24L 铬硫酸溶液里（$CrO_3$100g/L，游离 $H_2SO_4$400g/L，总 $H_2SO_4$520g/L）。混合加热 1.5h，蒸出 3.6L 水。得到产率为 91%，浅黄色蜡，酸值 86mg KOH/g、皂化值 137mg KOH/g、滴点 87℃。他们在另一专利[31]叙述了富酸蒙旦蜡提取液通过铬硫酸以≤2 次漂白蒙旦蜡而得到。具体操作是：834g 熔化粗蒙旦蜡 1min 内加到 7.5L 温度为 100℃ 的铬-硫混酸溶液中（CrO_3 100g/L，游离 H_2SO_4 400g/L，总 H_2SO_4 540g/L）。混合物加热 30min，蒸出 0.98L 水。分离用过的酸溶液，蜡 1min 内在 110℃，以 5.84L 新鲜铬酸溶液处理，混合物加热 2h，蒸出水 0.88L。获得产率为 90%，酸值 117mg KOH/g、皂化值 154mg KOH/g、滴点 83℃、分子量 590 的固体白色蜡。

Riedel、Alfred 等[32]报道了蜡的连续漂白，天然蜡，尤其是粗蒙旦蜡通过 1mol/L CrO_3 的 H_2SO_4 溶液，在 90~200℃/0.1~20×10^5Pa 下，于一个逆流反应器中连续漂白，具有窄的停留时间分布。如：粗蜡以 0.6kg/h 用 1mol/L CrO_3 的 H_2SO_4（520g/L）和逆流空气（剩余压力 0.5×10^5Pa）通过四个连续多孔板柱进行漂白，平均停留时间分别为 28、36、34 和 36。消耗理论 CrO_3 的 160%，所得精制蜡具有 Gardner 颜色 4、酸值 123mg KOH/g、皂化值 165mg KOH/g、流动温度 86℃、流动阻力 600×10^5Pa（23℃ 时），而用一个分批过程相比，漂白蜡性质对应为 7、115~125、145~165、80~85、650。

Stetter、Karl、Heinzz[33]在文献［30］基础上提出了一个串联的反应器进行蒙旦蜡的漂白。主要是控制氧化剂的浓度，混合过程以及游离 H_2SO_4 的浓度，如 540g/h 熔化的蒙旦蜡以 4.58L 漂白剂（CrO_3 100g/L，游离 H_2SO_4 500g/L，总 H_2SO_4 400g/L）处理。混合物于 115~120℃，35min 通过串联反应器第一部分，每小时蒸出 630g 水，反应过的铬酸溶液被分离。蜡再用 1.9L/h 的新鲜铬酸处理，65min 通过反应器的另一部分，每小时蒸出 285g 水。铬酸废液的分离、漂白、蒸馏各步骤同时重复进行。得到一种固体白色蜡，酸值 122mg KOH/g、皂化值 159mg KOH/g、滴点 85℃、分子量 590、产率为 88%。

Fuchs、Guenterz[34]用固体粗蜡和 $H_2SO_4 \cdot K_2Cr_2O_7$ 处理，并按大于 1 步的方式加热，

获得浅色蜡和铬鞣革原料。精制需要少量的时间和能量。如 H_2SO_4 47.5 · $K_2Cr_2O_7$ 28.4，粗蜡（部分脱去树脂）24.1%的混合物，15 分钟加热到 65℃，100 分钟内加热到 84℃，200 分钟内加热到 132℃，用 37%体积（按 H_2SO_4 计）的热水慢慢处理使混合物冷却至 107℃分离。精制蜡产率 93%，酸值 87mg KOH/g，皂化值 132mg KOH/g，固化点 80℃，Cr(Ⅲ)盐溶液，68%的产率（按 H_2SO_4 计），比重 1.470，含有 10%的 Cr_2O_3，无 CrO_3。酸性蒙旦蜡和鞣革试剂同时生产[35]，其方法是用 Cr(Ⅵ)盐的 H_2SO_4 溶液在 72~75℃对蒙旦蜡氧化，生成酸性蒙旦蜡和鞣革试剂，以沉淀方式将其分离。

S. V. Zubko 对用于造纸工业白蜡的生产进行了叙述[36]，含 1.2~26.7 着色沥青的蒙旦蜡，通过 47%H_2SO_4 的 $K_2Cr_2O_7$ 溶液氧化回流处理而脱色，最佳脱色条件是：130%H_2SO_4，175%$K_2Cr_2O_7$（以蜡重计），温度 110~150℃，反应回流时间 4h。

Helbig、Wolfgang[37] 通过 HNO_3、CrO_3+H_2SO_4 对粗蜡纯化，包括以 1：(2~3)脂肪酸胺－羟乙基化烷基酚作为去乳化剂 0.3%~1.5%（重量）反应，在蜡熔点和水沸点的水性的程序，该法精制的蜡比不用去乳化剂所得蜡具有低的酸值和皂化值。

Fuchs、Guenter[38] 指出一种具有酸性特征的蒙旦蜡提余液可由粗蜡通过 H_2SO_4-铬酸氧化制备。按 (3.7~7)：1 的氧化剂（H_2SO_4-$Na_2Cr_2O_7$ 或者铬酸）和蒙旦蜡的混合物精制产生酸性提余液。此处的蒙旦蜡是由 (40~80)：(20~60)（重量）部分脱脂粗蜡和 HNO_3 氧化的部分脱脂粗蜡混合物组成，酸值为 40~80mg KOH/g，提余液的产率为 93%~94%，酸值 88~106mg KOH/g。提余液能被酯化产生一种高质量的酯蜡。

P. I. Belkevich，用碱和氯化有机酸在 50~100℃对溶解在有机溶剂的蜡溶液进行处理 30~120min，高产率地得到酸性蒙旦蜡。冷却混合物，以浓碱溶液处理，过滤形成的酸盐，用无机酸或有机酸处理之。用于中和游离酸和生成酸的碱溶液以 1：2~2：8（重量）蜡－碱比例而使用。

P. V. Tkachenko 提出[39] 一种使脱树脂蜡纯化过程简化的方法，产品性质通过用 1.3%~1.4%的 Na_2SO_3（按粗蜡计）在 155~160℃氧化而得到改善。

Helbig、Wohgang 等[40] 将部分脱除树脂的粗蒙旦蜡与脂肪酸（C_4~C_{12}）按 (70~95)：(5~30)混合，并在 H_2SO_4 和 $Na_2Cr_2O_7$ 溶液中氧化。与在较长链脂肪酸存在下精制相比，其特点是达到所需的酸值而加入的脂肪酸量较少且对产物分离时间较短，精制蜡具有较高的渗透性质。如粗蒙旦蜡 960kg，C_{12} 脂肪酸 240kg，$Na_2Cr_2O_7$ 1100kg，水 800L，硫酸溶液（600g/L）3007L 混合反应，得到酸值 125mg KOH/g，固化点 78℃，渗透系数为 0.16mm（TGL12622）的精制蜡。他与另一个合作者 Heise、Dietmer 提出从已精制蒙旦蜡生产浅色产品[41]，最终产物酸值达 144mg KOH/g。

Fuchs、Guenther 等[42] 报道了特别适用于制造润滑脂的精制蒙旦蜡。其制备是用乙酸乙酯对粗蜡进行选择性固液提取，使树脂含量为 0.5%~2%，以硝酸全部或部分氧化脱树脂的粗褐煤蜡，使树脂含量为 2.5%~8.5%，以碱金属重铬酸盐-硫酸氧化得到精制蜡。

综上所述，蒙旦蜡的精制与漂白均借助于 $K_2Cr_2O_7$、$Na_2Cr_2O_7$、H_2SO_4、HNO_3 氧化脱色的方法。根据不同的原料，不同的质量要求，在工艺条件，尤其是物料配比，反应时间和温度等参数各有所不同。

9.5.3 蒙旦蜡的改性

用铬硫混酸使粗蒙旦蜡脱色方法的特殊意义在于：它既可生产直接使用的精制蜡，又可实现化学转化，特别是酯化和皂化。被称为"部分合成"或"化学改质"的浅色硬蒙旦蜡，具有更广泛的用途。"部分合成"的基石在于精制蒙旦蜡具有较高的酸值，即含有丰富的—COOH官能团，易酯化和皂化。

酯型蜡的性质与所加入的醇的种类有很大关系。经常使用的是二元醇。特别是乙二醇，丙二醇-1,2，丁二醇-1,3。也有用一元醇，如脂肪醇，多元醇如甘油和季戊四醇，还有用芳香醇作为酯化剂。当与二元醇酯化时，因与两个蜡酸羧基结合，所以产物的分子链长也大约增加一倍，此法的优点是使原来蜡结构再现。因而酸性蜡在二元醇结合条件下，生成特别有价值的酯型蜡。著名的E型蜡就是通过蜡酸与乙二醇酯化实现的。

增加硬度，乳化性以及石蜡混熔性与著名的酯蜡和聚乙烯蜡相关的硬蜡[43]，是很有用的地板擦亮剂，通过氧化1份蒙旦蜡和0.05~1份的聚乙烯蜡混合物，随后用乙二醇酯化而制得。如：500份酸值为28mg KOH/g的蒙旦蜡，170份酸值30mg KOH/g、平均分子量为2000的氧化聚烯蜡一起熔化，100℃下加入2300份55%的H_2SO_4，650份$Na_2Cr_2O_7$（溶在1700份水中），加热6h，生成酸值为90的产品。该产品500份与25份的乙二醇、0.2份75%的H_2SO_4于110℃加热1h。生成黄色蜡，能形成硬度高、光泽优良的薄膜。

F. Mader和K. Stette用不同量的铬酸对粗蜡进行仔细漂白[44]，由此而得的产品酸-酯比例不同于其他氧化的著名产品。这种浅色产品可作为清洁剂、化妆品的原料及塑料加工的辅料。

N. N. Umnik等[45]制备了自动抛光蒙旦蜡衍生物，H_2SO_4存在下，酸性蒙旦蜡与乙二醇于110~115℃反应到酸值为55~60mg KOH/g，然后又与丁二醇，如1,4-丁二醇反应。

Belkerich还报道了泥煤蜡的酯化[46]，蜡酸与二醇反应。为了得到光亮的具有低酸值的固体蜡，用精制泥煤蜡为起始原料，在H_2SO_4存在下，于120~140℃酯化。

用一种氧化物（由石蜡碳氢化合物氧化得到）和乙二醇在115℃与蜡酸进行系列酯化而得到酯型蒙旦蜡[47]。具有优良的性质。一种具有好的颜色、稠度、乳化性能并适用于鞋和皮革保护制品的软蜡是用含50%~95%的蜡酸和大于80%硬蜡的蒙旦蜡抽余物与5%~10%C_{14}~C_{24}脂肪酸混合后，用C_2~C_4正二醇部分或全部酯化，再用硫酸和$Na_2Cr_2O_7$（或铬酸）氧化精制。所得产物再与C_2~C_4正二醇酯化[48]，如：在100~120℃将600kg C_{16}~C_{18}脂肪酸和1870kg含蜡酸及大于80%硬蜡的蒙旦蜡混合，然后加入345kg 1,3-丁二醇（Ⅰ），在120℃加热6h，接着在110~115℃加入2400L 45%的硫酸混合30min，再在45min内加入740kg重铬酸钠水溶液，于125℃加热3h，用稀硫酸洗涤，再用200kg（Ⅰ）酯化3h，并用氯酸钠漂白，产品酸值20mg KOH/g、皂化值175mg KOH/g、酯值155mg KOH/g、软化点59℃、亮黄色。

除合成酯型蜡外，还有其他的一些改性产品的研制和生产。P. I. Belkevich用环氧乙烷对褐煤、泥煤蜡改性[49]，在1%（对蜡）的氢氧化钾或氢氧化钠存在下，170~180℃和0.1~0.5MPa，环氧乙烷与蜡反应，随着乙氧基含量的增加，蜡的亲水性更强，当有>76%乙氧基的蜡可用作表面活性剂。他曾报道[50]，在10~45℃，粗泥煤蜡或褐煤蜡的有机溶液通过氯化作用，所得氯化蜡的滴点通过一种碱金属硫化物的处理而增加，处理时间为30~180min，温度45~100℃，碱金属硫化物与粗蜡的比例为（0.1~0.3）:1。

用金属氢氧化物对蜡处理得到另一种改性蜡[51]。蒙旦蜡、泥煤蜡、蜂蜡用NaOH处理，使注点（Pour point）增加，分别从64℃、72℃和84℃增加到≤178℃、161℃和

174℃。用 KOH 或 Ca(OH)$_2$ 处理则效果较差。这些蜡的注点增加相应地伴随针入度（例如硬度）增加、皂化值、酯值的减少。

9.5.4　结束语

由于蒙旦蜡是一种熔点高、硬度大、强度光泽性好、电绝缘性优良的化石化植物蜡。已是所有用蜡部门不可缺少的重要化工产品。德国、前苏联，无论在粗蜡的生产、精蜡的加工以及化学组成的研究，都处于世界领先地位，而日本在轻工、化工、冶金、机电、建材、造纸、塑料等行业是蒙旦蜡的应用得最广泛的国家之一。我们国家虽有蒙旦蜡生产厂三家，其中云南就有两个，经过研究者和工程技术人员的努力，有了较大发展，但从粗蒙旦蜡精制蜡的数量、质量、品种等方面，与德国、前苏联相比，还存在着相当的距离。云南褐煤资源极为丰富，寻甸、曲靖、昭通褐煤都是生产褐煤蜡的优质资源。

北京煤炭化学研究所、中科院山西煤炭化学研究所、云南工业大学有关科技工作者都在不断地进行研究和开发蒙旦蜡的新产品、新应用领域，云南省政府领导对开发蒙旦蜡资源极为重视。省委下达了有关蒙旦蜡的研究课题，尤其是树脂组成，应用的项目，已初步取得进展。作者相信，只要坚持不懈地开展此项研究，中国蒙旦蜡系列产品定将达到或超过国际同类产品水平，走向国际市场。

说明：作为褐煤蜡系列产品研究、制备、生产的最后一章，我们以一篇综述论文收尾，这篇综述论文中所涉及的方方面面，都值得每个从事褐煤蜡系列产品研究、制备、生产的相关人员深思。

我们在本章第 3 节收尾和第 4 节开头，两次讲到可以通过合成蜡的三大组分：粗褐煤蜡（可为 0%）、S 蜡、醇，为用户"量身定制"其用途要求的合成蜡。这是从物质层面说明合成蜡的组成，我们只要从"物质层面"改变粗褐煤蜡（可为 0%）、S 蜡、醇的组成，并控制加工制备过程的工艺条件，就可以为用户"量身定制"其特殊用途要求的合成蜡。这里所说——加工制备过程的"工艺条件"，实际上是控制最终产品的"晶体结构"，物质的"组成"与"晶体结构"两个因素决定其"功效"。

在第 8 章中，我们讲过，完全可以用两组不同比例的酸、酯、醇、酮、烷烃、烯烃、甾醇和萜类化合物"仿制"（配制）出颜色、熔点、酸值、皂化值完全相同的两种蜡，但这两种蜡的"功效"因酸、酯、醇、酮、烷烃、烯烃、甾醇和萜类化合物的比例不同而不同。这是从"分子水平"上改变加工生产浅色精制蜡原料的组成，即使原料"分子水平"上的"组成"相同，最终产品也会因"加工工艺线路、生产工艺参数（温度、压力等）"不同而体现出不同的"功效"。

所以，同名的"产品"——各类各种、各行各业的产品，其最终体现出来的"功效"由"组成"与"晶体结构"两个因素决定。在"组成"相同的前提下，"产品"最终体现出来的"功效"则由"加工工艺线路、生产工艺参数（温度、压力等）"决定的"晶体结构"所决定。即使"加工工艺线路、生产工艺参数（温度、压力等）"完全相同，"产品"的"晶体结构"还与加工"过程"的"速度"有关，我们分别在 15min 和 30min 内把同一"产品结晶过程"的温度从 50℃ 降到 25℃，最终"产品"的"名称"相同，但"晶体结构"不同。

这就是编者在第 8 章中讲过的"仿制药"与"原专利药物"的最终产品的"晶体结构"不同，不同的"晶体结构"，自然导致不同的"功效"作用。

参 考 文 献

［1］李宝才，孙淑和，吴奇虎．浅色褐蜡煤［J］．江西腐植酸，1986（2）：15~21.

［2］叶显彬，周劲风．褐煤蜡化学及应用［M］．北京：煤炭工业出版社，1989.

［3］Stetter K H. Fette-Seifen-Anstrichmittel, 1979, 81（4）：158.

［4］李宝才，张惠芬，戴以忠，等．浅色蒙旦蜡的加工进展［J］．云南化工，1995（2）：20~25.

［5］李宝才，等．江西腐植酸．1986（2）：15.

［6］本宝才，等．江西腐植酸．1987（1）：29.

［7］李宝才，等．江西腐植酸．1987（2）：1.

［8］李宝才，等．云南工学院学报．1988（2）：8.

［9］李宝才，等．燃料化学学报．1988（1）：30.

［10］李宝才，等．云南工学院学报．1989（2）：61.

［11］李宝才，等．云南工学院学报．1990（4）：20.

［12］李宝才，等．云南工学院学报．1991（4）：22.

［13］李宝才，等．云南化工．1991（4）：8.

［14］CA 72, 94167.

［15］CA 74, 92896.

［16］Zinnert, Friedrich, et al. Ger Offen DE 1620761, 1970.

［17］Zirmert, Friedrich, et al. Ger Offen DE 1820752, 1971.

［18］Drescher, et al. Ger Offen DE 2105326, 1971.

［19］Presting, et al. Ger Offen DE 2116717, 1971.

［20］Drescher, et al. Ger（East）DD 78589, 1970.

［21］Kreuter, Theodor, et al. Ger（East）DD78615, 1970.

［22］Kreuter, Theodor, et al. Ger（East）DD79741, 1971.

［23］Umnik N N. USSR SU 405938, 1973.

［24］Gridunov V I. USSR SU 447429, 1974.

［25］Drescher, et al. Ger（East）DD78589, 1974.

［26］Severinovsku S E. USSR SU 469739, 1975.

［27］Fuchs, Guenther. Ger（East）DD114274, 1975.

［28］CA 87, 7849.

［29］Fuchs, Guenther, et al. Ger（East）DD 138477, 1979.

［30］Stetter, Karl, Heinz, et al. Ger Offen DE 2915764, 1980.

［31］Stetter, Karl, Heinz, et al. Ger Offen DE 2915802, 1980.

［32］Riedel, Aifred, et al. Ger Offen DE 2855263, 1980.

［33］Stetter, Karl, Heinz, et al. Ger Offen DE 2915755, 1980.

［34］Fuchs, Guenther, et al. Ger（East）DD 141245, 1980.

［35］Larionov A P, et al. USSR SU 1004450, 1983.

［36］Zubko S V. Vestsi Akad Navuk BSSR. Ser Khim Navuk, 1983（4）：118~120.

［37］Helbig, Wolfgang. Ger Offen DE 157968.

［38］Fuchs, Guenther, et al. Ger（East）DD 160547, 1983.

［39］Tkaehenko P V, et al. USSR SU 1074894, 1984.

［40］Helbig, Wolfgang. Ger（Esst）DD 161205, 1985.

［41］Heise Dietmer, Helbig Wolfgang. Ger（East）DD 224324, 1985.

［42］Fuchs, Guenther, et al. Ger (East) DD 238168, 1986.

［43］Hentel, Otto, et al. Ger Offen DE 2018720, 1971.

［44］Mader F, Stetter K, et al. Fette Seifen Anstricbm. 1972 (74): 574.

［45］Umnik N N, et al. USSR SU 457720, 1975.

［46］Belkevich P I. USSR SU 510503, 1976.

［47］Lounov Yu V, et al. USSR SU 679621, 1979.

［48］Berthold Grete, et al. Ger (East) DD 246558, 1987.

［49］Belkevich P I. Khim Tverd Topl (Moscow): 1986 (2): 73~76.

［50］Belkevich P I. USSR SU 1004451, 1983.

［51］Krentkovskaya O. Ya. Maslo—Zhir. Prom—st (Russ) . 1983, (12): 18~20.

10 粗褐煤蜡的组成及理化性质

10.1 概述

物质的组成有三个层次级别：物质（混合物）、分子和元素。我们通常所说的"配方"，通常都是针对这三个层面上的物质（混合物）而言，但是，只要"配方"中组分（可以是纯化合物，也可以是混合物）物质（混合物）层面上的比例发生变化，其所对应的分子层面和元素层面上的比例也随之发生变化，而最终决定加工制备产品的功效因素是分子层面上的组成和晶体结构。

产品的晶体结构由加工工艺线路、生产工艺参数（温度、压力等）及加工过程的实施方法决定，而产品加工制备的实施过程中可能涉及一些人为因素，这些人为因素可能使产品质量变好——这通常都会导致一些所谓的发现或发明，也有可能使产品质量变坏甚至导致事故发生。

产品分子层面上的组成是决定"产品功效"——性质最关键的因素。即使产品分子层面上的组成相同，其体现出来的"功效"未必相同，因为决定"产品功效"的因素有两个：分子层面上的组成和"晶体结构"，其中的晶体结构才是决定"产品功效"最关键之决定因素，众所周知的同分异构体就是最好的证明。

必须强调说明：褐煤高效清洁综合利用第一步所制得的相关产品——褐煤蜡、脱脂蜡及树脂、酸性 S 蜡、各种合成蜡，其分子层面上的组成，与褐煤原料（产地）、成煤时间（年代）、工艺条件（温度、压力、化学试剂等）及实施方法有关。褐煤蜡、脱脂蜡及树脂、酸性 S 蜡、各种合成蜡的生产制备，离不开化学溶剂。

10.2 国外褐煤蜡的化学组成及理化性质

褐煤蜡是一种化石化的植物蜡（实际包括部分动物蜡），所以其化学组成与一些天然植物蜡（例如巴西棕榈蜡和小冠椰子蜡）很相似，详见表 10-1[1,2]。

表 10-1 褐煤蜡和植物蜡组分比较 （%）

组　成	前民主德国 ROMONTA 型蒙旦蜡	南美 小冠椰子蜡	巴西 棕榈蜡
蜡	88	85	98
酯	57	64	85
酸（游离的）	22	14	4
醇（游离的）、酮、烃等	4	7	7

褐煤蜡是包含多种不同有机化合物的复杂的混合物，总计约 1000 多种化合物，到目

前为止，已鉴定出约 200 多种。采用选择性有机溶剂可将褐煤蜡分成三个主要组分：蜡质，树脂和地沥青（又称暗色物质）。

树脂在较低温度（-10~+20℃）下能溶于多种有机溶剂（如丙酮、二氯乙烷、乙醇、苯、甲苯等），而蜡质和地沥青在低温下在这些有机溶剂中的溶解度很小。将脱树脂后的蜡再溶于热的异丙醇中，一种黏滞的暗色物（地沥青）即粘附在容器壁上而得到分离。

褐煤产地和所采用的萃取溶剂的不同，粗褐煤蜡中上述三个主要组分的数量比例会相差很大，因而也使产品蜡的理化性质出现较大差异。

W. Schaack 和 U. D. Foedisch 对这三个组分进行了研究[1,3]，结果列于表 10-2。

表 10-2　前民主德国蒙旦蜡的分析结果[1,3]

性　质	蜡质	树脂	地沥青
酸值	31	27	10
酯值	67	68	116
皂化值	98	95	126
碘值	14	135	80
熔点/℃	88.6	①	①
灰分/%	0.05	0.06	2.85
黏度（90℃）/Pa·s	52×10^{-3}	②	②
S/%	1.1	2.5	3.1
C/%	79.2	78.6	77.1
H/%	13.0	10.9	11.6
颜色	浅棕色	红棕色	黑色

① 约含 10% 的蜡；

② 因为黏度太高，不能测定。

美国 ALPCO 16 型蜡的组成[1,4]如表 10-3 所示。

表 10-3　美国 ALPCO 16 型蜡的组成

蜡酸（游离的和酯化的）/%	40~50（分子量 400~500）
蜡醇（酯化的）/%	10~30
酮类/%	0~5
烃（树脂和地沥青）/%	7~12

根据 A. H. Warth 提供的资料[1,5]，前民主德国粗褐煤蜡的组成如表 10-4 所示。

粗褐煤蜡中的蜡质，同天然的植物蜡一样，主要是由长碳链的蜡酸和蜡醇所构成的蜡醋（约占 62%~68%），并含有部分游离的蜡酸（约占 22%~26%）和少量游离的蜡醇、酮类和烃类（共约占 7%~15%）。

早期研究者关于蜡质的化学组成，众说不一。例如，关于褐煤酸的碳链长度究竟是 28C 还是 29C，长期以来一直都在争论。后来 W. Presting、U. K. Steinbach 和 U. Th. Kereuter[1,6,7,8]对前民主德国褐煤蜡进行了详细的研究，H. R. Fleck[1,9]对美国褐煤蜡

表 10-4　前民主德国粗褐煤蜡组成[1,5]

蜡酯/%	53
二十~二十四烷酸二十四酯	
二十四和二十六烷酸二十六酯/%	3~4
二十六和二十八烷酸二十八酯	
二十八和三十烷酸三十酯/%	32
羟基酸酯/%	12~14
游离蜡酸（熔点 81.5~83.3℃）/%	17
异二十三烷酸（熔点 77℃）	
异二十五烷酸（熔点 77.6℃）	
异二十七烷酸（熔点 82.5℃）/%	1~2
异二十九烷酸（熔点 86℃）/%	8
异三十一烷酸（熔点 90℃）/%	4.5
游离蜡醇/%	1~2
二十四烷醇	
二十六烷醇	
酮类/%	3~6
Cerotone，$(C_{25}H_{50})_2CO$，熔点 94℃	
Montanone，$(C_{27}H_{56})_3CO$，熔点 95.8℃	
树脂/%	20~23
$C_{20}H_{30}O$ 和其他树脂醇	
$C_{24}H_{34}O_{21}$ 蒙旦树脂（熔点 241℃，碘值 54）	
$C_{42}H_{88}O$（熔点 63.5℃）	
含硫羟基酸酯/%	4~5
含硫树脂酸/%	6.5~8
地沥青/%	3

进行了卓有成效的研究工作。这些研究者以及 H. P. Kaufmann 和 U. B. Das[1,10] 采用气相色谱和红外光谱等分析方法，证明高级脂肪酸、醇及其酸以及酮和烃类约占偶数碳原子的组分的 90%。蜡质组分中的蜡酸和蜡醇，主要是碳原子数为 24、26、28、30 和 32 的偶数高碳脂肪酸和偶数高碳脂肪醇。W. Presting 和 U. Th. Kereuter 的分析结果列于表 10-5 中。

　　根据 W. Presting 和 U. Th. Kereuter 的研究结果[1,8]，蜡酸中含有 60% 的一羧酸和 40% 的二羧酸，也有少量乙二醇和含氧酸存在。

　　K. S. Markley 关于蜡质中含有的正构高碳脂肪酸和正构高碳脂肪醇的一些理化常数列于表 10-6 和表 10-7[1,11]。

表 10-5   W. Presting 和 U. Th. Kereuter 研究的蜡酸和蜡醇的链长度

链长 碳原子数	前民主德国蒙旦蜡/%		美国蒙旦蜡/%	
	酸	醇	酸	醇
21	1.8			
22	2.3	0.3	2.3	18.5
23	1.6			
24	6.2	4.9	23.3	12.3
25	3.1	0.5		
26	13.7	13.3	10.8	34.6
27	5.7	2.3		
28	21.3	22.9	42.7	34.4
29	5.7	2.3	23.9	
30	23.5	28.8		
31	3.4	1.8		
32	9.1	17.7		
33	3.7	0.5		

表 10-6   蜡质中含有的长碳链正构饱和脂肪酸（蜡酸）理化常数

碳原子数	日内瓦命名	普通命名	分子式	分子量	熔点/℃	酸值	密度（100℃） /g·cm⁻³
20	正二十烷酸 n-Eicosanoic acid	Arachidic acid	$C_{19}H_{39}COOH$	312.52	75.3	179.52	1.8240
21	正二十一烷酸 n-Heneicosanoic acid	Medullic acid	$C_{20}H_{41}COOH$	326.55	74.3	171.81	
22	正二十二烷酸 n-Docosanoic acid	Behenic acid	$C_{21}H_{43}COOH$	340.57	79.9	164.73	0.8221
23	正二十三烷酸 n-Tricosanoic acid	Tricosoic acid	$C_{22}H_{45}COOH$	354.60	79.1	158.22	
24	正二十四烷酸 n-Tetracosanoic acid	Lignoceric acid	$C_{23}H_{47}COOH$	368.62	84.2	152.20	0.8207
25	正二十五烷酸 n-pentacosanoic acid	Pentacosoic acid	$C_{24}H_{49}COOH$	382.65	83.5	148.62	
26	正二十六烷酸 n-Hexcosanoic acid	Cerotic acid	$C_{25}H_{51}COOH$	396.68	87.7	141.44	0.8198
27	正二十七烷酸 n-Heptacosanoic acid	Heptacosoic acid	$C_{26}H_{53}COOH$	410.70	87.6	136.60	
28	正二十八烷酸 n-Octacosanoic acid	Montanic acid	$C_{27}H_{55}COOH$	424.73	90.0	132.09	0.8191
29	正二十九烷酸 n-Nonacosanoic acid	Noncosoic acid	$C_{28}H_{57}COOH$	438.75	90.3	127.87	

续表 10-6

碳原子数	日内瓦命名	普通命名	分子式	分子量	熔点/℃	酸值	密度（100℃）/g·cm⁻³
30	正三十烷酸 n-Triacontanoic acid	Melissic acid	$C_{29}H_{59}COOH$	452.78	93.6	123.91	0.8185
31	正三十一烷酸 n-Henttriacontanoic acid	Hentriacontanic	$C_{30}H_{61}COOH$	466.80	93.1	120.19	
32	正三十二烷酸 n-Dotriacontanoic acid	Lacoeroic acid	$C_{31}H_{63}COOH$	480.83	96.2	116.68	0.8180
33	正三十三烷酸 n-Tritriacontanoic acid	Ceromelissic acid	$C_{32}H_{65}COOH$	494.96	94.5	113.37	
34	正三十四烷酸 n-Tetratriacontanoic acid	Geddic acid	$C_{33}H_{67}COOH$	508.88	98.4	110.24	0.8176

表 10-7 蜡质中含有的长碳链正构饱和脂肪醇（蜡醇）理化常数

碳原子数	日内瓦命名	普通命名	分子式	分子量	熔点/℃	羟值
20	正二十烷醇 n-Eicosanol Alcohol	Arachic Alcohol	$C_{19}H_{41}OH$	298.536	55.9	187.99
21	正二十一烷醇 n-Heneicosanol Alcohol	Heneicosyl Alcohol	$C_{20}H_{43}OH$	312.562	68.5	179.50
22	正二十二烷醇 n-Docosanol Alcohol	Behenyl Alcohol	$C_{21}H_{45}OH$	326.088	70.6	171.74
23	正二十三烷醇 n-Tricosanol Alcohol	Tricosyl Alcohol	$C_{22}H_{475}OH$	340.614	74.0	164.71
24	正二十四烷醇 n-Tetracosanol Alcohol	Lignoceryl Alcohol	$C_{23}H_{49}OH$	354.64	76.1	158.20
25	正二十五烷醇 n-pentacosanol Alcohol	Pentacosyl Alcohol	$C_{24}H_{51}OH$	368.666	79.0	152.18
26	正二十六烷醇 n-Hexcosanol Alcohol	Ceryl Alcohol	$C_{25}H_{53}OH$	382.692	80.5	146.60
27	正二十七烷醇 n-Heptacosanol Alcohol	Heptacosyl Alcohol	$C_{26}H_{55}OH$	396.718	86.5	171.42
28	正二十八烷醇 n-Octacosanol Alcohol	Montanyl Alcohol	$C_{27}H_{57}OH$	410.744	84.5	136.59
29	正二十九烷醇 n-Nonacosanol Alcohol	Noncosyl Alcohol	$C_{28}H_{59}OH$	424.770	84.1	132.68
30	正三十烷醇 n-Triacontanol Alcohol	Myricyl Alcohol	$C_{29}H_{61}OH$	438.796	86.8	197.86
31	正三十一烷醇 n-Henttriacontanol Alcohol	Melissyl Alcohol	$C_{30}H_{63}OH$	452.822	87.0	123.90
32	正三十二烷醇 n-Dotriacontanol Alcohol	Lacceryl Alcohol	$C_{31}H_{65}OH$	466.848	89.0	120.18

碳原子数	日内瓦命名	普通命名	分子式	分子量	熔点/℃	羟值
33	正三十三烷醇 n-Tritriacontanol Alcohol		$C_{32}H_{67}OH$	480.874	88.6	116.67
34	正三十四烷醇 n-Tetratriacontanol Alcohol	Geddyl Alcohol	$C_{33}H_{69}OH$	494.900	93.5	113.86

蜡质中烷烃组分大部分是由 $C_{22} \sim C_{30}$ 直链烃所组成，但也有少量的 C_{16}，$C_{18} \sim C_{22}$，C_{34} 和 C_{35}。蜡质中烃类化合物组成见表 10-8。

表 10-8 蜡质中烃类化合物组成

含碳原子数	所占质量百分比/%	含碳原子数	所占质量百分比/%
C_{23}	2.3	C_{29}	10.3
C_{24}	3.7		1.6
	2.0	C_{30}	9.3
C_{25}	4.9		6.8
	0.9	C_{31}	7.1
C_{26}	7.4		1.3
	3.6	C_{32}	4.4
C_{27}	8.6		3.3
	1.9	C_{33}	3.1
C_{28}	10.4		1.0
	6.2		

根据产褐煤原料地不同，粗褐煤蜡中树脂含量约在 10% ~ 30%。此种树脂通常称为蒙旦树脂，属于植物树脂类，与化石化的琥珀属同类。树脂中含有约 70% 的中性物质（萜烯和多萜烯）和约 30% 的酸性物（树脂酸）。褐煤蜡树脂的某些特性类似于天然松香。

S. Buheman 和 U. H. Raud[12] 发现在树脂中有三萜化合物，如桦木脑（Betulin），别桦木脑（Allobetulin）和氧基别桦木脑（Oxyallobetulin）等。

李宝才等[1,13] 进行了褐煤蜡的精密分离，发现各种萜烯以及部分芳构化合物，例如，无羁萜、α-阿朴别桦木脑、Δα-别桦木烯、阿朴氧别桦木脑、Δα-氧别桦木烯、无羁烷-3β-醇、别桦木酮、无羁烷-3α-醇、3-脱羟别桦木脑、别桦木脑、氧别桦木脑、桦木脑、1,2,3,4,4a,5,6,14b 八氢-2,2,4a,9 四甲基苊、1,2,3,4 四氢-2,2,9 三甲基苊、1,2,3,4 四氢-1,2,9 三甲基苊、1,2,9 三甲基苊等 16 种化合物和 2 种（其实不止 2 种）未知化合物。

粗褐煤蜡中含有大约 4% ~ 12% 的地沥青，这种地沥青通常称为蒙旦地沥青，有时也称为暗色物质。

地沥青受热后呈黏稠状，黏度很大，可以拉成细条，无明显的熔点，是一种很难流动和扩散的物质，与石蜡不能相混熔。它经过长时间加热后，会聚合成为受热不溶的黑色固体。粗褐煤蜡中与有机物相结合的那部分矿物质及含硫化合物都集中在地沥青中，因此，粗褐煤蜡中的地沥青是一种有害成分，地沥青含量应越低越好。

J. Marcusson 和 U. H. Smelkus[1,14]等是最早研究褐煤蜡中地沥青组分的人，他们提出含氧酸是其主要组成部分。后来 W. Presting, U. K. Steinbach 作了[1,6]进一步研究，他们用高压皂化法分离出暗色物质（即地沥青），并发现它们的主要成分是含氧树脂酸与蜡醇酯化组成的高分子化合物。暗色是由于化合物中含硫和盐类所致。

10.3 我国褐煤蜡的化学组成及理化性质

1989 年以前，我国科学工作者对褐煤蜡和泥炭蜡的化学组成方面也做了一些研究工作。孙淑和在研究褐煤蜡化学组成时，对褐煤蜡、腐植酸和残留煤进行了较详细研究，阐明了这三个组分在成煤过程中的变化[1,15]。

唐运千等人对广东省遂溪泥炭蜡和云南省寻甸褐煤蜡的化学组成也进行了研究[1,16]，他们用乙醇萃取粗蜡，将其分离成树脂和蜡质，并把蜡质分成热乙醇可溶部分和不溶部分，分析结果列于表 10-9 和表 10-10 中。

表 10-9 蜡质性质比较

项 目	泥 炭 蜡		褐 煤 蜡	
	热乙醇可溶物	热乙醇不溶物	热乙醇可溶物	热乙醇不溶物
熔点/℃	79~81	84~85	71~76	84~87
酸值	57	41	53	27
皂化值	57	49	53	65

表 10-10 蜡质组分

项目	泥 煤 蜡						褐 煤 蜡					
	热乙醇可溶分			热乙醇不溶分			热乙醇可溶分			热乙醇不溶分		
	酸类	烃类	醇类	酸类	烃类	醇类	酸类	烃类	醇类	酸类	烃类	醇类
含量/%	56.7	42.1	1.2	76.3	15.5	8.2	73.6	25.7	0.7	64.2	11.3	24.5
熔点/℃	79~81	66~68		83~88	52~53		78~80	56~59		72~81	44~48	
酸值	79	13		79	无		71	无		68	无	
分子量		489						458			414	

蜡质经皂化和溶剂萃取，分离成烃类、高炭烷醇和烷酸等。然后用气相色谱-质谱联用仪检定，表明泥炭蜡和寻甸褐煤蜡中均含有 $C_{24} \sim C_{34}$ 的偶炭烷醇。其中三十烷醇含量在 13% 左右，它是近年来新开发的天然植物生长刺激素。泥炭蜡和褐煤蜡的差别是，泥炭蜡含有较多的三十二烷醇，而褐煤蜡含 38% 的二十六烷醇，结果如表 10-11 所示。

表 10-11 蜡质中 $C_{24} \sim C_{34}$ 烷醇组成

烷醇组分	泥炭蜡中含量/%	褐煤蜡中含量/%
C_{24}	2.9	6.3
C_{26}	20.5	38.4
C_{28}	13.1	19.5

烷醇组分	泥炭蜡中含量/%	褐煤蜡中含量/%
C_{30}	12.5	14.0
C_{32}	24.5	8.0
C_{34}	6.4	4.0
总 计	79.9	90.2

高炭烷酸经毛细管气相色谱柱分析，表明其中含有 $C_{20} \sim C_{32}$ 烷酸。其含量占烷酸混合物总量的48%左右。若对泥炭蜡和褐煤蜡而言，含量分别为32%和34%，其中以偶数碳数烷酸占多数，尤其以二十六烷酸最多，而二十四烷酸和二十八烷酸则次之。两种蜡二十四烷酸和三十二烷酸的含量相差近一倍或更多。奇数碳烷酸（C_{27}、C_{29} 和 C_{31} 酸）量大多在2%以下，如表10-12所示。

表 10-12 蜡质中高炭烷酸的分布

高炭烷酸	泥 炭 蜡				褐 煤 蜡			
	占热乙醇可溶物/%	占热乙醇不溶物/%	占热乙醇/%	占泥炭蜡/%	占热乙醇可溶物/%	占热乙醇不溶物/%	占热乙醇/%	占褐煤蜡/%
二十四烷酸	4.5	3.5	8.0	5.4	2.1	2.2	4.3	2.9
二十五烷酸	1.2	0.7	1.9	1.3	1.1	1.2	2.3	1.5
二十六烷酸	7.3	4.4	11.7	8.1	8.3	5.2	13.5	9.1
二十七烷酸	1.0	0.7	1.7	1.2	0.8	0.4	1.2	0.8
二十八烷酸	5.0	3.2	8.2	5.6	8.3	5.5	13.8	9.3
二十九烷酸	1.4	1.0	2.4	1.7	0.9	0.8	1.7	1.2
三十烷酸	4.1	2.4	6.5	4.5	4.3	3.3	7.6	5.2
三十一烷酸	1.6	0.9	2.5	1.7	1.0	1.0	1.7	1.2
三十二烷酸	3.8	2.1	5.9	4.1	1.6	1.2	2.8	1.9
总 计	29.9	18.9	48.8	33.6	27.4	19.8	47.2	32.0

泥炭蜡和褐煤蜡经色谱-质谱联用仪检定，表明除 $C_{24} \sim C_{32}$ 烷酸以外，还有 $C_{16} \sim C_{23}$、C_{33} 和 C_{34} 烷酸。用高效液相色谱定性还检出 C_{12}、C_{14} 和 $C_{16} \sim C_{30}$ 正构烷酸。

泥炭蜡和褐煤蜡所含的树脂物用氧化铝柱层析分离，对其中的氯仿洗脱物用红外光谱和核磁共振波谱仪检定，证明树脂中含有 α-谷甾醇或 β-谷甾醇。毛地黄皂甙反应表明，泥炭蜡树脂中的主要是 α-谷甾醇，而褐煤蜡树脂中的则为 β-谷甾醇。

对泥炭蜡和树脂组分经氢氧化钾醇溶液皂化和柱层析分离，其中氯仿洗脱物用薄板层析检定，表明含有雌二醇和雌酚酮。

李宝才对寻甸褐煤蜡和舒兰褐煤蜡的化学组成作了对比研究[1,17]。他将粗褐煤蜡和硝酸氧化蜡经二氯乙烷-乙醇处理，得到蜡质和二氯乙烷-乙醇可溶部分，并着重对蜡质进行了研究。

在研究蜡的化学组成中，首先要将其分离成具有相同化学特征的族组成。由于蜡中含有极性很强的—COOH基，在硅胶柱上吸附强，所以，普通的柱色谱法很难于将酸、醇、烷烃分离。用国产201×7型阴离子交换树脂色谱法将蜡质分成游离酸和酯中酸。用硅胶柱色谱法将蜡质中不皂化部分分离成醇和烷烃。用色谱-质谱联用仪对族组成链长进行定性分析，用气相色谱进行定量分析。

将游离酸、酯中酸、醇和烷烃换算成占蜡质的百分含量，列于表10-13中。

表 10-13　蜡质中族组分的百分含量

蜡样名称 ＼ 族组分/%	游离酸	酯中酸	总酸	醇	烷烃	回收率
舒兰粗褐煤蜡	43.0	27.79	70.79	17.25	6.19	94.23
舒兰氧化蜡	56.0	25.80	81.80	10.80	2.80	85.40
寻甸粗褐煤蜡	12.5	39.70	52.20	38.75	3.87	94.82
寻甸氧化蜡	42.0	23.45	65.46	18.19	2.54	86.19

分离结果表明，蜡质主要由游离酸和酯组成，烷烃所占比例较少。

吉林舒兰粗蜡含有较多游离酸，高达43%，烷烃含量也最高（6.19%）。寻甸粗蜡主要为高级脂肪族的混合物，其量占蜡质的78.5%。因此，这两种蜡在物理化学性质上存在较大的差异。舒兰粗褐煤蜡是一种天然的酸性蜡，而寻甸粗褐煤蜡则属于一种天然的酯型蜡。

通过对四种蜡样的游离酸、酯中酸甲酯、烷烃和醇进行色谱-质谱联用仪定性检定，得到了各族组分的碳数分布。结果表明，经硝酸氧化的褐煤蜡，对各组分的碳数分布没有产生影响。各组分表现出很好的奇偶规律，即游离酸、酯中酸、醇的偶数碳组分含量较高，奇数碳组分的含量较低；与此相反，烷烃部分则奇数碳的组分含量较高，偶数碳组分的含量较低。在奇数和偶数组分中其含量呈正态分布，这也是天然植物蜡的一般特征。

通过对游离酸、酯中酸、醇和烷烃进行气相色谱定量检定，得到了各族组分中正构物质含量分布，结果如下：

（1）舒兰粗蜡和硝酸氧化蜡中正构一元烷酸的含量很高，分别为游离酸的83.01%和97.63%，寻甸粗蜡和硝酸氧化蜡中正构一元烷酸含量分别为游离酸的50.52%和78.47%，而且寻甸粗蜡游离酸中还含有较多的含氧官能团化合物。

（2）舒兰蜡游离酸中正构烷酸主要化合物含量按多少顺序排列为C_{28}、C_{30}、C_{26}、C_{24}、C_{32}，硝酸氧化粗蜡对其分布没有影响（对寻甸蜡有影响），见表10-14。

表 10-14　游离酸定量分析结果　　　　　　　　　　　　　　　　（%）

化合物	舒兰粗蜡 占游离酸	舒兰粗蜡 占蜡质	舒兰氧化蜡 占游离酸	舒兰氧化蜡 占蜡质	寻甸粗蜡 占游离酸	寻甸粗蜡 占蜡质	寻甸氧化蜡 占游离酸	寻甸氧化蜡 占蜡质
$CH_3(CH_2)_{18}COOH$			0.11	0.06	0.23	0.03	1.25	0.53
$CH_3(CH_2)_{19}COOH$			0.13	0.07	微量	微量	0.60	0.25
$CH_3(CH_2)_{20}COOH$	0.55	0.24	0.77	0.43	0.24	0.03	1.88	0.79
$CH_3(CH_2)_{21}COOH$	0.47	0.20	0.81	0.45	微量	微量	2.06	0.87

化合物	舒兰粗蜡		舒兰氧化蜡		寻甸粗蜡		寻甸氧化蜡	
	占游离酸	占蜡质	占游离酸	占蜡质	占游离酸	占蜡质	占游离酸	占蜡质
$CH_3(CH_2)_{22}COOH$	6.30	2.71	7.19	4.03	3.33	0.42	7.59	3.19
$CH_3(CH_2)_{23}COOH$	1.35	0.58	1.94	1.09	0.89	0.11	4.74	1.99
$CH_3(CH_2)_{24}COOH$	13.40	5.76	15.53	8.69	10.84	1.36	20.06	8.43
$CH_3(CH_2)_{25}COOH$	1.63	0.70	2.40	1.34	1.20	0.15	4.11	1.73
$CH_3(CH_2)_{26}COOH$	31.99	13.76	32.58	18.24	14.53	1.82	15.82	6.64
$CH_3(CH_2)_{27}COOH$	1.42	0.61	2.80	1.57	1.44	0.18	2.84	1.19
$CH_3(CH_2)_{28}COOH$	22.4	9.63	21.91	12.27	10.07	1.26	8.47	3.56
$CH_3(CH_2)_{29}COOH$	3.24	1.39	5.53	3.10	1.86	0.23	3.06	1.29
$CH_3(CH_2)_{30}COOH$	3.74	1.61	4.74	2.65	3.84	0.58	2.98	1.25
$CH_3(CH_2)_{31}COOH$	0.84	0.36	1.19	0.67			1.08	0.45
$CH_3(CH_2)_{32}COOH$							1.92	0.82
总　计	83.01	35.69	97.63	54.67	50.52	6.32	78.47	32.96

（3）舒兰粗蜡和硝酸氧化蜡中酯中酸的正构烷酸含量分别为 45.77% 和 51.69%；寻甸粗蜡和硝酸氧化蜡中酯中酸的正构烷酸含量则分别为 38.22% 和 49.17%。检出量均较低，由此说明，酯中酸较游离酸结构更复杂，含有较多的非正构烷酸的酸性物质（如羧基酸、多元酸、酮酸等），如表 10-15 所示。舒兰蜡的酯中酸按含量多少顺序排列为 C_{28}、C_{30}、C_{20}、C_{24}，寻甸蜡的酯中酸按含量多少顺序排列为 C_{28}、C_{25}、C_{30}、C_{24}，其中 C_{26} 和 C_{24} 的含量相当接近，分别为 9.84% 和 9.12%（占初蜡百分比），11.34% 和 10.34%（占氧化蜡百分比）。除寻甸氧化蜡外，其他蜡的酯中酸含量分布与游离酸相同。

表 10-15　酯中酸定量分析结果　　　　　　　　　　　　　　（%）

化合物	舒兰粗蜡		舒兰氧化蜡		寻甸粗蜡		寻甸氧化蜡	
	占酯中酸	占蜡质	占酯中酸	占蜡质	占酯中酸	占蜡质	占酯中酸	占蜡质
$CH_3(CH_2)_{14}COOH$					0.36	0.14	0.49	0.11
$CH_3(CH_2)_{16}COOH$					0.29	0.12	0.45	0.11
$CH_3(CH_2)_{18}COOH$	1.08	0.30	0.66	0.17	0.58	0.23	1.69	0.40
$CH_3(CH_2)_{19}COOH$							0.35	0.08
$CH_3(CH_2)_{20}COOH$	0.32	0.09	0.41	0.11	0.46	0.18	0.74	0.17
$CH_3(CH_2)_{21}COOH$	0.32	0.09	0.33	0.08	0.17	0.07	0.45	0.11
$CH_3(CH_2)_{22}COOH$	3.30	0.92	3.04	0.79	3.65	1.45	3.74	0.88
$CH_3(CH_2)_{23}COOH$	0.69	0.19	0.79	0.20	0.89	0.35	1.44	0.34
$CH_3(CH_2)_{24}COOH$	6.54	1.82	6.56	1.69	9.12	3.62	10.34	2.43
$CH_3(CH_2)_{25}COOH$	0.87	0.24	1.20	0.31	0.87	0.35	1.51	0.35

化合物	舒兰粗蜡		舒兰氧化蜡		寻甸粗蜡		寻甸氧化蜡	
	占酯中酸	占蜡质	占酯中酸	占蜡质	占酯中酸	占蜡质	占酯中酸	占蜡质
$CH_3(CH_2)_{26}COOH$	16.81	4.67	17.58	4.54	9.84	3.91	11.34	2.66
$CH_3(CH_2)_{27}COOH$	0.87	0.24	1.63	0.42	1.90	0.75	2.23	0.52
$CH_3(CH_2)_{28}COOH$	11.39	3.17	13.43	3.46	6.88	2.73	8.21	1.93
$CH_3(CH_2)_{29}COOH$	1.46	0.41	2.81	0.72	1.15	0.46	1.69	0.40
$CH_3(CH_2)_{30}COOH$	2.12	0.59	3.25	0.84	1.40	0.56	2.05	0.48
$CH_3(CH_2)_{32}COOH$					0.65	0.26	1.49	0.34
总　计	45.77	12.72	51.69	13.34	38.22	15.17	49.17	11.53

（4）舒兰粗蜡和氧化蜡的烷烃中正构烷烃含量分别为 31.94% 和 92.84%，而寻甸粗蜡和氧化蜡的烷烃中正构烷烃含量分别为 48.71% 和 87.78%，如表 10-16 所示。这两种粗蜡的正构烷烃检出量均较低。元素分析和红外光谱分析说明其中含有较多的羰基（C＝O）化合物及除羧基、羟基以外的其他含氧官能团化合物。烷烃中正构烷烃按含量的多少顺序排列为 C_{29}、C_{27}、C_{31}、C_{25}、C_{33}、C_{23}，偶数碳 C_{28}、C_{30}、C_{26}、C_{22}、C_{24}、C_{32}；寻甸蜡中正构烷烃按含量的多少顺序排列为奇数碳 C_{31}、C_{29}、C_{33}、C_{27}、C_{35}、C_{23}，偶数碳 C_{28}、C_{30}、C_{28}、C_{32}、C_{26}、C_{34}、C_{24}。

表 10-16　烷烃气相色谱定量分析结果　　　　　　　　　　（%）

化合物	舒兰粗蜡	舒兰氧化蜡	寻甸粗蜡	寻甸氧化蜡
$CH_3(CH_2)_{21}CH_3$	0.83	2.72	0.46	1.69
$CH_3(CH_2)_{22}CH_3$	0.55	1.58	0.46	1.37
$CH_3(CH_2)_{23}CH_3$	3.38	9.56	1.75	7.39
$CH_3(CH_2)_{24}CH_3$	1.08	3.22	0.73	2.24
$CH_3(CH_2)_{25}CH_3$	7.58	20.17	3.34	9.75
$CH_3(CH_2)_{26}CH_3$	2.03	5.24	2.16	3.45
$CH_3(CH_2)_{27}CH_3$	9.98	27.58	10.20	19.95
$CH_3(CH_2)_{28}CH_3$	1.26	4.40	3.03	3.08
$CH_3(CH_2)_{29}CH_3$	4.10	13.38	15.47	23.58
$CH_3(CH_2)_{30}CH_3$	0.33	1.26	1.53	2.63
$CH_3(CH_2)_{31}CH_3$	0.79	3.19	8.20	11.21
$CH_3(CH_2)_{32}CH_3$	微量	0.26	0.58	0.68
$CH_3(CH_2)_{33}CH_3$	微量	0.31	0.82	0.99
总　计	31.91	92.84	48.71	87.78
占蜡质	1.98	2.60	1.89	2.23

（5）舒兰粗蜡和氧化蜡的烷醇中正构一元烷醇的检出量分别为 50.32% 和 62.14%，寻甸粗蜡和氧化蜡的烷醇中正构一元烷醇的检出量分别为 45.33% 和 62.31%。检出量均较

低。因为烷醇中除含正构一元烷醇外，还存在着二元醇、酮醇等化合物。烷醇中正构一元烷醇按含量的多少顺序为：舒兰粗蜡 C_{30}、C_{28}、C_{31}、C_{32}，氧化蜡 C_{30}、C_{23}、C_{26}、C_{32}、C_{31}；寻甸粗蜡 C_{26}、C_{28}、C_{24}、C_{31}、C_{30}，氧化蜡 C_{24}、C_{28}、C_{30}、C_{31}，如表 10-17 所示。

表 10-17　醇的色谱定量分析结果　（％）

化合物	舒兰粗蜡		舒兰氧化蜡		寻甸粗蜡		寻甸氧化蜡	
	占醇	占蜡质	占醇	占蜡质	占醇	占蜡质	占醇	占蜡质
$CH_3(CH_2)_{18}OH$	0.26	0.04	0.22	0.02	0.21	0.08	0.36	0.07
$CH_3(CH_2)_{19}CH_2OH$	0.29	0.05	0.18	0.02	0.08	0.03	0.25	0.05
$CH_3(CH_2)_{20}CH_2OH$	0.39	0.07	0.47	0.05	2.76	1.07	3.91	0.71
$CH_3(CH_2)_{21}CH_2OH$	0.34	0.06	0.26	0.03	0.27	0.10	0.53	0.10
$CH_3(CH_2)_{22}CH_2OH$	1.57	0.27	1.88	0.20	6.39	2.47	10.87	1.98
$CH_3(CH_2)_{23}CH_2OH$	0.59	0.10	0.78	0.08	0.60	0.23	1.27	0.23
$CH_3(CH_2)_{24}CH_2OH$	5.31	0.92	6.25	0.68	7.91	3.07	14.81	2.69
$CH_3(CH_2)_{25}CH_2OH$	1.68	0.29	2.14	0.23	0.94	0.36	1.71	0.31
$CH_3(CH_2)_{26}CH_2OH$	13.03	2.25	15.45	1.67	6.49	2.51	8.84	1.61
$CH_3(CH_2)_{27}CH_2OH$	2.57	0.44	3.12	0.34	3.25	1.26	3.14	0.57
$CH_3(CH_2)_{28}CH_2OH$	15.71	2.71	18.96	2.05	5.05	1.96	5.52	1.00
$CH_3(CH_2)_{29}CH_2OH$	3.59	0.62	4.20	0.45	5.76	2.23	4.47	0.81
$CH_3(CH_2)_{30}CH_2OH$	3.42	0.59	5.18	0.56	2.03	0.79	1.80	0.33
$CH_3(CH_2)_{31}CH_2OH$	1.30	0.22	2.68	0.29	1.75	0.68	1.93	0.35
$CH_3(CH_2)_{32}CH_2OH$	0.27	0.04	0.37	0.04	1.58	0.61	1.95	0.35
$CH_3(CH_2)_{33}CH_2OH$					0.26	0.10	0.95	0.17
总　计	50.32	8.68	62.14	6.71	45.33	17.57	62.31	11.33

舒兰蜡和寻甸蜡中烷醇的碳数分布均较宽，从 C_{20} 到 C_{35}。但两种蜡最高醇含量的分布有明显的区别：舒兰蜡分布在高碳数一端（C_{30}、C_{28}、C_{26}），而寻甸粗蜡分布在低碳数一端（C_{28}、C_{24}）。

研究结果表明，寻甸褐煤蜡较舒兰褐煤蜡的化学结构更复杂，尤其是寻甸褐煤蜡中高含量的酯，是区别于舒兰褐煤蜡的最重要的标志。对两种不同的褐煤蜡化学组成的深入研究，找出它们的相似性及差异性，对改制、精制及合理应用褐煤蜡具有十分重要的理论意义和现实价值。

10.4　煤蜡的组成及理化性质研究进展

10.4.1　广东遂溪泥煤蜡和云南寻甸褐煤蜡的化学组成研究

1982 年，唐运千等发表《广东遂溪泥煤蜡和云南寻甸褐煤蜡的化学组成研究》[16] 一文，下面是该论文中关于褐蜡煤组成的主要内容。

泥煤蜡和褐煤蜡的主要组成物为蜡质和树脂物质。蜡质经皂化和溶剂萃取分离，分离物分别用气相色谱和色谱-质谱联合检定，表明遂溪泥煤蜡和寻甸褐煤脂中均含有

$C_{23} \sim C_{34}$ 偶碳烷醇和 $C_{16} \sim C_{34}$ 烷酸。树脂物经皂化和柱层析分离，所得的氯仿洗脱物经红外光谱和 ^1H 核磁共振谱检定证明其中含有谷甾醇。泥煤蜡树脂物中的谷甾醇主要以 α-谷甾醇形式存在，而褐煤的则为 β-谷甾醇。此外，泥煤蜡树脂物中还检出有雌二醇和雌酚酮类物。

10.4.1.1 前言

泥煤是成煤过程的最初阶段，还保留着一些未被分解掉的植物残体。在成煤过程中，植物体内所固有的半纤维素、纤维素和木质素部分参与了腐植酸的形成。至于化学稳定性良好的蜡（沥青 A）则被保存下来，其化学组成亦无变化。国外在泥煤化学组成方面，曾进行过一些工作[18~22]，但主要是有关泥煤的稀酸和浓酸水解物的组成和利用等问题。至于泥煤蜡（沥青 A）组成的研究工作却较少。Иванова 等人研究泥煤蜡中烷酸的分离，并检定出碳的数量在三十个以下的各种烷酸量[23]。Бельвкевич 等最近采用柱层析方法分离泥煤蜡，各类分离物经红外光谱检定，表明它们之间的性质比较接近，是正构饱和与不饱和复杂酯[24]。虽然泥煤蜡中其他物质如甾醇类早在 1960 年已开始研究[25]，但由于缺乏有效的分离方法和检测手段，截至目前，还未得出是否存在的肯定结论。

广东遂溪泥煤蕴藏量大、含蜡量高。为了合理利用这一资源，我们着重研究其中蜡质和树脂的化学组成。本工作主要以化学和物理相结合的方法研究遂溪泥煤蜡中的蜡质和树脂物的组成，并列入云南省寻甸县褐煤蜡的蜡质和树脂组分分离结果，以资比较。

10.4.1.2 试验方法

泥煤蜡或褐煤蜡按一般常用的乙醇萃取分离成树脂和蜡质，蜡质分成热乙醇可溶部分和热乙醇不溶部分。

上述各物料分别按下述方法处理。

（1）蜡质经氢氧化钾乙醇液皂化后，在二氧化碳气流下，蒸发掉乙醇，固体物用乙醚萃取。萃取液经冷冻分离成醇类和烃类，醇类又经 1:1 盐酸-戊醇处理，然后用气相色谱检定。萃取后的残渣经 10% 硫酸酸化，用苯萃取出高碳烷酸，烷酸经重氮甲烷甲基化，甲酯物分别用气相色谱和气相色谱-质谱联合检定。

（2）树脂组分用乙醚溶解，进氧化铝（活度为 Ⅱ~Ⅲ 级的中性氧化铝）柱层析，冲洗剂依次为石油醚、石油醚-氯仿（9:1）、氯仿和甲醇。其中氯仿洗脱物又经干柱（活度为 Ⅳ~Ⅴ 级的中性氧化铝）分离，展开剂为己烷:氯仿:甲醇为 38:60:2 的混合物。从玻璃柱中取出氧化铝，按不同颜色分成若干段，各段用乙醚萃取，萃取物分别用薄板层析和核磁共振检定。

薄板层析所用展开剂为己烷:氯仿:甲醇为 38:60:2 的混合液，显色剂为 20% 磷钼酸乙醇溶液。

（3）泥煤蜡的树脂组分又经氢氧化钾、甲醇溶液皂化和乙醚萃取，萃取物分别用石油醚、氯仿、氯仿-乙醇（1:1）和氯仿-乙醇（1:1）+5% 醋酸冲洗，其中氯仿洗脱物用薄板层析检定，展开剂为氯仿-乙醇（9:1），显色剂为 20% 三氯化锑氯仿溶液。

10.4.1.3 分析方法

（1）高碳烷醇。气相色谱-氢火焰离子化检定器，色谱柱为 $\phi 3mm \times 1m$，固定液为 $1.5\% OV_{-1} + 1.5\% OV_{-17}$，担体为 Chromosorb W。

（2）高碳烷酸。气相色谱-氢火焰离子化检定器，玻璃毛细管柱 $\phi0.45mm\times28m$，Scot 柱（405 酸化担体），动态涂渍 5.1%SE-30，柱温 250℃。

气相色谱-质谱联用，玻璃毛细管柱 $\phi0.4mm\times40m$，静态涂渍 SE-30，氦气 3.5mL/min，进样口温度 270℃，离子源能量 70eV。

高压液相色谱-折光指数检测器，色谱柱为 $\phi5mm\times250mm$，固定相为 YWG-C$_{18}$H$_{37}$（10μ），冲洗剂为四氢呋喃-甲醇-水（25∶65∶10）。

（3）甾醇物。核磁共振谱 60MHz，溶剂为四氯化碳或氘代氯仿，四甲基硅作内标。

10.4.1.4 结果与讨论

（1）泥煤蜡和褐煤蜡热乙醇可溶部分和不溶部分的分析结果分别列于表 10-9 和表 10-10。两种蜡的共同点在于酸类物含量最多，烃类次之，至于醇类物在热乙醇可溶部分中含量甚少，在 1%左右。但在不溶部分中，褐煤蜡中醇类物却比泥煤蜡高达三倍。

1）烷醇。气相色谱检定结果列于表 10-11，结果表明，泥煤蜡和褐煤蜡的蜡质中均含有 C$_{24}$~C$_{34}$ 的偶碳烷醇，它们的不同点是，前者含有较多的三十二烷醇，而后者含 38%的二十六烷醇。值得注意的是，两个蜡均含有三十烷醇，它是近年来新开发的天然植物生长刺激素。

2）烷酸。高碳烷酸甲酯物的气相色谱分析结果见表 10-12，泥煤蜡和褐煤蜡的蜡质中均含有 C$_{24}$~C$_{32}$ 的烷酸，其量占混合酸总量的 48%左右。若对泥煤蜡和褐煤蜡而言，则分别为 32%和 34%，其中以偶数碳烷酸占多数，尤以二十六烷酸最多，而二十四和二十八烷酸则次之。在二十四烷酸和三十二烷酸的含量上，两个蜡相差几近一倍之多。奇数碳烷酸（C$_{25}$、C$_{27}$、C$_{29}$ 和 C$_{31}$ 酸）量大多在 2%以下。

在上述基础上，我们又进一步采用气相色谱-质谱联合检定，泥煤蜡的蜡质中除 C$_{24}$~C$_{32}$ 烷酸外，尚有 C$_{16}$~C$_{23}$，C$_{33}$ 和 C$_{34}$ 烷酸，其中一些小峰似是异构的烷酸。

此外，我们又采用高压液相色谱检定泥煤蜡中的烷酸组分。高压液相色谱的优点是，高碳烷酸可以不经甲基化而直接在室温下分析。根据标准烷酸样（肉豆蔻酸、月桂酸、棕榈酸、花生酸和山苍酸）和碳数规律，定性测出泥煤蜡中除 C$_{16}$~C$_{30}$ 正构烷酸外，还含有 C$_{12}$ 和 C$_{24}$ 烷酸。

（2）泥煤蜡和褐煤蜡树脂物经中性氧化铝柱层析，各类冲洗剂的洗脱物性质示于表 10-18。

表 10-18 不同溶剂的洗脱物性质

洗脱物	w(C)/%	w(H)/%	分子量	熔点/℃	酸值/mg KOH·g^{-1}	皂化值/mg KOH·g^{-1}	碘值/g·(100g)$^{-1}$
泥煤蜡树脂	76.05	10.19	759	90~95	57	57	15
石油醚洗脱物	81.81	11.81	460	38~44	0	14	11
9∶1 石油醚-氯仿洗脱物	81.03	11.50	457	55~58	9	0	11
氯仿洗脱物	77.49	10.56	521	69~78	3①	44①	10
甲醇洗脱物	65.57	8.55	933	70~77	7	42	20

续表 10-18

洗脱物	$w(C)/\%$	$w(H)/\%$	分子量	熔点/℃	酸值/mg KOH·g⁻¹	皂化值/mg KOH·g⁻¹	碘值/g·(100g)⁻¹
褐煤蜡树脂	81.31	10.30	743	91~97	50	50	28
石油醚洗脱物	84.08	11.21	430	43~50	0	0	19
9:1 石油醚-氯仿洗脱物	83.48	11.61	431	43~49	0	0	13
氯仿洗脱物	77.55	10.46	489	68~78	3	30	0
甲醇洗脱物	69.67	8.86	616	97~106	8	26	27

① 单次分析。

石油醚和 9:1 石油醚-氯仿洗脱物分别用四甲基氢氧化铵酯化后经气相色谱检定，未发现有任何一种树脂酸（如海松酸、长叶松酸、脱氢枞酸、新枞酸、山达海松酸、异海松酸和枞酸等）。酸值为零，间接证明其中不含游离酸。按照元素分析和分子量计算，其试验式分别为 $C_{30}H_{50}O_2$ 和 $C_{30}H_{50}O$。它们似属于含有一些取代基的萜烯类物[26]。

β-谷甾醇是合成性激素的宝贵原料，为此，我们又进一步将氯仿洗脱物作干柱分离，分离物用乙醚溶解，将乙醚可溶物又进行如下一些检定。

1）红外光谱。泥煤蜡和褐煤蜡树脂经上述方法处理后，其乙醚萃取物经元素分析，碳含量为 73.74%、70.45% 和氢含量为 9.98%、9.53%。将萃取物中的酯类物皂化后的红外图谱表明 800cm⁻¹ 和 840cm⁻¹ 吸收峰为 Δ⁵ 的双键物质，1640cm⁻¹ 是非共轭 C＝C 的伸展频率。C_3 位置的 OH 为平伏构象时，其吸收频率应较直立构象的为高。褐煤蜡树脂物在 1034cm⁻¹ 处吸收甚弱，且在 1050cm⁻¹ 位置亦有吸收。由此，可认为是平伏构象，亦即是 Δ⁵-谷甾烯-3β-醇（β-谷甾醇）[27]。泥煤蜡树脂却不然，1034cm⁻¹ 处吸收峰较强，并且 1050cm⁻¹ 处又有吸收。

从吸收频率大致可以确定，褐煤蜡树脂物的 β-谷甾醇主要是平伏构象，亦即 β-型。但泥煤蜡树脂中的却是以直立构象为主的 α-型型物。

2）毛地黄皂甙反应。红外光谱表明，两个蜡样的 OH 位置不同。为此，我们利用毛地黄皂甙容易与 β-型 C_3—OH 的 β-谷甾醇起反应，生成难溶性的低分子结合物，而与 α-型 C_3—OH 却不生成分子结合物的特征，以定量测定蜡样 β-型的 β-谷甾醇量。这类结合物虽然没有明确的熔点，但却具有完好的结晶形状，性质又比较稳定。

反应结果表明，泥煤蜡中的 β-谷甾醇仅生成少量的白色粉末，而褐煤蜡却反之，其生成量对总谷甾醇量而言分别为 46.0% 和 63.5%。

3）¹H 核磁共振谱。泥煤蜡和褐煤蜡树脂物的 ¹H 核磁共振图谱与上海试剂厂生产的 β-谷甾醇试剂的 ¹H 核磁共振标准谱图对比，虽经柱层析和干柱分离，但分离物中仍混有一些杂质，如 2×10^{-6} 范围内—CH₃ 和—CH₂—基团不如 β-谷甾醇试剂那样清楚。但几个主要基团如 C_{18} 和 C_{19} 位上的角甲基和 C_5 位上的烯氢，以及 C_3 位上的 H 尚较明显。

（3）泥煤蜡的树脂组分又经氢氧化钾甲醇溶液皂化和柱层析分离，以及薄板层析检定，表明氯仿洗脱物中含有雌二醇和雌酚酮（与雌二醇和雌酚酮纯样对照结果）。

从红外光谱图可见，700~900cm⁻¹ 吸收较强，并且峰形狭窄，这由于芳烃 C—H 键的面外振所动引起，2600cm⁻¹ 和 1505cm⁻¹ 吸收峰表征有苯核。五环酮（即 C_{17} 位上酮体）在 1100~1300cm⁻¹ 处吸收较弱或无吸收，而在 1010cm⁻¹ 和靠近 1055cm⁻¹ 处却有两个吸收峰[29]。同时还有表征酚的 C—O 伸展振动特征峰 $2200 \sim 1300 cm^{-1}$。此外，尚有酮的弱吸收。

10.4.1.5 结论

（1）广东遂溪泥煤蜡和云南寻甸褐煤蜡的蜡质经皂化和溶剂萃取，分离成烃类、高碳烷醇和烷酸等。烷醇为 $C_{24} \sim C_{34}$ 的偶碳烷醇，其中 30 烷醇量在 13% 左右，它是新型的内源植物生长调节剂。高碳烷酸经毛细管柱气相色谱分析，表明其中含有 $C_{20} \sim C_{32}$ 烷酸，其量为烷酸混合物总量的 48% 左右。泥煤蜡的蜡质又经高压液相色谱定性检定出 C_{12}、C_{14} 和 $C_{16} \sim C_{30}$ 的正构烷酸。气相色谱—质谱联合检定又进一步表明，除 $C_{20} \sim C_{32}$ 烷酸外，尚有 $C_{16} \sim C_{19}$、C_{33} 和 C_{34} 烷酸。

（2）泥煤蜡树脂组分用氧化铝柱层析分离，对其中氯仿洗脱物进行了较详细的研究，红外光谱和 ^1H 核磁共振谱确定树脂中含有 β-谷甾醇，又采用毛地黄皂甙反应，进一步阐明泥煤蜡树脂中的 β-谷甾醇主要为 α-谷甾醇，而褐煤蜡树脂中的则为 β-谷甾醇。泥煤蜡树脂的氯仿洗脱物又经薄板层析和红外光谱检定出其中含有雌二醇和雌酚酮。

说明：1982 年唐运千等[16]发表的这篇论文中提出了褐煤蜡（包含树脂）组分、烷烃、高碳烷醇和烷酸（游离酸和酯中酸）等的系统分离鉴定方法，至今已经过去了 36 年，但不论是系统分离鉴定方法，还是分析鉴定所用的"现代"分析仪器，似乎一点都不过时。除粗褐煤蜡和树脂组分的分离鉴定外，这一系统分离鉴定方法还适用于精制浅色蜡、合成蜡等的分离鉴定。

10.4.2 泥炭褐煤蜡的化学组成

1986 年，李宝才等发表《泥炭褐煤蜡的化学组成》[13]一文，对褐煤蜡的组成进行了综述。

10.4.2.1 综述

用有机溶剂从泥煤、褐煤中萃取得到的蜡，国外通称为蒙旦蜡（Montan Wax）。关于蒙旦蜡组成的研究已有许多报道，由于所研究物质的复杂性，加之缺乏精密的分析仪器，故早期的报告结果出入较大。只是近 20 年采用了现代的测试手段，才对蒙旦蜡的组成有了较清楚的了解。蒙旦蜡是一个包含 1000 多种化合物的复杂体系，已鉴定出的化合物 200多种。采用选择性有机溶剂可将蒙旦蜡分成 3 个主要组分：蜡质、树脂、似地沥青物质。

在较低温度（$-10 \sim +20℃$）下，树脂能溶于多种溶剂，因而能与蜡、地沥青组分分离。W. Presting 及其同事曾用乙酸乙酯、甲醇和二氯乙烷将蜡分成不同组分[6~8]，W. Schaack 和 U. D. Foedisch 提出用丙酮，H. R. Fleck 则采用正庚烷。

地沥青是一种黑色黏滞物，要想从蜡中分离出地沥青组分比较困难。W. Presting 和 U. K. Steinbach 曾用异丙醇从脱树脂的蒙旦蜡中萃取地沥青得到了最好的结果[6]。

蒙旦蜡中的树脂常被称为蒙旦树脂。地沥青物被称为蒙旦地沥青，有些研究者认为这不严格，苏联学者以及 Presting 和 Steinhaach 称其为暗色物。现将 W. Schaack 和 U. D. Foedisch 对三个组分的分析结果列于表 10-2 中。

表 10-2 是对蒙旦蜡组分的宏观分析结果（蜡质、树脂、地沥青），但是，要详细了解每个组分的精细组成，本文就作者搜集到的文献对各组分作一综述。

10.4.2.2 蜡质

蒙旦蜡中蜡质组分主要包含有长链酸及其酯的混合物，只有少量的烃、游离酸和酮类。早期的研究者对蜡组成的研究结论不一致，例如褐煤酸的碳链长度究竟是28还是29。基于 Presting、Steinbach 和 Krcuter 对东德蒙旦蜡及 Fleck 对美国蒙旦蜡的研究结果，才对这些蜡的组成有了较清楚的认识。

Kanfmann 采用气相色谱和红外光谱证明有高级脂肪酸。此外，醇、酯、酮和烃类约占蜡中偶数碳原子的90%。其中24、26、28和30碳原子所占比例最大。其结果列于表10-5。

对于蜡中个别化合物的鉴定几乎与蜡的萃取同时进行。Meyerheim 认为粗蜡经皂化可产生大约5%的蜡酸（熔点82℃），这些酸是较低级的酸，如 C_{20}、C_{22} 与 C_{24}，有一部分与 $C_{20} \sim C_{25}$ 的醇化合物。Holde 和 Bleyberg 采用微量蒸馏和 X 射线法，证实这些蜡酸具有偶数碳链，此外还分离出正 C_{33} 酸（熔点89℃），并指出还有 C_{35} 酸。

Tropsch 和 Kreutzer 用甲醇酯化粗褐煤酸，并用分馏法分离出酯。一种馏分（沸点 265~267.5℃）含 $C_{27}H_{54}O_2$ 的酸（熔点82℃），另一种馏分（沸点277.5℃）含 $C_{29}H_{58}O_2$ 的酸（熔点 86~86.5℃）。C_{27} 酸实际上与异二十七烷酸相当，C_{29} 酸是真正的褐煤酸。Bruckner 把 C_{29} 酸称为地蜡酸（Geoceric acid）以示与正链蜡酸区别。Tropsch 和 Kreutzer 报道分离出 C_{25} 酸（熔点78℃），它与异二十五烷酸相当。也报道了在褐煤蜡中少量的三十一烷酸 C_{31}（熔点90℃）存在，其熔点和异三十一烷酸相同。值得注意的是所谓奇数碳原子蜡酸的熔点都与合成异酸的熔点一样，这些异酸具有偶数碳原子的链长并有一个甲基侧链键，即异-C_{25}（熔点77.6℃）、异-C_{27}（熔点82.5℃）、异-C_{29}（熔点86℃）、异-C_{31}（熔点90℃）。

Pschon 和 Pfaff 在德国里伯克褐煤蜡厂生产的粗蜡的乙醚萃取物中鉴定出一种分子量为426、熔点83.5℃的酸。这种酸也可用下法制备：用丙酮萃取后进行皂化，把皂化物用盐酸处理，然后将这种酸转化成乙基酯（熔点66.5℃），从中可分离出纯酸（C_{25} 酸乙基酯熔点66.6℃，而 C_{29} 酸乙基酯熔点为64.6℃），从而证明褐煤蜡的游离酸中有 C_{29} 酸。Eisenreich、Hell 等人确信 C_{29}（熔点81.5~83℃）是主要成分，并伴有少量的同系物，这与前面提到的熔点为86~86.5℃的 $C_{29}H_{58}O_2$ 酸不符，说明早期的研究工作，由于条件的限制而具有一定的片面性。

近年来唐运千等人对广东遂溪泥煤蜡和云南寻甸褐煤蜡的化学组成进行了研究，指出泥煤蜡和褐煤蜡中均含 $C_{24} \sim C_{32}$ 烷酸，其量是混合酸总量的48%左右，再次证明其中是以偶数碳为主，尤以二十六烷酸最多，而 C_{24} 和 C_{28} 烷酸则次之。表10-12列出蜡质中高碳酸的分布。

唐运千还采用气相色谱-质谱联合检定，证明了泥煤蜡中除 $C_{24} \sim C_{32}$ 酸外，尚有 $C_{16} \sim C_{23}$、$C_{33} \sim C_{36}$。用高压液相色谱不经甲基化在室温下分析，还鉴定出 C_{12} 和 C_{14} 酸。

许多作者的研究报告表明，尽管各自选用的萃取剂不同、分析方法不同，但都得出蜡中含有 $C_{12} \sim C_{31}$ 的酸，只是含量不同而已，虽然现有的资料仍不能充分地阐明泥煤蜡和褐煤蜡中烷酸的组成，但大体上其组成相近。

Pschon 和 Paff 鉴定出粗褐煤蜡的乙醚萃取物中有脂肪醇，如醇 $C_{24}H_{50}O$。丙酮萃取物中得到醇 $C_{26}H_{50}O$，丙酮不溶物含酯很多，经皂化分离出三种醇：C_{28} 醇（熔点83℃）、C_{26} 醇（熔点79℃）、C_{30} 醇（熔点88℃）。

其他研究者采用不同溶剂对褐煤、泥煤萃取，也分别鉴定出脂肪醇：多元醇 $C_{20}H_{40}O$；一元醇 C_{20}、C_{22}、C_{24}、C_{26}、C_{28}（苯为萃取剂），$C_{24}H_{50}O$、$C_{20}H_{42}O$（汽油为萃取剂）；C_{20}、C_{22}（丙酮-水）。$C_{20} \sim C_{28}$（甲苯-乙醇-水）。环醇 $C_{20}H_{52}O$、$C_{27}H_{54}O$（苯）；$C_{26}H_{52}O$、$C_{27}H_{50}O$（石油醚）；$C_{27}H_{60}O$（汽油）。

褐煤蜡中以蜡酯形式存在的酯用钠石灰或氢氧化钾加热转化为羧酸盐酸醇分离。被检出的 $C_{10} \sim C_{21}$ 正构直链化合物中，$C_{10} \sim C_{12}$ 的量逐渐增加，而 $C_{12} \sim C_{21}$ 则逐渐减少。这些化合物是基于色谱分析停留时间的对数与碳数之间的直接关系而鉴定的。

广东遂溪泥煤蜡和寻甸褐煤蜡中醇部分的研究结果列于表 10-11 中。

经色谱法鉴定，蜡质中烷烃组分大部分是由 $C_{23} \sim C_{33}$ 直链烃所组成，但也有少量的 C_{16}、$C_{18} \sim C_{22}$，C_{34} 与 C_{35}。除这些直链烃以外，还有另一系列化合物，它们不是不饱和烃，而其停留时间与相同碳数的支链烃类相当，表 10-8 列出其结果。

采用红外、质谱等能够鉴定出下列化合物：烷烃 $C_{36}H_{72}$，$C_{33}H_{66}$（汽油萃取剂）；$C_{27} \sim C_{33}$（苯），$C_{23} \sim C_{33}$。（丙酮-水或甲苯-乙醇-水），环烷烃 $C_{23}H_{24}$（醇-苯），$C_{20}H_{12}$（苯），$C_{15}H_{21}$（汽油）。

最近，苏联学者 F. L. Kaganovich，等对泥煤蜡萃取物进行了研究，指出主要存在正链烷烃，以及脱色难分离的不饱和、环状的支链化合物。粗泥煤蜡的烷烃部分，含 21% 的正构烷烃，79% 不饱和的支链环状碳氢化合物。

关于蒙旦蜡中酸、醇、烃类的研究一直未停止过。综上所述，就蜡质部分而言，其复杂性远远超过许多研究者的意料，如果说对蜡质组成的研究已告结束还为时过早。

10.4.2.3　树脂

树脂是粗褐煤蜡中有害组分，以至许多研究者对此不感兴趣，加之研究中遇到的困难，长期以来很少对此进行考察。最近十几年，人们对褐煤蜡质量提出各种各样的要求，迫使研究者对分离、利用、研究树脂给予极大的重视。特别是由于树脂中存在生理活性物质，因而更引起了煤化学工作者的注意。

H. Stein Brecher 认为，蒙旦树脂属于植物树脂类，即与化石的琥珀属于同类。含有约70% 的中性物（萜烯、多萜）以及约 70% 的酸性物质（树脂酸和含氧树脂酸）。Ruhemann 和 H. raud 发现在蒙旦树脂中萜化合物如桦木酮（betulin），别桦木酮（allobetulin）和氧化别桦木酮（Oxyallo betulin）。V. Jarolin 及其同事用色层法将树脂分离成各个组分，他们发现不但有上述的桦木酮，而且还有一些其他化合物如三萜酮、醇和酸。

有些研究者对树脂进行了深入的研究，分离和鉴定出一些含量很少的化合物。最初分离出 $C_{24}H_{34}O_2$，其后又分离出 $C_{15}H_{20}$、$C_{15}H_{26}$、$C_{15}H_{28}$ 和 $C_{22}H_{34}$ 等烃类物。Солтис 发现了 $C_{30}H_{50}O$、$C_{15}H_{26}O$ 和 $C_{20}H_{34}$ 烃。Грюн 指出褐煤萃取物中含有少量甾醇。并分离出三十烷、三十二烷、4-异丙基环己烷、$C_{24}H_{34}O$ 和 $C_{24}H_{40}O_2$ 醇以及三萜烯化合物（桦皮脑、别桦皮脑、氧化别桦皮脑及其异构物）。Кюнх 同样分离出桦皮脑、别桦皮脑、异别桦皮脑氧化别桦皮脑，三萜烯衍生物 $C_{26}H_{40}O_2$，$C_{30}H_{40}O_3$、三甲基蒽 $C_{17}H_{18}$ 和分子式为 $C_{30}H_{50}O$ 的物质，此外还有愈创树脂，氢化漆醇和松脂酸。

新方法的采用，大大简化和加快了对这些复杂混合物的分离和鉴定过程。如从捷克褐煤树脂中分离和鉴定出数十种不同类别的化合物，其中有烷烃、芳烃、醇、酯、三萜烯化合物、羧酸、脂肪酸甲基酮 $C_{12} \sim C_{23}$ 等化合物。

Икан 和 Маклин 从柴煤树脂中分离出三萜烯和 C_{24} 醇。Теребенина 指出保加利亚柴煤的乙醇-苯萃取物中含有烷烃、环烷烃、苯、萘、菲和嵌二萘等衍生物。

苏联研究者对亚历山大矿区褐煤树脂做了研究，确定示性式为：

$C_{36.4}H_{55.7}O_{2.2}S_{0.4}$；$C_{32.5}H_{54.0}O_{4.3}S_{0.2}$；$C_{22.4}H_{35.8}O_{3.2}S_{0.1}$；$C_{48.7}H_{73.4}O_{7.0}S_{0.6}$ 和 $C_{21.6}H_{37.3}O_{3.6}S_{0.1}$ 的化合物。

经红外光谱证明含有环烷烃和脂肪系的 CH_2 和 CH_3 原子团、羰基、无羁萜（环状酮）物和氧别桦木脑（内酯形式）中含有类似的羰基物，第一、第二、第三羟基物，树脂中主要有不饱和化合物，芳香和脂肪族酯、酸和醇。

近年来，Streibl、Sorn 等进行了蒙旦蜡的精密分离，发表了"无羁萜、α-阿朴别桦木脑、Δα-别桦木烯、阿朴氧别桦木脑、Δα-氧别桦木烯、无羁烷-3β-醇、别桦木酮、无羁烷-3α-醇、3-脱羟别桦木脑、别桦木脑、氧别桦木脑、桦木脑、1，2，3，4，4a，5，6，14b 八氢-2，2，4a，9 四甲基芘、1，2，3，4 四氢-2，2，9 三甲基芘、1，2，3，4 四氢-1，2，9 三甲基芘、1，2，9 三甲基芘等 16 种萜烯类化合物和两种（其实不止 2 种）未知化合物"以及部分芳构化合物。另外，Belykevich 由泥煤蜡分离出：桦木脑、无羁烷-3β-烷、氧化桦木酮、β-谷甾醇，羊毛甾醇，$C_{15}H_{26}$ 二环半帖等化合物。Golovanor 等由褐煤蜡中分离出无羁萜、别桦木脑、羟基别桦木酮、无羁醇、阿朴羟基别桦木脑、羟基别桦木酮，桦木酮，β-谷甾醇等化合物；Ikan 等由泥煤蜡中也分出无羁萜、表元羁醇、β-谷甾醇等。

许多天然蜡及树脂中，含有菲的衍生物，它属于激素类物质，在动植物的生命活动中起着重要作用，如甾族化合物的甾醇、胆汁酸和维生素 D 等，因此很多研究者把注意力集中到研究这些生理活性物质上，有可能为树脂的利用开拓一条新的途径。

白俄罗斯多科尔斯工厂从粗泥煤蜡树脂中分离出甾醇，并鉴定出生理活性很强的谷甾醇，甾族化合物占树脂 15%~17%。

唐运千报道云南褐煤蜡和广东隧溪泥煤蜡树脂也含有谷甾醇，泥煤蜡树脂的谷甾醇主要以 α-型形式存在，而褐煤蜡则为 β-型。此外，泥煤蜡树脂中还鉴定出雌二醇和雌酚酮类物。李宝才认为，是否存在雌二醇和雌酚酮类物，其证据不足，需要进一步确证。

有文献报道，在某些植物萃取物和粗蜡中发现了动物的甾族化合物，雌性激素、雌酮、雌二醇。苏联研究者采用薄层法分离出雌酮，然后用氯仿萃取，经六次结晶的雌酮熔点为 $259~260℃$，$[\alpha]_D^{20}$（氯仿中）$+160℃$，结构式见图 10-1（a）。

在泥煤蜡中也分离出雌二醇，其分子式见图 10-1（b）。

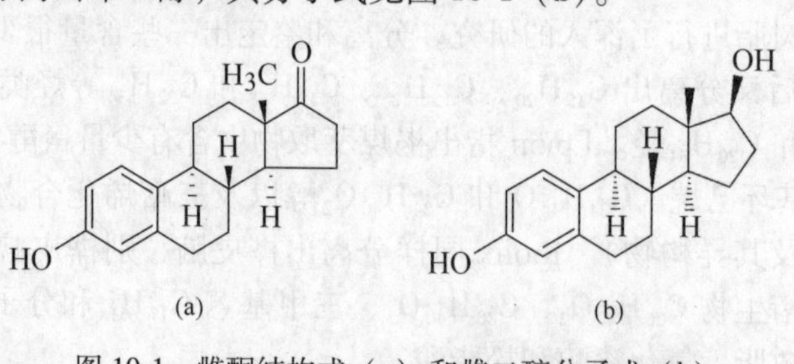

图 10-1　雌酮结构式（a）和雌二醇分子式（b）

β-雌二醇是白色或乳白色的小结晶或结晶性粉末，无臭，在空气中稳定，几乎不溶于水，溶于醇、丙酮及氢氧化钠溶液，微溶于植物油，医学上制成油状注射液供肌肉注射。

临床上用于卵巢机理不全所引起的病症。有促进雌性动物发育及维持雌性的作用。

有机化学家力图通过新途径来合成各种生理活性物质，如甾族化合物，但因合成化合物有各种异构体，而具有生理活性的物质收率很低。这就是苏联等国近年来加强对蒙旦树脂研究的一个主要原因。

虽然从树脂中已分离出 30 多种化合物，但这些化合物占树脂量很少，低于 4%，国内这方面几乎还是空白。

10.4.2.4 暗色物质（地沥青）

J. Marcusson 和 H. Smelkus 是最早研究地沥青组分的人。他们提出含氧酸是其主要的组成。后来 W. Prestnig 和 U. K. Steinbach 作了进一步研究，作者用高压皂化法，分离出地沥青物质并发现它们主要是由羟基树脂酸组成，部分与蜡醇酯化，部分与 Fe、Al、Ca 或 Na 离子结合。"暗色"是由于化合物中含有硫和金属离子，如铁皂引起的，因为这些金属皂化物特别是 Fe 的存在具有显著的染色能力。

深色物中含有大量的脂肪族含氧酸，这一点已由 J. Marcusson 通过试验得到证实，即将脱过树脂的粗蒙旦蜡在高压下加氢，深色物从 13.5% 降到 5.5%，同样羟值也大大降低，从 70 降到 21，地沥青的含氧酸明显减少。

由于暗色物质含量少，更主要的是因为它作为有害物在褐煤蜡精制时，借助强氧化剂（HNO_3、H_2SO_4、$K_2Cr_2O_7+H_2SO_4$）将其氧化分解了，所以有关这方面的工作国内外研究得都很少。为了指导粗蜡的加工利用，深入地研究暗色物"色"产生的原因很有现实意义。

10.4.2.5 结束语

蒙旦蜡在国民经济中，用途日益广泛，对其品种及质量的要求多种多样，为此，有必要对其组成和性质进行深入细致的研究，以此指导蜡的萃取、加工、精制、改质、新品种蜡的合成，或从中提取一些精细化工原料。

利用现代物理和物理化学分离分析手段（如色谱、红外、质谱等），可以预言，褐煤蜡、泥煤蜡中更多的化合物将被发现。蜡的组成、性质的研究将会有个飞跃。

说明：上面一篇为研究论文，这一篇为综述论文，两篇论文相结合，可以看出，褐煤蜡（及树脂）组成与褐煤原料（产地）、褐煤蜡萃取制备过程（主要指萃取剂）和分离鉴定方法（过程中所用溶剂）等有关，即使组成相同，各组分的含量未必一致。至于文中提到的生理活性物质的人工合成，编者并不赞成，主要原因是人工合成的化合物的"晶体结构"不可能达到天然产物的水平。

10.4.3 阴离子交换色谱和硅胶柱色谱法用于褐煤蜡族组成的分离

1988 年，李宝才等发表《阴离子交换色谱和硅胶柱色谱法用于褐煤蜡族组成的分离》[30]一文，提出褐蜡煤组成分离鉴定的新方法。

叙述了用阴离子交换色谱和硅胶柱色谱分离褐煤蜡蜡质中的游离酸、酯中酸、醇以及烷烃的方法。通过红外光谱鉴定，表明阴离子交换色谱对蜡中酸的分离效果相当好。试验表明，寻甸粗蜡主要是由长链酯的混合物组成，它是一种天然的酯型蜡。舒兰粗蜡中含有丰富的游离酸，其量达 43%。HNO_3 氧化后，蜡中游离酸的增加则是由于酯的水解和醇的进一步氧化所致。

褐煤蜡是由高级脂肪酸、脂肪酸酯、醇以及烷烃等组成。无论是薄层色谱、硅胶色谱，还是皂化-有机溶剂萃取都难于使它们完全分离，尤其是高级脂肪酸，因其极性大、吸附能力强，用硅胶柱色谱分离很困难。皂化-溶剂萃取则不能将游离酸与酯中酸分离[16]。用阴离子交换色谱法分离蜡中酸性物质，国外报道不多[31~34]，国内亦未见报道。本工作采用国产阴离子交换树脂，分离褐煤蜡中游离酸和酯中酸。并用硅胶色谱从不皂化物中分离出醇和烷烃。

10.4.3.1 试验部分

样品为原料蜡经二氯乙烷-乙醇溶解，残留的 SLCW（舒兰粗蜡），SLOW（舒兰氧化蜡），XDCW（寻甸粗蜡）及 XDOW（寻甸氧化蜡）。其制取方法见文献［37］。阴离子交换色谱用色谱柱为 ϕ40mm×800mm 的玻璃柱，外有温水加热套，装柱高度为 600mm。阴离子交换树脂为南开大学生产的 201×7 强碱性苯乙烯系 R-N$^+$（CH$_3$）$_3$Cl$^-$，交换容量≥3.0meq/g或≥1.3meq/mL。以 5 倍于树脂体积的 2N KOH 溶液动态法处理树脂，水洗至无氯离子，树脂转变成 R-N$^+$(CH$_3$)$_3$OH$^-$型。

硅胶色谱用色谱柱为 ϕ20mm×800mm 的玻璃柱，外有温水加热套，装柱高 500mm。硅胶粒度 100~140 目（100 目＝150μm，140 目＝106μm），经水汽钝化处理，含水 2.5%。

测红外光谱用 DIGILAB FTS-15C 傅里叶变换红外光谱仪。元素分析用 240C 元素分析仪（美国 PE 公司）。

10.4.3.2 结果与讨论

A 游离酸的分离

将 20g 蜡质溶解于 1000mL 二甲苯中，通过阴离子树脂色谱柱，中性物质流出色谱柱，而游离酸被吸附在树脂上。然后以 2∶2∶1 的甲苯、异丙醇、冰醋酸冲洗得到游离酸。分离结果见表 10-19。

表 10-19 游离酸的分离结果（质量分数）   （%）

样 品	自由酸	中性的分数	回收率
SLCW	43.0	54.5	97.5
SLOW	56.0	43.0	99.0
XDCW	12.5	86.5	99.0
XDOW	42.0	51.0	93.0

从表 10-19 不难看出，舒兰粗蜡含游离酸 43%，寻甸粗蜡则含 12.5%，两者相差 30.5%。这由成煤植物、沉积环境、煤化程度的差别决定。此结果与粗蜡的红外光谱和化学分析结果一致[35]。经硝酸氧化精制后的舒兰蜡和寻甸蜡中的游离酸分别增加 13.0% 和 29.5%，寻甸氧化蜡增加的幅度大。

游离酸的红外光谱表明，在 3600~2500cm^{-1} 有比较宽的吸收峰，说明—COOH 的存在。2920cm^{-1}、2860cm^{-1} 是 C—H 伸展振动引起的吸收波数。1470cm^{-1} 为 $>$CH$_2$ 弯曲振动，1460cm^{-1} 则是—CH$_3$ 非对称弯曲振动引起的吸收。在 720cm^{-1} 的吸收很强，表明是一个高碳数长链脂肪族体系。1710cm^{-1} 的 C＝O 吸收峰和 940cm^{-1} 峰是高级脂肪酸二聚体的特征峰[36]。中性部分红外光谱中 $1710cm^{-1}$ 和 $940cm^{-1}$ 吸收峰的消失和只有表征酯结构的 $1740cm^{-1}$ 的吸收，说明用阴离子交换树脂分离蜡中酸的效果非常好。

此外，经硝酸氧化的蜡中游离酸在 $1550cm^{-1}$ 处有较弱但明显的吸收，这是生成了痕量 $-NO_2$ 化合物所致。在 $1050cm^{-1}$、$1070cm^{-1}$、$1100cm^{-1}$ 处有吸收，说明存在着少量多种羟基酸[37]。

B 酯中酸的分离

存在于 R-COOR′中的酸，称为酯中酸。其分离是将已除游离酸的中性部分溶于二甲苯中，加入 2N KOH 乙醇水溶液（57g KOH + 150mL 水 + 350mL 乙醇）150mL，在水浴中加热回流 4h。加 HCl 中和，水洗至无 Cl^-。然后进行离子交换。其步骤与游离酸相同。

由红外光谱可知，酯中酸与游离酸在结构上极为相似，表征二聚酸的 $1710cm^{-1}$ 和 $940cm^{-1}$ 强吸收的出现，说明酯经皂化后其中的酸完全分离出来。尽管烷和醇混合物的红外光谱中，在 $1715cm^{-1}$ 处有弱的吸收，但将醇和烷烃混合物再次皂化和离子交换，得到的谱图没有什么变化，表明这并非分离不完全所致，故推断在醇和烷烃混合物中可能存在酮或羟基酮。

C 烷烃和醇的分离

从红外光谱图可以看出，除去酯中酸后的烷烃、醇混合物是一个简单的混合体系，用硅胶柱色谱极易分离。分离方法是：将环己烷溶解的醇和烃的混合物加入色谱柱，然后用环己烷冲洗，流出物为烃类。接着改用四氯化碳和少量的乙醇冲洗而得到的醇类。表 10-20 为酯中酸的分离结果。

表 10-20 酯中酸的分离结果（质量分数） （%）

样 品	酯中酸	醇和石蜡	回收率
SLCW	51.0	45.0	96.0
SLOW	60.0	32.5	92.5
XDCW	46.0	50.0	96.0
XDOW	46.0	41.0	87.0

在醇的红外光谱图中，仅有 $3320cm^{-1}$（聚合醇 OH 伸展振动）、$2920cm^{-1}$、$2940cm^{-1}$（C—H 伸展振动）、$1460cm^{-1}$、$1375cm^{-1}$（CH_3、$-CH_2-$ 的 C—H 弯曲振动），$1050cm^{-1}$（伯醇 C—O 伸展振动的特征峰）、$720cm^{-1}$（表征具有长链脂肪结构）的吸收。此外，在 $1715cm^{-1}$ 的弱吸收，曾怀疑是醇在蒸馏、干燥过程中氧化形成了—COOH。但因 $940cm^{-1}$ 处没有吸收以及酸值为零，故可断定其中存在具有 $-CH_2-(C=O)-CH_2-$ 结构的羟基化合物或酮结构的物质[37]。也就是蜡中含有的少量酮类化合物，被富集到醇的化合物中。表 10-21 为醇和烃的分离结果。

表 10-21 醇和烃的分离结果（质量分数） （%）

样 品	石蜡	醇	回收率
SLCW	19.25	77.25	96.50
SLOW	14.22	82.67	97.00
XDCW	9.00	89.25	98.25
XDOW	12.00	85.33	97.33

将烷烃的红外光谱图与醇的红外光谱图相比，前者在 $3320cm^{-1}$ 和 $1050cm^{-1}$ 处没有吸收，表明没有醇存在。两种粗蜡中，在 $1715cm^{-1}$ 处均有极弱的吸收，可能是微量酮化合物被冲洗到烷烃中的结果。氧化蜡中没有此吸收峰，这是由于 HNO_3 氧化时酮结构被破坏。在粗蜡和氧化蜡中，$2960cm^{-1}$、$1640cm^{-1}$、$1580cm^{-1}$、$850cm^{-1}$ 处有弱吸收，表明烷烃中还含有少量的烯烃化合物。

将游离酸、酯中酸、烷烃和醇换算成蜡质[35]的百分含量（表10-22）。从表中可以看出，蜡质主要是由游离酸和酯组成，烷烃所占比例很小。在寻甸粗蜡中，酯（酯中酸+醇）占78.5%，是一种典型的酯型蜡。舒兰粗蜡中游离酸高达43%，属于酸型蜡。上述结果对这些蜡的加工精制及合理利用提供了理论依据。

表 10-22 蜡质族组成含量（质量分数） （%）

样品	自由酸	酯中酸	总酸	醇	石蜡	回收率
SLCW	43.0	27.8	70.8	17.3	6.2	94.3
SLOW	56.0	25.8	81.8	10.8	2.8	95.4
XDCW	12.5	39.7	52.2	38.8	3.9	94.9
XDOW	42.0	23.5	65.5	18.2	2.5	86.2

从表中还可以看出，经 HNO_3 氧化后游离酸增加，是由于酯的水解和醇的进一步氧化所致。从族组成的元素分析和化学分析看出（表10-23），寻甸粗蜡中游离酸、酯中酸以及醇的氧含量均比舒兰粗蜡相应组分含量高，表明寻甸蜡中含有较多的含氧官能团，如羟基酸、酮酸、二元醇、酮醇等。

表 10-23 蜡质族组成成分分析结果

样 品	酸值 /mg KOH·g⁻¹	皂化值 /mg KOH·g⁻¹	熔程 /℃	元素分析/%			
				C	H	O	N
SLCW	61	73	72~79				
游离酸	139	139	78~83	78.85	13.59	9.05	0.01
酯中酸	116	116	78~89	77.57	13.28	9.54	0.00
醇	0	0	76~81	80.36	13.78	6.21	0.18
烷烃	0	0	50~60	79.83	12.60	5.37	0.38
SLOW	92	102	71~84				
游离酸	155	155	78~82	76.87	13.22	10.68	0.18
酯中酸	128	128	78~85	76.20	12.73	10.54	0.38
醇	0	0	76~80	79.16	13.80	6.61	0.42
烷烃	0	0	46~60	83.24	14.72	2.80	0.20
XDCW	35	90	71~86				
游离酸	138	138	78~85	77.27	12.77	10.69	0.00
酯中酸	122	122	78~85	76.65	12.69	11.09	0.00
醇	0	0	76~83	78.73	13.29	8.18	0.06
烷烃	0	0	45~60	83.22	13.26	4.63	0.06

样品	酸值/mg KOH·g⁻¹	皂化值/mg KOH·g⁻¹	熔程/℃	元素分析/%			
	酸值 /mg KOH·g⁻¹	皂化值 /mg KOH·g⁻¹	熔程 /℃	C	H	O	N
XDOW	89	137	70~80				
游离酸	162	162	74~80	76.12	12.75	11.27	0.27
酯中酸	141	141	73~80	75.44	12.43	11.96	0.40
醇	0	0	73~78	78.89	13.58	7.17	0.43
烷烃	0	0	45~53	84.43	14.79	2.59	0.12

10.4.4 蒙旦蜡化学组成的研究

1988~1991 年，李宝才等发表《蒙旦蜡化学组成的研究：Ⅰ 烷烃》、《蒙旦蜡化学组成的研究：Ⅱ 烷醇》、《蒙旦蜡化学组成的研究：Ⅲ 游离蜡酸》、《蒙旦蜡化学组成的研究：Ⅳ 酯中酸》[38~41] 4 篇论文，分别对褐蜡煤组成中的烷烃、烷醇、游离酸和酯中酸的分离鉴定方法和结果进行了讲述。下面是这 4 篇论文的主要结果和结论（包括试验方法）。

10.4.4.1 烷烃

本文采用 GC-MS 和 GC 法对云南寻甸、吉林舒兰粗蒙旦蜡及硝酸氧化精制蜡中烷烃组分进行定性、定量分析，得到了正构烷烃的碳数分布和含量分布。舒兰蒙旦蜡和寻甸蒙旦蜡烷烃的碳数分布主要为 C_{23}~C_{35}。舒兰蜡烷烃中，C_{29} 的正构烷烃含量最高，而寻甸蜡则 C_{31} 的含量最高。舒兰粗蜡、氧化蜡，寻甸粗蜡、氧化蜡中正构烷烃占蜡质的百分含量分别为：1.89%、2.23%，1.98%、2.60%。

蒙旦蜡（Montan wax）系用有机溶剂从富含蜡的褐煤中萃取得到的日用化学产品，粗蜡由蜡质、树脂、地沥青组成。其中树脂、地沥青的存在，影响蜡的质量和日化应用范围，因此需要了解国产蒙旦蜡的化学组成，为粗蒙旦蜡的精制漂白、改性、合成新牌号蜡提供理论依据。这方面的工作，国内尚无报道。为此，我们采用脱树脂、皂化、阴离子交换色谱、硅胶柱色谱等方法，将脱去树脂后的蜡质部分分离成游离酸、酯中酸、醇、烷烃，并对每族组分进行定性定量分析。本文报道烷烃部分的一些结果。

A　试验部分

a　样品及样品处理

XDCW（寻甸粗蜡），XDOW（寻甸氧化蜡），SLCW（舒兰粗蜡），SLOW（舒兰氧化蜡），分别经阴离子交换，除去游离酸；以 KOH-乙醇皂化后经阴离子交换除去醋中酸。不皂化物经硅胶色谱，以环己烷淋洗，得到烷烃组分，再以四氯化碳淋洗得到烷醇。

b　定性分析

在日本电子（JEOL）JMS-D300 型，JMS-2000 数据处理系统的 GC-MS 上进行，离子源能量 70eV，OV-101 玻璃毛细管色谱柱，ϕ0.40mm×37m，进样口温度 320℃，柱温 200℃（6′，6℃/min）→320℃。

c　定量分析

在 SC 气相色谱仪上进行，氢火焰鉴定器，CR-IB 微处理机，OV-101 玻璃毛细管色谱柱，φ0.40mm×37m，汽化室温度300℃，柱温140℃（6′，6℃/min）→320℃，进样量3~4μL，内标物质，正构二十四烷，经色谱分析，纯度高于99.0%。

B 结果讨论

烷烃的红外光谱分析表明，蜡质除去游离酸、酯中酸和醇以后，它们的谱图非常简单，只有表征—CH_3、—CH_2—的 C—H 伸展振动的 2960cm^{-1}，2920cm^{-1}，2840cm^{-1}以及—CH_3、—CH_2—的 C—H 弯曲振动引起的吸收，1460cm^{-1}，1380cm^{-1}。720cm^{-1}有非常强的吸收，说明该体系是一个长链饱和烷烃结构。此外，在1630cm^{-1}，880cm^{-1}，850cm^{-1}等处有弱的吸收，表明样品中有少量烯属烃的存在。在粗蜡烷烃部分还有表征苯环与不饱和基共轭苯核骨架振动的1580cm^{-1}弱吸收，结合1500cm^{-1}出现的小峰，大致可以肯定粗蜡烷烃部分具有苯核的物质存在。这也许是造成粗蜡烷烃部分颜色较深的原因。

XDCW、SLOW、SLCW 烷烃的 GC-MS 分析，初温160℃，恒温6min 后，以6℃/min速度升温到300℃。对于 XDOW 烷烃略有变化，初温180℃，恒温6min，然后以4℃/min升温到320℃。

现以 $C_{30}H_{62}$（SCAN324）为例，说明断键规律及其该化合物的检出。

在直链饱和烷烃的质谱图中，分子离子峰对于长链化合物是比较弱的但始终出现。其峰形是以一系列组峰（clusters of neaks）以及组峰之间相差 14（CH_2）单位为特征。在每一组峰中，最高峰为 C_nH_{2n+1} 的离子峰，在主峰的两边伴有 C_nH_{2n} 和 C_nH_{2n+1} 醇片离子峰，丰度最大碎片离子峰在 C_3 和 C_4 上，依据操作条件有所变化。碎片离子峰的丰度以一条曲线平滑降低到 M-C_2H_5。M-CH_3 的特征很弱或消失，化合物中含 8 个碳原子以上时，其谱图非常相似，依靠离子分子峰进行鉴定。带支链的饱和碳链化合物，其谱图大体上与直链化合物相似，但强度按光滑曲线降低的方式被易形成支链碎片的离子的强度增加所破坏。

在 SCAN 324 的质谱图中，m/e 422 是分子离子峰，m/e 57 为基峰，属 $C_4H_9^+$ 碎片离子。从 m/e 43 开始，出现 m/e 57、71、85、99、113、127、141、155、169、183、197、211、225、239、253、267、281、295、309、323、337、351、365、379、393、407 的 C_nH_{2n+1} 碎片离子峰。如果将以上各离子峰的最高点以曲线连接起来，可以得到一条光滑的曲线，表现出很好的 Loison 分布，也就是说，各离子峰的强度随着 m/e 的增加而逐渐减弱。如果有支链结构存在的话，上述分布将受到破坏。在以 $C_nH_{2n+1}^+$ 为主峰，含有一系列的$C_nH_{2n}^+$的伴峰，如 m/e 42、56、70、54、98、112 等离子峰，还有比较强的 41+nCH_2 的离子峰，如 41、55、69、83、97、111、125 等离子峰。这些都是正构烷烃断裂形成碎片离子的最普遍的规律，是由于 $C_nH_{2n+1}^+$ 碎片离子脱去一个和两个质子形成的离子峰。以上充分说明分子离子峰为 422 的碳氢化合物是一个没有支链的正构饱和烷烃，即 n-$C_{30}H_{62}$。基于上述规律，可以鉴定出其他的烷烃化合物。

在寻甸粗蜡和氧化蜡烷烃中，在 n-$C_{31}H_{64}$之后出现一个比较强的峰，从质谱图中可以清楚地看出，各种离子峰的分布与正构烷烃有很大的差别。分子离子峰为 426，基峰m/e为 191，m/e 205、411(M-15) 等峰也比较强，整个谱图没有正构烷烃的特征。根据分子量以及 m/e 191、205、369 等特征离子峰，该化合物是一个具有五环三萜结构的同系物，其断裂方式如下：

根据 17 碳上的氢和 21 碳上取代基的立体构型，可能是 17α2β-升霍烷或 17β2α-升莫烷。这里没有进一步确证。在舒兰蜡的烷烃组分中没有该化合物存在，说明这两种蜡的原料煤在原始植物组成上以及煤化程度上有差别。

正构烷烃的 GC-MS 分离鉴定结果如下。SLCW：$C_{18} \sim C_{33}$；SLOW：$C_{18} \sim C_{36}$；XDCW：$C_{18} \sim C_{35}$，以及 $C_{31}H_{54}$ 萜类化合物；XDOW：$C_{19} \sim C_{35}$，及 $C_{31}H_{54}$ 萜类化合物。

b　正构烷烃的含量分布

烷烃定量分析采用正构 C_{24} 作为内标物。考虑到 C_{24} 在样品中有一定的含量，首先对未加 n-C_{24} 标样的样品进行色谱分析，求出 C_{24} 与最高含量化合物的峰面积比的平均值，然后根据加入内标后的峰面积，求得样品中 C_{24} 的面积，并从（C_{24} 内标+C_{24} 样品）的面积中减去样品中 C_{24} 的面积，得到代表标样的峰面积，并按内标法求得各化合物的含量，见表 10-24。

表 10-24　烷烃气相色谱定量分析结果　　　　　　　　　　（%）

化合物	SLCW	SLOW	XDCW	XDOW
$CH_3(CH_2)_{21}CH_3$	0.83	2.72	0.46	1.69
$CH_3(CH_2)_{22}CH_3$	0.55	1.58	0.46	1.37
$CH_3(CH_2)_{23}CH_3$	3.38	9.56	1.75	7.39
$CH_3(CH_2)_{24}CH_3$	1.08	3.22	0.73	2.24
$CH_3(CH_2)_{25}CH_3$	7.58	20.17	3.34	9.75
$CH_3(CH_2)_{26}CH_3$	2.03	5.24	2.16	3.45
$CH_3(CH_2)_{27}CH_3$	9.98	27.58	10.20	19.95
$CH_3(CH_2)_{28}CH_3$	1.26	4.40	3.03	3.08
$CH_3(CH_2)_{29}CH_3$	4.10	13.38	15.47	23.58
$CH_3(CH_2)_{30}CH_3$	0.33	1.26	1.53	2.63
$CH_3(CH_2)_{31}CH_3$	0.79	3.19	8.20	11.21
$CH_3(CH_2)_{32}CH_3$	微量	0.26	0.58	0.68
$CH_3(CH_2)_{33}CH_3$	微量	0.31	0.82	0.99
总　计	31.91	92.84	48.71	87.78
占蜡质	1.98	2.60	1.89	2.23

从表 10-24 中看出，色谱流出物中正构烷烃占总烃的百分含量：舒兰粗蜡 31.91%，氧化蜡 92.84%；寻甸粗蜡 48.71%，氧化蜡 87.78%。从色谱图及定量结果看，舒兰蜡，无论是粗蜡，还是氧化蜡，流出物几乎都是正构的 C_nH_{2n+2} 物质，异构体和杂质峰很少。但粗蜡烷烃部分正构烷烃的检出量较少，仅为 31.91%，根据元素分析氧含量高以及红外光谱，说明其中含有较多的羧基化合物以及除羧基、酯基、羟基以外的含氧化合物。此

外，完全可能存在碳数在 C_{35} 以上的碳氢化合物、高碳烯烃、烯酮以及芳构化合物。当 HNO_3 氧化后，这些烯属化合物受到氧化破坏，大部分被转移到二氯乙烷-乙醇可溶物中，从而使正构饱和烷烃得到富集。氧化蜡烷烃的检出量 92.84%，充分证明了这一点。

寻甸蜡也表现出同样的规律。但需指出的是，在高碳烷烃部分出现较多的小峰，可能是异构体。根据质谱鉴定出萜类物质一点来看，也很有可能是一些甾烷类物质，从而可以推断寻甸蜡中含有丰富的萜烷和甾烷化合物。

从表 10-24 中看出，舒兰蜡烷烃各化合物的含量分布，奇数碳按 C_{29}、C_{27}、C_{31}、C_{25}、C_{33}、C_{23} 减少，偶数碳按 C_{28}、C_{30}、C_{26}、C_{22}、C_{24}、C_{32} 减少；寻甸蜡奇数碳按 C_{31}、C_{29}、C_{33}、C_{27}、C_{25}、C_{35}、C_{23} 减少，偶数碳按 C_{30}、C_{32}、C_{26}、C_{34}、C_{24} 顺序减少，并且奇数碳化合物的含量最高。如果以 C 数为横坐标，含量为纵坐标作图，能得到锯齿形的曲线，也就是说表现出很好的奇偶规律。这一点可解释为：在植物生长过程中，植物细胞所进行的生物合成，在三羧循环中，都是每一步经过羧酸摄入两个碳而使碳链增长，所得到的高级脂肪酸皆为偶数。煤化过程与此相反，羧酸脱羧基而形成烷烃，因此，在烷烃分布上，奇数碳占绝对优势。

10.4.4.2　烷醇

作者对蒙旦蜡的重要组成烷醇进行了 CG-S 和 GC 分析，得到了正构一元烷醇的碳数分布和含量分布。XDCWA 和 XDOWA 正构一元烷醇的碳数分布主要为 $C_{20} \sim C_{32}$，其中 C_{26} 的含量最高，而 SLCWA 和 SLOWA 碳数分布主要为 $C_{22} \sim C_{30}$，C_{28} 的含量最高。XDCWA、XDOWA、SLCWA 和 SLOWA 都是以偶数碳醇占优势。正构一元烷醇的检出量占蜡质的百分含量为：XDCWA 17.57%，XDOWA 11.33%，SLCWA 8.68%，SLOWA 6.71%。

众所周知，高级烷醇是各种动物蜡和植物蜡的重要组成，其碳数分布及各组分所占比例的多少，影响着蜡的性质及其应用。如巴西棕榈蜡主要为三十烷醇和二十六酸形成的酯，（即虫蜡酸、蜂蜡酯，$C_{25}H_{51}COOC_{30}H_{61}$）约占 75%，只有少量的 $C_{24} \sim C_{34}$ 偶碳脂肪酸和醇类以及 C_{27} 的直链烷烃；蜂蜡主要为三十烷醇和十六烷酸（即软脂酸、蜂蜡酯，$C_{15}H_{31}—COOC_{30}H_{61}$）和二十六酸三十酯占 73%，还有 C_{29} 和 C_{31} 烷烃等烃类占 15%，以及少量的游离酸和游离醇，四川虫蜡，则为异二十七烷醇和异二十七烷酸形成的蜡约占 60%，还有二十六酸二十六酯（即虫蜡酸、虫蜡酯，$C_{25}H_{31}COOC_{26}H_{53}$）占 15%，二十四酸二十六酯占 10%，三十酸二十六酯占 2%，及少量游离烯醇和 2%~3% 的烃类。

蒙旦蜡更是如此，由于蒙旦蜡原料煤的来源不同，组成有较大的差异。蒙旦蜡中烷醇的组成和化学结构对蜡的物理化学性质（熔点、乳化能力、硬度、酸值、皂化值、黏度等）有很大的影响，这一点对蜡的深加工及其应用极其重要。作者对蒙旦蜡的化学组成进行了详细的研究，已经讲述了"烷烃组成"[38]，本文继续对烷醇部分进行了研究。

A　试验部分

a　样品制备

试验所用样品为舒兰粗蜡烷醇（SLCWA）、舒兰氧化蜡烷醇（SLOWA），寻甸粗蜡烷醇（XDCWA）、寻甸氧化蜡烷醇（XDOWA），其分离和制备详见文献 [30]。

b　结构分析

烷醇的结构分析是在日本电子（JEOL）JMS-D300 型，JMA-2000 数据处理系统的 GC-

MS 仪上进行。离子源能源 70eV，分析条件为：SE-30 玻璃毛细管色谱柱，$\phi 0.42mm \times 31m$，进样口温度 320℃，柱温 200℃（3′，6℃/min）→320℃。

柱温 160℃（6′，6℃/min）→320℃。样品定量分析在 SC-GC 仪上进行，氢火焰检测器；CR-IB 微处理剂，OV-101 玻璃毛细管色谱柱，$\phi 0.4mm \times 37m$，汽化室温度 300℃，柱温 160℃（6′，6℃/min）→320℃，进样量 3~4μL，内标物质为二十二烷酸甲酯。

B　结果与讨论

a　烷醇的结构分析

高级烷醇不经衍生化直接进样，高温下易脱水为烯烃，甚至发生一系列重排，引起结构的变化或产生异构体，给出的质谱图复杂。然而高级烷醇的碎片离子峰的分布还是有很好的规律性，尤其是 M-18 和 M-46 峰在分析图谱时起着重要的作用。天然高级烷醇各化合物的含量高低按奇偶规律分布。因此，只要能鉴定出几个化合物，根据色谱峰的停留时间和各峰间隔时间（碳数—保留时间的对数规律）。就可能对其他峰做出结论。

以 $C_{26}H_{53}OH$（SCAN198）为例，说明该化合物的鉴定过程。

在 SCAN198 的质谱中，分子离子峰 m/e 未出现。364（M-18）和 336（M-46）则非常明显。一般来说。m/e 31 是伯醇最强的峰，该谱图的基峰为 57，说明高级醇的断键与低级醇具有差别。从 m/e 336 开始，出现 322、350、294、205、266、252、238、224、210、196、182、168、154、140、126、112、98、84、70、56、42 系列的 $C_nH_{2n}^+$ 离子峰。这是由于正丁醇以上的直链伯醇容易产生 M-18 和 M-46 峰，形成的链烯离子还会继续脱去乙烯而产生系列的 M（8+28n）离子峰。m/e 336、308、280、252、224、196、168、140、112、84、56 就是这样产生。m/e 332、294、266、238、210、182、154、126、98、70、42 则解释为 M-H₂O— CH₃CH＝CH₂之后，脱去一系列 CH₂＝CH₂所产生。

最有特征的一系列碎片离子峰表现为（$41+C_nH_{2n}$）峰，如 m/e 41、55、69、83、111、139、153、167、181、195、209、223、237、251、265、279、293、307、321、335 等，这些峰的产生是上述 C_nH_{2n} 离子峰失去一个自由基 H 而产生。除上述两组系列离子峰外，还有 m/e 43、57、71、55、99、113 等 C_nH_{2n+1} 的同系列离子峰，其强度随着 m/e 增加而逐渐减弱，碎片离子峰形如同碳氢化合物，这是由于在长链醇（$>C_6$）中，发生了从氧起连续的 C—C 链断裂。事实上，从整个质谱图上看与相应的烯烃谱图相似。

从上面讨论可知，高级烷醇的离子峰比较混乱。但根据各组碎片离子的分布以及未出现（M-H₂O—CH₃）离子峰，可以得出该化合物没有支链。依据 m/e 364（(M-H₂O)，m/e 336（M-H₂O—CH₂＝CH₂），得到分子量为 382。从而准确地定出了该化合物就是正构一元 26 烷醇，即 CH₃(CH₂)₂₄CH₂OH。

同理，SCAN127 为 CH₃(CH₂)₂₁CH₂OH，SCAN164 为 CH₃(CH₂)₂₂CH₂OH，SCAN256 为 CH₃(CH₂)₂₈CH₂OH。但要指出的是所有质谱图中，分子离子峰根本看不到，加之色谱分离效果不太理想，使得一些杂质的碎片离子也混入，从而给解析带来一定的困难。上述 4 种样品的色谱图中，几乎每一个主峰均有一个伴峰，尤其是 SLCWA、SLOWA、XDCWA 更突出。它们的质谱图与主峰相近。作者认为这是样品进入汽化室以及色谱柱时发生脱水所引起，在定量色谱分析时，采用硅烷化试剂处理后，色谱图中伴峰消失，从而证实了这一点。

通过鉴定结构分析，正构一元烷醇的碳数分布为：SLCWA：$C_{22} \sim C_{30}$，还有少量的

$C_{13} \sim C_{21}$；SLOWA：$C_{22} \sim C_{30}$，含有少量 $C_{16} \sim C_{21}$，XDCWA：$C_{20} \sim C_{32}$，XDOWA：$C_{22} \sim C_{30}$，含有少量 $C_{30} \sim C_{34}$。

以上是碳数分布的结论，但相对含量只有定量分析才能给出准确的结果。碳数分布同烷烃[38]一样，表现出很好的奇偶变化规律，只不过这里是偶数碳占绝对优势，醇中奇数碳的含量则很低，这就是国外学者认为褐煤蜡醇由偶数碳烷醇组成的原因。

b　一元正构烷醇的含量分布

烷醇的定量分析是在填有 Dexsil/300 固定液的填充柱上进行，样品经 $(CH_3)_3$- scil 和 $(CH_3)_3si$—NH—$si(CH_3)_3$ 处理过，最大的优点是柱子短，样品在柱中停留时间短，有效地避免了样品分解，对于主要化合物能很好地分离和定量，其结果列入表 10-25 中。

表 10-25　烷醇的色谱定量分析结果　　　　　　　（%）

化合物	SLCWA		SLOWA		XDCWA		XDOWA	
	占烷醇	占蜡质	占烷醇	占蜡质	占烷醇	占蜡质	占烷醇	占蜡质
$CH_3(CH_2)_{19}OH$	0.26	0.04	0.22	0.02	0.21	0.08	0.36	0.07
$CH_3(CH_2)_{20}OH$	0.29	0.05	0.18	0.02	0.08	0.03	0.25	0.05
$CH_3(CH_2)_{21}OH$	0.39	0.07	0.47	0.05	2.76	1.07	3.91	0.71
$CH_3(CH_2)_{22}OH$	0.34	0.06	0.26	0.03	0.27	0.10	0.53	0.10
$CH_3(CH_2)_{23}OH$	1.57	0.27	1.88	0.20	6.39	2.47	10.87	1.98
$CH_3(CH_2)_{24}OH$	0.59	0.10	0.78	0.08	0.60	0.23	1.27	0.23
$CH_3(CH_2)_{25}OH$	5.31	0.92	6.25	0.68	7.91	3.07	14.81	2.69
$CH_3(CH_2)_{26}OH$	1.68	0.29	2.14	0.23	0.94	0.36	1.71	0.31
$CH_3(CH_2)_{27}OH$	13.03	2.25	15.45	1.67	6.49	2.51	8.84	1.61
$CH_3(CH_2)_{28}OH$	2.57	0.44	3.12	0.34	3.25	1.26	3.14	0.57
$CH_3(CH_2)_{29}OH$	15.71	2.71	18.96	2.05	5.05	1.96	5.52	1.00
$CH_3(CH_2)_{30}OH$	3.59	0.62	4.20	0.45	5.76	2.23	4.47	0.81
$CH_3(CH_2)_{31}OH$	3.42	0.59	5.18	0.56	2.03	0.79	1.80	0.33
$CH_3(CH_2)_{32}OH$	1.30	0.22	2.68	0.29	1.75	0.68	1.93	0.35
$CH_3(CH_2)_{33}OH$	0.27	0.05	0.37	0.04	1.58	0.61	1.95	0.35
$CH_3(CH_2)_{34}OH$					0.26	0.10	0.95	0.17
总　计	50.32	8.68	62.14	6.71	45.33	17.57	62.31	11.33

从定量结果可知，SLCWA、SLOWA、XDCWA、XDOWA 的碳数分布都比较宽，从 C_{20} 到 C_{30} 均有。舒兰蜡醇主要集中在 C_{30}、C_{28}、C_{26}，其他的含量低，寻甸蜡醇则分布在 C_{30}、C_{28}、C_{26}、C_{24}、C_{22}，且 C_{26} 的含量最高，这是寻甸蜡与舒兰蜡在结构上的重要区别。在最高含量醇的分布上，寻甸蜡与舒兰蜡有着明显的差别，舒兰蜡醇在高碳数一端（C_{30}、C_{28}、C_{26}），而寻甸蜡醇在较低碳数一端（C_{26}、C_{24}）。寻甸蜡质中，醇的含量高，蜡质中含 38.75%，舒兰蜡质中只有 17.25%[30]，这些醇大都与酸结合，寻甸蜡富含高级脂肪酸脂，导致两种蜡在物理化学性质方面的差别，寻甸蜡酸值低、酯值高、硬度小、光泽较差，粗蜡精制浅色蜡，消耗较多的 CrO_3 和 H_2SO_4。舒兰蜡酸值高、硬度大、熔点高、光泽强、酯含量低，生产酸性浅色蜡氧化剂耗量少、产率高。舒兰粗蜡的直接应用效果也比寻甸蜡

好。寻甸蜡含醇高采用光脱树脂，缓慢氧化，达到既脱色又保持天然蜡的结构和性能，其用途更加广泛。由此可见，了解醇的结构、组成、含量分布，对生产蒙旦蜡、用户部门都非常重要，为科研研制蒙旦蜡系列新产品提供了理论依据。

从表 10-25 中还可看出，在 SLOWA 和 XDOWA 中，正构一元烷醇的检出量均比相应的 SLCWA、XDCWA 为高。SLCWA 为 50.32%，SLOWA 为 62.14%，XDCWA 为 45.33%，XDOWA 为 62.31%。

总的来说，检出量都很低，这是除了正构一元醇外，还存在有二元醇、酮醇等化合物。此外，一些树脂酸和多羟基多环物质结合，或与正构烷醇和正构烷酸结合，形成分子量很大的酯，用二氯乙烷-乙醇除去比较困难，这些物质的存在，造成粗蜡酯中酸与醇中正构物比例相差大，导致两者的检出量都很低。硝酸氧化使这些结构的物质分解或部分受到破坏，在二氯乙烷-乙醇中的溶解性能增强而被除去。正构一元烷醇相对得到富集，检出量增加。总之，褐煤蜡中醇组成非常复杂，有以正构一元烷醇为主体外，存在着更复杂的羟基物质，有待进一步研究。

10.4.4.3 游离蜡酸

将阴离子树脂交换色谱法分离出的蒙旦蜡游离酸通过重氮甲烷（CH_2N_2）酯化，得到蜡酸甲酯。经 GC-MS 分析，碳数分布为：XDCWFA $C_{20} \sim C_{34}$，XDOWFA $C_{20} \sim C_{34}$，SLCWFA $C_{20} \sim C_{33}$，SLOWFA $C_{20} \sim C_{33}$。

经硝酸氧化后，游离酸的碳数分布未发生变化。气相色谱分析结果表明，正构一元烷酸在游离蜡酸中的百分含量为：XDCWFA 50.52%，XDOWFA 78.47%；SLCWFA 83.01%，SLOWFA 97.63%。在蜡质中相应百分含量为：6.32%、32.96%、35.69%、54.67%。最高含量碳分布：SLCWFA 和 SLOWEA 中为 C_{28}，XDCWFA 为 C_{28}，而 XDOWFA 为 C_{26}。与蒙旦蜡烷醇一样，表现出很好的奇偶规律，即偶数碳烷酸占绝对优势。XDCWFA 和 XDOWFA 有着比 SLCWFA 和 SLOWFA 更复杂的化学结构。

在蒙旦蜡中，游离蜡酸的组成和含量是研究蜡化学工作者以及蜡用户衡量蜡质量最重要的指标。游离酸含量及组成直接影响着蜡的熔点、硬度、针入度、光泽、分散颜料的能力，与石蜡、蜂蜡的混溶性质、表面活性能力大小、抛光能力等物理化学性质。大家习惯于用酸值确定其含量多少，用熔点来估计碳数高低。对于游离蜡酸在蜡中的绝对含量则鲜为人知，这是因为从蜡中分离出游离蜡酸比较困难，往往用皂化-溶剂萃取法得到游离蜡酸和酯中酸的混合物[16]，对于其精细结构的研究国内无人报道，国外也很少[30]，为此，作者首次将阴离子交换色谱法分离之蒙旦蜡游离酸[30]重氮甲烷甲酯化得蜡酸甲酯，对其进行 GC-MS 定性分析和 GC 定量分析，本文报道游离蜡酸部分内容。

A 试验部分

样品为寻甸粗蜡和氧化蜡蜡质中游离蜡酸（XDCWFA，XDOWFA），吉林舒兰粗蜡和氧化蜡蜡质中游离蜡酸（SLCWFA，SLOWFA）。其制备见文献 [30]。XDCWFA，XDOW-FA，SLCWFA，SLOWFA 的甲酯化。将 1g 左右的上述 4 种蜡酸分别溶解在乙醚中，将重氮甲烷的乙醚溶液加入 20mL，微微摇动，反应数小时后略加热，反复 3 次以上，直到蜡酸羧基 IR 吸收波数在 1710cm^{-1} 处消失，总的酯化时间 72h。

样品定性分析是在日本电子（JEOL）JMS-D300 型，JMA-2000 数据处理系统的 GC-MS

仪上进行的，离子源能源 70eV，OV-101 玻璃毛细管色谱柱，ϕ0.4mm×37m，进样口温度 300℃，柱温 160℃(6′，6℃/min)→320℃。样品定量分析在 SC-GC 仪上进行，氢火焰检测器；CR-IB 微处理剂，OV-101 玻璃毛细管色谱柱，ϕ0.4mm×37m，汽化室温度 300℃，柱温 160℃(6′，6℃/min)→320℃，进样量 3~4μL，内标物质为二十二烷酸甲酯。

B　结果与讨论

a　定性分析及碳数分布

以 $C_{29}H_{59}COOCH_3$ 为例说明如何利用各离子峰确定化合物的结构。通常可以清楚地看到直链脂肪酸甲酯的分子离子峰，即使是蜡酸甲酯也能给出可认的分子离子峰。分子离子峰在 m/e 130~200 范围内比较弱，在这个范围以外有些增加。最特征的是由于 Mclafferty 重排所产生的离子峰，因此，在 α 位没有支链的脂肪酸甲酯发生 α 断裂给出一个强峰 m/e 74，事实上，这是 C_6~C_{26} 以上长链脂肪酸甲酯的基峰。α 取代基的存在与否，能依据这种断裂所产生的离子峰的位置来推断。

b　GC 定量分析

XDCWFA、XDOWFA、SLCWFA、SLOWFA 经重氮甲烷酯化，准确称取一定量的样品(约 50mg)，加入 10%的标样进行 GC 分析。结果列入表 10-26 中，色谱流出物占游离酸的百分含量为：XDCWFA 54.46%，XDOWFA 83.86%，SLCWFA 83.54%，SLOWFA 100%。数据表明，XDCWFA 中一元正构烷酸含量最低，仅为 XDCWFA 的 50.52%，XDOWFA 为 78.47%，都比相应的 SLCWFA 83.01%、SLOWFA 97.63%低，说明除正构一元烷酸外，XDCWFA 中含有较多的含氧官能团化合物，如羧基酸、酮酸、多元酸等，这些化合物的甲酯，极性强、沸点高、不易汽化、难流出色谱柱。XDOWFA 一元正构烷酸的检出量比 XDCWFA 多，这是由于粗蜡经硝酸氧化，羧基酸、酮酸、多元酸等物质降解为低级的二元酸或其他低分子量物质，这些物质溶解在冷的二氯乙烷-乙醇混合溶剂中，一元酸得到相对集中，另外一个重要因素是酯的水解和醇的进一步氧化。

表 10-26　游离酸 GC 定量分析结果　　　　　　　　　（%）

化合物	SLCWFA		SLOWFA		XDCWFA		XDOWFA	
	FA	PW	FA	PW	FA	PW	FA	PW
$CH_3(CH_2)_{18}COOH$			0.11	0.06	0.23	0.03	1.25	0.53
$CH_3(CH_2)_{19}COOH$			0.13	0.07	微量	微量	0.60	0.25
$CH_3(CH_2)_{20}COOH$	0.55	0.24	0.77	0.43	0.24	0.03	1.88	0.79
$CH_3(CH_2)_{21}COOH$	0.47	0.20	0.81	0.45	微量	微量	2.06	0.87
$CH_3(CH_2)_{22}COOH$	6.30	2.71	7.19	4.03	3.33	0.42	7.59	3.19
$CH_3(CH_2)_{23}COOH$	1.35	0.58	1.94	1.09	0.89	0.11	4.74	1.98
$CH_3(CH_2)_{24}COOH$	13.40	5.76	15.53	8.69	10.84	1.36	20.06	8.43
$CH_3(CH_2)_{25}COOH$	1.63	0.70	2.40	1.34	1.20	0.15	4.11	1.73
$CH_3(CH_2)_{26}COOH$	31.99	13.76	32.58	18.24	14.53	1.82	15.82	6.64
$CH_3(CH_2)_{27}COOH$	1.42	0.61	2.80	1.57	1.44	0.18	2.84	1.19

化合物	SLCWFA		SLOWFA		XDCWFA		XDOWFA	
	FA	PW	FA	PW	FA	PW	FA	PW
$CH_3(CH_2)_{28}COOH$	22.40	9.63	21.91	12.27	10.07	1.26	8.47	3.56
$CH_3(CH_2)_{29}COOH$	3.24	1.39	5.53	3.10	1.86	0.23	3.06	1.29
$CH_3(CH_2)_{30}COOH$	3.74	1.61	4.74	2.65	3.84	0.48	2.98	1.25
$CH_3(CH_2)_{31}COOH$	0.84	0.36	1.19	0.67			1.08	0.45
$CH_3(CH_2)_{32}COOH$							1.92	0.82
总 计	83.01	35.69	97.63	54.67	50.52	6.32	78.47	32.96

注：FA 为检出该化合物占游离酸的绝对百分含量；PW 则占蜡质的绝对含量。

SLCWFA 和 SLOWFA 正构一元烷酸的检出量都很高，分别为 83.01% 和 97.63%，这说明舒兰蜡游离酸主要是由正构一元烷酸组成，SLOWFA 中正构一元烷酸的增加出自 XDOWFA 正构烷酸增加的同样原因。

上述讨论说明，游离酸的结构极其复杂，不同原料煤得到的蜡，游离酸结构和组成差异非常大。从碳数分布看，寻甸游离酸分布较宽，从 C_{20} 到 C_{34}，在色谱基线平稳时，可以看到 C_{35}、C_{36}、C_{37}。舒兰蜡游离酸碳数分布较窄，从 C_{22} 到 C_{33}，氧化蜡中还有少量的 C_{20}、C_{21}。它们的出现可以推断为酯的水解和氧化，说明蜡酯中含有 C_{20}、C_{21} 等较低碳的酸和醇。

从表 10-26 中还可以知道，SLCWFA、SLOWFA 中 C_{26} 的含量最高，分别为游离蜡酸的 31.99% 和 32.58%，C_{28} 次之，分别为 22.40% 和 21.91%，C_{24} 分别为 13.40% 和 15.53%；XDCWFA 中含量高低顺序为 C_{28}、C_{26}、C_{30}，分别为 14.53%、10.84%、10.07%，XDOWFA 中则是 C_{26}、C_{28}、C_{30}，分别为 20.06%、15.82%、8.47%，这些结果使作者自然想到，C_{26} 的含量增加近 9.22%，可能来自蜡酯的水解和氧化，或者酯中酸 C_{26} 含量高，或 C_{26} 醇含量高，也有可能在寻甸蜡中含有一定量的以 C_{26} 为主的游离醇。可惜作者没对游离醇进行分离和分析，有待进一步研究确证（注：$CH_3(CH_2)_{26}COOH$ 为 C_{28}）。

然而蜡中烷醇 GC 分析结果表明[39]，无论是 XDCWA，还是 XDOWA 中，C_{26} 的含量确实最高，分别为 7.91% 和 14.81%，这就解释了 XDOWFA 中正构二十六烷酸含量最高的原因，蜡酯水解、C_{26} 醇游离，并进一步氧化为酸。

定性和定量分析都表明，XDCWFA、XDOWFA、SLCWFA、SLOWFA，均表现出很好的奇偶规律，即偶数碳物质含量占绝对优势。

10.4.4.4 酯中酸

用阴离子树脂交换色谱法从蒙旦蜡中分离出酯中酸（Acid in esters）SLCWEA、SLOWEA、XDCWEA、XDOWEA，再经重氮甲烷（CH_2N_2）酯化。GC 和 GC-MS 分析表明，SLCWEA 和 SLOWEA 正构一元烷酸分布为 $C_{20} \sim C_{34}$，XDCWEA 和 XDOWEA $C_{18} \sim C_{34}$。正构一元烷酸在酯中酸的含量为：SLCWEA 45.77%，SLOWEA 51.69%，XDCWEA 38.22%，XDOWEA 49.17%。在蜡质中的百分含量为：SLCWEA 12.72，SLOWEA 13.34；XDCWEA 15.17，XDOWEA 11.53。它们都有着比游离酸更复杂的结构和组成。

A 试验部分

样品为吉林舒兰粗蜡和氧化蜡酯中酸（Acids in estesr）SLCWEA，SLOWEA；云南寻甸粗蜡和氧化蜡酯中酸 XDCWEA，XDOWEA，其分离制备见文献［30］。

SLCWEA，SLOWEA，XDCWEA，XDOWEA 的甲酯化。将一定量上述酯中酸分别溶解在乙醚中，将重氮甲烷乙醚溶液加入 20mL，微微摇动，反应后略加热，反复酯化经 IR 鉴定波数 $1710cm^{-1}$，$940cm^{-1}$ 消失。

样品结构分析是在 DIGILAB FTS-JMX 傅里叶红外光谱，JEOL JMS-D300 型，JMA-2000 数据处理系统的 CC-MS 仪上进行。离子源 70eV，OV-101 玻璃毛细管色谱柱，ϕ0.4mm× 37m，进样口温度 300℃，柱温 160℃（6′，6℃/min）→320℃。样品定量分析在 SC-GC 仪上进行，氢火焰检测器；CR-IB 微处理剂，OV-101 玻璃毛细管色谱柱，ϕ0.4mm×37m，汽化室温度 300℃，柱温 160℃（6′，6℃/min）→320℃，进样量 3~4μL，内标物质为二十二烷酸甲酯。

B 结构与讨论

a 结构分析及碳数分布

经质谱数据分析，标出了每一色谱峰所代表的化合物。利用分子离子峰、碎片离子确定各化合物的方法与游离酸甲酯完全一样[40]。酯中酸色谱-质谱联合鉴定正构一元烷酸结果如下：SLCWEA：C_{20} ~ C_{34}，SLOWEA：C_{18} ~ C_{34}。XDCWEA：C_{18} ~ C_{34}，XDOWEA：C_{18} ~ C_{34}。

b GC 定量分析

上述样品中，皆以 C_{28} 含量最高。与游离酸[40]一样，酯中酸碳数表现出很好的奇偶规律。值得一提的是，寻甸蜡从 C_{29} 便出现了小的伴峰，而舒兰蜡 C_{31} 以后出现伴峰，这是由于碳数高于附近正构烷酸的异构酸，或较低分子的羟基酸甲酯峰。

SLCWEA、SLOWEA、XDCWEA、XDOWEA 经重氮甲烷酯化，在 SC-GC 仪上分析，CR-IB 记录处理，其结果见表 10-27。

表 10-27 酯中酸 GC 定量分析结果 （%）

化合物	SLCWEA		SLOWEA		XDCWEA		XDOWEA	
	占 EA	占 PW	占 EA	占 PW	占 EA	占 PW	占 EA	占 PW
$CH_3(CH_2)_{14}COOH$					0.36	0.41	0.49	0.11
$CH_3(CH_2)_{16}COOH$					0.29	0.12	0.45	0.11
$CH_3(CH_2)_{18}COOH$	1.08	0.30	0.66	0.17	0.58	0.23	1.69	0.40
$CH_3(CH_2)_{19}COOH$							0.35	0.08
$CH_3(CH_2)_{20}COOH$	0.32	0.09	0.41	0.11	0.46	0.18	0.74	0.17
$CH_3(CH_2)_{21}COOH$	0.32	0.09	0.33	0.08	0.17	0.07	0.45	0.11
$CH_3(CH_2)_{22}COOH$	3.30	0.92	3.04	0.79	3.65	1.46	3.74	0.88
$CH_3(CH_2)_{23}COOH$	0.69	0.19	0.79	0.20	0.89	0.35	1.44	0.34
$CH_3(CH_2)_{24}COOH$	6.54	1.82	6.56	1.69	9.12	3.62	10.34	2.43
$CH_3(CH_2)_{25}COOH$	0.87	0.24	1.20	0.31	0.87	0.35	1.51	0.35
$CH_3(CH_2)_{26}COOH$	16.83	4.67	17.58	4.54	9.84	3.91	11.34	2.66
$CH_3(CH_2)_{27}COOH$	0.87	0.24	1.63	0.42	1.90	0.75	2.23	0.52
$CH_3(CH_2)_{28}COOH$	11.39	3.17	13.43	3.46	6.88	2.73	8.21	1.93

化合物	SLCWEA		SLOWEA		XDCWEA		XDOWEA	
	占 EA	占 PW	占 EA	占 PW	占 EA	占 PW	占 EA	占 PW
$CH_3(CH_2)_{29}COOH$	1.46	0.41	2.81	0.72	1.15	0.46	1.69	0.40
$CH_3(CH_2)_{30}COOH$	2.12	0.59	3.25	0.84	1.40	0.56	2.05	0.45
$CH_3(CH_2)_{32}COOH$					0.65	0.26	1.49	0.34
总　计	45.77	12.72	51.69	13.34	38.22	15.17	49.17	11.53

注：EA 为检出该化合物占酯中酸的绝对百分含量，PW 为占蜡质的绝对百分含量。

SLCWEA 流出量约占样重的 52.25%，SLOWEA 65.73%，XDCWEA 43.93%，XDOWEA 54.32%。酯中酸结构分析和定量分析色谱表明每一个样品中碳数分布均比游离酸范围宽，几乎从 C_{18} 就有分布。不过 SLCWEA 和 SLOWEA 中小于 C_{20} 的含量很低，XDCWEA 和 XDOWEA 碳低于 20 的则非常明显，其量大到色谱可以定量。且高碳 C_{33}、C_{34} 也有分布，还可以看到 C_{35} 的存在。

定量结果表明：酯中酸一元正构烷酸含量较低。SLCWEA 中含 45.77% 的正构烷酸，SLOWEA 51.69%、XDCWEA 38.22%、XDOWEA 49.17%，且总流出量也不高，这可以十分肯定地得出结论：酯中酸组成和结构均比游离酸复杂，含有更多的羟基酸、酮酸、二元酸等多官能团含氧化合物。这些化合物就是甲酯化也难流出色谱柱。从表中还看到这样的事实，氧化处理的蜡，酯中酸正构烷酸含量相应增加，作者认为：二氯乙烷-乙醇处理蒙旦蜡[30]，可以把分子量较小的醇、酸、酯溶解，也将一些环状化合物，如树脂酸、羟基树脂酸、萜类、甾类等溶解而与蜡质分离，但只能除去游离的上述化合物，对于那些与直链醇结合为酯的物质，则很难除去，最后皂化、水解、阴离子树脂交换，转移到酯中酸中，故在 SLCWEA、XDCWEA 中正构酸的相对含量低。HNO_3 氧化蜡，由于发生水解、氧化，羟基树脂酸等酸性物质转移到二氯乙烷-乙醇可溶物中，其量的减少意味着正构酯的增加，因此，在 SLOWEA 和 XDOWEA 中，正构烷酸的量增加。

酯中酸含量分布为：在 SLCWEA 中，C_{20} 最高，为 16.81%，其次 C_{30}、C_{26}、C_{24} 分别为 11.39%、6.54%、3.30%，SLOWEA 对应为 17.58%、13.43%、6.56%、3.04%；在 XDCWEA 中，C_{28}、C_{26}、C_{30}、C_{24} 分别为 9.54%、9.12%、6.88%、3.65%，XDOWEA 对应为 11.34%、10.34%、8.21%、3.74%。除 XDOWEA 外，量的高低分布与游离酸相同。

综合文献 [38~40] 与本文结果，通过对舒兰、寻甸粗蜡的硝酸氧化精制，除去二氯乙烷-乙醇可溶物，将蜡质分离成游离蜡酸、酯中酸、醇和烷烃 4 个族组成，采用红外、色谱-质谱、气相色谱对各族组分进行详细研究，对蒙旦蜡化学组成和结构有了深刻的认识。

然而就蜡质而言，游离酸、酯中酸、烷醇、烷烃已检出的物质只占其中的一部分。如果对各族组分已知化合物占蜡质的含量求和得如下结果：SLCW 59.07%，SLOW 77.32%，XDCW 40.95%，XDOW 58.04%。如果把各已知物对原料蜡求比，含量更低。说明过去的文献把蒙旦蜡视为主要由正构烷酸、烷醇、烷烃组成不准确。并且在报告中往往是将各族组分已检出物总量视为 100，以此求得各化合物的量，造成蜡质是由正构烷酸、醇、烷烃如此简单的化合物组成的错觉。事实上，从不同种年轻煤中获取的蒙旦蜡，其组成和结构存在着很大差异。如舒兰蜡中游离酸主要是由正构一元烷酸构成，但寻甸蜡中游离酸则含有大量的一元正构烷酸以外的物质。在族组分上差别也非常大，舒兰蜡游离酸 43.00%，寻甸蜡游离酸只有 12.50%；舒兰蜡烷醇最高含量的化合物是 C_{28}，寻甸则为 C_{26}。无论舒兰蜡还是寻甸蜡，其酯中酸的结构单元更复杂。将蜡中酯中酸单独分离研究，对蜡的精细结构的认识非常必要。

对于蜡质中未鉴定出的化合物，很少有人对此做专门的研究，羟基酸是很多天然蜡的组分这一点则比较熟悉。Th. W. Findley 和 J. B. Brown[42] 对巴西棕榈蜡和蜂蜡，L. J. N. Cole[43] 对小冠椰子蜡等进行了研究，指出羟基酸在动、植物起源的天然蜡中有相当量存在。Th. W. Findley 指出巴西棕榈蜡中总酸的 60% ~ 80% 由 ω-羟基酸组成。A. H. Warth[44] 认为同样蜡中含有 53%~55% 羟基酸酯（占总酯的 84%~85%），L. J. N. Cole 和 J. B. Brown 报道，小冠椰子蜡含有 22.4% 的羟基酸单酯、17.2% 羟基酸二酯和 5.4% 羟基酸聚酯。羟基酸具有典型的蜡状态。作为双官能团化合物，它既能与蜡酸酯化，也可以与醇酯化。

既然蒙旦蜡起源于植物，ω-羟基酸的存在就合乎事实。由于它的存在，可以推出二元酸、酮酸及二元醇的存在，所以在整个蜡混合物中，可能存在下面的结构单元：

(1) $R—COOH + HO—R' \longrightarrow RCOOR'$

(2) $R—COOH + HO(CH_2)_nOH \longrightarrow R—COO(CH_2)_nOH$

(3) $HOOC—(CH_2)_n—COOH + HOR' \longrightarrow HOOC(CH_2)_nCOOR'$

(4) $HO—(CH_2)_nCOOH + HOR' \longrightarrow HO—(CH_2)_nCOOR'$

(5) $HO—(CH_2)_nCOOH + HO(CH_2)_nOH \longrightarrow HO(CH_2)_nCOO(CH_2)_n—OH$

(6) $HO—R—COOH + HO—R'—COOH \longrightarrow HOOC(CH_2)_n—OOCR'—OH$

(7) $HO—R—OOCH + OH—R'—OOH \longrightarrow OH—R—OOR'—OOH$

(8) $HOOC—R—OH + HOOC—R'—COOH \longrightarrow HOOC—R—OOCR'—COOH$

(9) $HO(CH_2)_n—CO—(CH_2)_m—CH_3 + HOOR' \longrightarrow CH_3(CH_2)_m—CO—(CH_2)_n—OOR'$

(10) $CH_3(CH_2)_n—CO—(CH_2)_mCOOH + CH_3(CH_2)_nCH_2OH \longrightarrow$
$\qquad CH_3(CH_2)_n—CO—(CH_2)_mCOOCH_2(CH_2)_nCH_3$

对于由 10 个正构烷醇和 10 个正构烷酸生成简单酯的体系，按排列组合将形成 10×10 个不同的酯。况且除了正构烷醇和酸外，还有各种形式的上述物质。由此说明，蜡的结构是异常的复杂，决定了研究工作非常困难。因此，深入地阐明其结构，还要做更艰苦的工作。

通过红外光谱分析，对 SLCW、SLOW、XDCW、XDOW 二氯乙烷-乙醇可溶物有了初步的认识，其组成在某种意义上比蜡质要复杂得多。在 SLOW 和 XDOW 中，二氯乙烷-乙醇可溶物量很大，分别为 40%、50%，说明其中含有不少的蜡质。根据蜡质族组分中已知物的碳数分布，可以推断，二氯乙烷-乙醇可溶物中含有碳数小于 20 的醇、烷烃、羟酸以及分子量较小的酯存在，对其研究对蜡组成全面了解非常重要。

特别说明：李宝才等的上述 4 篇论文，可以说为褐煤蜡系列产品：粗蜡、脱脂蜡、精制酸性蜡和合成蜡的组成研究建立了非常完整的分离鉴定系统，但是，这套分离鉴定系统只针对游离酸、酯中酸、烷醇、烷烃 4 个族组成，而且只分析鉴定这 4 个族组成的一元正构物：一元正构烷酸、一元正构酯中酸、一元正构烷醇和一元正构烷烃。

正像论文作者所说的那样，已检出的游离酸、酯中酸、烷醇、烷烃只占其中的一部分，说明过去的文献把蒙旦蜡视为主要由正构烷酸、烷醇、烷烃组成不准确，褐煤蜡中还有二元酸、酮酸及二元醇等等存在，要知道褐煤蜡1000多种化合物中，还有800多种化合物未被发现。

10.4.5 褐煤蜡族组成中正构物碳数及含量分布

1991年，李宝才发表《褐煤蜡族组成中正构物碳数及含量分布》[45]，对褐煤蜡组成中游离酸、酯中酸、烷醇、烷烃4个族组成一元正构物分离鉴定方法进行了全面、系统而完整的总结，全文引用如下。

用 $C_2H_4Cl_2$-CH_3CH_2OH 处理云南寻甸和吉林舒兰褐煤蜡，得到蜡质和 $C_2H_4Cl_2$-CH_3CH_2OH 可溶物，用阳离子交换色谱和硅胶色谱法将蜡质分离成游离酸、酯中酸、烷醇和烷烃，用 GC-MS 对各族组成中一元正构物链长进行定性分析，用 GC 对其定量分析，获得族组成中正构物的碳数分布和含量分布。

褐煤蜡由高级脂肪酸、脂肪酸酯、醇和烃等组成。在化学组成研究中，首先将其分离成具有相似化学特征的族组分，然后，再对各族组分进行定性和定量分析。褐煤蜡是具有多种官能团、1000多种化合物[43]的复杂混合物。极性很强的—COOH，在硅胶上吸附强。用普通的柱色谱法分离酸、醇和烃非常困难。有人通过皂化和萃取法将其分离为两大部分：总酸和未皂化部分，但分离效果不好[16]，从而对蜡的精细结构，如游离酸的链长、结构及相对含量，以及与醇结合的酸（酯中酸）具有什么样的碳数分布、结构和含量，不能很好地分析研究。由于结构、含量与褐煤蜡物理化学性质（如熔点、凝固点、针入度、皂化值、黏度、混溶性、收缩度和成糊能力等）有着非常密切关系，因此对蜡的精制、改质和开发蜡系列新产品所采用的工艺条件有决定性的影响。这就促使作者把蜡中具有—COOH化合物完全分离，并分别分离游离酸、酯中酸、烷醇和烷烃。离子交换色谱法是一种可采用的方法[31~34]。本研究工作在国内首次采用阴离子交换色谱将褐煤蜡酸分离为游离酸、酯中酸，用硅胶柱色谱将蜡质中不皂化物分离为醇和烃。用 GC-MS 对族组成定性分析，并用气相色谱定量分析。阶段性研究工作已发表[13,38~41]。

10.4.5.1 试验部分

A 样品制备[13]

(1) 原料蜡经氯乙烷-乙醇溶解，残留 SLCW（舒兰粗蜡）、SLOW（舒兰氧化蜡）、XDCW（寻甸粗蜡）、XDOW（寻甸氧化蜡）。

(2) 游离酸：SLCWFA（舒兰粗蜡游离酸），SLOWFA（舒兰氧化蜡游离酸），XDCWFA（寻甸粗蜡游离酸），XDOWFA（寻甸氧化蜡游离酸）。

(3) 酯中酸：SLCWEA（舒兰粗蜡酯中酸），SLOWEA（舒兰氧化蜡酯中酸），XDCWEA（寻甸粗蜡酯中酸），XDOWEA（寻甸氧化蜡酯中酸）。

(4) 烷醇：SLCWA（舒兰粗蜡烷醇），SLOWA（舒兰氧化蜡烷醇），XDCWA（寻甸粗蜡烷醇），XDOWA（寻甸氧化蜡烷醇）。

(5) 烷烃：SLCWP（舒兰粗蜡烷烃），SLOWP（舒兰氧化蜡烷烃），XDCWP（寻甸粗蜡烷烃），XDOWP（寻甸氧化蜡烷烃）。

蜡质中游离酸、酯中酸、烷醇及烷烃的分离工艺流程如图 10-2 所示。

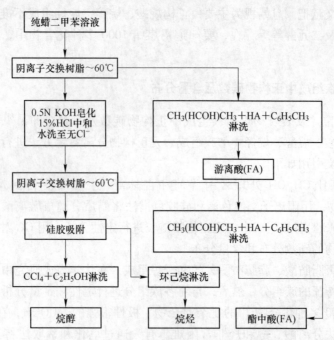

图 10-2　褐煤蜡族组分分离工艺流程示意图

（6）游离酸、酯中酸的甲酯化。将一定量的游离酸或酯中酸溶解于乙醚中，加入重氮甲烷（CH_2N_2）乙醚溶液 20mL。反应数小时后略加热，反复 3 次，经红外光谱检定，$1710cm^{-1}$，$940cm^{-1}$ 消失，$1740cm^{-1}$ 有强吸收，证明—COOH 均酯化。重氮甲烷合成见文献 [41]。

B　GC-MS 结构分析及 GC 定量分析

（1）游离酸甲酯、酯中酸甲酯、烷醇和烷烃的结构分析是在 JEOL JMS-D300 型、JMA-2000 数据处理系统的 GC-MS 仪上进行。离子源能源 70eV。分析条件为：游离酸甲酯，酯中酸甲酯：OV-101 玻璃毛细管色谱柱，ϕ0.4mm × 37m，进样口温度 300℃，柱温 160℃（6′，6℃/min）→320℃。样品定量分析在 SC-GC 仪上进行，氢火焰检测器；CR-IB 微处理剂，OV-101 玻璃毛细管色谱柱，ϕ0.4mm×37m，汽化室温度 300℃，柱温 160℃（6′，6℃/min）→320℃，进样量 3~4μL，内标物质为二十二烷酸甲酯。

（2）游离酸甲酯、酯中酸甲酯、烷醇及烷烃的定量分析。

游离酸甲酯，酯中酸甲酯和烷烃的定量分析是在 SC-GC 仪上进行，毛细管色谱柱为 OV-101，ϕ0.4mm × 37m，氢火焰检定器，CR-IB 微处理机。

分析条件为：

游离酸甲酯，酯中酸甲酯：汽化室温度 300℃，柱温 160℃（6′，6℃/min）→320℃。进样量 3~4μL，内标物质为二十二烷酸甲酯。

烷烃：汽化室温度 300℃，140℃（6′，6℃/min）→320℃。进样量 3~4μL，内标物为正构二十四烷。

烷醇在 GC-9A（日本岛津）色谱仪上进行，3%Dexsil/300 固定液，担体 Chromosorb w

Aw80~100目。不锈钢柱 $\phi 3mm \times 500m$，进样口温度350℃，柱温200℃→300℃，进样量0.5μL，氢火焰检定器，N_2 50mL/min，内标物为正构十八烷醇。以吡啶溶解样品，经三甲基氯硅烷和六甲基二硅胺烷处理。

10.4.5.2 结果与讨论

A 蜡质族组成

蜡质中游离酸、酯中酸、烷醇及烷烃的分离见图10-3。分离效果经红外光谱检定[30]，表明阴离子交换色谱对蜡中酸性物质是一种有效的分离手段，分离结果见表10-28。

表10-28 蜡质族组分含量（质量分数） （%）

样品	游离酸	酯中酸	总酸	烷醇	烷烃	回收率
SLCW	43.0	27.8	70.8	17.3	6.2	94.3
SLOW	56.0	25.0	81.8	10.8	2.8	95.4
XDCW	12.5	39.7	52.2	38.8	3.9	94.9
XDOW	42.0	23.5	65.5	18.2	2.5	86.2

从表10-28可以看出，SLCW含游离酸43.0%，XDCW仅为12.5%，相差30.5%，这由成煤植物、沉积环境、煤化程度的差别所决定。此结果与粗蜡的红外光谱和化学分析结果一致[13]。经 HNO_3 氧化精制后，游离酸分别比SLCW和XDCW增加13.0%和29.5%，XDOW增加的幅度最大。烷醇在XDCW的含量高达38.8%。分离结果表明，蜡质主要由游离酸和酯组成。烷烃所占比很小。在XDCW中，酯（酯中酸+醇），占78.5%，XDCW是一种典型的酯型蜡。SLCW中，游离酸高达43.0%，SLCW属于酸性蜡，两种蜡的显著区别在于此。经 HNO_3 氧化后，游离酸的增加归功于酯的水解和醇的进一步氧化。上述结果对这些蜡的加工，精制及合理利用提供了重要的理论依据。

B 游离酸、酯中酸、烷醇和烷烃正构物的碳数分布

游离酸、酯中酸用 CH_2N_2 甲酯化，每一个样品都通过色谱-质谱联合分析检定。碳数分布如下：

（1）游离酸：SLCWFA $C_{16} \sim C_{32}$，SLOWFA $C_{22} \sim C_{33}$；XDCWFA $C_{24} \sim C_{34}$，XDOWFA $C_{18} \sim C_{34}$。

（2）酯中酸：SLCWEA $C_{20} \sim C_{34}$，SLOWEA $C_{18} \sim C_{34}$；XDCWEA $C_{18} \sim C_{34}$，XDOWEA $C_{18} \sim C_{34}$。

（3）烷醇：SLCWA $C_{22} \sim C_{30}$，微量的 $C_{13} \sim C_{21}$，SLOWA $C_{22} \sim C_{30}$，微量的 $C_{16} \sim C_{21}$；XDCWA $C_{20} \sim C_{32}$，XDOWA $C_{22} \sim C_{30}$，微量的 $C_{31} \sim C_{34}$。

（4）烷烃：SLCWP $C_{18} \sim C_{33}$，SLOWP $C_{18} \sim C_{36}$；XDCWP $C_{18} \sim C_{35}$，$C_{31}H_{54}$ 萜烯化合物，XDOWP $C_{19} \sim C_{35}$，$C_{31}H_{54}$ 萜烯化合物。

根据GC-MS的GC谱图，在游离酸、酯中酸中，除XDOWFA最高含量碳为 C_{26} 外，其余皆为 C_{28}。在烷醇中，SLCWA和SLOWA最高含量碳为 C_{30}，而XDCWA和XDOWA为 C_{26}，SLCWP和SLOWP为 C_{29}，XDCWP和XDOWP则为 C_{31}，以上是寻甸蜡和舒兰蜡微观化学组成结构的重要区别。每一族组成正构物都表现出很好的奇偶变化规律，即在含氧化合物中，偶数碳化合物的含量比奇数碳高得多，占绝对优势；而烷烃相反，奇数碳化合物占优势。这与一般动植物蜡的分布规律一致，保留了天然植物蜡的基本特征，也说明这两种蜡的原料煤属比较年轻的褐煤。

C 烷烃、烷醇、游离酸、酯中酸正构物的含量分布

表 10-24~表 10-27 是烷烃、烷醇、游离酸、酯中酸的 GC 定量分析结果。

从表 10-26 看出，寻甸粗蜡游离酸中正构一元烷酸最低，仅占 XDCWFA 的 50.52%，氧化蜡则为 XDOWFA 的 78.47%。说明除正构一元烷酸外，游离酸中含有较多的含氧多官能团化合物，如羟基酸、多元酸、酮酸。由于极性大、沸点高、不易汽化、故难检出。XDOWFA 的检出量比 XDCWFA 高，是因上述多官能团物质经 HNO_3 氧化，降解为低级的二元酸或其他低分子物，溶解在二氯乙烷-乙醇可溶物中，使得一元正构烷酸富集。另外一个重要因素是酯的水解和醇的进一步氧化所致。

SLCWFA 和 SLOWFA 正构烷酸检出量都很高，分别为 83.01% 和 97.63%。证明舒兰蜡游离酸中主要是由正构一元烷酸组成。

表 10-27 结果表明，酯中酸正构一元烷酸含量都很低。SLCWEA、SLOWEA、XDCWEA、XDOWEA 检出量分别为 45.77%、51.69%、38.22%、49.17%。可以肯定：酯中酸的结构更复杂，含有比较多的羟基酸、二元酸等多官能团氧化物。氧化处理的蜡，酯中酸正构烷酸增加。二氯乙烷-乙醇可以将环状化合物，如树脂酸、羟基树脂酸、萜类、甾类以及分子量较小的醇、酯、酸的物质溶解，从而与蜡质分开，但对于那些与直链醇很难除去结合的酸性物质。经皂化、水解、被分离到酯中酸，故正构烷酸相对含量较低。由于 HNO_3 氧化、脱树脂，正构酯得到富集，故 XDOWEA 正构烷酸有所增加，舒兰蜡也如此。

烷醇的碳数分布比较宽[39]，从表 10-25 中看出 C_{20} 到 C_{35} 均有。SLCWA 和 SLOWA 主要集中在 C_{30}、C_{28}、C_{26} 上，其他含量都少。

XDCWA 和 XDOWA 较散，分布在 C_{22}、C_{24}、C_{26}、C_{28}、C_{30} 上，且 C_{26} 的含量最高，证实了 C_{26} 醇被氧化，导致 XDOWFA 中游离酸最高含量分布发生变化。在那里，C_{26} 烷酸含量最高。在高含量碳的分布上，寻甸蜡与舒兰蜡有明显的区别，如 SLCWA 分布在高碳数一端（C_{30}、C_{28}、C_{26}），而寻甸蜡中醇在低碳数一端（C_{26}、C_{28}、C_{24}、C_{22}），并且寻甸蜡中醇含量最高，XDCWA 为 XDCW 的 38.75%，这影响到蜡的整个物理化学性质。

出自游离酸、酯中酸相同的原因，氧化蜡的烷醇正构物的检出量均比粗蜡的高。如 SLCWA 为 50.32%，SLOWA 为 62.14%，增加 11.82%；对应地，XDCWA 45.33%，XDOWA 62.31%，增加 16.98%。总的说来，检出量都较低。

烷烃 GC 分析结果表明（表 10-24），正构烷烃检出量为：SLCWP 31.91%，SLOWP 92.84%，XDCWP 49.13%，XDOWP 91.70%，SLCWP 和 SLOWP 流出物几乎都是正构的 C_nH_{2n+1} 物质[38]，异构体和杂质峰很少。但 SLCWP 检出量则非常低。根据元素分析：氧含量高，H 含量低。红外光谱表明其中含有一部分羰基化合物以及除羧基、酯基、羟基以外的含氧物质。此外，完全可能存在碳数高于 C_{35} 以上的碳氢化合物、高碳烯烃以及多环芳构化合物。XDCWP 和 XDOWP 表现出同样的规律。但是，在高碳烷烃部分出现较多的小峰，可能是异构体，根据质谱检定出萜烯物，也可能是一些甾族化合物。可以推断寻甸蜡中含有丰富的萜烷和甾烷物质。

综上所述，通过对游离酸、酯中酸、烷醇、烷烃的 GC-MS 和 GC 分析，获得褐煤蜡各族组分正构物的碳数和含量分布，指出了寻甸蜡和舒兰蜡在组成和结构上的差异。就蜡质

而言，游离酸、酯中酸、烷醇、烷烃中已知化合物只占其中的一部分。如果对各族组分已知化合物占蜡质的含量求和：SLCW 59.07%，SLOW 77.32%，XDCW 40.95%，XDOW 58.05%。换算成原料蜡的含量则更低。这说明过去的研究者认为褐煤蜡只由正构烷酸、烷醇、烷烃组成不准确。

事实上，从不同种煤获取的蜡，其组成和结构存在很大差别，如舒兰蜡游离酸主要由正构一元烷酸组成，但寻甸蜡游离酸中含有大量的一元正构烷酸以外的酸性物质。族组成含量上差别也非常大，SLCWFA 高达 43.0%，XDCWFA 仅为 12.5%，SLCWA 17.3%，而 XDCWA 高达 38.8%。无论是 SLCW 还是 XDCW，酯中酸的结构单元更复杂，有必要将蜡中酯中酸单独分离再研究其精细结构。由于蜡中物质复杂，深入地阐述其组成和结构，还须做更多的研究。

10.4.6 舒兰褐煤蜡的性质和组成的研究

1991 年，于绍芬等发表《舒兰褐煤蜡的性质和组成的研究》[46]，研究分析了不同溶剂（萃取剂）以及工艺条件对吉林舒兰褐煤萃取所得粗褐煤蜡和脱脂蜡组成和性质的影响，这是一个值得研究者注意的问题，萃取剂和工艺条件都是影响产品组成和性质的主要因素，全文引用如下。

提要：用各种有机溶剂从褐煤中萃取所得的蜡统称为褐煤蜡。煤的性质和萃取工艺条件直接影响蜡的组成和性质。本文以几种单一溶剂和混合溶剂在不同工艺条件下，对舒兰褐煤提取出 9 种不同的蜡，利用化学方法和现代分析仪器对产物的组成、性质进行了测定、分析和初步的讨论。

10.4.6.1 不同溶剂所得舒兰褐煤蜡的性质

用苯、汽油、（苯：汽油）、（苯：酒精）、（汽油：酒精）等 5 种单独溶剂和混合溶剂萃取的舒兰褐煤蜡的各种性质如表 10-29 所示。

表 10-29　不同溶剂萃取舒兰褐煤的产物（褐煤蜡）性质

萃取剂	熔点/℃	丙酮可溶物（质量分数）/%	异丙醇不溶物（质量分数）/%	酸值/mg KOH·g⁻¹	皂化值/mg KOH·g⁻¹	酯值/mg KOH·g⁻¹
苯	88.1	11.22	3.43	62.07	96.05	33.98
120 号汽油	82.0	30.50	12.55	32.68	73.08	40.40
苯：汽油=1:1	85.7	21.85	5.99	50.34	113.34	63.00
苯：酒精=19:1	86.2	14.96	4.46	66.54	99.08	32.54
苯：酒精=9:1	85.6	29.72	3.47	70.54	110.69	41.15
汽油：酒精=9:1	79.0	23.34	8.16	76.91	118.22	41.31

编者按：请读者注意表中不同萃取剂萃取所得的褐煤蜡性质的差别，只看熔点，最低 79.0℃，最高 88.1℃，相差 9.1℃。一句话：性质由组成为晶体结构决定。褐煤蜡熔点不同，其他一切性质皆变。从表 10-29 可以得到 4 个字：有苯就好。

A　熔点

不同溶剂萃取所得产物的熔点都较高，大多在 80℃以上。最高的是苯蜡（即苯萃取物），最低的是汽油/酒精蜡，相差约 10℃，其余各蜡在 82.0~86.2℃ 之间。

B 丙酮可溶物

褐煤蜡的丙酮可溶物一般认为是蜡中的树脂部分。试验表明，不同溶剂萃取物的树脂的外观及数量有很大差别。苯蜡、苯/酒精蜡、汽油/酒精蜡的树脂色深，呈深褐色、黏稠；汽油蜡和苯/汽油蜡树脂色浅、呈浅黄色、黏而软；特别是汽油蜡的树脂更软，在 30℃ 以上可流动。

苯蜡中树脂含量最低（11.22%），汽油蜡树脂含量最高（30.5%），其余各蜡树脂含量在 14.96%~29.72% 之间。

编者按：萃取剂对后续系列产品的组成、性质都有影响。

C 异丙醇不济物

褐煤蜡中异丙醇不溶物含量一般作为蜡的地沥青部分。各种蜡中以汽油蜡的地沥青含量最高，达 12.55%、其余的蜡中地沥青均在 10% 以下。苯沥青最低，为 3.43%。

D 酸值、皂化值

各种褐煤蜡的酸值在 32.68~76.91 之间。酸值最低的是汽油蜡而苯蜡的酸值约为汽油蜡的两倍。在溶剂中加入酒精，其蜡的酸值有增大的趋势。

皂化值都在 73.08~118.22mg KOH/g 之间。单一溶剂提取的蜡，它们的皂化值较之混合溶剂提取的低。

E 汽油脱脂蜡的性质

根据上述的分析，汽油蜡的性质比不上苯蜡，但是舒兰煤的汽油蜡是一种很好的浅色的蜡。经过简单的加工提质就可成为优质的浅色褐煤蜡。从汽油粗蜡的组成上看，蜡粘的主要原因是树脂含量太高，脱去树脂即可成为优质浅色蜡。脱脂后的汽油蜡性质列于表 10-30。

表 10-30　脱脂汽油蜡与汽油粗蜡的性质比较

萃取剂	熔点 /℃	树脂 （质量分数)/%	地沥青 （质量分数)/%	酸值 /mg KOH·g⁻¹	皂化值 /mg KOH·g⁻¹	酯值 /mg KOH·g⁻¹
汽油粗蜡	82.0	30.5	12.55	32.68	73.08	40.04
脱脂汽油蜡1	86.5	1.12	8.06	46.38	102.63	56.25
脱脂汽油蜡2	87.5	0.86	6.61	47.82	101.50	53.68
脱脂汽油蜡3	85.8	4.83	9.71	43.74	99.79	56.05

由表 10-30 可见，脱脂汽油蜡的物理化学性质有明显提高，熔点增大 5℃ 左右，树脂含量降低很多，同时地沥青也大大降低，其皂化值也提高，酸值提高不大，因而酯值含量增大。从外观来说，改质后的汽油蜡是浅黄色的优质硬蜡，是一种很有应用价值的新品种褐煤蜡。

10.4.6.2　不同溶剂萃取产物的组成研究

A 各种褐煤蜡及树脂的元素分析结果

表 10-31 列出了各种褐煤蜡及树脂分析结果。从表 10-31 可知，粗蜡中氢含量较高、树脂中碳含量较高；H/C 原子比，粗蜡普遍高于树脂。H/C 反映了烃类物质碳链的长短

及不饱和程度。苯蜡 H/C 为 1.83，汽油蜡 H/C 为 1.95，说明苯蜡的碳链长于汽油蜡。从红外光谱分析已知汽油蜡含—CH$_3$基团多于苯蜡。

蜡中氧含量高，酸值也高（见表 10-31），萃取溶剂中含有汽油时，蜡中杂原子数降低。

表 10-31　各种蜡及树脂的元素分析

样品名称	元素含量（质量分数）/%				H/C 原子比
	C	H	N	O①	
苯蜡	80.90	12.32	0.40	7.27	1.83
汽油蜡	81.78	13.41	0.19	4.62	1.95
苯/汽油蜡	80.67	13.09	0.20	6.04	1.93
苯/酒精蜡	79.97	12.42	0.35	7.26	1.88
苯蜡树脂	81.15	10.55	0.55	7.75	1.55
汽油蜡树脂	83.64	12.68	0.27	3.41	1.81
苯/汽油蜡树脂	85.67	12.57	0.27	1.49	1.75
苯/酒精蜡树脂	8216	11.02	0.40	6.42	1.60

注：煤的 $S_{t,ad}$ = 0.26%，故未考虑。

① 氧含量由差减法得到。

树脂的元素组成也有相似的规律。树脂的 H/C 与粗蜡都小于粗蜡的 H/C 比。根据有关资料报道，树脂约含 70% 的中性物（萜烯，多萜烯）及 30% 的树脂酸、含氧树脂酸。

萜烯即为不饱和物。纯蜡是由 C$_{28}$~C$_{32}$ 的高级脂肪酸和醇的酯化物、游离脂肪和少量醇、酮所组成。因此树脂的 H/C 比小，反映了不饱和程度较纯蜡大。但是，在 4 种树脂中，汽油蜡的树脂有所不同，除外观色浅和黏度小外、其 H/C 比也高于其他树脂而接近蜡。

研究树脂的性质有助于生产脱脂褐煤蜡。

B　蜡及树脂的红外光谱分析

将各种蜡及其树脂熔后直接涂在溴化钾薄片上，进行红外光谱测试。从红外光谱主要吸收峰来看，4 种蜡含有的主要官能团在含量上有差别，4 种树脂也是如此。

从红外光谱图可以看出，高频区波数为 2960~2920cm^{-1} 和 2860cm^{-1} 处有强吸收峰，这是—CH$_3$、—CH$_2$ 和 C—H 的伸缩振动，在 1470~1460cm^{-1} 处强吸收峰是—CH$_3$、—CH$_2$ 的弯曲振动；在 1380cm^{-1} 处的吸收峰证明长碳链的存在，如果吸收峰有分裂，证明其碳链较长。粗蜡和树脂在这 4 处都有较强的吸收峰，证明两者都有甲基、亚甲基的长碳链。

从红外光谱图中还见到羟基存在。在 1710cm^{-1} 处的吸收峰是酯羧基。它们都是羧基伸展振动的红外光谱；在 1650cm^{-1} 处的吸收峰是 C—O 的伸展振动，说明存在长链酯。

羧基由于氢键作用，常以二聚体形式存在，只有在测定气态样品或非极性溶剂的稀溶液时，才能看到游离羧酸的特征吸收。游离羧酸 O—C 伸展振动在 3550cm^{-1} 处，其二聚体在 3200~2500cm^{-1} 区出现宽而散的峰。在谱图的 920cm^{-1} 处出现的吸收峰是 O—H 面外弯曲振动吸收，也是羧酸基的特征吸收。4 种蜡和树脂在 920cm^{-1} 处都有不同程度的吸收，并且在苯蜡树脂和苯/酒精蜡树脂的谱图上，在 3200~2500cm^{-1} 区见到宽而散的峰。都证明蜡和树脂中都有羧酸基存在。

在蜡和树脂的谱图上，没有见到苯环的特征吸收，即 $3030cm^{-1}$ 和 C—H 面外弯曲振动吸收和 $1600\sim1500cm^{-1}$ 处的骨架振动吸收峰，证明蜡和树脂的分子中无芳环化合物存在。

10.4.6.3　结束语

通过对舒兰褐煤蜡的性质和组成的初步研究，认为用 95% 的苯与 5% 酒精作混合溶剂萃取舒兰褐煤所得的棕黑色硬质蜡，从化学组成和性质来看，几乎同苯蜡一样，酸值自62.07 提高到 66.51，树脂由 11.22% 增至 14.96%，其他指标相差不大。另外，加入 5% 酒精后，蜡产率较以苯萃取为高，为其的 1.7 倍。用 50% 苯与 50% 溶剂汽油作混合溶剂提取产物是浅褐色的硬质蜡。与苯蜡相比，其色较浅，皂化值、酯值较高，树脂和地沥青含量相应增加，蜡产率是苯蜡的 1.3 倍。

脱脂汽油蜡的产率是苯蜡产率的 75%，产率低，但其性质优良。其树脂含量低达0.86%，皂化值高达 101.5。

说明：萃取剂和工艺条件对褐煤蜡系列产品的组成和性质的影响是值得每个研究者和生产者十分关注的问题。

10.4.7　黄县褐煤萃取物的芳烃组成和热演化历史

1993 年，王培荣等发表《黄县褐煤抽提物的芳烃组成和热演化历史》[47]，他们从褐煤萃取物中共检出 65 种不同芳构化程度的菲类化合物。

作者采用 GC-MS 分析技术对黄县褐煤及其热模拟样品中的芳烃化合物进行检测，共检出 65 种不同芳构化程度的菲类化合物。这些化合物均具有良好的生物标志意义。可用于追索烃类的生源母质。通过对三个温阶模拟样品的芳烃组成对比，结合各温阶干酪根600℃ 热裂解定性、定量分析资料，讨论了芳构化菲类和烷基苯、萘、菲等系列化合物的组成和相对含量的热演化规律。

10.4.8　黑龙江褐煤蜡及褐煤蜡树脂成分的化学成分研究

2015 年昆明理工大学硕士毕业论文《黑龙江褐煤蜡及褐煤蜡树脂成分的化学成分研究》[48]。

相对于褐煤作为燃料的传统利用方式，从褐煤中提取褐煤蜡和腐植酸是目前高效清洁利用的新方式。黑龙江是我国煤炭资源比较丰富的省份之一，其中宝清县为该省的一个煤炭大县，主要的煤炭品种为褐煤。为转变褐煤的传统利用方式，实现褐煤的清洁高效利用，提高电厂褐煤产业的整体经济效益，以黑龙江宝清褐煤为研究对象，系统研究粒径、水分、温度、氧气参与等条件对其中褐煤蜡提取率以及提取速度的影响，并运用 GC-MS分析技术，对蜡的化学成分进行了定性定量分析。同时，首次研究了该地褐煤蜡脱脂过程中产生的大量副产物——褐煤树脂的化学成分组成。

褐煤蜡提取条件研究结果显示：黑龙江褐煤中的水分是影响褐煤蜡提取率和速度的最大因素，水分在 10%～20% 之间褐煤蜡提取率较高，15%～20% 基本达到最大值；其次，大粒径褐煤的蜡提取率高于小粒径褐煤的蜡提取率；干燥温度对褐煤蜡的影响不大；真空干燥可提高褐煤蜡提取率。化学成分研究方面，将黑龙江褐煤中的褐煤蜡和褐煤树脂成分与产自云南三地（峨山，寻甸和昭通）的褐煤蜡和褐煤树脂进行了对比研究，结果发现：与云南三地褐煤蜡相比，黑龙江褐煤蜡及其分离得到的游离酸、结合酸、醇、烃四部分在化学成分上差异极小；与云南三地褐煤树脂相比，黑龙江树脂及其分离得到的游离酸、结合酸、醇、烃四部分在化学成分上也没有明显差异。

10.4.8.1 褐煤蜡分离流程

褐煤蜡分离流程如图 10-3 所示。

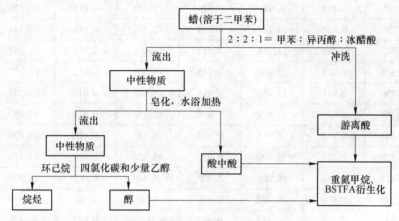

图 10-3 褐煤蜡族组分分离流程示意图

10.4.8.2 不同产地褐煤蜡分离结果

不同产地褐煤蜡分离结果见表 10-32。

表 10-32 不同产地褐煤蜡分离结果 （%）

褐煤蜡产地	游离酸	结合酸	总酸	烃	醇	回收率
宝清	23.64	22.82	46.46	4.55	37.89	88.90
峨山	37.83	17.13	54.96	4.97	27.49	87.42
寻甸	25.16	25.63	50.79	3.64	32.03	86.46
昭通	25.20	22.22	47.42	4.01	32.92	84.35

10.4.8.3 不同产地褐煤蜡定量分析结果

黑龙江宝清褐煤蜡和云南峨山、寻甸、昭通三地褐煤蜡的定量分析结果汇总见表 10-33。

表 10-33 宝清、峨山、寻甸、昭通褐煤蜡定量分析结果汇总表 （编者汇总）

序号	黑龙江宝清		云南峨山		云南寻甸		云南昭通	
	保留时间	相对峰面积	保留时间	相对峰面积	保留时间	相对峰面积	保留时间	相对峰面积
1	4.756	0.020	4.756	0.028	4.734	0.016	6.568	0.022
2	6.108	0.025	6.105	0.013	6.080	0.013	7.347	0.026
3	6.936	0.010	7.341	0.014	7.327	0.012	7.764	0.053
4	7.342	0.020	8.327	0.074	8.315	0.098	8.331	0.122
5	7.760	0.012	8.763	0.012	9.589	0.020	9.608	0.024

序号	黑龙江宝清		云南峨山		云南寻甸		云南昭通	
	保留时间	相对峰面积	保留时间	相对峰面积	保留时间	相对峰面积	保留时间	相对峰面积
6	8.320	0.110	9.604	0.020	10.318	0.017	10.339	0.055
7	8.760	0.010	10.731	0.010	12.442	0.014	10.744	0.042
8	9.594	0.035	11.386	0.011	13.081	0.018	12.160	0.021
9	10.326	0.026	12.060	0.015	14.356	0.012	13.172	0.076
10	10.730	0.011	12.459	0.014	15.688	0.010	13.552	0.041
11	11.251	0.012	13.871	0.010	15.783	0.016	13.681	0.023
12	11.384	0.015	14.741	0.017	16.383	0.020	13.870	0.040
13	11.728	0.014	15.800	0.012	18.251	0.027	14.370	0.020
14	11.912	0.014	16.201	0.020	18.644	0.072	14.529	0.036
15	12.048	0.020	16.402	0.016	18.889	0.085	14.749	0.049
16	12.441	0.025	16.517	0.012	19.144	0.012	14.898	0.041
17	13.100	0.025	17.060	0.013	19.438	0.018	15.068	0.033
18	13.678	0.010	17.454	0.017	19.818	0.035	15.316	0.038
19	13.866	0.012	18.212	0.028	19.925	0.065	15.619	0.022
20	14.359	0.020	18.671	0.170	20.561	0.037	15.827	0.128
21	14.496	0.013	18.916	0.104	20.776	0.012	15.989	0.145
22	15.096	0.010	19.156	0.014	20.963	0.308	16.219	0.076
23	15.694	0.025	19.437	0.018	21.140	0.202	16.406	0.028
24	15.801	0.017	19.828	0.089	21.356	0.011	16.528	0.035
25	16.198	0.020	20.035	0.026	21.653	0.024	16.935	0.023
26	16.387	0.024	20.577	0.058	21.878	0.010	17.076	0.051
27	16.517	0.052	20.791	0.020	22.112	0.172	17.460	0.075
28	17.042	0.011	21.025	0.628	22.526	0.024	17.768	0.024
29	17.438	0.021	21.184	0.298	22.720	0.030	18.290	0.116
30	17.602	0.010	21.379	0.013	23.106	0.299	18.475	0.111
31	17.728	0.010	21.645	0.022	23.225	0.090	18.674	0.119
32	18.257	0.031	21.899	0.011	23.461	0.020	18.911	0.046
33	18.669	0.242	22.057	0.146	23.733	0.028	19.174	0.031
34	18.910	0.147	22.560	0.032	24.164	0.157	19.448	0.041
35	19.142	0.014	22.751	0.039	24.595	0.134	19.645	0.041
36	19.437	0.021	23.200	0.913	24.777	0.032	19.838	0.072
37	19.818	0.062	23.285	0.153	25.175	0.275	20.078	0.036
38	19.934	0.119	23.521	0.027	25.416	0.023	20.593	0.120
39	20.393	0.016	23.714	0.017	25.534	0.015	20.807	0.098

序号	黑龙江宝清		云南峨山		云南寻甸		云南昭通	
	保留时间	相对峰面积	保留时间	相对峰面积	保留时间	相对峰面积	保留时间	相对峰面积
40	20.565	0.032	24.158	0.167	25.638	0.039	20.978	0.225
41	20.964	0.254	24.630	0.309	25.878	0.028	21.145	0.052
42	21.140	0.142	25.234	0.484	26.243	0.098	21.389	0.037
43	21.362	0.018	25.420	0.038	26.698	0.128	21.680	0.062
44	21.648	0.026	25.536	0.022	26.892	0.013	21.942	0.427
45	21.884	0.015	25.643	0.044	27.331	0.184	22.063	0.071
46	22.120	0.157	25.899	0.019	27.600	0.020	22.246	0.046
47	22.542	0.053	26.264	0.097	27.757	0.037	22.479	0.111
48	22.721	0.030	26.510	0.030	28.116	1.000	22.640	0.088
49	23.100	0.224	26.760	0.378	28.478	0.081	22.762	0.103
50	23.220	0.063	27.062	0.010	28.853	0.042	23.130	0.462
51	23.475	0.017	27.362	0.268	28.970	0.032	23.256	0.189
52	23.623	0.016	27.621	0.041	29.623	0.038	23.516	0.056
53	23.729	0.020	27.741	0.032	29.803	0.063	23.693	0.111
54	24.150	0.148	28.171	1.000	30.213	0.017	23.818	0.049
55	24.595	0.098	28.524	0.099	30.451	0.020	24.015	0.287
56	24.778	0.024	29.021	0.129	31.325	0.010	24.184	0.387
57	25.183	0.303	29.887	0.292	31.826	0.014	24.494	0.158
58	25.425	0.020	30.241	0.031			24.699	0.127
59	25.538	0.025	30.366	0.021			24.936	0.303
60	25.632	0.028	31.402	0.028			25.200	0.397
61	25.858	0.026	31.871	0.028			25.442	0.111
62	26.245	0.115	32.083	0.014			25.475	0.115
63	26.620	0.075	33.039	0.013			25.672	0.169
64	27.342	0.238	33.290	0.017			25.816	0.067
65	27.609	0.020					25.919	0.087
66	27.722	0.034					26.186	0.135
67	28.131	1.000					26.340	0.077
68	28.479	0.070					26.610	0.136
69	28.865	0.067					26.867	0.123
70	29.414	0.013					27.101	0.140
71	29.648	0.040					27.265	0.111
72	29.810	0.076					27.546	0.171
73	30.206	0.019					27.771	0.096

序号	黑龙江宝清		云南峨山		云南寻甸		云南昭通	
	保留时间	相对峰面积	保留时间	相对峰面积	保留时间	相对峰面积	保留时间	相对峰面积
74	30.432	0.011					28.173	1.000
75	30.673	0.016					28.530	0.124
76	31.140	0.015					28.878	0.048
77	31.341	0.011					29.048	0.029
78							29.389	0.097
79							29.743	0.062
80							30.006	0.057
81							30.241	0.020
82							30.568	0.020
83							31.127	0.025
84							32.160	0.105

褐煤蜡组分的多少顺序是：昭通、宝清、峨山、寻甸褐煤蜡。

10.4.8.4　结论与展望

对四地褐煤蜡的组成进行气质结构分析，结果表明褐煤蜡产地不同，但是化学组分极其相似，说明各地产的褐煤通过相同的生产工艺，生产出的褐煤蜡化学成分大致相同。而化学组分的差异决定了蜡的品质差异，因此，也在一定程度上说明，产地不同并不能影响蜡的品质，关键在于提取工艺的稳定性。

我国能源结构现在甚至是未来相当长的一段时间，都将会是以煤炭为主，煤炭是我国重要能源和工业原材料来源，从世界角度来看，石油资源匮乏，开采量大，而发现量少，所以煤炭资源的高效利用必须引起人们的足够重视，而褐煤占煤炭储量大，与无烟煤相比，褐煤燃烧时不仅产能低，而且而污染严重，因此不管是世界能源的需求情况，还是保护环境的具体要求，褐煤的综合利用都将成为煤炭综合利用的重中之重，本试验为实现黑龙江褐煤资源的综合开发和深度开发提供了物质化学基础，提高了褐煤资源的开发利用价值，增加褐煤附加值，对黑龙江褐煤产业具有重大意义。

参 考 文 献

[1] 叶显彬，周劲风. 褐煤蜡化学及应用 [M]. 北京：煤炭工业出版社，1989.

[2] 浙江大学. 固体燃料化学，1961.

[3] Schaack W, Foedisch U D. Fette-Seifen-Anstrichmitte [J]. 1957 (59)：209.

[4] Bennett H. Industrial Waxes [M]. Volume I, New York. 1975.

[5] Warth A H. The Chemistry and Technology of Waxes [M].

[6] Presting W, Steinbach U K. Fette-Seifen-Anstrichmittel [J]. 1955 (57)：331.

[7] Presting W, Kereuter U Th. Fette-Seifen-Anstrichmittel [J]. 1965 (67): 334.

[8] Presting W, Kereuter U Th. Fette-Seifen-Anstrichmittel [J]. 1962 (64): 816.

[9] Fleck H R. Thesis for the degree of doctor in the University of Lindon [J]. 1960: 12~13.

[10] Kaufmann H P, Das U B. Fette-Seifen-Anstrichmittel [J]. 1961 (63): 614.

[11] Markley K S. Fatty Acid their Chemistry, Properties, Productions and Uses [M]. 2d. ed. New York, Inter-Science, 1968.

[12] Buheman S, Raud U H. Brennstoff Chemie [J]. 1932 (13): 341.

[13] 李宝才, 孙淑和, 吴奇虎. 泥炭褐煤蜡的化学组成 [J]. 江西腐植酸, 1987 (2): 1~11.

[14] Marcusson J, Smelkus U H. Chemiker-Ztg [J]. 1922 (46): 701.

[15] 孙淑和. 褐煤的化学组成研究 [D]. 1964.

[16] 唐运千, 霍宏昭, 程奇. 广东遂溪泥煤蜡和云南寻甸褐煤蜡的化学组成研究 [J]. 燃料化学学报, 1982, 10 (2): 129~136.

[17] 李宝才. 褐煤蜡化学组成和性质的研究 [D]. 1986.

[18] Дьвчков Г С, Торфоая Промшлниость [J]. 1979 (12): 21.

[19] Ранпниа Евдокимва Г И, Фрнидямд, и И Г, Лях, Химия Д ревесиы В В. 1977 (1): 95.

[20] Калнина, и Крастимнш М А, Химия Древесиы В П. 1978 (2): 78.

[21] Евдокнмова, Воитови Г А, раипина З Н, Костюкевич Г И, и др Л И, Химия Древесиы, 1978 (1): 79.

[22] Евдокимова, Вистрая Г А, раипина А В, и др Г И, Химия Тв. Топлива, 1977 (1): 42.

[23] Иванова, Перлюкевич Л А, и Пискунова Я В, Химия Тв Т А. Топлива. 1975 (6): 56.

[24] Белькевнч, Иванова П И, Пискунова Л А, н др Т А, Химия Тв. Топлива, 1980 (1): 113.

[25] Каганович, Белькевич Ф Л, Иванова П И, и др Л А, Химия Тв. Топлива, 1974 (4): 67.

[26] 大公内耳. 煤料协会志, 1977, 56 (606): 779.

[27] 黄鸣龙. 红外光谱与有机化合物分子结构的关系 [M]. 北京: 科学出版社, 1958.

[28] Yamoguchi K. Spectral Data of Natural Products. Elsevier, Amsterdam, London, New York, 1970.

[29] Cole, Jones A R H, Dobriner R N, Am K J. Chem. Soc., 1952, 29 (74): 5572.

[30] 李宝才, 孙淑和, 韩京平, 等. 阴离子交换色谱和硅胶柱色谱法用于褐煤蜡族组成的分离[J]. 燃料化学学报, 1988, 16 (1): 31~36.

[31] Presting Dr W. Seiffen-Ole-Wachse, 1968 (91): 729.

[32] Presting Dr W. Fette-Seiffen-Anstrichmittel, 1968 (70): 404.

[33] Scher A. Fette-Seifen-Anstrichmittel, 1977 (9): 77.

[34] Белвквич П И. Хчмчя Теербото. Топлеа, 1985 (2): 11.

[35] 李宝才, 孙淑和, 吴奇虎. 粗煤蜡硝酸氧化精制 [J]. 江西腐植酸, 1987 (2): 29.

[36] 顾良荧. 合成脂肪酸化学及工艺学 (上册) [M]. 北京: 轻工业出版社, 1984: 88.

[37] 董庆年. 红外光谱法 [M]. 北京: 化学工业出版社, 1979.

[38] 李宝才, 孙淑和, 吴奇虎, 等. 蒙旦蜡化学组成的研究 I 烷烃 [J]. 云南工学院学报, 1988 (2): 8~17.

[39] 李宝才, 孙淑和, 肖有燮, 等. 蒙旦蜡化学组成的研究 II 烷醇 [J]. 云南工学院学报, 1989 (2): 61~70.

[40] 李宝才, 孙淑和, 肖有燮, 吴奇虎. 蒙旦蜡化学组成的研究 III 游离蜡酸 [J]. 云南工学院学报, 1990 (4): 20~27.

[41] 李宝才. 蒙旦蜡化学组成的研究 IV 酯中酸 [J]. 云南工学院学报, 1991 (4): 22~32.

[42] Presting Dr W, Kreuter Dr Th, Fette-Seife-Anstrichm [J]. 1968, 70 (6): 404~408.

［43］Stette K H. Fette-Seife-Anstrichm［J］. 1989，81（4）：158～163.

［44］Alnib H. Warth，The Chemistry and Technology of Waxes［M］. 1956：336～368.

［45］李宝才. 褐煤蜡族组成中正构物碳数及含量分布［J］. 云南化工，1991（4）：8～13

［46］于绍芬、马治邦、薛宗佑. 舒兰褐煤蜡的性质和组成的研究［J］. 煤炭分析及利用，1991（1），1～4.

［47］王培荣，侯读杰，林壬子. 黄县褐煤抽提物的芳烃组成和热演化历史［J］. 地球化学，1993，29（4）：313～325.

［48］韦曦. 黑龙江褐煤蜡及褐煤蜡树脂成分的化学成分研究［D］. 昆明理工大学，2015.

11 浅色蜡的组成及理化性质

11.1 概述

在第 10 章褐煤蜡的组成及理化性质中，我们只是涉及褐煤蜡的理化性质，而没有专门讨论褐煤蜡的理化性质。所以，我们把褐煤蜡的理化性质并到这一章与浅色蜡的理化性质一起讨论。

褐煤蜡系列产品的理化性质，涉及熔点、酸值、皂化值、密度、针入度（硬度）、导电性能、颜色等。

（1）酸值：是指用来衡量产品中游离脂肪酸含量的计量单位——为选择产品用途的重要参考指标。酸值表示用于中和 1g 蜡产品中的游离脂肪酸所需 KOH 的毫克数，其单位为 mg KOH/g。

（2）皂化值：是皂化 1g 蜡产品所需 KOH 的毫克数。皂化值表示在规定条件下，中和并皂化 1g 物质所消耗的 KOH 毫克数，其单位为 mg KOH/g。

（3）酯值：酯值＝皂化值－酸值。

（4）针入度：是与硬度相反的指标。硬度越大，针入度越小。

褐煤蜡系列产品熔点越高、硬度越大（针入度越小）、机械强度越高、揩擦光亮度越好、导电率越低、电绝缘性越好。

11.2 粗褐煤蜡的理化性质

粗褐煤蜡是从泥炭或褐煤中萃取出来的初级产品，是深褐色至棕黑色的坚硬而脆的固体，断面呈贝壳状，其表面很硬，一般难于用指甲划出痕迹。在固体状态下，粗褐煤蜡或多或少地呈现晶体结构。但随着粗褐煤蜡中树脂和地沥青含量的增高，这种晶体结构就不再明显。

粗褐煤蜡在室温下，在固体状态时无臭无味，但在升高温度熔化时，则可以闻到一种特殊的气味。

粗褐煤蜡熔点高、硬度大（针入度小）、机械强度高、揩擦光亮度好、导电率低、具有良好的电绝缘性；粗褐煤蜡能溶于热苯、甲苯、溶剂汽油、松节油等多数有机溶剂中；粗褐煤蜡高碳游离脂肪酸含量较高、有良好的乳化性能、对油溶性染料有较好的溶色性能；粗褐煤蜡与石蜡、地蜡、蜂蜡、硬脂酸，以及多种天然动植物蜡或合成蜡相混熔，组成均一体的混合蜡，可提高混合蜡的熔点和硬度，对酸和其他活性溶剂的化学稳定性好。

值得强调的是，粗褐煤蜡无致癌作用[1]，是一种安全蜡。

由于粗褐煤蜡具有以上优异特性，且价格比一般的天然动植物硬性蜡便宜，货源充裕，所以它一直是工业上用途很广很重要的一种硬性蜡原料。

按照 G. Fenton 报道的资料[1,2]，前东德——民主德国 ROMONTA 型褐煤蜡加入石蜡中的效果见表 11-1。褐煤蜡本是来源于植物蜡（实际也有一部分动物蜡），所以其性质在许多方面与巴西棕榈蜡极其相似。因此，褐煤蜡是价格昂贵的巴西棕榈蜡的代用品和补充品。

表 11-1　前东德——民主德国 ROMONTA 褐煤蜡加入石蜡中的效果

组　　成		熔点/℃	固化点/℃	针入度① (25℃，100g，5s) /0.1mm
褐煤蜡/%	石蜡/%			
0	100	54.5	53.5	17.0
5	95	74.0	57	13.0
10	90	78.0	69	11.0
20	80	81.0	61.5	8.0
30	70	81.0	63	6.5
40	60	81.5	64	5.0
50	50	81.5	65	4.0
60	40	82.5	66	3.5
70	30	83.0	68	2.5
80	20	84.0	71	2.0
90	10	85.0	74.5	2.0
100	0	87.0	77	1.5

①针入度愈小，硬度愈大。

前东德——民主德国褐煤蜡与巴西棕榈蜡的理化性质比较见表 11-2。

表 11-2　前东德——民主德国褐煤蜡与巴西棕榈蜡的理化性质比较

技术指标	前东德褐煤蜡	巴西棕榈蜡
密度/g·cm⁻³	1.02~1.03	0.996~0.998
熔点/℃	83~89	83~86
针入度/0.1mm	1	1
酸值/mg KOH·g⁻¹	31~38	2~10
皂化值/mg KOH·g⁻¹	87~104	78~88
颜色	深褐~黑色	黄、绿、棕、深灰

褐煤蜡质量以前东德——民主德国产的 ROMONTA 型蜡为最好，美国产的 ALPCO 16 蜡次之，捷克斯洛伐克产的褐煤蜡质量较差。它们的理化性质对比，详见表 11-3。

前东德——民主德国根据本国生产的褐煤蜡特性及用户的要求，于 1962 年制定了用于前民主德国粗褐煤蜡的质量指标（前东德国家标准 TGL-5581[1,3]），详见表 11-4。

前东德——民主德国国营 "Gustav Sabottka" 褐煤联合企业生产 7 种不同类型的褐煤蜡，以 ROMONTA 商标销售，其特性列于表 11-5[1,4]。

表 11-3 不同产地褐煤蜡理化性质比较表

理化指标	捷克斯洛伐克 BOHEMIA	前东德 ROMONTA	美国 ALPCO	前苏联
密度（15℃）/g·cm⁻³	1.03	1.03	1.03	1.03
针入度/0.1mm	1	1	1	1
熔点/℃	82	86	87	86
凝固点/℃	76	78	78	80
黏度（90℃）/cP	0.35	0.07	0.2	0.06
酸值/mg KOH·g⁻¹	35	32	43	26
酯值/mg KOH·g⁻¹	62	60	64	52
皂化值/mg KOH·g⁻¹	97	92	112	88
灰分/%	0.4	0.2	0.5	0.2
树脂/%	31	13	11	14
地沥青/%	8	5	12	2

表 11-4 前东德——民主德国褐煤蜡质量指标（国家标准）

颜　色	棕黑色	
硬　度	脆硬，破碎时呈贝壳状碎片	
气　味	冷的；几乎没有气味 热的；有一种特有的气味	
密度/g·cm⁻³	1.02~1.03	
熔化及凝固特性	熔点/℃	83~89
	凝固点/℃ （开口毛细管法）	72~82
闪点/℃	>275	
酸值/mg KOH·g⁻¹	31~38	
皂化值/mg KOH·g⁻¹	87~104	
灰分（最高）/%	0.6	
苯不溶物（最高）/%	0.4	
丙酮可溶物（最高）①/%	18	

① 丙酮可溶物即树脂。

　　ROMONTA 褐煤蜡是一种很硬而具有微晶结构的黑棕色蜡。在加热时，它呈现蜡的性状。ROMONTA 型蜡约86℃时熔化，而没有任何软化的延期瞬变状态，温度在熔点以上几度就变成流动性相当好的稀薄液体。ROMONTA 褐煤蜡与植物蜡一样，也是一种酯蜡。ROMONTA（标准型）褐煤蜡是一种从褐煤中提取未经化学后处理的蜡，含有大约13%树脂和4%地沥青。所谓"标准"型，在需要专门区别的情况下才使用。这种蜡在90℃时的黏度约为0.08cP，在100℃时约0.06cP。

表 11-5　前东德——民主德国各种 ROMONTA 型褐煤蜡性质

项　目	熔点/℃	针入度 /0.1mm	酸值 /mg KOH·g⁻¹	皂化值 /mg KOH·g⁻¹	灼烧残渣（灰）/%	丙酮可溶物（树脂）/%
ROMONTA（标准型）	84~88	最大 1	28~34	85~100	最大 0.5	11~15
ROMONTA665	100~110①	1~2	8~14	60~75	1.5~2.0	10~14
ROMONTA6715	86~90	最大 1	16~22	90~105	最大 0.7	7~11
ROMONTA76	86~90	最大 1	9~15	80~95	1.5~2.0	8~12
ROMONTA Y	84~88	最大 1	27~33	83~98	最大 0.25	11~15

① 凝固点。

适当加热，褐煤蜡能溶于大部分有机溶剂。由于它含有一定的游离蜡酸，所以用简单方法就可以皂化和乳化。

这种蜡还具有其他特性，用于擦亮剂时光泽好，具有优良的润滑作用，电绝缘性能好，化学稳定性好。

ROMONTA 特种型褐煤蜡与标准型褐煤蜡相比，含树脂和地沥青稍高，性质方面只是稍有差别。

该商品蜡为印有 ROMONTA 商标的小块（宽 5~6cm，高 2~3cm），用黄麻或掺有纤维织的袋包装，或为细颗粒（直径 0.15~1.5mm），在袋中再衬有一个塑料袋包装。最近已经采用多层纸袋来包装粒状产品。

ROMONTA 型褐煤蜡是由标准型褐煤蜡经化学处理后得到的部分皂化蜡，其中游离的蜡酸含量较低（酸值为 10~15mg KOH/g）。

这是一种硬而具有胶体结构的黑棕色蜡。与标准型褐煤蜡相比，ROMONTA 对溶剂和油的结合能力较强，因此这种褐煤蜡特别适合于作生产含溶剂的装饰剂和擦亮剂的初始原料。尽管 ROMONTA 的凝固点较高，但这种褐煤蜡与石蜡或其他蜡一起熔化并不困难。

该商品蜡为细颗粒（直径为 0.15~1.5mm），用黄麻或掺有纤维织的袋内衬薄塑料袋包装。

用标准型褐煤蜡经适当的化学处理得到 ROMONTA 6715 型褐煤蜡。处理后，蜡中树脂减少，暗色地沥青相对增加。

这是一种很硬而具有微结晶结构的暗色褐煤蜡，是专为生产一次复写纸而开发的蜡品种。ROMONTA 6715 对颜料具有很好的分散能力和溶解能力，由它制得的涂覆浆料具有很好的流动性。

该商品蜡为细颗粒（直径为 0.15~1.5mm），包装方式与 ROMONTA 665 型褐煤蜡相同。

ROMONTA 698 型褐煤蜡用于生产复写纸，是与其他 ROMONTA 型蜡不同，当溶液在很窄温度范围内冷却下来时，几乎完全结晶。

ROMONTA 76 型褐煤蜡，是由标准型 ROMONTA 褐煤蜡经独特的化学方法（这种方法类似于生产 ROMONTA 6715 型褐煤蜡的方法）改制而成，树脂含量降低，地沥青含量相对提高。这是一种改进型的 ROMONTA 6715 蜡。这种蜡很硬，呈暗色，具有微结晶结构。复杂的组成使它特别适用于生产复写纸的涂覆浆料。它对颜料的良好分散力使得涂覆浆料具有很好的流动性。

该商品蜡为细颗粒（直径为 0.15~1.5mm），包装方式与 ROMONTA 665 型褐煤蜡相同。

ROMONTA B 型褐煤蜡，与标准型褐煤蜡相比较，树脂和地沥青含量均较低。它是生产浅色褐煤蜡的基本原料。

ROMONTA Y 型褐煤蜡，是直接从煤中经特殊条件萃取而制得。这是一种很硬、具有晶体结构的暗色蜡。它与标准型褐煤蜡的差别是灰分低（最大值为 0.25%）。因此，这种蜡用于精密铸造用蜡模。

该商品蜡为印有 ROMONTA 商标的小块，用黄麻或掺有纤维织的袋包装。

美国褐煤蜡是棕黑色的固体，以 ALPCO 商标销售。它们在规格和理化性质方面稍有差别。这些差别是由于不同类型的萃取方法或仅仅是由于简单的物理、化学处理的结果。表 11-6 列出了美国 ALPCO 型褐煤蜡为典型理化性质[1,5]。与德国褐煤蜡相比，美国褐煤蜡熔点偏低。

表 11-6　美国褐煤蜡的典型理化性质

理化指标 蜡的型号	熔点/℃	酸值 /mg KOH·g^{-1}	皂化值 /mg KOH·g^{-1}	树脂/%	地沥青/%
ALPCO 16	86	44	93	14	12
ALPCO 1600	86	40	96	12	18
ALPCO 1630	85	28	97	13	18
ALPCO 1650	82	10	97	13	24
ALPCO 20	84.5	37	87	21	0
ALPCO 400	81	41	93	22	0
ALPCO 500①	85	83	123	4	0
ALPCO 600①	85	88		4	0

① 新开发的产品。

前苏联生产的粗褐煤蜡仅供国内使用，没有专门商标号。前苏联粗褐煤蜡与前东德——民主德国 ROMONTA 型褐煤蜡相比，树脂含量较高。为生产浅色蜡提供合格原料蜡，以满足用户需要，粗褐煤蜡需脱除部分树脂，得到脱树脂褐煤蜡。

表 11-7 中列出前苏联萨缅诺夫斯克工厂生产的褐煤蜡质量指标[1,6]。苏联褐煤蜡熔点与德国褐煤蜡熔点相差无几。

表 11-7　前苏联萨缅诺夫斯克工厂褐煤蜡质量指标

理 化 指 标	指 标 值
密度/g·cm^{-3}	1.00~1.03
滴点（乌培洛德法）/℃	82~90
着火点/℃	275
酸值/mg KOH·g^{-1}	24~40
皂化值/mg KOH·g^{-1}	104~149
树脂含量（丙酮法）/%	16~25
苯不溶物含量/%	0.08~0.5
灰分/%	0.02~0.2

国产褐煤蜡与前东德——民主德国 ROMONTA 型褐煤蜡相比，树脂和地沥青含量都偏高、熔点偏低。这些差别主要是煤质特性和萃取工艺的不同所造成。现将这几种国产褐煤蜡的理化性质列于表 11-8。

表 11-8 国产褐煤蜡与前东德 ROMONTA 型褐煤蜡理化性质比较表[1]

指　标	前东德 ROMONTA 型蜡	寻甸褐煤蜡	潦浒褐煤蜡	舒兰褐煤蜡
熔点/℃	82.10	81.30	80.60	85.89
滴点/℃	85.70	82.90	82.80	88.70
密度/$g \cdot cm^{-3}$	1.00	1.01	1.00	0.97
树脂/%	12.06	22.12	28.12	16.09
地沥青/%	3.51	9.12	6.00	6.99
苯不溶物/%	0.51	0.54	0.56	0.19
酸值/$mg\ KOH \cdot g^{-1}$	31.9	38.80	46.45	64.90
皂化值/$mg\ KOH \cdot g^{-1}$	87.4	107.10	102.8	98.90

11.3　浅色蜡的组成及理化性质研究进展

11.3.1　精制褐煤蜡的化学组成及其研究方法

1994 年，朱继升等发表论文《精制褐煤蜡的化学组成及其研究方法》[7]，对浅色精制褐煤蜡的化学组成研究情况进行综述，下面是该论文的主要内容。

用铬硫混酸或碱金属重铬酸盐及硫酸等强氧化剂对粗褐煤蜡进行氧化所得产物称为精制褐煤蜡，也称酸性褐煤蜡、S 蜡、L 蜡、R 蜡等。精制褐煤蜡一般呈淡黄色，具有良好的物理化学性能，如熔点高、硬度大、光亮度好等，可广泛应用于轻工日化等行业。文中就国内外近期有关精制褐煤蜡化学组成的研究情况进行综合述评。

褐煤蜡是一种组成非常复杂的混合物。其中含有大约 1000 多种有机化合物，现在可以鉴定出的约有 200 多种[8]。经过复杂的氧化还原反应，除去了粗蜡中的树脂和地沥青，蜡中不太活泼的蜡酯在酸性条件下发生水解，分裂游离出的醇进一步氧化生成相应的酸，粗蜡中原有的 ω-羟基酸、游离醇和脂肪酮等也全部或部分生成酸。

精制褐煤蜡主要是由长链脂肪酸组成，另外还含有少量的脂肪酮、烃类和多官能团化合物。Jahrstorfer[9] 认为精制褐煤蜡（确切地讲是 Hoechst 或 BASF S 蜡）大部分是碳数为 26、28 和 30 的脂肪一元酸，还含有 20% 以内的二元酸和 15% 以内的蜡酸。早期对于蜡中各组分化合物的鉴定是在分离、提纯的基础上，根据分子量、熔点、蒸气压和元素分析等方法进行的[10~13]。随着科学技术的进步和测试手段的发展（先进的分析测试仪器），有关褐煤蜡化学组成研究的方法已比较系统化。目前对褐煤蜡的研究主要通过两种途径进行，一种是通过皂化法并将蜡全部用碱液处理，使蜡中较大分子缩合物（如复杂酯类等）分解成相应的结构单元，然后用有机溶剂萃取不皂化部分，从而将蜡分为皂化物（总酸）和不皂化物两部分，此方法分离效果不够理想，而且不容易了解蜡的精细结构，但因其方便易行，现仍有较多的研究者采用[14~18]；另一种是离子交换法[19~24]，即利用阴离子交换树脂上的—OH 与蜡酸发生交换吸附，使酸与中性组分分离，然后结合其他方法对蜡的分组进行精细分离，该方法分离完全，但过程较为复杂。

用离子交换法研究褐煤蜡的化学组成首先见诸于 Presting[25] 等的工作中。作者用此法对粗褐煤蜡及其精制产品中的酸进行了分离[26,27]，并且着重考察了酸性组分，发现在一种精制褐煤蜡的总酸中含有 48.2% 的一元酸和 49.7% 的二元酸（包括其他多官能团酸），另一种氧化程度不同的精制蜡的总酸中含有 56.8% 的一元酸和 41.9% 的二元酸。Тайков[30] 等的研究也得出相似的结果。

Батукова[18] 对亚历山大褐煤蜡氧化精制品的蜡酸甲酯进行了硅胶柱色谱分离，证明这两种蜡的酸中分别含有 48.7% 和 67.4% 的饱和一元脂肪酸，其余为二元酸和结构较为复杂的多官能团含氧酸。在另一项工作中[28]，研究了用碱金属重铬酸盐氧化粗蜡得到的产品的酸性组分，在硅胶柱上采用不同的冲洗剂实现了蜡酸甲酯的分离，共冲洗出了 8 个不同种类的组分，并测得其相对含量，其中一元酸为 57.6%，二元酸为 10.5%，多官能团化合物为 27.3%。而且用气相色谱对一元酸甲酯和二元酸二甲酯进行了定性分析，发现一元酸是由正构 C_{17} 酸到 C_{24} 酸的 18 种酸组成，而二元酸则仅鉴定出 C_{10}、C_{12}、C_{14}、$C_{16~23}$、C_{25}、C_{26} 等 13 种，但对其中各酸的含量、碳数的分布规律，文献中并没有涉及。

国外对泥炭蜡精制品中酸的研究也有少量报道。Белвкевнч 等[31,32] 将精制泥炭蜡用 0.5mol/L KOH 溶液进行皂化处理，皂类用 25% 的硫酸溶液分解得到泥炭蜡酸，然后以甲酯的形式进行色谱定性定量分析，鉴定出 $C_8 ~ C_{30}$ 的正构一元酸，并且发现有明显的奇偶规律，其中以 C_{28}、C_{26}、C_{24}、C_{22}、C_{20} 酸为主。

由上述可见，精制褐煤蜡的酸性组分中存在一定数量的二元酸，这点已毫无疑问，但二元酸的来源及组成却不一样。Presting[33] 和 Popl[34] 等确认粗褐煤蜡本身就含有二元酸，如 C_{23} 烷二酸等。

Батукова[35] 等用质普的方法也得出了同样的结果。此外，粗蜡中还含有羟基酸，Veikko[36] 认为泥炭蜡中含有 $C_{19} ~ C_{22}$ 脂肪族羟基酸，Presting 等[37] 用离子交换的方法确认褐煤蜡中含有 $C_{24} ~ C_{32}$ 的 ω-羟基酸是以 C_{24}、C_{26}、C_{28}、C_{30} 为主，具有明显的偶数优势。除上述两个来源外，粗蜡中存在的游离醇、羟基酸[33]、具有多官能团结构单元的蜡酯类经过氧化也可能生成脂肪二元酸。

不同的氧化剂和氧化方式对粗褐煤蜡精制产物的组成有较大影响。Karabon[38] 等对波兰几种不同酸值的精制褐煤蜡进行了研究，这几种蜡分别是：

（1）蜡 MR(a)——用 45% 硝酸在 90~100℃ 下一步轻度氧化制成。

（2）蜡 MR(b)——在 105~110℃ 下先用硝酸然后用重铬酸钠的硫酸溶液两步法适度精制。

（3）蜡 R——用重铬酸钠的硫酸溶液两步法深度精制，氧化温度同上。

表 11-9 列出了以上三种蜡的化学分析数据。

利用离子交换色谱并结合皂化处理，将上述三个样品分离，得到游离蜡酸相和结合酸；不皂化物用硅胶柱色谱的方法分成烃类和醇类，然后用气相色谱进行了定性定量分析。

表 11-9　粗蜡精制产物的分析结果

样　品	熔点/℃	酸值/mg KOH·g^{-1}	酯值/mg KOH·g^{-1}	皂化值/mg KOH·g^{-1}	颜色
MR（a）	84.5	85.6	47.7	133.5	深棕
MR（b）	77.0	93.0	14.0	107.0	黄色
R	86.0	161.2	20.6	181.8	浅黄色

由化学组成和链长分布图可知，三种蜡中均含有 C_{18} ~ C_{32} 的正构脂肪一元酸同系物，其中偶碳数酸的含量明显高于奇碳数酸的含量（MR（a）、MR（b）、R 三种酸中偶碳数酸分别为 71.5%、66.9% 和 69.7%）。游离酸主要由正构 C_{26}、C_{28}、C_{30} 和 C_{32} 酸组成，总量 MR（a）57.7%、MR（b）46.5%、R 52.0%。高碳数酸含量最多的是用硝酸精制的产物，硝酸和重铬酸钠两步法精制产物中高碳数酸含量最低。C_{16} ~ C_{18} 的低碳数酸含量仅有 2% ~ 8%。

由气相色谱的分析结果可知，精制方式对游离酸的链长分布是有影响的。研究表明，与用单一氧化剂重铬酸钠两步法深度精制相比，两种氧化剂两步精制对游离酸的碳链具有较大的破坏性，如在 MR（b）中游离酸的链长向 C_{18} 以下方向移动的趋势最为明显。

与游离酸不同，精制褐煤蜡的酯结合酸中高碳数酸要多于游离酸，对 MR（a）、MR（b）和 R 蜡而言，C_{26}、C_{28}、C_{30} 和 C_{32} 酸的总量分别为 68.0%、61.0% 和 56.5%。C_{16} ~ C_{18} 的低碳数酸含量更低，而且三种酸差异很小。由此可以看出，精制过程对天然蜡酯的组成影响不大。

精制褐煤蜡的酯结合醇与酯结合酸表现出较为相似的特征，但未检出奇碳数酯结合醇。偶碳数酯结合醇的链长范围为 C_{22} ~ C_{30}，以 C_{28} 和 C_{30} 含量最高。三个样品中，两个醇的总量分别占酯结合醇的 93.4%、61.3% 和 62.6%。与粗蜡中的酯结合醇相比较，三种蜡精制过程中酯结合醇链长均未发生向 C_{22} 以下移动的现象。可见，蜡酯的化学稳定性要比相应的蜡酸高。

从精制褐煤蜡中分离出来的烃类组分烃有链长 C_{20} ~ C_{33} 的正构烷烃同系物，烷烃中以奇碳数烃占优势，其含量分别占烃类的 MR（a）67.6%、MR（b）55.3% 和 R 74.6%，含量最高的是 C_{31} 烃烷。

类似的研究结果也见诸于 Iuman[39] 的专著中，他认为，经过铬-硫混酸的氧化精制，蜡物中原有的成分仍保留，但其含量变化较为明显。由氧化前后酸的链长分布图可以看出，氧化精制后出现了 C_{21} ~ C_{13} 的较低碳数的脂肪酸，而原有的高碳数脂肪酸（C_{26} 以上）含量均有所下降，并且来检出 C_{30} 酸。氧化前后醇的链长分布图表明，蜡醇氧化前后的变化不像蜡酸那样明显，仅新生成 C_{16}、C_{20}、C_{21}、C_{22} 4 种醇，且 C_{23} 以下的醇含量增加，C_{26} 以上的醇含量降低。

总的来说，国外对精制褐煤蜡的基础研究曾有一定进展，但与粗蜡相比，仍明显缺乏深度，其中的某些组分诸如二元酸等尚未得到清晰的认识，一些组分如脂肪酮的研究尚未见报道。我所近期曾用现代分离测试手段对我国生产的精制褐煤蜡的化学组成和结构进行了较深入的研究（将陆续发表），从而填补了国内该研究领域的空白。对精制蜡的微观组成的认识进一步深化，将有助于我国褐煤蜡精制和改质工艺的开发。

说明：这篇论文虽然是针对精制浅色蜡的组分研究综述，但文中提到的二元酸等值得研究者深省。

11.3.2 我国精制褐煤蜡的基本性质

1994 年，朱继升等发表论文《我国精制褐煤蜡的基本性质》[40]，测定了 4 种浅色精制褐煤蜡的基本理化常数，并考查精制褐煤蜡的溶解性和热变色性，下面是该论文的主要结果与结论。

精制褐煤蜡具有良好的物理化学性能。目前我国吉林舒兰和云南寻甸采用不同工艺生产精制褐煤蜡，产品质量略逊于德国同类产品。为此对两种商品蜡作深度氧化处理，使之在质量上接近 Hoechst S 蜡，并考察它们的基本性质。

为便于区分和叙述，文中精制褐煤蜡和 S 蜡的名称通用。并将市售的两种工业品分别称为寻甸 S_1 蜡、舒兰 S_1 蜡；深度氧化产物分别称为寻甸 S_2 蜡和舒兰 S_2 蜡。

11.3.2.1 结果和讨论

A 溶解性

溶解性与物质的组成结构有直接关系，是反映物质性质的重要指标之一。为了解精制褐煤蜡的溶解性，分别选苯、甲苯、二甲苯、四氯化碳、三氯甲烷、乙醇、异丙醇、环己烷、乙酸乙酯等单溶剂或二元混合溶剂对寻甸 S_2 蜡进行试验。条件为蜡 1g，溶剂 100mL，水浴温度 60℃，时间 10min。结果表明寻甸 S_2 蜡易溶于苯、甲苯、二甲苯、四氯化碳、三氯甲烷等溶剂中；难溶于环己烷、乙醇、异丙醇、乙酸乙酯等溶剂中，只有经过较长时间的加热溶解性才有所提高。当苯、甲苯、二甲苯、四氯化碳、三氯甲烷中加入少量乙醇时，蜡的溶解性变化不大；但乙醇量增多时，溶解性变差，这似乎有悖于相似相溶原理，但实际不然。溶解过程是溶质与溶剂分子间范德华力及氢键等复杂作用的综合过程，且褐煤蜡本身又是极复杂的有机体系。虽然精制蜡中富含极性较强的羧基，但毕竟非极性长碳链一端占有相当优势，使其既不溶于极性较强的乙醇，也不易溶于极性低的环己烷；可是却易溶于溶解能力较强的芳香溶剂和四氯化碳，三氯甲烷等溶剂中。

B 基本理化指标

表 11-10 所列为精制蜡的某些理化指标。从表 11-10 可见，商品 S_1 蜡经深度氧化发生了以下变化。熔点下降约 1℃，说明通过氧化，分子链变短；酸值增加、酯值降低，颜色变浅，说明深度氧化进一步破坏结构较复杂的含发色团的物质。

表 11-10 精制蜡的基本理化性质

样品	熔点/℃	酸值/mg KOH·g⁻¹	酯值/mg KOH·g⁻¹	皂化值/mg KOH·g⁻¹	物理性状
寻甸 S_1 蜡	83.6	112.4	45.0	157.4	黄色，硬而脆
寻甸 S_2 蜡	82.8	132.3	30.3	152.6	淡黄，硬而脆
舒兰 S_1 蜡	82.4	120.4	14.5	134.9	淡黄，硬而脆
舒兰 S_2 蜡	81.1	126.9	12.9	139.8	淡黄，硬而脆
Hoechst 蜡	81~83	132.6	28.0	160.6	乳白微黄，硬而脆

C 热变色性

选取寻甸 S_1 蜡和舒兰 S_1 蜡进行热处理。方法是称取 5g 蜡样，分别在 100℃、150℃ 和 200℃的烘箱中加热 3h。结果是加热温度愈高，颜色愈深，变化最大的由浅黄色转变成黑褐色。

物质的颜色与其分子结构密切相关。正如 Presting[27] 指出的一样，在较高温度下，较长时间的加热可能导致蜡中酸组分发生酯化反应，也可能发生氧化、酸化和酮化反应；酯组分也可能发生裂解生成烯烃，而烯烃又会加成，最终可能缩合成沥青或沥青烯类物质。这可能导致精制蜡受热后颜色加深的原因。是否还有其他因素，尚待进一步研究。

D 红外光谱

由红外光谱图可知，精制蜡是富含—COOH 等多种官能团化合物的混合物。主要组分为长链脂肪酸和少量长链脂肪酸酯。当然，精制蜡中还可能存在其他如脂肪酮类、烃类等，但因吸收峰的相互掩盖，不能给出肯定结果。此外，还可看出 Hoechst S 蜡与我国 S 蜡的组成结构相似。

E 总酸与不皂化物的测定

总酸红外光谱图与精制褐煤蜡红外光谱图的最大区别在于 1737cm^{-1} 处的酯碳基吸收峰的消失，说明经皂化处理后酯全被破坏，生成酸和醇。皂化后样品的理化指标见表 11-11。总酸与不皂化物的测定结果见表 11-12。从表 11-12 的数据来看，两个样品氧化前后总酸量=游离酸与酯结合酸之和，均在 76%~79% 之间，氧化后总酸量略有增加，不皂化物量有所降低。

表 11-11 皂化后样品的理化指标样品

样 品	熔点/℃	酸值/mg KOH·g^{-1}	酯值/mg KOH·g^{-1}	皂化值/mg KOH·g^{-1}
寻甸 S_1 蜡	80.5	142.5	0	142.5
寻甸 S_2 蜡	81.1	150.0	0	150.0
舒兰 S_1 蜡	79.8	130.2	0	130.2
舒兰 S_2 蜡	80.4	137.1	0	137.1

表 11-12 总酸与不皂化物含量

样品	样量/g	总酸 质量/g	占样品比例/%	不皂化物 质量/g	占样品比例/%	回收率/%	损失/%
寻甸 S_1 蜡	15.0	11.60	77.3	2.6	17.3	94.6	5.4
寻甸 S_2 蜡	15.0	11.8	78.7	2.2	14.7	93.4	4.6
舒兰 S_1 蜡	15.0	11.4	76.0	3.0	20.0	96.0	4.0
舒兰 S_2 蜡	15.0	11.5	76.7	2.8	18.7	95.4	4.6

11.3.2.2 结论

（1）精制蜡主要由长链脂肪酸和少量长链脂肪醇组成。

（2）精制蜡易溶于热的苯、甲苯、二甲苯、三氯甲烷、四氯化碳等有机溶剂，难溶于低碳醇及环己烷和乙酸乙酯等溶剂。

（3）加热会导致精制蜡颜色变深，受热温度愈高，时间愈长，颜色愈深。

（4）商品 S 蜡经深度氧化处理，熔点降低，酸值增加，颜色变浅。

（5）四种精制褐煤蜡总酸含量均在 77%~79%，依次为：寻 S_2>寻 S_1>舒 S_2>舒 S_1；不皂化物含量，顺序与此相反。

11.3.3 宝清褐煤精制蜡化学成分分析

我们利用 GC-MS 对宝清精制蜡的成分进行了研究[41]，通过对比宝清精制蜡总离子色谱图（图 11-1），萃取出的脂肪酸甲酯类化合物、正构烷烃类化合物、脂肪醇类化合物的离子色谱图（图 11-2），同时结合质谱数据库匹配结果（表 11-13），发现主要成分是碳链

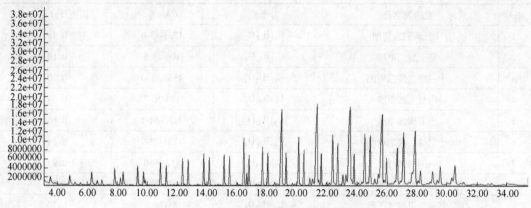

图 11-1　宝清精制蜡总离子流色谱图

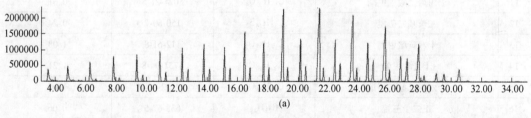

(a)

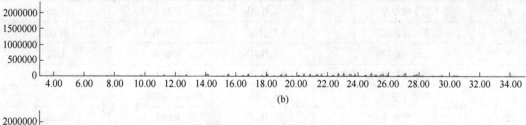

(b)

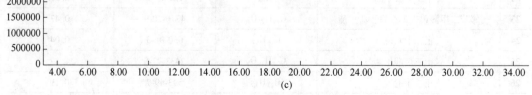

(c)

图 11-2　宝清精制蜡离子色谱图

（a）脂肪酸甲酯离子色谱图；（b）正构烷烃离子色谱图；（c）脂肪醇离子色谱图

长度为 $C_{13} \sim C_{33}$ 的脂肪酸甲酯，由于精制蜡进 GC-MS 前四经过衍生化处理，所以精制蜡的主要成分是 $C_{13} \sim C_{32}$ 的脂肪酸，其中 $C_{24} \sim C_{32}$ 之间的脂肪酸占总峰面积的 42.26%，碳链长度为 C_{24}、C_{26}、C_{28}、C_{30}、C_{32} 的脂肪酸是含量最高的几种物质，其所占面积百分比分别为 5.57%、7.33%、7.69%、7.17%、4.77%。除了脂肪酸类物质，精制蜡中还含有少量的正构烷烃，主要是碳链长度为 $C_{23} \sim C_{33}$ 正构烷烃类化合物。从离子色谱图和质谱匹配结果可以发现精制蜡中脂肪醇类物质含量极低，这是由于在褐煤蜡精制过程中使用了强氧化剂，使脂肪醇类物质被氧化成了脂肪酸，这也是精制蜡中脂肪酸类物质为主要成分的原因。

表 11-13　宝清褐煤精制蜡化学成分分析结果（41 种）

编号	化合物名称	分子式	CAS 号	面积百分比/%
1	十三碳酸脂肪酸	$C_{14}H_{28}O_2$	1731-88-0	0.46
2	癸二酸二甲酯	$C_{12}H_{22}O_4$	106-79-6	0.10
3	十一烷二酸二甲酯	$C_{12}H_{22}O_4$	4567-98-0	0.20
4	肉豆蔻酸甲酯	$C_{15}H_{30}O_2$	124-10-7	0.64
5	十五碳酸甲酯	$C_{16}H_{32}O_2$	7132-64-1	0.86
6	十二烷二酸二甲酯	$C_{14}H_{26}O_4$	1731-79-9	0.28
7	棕榈酸甲酯	$C_{17}H_{34}O_2$	112-39-0	0.94
8	巴西酸二甲酯	$C_{15}H_{28}O_4$	1472-87-3	0.23
9	邻苯二甲酸二丁酯	$C_{16}H_{22}O_4$	84-74-2	0.70
10	十七酸甲酯	$C_{18}H_{36}O_2$	1731-92-6	0.94
11	十四烯二酸二甲酯	$C_{16}H_{30}O_4$	5024-21-5	0.61
12	二苄基二硫醚	$C_{14}H_{14}S_2$	150-60-7	0.24
13	十八碳酸甲酯	$C_{19}H_{38}O_2$	112-61-8	1.08
14	十九酸甲酯	$C_{20}H_{40}O_2$	1731-94-8	1.21
15	十六碳二酸二甲酯	$C_{18}H_{34}O_4$	19102-90-0	1.05
16	正二十三烷	$C_{23}H_{48}$	638-67-5	0.06
17	二十酸甲酯	$C_{21}H_{42}O_2$	1120-28-1	1.36
18	正二十四烷	$C_{24}H_{50}$	646-31-1	0.06
19	二十一酸甲酯	$C_{22}H_{44}O_2$	6064-90-0	1.32
20	十八烷二酸二甲酯	$C_{20}H_{38}O_4$	1472-93-1	1.25
21	正二十五烷	$C_{25}H_{52}$	629-99-2	0.11
22	二十二碳酸甲酯	$C_{23}H_{46}O_2$	929-77-1	2.33
23	邻苯二甲酸单（2-乙基己基）酯	$C_{16}H_{22}O_4$	4376-20-9	0.47
24	正二十六烷	$C_{26}H_{54}$	630-01-3	0.04
25	二十三烷酸甲酯	$C_{24}H_{48}O_2$	2433-97-8	1.82
26	正二十七烷	$C_{27}H_{56}$	593-49-7	0.19
27	二十四酸甲酯	$C_{25}H_{50}O_2$	2442-49-1	5.57
28	正二十八烷	$C_{28}H_{58}$	630-02-4	0.12

编号	化合物名称	分子式	CAS 号	面积百分比/%
29	二十五酸甲酯	$C_{26}H_{52}O_2$	55373-89-2	2.40
30	二十九烷	$C_{29}H_{60}$	630-03-5	0.38
31	二十六烷酸甲酯	$C_{27}H_{54}O_2$	5802-82-4	7.33
32	二十烷二酸二甲酯	$C_{22}H_{42}O_4$	42235-38-1	1.31
33	正三十烷	$C_{30}H_{62}$	638-68-6	0.14
34	二十七烷酸甲酯	$C_{28}H_{56}O_2$	55682-91-2	2.98
35	正三十一烷	$C_{22}H_{46}$	629-97-0	0.62
36	二十八烷酸甲酯	$C_{29}H_{58}O_2$	55682-92-3	7.69
37	正三十二烷	$C_{32}H_{66}$	544-85-4	0.17
38	二十九烷酸甲酯	$C_{30}H_{60}O_2$	5802-82-4	3.04
39	正三十三烷	$C_{33}H_{62}$	630-05-7	0.51
40	三十酸甲酯	$C_{31}H_{62}O_2$	629-83-4	7.17
41	三十二酸甲酯	$C_{33}H_{66}O_2$	41755-79-7	4.77

参 考 文 献

[1] 叶显彬，周劲风. 褐煤蜡化学及应用 [M]. 北京：煤炭工业出版社，1989.

[2] Fenton G. American Ink Maker，1965，43（5），78.

[3] DDR-standard TGL-5881，Rohmontanwachs，1962.

[4] Erich Kliemchen. 75 Years production of montan wax，50 Years montan wax from Amsdorf. DDR Röblingen am See. 1972.

[5] Foedisch D. American Ink Maker，1972，50（10）：30.

[6] Родэ В В. Химия Тв. Топхива，1974（6）：105.

[7] 朱继升，陈兰光，成绍鑫，等. 精制褐煤蜡的化学组成及其研究方法 [J]. 腐植酸，1994（2），1~5.

[8] Stetter K H. Fette Seifen Anstrichm. 1979，81（4）：158.

[9] Jahrstorfer M. B. I. O S Trip. 1947，3283.

[10] Tropsch H，Kreuter H. Brennstoff-chem，1922（3）：49.

[11] Warth A H. The chemistry and technology of Waxes. 1956.

[12] Pschorr R，Praff J K. Ber.，1920，53（13）：2147-2162.

[13] Eisenreich K. Chem. Rew. Fetle-Harz-Ind，1909（16）：211.

[14] Иванова Л А. Вес. АН БССР，1968（4）：121.

[15] Белькевнч Л И. Вес. АН БССР，1971（5）：111.

[16] Белькевнч Л И. Вес. АН БССР，1977（11）：49.

[17] Ролз，В. В. Химия Твер. Топл，1981（6）：51.

[18] Батуквоа，Г. Й. Вес. АН БССР，1980（2）：92.

[19] Karabon B，Szypula H. Fetle Seifen Anstrichm.，1974，76（27）：63.

［20］李宝才．中国科学院山西煤炭化学研究所硕士研究生论文，1986.

［21］Kartung Th，Sehily V. H. Fetle Seifen Anstrichm. 1965，67（1）：19.

［22］Sehily V H. Fetle Seifen Anstrichm. 1967，67（8）：565.

［23］Streibl M. Fetle Seifen Anstrichm. 1974，76（12）：529.

［24］Karabon B. Szypula H. Fetle Seifen Anstrichm. 1977，79（2）：77.

［25］Presting W. Janicke S. Fetle Seifen Anstrichm. 1961，63（1）：49.

［26］．Presting W. Kreuter TH. Fetle Seifen Anstrichm. 1962，64（8）：695.

［27］Presting W. Kreuter TH. Fetle Seifen Anstrichm. 1962，64（9）：816.

［28］Батукова Г И. Вес. АН БССР，1982（5）：76.

［29］Батукова Г И. Химия Твер. Топл，1980（4）：15.

［30］Тайков Б Ф. Химия Твер. Топл，1978（6）：178.

［31］Белькевнч Л И. Вес. АН БССР，1974（5）：23.

［32］Белькевнч Л И. Вес. АН БССР，1975（2）：115.

［33］Presting W. Kreuter TH. Fetle Seifen Anstrichm. 1965，67（5）：334.

［34］Popl M，Havel Z. Fetle Seifen Anstrichm. 1975，77（2）：5.

［35］Батукова Г И. Химия Твер. Топл，1984（2）：49.

［36］Rauhala V T，J. AM. Oil Chem. Sol. 1961（38）：233.

［37］Presting W. Kreuter TH. Fetle Seifen Anstrichm. 1968，70（6）：404.

［38］Karabon B. Ciesielski B. Fetle Seifen Anstrichm. 1983，85（8），315.

［39］Iuman G. Wax Technology，1975.

［40］朱继升，陈兰光，成绍鑫，等．我国精制褐煤蜡的基本性质［J］．煤炭分析及利用，1994，（1），4-7.

［41］昆明理工大学．神华国能宝清煤电化有限公司褐煤生产褐煤蜡系列产品项目的前期研究，结题报告，2016-12.

12 褐煤树脂的组成及理化性质

12.1 概述

在前面几章中，我们不止一次提到褐煤树脂，并知道相对褐煤蜡而言，褐煤树脂是有害的毒物。但是，有害的毒物是相对于把褐煤蜡作为产品出售而言，只要我们想办法把有害的毒物从褐煤蜡中分离出来，有害的毒物可能变得非常有利，亦未可知。

正是由于受这有害毒物概念的影响，自 1905 年褐煤蜡工业化生产以来的 100 多年中，人们似乎都不愿意接触褐煤树脂，在褐煤树脂研究方面投入的人力、物力与财力很少。自 20 世纪末 21 世纪初以来——近 20 年的时间之内，公开发表的有关褐煤树脂的论文不过 10 篇而已，而且都集中在褐煤树脂组成方面，没有一篇论文直奔褐煤树脂的性质或应用研究。

12.2 褐煤蜡树脂中多环芳烃组成的研究

1999 年，卢冰等发表论文《褐煤蜡树脂中多环芳烃组成的研究》[1]，下面是该论文的主要内容。

采用气相色谱法对云南寻甸褐煤蜡树脂和吉林舒兰褐煤蜡树脂，进行了多环芳烃分布特征的研究，从树脂中鉴定出 68 个化合物的同系物。两个树脂样均以菲系化合物占有优势，舒兰树脂中菲系含量约三倍于寻甸树脂的相应量。

12.2.1 综述

多环芳烃化合物广泛分布于沉积物（古代和现代）、石油和煤炭中，它能提供有关母质类型、沉积环境特征、有机质的演化和成熟度，以及生态环境等信息。Radke 等指出，甲基菲、二甲基菲与甲基二苯并噻吩的分布与镜质体反射率间有着相关的关系[2]；1994 年又从爪哇海原油中萘的分布特征上，探讨了其来源和成熟效应[3]。Budzinski 等近期研究了不同成熟阶段的原油和油源岩中甲基菲、二甲基菲和三甲基菲组分的分布[4]；Платонов 等在不同矿区褐煤液化产物芳烃总含量的研究中，指出芳烃组成主要为二环或三环的多环芳烃物[5]。伊敏煤田伍牧场不同煤阶的煤样中多环芳烃的缩合程度，系随煤化程度的增加而增大，如芘系、䓛及苯并芘系列的增加[6]。王铁冠和 Simoneit 在第三纪褐煤中鉴定出 11 烷基和 15 烷基甲苯，以及庚基、11 烷基、12 烷基和 15 烷基的二甲苯物[7]。云南寻甸褐煤和吉林舒兰褐煤的溶剂萃取物褐煤蜡，其中含有 17%～35% 的树脂物，树脂物影响了褐煤蜡产品的质量。国内先后开展了树脂组成的研究，如 β-谷甾醇[8]、烃、醇和酸的红外光谱特征[9]等。但有关褐煤蜡树脂中的芳烃化合物（特别是多环芳烃物），迄今尚未见有文献报道。为此，本文选择了寻甸和舒兰褐煤蜡厂的树脂物质，进行多环芳烃分布特征的研究。

12.2.2 试验

A 试样制备

树脂样取自云南寻甸褐煤蜡厂（中科院山西煤化所提供）和吉林舒兰褐煤蜡厂。室温下经正己烷溶解，可溶物经硅胶柱层析，依次用正己烷和苯洗脱，得到烷烃和芳烃段分。

B 气相色谱分析

色谱仪为美国惠普 HP-5880 型，无分流进样，弹性石英毛细管柱（长 25m，内径 0.2mm），固定液为 SE-54，氮气为载气，初温 80℃，升温速度 3℃/min，终温 290℃。

气相色谱-质谱分析仪为 Finnigan-MATTSQ 70B GC-MS-MS-DS。色谱柱为弹性石英毛细管柱（0.25mm×30m DB-1 涂层），120～300℃ 程序升温（3℃/min），电子能量 70eV，电流 200LA。

12.2.3 结果和讨论

A 芳烃化合物组成

两个树脂样均含有二环至五环化合物，包括萘、菲、蒽、芴和芘等系列，其中菲系列化合物占优势，舒兰树脂中菲系列含量远高于寻甸树脂中的量，高达约三倍之多，其次为萘系（寻甸）或芘系（舒兰）。舒兰树脂中芳烃化合物总量高出寻甸量的一倍。

除上述化合物外，尚有蒽、荧蒽、o-三联苯、p-三联苯、4-甲基联苯、3，3′-甲基联苯和 1-1′联苯等化合物，总计鉴定出 68 个化合物的同系物。

a 烷基萘

烷基萘异构化合物的变化可揭示沉积有机质的演化情形，如二甲基萘与三甲基萘的比值，以及构型的变化等。除萘外，其同系取代物有二甲基萘、三甲基萘、四甲基萘、ββ-甲基乙基萘和 αβ-乙基甲基萘。烷基萘占萘系列的 98%（寻甸）和 78%（舒兰）。两地树脂的差别在于：寻甸树脂中不含有 1,4,6-三甲基萘，1,4+2,3 二甲基萘量高出舒兰量的三倍。二甲基萘与三甲基萘的比值，寻甸树脂为 1.4，高于舒兰比值 0.5。它们的共同点是均不含有 αββ 构型的 1,3,6-三甲基萘。αβα 构型的 1,2,5-三甲基萘占三甲基萘异构物总量的 21%（舒兰）和 36%（寻甸）。沉积物中的 1,2,5-三甲基萘可能来自半日花烷二环三萜物的降解和芳构化反应，亦可能来自 β-香树精五环三萜化合物的芳构化产物[10]。高等植物如针叶树中的二环三萜物的芳构化反应亦可生成 1,2,5-三甲基萘化合物。

Strachan 等[11]认为，植物来源的五环三萜化合物经不同的反应途径可生成 1,2,5-三甲基萘和 1,2,7-三甲基萘异构物。树脂样经气相色谱-质谱联用仪检出有松香烷（$C_{20}H_{36}$，相对分子质量 276，基峰 163）、降海松烷（$C_{19}H_{34}$，相对分子质量 262，基峰 233）、扁枝烷（$C_{20}H_{34}$，相对分子质量 274，基峰 123）、补身烷（$C_{16}H_{30}$，相对分子质量 208，基峰 123）、高（升）补身烷（$C_{16}H_{30}$，相对分子质量 222，基峰 123）、奥利烯（$C_{30}H_{50}$，相对分子质量 410，基峰 204）和无羁萜（软木三萜酮 $C_{30}H_{50}O$，相对分子质量 426，基峰 55）等二环倍半萜或三环二萜或五环三萜化合物，它们标志着母质来源来自陆源。

b　烷基菲

菲和烷基菲可能是甾烷和萜烷化合物的热解产物，亦可能来自干酪根与非烃化合物的热裂解物[12]。

Alexander等的研究表明，在黏土催化剂下，沉积环境中的菲化合物能进行甲基化反应[13]。从表12-1的结果可看出，两个树脂样中菲含量低，但甲基菲（甲基、二甲基和三甲基菲）量远高于菲化合物。吉林舒兰的特点反映在甲基菲同系物量上，高出寻甸树脂含有物的三倍量。甲基菲中的1-甲基菲和9-甲基菲属于α构型，而2-甲基菲与3-甲基菲则为β构型。在有机质演化过程中，甲基从α位置向β位转移。二甲基菲异构化合物的1,8-二甲基菲为αα型；属于稳定的ββ型有3,6-二甲基菲、2,6-二甲基菲和2,7-二甲基菲；1,6-二甲基菲和1,7-二甲基菲则是αβ型。二甲基菲的演化序列为：αα型→αβ型→ββ型。寻甸和舒兰树脂中ββ型化合物已分别达到60%和83%（表12-2）。

表 12-1　树脂中菲系化合物的分布　　　　　　　　　　（%）

组　分	寻　甸　树　脂	舒　兰　树　脂
菲	0.11	0.09
3-甲基菲	0.36	0.38
2-甲基菲	0.21	0.09
9-甲基菲	0.71	0.56
1-甲基菲	0.31	0.95
9-乙基菲	0.00	0.16
3,6-二甲基菲	0.18	0.35
2,6-二甲基菲	0.38	0.16
2,7-二甲基菲	0.14	0.31
二甲基菲	2.97	3.11
1,6-二甲基菲	0.00	0.29
1,7-二甲基菲	0.06	0.02
1,8-二甲基菲	0.42	0.48
甲基-范基菲	5.82	3.12
三甲基菲	0.66	13.70
9,10-二乙基菲	0.00	0.09
二甲基-范基菲	0.75	2.64
9,10-二甲基-3-乙基菲	0.18	0.87
苯并菲	0.45	0.36
四甲基菲	1.40	0.43
三甲基-范基菲	0.32	0.22
甲基-苯并菲	0.44	0.23

表 12-2　甲基菲异构物分布

样品	$\dfrac{2-MP}{P}$	$\dfrac{1-MP}{P}$	$\dfrac{9-MP}{P}$	$\dfrac{3-MP}{P}$	MPI_1	MPI_2	比例 DMP/%		
							αα	αβ	ββ
寻甸树脂	1.90	2.85	6.45	3.27	0.76	0.56	35.59	0.06	59.32
舒兰树脂	1.00	10.56	5.09	4.22	0.44	0.17	10.41	6.63	28.86

注：MP—甲基菲；DMP—二甲基菲；P—菲；MPI—Index of MP。

c 烷基芴

芴系列化合物除芴和甲基芴外，尚有硫芴（二苯并噻吩）的甲基和二甲基异构物，以及氧芴（二苯并呋喃）的烷基取代物和咔唑、芴酮等化合物。两地树脂样均不含有原油或油源岩中常有的苯并噻吩或无取代基的二苯并噻吩。芴是两个苯环稠合一个五元环的三环化合物，芴、氧芴和硫芴可能来自于相同的先驱物，其基本骨架相似，都有一个五元环，它们的芳香性较差。9 碳位为 α-碳原子，比其他碳原子活泼，易发生取代反应。在弱氧化或弱还原环境中以氧化为特征，氧芴含量较高；在正常还原环境中，α-碳原子被氢饱和，形成芴化合物；在强还原环境中，则被还原成含硫化合物，硫芴占优势。表 12-3 结果表明，寻甸树脂硫芴中仅含有二甲基二苯并噻吩。三芴化合物中主要是芴化合物，寻甸树脂芴含量高于舒兰树脂，分别为 62% 和 42%。Philp 等[14]认为，在淡水环境中因硫化氢含量少，而使二苯并呋喃化合物与芴聚积；在强还原环境下，有机物可作为硫的沉降物，它们以分子内部或分子间的方式结合。

表 12-3　芴系化合物的分布　　　　　　　　　　　　（%）

项目	甲基芴						硫芴（Dibenzothiophens）					
	F	1-MF	2-MF	Di-MF	Tri-MF	合计	2-M	3-M	4-M	M	Di-M	合计
寻甸树脂	0.15	0.00	0.00	0.83	1.35	2.18	0.00	0.00	0.00	0.00	0.59	0.59
舒兰树脂	0.14	0.03	0.09	0.91	0.92	1.95	0.14	0:81	0.13	0.22	0.56	1.86

项目	氧芴（Dibenzofurans）					苯基咔唑	9-苯基咔唑	11-苯并(a)芴酮	合计	芴化物/%		
	M	Di-M	Tri-M	C_4	合计					F	TF	OF
寻甸树脂	0.00	0.11	0.42	0.32	0.86	0.00	0.18	0.00	0.18	61.8	22.6	15.6
舒兰树脂	0.04	0.39	0.30	0.34	1.07	0.53	0.45	0.45	1.43	41.6	21.4	37.0

注：F—芴，MF—甲基芴，Di-MF—二甲基芴，Tri-MF—三甲基芴，M—甲基，Di-M—二甲基，Tri-M—三甲基，TF—含硫芴，OF—含氧芴。

d 蒽、萤蒽和芘系列化合物

表 12-4 列出一些蒽、萤蒽和芘等化合物。一般而言，寻甸树脂中除 2-甲基蒽和 9-甲基蒽外，蒽和萤蒽化合物量均高于舒兰树脂的相应量。甲基芘量上，舒兰树脂高出寻甸树脂近 4.5 倍。

B 多环芳烃化合物的来源

树脂样经鉴定，其中含有惹烯（1-甲基，7-异丙基菲—$C_{18}H_{18}$，相对分子质量 234，基峰 219）和西蒙内利烯（$C_{19}H_{24}$，相对分子质量 252，基峰 237）化合物。惹烯化合物是地史时期针叶林类植物树脂的标志物。Simoneit[15]认为，惹烯的先驱物是高等植物分泌的各种松香二烯和松香酸。松香二烯在成岩作用下，生成脱氢松香烷，然后转化成西蒙内利烯，最后形成较稳定的惹烯。松香二烯亦可成为脱氢松香亭，再形成甲氢惹烯，最终形成惹烯。天然产物的松香二烯和海松二烯的连续芳构化反应，并伴随着轻度的还原作用。而相应的松香酸和海松酸亦发生了芳构化反应和脱羧基作用。

表 12-4　蒽、萤蒽和芘系列化合物　　　　　　　　（%）

组　分	寻甸树脂	舒兰树脂
蒽	0.16	0.09
2-甲基蒽	0.00	0.09
9-甲基蒽	0.00	0.16
9-苯基蒽	1.92	0.55
萤蒽	0.50	0.34
苯并萤蒽	0.30	0.08
芘	0.22	0.17
甲基芘	2.67	12.00
1-乙基芘	0.00	0.42
4,5,9,10-四氢化芘	0.68	0.16

12.3　褐煤蜡中树脂组分的化学研究——生物标志化合物

1999 年，卢冰等发表论文《褐煤蜡中树脂组分的化学研究——生物标志化合物》[16]，下面是该论文的主要内容。

用气相色谱-质谱联用仪对吉林舒兰褐煤蜡树脂和云南寻甸褐煤蜡树脂，进行了生物标志化合物的研究：结果指出，三萜类化合物中含有四环三萜、五环三萜、芳香五环三萜和含氧化合物，其中以 C_{25}，A、B、C、D 环-四芳乌散烷和 C_{25}，A、B、C、D 环-四芳奥利烷烃量最高，舒兰树脂中这两种化合物的含量高于寻甸树脂约 10 倍；无羁萜和 3-氧代别桦木烷量亦舒兰树脂占优势。

12.3.1　综述

生物标志化合物或称分子化石，系指地质体中具有一些结构特征的有机化合物。它们是生物体中有机化合物的基本分子骨架，能提供有关生物的输入、沉积环境和成岩变化等信息。生物标志化合物包括：烷烃、异构烷烃、类异戊二烯烷烃、萜类、甾类、芳烃、脂肪酸、脂肪醇、脂肪酮、有机色素和杂环化合物等等。

Wang 和 Simoneit[7] 详细研究了我国南部巴新盆地周京矿褐煤中一些有机化合物的组成，诸如脂环族化合物（正构烷烃和类异戊二烯）、萜类化合物中包含有倍半萜、二萜、二倍半萜和三萜物。甾类物有甲基和乙基甾烯，以及烷基甲苯与二甲苯等，Платонов 等对褐煤的正己烷和甲苯萃取物分别进行了烷烃、甾烷、萜烯和芳香烃等物的比较，正己烷萃取物中正构烷烃量在 32.1%~48.1%，而异构烷烃量在 38.7%~46.1%；甲苯萃取物中则分别为 20.0%~35.1% 和 8.9%~11.3%[17]。褐煤的吡啶萃取物中含有 C_{16}~C_{35} 正构烷烃、C_{19} 和 C_{20} 类异戊二烯、C_{16}~C_{27} 烷基环己烷、C_{27}、C_{29}~C_{32} 同分异构体的藿烷、C_{32}~C_{34} 烷基苯并三降藿烷和 C_{30}~C_{32} 五环羧酸[18]。

国内亦开展了煤的有机溶剂萃取物组成的研究，如顾永达等对正己烷流出物中正构烷烃、类异戊二烯、芳烃、萜烷和甾烷等生物标志化合物组成的研究[19]。孙玉麟等对广东遂溪泥煤、云南寻甸褐煤和大同马脊梁烟煤的苯-甲醇萃取物中正构烷烃分布的比较，指出植物来源的沉积物中含有较多的三环二萜物[20]。云南寻甸褐煤和吉林舒兰褐煤的有机溶剂萃取物——褐煤蜡和树脂，有关它们的化学组成先后开展了一些研究[8,9]，对褐煤蜡和树脂的化学组成有了一定的认识。但对目前尚未能有效利用的树脂物（占褐煤萃取物17%～35%），尤其是其中一些具有生物活性的生物标志化合物，尚缺乏充分认识。并且有关树脂中上述物质的研究，尚未有见诸报道。为此，我们选择了述两种褐煤蜡的树脂组分，进行了生物标志化合物的研究，从而为树脂的合理利用提供科学依据。

12.3.2 试验

12.3.2.1 试样制备

树脂样取自云南寻甸化工厂和吉林舒兰矿务局化工厂。树脂在室温下经正己烷溶解，取定量可溶物进行分析。

12.3.2.2 气相色谱-质谱联用仪分析

气相色谱-质谱分析仪为 Finnigan-MATTAQ 70B GC MS-MS。色谱柱为弹性石英毛细管柱（0.25mm×30m DB-1 涂层），120～300℃ 程序升温，升温速度为 3℃/min，电子能量 70eV，电流 200μA。

12.3.3 结果和讨论

12.3.3.1 异构烷烃和类异戊二烯烷烃

异构烷烃与正构烷烃的区别在于支链的优先断裂而形成丰度较高的碎片离子。两个树脂样均出现了异构（2-甲基-）烷烃，碳数从 2-甲基-十五烷开始到 2-甲基二十七烷。异构烷烃的生源物为高等植物或细菌，从两个树脂的异构烷烃不具有奇偶优势的情形，可能来源于细菌。类异戊二烯化合物中检出有 3,7,11,15,19-五甲基二十四烷和 3,7,11,15,19,23-六甲基二十五烷，Thompson 和 Kenncutt 认为，C_{20} 以上长链类异戊二烯烃来源于古细菌，是 C_{30}、C_{40} 或更高碳数的生物先导化物的成岩演化物[21]。

12.3.3.2 环状萜类化合物

萜类化合物是植物、昆虫和微生物等生物体中主要的有机化合物，它是异戊二烯的低聚体和含氧衍生物。

A 二环萜烷

据参考文献 [22]，两个树脂物中均含有二环和三环物。其中倍半萜类系三个异戊二烯（半萜）的聚合物，它们存在于高等植物的树脂和香精油中。在 m/z 123 和 m/z 137 的质量色谱中，检测有 8β(H)-补身烷、8β(H) 升补身烷和甲基补身烷。关于补身烷的早期报道认为来源于高等植物，但以后发现其分布普遍，在古生代样中亦有检出，其分子结构与 8,14-断藿烷相关，而推测为细菌生源。

B 三环二萜烷

降海松烷（基峰 233，相对分子质量 262）是海松烷的降解产物，试样中又检出了二氢化芮木泪柏烯物（基峰 259，相对分子质量 274）。

贝壳杉类中的 16β(H)-贝壳杉烷与 16α(H)-贝壳杉烷，对映白叶烷和扁枝烷均具有同样的特征峰（m/z 123）和相同的相对分子质量。但化学构型不同，如贝壳杉烷与扁枝烷主要区别是 C-10 和 C-11 位的取代甲基和 H 具有不同的构型。而对映-白叶烷在 C-13 位有甲基取代。对映-白叶烷质谱图上具有 m/z 245 特征离子，而贝壳杉烷与扁枝烷产生 m/z 231 特征碎片。

C 四环三萜烷

舒兰褐煤树脂中检出了达玛-13 (17)，24-二烯化合物。Atai 等于 1982 年在天然来源的三萜类化合物和多足蕨类中找到此化合物。Christmann 等认为，陆源植物的天然产物中均具有达玛烷的骨架。但近年来，海洋沉积物中，亦含有此化合物，推测来自角鲨烯环化物或是微生物来源[22]。

D 五环三萜烷和芳香萜类

五环三萜烷为具有 $17\alpha(H)$，$21\beta(H)$ 构型的 C_{32}，二升藿烷、C_{33}，三升藿烷、C_{34}，四升藿烷和 C_{35}，五升藿烷。两个树脂样中的特点是含有不同含量的芳构化三萜烷化合物。

芳香三环萜类中的芳香二萜烷、按芳环数可分为单芳、双芳和三芳，此外，还含有单个双键的化合物。褐煤树脂样中的芳构化二萜烷化合物有西蒙内利烯（$C_{19}H_{24}$，基峰 237，相对分子质量 252）、降西蒙内利烯（$C_{18}H_{22}$，基峰 223，相对分子质量 238）（表 12-5）和惹烯（$C_{18}H_{18}$，基峰 219，相对分子质量 234）。此外，舒兰树脂中还含有微量的 C_{20}，B-环-单芳二萜烷（$C_{20}H_{30}$，基峰 255，相对分子质量 270）。

表 12-5 芳香萜类化合物分布 （%）

组 分	舒兰褐煤		寻甸褐煤	
	可溶烃	树脂	可溶烃	树脂
西蒙内利烯	0.83	0.79	0.12	0.10
降西蒙内利烯	1.97	1.87	0.08	0.07
惹烯	0.58	0.55	0.09	0.08
C_{20},B-环-单芳-双环-萜烷	0.15	0.14	0.00	0.00
C_{21},三芳-脱 A-乌散烷	0.00	0.00	0.09	0.08
C_{27},三芳-8,14-断-乌散烷	0.75	0.71	0.07	0.06
C_{28},A-环-单芳-五环三萜烷	0.42	0.40	6.07	5.12
C_{25},A,B,C,D-环-四芳乌散烷	15.34	14.56	1.29	1.09
C_{25},A,B,C,D-环-四芳奥利烷	23.18	22.00	1.83	1.54
C_{26},A,B,C-环-三芳-18β(H)-奥利烷	0.15	0.14	4.31	3.63

Simoneit 等提出了树脂二萜类的成岩过程，各种天然产物松香烯和海松烯经历了逐次的芳构化反应，并伴随着轻度的还原反应[15]。

芳构化的四环萜烷化合物有 C_{21}，三芳-脱 A-乌散烷（$C_{21}H_{22}$，基峰 529，相对分子质量 274）和芳构化 8,14-断-五环三萜烷来源于陆生高等植物，非藿烷类的 C_{27}，三芳-8,14-断-乌散烷（$C_{27}H_{32}$，基峰 169，相对分子质量 356）。

芳香五环萜类中主要检出了 C_{28}，A 环-单芳-五环三萜烷（$C_{28}H_{42}$，基峰 145，相对分子质量 378）；C_{25}，A、B、C、D 环-四芳乌散烷（$C_{25}H_{24}$，基峰 324，相对分子质量 324）、C_{25}，A、B、C、D 环-四芳奥利烷（$C_{25}H_{24}$，基峰 324，相对分子质量 324）和 C_{26}，A、B、C

环-三芳-18β(H)-奥利烷（$C_{26}H_{30}$，基峰 342，相对分子质量 342）。从表 12-5 可看出，舒兰树脂中的 C_{28}，A、B、C、D 环-四芳乌散烷和 C_{25}，A、B、C、D 环-四芳奥利烷的量远高于寻甸树脂，前者高出约五倍之多。作为抑制皮肤癌作用的三萜化合物原料，舒兰树脂无疑是一较理想的医药制剂。

褐煤中的芳构化三萜类有两个来源：一是由藿烷骨架从 D 环到 A 环的逐渐芳构化反应；另一是 1980 年 Wakeham 提出的由高等植物中五环三萜类的 A 环至 E 环的芳构化产物组成。产物中有两种化合物，即丢失 A 环后，经芳构化反应生成四环化合物[15]；另一种直接由香树精、无羁萜等，通过 A 环含氧官能团还原作用或脱水、或二者同时进行，以及随后的芳构化反应，生成五环烃类物[24]。

反映高等植物来源的另一些标志化合物为无羁萜（软木三萜酮）和氧代别桦木烷的三萜类含氧化物，以及 D:A-无羁奥利烯化合物（表 12-6）。

表 12-6　三萜类含氧化合物和烯化合物分布　　　　　　　　　　　　（%）

组　分	舒兰树脂		寻甸树脂	
	可溶烃	树脂	可溶烃	树脂
无羁萜	5.73	5.44	2.55	2.15
3-氧代别桦木烷	18.61	17.66	0.19	0.16
D:A-无羁奥利-6-烯	0.13	0.12	9.04	7.62
D:A-无羁奥利-7-烯	0.38	0.36	0.36	0.30

舒兰树脂中含有较多的 3-氧代别桦木烷和无羁萜化合物。如上所述，它们是一种有着广阔前途的医药原料。

12.4　褐煤树脂中游离酸的化学组成与结构特征

2000 年，李宝才等发表论文《褐煤树脂中游离酸的化学组成与结构特征》[25]，下面是该论文的主要内容。

对云南潦浒、寻甸、吉林舒兰褐煤树脂中游离酸的化学组成及结构特征进行了对比研究。结果显示，潦浒和寻甸游离树脂酸主要是由去氢松香酸组成，其他三环二萜酸，如松脂酸、三达松脂酸、氢化松香酸、松香酸以及五环三萜酸均有分布，但含量低。正构烷酸 $C_{12} \sim C_{28}$ 也存在着分布，且集中在 C_{16}、C_{18} 和 C_{20} 上。还检出低碳数支链烷酸。因此，去氢松香酸是潦浒、寻甸游离树脂酸的特征代表物，与此相反，舒兰游离树脂酸则主要是由 $C_{12} \sim C_{28}$ 正构烷酸构成，且集中到 C_{16}、C_{18} 和 C_{20} 上，其中 C_{16} 含量最高，三环二萜及五环三萜酸等环状化合物不是该族组成的主要化合物。

作者曾对云南潦浒、寻甸、吉林舒兰褐煤树脂中游离酸、结合酸、醇、烃族组分的分离、含量以及红外光谱特征进行了研究，并阐述了褐煤蜡中树脂烃的化学组成和存在物质对氧化制取浅色蜡脱色效果的影响，并指出芳构化的三环二萜、五环三萜烃类物质是造成氧化脱色不彻底的根本原因[9,26,27]。最近卢冰、唐运千等[1,16]对寻甸、舒兰褐煤树脂烃中多环芳烃、烷烃组成从有机地球化学领域进行了研究。作为褐煤树脂中的重要组成游离树脂酸的组成分布和结构特征还未见报道。众所周知，这类物质的化学组成及性质直接影响褐煤树脂的性能和应用以及褐煤蜡的质量。因此，本文对云南潦浒、寻甸、舒兰褐煤树脂中游离酸的化学组成及结构特征进行了研究，试图阐明能否从褐煤树脂中得到具有生理活性成分，又具有药用价值的成分，同时也为褐煤树脂的其他利用奠定基础。

12.4.1 试验部分

12.4.1.1 样品

褐煤树脂：LHSZ（潦浒褐煤树脂），XDSZ（寻甸褐煤树脂），SLSZ（舒兰褐煤树脂），其制备是以丙酮萃取褐煤蜡中的可溶部分，蒸去丙酮，真空干燥。

游离树脂酸：褐煤树脂中呈游离状态存在的各种酸性的物质。LHYLS（潦浒游离树脂酸），XDYLS（寻甸游离树脂酸），SLYLS（舒兰游离树脂酸），其制备见文献［26，28］。

12.4.1.2 游离树脂酸的甲酯化

采用重氮甲烷乙醚溶液与游离树脂酸作用，形成羧酸甲酯。重复酯化三次，无 N_2 放出，且经红外光谱鉴定，表征—COOH 的 1705cm^{-1} 及—OH 的 3500~2500cm^{-1} 宽峰消失；表征酯基的 1735~1740cm^{-1} 吸收大大加强。重氮甲烷的合成参考文献［29］。

12.4.1.3 GC-MS-C 分析

游离树脂酸（甲酯）的 GC-MS 分析是在 QMass-910 上完成的。色谱分析：HT-5 高温柱，25m×0.22mm(i.d.)，氦气为载气，分流比 50：1，进样量 0.6μL，进样温度 300℃，程序升温：180℃（3min）@ 6℃/min，320℃（10min）；质谱分析：离子源温度 230℃，EI70eV，电流 200μA；个别化合物的鉴定：对鉴定化合物按 PBM 法与 NIST 谱库化合物质谱数据进行计算机检索对照，根据置信度或相似度决定化合物的结构。谱库难于确定的化合物则依据主要离子峰及特征离子、分子量等进行比较决定结构[30]。

12.4.2 结果与讨论

12.4.2.1 潦浒游离树脂酸的组成分布与结构特征

潦浒游离树脂酸甲酯的 GC-MS 总离子流色谱图显示大小可辨的峰上百个，其组成异常复杂，很难将每个峰所代表的化合物一一检出。这是因为有的化合物难于分开，所给的质谱图是混合物的贡献，有的化合物在树脂中含量极低，分子离子峰强度极弱或根本未出现，往往被噪声信息掩盖。但要指出的是，虽然每一极弱峰的化合物绝对含量低，由于这类化合物极多，总的贡献不可忽略，它们在游离树脂酸中占有一定比例。这里给出了代表游离树脂酸基本组成和特征的 32 个化合物如表 12-7 所示。

在潦浒游离树脂酸中，去氢松香酸（甲酯）为主要成分（峰 19，methyl dehy-droabie-tate，$C_{21}H_{30}O_2$，分子量 314）占绝对优势。根据该峰离子流强度是正构烷酸中含量最高化合物（C_{20} 烷酸甲酯）的 5 倍强，表明去氢松香酸的含量几乎与所有的正构烷酸的含量之和相当。除了去氢松香酸外，潦浒游离树脂酸中存在其他环状化合物，其分布较宽，有二环酸、三环酸、四环酸、五环酸及部分开环化合物，大部分属于萜酸类。令人感兴趣的是鉴定出反映成煤植物来源的各种松脂酸，如松香酸、右松脂酸、三达右松脂酸、异右松脂酸等各种异构体，分子式均为 $C_{21}H_{32}O_2$（甲酯），分子量 316。氢化右松脂酸甲酯（分子式 $C_{21}H_{36}O_2$，分子量 320）与去氢松香酸甲酯出峰时间极为接近，往往混在一起。检测还发现混合峰中存在分子式为 $C_{21}H_{28}O_2$，分子量 312 的化合物，质谱图及离子特征峰表明该化合物是去氢松香酸进一步脱去两个氢（B 环）而形成的。

表 12-7 潦浒游离树脂酸甲酯的化学组成

峰号	化 合 物	分子式	分子量	主离子峰 （m/z）
1	十二烷酸甲酯	$C_{13}H_{26}O_2$	214	214, 87, 74
2	十四烷酸甲酯	$C_{15}H_{30}O_2$	242	214, 87, 74
3	十五烷酸甲酯	$C_{17}H_{34}O_2$	256	256, 87, 74
4	十六烷酸甲酯	$C_{16}H_{32}O_2$	270	270, 227, 87, 74
5	十七烷酸甲酯	$C_{18}H_{36}O_2$	284	284, 87, 74
6	十八烷酸甲酯	$C_{19}H_{38}O_2$	298	298, 87, 74
7	六氢化苯羧酸 1,3-二甲基-2-{2-[3-(1-甲基 1乙基)苯基]乙基} 甲酯	$C_{21}H_{32}O_2$	316	316, 284, 187, 146, 133, 117, 101
8	12,15-油酸甲酯	$C_{19}H_{34}O_2$	294	
9	峰7的异构体	$C_{21}H_{32}O_2$	316	316, 284, 187, 146, 133
10	十九烷酸甲酯	$C_{20}H_{40}O_2$	312	312, 87, 74
11	十氢化 1-萘甲酸-1,4a-二甲基-6-亚甲基 甲酯	$C_{21}H_{32}O_2$	316	316, 301, 241, 133, 121, 59
12	甲基松香酸异构体	$C_{21}H_{32}O_2$	316	316, 301, 241, 133, 121
13	甲基松香酸异构体	$C_{21}H_{32}O_2$	316	316, 301, 257, 241, 213
14	甲基松香酸	$C_{21}H_{32}O_2$	316	316, 258, 257, 181, 180, 133, 121
15	甲基松香酸异构体	$C_{21}H_{32}O_2$	316	316, 301, 257, 241, 133
16	2,3,8,9-四氢化-2,9-二甲基萘并［2,1-b: 3,4-b'二呋喃]	$C_{16}H_{16}O_2$	240	240
17	二十烷酸甲酯	$C_{21}H_{42}O_2$	326	326, 87, 74
18	甲基松香酸异构体	$C_{21}H_{32}O_2$	316	316, 301, 257, 256, 241, 133, 121
19a	四氢化甲基松香酸	$C_{21}H_{36}O_2$	320	320, 163
19b	脱氢甲基松香酸	$C_{21}H_{30}O_2$	314	314, 299, 239, 59
20	二十一烷酸甲酯	$C_{22}H_{44}O_2$	340	340, 297, 87, 74
21	甲基松香酸异构体	$C_{21}H_{32}O_2$	316	316, 301, 257, 241, 213
22	十氢化 1-萘戊酸-5-(甲氧基羧基)-β,5,9-二 甲基- 2-亚甲蓝-3-甲基甲酯	$C_{21}H_{36}O_4$	352	352
23a	三环三萜酸甲酯	$C_{22}H_{38}O_2$	334	334, 275, 177, 163, 123, 109, 59
23b	二十二烷酸甲酯	$C_{23}H_{46}O_2$	354	354, 87, 74
24	不饱和固醇酸甲酯	$C_{22}H_{32}O_2$	328	328, 313, 253
25	二十四烷酸甲酯	$C_{25}H_{50}O_2$	382	382, 87, 74
26	二十五烷酸甲酯	$C_{26}H_{52}O_2$	396	396, 87, 74
27	二十六烷酸甲酯	$C_{27}H_{54}O_2$	410	410, 87, 74
28	孕-16-烯-20-酮, 3-(乙酰氧基)-, (3β, 5β) -	$C_{23}H_{34}O_3$	358	358, 315, 299, 298, 283, 255, 217

峰号	化　合　物	分子式	分子量	主离子峰 （m/z）
29	二十八烷酸甲酯	$C_{29}H_{58}O_2$	438	438，87，74
30	C_{32}-侯怕尼克酸甲酯	$C_{33}H_{56}O_2$	484	484，369，263，205，191
31a	C_{33}-侯怕尼克酸甲酯	$C_{34}H_{58}O_2$	498	277，219，205，191，177，149
31b	C_{27}-克洛伊斯塔尼克酸甲酯	$C_{28}H_{48}O_2$	416	416，217，157
32	羊毛甾烷-3-酮	$C_{30}H_{52}O$	428	428，301，273，218，205，177，149，123，109，95，81，69

显而易见，游离树脂酸中存在正构烷酸的分布，从 C_{12} 到 C_{30}，并且呈现出双峰型分布，C_{16}、C_{18}、C_{20} 烷酸为第一峰型分布的主要脂肪酸；C_{24}、C_{26}、C_{28} 烷酸为第二峰型的主要脂肪酸。在纯蜡游离酸中[31,32]，碳数分布为 $C_{22} \sim C_{34}$，且主要集中在 C_{24}、C_{26}、C_{28}、C_{30} 上，由此可见，碳数小于 20 的正构酸，少量高碳数的正构酸被萃取到树脂中。根据离子流强度，正构酸的含量分布大致为 $C_{20} > C_{26} \geqslant C_{16} > C_{18} > C_{24} > C_{28} > C_{22} \geqslant C_{14} \geqslant C_{12}$，具有明显的奇偶规律。正构二十六烷酸含量最高，且碳数 ≤20 的正构烷酸占去了所有正构烷酸的大部分，这就是与纯蜡对应组成存在的显著区别。从单离子 m/z 74 检测，得到上述正构酸的分布情况，从中还可以看出存在少量支链烷酸。

12.4.2.2　寻甸游离树脂酸的组成与结构特征

由寻甸游离树脂酸（甲酯）的总离子质量色谱图及化学组成（表 12-8）中极易看出，寻甸游离树脂酸和潦浒游离树脂酸化学组成和分布非常相似，如去氢松香酸仍然是该族组成中最重要、占绝对优势的化合物。正构烷酸的分布仍然遵循双峰型和奇偶分布规律。C_{16}、C_{18}、C_{20} 酸为第一峰型的主要化合物，但 C_{16} 是该区域含量最高的化合物，在整个正构酸中含量也最高。第二峰型化合物为 C_{22}、C_{24} 和 C_{26}。

以三环二萜为基本骨架的萜酸及部分开环的环酸是劳丹-8（20），12，14-三烯-19-酸（甲酯），异构 Palustrate 甲酯，三达右松脂酸甲酯，异右松脂酸甲酯等，其分子式均为 $C_{21}H_{32}O_2$，分子量 316，混入去氢松香酸峰的两个化合物仍是氢化松香酸甲酯和去氢松香酸的脱氢（2 个氢）的产物。

具有五环三萜骨架的藿烷酸，如分子量 470、484、498，分子式为 $C_{32}H_{54}O_2$、$C_{33}H_{56}O_2$、$C_{34}H_{58}O_2$ 的五环三萜酸，它们在该组成中的比例比较小。

表 12-8　寻甸游离树脂酸（甲酯）的化学组成

峰号	化　合　物	分子式	分子量	主离子峰 （m/z）
1	苯甲酸甲酯	$C_8H_8O_2$	136	136，105，77，51
2	α-甲基脂肪酸甲酯			88
3	十二烷酸甲酯	$C_{13}H_{26}O_2$	214	214，171，143，87，74
4	支链脂肪酸甲酯			133，115，105，74
5	十四烷酸甲酯	$C_{15}H_{30}O_2$	242	242，87，74
6	十四烷酸-12-乙基甲酯	$C_{16}H_{32}O_2$	256	256，87，74
7	十五烷酸甲酯	$C_{16}H_{32}O_2$	256	256，87，74

峰号	化 合 物	分子式	分子量	主离子峰（m/z）
8	C_{16}-支链脂肪酸甲酯	$C_{17}H_{34}O_2$	270	270，87，74
9	十六烷酸甲酯	$C_{17}H_{34}O_2$	270	270，87，74
10	甲基松香酸异构体	$C_{21}H_{32}O_2$	316	316，301，257，241，133，121，59
11	十七烷酸甲酯	$C_{18}H_{36}O_2$	284	284，143，87，74
12	支链脂肪酸甲酯		242	242，154，91，87，74
13	支链脂肪酸甲酯			87，74，59
14	十八烷酸甲酯	$C_{19}H_{38}O_2$	298	298，87，74
15	十六烷酸-2-羟基甲酯	$C_{17}H_{34}O_3$	286	286，97，90，83，71，69，57，55
16	十九烷酸甲酯	$C_{20}H_{40}O_2$	312	312，87，74
17	甲基松香酸异构体	$C_{21}H_{32}O_2$	316	316，301，257，241，213
18	甲基松香酸异构体	$C_{21}H_{32}O_2$	316	316，301，257，241，105，91，77，43，41
19	甲基松香酸异构体	$C_{21}H_{32}O_2$	316	316，243，121，105，91，79，59
20	甲基松香酸异构体	$C_{21}H_{32}O_2$	316	316，301，121，91，79，59，55
21	二十烷酸甲酯	$C_{21}H_{42}O_2$	326	326，283，143，87，74，59，43
22	甲基松香酸异构体	$C_{21}H_{32}O_2$	316	316，301，287，269，257，241，227，133，121，105，91，81，59
23a	四氢化甲基松香酸异构体	$C_{21}H_{36}O_2$	320	320，191，163
23b	脱氢甲基松香酸	$C_{21}H_{30}O_2$	314	314，299，239，59
24	松香酸甲酯	$C_{21}H_{32}O_2$	316	316，301，273，256，241，213，185，121，105，91，59，43
25	三环三萜酸甲酯	$C_{22}H_{38}O_2$	334	334，311，143，87，74，59
26	二十二烷酸甲酯	$C_{23}H_{46}O_2$	354	354，311，143，87，74，59
27	二十三烷酸甲酯	$C_{24}H_{48}O_2$	368	368，325，87，74，43
28	侯怕尼克酸甲酯			205，191，177，161，133，59，43
29	不饱和类固醇甲酯	$C_{22}H_{32}O_2$	328	328，313，253，59
30	二十四烷酸甲酯	$C_{25}H_{50}O_2$	382	382，339，143，87，74，59
31	二十五烷酸甲酯	$C_{26}H_{52}O_2$	396	396，87，74
32	二十六烷酸甲酯	$C_{27}H_{54}O_2$	410	410，367，143，87，74，59
33	五环三萜酸甲酯	$C_{33}H_{56}O_2$	484	484，369，263，205，191，163
34	五环三萜酸甲酯			205，191
35	五环三萜酸甲酯			205，191
36	五环三萜酸甲酯			205，191

12.4.2.3 舒兰游离树脂酸的组成与结构特征

表 12-9 给出了舒兰游离树脂酸（甲酯）的化学组成。从表 12-9 可知，舒兰游离树脂酸的化学组成更复杂，其特征是存在较多的支链烷酸；三环二萜酸含量极低或几乎没有；正构烷酸 C_{16}、C_{18}、C_{20}、C_{22}、C_{24} 是该族组成的主要化合物，其中 C_{16} 的含量最高；不存在

双峰型分布；此外还含有一些五环三萜酸。如分子量484，分子式$C_{33}H_{56}O_2$萜酸（甲酯）。苯甲酸类物质，如苯甲酸、3,5-二甲基苯甲酸、4-乙基苯甲酸等，此类物质为煤中分子量最低的腐植酸组成成分。

表 12-9　舒兰游离树脂酸（甲酯）的化学组成

峰号	化　合　物	分子式	分子量	主离子峰（m/z）
1	苯甲酸甲酯	$C_8H_8O_2$	136	136, 105, 77, 51
2	苯甲酸-3-甲基甲酯	$C_9H_{10}O_2$	150	150, 119, 91
3a	8-甲基癸酸甲酯	$C_{12}H_{24}O_2$	200	200, 143, 87, 74
3b	3,5-二甲基苯甲酸甲酯	$C_{10}H_{12}O_2$	164	164, 133, 105, 77
4	4-乙基苯甲酸甲酯	$C_{10}H_{12}O_2$	164	164, 149, 133
5	脂肪酸甲酯			143, 87, 74, 59
6a	4,6-二（1,1-二甲基乙基）甲基苯酚	$C_{15}H_{24}O$	220	220, 205, 175, 91, 77
6b	十二烷酸甲酯	$C_{13}H_{26}O_2$	214	214, 183, 171, 143, 87, 74
7	十四烷酸甲酯异构体	$C_{15}H_{30}O_2$	242	242, 199, 143, 87, 74
8	十四烷酸甲酯	$C_{15}H_{30}O_2$	242	242, 211, 199, 143, 87, 74, 59
9	12-甲基-十四烷酸甲酯	$C_{16}H_{32}O_2$	256	256, 199, 143, 87, 74, 59
10	9-甲基-十四烷酸甲酯	$C_{16}H_{32}O_2$	256	256, 213, 143, 87, 74, 59
11	十五烷酸甲酯	$C_{16}H_{32}O_2$	256	256, 213, 199, 143, 87, 74, 59
12	5-甲基-十六烷酸甲酯	$C_{18}H_{36}O_2$	284	284, 241, 129, 87, 74
13	10,13-二甲基-十四酸甲酯	$C_{17}H_{34}O_2$	270	270, 143, 87, 74
14	十六烷酸甲酯	$C_{17}H_{34}O_2$	270	270, 143, 87, 74, 59
15	2-甲基-十八烷酸甲酯	$C_{20}H_{40}O_2$	312	312, 101, 88
16	十七烷酸甲酯	$C_{18}H_{36}O_2$	284	284, 255, 241, 199, 143, 87, 74
17	3,7,11,15-四甲基-十六烷酸甲酯	$C_{21}H_{42}O_2$	326	326, 101, 74
18	十八烷酸甲酯	$C_{19}H_{38}O_2$	298	298, 255, 199, 143, 87, 74
19	支链脂肪酸甲酯	$C_{20}H_{40}O_2$	312	312, 87, 74
20	十六烷酸甲酯异构体	$C_{17}H_{34}O_2$	312	312, 143, 87, 74
21	10-十九烷酸甲酯	$C_{20}H_{38}O_2$	310	87, 83, 74, 69, 55
22	二十烷酸甲酯	$C_{21}H_{42}O_2$	326	326, 283, 143, 87, 74
23	四氢化甲基松香酸	$C_{21}H_{36}O_2$	320	320, 261, 231, 191, 163
24	二十一烷酸甲酯	$C_{22}H_{44}O_2$	340	340, 297, 143, 87, 74, 59
25	二十二烷酸甲酯	$C_{23}H_{46}O_2$	354	354, 311, 143, 87, 74
26a	二十三烷酸甲酯	$C_{24}H_{48}O_2$	368	368, 325, 143, 87, 74, 59
26b	脱氢甲基松香酸异构体	$C_{21}H_{30}O_2$	314	314, 299, 257
27a	3,5-二（1,1-甲基)-4-羟基-苯甲酸甲酯	$C_{16}H_{24}O_3$	264	264, 249, 177

峰号	化 合 物	分子式	分子量	主离子峰（m/z）
27b	二十烷二酸二甲酯	$C_{22}H_{42}O_4$	370	370, 339, 112, 98, 87, 74, 59
27c	2,8-土卫四萘并［2,1-b］呋喃	$C_{16}H_{24}O_3$	264	264, 249
27d	15-(z)-二十四烯酸甲酯	$C_{25}H_{48}O_2$	380	380, 111, 101, 87, 74, 69, 55, 41
28	二十四烷酸甲酯	$C_{25}H_{50}O_2$	382	382, 339, 143, 87, 74
29	二十六烷酸甲酯	$C_{27}H_{54}O_2$	410	410, 367, 143, 87, 74
30	二十八烷酸甲酯	$C_{29}H_{58}O_2$	438	438, 395, 143, 87, 74
31	C_{32}-五环三萜酸甲酯异构体	$C_{33}H_{56}O_2$	484	484, 263, 191
32	C_{32}-五环三萜酸甲酯异构体	$C_{33}H_{56}O_2$	484	484, 263, 191
33	C_{32}-五环三萜酸甲酯异构体	$C_{33}H_{56}O_2$	484	484, 263, 191
34	日耳曼醇	$C_{30}H_{50}O$	426	426, 408, 204, 189, 177, 161, 131, 121
35	脂肪酸混合物 三萜酸和类固醇			390, 355, 385, 231, 203, 191, 177, 165, 149, 143, 121, 109, 95, 87, 73, 69, 57
36	含氧齐墩果酸甲酯	$C_{31}H_{48}O_3$	468	468, 363, 277, 263, 217, 191, 172, 157, 145, 129, 105, 91
37	含氧齐墩果酸甲酯			420, 361, 345, 277, 203, 189, 170, 158, 145, 133, 119, 105, 91
38	C_{33}-五环三萜酸甲酯	$C_{34}H_{54}O_2$	494	494, 479, 283, 191, 149, 123, 97, 87, 74
39	含氧甾类化合物			386, 326, 270, 256, 242, 228, 215
40	C_{33}-五环三萜酸甲酯	$C_{34}H_{58}O_2$	498	498, 369, 191
41	3-氧-奥利安-12-en-28-油酸甲酯	$C_{31}H_{48}O_3$	468	486, 262, 203, 133
42	C_{31}-五环三萜酸甲酯	$C_{32}H_{54}O_2$	470	470, 369, 263, 191, 177, 163, 149, 123, 121, 95, 81, 74, 69, 59
43	C_{31}-五环三萜酸甲酯	$C_{32}H_{54}O_2$	470	470, 249, 191, 149, 121, 109, 95, 74, 69, 59
44	C_{31}-五环三萜酸甲酯	$C_{32}H_{54}O_2$	470	470, 369, 277, 263, 231, 191, 177, 149, 121, 95, 74, 69, 59

综述全文，潦浒和寻甸游离树脂酸主要是由去氢松香酸及其他三环二萜酸，如松脂酸、三达松脂酸、松香酸、氢化松香酸等环状化合物组成，正构及支链烷酸，不饱和酸含量较低，且集中在 C_{20}、C_{18}、C_{16} 等低碳数烷酸上，五环三萜酸含量甚低，最显著的特点是去氢松香酸为它们的特征代表物，反映出寻甸褐煤和潦浒褐煤成煤来源植物、成煤环境和条件以及煤化程度的相似性。与此相反，舒兰游离树脂酸则是以低碳数的正构烷酸和支链烷酸构成。揭示了云南褐煤与舒兰褐煤成煤植物的显著差异性以及粗褐煤蜡品质的不同。

12.5 褐煤树脂醇类化学组成与分布特征

2004 年，李宝才等发表论文《褐煤树脂醇类化学组成与分布特征》[33]，下面是该论文的主要内容。

对云南潦浒及寻甸褐煤树脂中醇类化学成分进行了 GC-MS 研究，探索褐煤树脂醇类作为药用资源的可能性。试验结果表明，树脂醇由正构烷醇、正构酮（甲基酮）、甾醇类、五环三萜醇及五环三萜酮所组成。褐煤树脂醇中均存在 24-甲基-5β（H）-胆甾烷-3β-醇（$C_{28}H_{50}O$，分子量 402），24-乙基胆甾-5，22-二烯-3β-醇（$C_{29}H_{48}O$，分子量 412），24-乙基-5α（H）-胆甾烷-3β-醇（$C_{29}H_{52}O$，分子量 416），23，24-二甲基胆甾-5-烯-3β-醇（$C_{29}H_{50}O$，分子量 414），C_{29}-5β（H），3β（OH）-甾醇（$C_{29}H_{52}O$，分子量 416），24-异丙基胆甾-5，24（28）E-二烯-3β-醇（$C_{30}H_{50}O$，分子量 426）等甾类物质。化学组成表明褐煤树脂有作为药用资源的可能。

褐煤树脂的存在，严重影响褐煤蜡应用性能及浅色蜡的生产[27,28]，需将其脱出。褐煤树脂源于植物，由烃类[34]、游离酸类[25]、结合酸类[35]及醇类[36]组成。卢冰等[1]对多环芳烃进行了研究，提及褐煤树脂作为药用资源，认为具有高含量 C_{28}，A、B、C、D 环-四芳乌散烷和 C_{25}，A、B、C、D 环-四芳奥利烷的舒兰树脂作为抑制皮肤癌的理想医药制剂。作者认为，褐煤树脂作为药物利用，应该是树脂醇部分。首先树脂醇在褐煤树脂中含量高，寻甸为 45.99%，潦浒 45.99%，昭通 46.56%，舒兰 36.22%[28]；其次或更重要的是具有生理活性物质集中在这一馏分，如甾醇类、甾酮类、28 醇以及五环三萜氧化物等。因此，为探索作为药物的化学物质基础，有必要对树脂醇化学组成和分布进行研究。

12.5.1 试验部分

12.5.1.1 树脂醇的分离

将一定量的寻甸、潦浒树脂溶于二氯甲烷：异丙醇（2∶1）中，分别通过 Cartridge（—NH_2）柱，用 DCM：异丙醇淋洗 Cartridge（—NH_2）柱，流出物真空旋转浓缩，浓缩物氮气下吹干，为中性物；用 $CHCl_3$ 将其转移至具螺旋盖 20mL 小瓶中，氮气吹干，加入用 $CHCl_3$ 萃取过的 5%KOH 的甲醇：水（4∶1）的溶液 10mL，置超声波水浴中作用 1min，调至 pH＝12~14，用氮气冲满小瓶，扭紧瓶盖，于 80℃ 恒温加热 2h。皂化后，加入 3mL H_2O，每次用 3mL 正己烷：氯仿（4∶1）萃取 4 次。每次加入溶剂后，振荡、离心，然后用吸管取上层溶液，合并所有萃取液，氮气吹干，得到非皂化部分（树脂烃和醇）；将非皂化物用正己烷全部转移至已填充快冲硅胶（Flush silica gel）的色谱柱上，氮气加压，依序用正己烷、正己烷：二氯甲烷（6∶1）、二氯甲烷：甲醇（1∶1）快速淋洗，分别得到烷烃、芳烃、醇三个部分。

12.5.1.2 树脂醇的衍生化

取约 2mg 树脂醇，加入 100μL 的 2mg/mL 正 36 烷烃标准溶液，以 0.5mL 吡啶溶解，加入 40μL 的 BSTFA（N,N-bistrimethylsilyl trifluoroacetamide）进行反应，生成三甲基硅醚（TMS），氮气吹干，正己烷溶解，供 GC-MS 分析。

12.5.1.3 GC-MS 分析

树脂醇三甲基硅醚的 GC-MS 分析。

色谱：Carlo Erba Mega 气相色谱仪，柱上进样，熔融毛细管柱，CHROMPACK，Cpsil-5CB，0.32mm×50m（d.i），程控温度为 60℃（1min）/180℃ @ 10℃/min/300℃ @ 4℃/min（25min）。

质谱条件：质谱仪 Finnigan4500，载气为氮气，离子源温度 250℃，加速电压 2.4kV，灯丝电流 350μA。

化合物鉴定：按 PBM 法与 NIST 谱库化合物质谱图进行计算机检索，依据置信度或相似度决定化合物的结构[38]。部分依据 Katherin Ficken 博士（英国 Swansea 大学）收集的有关醇、甾醇衍生物（TMS）等质谱数据和质谱特征离子资料与样品质谱图对照。

12.5.2 结果与讨论

表 12-10、表 12-11 给出了相应树脂醇中检测出来的化合物。分子式为减去衍生化基团后的分子，分子量则为测定态化合物，即醇衍生物（TMS）为 $ROSi(CH_3)_3$、酸性物质为 $RCOOSi(CH_3)_3$。在正构醇衍生物（TMS）质谱图中的分子离子峰 m/z 很弱、M-CH₃ 离子峰则非常强，m/z 75 为基峰，其次 m/z 103。对于正构烷酸衍生物，分子离子峰 m/z 始终出现，其特征离子为 m/z 73、117、129、132、145，M—CH₃，M，其中 m/z 73 为基峰。甲基酮的特征离子峰为 m/z 58，其他碎片离子的分布类似于正构烷烃。甾醇类（TMS）的质谱图，展现一定丰度的 M⁺ 离子，[M-15]⁺，三甲基硅醇 1,2-消除产物，即 [M-90]⁺，以及 m/z 129（TMS 基团与 A 环 C-1、C-2 和 C-3 的碎片离子），M-129（为 Δ^5 甾醇的特征），M-131（为 $\Delta^{5,7}$ 甾醇的特征），[M—CH₃—TMSOH]⁺，[M—CH³]⁺。根据其他碎片离子和相对丰度，可确定化合物的基本结构和类型。由于谱图复杂，难于对每一个峰编号，故按扫描数（Scan number）的顺序，给出对应的化合物。

表 12-10 潦浒树脂醇（TMS）的化学组成

扫描数	化 合 物	分子式	分子量	主要离子峰
108	十六酮酸	$C_{16}H_{30}O_3$	342	342, 117, 73, 58
257	十七酮酸	$C_{17}H_{32}O_3$	356	356, 117, 73, 58
390	十八酮酸	$C_{18}H_{34}O_3$	370	370, 355, 117, 73, 58
496a	C_{18}-甲基酮	$C_{18}H_{36}O$	268	268, 253, 85, 71, 58
496b	C_{15}-烷醇	$C_{15}H_{32}O$	300	300, 285, 75
612	C_{16}-烷醇	$C_{16}H_{34}O$	314	314, 299, 75
686a	C_{16}-烷酸	$C_{16}H_{32}O_2$	328	328, 313, 132, 117, 73
686b	C_{17}-烷醇	$C_{17}H_{36}O$	328	328, 313, 75
734	C_{17}-烷酸	$C_{17}H_{34}O_2$	342	342, 327, 117, 73
769	C_{17}不饱和醇	$C_{17}H_{34}O$	326	326, 311, 269, 75, 69
808	C_{18}-烷醇	$C_{18}H_{38}O$	342	342, 327, 75
893a	C_{18}-烷酸	$C_{18}H_{36}O_2$	356	356, 343, 327, 132, 117, 73
893b	C_{19}-烷醇	$C_{19}H_{40}O$	356	356, 341, 75
979	C_{16}-1, 15-二醇	$C_{16}H_{34}O_2$	402	402, 387, 371, 103, 75
1024	C_{20}-烷醇	$C_{20}H_{42}O$	370	370, 355, 103, 75
1038	支链烃			85, 71, 57
1114	C_{20}-烷酸	$C_{20}H_{40}O_2$	384	384, 369, 145, 132, 117, 73
1174	C_{23}-甲基酮	$C_{23}H_{46}O$	338	338, 323, 85, 71, 58

续表 12-10

扫描数	化 合 物	分子式	分子量	主要离子峰
1185	未知化合物			328, 279, 167, 149, 70, 57
1244	C_{22}-烷醇	$C_{22}H_{46}O$	398	398, 383, 103, 75
1399	C_{25}-甲基酮	$C_{25}H_{50}O$	366	366, 351, 308, 306, 85, 71, 58
1465	C_{24}-烷醇	$C_{24}H_{50}O$	426	426, 411, 395, 103, 75, 57
1567	C_{25}-烷醇	$C_{25}H_{52}O$	440	440, 425, 103, 75, 57
1619	C_{27}-甲基酮	$C_{27}H_{34}O$	394	394, 379, 85, 71, 58
1676	C_{26}-烷醇	$C_{26}H_{54}O$	454	454, 439, 103, 75, 57
1778a	C_{26}-烷酸	$C_{26}H_{52}O_2$	468	468, 453, 145, 132, 117, 73
1778b	C_{27}-烷醇	$C_{27}H_{56}O$	468	468, 453, 103, 75
1829	C_{29}-甲基酮	$C_{29}H_{58}O$	422	422, 407, 85, 71, 58
1852	含氧萜烷			502, 487, 277, 237, 73
1875	C_{28}-烷醇	$C_{28}H_{58}O$	482	482, 467, 103, 75
1955a	24-甲基-5β-胆甾烷-3β-醇	$C_{28}H_{50}O$	474	474, 384, 369, 225, 215, 75
1955b	12-烯-3-酮-塔拉科隆	$C_{30}H_{48}O$	424	424, 409, 218 (100), 203, 189
1955c	C_{29}-烷醇	$C_{29}H_{60}O$	496	496, 481, 103, 75
1979a	24-乙基胆甾-5, 22-二烯-3β-醇	$C_{29}H_{48}O$	484	484, 355, 255, 213, 129, 69
1979b	C_{28}-Δ^5-甾醇（？）	$C_{28}H_{48}O$	472	472, 382, 343, 255, 129, 73
1992	15-三十一烷酮, 萜氧化物等			490, 450, 424, 97, 83, 71, 57
2039a	24-乙基-5α-胆甾烷-3β-醇	$C_{29}H_{52}O$	488	488, 481, 473, 398, 383, 305, 215
2039b	23, 24-二甲基胆甾-5-烯-3β-醇	$C_{29}H_{50}O$	486	486, 396, 357, 255, 129, 57
2047	C_{29}-5β（H）, 3β（OH）-甾醇	$C_{29}H_{52}O$	488	488, 473, 431, 398, 383, 215, 75
2061a	C_{30}-烷醇	$C_{30}H_{62}O$	510	510, 495, 103, 75
2061b	乌散-12-烯	$C_{30}H_{50}$	410	410, 218
2139a	3-酮羽扇豆烷	$C_{30}H_{50}O$	426	426, 411, 381, 274, 259, 205
2139b	3-酮表木栓醇	$C_{30}H_{50}O$	426	426, 411, 302, 273, 246, 218, 205
2164a	C_{27}-不饱和酸	$C_{27}H_{52}O_2$	480	480, 130, 73
2164b	C_{29}-烷酸	$C_{29}H_{58}O_2$	510	510, 495, 132, 130, 117
2183	不饱和直链酸			145, 132, 130, 117
2199	C_{28}-不饱和酸	$C_{28}H_{54}O_2$	494	494, 132, 130, 145, 117
2295	三十六烷（外加样品）	$C_{36}H_{74}O_2$	506	506, 85, 71, 57
2311	不饱和直链酸			132, 130, 117, 85, 71, 57
2340	直链多烯烃			494, 97, 83, 69, 54
2503	ββ-二升藿烷-33-酮	$C_{33}H_{56}O$	468	468, 453, 384, 369, 247, 229, 205, 191
2550	ββ-二升藿烷-32-醇	$C_{32}H_{56}O$	528	528, 513, 423, 383, 369, 191, 163, 73

表 12-11　寻甸树脂醇（TMS）的化学组成

扫描数	化 合 物	分子式	分子量	主要离子峰
496a	C_{18}-甲基酮	$C_{18}H_{36}O$	268	268, 253, 85, 71, 58
496b	C_{15}-烷醇	$C_{15}H_{32}O$	300	300, 285, 75
612	C_{16}-醇	$C_{16}H_{34}O$	314	314, 299, 75
686a	C_{16}-烷酸	$C_{16}H_{32}O_2$	328	328, 313, 132, 117, 73
686b	C_{17}-烷醇	$C_{17}H_{36}O$	328	328, 313, 75
734	C_{17}-酸	$C_{17}H_{34}O_2$	342	342, 327, 117, 73
769	C_{17}-不饱和醇	$C_{17}H_{34}O$	326	326, 311, 269, 75, 69
808	C_{18}-烷醇	$C_{18}H_{38}O$	342	342, 327, 75
820	支链 C_{18}-烷酸	$C_{18}H_{36}O_2$	356	356, 341, 117, 73
980	C_{16}-1, 15-二醇	$C_{16}H_{34}O_2$	402	402, 387, 371, 103, 75
1024	C_{20}-烷醇	$C_{20}H_{42}O$	370	370, 355, 103, 75
1038	支链烃			85, 71, 57
1114	C_{20}-烷酸	$C_{20}H_{40}O_2$	384	384, 369, 145, 132, 117, 73
1174	C_{23}-甲基酮	$C_{23}H_{46}O$	338	338, 323, 85, 71, 58
1185	环烯烃		328	328, 279, 167, 149, 70, 57
1248	C_{22}-烷醇	$C_{22}H_{46}O$	398	398, 383, 103, 75
1330	C_{21}-烷酸	$C_{21}H_{42}O_2$	398	398, 383, 145, 132, 117, 73
1353	C_{23}-烷醇	$C_{23}H_{48}O$	412	412, 397, 103, 75
1401	C_{25}-甲基酮	$C_{25}H_{50}O$	366	366, 351, 308, 306, 85, 71, 58
1469	C_{24}-烷醇	$C_{24}H_{50}O$	426	426, 411, 395, 103, 75, 57
1567	C_{25}-烷醇	$C_{25}H_{52}O$	440	440, 425, 103, 75, 57
1620	C_{27}-甲基酮	$C_{27}H_{34}O$	394	394, 379, 85, 71, 58
1678	C_{26}-烷醇	$C_{26}H_{54}O$	454	454, 439, 103, 75, 57
1778	C_{27}-烷醇	$C_{27}H_{56}O$	468	468, 453, 103, 75
1808	C_{26}-烷酸	$C_{26}H_{52}O_2$	468	468, 453, 145, 132, 117, 73
1828	C_{29}-甲基酮	$C_{29}H_{58}O$	422	422, 407, 85, 71, 58
1852	含氧萜烷			502, 487, 277, 237, 73
1875	C_{28}-烷醇	$C_{28}H_{58}O$	482	482, 467, 103, 75
1960a	24-甲基-5β-胆甾烷-3β-醇	$C_{28}H_{50}O$	474	474, 384, 369, 225, 215, 75
1960b	3-酮-12-烯塔拉科隆	$C_{30}H_{48}O$	424	424, 409, 218 (100), 203, 189
1992	15-三十一烷酮, 五环三萜氧化物			490, 450, 424, 97, 83, 71, 57
2041a	24-乙基-5α-胆甾烷-3β-醇	$C_{29}H_{52}O$	488	488, 431, 473, 398, 383, 305, 215
2041b	24-二甲基胆甾-5 烯-3β-醇	$C_{29}H_{50}O$	486	486, 396, 471, 381, 357, 255, 129
2041c	24-异丙基胆甾-5, 24 (28) E-二烯-3β 醇	$C_{30}H_{50}O$	498	498, 408, 386, 296, 129

扫描数	化 合 物	分子式	分子量	主要离子峰
2064a	C_{30}-烷醇	$C_{30}H_{62}O$	510	510, 495, 103, 75
2064b	乌散-12-烯	$C_{30}H_{50}$	410	410, 218
2150a	五环三萜烷	$C_{31}H_{54}$	426	426, 411, 369, 205, 191, 163, 109, 95
2150b	五环三萜烷醇	$C_{30}H_{52}O$	500	500, 485, 410, 368, 191, 163, 137, 95, 81, 69, 55
2166a	C_{27}-不饱和酸	$C_{27}H_{52}O_2$	480	480, 130, 73
2166b	C_{29}-烷酸	$C_{29}H_{58}O_2$	510	510, 495, 132, 130, 117, 73
2189	C_{28}-不饱和酸	$C_{28}H_{54}O_2$	494	494, 145, 132, 130, 85, 71, 57
2295	三十六烷（外加标样）	$C_{36}H_{74}$	506	506, 85, 71, 57
2508	ββ-二升藿烷-33-酮	$C_{33}H_{56}O$	468	468, 453, 384, 369, 247, 229, 205, 191
2552	ββ-二升藿烷-32-醇	$C_{32}H_{56}O$	528	528, 513, 438, 423, 383, 369, 307, 217, 191, 163

由表 12-10 可知，潦浒树脂醇（TMS）存在下列分布和结构特征：正构烷醇从 15 碳烷醇到 30 碳烷醇都存在，且 26 碳烷醇和 24 碳烷醇（扫描数 1465 和 1676）是该系列的主要成分，在整个树脂醇中其含量也比较高，如此高含量的 C_{24}、C_{26} 醇在树脂醇中出现，这是此类化合物与低分子结合酸或萜类酸性物质结合，分离时进入褐煤树脂中所致[36]。其次，树脂醇中存在 C_{18}-甲基酮、C_{23}-甲基酮、C_{25}-甲基酮、C_{27}-甲基酮、C_{29}-甲基酮、羽扇-3-酮（lupan-3-one）、桦木-3-酮（Friedelan-3-one）、ββ-二升藿烷-33-酮等化合物。由于分离方法的原因，一部分饱和酸、不饱和酸从皂化液中萃取出来，混入树脂醇中，这说明皂化—萃取方法对分离酸性物和非皂化物不是最好的分离方法，应该用阴离子交换树脂法除去结合酸[28,36]。在潦浒树脂醇中最显著的特点是，从扫描数 1850 后，存在总量可观的各种甾醇和萜类含氧化合物（五环三萜酮和五环三萜醇）。这一区域的化合物未能很好地分开，形成肩并峰，难于确定每一个化合物的精细结构，但依据分子量，特征离子及其相对丰度，存在下列物质：24-甲基-5β（H）-胆甾烷-3β-醇（扫描数 1955，$C_{28}H_{50}O$）；24-乙基胆甾-5，22-二烯-3β-醇（扫描数 1979，$C_{29}H_{48}O$），24-乙基-5α（H）-胆甾烷-3β-醇（扫描数 2039a，$C_{29}H_{52}O$）；23，24-二甲基胆甾-5-烯-3β-醇（扫描数 2039b，$C_{29}H_{50}O$）；胆甾-5-烯-3β-醇（扫描数 2039c，$C_{27}H_{46}O$）；C_{29}-5β(H)，3β(OH)-甾醇（扫描数 2047，$C_{29}H_{52}O$）。扫描数为 2000 以后，则分布着各种各样的五环三萜氧化物，据特征离子 m/z 218、191 等分析，推测还存在香树脂烷和藿烷类氧化物。在扫描数为 1992~2013 之间，存在分子量为 490、480、440、424、410、450 的含氧化合物，其中分子量为 450 的被鉴定为 15-三十一烷酮，其他为五环三萜类。

由表 12-11 可知，寻甸树脂醇中，化合物的分布与潦浒树脂醇基本相似。正构烷醇从 $C_{15} \sim C_{30}$ 均有分布，但 C_{22} 烷醇（扫描数 1248）的峰也非常强。C_{24} 醇（扫描数 1469）含量最高，C_{22}、C_{24}、C_{26} 构成该同系物的特征分布。由 C_{18}、C_{23}、C_{25}、C_{27}、C_{29}、C_{31} 构成的甲

基酮系列，与正构烷醇比较，其含量较低。$C_{16} \sim C_{30}$ 烷酸及不饱和酸也被检出。甾醇类，主要检出：24-甲基-5β(H)-胆甾烷-3β-醇；24-乙基-5α(H)-胆甾烷-3β-醇；24-乙基胆甾-5-烯-3β-醇；24-异丙基胆甾-5，24(28)E-二烯-3β-醇。此外，该组成中还存在五环三萜烷醇、ββ-三升藿烷-32-酮、ββ-二升藿烷-32-醇、β(α)-Amyrin。从色谱峰的相对强度可知，寻甸树脂醇中的五环三萜氧化物高于潦浒树脂醇。

综合全文，树脂醇是由正构烷醇系列、甲基烷酮系列、胆甾醇类系列、五环三萜醇及五环三萜酮所组成，具体的样品存在不同程度差别。显而易见，除了已检测到的化合物以外，肯定还存在一些极性更强、分子量高的化合物，但是，这些化合物有什么样的结构和特征，还需进一步的研究工作。

褐煤树脂药学方面的研究，仍是一片空白。萜类、甾类化合物广泛地存在于植物中，或一切中草药中均含上述成分。甾类和萜类化合物数目繁多、结构非常复杂[39,40]，有些是构效关系明确的有效成分，有些则是指标成分，五环三萜类型至少有 15 种以上，如齐墩果烷型（oleanane）或 β-香树烷型（β-amyrane）；乌苏烷型（ursane）或 α-香树脂烷（α-amyrane），何伯烷和异何伯烷型（hopane and isohopane），羽扇豆烷型（lupane），其他类型主要是上述 5 种的立体异构体、甲基移位异构体、扩环衍生物、降解衍生物或裂环衍生物等。甾类化合物属于四环三萜（tetrucyclic triterpanoids），主要类型为羊毛甾烷型（lanostane）、达玛甾烷型（danmarane）、原萜烷型（protostane）、葫芦烷型、苦木苦素类（quassinoids）和其他类型楝苦素类（meliacine）。

三萜及其甙类的生物活性极为广泛，各种成分相互协同作用，构成治疗不同疾病的物质基础。相比之下褐煤树脂的甾醇类、萜类（包括三环二萜和五环三萜），含量比较高（高度富集），但结构比较复杂，如五环三萜主要是何伯烷型和齐墩果烷型，是否有三萜皂甙化合物，至今尚不清楚。故是否具有某些药理作用，需进行药效学试验。据文献[1]提及，一些芳构的二萜、三萜类化合物可用于治疗皮肤癌症。按药物的筛选规律，应对褐煤树脂总提取物进行荷瘤动物模型试验，若有活性，则进一步对树脂中的游离酸、结合酸、树脂醇、树脂烃进行试验，筛选出有效部位，是否具有抗炎、抗菌、抗病毒，抗癌症作用或其他药理作用，必须建立动物模型试验才能确定。

12.6　舒兰褐煤树脂组分中某些分离物的化学研究

2002 年，姚龙奎等发表论文《舒兰褐煤树脂组分中某些分离物的化学研究》[37]，下面是该论文的主要内容。

褐煤除作燃料和腐植肥料外，还应用于轻化工和机械工业，如从褐煤制取褐煤蜡。褐煤蜡中含有较多的树脂物质，影响了褐煤蜡的质量，因此通常褐煤蜡树脂作为废弃物脱除，以提高褐煤蜡的质量。

褐煤蜡的化学组成为纯蜡和树脂，前者为高碳脂肪酸和脂肪醇的酯类、游离脂肪酸和脂肪醇，以及烃类物等；后者则以萜类为主，并含有甾醇、羟基酸和烃化合物[16,41,42]。1982 年唐运千等采用红外光谱和氢核磁共振谱检定，褐煤树脂中含有 β-谷甾醇；柱层析和薄层层析检出雌二醇和雌酚酮[42]；1999 年又指出，树脂中三萜化合物为四环三萜、五环三萜、芳香五环三萜和含氧化合物[16]。王培荣等[43]指出黄县褐煤树脂中含有众多不同芳构化程度的萜类化合物，其中有单芳、双芳、三芳和四芳五环萜化合物。李宝才等认为，云南省潦浒和寻甸褐煤树脂中的树脂酸主要是脱氢松香酸，而吉林省舒兰树脂则为 $C_{12} \sim C_{28}$ 正构烷酸[25]。褐煤树脂是由许多化合物组成的混合物，若能将这些混合物予以分离成单一的化合物，无疑为树脂的利用提供了科学依据。为此，选择了树脂含量高的吉林舒兰褐煤树脂（高达 35%），尝试能分离出一些单一的化合物。

12.6.1　试验

12.6.1.1　试样制备

树脂样品取自吉林省舒兰矿务局化工厂。树脂样品在室温下用丙酮溶解，可溶物进硅胶柱层析，经 9∶1 石油醚（30~60℃）-丙酮洗脱，洗脱液经冷冻、过滤、浓缩和多次层析反复处理，分别得到四个段分。

12.6.1.2　气相色谱-质谱分析

气相色谱-质谱分析仪为 Finnigan-MATTSQ 70B GC-MS-MS。色谱柱为弹性石英毛细管柱（0.25mm×30m DB-1 涂层），120~300℃ 程序升温，升温速度为 3℃/min，电子能量 70eV，电流 200μA。

12.6.2　结果和讨论

（1）丙酮可溶物经多次层析，洗脱液为黄色溶液，经浓缩，得黄色固体物，其化合物组成主要为 D∶A-无羁奥利-7-烯、D∶C-无羁奥利-8-烯-3-酮和 16-卅一烷酮，其中仍混有其他一些化合物。

（2）过滤后的深黄色溶液再经柱层析，得到白色针状物。主要组成为西蒙内利烯（$C_{19}H_{24}$），其次是惹烯（$C_{18}H_{18}$）。此外，还有少量 C_{25}，A、B、C、D 环-四芳-奥利烷（$C_{25}H_{24}$）。

（3）溶液继续柱层析，析出物为 C_{25}，A、B、C、D 环-四芳-乌散烷（$C_{25}H_{24}$）和少量西蒙内利烯。

（4）层析后的物质为惹烯、4,8,12,16-四甲基十七烷-4-交酯和 C_{27}，三芳-8,14 断-羽扇烷，以及 D∶A-无羁奥利-7-烯。

西蒙内利烯是芳构化的二萜烷物，它与惹烯化学结构有相似之处，但质谱图上的基峰不同；前者为 237，而后者则是 319。西蒙内利烯和惹烯的检出，表明褐煤树脂中脱氢松香的成岩（煤）过程。各种天然产物松香二烯和海松二烯的连续芳构化反应，并随着轻度的还原作用，而相应的松香酸和海松酸亦发生了芳构化反应和脱羧基作用。

树脂中还含有芳构化 8,14-断-五环三萜烷物如 C_{27} 的三芳-8,14-断-羽扇烷和芳构化非藿烷类的五环三萜烷如 C_{25}，A、B、C、D 环-四芳-奥利烷和 C_{25}，A、B、C、D 环-四芳-乌散烷。它们是一些先驱物在成岩（煤）过程中不同芳构化程度的产物，亦可能由于其他一些化合物如无羁醇、桦木醇等演化而来。

三萜化合物具有抗癌作用，如抑制皮肤癌和急、慢性肝炎的良药。奥利烷又称齐墩果烷，乌散烷又称乌苏烷，它们的氧化产物分别是齐墩果酸和乌苏酸，均具有上述的功能[44]。化学合成药物在抗癌、抗病毒、抗真菌和免疫调节作用等效果不理想，并且有副作用，易造成人体物质代谢和机体防御机能的下降，以致产生并发症[45]。因此国内外的研究重点，仍着重于植物源。植物药的来源虽广，但其中可提取的有效成分含量很低，并且又受季节和地理环境的约束。若从矿产资源褐煤，获取药用物质，无疑对医药制剂的来源开拓了广阔的途径，并且又解决了树脂废弃物的利用问题。

树脂中的 C_{25}，A、B、C、D 环-四芳-奥利烷和乌散烷可以通过氧化，制取奥利酸（齐墩果酸）和乌散酸（乌苏酸）的衍生物。此外，还含有待进一步分离的木栓酮（无羁萜）和桦木烷[16]，它们对风湿、白血病和皮肤病均有效。

吉林舒兰化工厂年产 700~800t 褐煤蜡，以树脂平均含量 26% 计算，每年有近 20t 树脂物被废弃。国内褐煤蜡工厂尚有云南省和内蒙古等地，因此树脂的利用是一个需待解决的课题。

12.7 云南昭通褐煤树脂物化学组成与分布特征

2004 年，李宝才等发表论文《云南昭通褐煤树脂物化学组成与分布特征》[46]，下面是该论文的主要内容。

对云南昭通褐煤蜡树脂游离酸、树脂结合酸、树脂醇、树脂烃进行了 GC-MS 研究。结果显示，昭通树脂烃中 D-环单芳藿烷及 17β（H），21β-藿烷为含量最高的特征化合物，其他五环三萜及芳构化物质虽有分布，但量极低。树脂游离酸中正构烷酸为主要化学成分，C_{14}~C_{30} 都有分布，其中 C_{16}、C_{18}、C_{24}、C_{28} 构成了含量上的优势化合物，C_{16} 为含量最高的化合物。树脂结合酸中 C_{14}~C_{30} 正构烷酸其含量占绝对优势，并按 C_{16}>C_{18}>C_{20}>C_{22}>C_{24}>C_{26}>C_{28} 顺序递减。树脂醇由 C_{15}~C_{30} 正构烷醇（C_{24}，C_{26} 为该系列重要化合物），C_{18}、C_{23}、C_{25}、C_{27}、C_{29}-甲基酮，以及羽扇-3-酮、桦木-3-酮、24-甲基-5β（H）-胆甾烷-3β-醇、24-乙基胆甾-5，22-二烯-3β-醇、24-乙基-5α（H）-胆甾烷-3β-醇、23，24-二甲基胆甾-5-烯-3β-醇、C_{29}-5β（H）、3β（OH）-甾醇等组成。稠环芳烃、松香酸、去氢松香等环状化合物含量很低或不存在，是昭通褐煤蜡与国内其他褐煤蜡组成的重大差别。

据云南省 143 地质队勘探查明，云南昭通市褐煤主要煤区储量达 80.6 亿吨，褐煤蜡储量为 1100 万吨。研究表明[47]，昭通三善堂褐煤中褐煤蜡干基含量均在 5% 以上，树脂含量 14%~20%，地沥青含量 2.76%~9.85%，酸值高达 50mg KOH/g，皂化值 100mg KOH/g，熔点 82~83℃。氧化精制试验表明[27]，三善堂粗褐煤蜡，当脱树脂至 2.7%，产率超过 86%，外观颜色纯白，而吉林舒兰、云南寻甸和潦浒粗褐煤蜡在相同精制条件下难于达到同样的精制效果。为了阐述褐煤蜡化学成分与精制脱色及质量的构效关系，已对吉林舒兰、云南寻甸、潦浒褐煤蜡树脂化学组成作了研究[9,25,26]。本文是云南昭通褐煤蜡树脂物中游离酸、结合酸、树脂烃及树脂醇的化学成分的研究结果。

12.7.1 试验部分

12.7.1.1 样品制备

（1）褐煤，取自昭通三善堂褐煤矿，样品测定水分后，在 60℃ 烘干，粉碎至一定粒度，制成分析基样品。（2）褐煤蜡，采用索氏萃取器，以苯为溶剂回流萃取，蒸去苯，得褐煤蜡。（3）褐煤树脂，将褐煤蜡制取薄片，以丙酮常温下浸提，反复几次，直至丙酮颜色明显变浅，合并浸提液，旋转蒸发除去丙酮，得褐煤树脂物。（4）树脂游离酸、结合树脂酸、树脂烃、树脂醇其分离制备见文献 [3]。

12.7.1.2 树脂游离酸和结合树脂酸的甲酯化及树脂醇的三甲基硅醚制备[5~9]

取约 2mg 树脂醇，以 0.5mL 吡啶溶解，加入 40μL 的 BSTFA（N,N-bistrimethylsilyl tri-fluoroacetamide）进行衍生化，生成三甲基硅醚（TMS），氮气吹干，正己烷溶解，供 GC-MS 分析。

12.7.1.3 GC-MS 分析

（1）树脂游离酸甲酯、结合酸甲酯、树脂烃 GC-MS 分析：

色谱：HT-5 高温柱，0.22mm×25m（i.d.），氮气为载气，分流比 50∶1，进样量 0.6μL，进样温度 300℃，程温为 180℃（3min）@6℃/min，320℃（10min）。

质谱：仪器 Qmass-910，离子源温度 230℃，EI 电离能 70eV。

（2）树脂醇三甲基硅醚的 GC-MS 分析：

色谱：Carlo ErbaMega 气相色谱，柱上进样，熔融毛细管柱，CHROMPACK Cpsil-5CB，0.32mm×50m（d.i），程温为 60℃（1min）/180℃ @ 10℃/min/300℃ @ 4℃/min（25min）。

质谱：质谱仪 Finnigan4500，载气为氮气，离子源温度 250℃，加速电压 2.4kV，灯丝电流 350μA。

12.7.1.4 化合物鉴定

游离树脂酸甲酯、结合树脂酸甲酯及树脂烃中单一物质的检出，按 PBM 法与 NIST 谱库化合物质谱图进行计算机检索，依据置信度或相似度决定化合物的结构。谱库未检出的化合物则依据主要离子和特征离子导出。树脂游离酸、结合酸据文献 [30]，树脂烃据文献 [50]，树脂醇据 Katherin Ficken 博士收集的有关醇、甾醇衍生物（TMS）等质谱数据和质谱特征离子与样品质谱图对照。

12.7.2 结果与讨论

12.7.2.1 昭通树脂游离酸的化学组成与分布特征

表 12-12 为昭通树脂游离酸（甲酯）GC-MS 分析总离子质量色谱结果。由表 12-12 可知，昭通树脂游离酸具有如下特征：正构烷酸是该族组成中占绝对优势的化合物，从 C_{12} ~ C_{32} 正构烷酸均存在分布，具有明显奇偶优势分布规律，且呈现出双族峰型分布，第 1 族峰是以 C_{16}、C_{18} 烷酸为主要代表化合物，第 2 族峰则以 C_{24}、C_{26}、C_{28} 烷酸为代表化合物，C_{16} 烷酸是树脂游离酸中含量最高的物质。整体分布大致是 C_{16}>C_{26}≥C_{24}>C_{18}>C_{28}>C_{22}>C_{25}>C_{20}。

表 12-12 昭通树脂游离酸（甲酯）的化学组成

编号	化 合 物	分子式	分子量	主要离子峰
1	苯甲酸甲酯	$C_8H_8O_2$	136	136, 105, 77, 51
2	3-甲基苯甲酸甲酯	$C_9H_{10}O_2$	150	150, 119, 91
3	6,7-二甲氧基-2,2-二甲基-2H-1-苯唑吡喃	$C_{13}H_{16}O_3$	220	220, 205, 145

编号	化 合 物	分子式	分子量	主要离子峰
4	十四烷酸甲酯	$C_{15}H_{30}O_2$	242	242，143，87，74
5	12-甲基-十四烷酸甲酯	$C_{16}H_{32}O_2$	256	256，143，87，74
6	十六烷酸甲酯	$C_{17}H_{34}O_2$	270	270，87，74
7	十七烷酸甲酯	$C_{18}H_{36}O_2$	284	284，87，74
8	9(Z)-十八烯酸甲酯	$C_{19}H_{36}O_2$	296	296，264，87，74，55
9	十八烷酸甲酯	$C_{19}H_{38}O_2$	298	298，255，143，87，74
10	十九烷酸甲酯	$C_{20}H_{40}O_2$	312	312，269，241，143，87，74
11	二十烷酸甲酯	$C_{21}H_{42}O_2$	326	326，283，143，87，74
12a	氢化右松脂酸甲酯	$C_{21}H_{36}O_2$	320	320，261，163，59
12b	去氢松香酸甲酯	$C_{21}H_{30}O_2$	314	314，299，239，59
13	二十一烷酸甲酯	$C_{22}H_{44}O_2$	340	340，297，143，87，74，59
14	二十二烷酸甲酯	$C_{23}H_{46}O_2$	354	354，311，143，87，74，59
15	二十三烷酸甲酯	$C_{24}H_{48}O_2$	368	368，325，143，87，74，59
16	二十四烷酸甲酯	$C_{25}H_{50}O_2$	382	382，339，143，87，74
17	二十五烷酸甲酯	$C_{26}H_{52}O_2$	396	396，353，143，87，74
18	二十六烷酸甲酯	$C_{27}H_{54}O_2$	410	410，367，143，87，74
19	二十七烷酸甲酯	$C_{28}H_{56}O_2$	424	424，381，143，87，74
20	二十八烷酸甲酯	$C_{29}H_{58}O_2$	438	438，395，143，87，74
21	二十九烷酸甲酯	$C_{30}H_{60}O_2$	452	452，409，143，87，74
22	三十烷酸甲酯	$C_{31}H_{62}O_2$	466	466，423，143，87，74
23	五环三萜酸甲酯	$C_{33}H_{56}O_2$	484	484，369，263，205，191
24	三十二烷酸甲酯（微量）	$C_{33}H_{66}O_2$	494	87，74
25	萜酸（微量）			205，191
26	甾酮（微量）			
27	五环三萜酸甲酯	$C_{34}H_{58}O_2$	498	369，277，191
28	17β-羟基-6-酮-4，5 开联雄烷-4-酸甲酯	$C_{20}H_{32}O_4$	336	235
29	多氧萜酸			367，319，231，161，121，105，93
30	多羟基树脂酸甲酯			448，263，191，109，95，81，69
31	五环三萜酸甲酯			191，109，95，81，69
32	五环三萜烷酸甲酯			191，109，95，81，69

其次，昭通树脂游离酸中检出了氢化右松脂酸和去氢松香酸、五环三萜酸、苯甲酸，但含量甚低。昭通树脂游离酸与国内其他的树脂游离酸比较[25]，漭浒、寻甸树脂酸主要由去氢松香酸及其他三环二萜酸，如松脂酸、三达松脂酸、氢化松脂酸等环状化合物组成，最显著的特征是去氢松香酸为其特征化合物，含量最高。昭通树脂游离酸与舒兰树脂

游离酸的共同点是三环二萜酸及五环三萜酸等环状化合物不是主要成分，正构烷酸为主要存在物质；不同点是，舒兰树脂游离酸存在较多的支链烷酸及烯链烷酸，正构烷酸不存在双族峰型分布，但 C_{16} 烷酸仍为最高含量化合物。

树脂游离酸的化学组成反映出成煤起源物质、成煤环境、煤化程度的差异。根据松香酸和去氢松香酸的含量及分布，作者认为，潦浒、寻甸褐煤主要起源于松科植物，而昭通、舒兰褐煤成煤植物则以其他植物为主；从褐煤蜡质量看，昭通蜡是最好的一个品种。

12.7.2.2 昭通树脂结合酸的化学组成与分布特征

树脂结合酸是指褐煤树脂中与各种羟基化合物（醇、酚、甾醇、萜醇等）结合形成酯基的那部分酸性物质，了解其组成特征，对褐煤树脂的综合利用，褐煤蜡的精制及确定其质量具有重要意义[48]。由昭通树脂结合酸甲酯 GC-MS 总离子质量色谱图容易看出，昭通树脂结合酸几乎都是由正构烷酸组成，从 $C_{12} \sim C_{30}$ 酸都有分布，C_{16} 酸含量最高。从 $C_{16} \sim C_{30}$ 烷酸在含量上呈现递减的现象，与舒兰树脂结合酸表现出相似的规律，奇偶规律十分明显[48]，其他化合物含量极低。

根据文献［48］及本研究得出：昭通、潦浒、寻甸、舒兰树脂结合酸都是以正构烷酸为主要成分，其分布为 $C_{12} \sim C_{28}$，高含量的正构烷酸集中在低碳数方向，潦浒、寻甸树脂结合酸中 C_{20} 含量最高，其次是 C_{16}。舒兰，尤其是昭通树脂结合酸中，正构烷酸是该族组成占绝对优势的化合物，C_{16} 为最高含量正构烷酸，并按 C_{16}、C_{18}、C_{20}、C_{22}、C_{24}、C_{26}、C_{28} 的顺序递减，且不存在双族峰型；在每一个样品中都检出去氢松香酸，但含量极低，其他三环二萜酸，如松脂酸、三达松脂酸等异构体或立体异构体含量也非常低，在昭通树脂结合酸中几乎没有分布；具有五环三萜骨架的酸性物质，在潦浒、舒兰结合酸中比较丰富，含量较高，但在寻甸、昭通树脂结合酸中，含量却非常低；从整个化合物分布知道，潦浒树脂结合酸与寻甸树脂结合酸无论从组成和分布特征上都极其相似，而昭通树脂结合酸与舒兰树脂结合酸非常类似。

12.7.2.3 昭通树脂醇的化学组成与分布特征

树脂醇的分析是在英国布里斯托大学生物地球化学中心完成的。醇为 $ROSi(CH_3)_3$，酸为 $RCOOSi(CH_3)_3$。在正构醇衍生物（TMS）的质谱图中，分子离子峰 m/z 一般很小，但 M-15 的离子峰非常强。正构醇衍生物（TMS）的特征峰 m/z 75，其次是 m/z 103。对于正构烷酸衍生物（TMS），分子离子 m/z 始终出现，其特征离子为 73、117、132、145。甲基酮的特征离子 m/z 58，其他碎片离子的分布类似于正构烷烃。由树脂醇（TMS）的总离子质量色谱图可知，昭通树脂醇的化学组成异常复杂。树脂醇中存在下列化合物分布特征：正构烷醇从 $C_{15} \sim C_{30}$ 都存在，其中 C_{26} 和 C_{24} 烷醇是该系列的主要成分，在树脂醇中含量最高。其次树脂醇中存在 C_{18}、C_{23}、C_{25}、C_{27}、C_{29}-甲基酮、羽扇-3-酮（lupan-3-one）、桦木-3-酮（Friedelan-3-one）、$\beta\beta$-二升藿烷-33-酮类化合物。树脂醇中最显著的特征是，从扫描数约 1850 后，存在总量可观的各种甾醇及萜类氧化物（酮和醇），这一区域的化合物未能很好地分离，形成并肩峰，难于确定每一个化合物的结构和归宿。根据分子量及主要特征离子推测，甾醇系列存在的物质为 24-甲基-5β(H)-胆甾烷-3β-醇（扫描数 1955，$C_{28}H_{50}O$）；24-乙基胆甾-5, 22-二烯-3β-醇（扫描数 1979，$C_{29}H_{48}O$）；24-乙基-5α(H)-胆甾烷-3β-醇（扫描数 2039a，$C_{29}H_{52}O$）；23, 24-二甲基胆甾-5-烯-3β-醇（扫描数 2039b，

$C_{29}H_{50}O$）；C_{29}-5β（H），3β（OH）-甾醇（扫描数 2047，$C_{29}H_{52}O$）。胆甾醇系列化合物广泛地存在于植物中，可以是游离的，也可以与长链脂肪酸形成酯而存在[51]。

需要指出的是，由于分离方法的原因，一部分饱和酸、不饱和酸混入树脂醇中，如十六酮酸、十七酮酸、十八酮酸、十七烷酸、十八烷酸等低碳数脂肪酸以及在褐煤蜡中相对含量比较高的二十六烷酸被检测出来。树脂醇族组分的量占褐煤树脂中的比例非常高[9]，约40%~50%，除了已检测到的化合物外，还肯定存在一些极性更强、分子量大的化合物，非常有必要进一步研究其化学组成、结构和特征以发现生理活性物质。作者认为，褐煤树脂的药用价值应该是树脂醇的药物利用。

12.7.2.4 昭通树脂烃化学组成以及分布特征

昭通树脂烃与潦浒树脂烃、寻甸树脂烃、舒兰树脂烃比较[26]，可发现其化合物及分布特征存在巨大的差异。首先以松香烷为基本骨架的三环二萜烃及其降解、芳构化化合物含量极低或不存在，构成了与寻甸，尤其是与潦浒树脂烃的根本区别，标志着昭通褐煤的成煤植物不同于其他3种褐煤。其次，只有2种化合物在昭通树脂烃中占支配地位：D-环单芳藿烷（$C_{27}H_{40}$，分子量 364）和 17β（H）-21β-升藿烷（$C_{31}H_{54}$，分子量 426）。其他五环三萜（藿烷及奥利烷，乌散烷）及芳构化合物虽有分布，但含量很低，尤其是 A、B、C-三环，A、B、C、D-四环，B、C、D-三环芳构化物质含量甚微，是昭通树脂烃与其他3种树脂烃又一重要差异，也是构成昭通褐煤蜡优于寻甸、潦浒、舒兰褐煤蜡内在质量的重要物质基础。笔者认为上述化合物存在与否，对褐煤蜡精制漂白存在巨大影响[26,27]，是造成浅色精制蜡色质不纯的根本原因；此外，昭通树脂烃中存在较多的正构烷烃、支链烷烃、直链烯烃分布，还有直链酮（一般是甲基酮）被检出。

12.8 褐煤树脂中结合酸的化学组成与结构特征

2001 年，李宝才等发表论文《褐煤树脂中结合酸的化学组成与结构特征》[48]，下面是该论文的主要内容。

对云南潦浒、寻甸、吉林舒兰褐煤树脂中结合酸进行了 GC-MS 分析，对其化学组成及结构特征进行了对比研究。结果显示，树脂结合酸均以正构烷酸为主要成分，其分布为 $C_{12} \sim C_{28}$，高含量的正构烷酸集中在低碳数一端。在潦浒、寻甸树脂结合酸中，C_{20} 含量最高，其次为 C_{16}；而在舒兰结合酸中，正构烷酸占绝对优势，且 C_{16} 正构烷酸为最高含量的化合物；去氢松香酸在每个样品中含量均较低，其他三环二萜酸，如松脂酸、三达松脂酸等异构体或立体异构体含量也非常低；具有五环三萜骨架的酸性物质，在潦浒、舒兰结合酸中比较丰富，其含量超过寻甸树脂结合酸；在低碳数一端，存在各种支链烷酸及苯甲酸、苯酚及取代物。对比树脂烃、树脂游离酸的结果，潦浒树脂结合酸与寻甸树脂结合酸无论从组成和分布上都极其相似，故其原料煤成煤植物和成煤环境具有相似性，与舒兰煤之生源和环境存在着本质的差异。

褐煤树脂中游离酸化学组成及结构研究表明[25]，潦浒和寻甸游离树脂酸主要是由去氢松香酸组成，其他三环二萜酸，如松脂酸、三达松脂酸、氢化松香酸、松香酸以及五环三萜酸均有分布，但含量低。而舒兰游离树脂酸则主要是由 $C_{12} \sim C_{28}$ 正构烷酸构成，三环二萜及五环三萜酸等环状化合物不是该族组成的主要化合物。为进一步阐述褐煤树脂的化学成分，了解组成的精细结构，以此指导和改进褐煤蜡生产、精制以及褐煤树脂的开发应用，笔者特将褐煤树脂中以结合方式存在的酸性物质单独分离出来，对其化学组成及结构特征进行了研究。

12.8.1　试验部分

12.8.1.1　样品

褐煤树脂：LHSZ（潦浒褐煤树脂）、XDSZ（寻甸褐煤树脂）、SLSZ（舒兰褐煤树脂），其制备是以丙酮萃取褐煤蜡中的可溶部分，蒸去丙酮，真空干燥。

树脂结合酸：褐煤树脂呈结合状态存在的酸类（Combined Acids）。LHZZS（潦浒树脂结合酸）、XDZZS（寻甸树脂结合酸）、SLZZS（舒兰树脂酸），其制备见文献［28，36］。

12.8.1.2　结合树脂酸的甲酯化

采用重氮甲烷乙醚溶液与结合酸作用，形成羧酸甲酯。重复酯化 3 次，无 N_2 放出，经红外光谱鉴定，表征—COOH 的 $1705 \sim 1710 \mathrm{cm}^{-1}$ 宽峰消失；而表征酯基的 $1735 \sim 1740 \mathrm{cm}^{-1}$ 峰吸收增强。重氮甲烷的合成参考文献［29］。

12.8.1.3　GC-MS-C 分析

树脂结合酸（甲酯）的 GC-MS 分析是在 Qmass-910 上完成的。

色谱分析：HT-5 高温柱，$25 \mathrm{m} \times 0.22 \mathrm{mm}(\mathrm{i.d})$，氦气为载气，分流比 50：1，进样量 $0.6 \mu \mathrm{L}$，进样温度 300℃；程温：180℃（3min）@6℃/min，320℃（10min）。

质谱分析：离子源温度 230℃，EI 70eV，电流为 200μA。

化合物鉴定：对鉴定化合物按 PBM 法与 NIST 谱库化合物质谱数据进行计算机检索对照，根据置信度或相似度决定化合物的结构，谱库难于确定的化合物则依据主要离子峰及特征离子峰、分子量等进行比较决定结构[30]。

12.8.2　结果与讨论

树脂结合酸是指褐煤树脂中与各种羟基化合物（如醇、酚、甾醇等）结合形成酯基的那部分酸类。了解其组成特征，对褐煤树脂的综合利用、褐煤蜡的精制具有重要意义。

潦浒树脂结合酸总离子色谱图分析结果如表 12-13 所示，化合物的基本分布与树脂游离酸（甲酯）相似[25]，但存在如下重要区别：去氢松香酸在游离酸中含量很高，占绝对优势，而在树脂结合酸中，去氢松香酸不再是该族组分的重要成分；在正构烷酸中，虽然二十烷酸含量最高，但其他偶数碳正构烷酸的含量也比较高，其含量分布大致是 $C_{20} > C_{26} > C_{22} > C_{16} > C_{24} > C_{28} > C_{18} > C_{21} > C_{14}$；根据 m/z 74 单离子检测，发现树脂结合酸中异构烷酸种类较多，除去氢松香酸以外的环状化合物的含量要比树脂游离酸的含量高，尤其是在最后出现的一系列峰中，五环三萜酸比较丰富，往往是各种立体异构体。这些化合物与其他物质未得到较好的分离，质谱图复杂，难于进行结构分析，只能给出大致结果。但其中有些混合物，通过计算机对采集到的质谱数据逐步缩小扫描范围，也能够区分开，并得到相应的质谱图，表 12-13 中标有 a，b 的化合物就是这样得到的结果。通过单离子 m/z 191，可以知道五环三萜酸的分布情况，m/z 217、m/z 218 则可能对甾类物质作出初步的判断。

表 12-13　潦浒树脂结合酸（甲酯）的化学组成

峰号	化 合 物	分子式	分子量	主要离子峰
1	十二烷酸甲酯	$C_{13}H_{26}O_2$	214	214, 87, 74
2	十四烷酸甲酯	$C_{15}H_{30}O_2$	242	242, 87, 74
3	2-甲基十四烷酸甲酯	$C_{16}H_{32}O_2$	256	256, 87, 74
4	十五烷酸甲酯	$C_{16}H_{32}O_2$	256	256, 213, 87, 74
5	5-甲基十六烷酸甲酯	$C_{18}H_{36}O_2$	284	284, 129, 87, 74
6	2-烯-13-酮-十四烷酸甲酯	$C_{15}H_{26}O_3$	254	223, 165, 85, 71, 58, 43
7	十六烷酸甲酯	$C_{17}H_{34}O_2$	270	270, 87, 74
8	2-甲基十八烷酸甲酯	$C_{20}H_{40}O_2$	312	101, 88
9	二环萜酸甲酯	$C_{17}H_{30}O_2$	266	266, 123, 109, 95, 81
10	十七烷酸甲酯	$C_{18}H_{36}O_2$	284	284, 87, 74
11	油酸甲酯	$C_{19}H_{36}O_2$	296	296, 87, 74
12	十八烷酸甲酯	$C_{19}H_{38}O_2$	298	298, 87, 74
13	1,3-二甲基-2-[2-[3-(1-甲基乙基)]苯基]乙基环己烷酸甲酯	$C_{21}H_{32}O_2$	316	316, 284, 187, 146, 133, 117, 83, 77
14	2-甲氧基-十四烯酸-2-甲酯	$C_{16}H_{30}O_2$	270	
15	十九烷酸甲酯	$C_{20}H_{40}O_2$	312	312, 87, 74
16	十氢-1,4α-二甲基-6-甲烯-萘羧酸甲酯	$C_{21}H_{32}O_2$	316	316, 301, 241, 133, 121, 59
17	右松脂酸甲酯	$C_{21}H_{32}O_2$	316	316, 301, 258, 257, 241, 181, 180, 133, 121, 105
18	三达松脂酸甲酯	$C_{21}H_{32}O_2$	316	316, 301, 257, 181, 180, 148, 133, 121, 119, 105
19	二十烷酸甲酯	$C_{21}H_{42}O_2$	326	326, 87, 74
20	异右松脂酸甲酯	$C_{21}H_{36}O_2$	316	316, 301, 287, 257, 241, 133, 121, 105
21	去氢松香酸甲酯	$C_{21}H_{30}O_2$	314	314, 299, 239, 77
22	二十一烷酸甲酯	$C_{22}H_{44}O_2$	340	340, 87, 74
23	松香酸甲酯	$C_{21}H_{32}O_2$	316	316, 301, 257, 256, 241, 213, 185, 121, 105, 79
24	5β, 9βH, 10α-劳丹-8 (20) 烯-15, 19-二羧酸二甲酯	$C_{21}H_{36}O_4$	352	
25a	三环萜烷酸甲酯	$C_{22}H_{38}O_2$	334	334, 275, 177, 163, 123
25b	二十二烷酸甲酯	$C_{23}H_{46}O_2$	354	354, 87, 74
26	分子量 368 的支链烷酸甲酯与三环萜酸甲酯混合物			191, 87, 74, 59
27	二十三烷酸甲酯	$C_{24}H_{48}O_2$	368	368, 87, 74
28	不饱和甾酸甲酯	$C_{22}H_{32}O_2$	328	328, 313, 296, 269, 253, 75, 59
29	二十四烷酸甲酯	$C_{25}H_{50}O_2$	382	382, 87, 74

续表 12-13

峰号	化 合 物	分子式	分子量	主要离子峰
30	二十五烷酸甲酯	$C_{26}H_{52}O_2$	396	396, 87, 74
31	二十六烷酸甲酯	$C_{27}H_{54}O_2$	410	410, 87, 74
32	二十八烷酸甲酯	$C_{29}H_{58}O_2$	438	438, 87, 74
33	C_{30}，支链烷酸甲酯与五环三萜酸甲酯混合物			191, 87, 74, 59
34a	二十九烷酸甲酯	$C_{30}H_{60}O_2$	452	452, 87, 74
34b	五环三萜烷酸甲酯		470	191, 59
35	羽扇-20(29)-烯-3-酮	$C_{30}H_{48}O$	424	205, 123, 121, 109, 107
36	三十烷酸甲酯	$C_{31}H_{62}O_2$	466	466, 87, 74
37	C_{31}，支链烷酸甲酯与五环三萜酸甲酯混合物			191, 177, 87, 74
38	C_{31}，支链烷酸甲酯与五环三萜酸甲酯混合物		498	205, 191, 177, 149, 87, 74
39	C_{32}，支链烷酸甲酯与分子量 514 环状物的混合物			175, 133, 123, 97, 74
40	五环三萜烷酸甲酯		470	205, 191, 177, 59
41	五环三萜-29-羧酸甲酯	$C_{33}H_{56}O_2$	484	369, 263, 205, 191, 163, 149, 123, 109, 95, 59
42	五环三萜烷酸甲酯		498	205, 191, 177, 59
43	芳构五环三萜烷酸甲酯	$C_{31}H_{44}O_2$	448	448, 416, 389, 319, 182, 169, 156, 129, 109, 95, 77

在寻甸树脂结合酸（甲酯）中（表 12-14），以正构烷酸占绝对优势，从 C_{12}~C_{28} 烷酸均有分布，主要集中在 C_{14}、C_{16}、C_{18}、C_{20}、C_{22}、C_{24}、C_{26}、C_{28}。其中 C_{20}、C_{16}、C_{18} 为最重要的正构烷酸。去氢松香酸仍然存在，但含量不高，不是该组成分的重要化合物。其他三环二萜，与潦浒树脂结合酸，如松香酸、三达松脂酸类含量极低，基本观察不出来，同时，五环三萜酸的含量也很低，结合酸是有区别的。此外，检测出苯甲酸、苯丙酸、4，6-二（1,1-二甲乙基）-2-甲基酚、少量酮酸（峰7）、支链烷酮（峰9）、9-十八烯酸（Z）甲酯，也称为油酸。

对于舒兰树脂结合酸（表 12-15），苯甲酸甲酯的含量显著地高，几乎与正构十六烷酸相当，是该族组成中最重要的两类化合物。在扫描数 0~360 之间，存在较多的低级量的化合物，如支链烷酸、酚、萘等衍生物。

表 12-14　寻甸树脂结合酸（甲酯）的化学组成

峰号	化 合 物	分子式	分子量	主要离子峰
1	苯甲酸甲酯	$C_8H_8O_2$	136	136, 105
2	苯基丙酸甲酯	$C_{10}H_{12}O_2$	164	164, 104, 91, 77
3	4,6-二（1,1-二甲基乙基)-2-甲基苯酚	$C_{15}H_{24}O$	220	220, 205, 177, 133, 121, 115

续表 12-14

峰号	化 合 物	分子式	分子量	主要离子峰
4	C_{10}-烷酸甲酯	$C_{11}H_{22}O_2$	186	186, 143, 87, 74
5	C_{10}-支链烷酸甲酯	$C_{11}H_{22}O_2$	186	186, 101, 74, 59
6	十四烷酸甲酯	$C_{15}H_{30}O_2$	242	242, 199, 143, 87, 74, 59
7	C_7-酮酸甲酯	$C_8H_{14}O_3$	158	158, 87, 74, 57, 43
8	C_{15}-烷酸甲酯	$C_{16}H_{32}O_2$	256	256, 87, 74
9	6,10,11-三甲基-2-十五酮	$C_{18}H_{36}O$	268	268, 85, 71, 58, 43
10	10,13-二甲基-十四烷酸甲酯	$C_{17}H_{34}O_2$	270	270, 227, 143, 87, 74
11	十六烷酸甲酯	$C_{17}H_{34}O_2$	270	270, 227, 143, 87, 74
12	十七烷酸甲酯	$C_{18}H_{36}O_2$	284	284, 87, 74
13	9-十八烯酸（Z）甲酯	$C_{19}H_{36}O_2$	296	296, 87, 74
14	十八烷酸甲酯	$C_{19}H_{38}O_2$	298	298, 267, 255, 143, 101, 87, 74
15	C_{24}-烷醇	$C_{24}H_{50}O_2$	354	354, 336, 85, 71, 69, 55
16	十九烷酸甲酯	$C_{20}H_{40}O_2$	312	312, 269, 87, 74
17	二十烷酸甲酯	$C_{21}H_{42}O_2$	326	326, 295, 283, 143, 87, 74
18	去氢松香酸甲酯	$C_{21}H_{30}O_2$	314	314, 299, 239, 59
19	二十一烷酸甲酯	$C_{22}H_{44}O_2$	340	340, 87, 74
20	十氢-5-(甲酯基)-β,5,9-二甲基-2-甲烯-5-萘取代 3-甲基戊酸甲酯	$C_{21}H_{36}O_4$	352	352
21	三环萜烷酸甲酯	$C_{22}H_{38}O_2$	334	334, 275, 191, 177, 163, 123, 109, 59
22	二十二烷酸甲酯	$C_{23}H_{46}O_2$	354	354, 311, 143, 87, 74
23	二十三烷酸甲酯	$C_{24}H_{48}O_2$	368	368, 87, 74
24	不饱和甾酸甲酯	$C_{22}H_{32}O_2$	328	328, 313, 253, 59
25	二十四烷酸甲酯	$C_{25}H_{50}O_2$	382	382, 339, 143, 87, 74, 59
26	二十五烷酸甲酯	$C_{26}H_{52}O_2$	396	396, 353, 143, 87, 74, 59
27	二十六烷酸甲酯	$C_{27}H_{54}O_2$	410	410, 367, 143, 87, 74, 59
28	二十八烷酸甲酯	$C_{29}H_{58}O_2$	438	438, 395, 143, 87, 74, 59
29	五环三萜酸甲酯			191

在正构烷酸中，从 C_{16} 到 C_{28}，其含量呈现递减的趋势。去氢松香酸也存在分布，但不重要。就整体而言，除苯甲酸外，正构烷酸（$C_{12} \sim C_{28}$）是舒兰树脂结合酸特征化合物，其他物质（环状，支链酸）处于次要地位。

表 12-15　舒兰树脂结合酸（甲酯）的化学组成

峰号	化 合 物	分子式	分子量	主要离子峰
1	苯甲酸甲酯	$C_8H_8O_2$	136	136, 105, 77, 51
2	3-甲氧基-2,4,6-三甲基酚	$C_{10}H_{14}O_2$	166	166, 151, 95, 81, 78, 77
3	1,2,3,4-四氢-1-甲基-1,2-萘二醇	$C_{11}H_{14}O_2$	178	178, 160, 145, 118, 91, 77, 43, 42

峰号	化 合 物	分子式	分子量	主要离子峰
4	未知化合物			183, 124, 89, 88, 61, 53, 41
5	4,6-二（1,1-二甲基乙基）-2-甲基苯酚	$C_{15}H_{24}O$	220	220, 205
6	十二烷酸甲酯	$C_{13}H_{26}O_2$	214	214, 87, 74
7	3,7,11-三甲基-十二烷酸甲酯	$C_{16}H_{32}O_2$	256	256, 101, 74, 59, 43
8	1,1-二乙基丙基-苯	$C_{13}H_{20}$	176	176, 147, 115, 105, 91, 77
9	支链烷酸甲酯			87, 74, 59
10	2-辛氧基乙醇	$C_{10}H_{22}O_2$	174	174, 111, 95, 84, 71, 70, 69, 57, 56, 55, 43, 41
11	十四烷酸甲酯	$C_{15}H_{30}O_2$	242	242, 199, 143, 87, 74
12	12-甲基十四烷酸甲酯	$C_{16}H_{32}O_2$	256	256, 143, 87, 74
13	C_{15}-支链烷酸甲酯	$C_{16}H_{32}O_2$	256	256, 213, 143, 87, 74, 59, 43
14	十五烷酸甲酯	$C_{16}H_{32}O_2$	256	256, 213, 143, 87, 74, 59, 43
15	5-甲基十六烷酸甲酯	$C_{18}H_{36}O_2$	284	284, 241, 157, 129, 101, 87, 74, 59, 43
16	2-十九酮 O	$C_{19}H_{38}$	282	282, 85, 71, 58, 43
17	十六烷酸甲酯	$C_{17}H_{34}O_2$	270	270, 241, 239, 143, 87, 74, 59
18	4,6,10,14-四甲基-十五烷酸甲酯	$C_{20}H_{40}O_2$	312	312, 157, 129, 101, 88, 43
19	十七烷酸甲酯	$C_{18}H_{36}O_2$	284	284, 241, 185, 143, 87, 74, 59, 43
20	3,7,11,15-四甲基-十六烷酸甲酯	$C_{21}H_{42}O_2$	326	326, 241, 171, 143, 101, 74, 59, 43
21	9-十八（烯）酸（Z）甲酯	$C_{19}H_{36}O_2$	296	296, 264, 166, 101, 97, 87, 74, 69, 59, 43, 41
22	十八烷酸甲酯	$C_{19}H_{38}O_2$	298	298, 255, 143, 87, 74
23	二十烷醇	$C_{20}H_{42}O$	298	298, 141, 95, 83, 69, 57, 55, 43, 41
24	支链二十烷酸甲酯	$C_{21}H_{42}O_2$	326	326, 283, 157, 87, 74, 57, 43
25	十九烷酸甲酯	$C_{20}H_{40}O_2$	312	312, 143, 101, 87, 74, 43
26	5-羰基-十三烷酸甲酯	$C_{14}H_{26}O_3$	242	242, 144, 112, 43, 41
27	二十烷酸甲酯	$C_{21}H_{42}O_2$	326	326, 283, 143, 87, 74, 59
28	去氢松香酸甲酯	$C_{21}H_{30}O_2$	314	314, 299, 239, 59
29	二十一烷酸甲酯	$C_{22}H_{44}O_2$	340	340, 297, 87, 74
30	3-甲基-4辛醇内酯	$C_9H_{16}O_2$	156	156, 114, 99, 71, 55, 43, 41
31	二十二烷酸甲酯	$C_{23}H_{46}O_2$	354	354, 311, 199, 143, 87, 74, 59
32	二十三烷酸甲酯	$C_{24}H_{48}O_2$	368	368, 325, 143, 87, 74, 59
33	二十四烷酸甲酯	$C_{25}H_{50}O_2$	382	382, 339, 283, 143, 87, 74, 59
34	二十五烷酸甲酯	$C_{26}H_{52}O_2$	396	396, 353, 143, 87, 59, 43
35	二十六烷酸甲酯	$C_{27}H_{54}O_2$	410	410, 367, 143, 87, 74, 59
36	二十七烷酸甲酯	$C_{28}H_{56}O_2$	424	424, 381, 143, 87, 74, 59

峰号	化 合 物	分子式	分子量	主要离子峰
37	二十八烷酸甲酯	$C_{29}H_{58}O_2$	438	438, 395, 143, 87, 74, 59
38	五环三萜烷酸甲酯	$C_{32}H_{54}O_2$	470	369, 191
39	五环三萜烷酸甲酯	$C_{20}H_{32}O_2$	470	369, 191
40	五环三萜烷酸甲酯	$C_{33}H_{56}O_2$	484	369, 191

　　显而易见，树脂结合酸与褐煤树脂中各种羟基化合物结合而形成酯基化合物。正构脂肪酸可能与环状羟基物结合，而环状酸则应该与长链醇结合。只有这样才能被选择性溶剂在低温下与纯蜡部分分开。

　　有关树脂醇的组成和特征将另文叙述。

　　综上所述，树脂结合酸都是以正构烷酸为主要成分，其分布为 $C_{12} \sim C_{28}$，高含量的正构烷酸集中在低碳数一端。在潦浒、寻甸树脂结合酸中 C_{20} 含量最高，其次是 C_{16}，而在舒兰结合酸中，正构烷酸占绝对优势，且 C_{16} 烷酸为最高含量的化合物；去氢松香酸在每个样品中均含量较低，其他三环三萜酸，如松脂酸、三达松脂酸等异构体或立体异构体含量也非常低；具有五环三萜骨架的酸性物质，在潦浒、舒兰结合酸中比较丰富，其含量超过寻甸结合酸；在低碳数一端，存在各种支链烷酸和少量酮酸，在此条件下，未检出羟基酸，除潦浒结合酸外，均检测出苯甲酸及其衍生物。

　　潦浒树脂结合酸与寻甸树脂结合酸无论从组成和分布上都极其相似，与树脂烃[34]、树脂游离酸[25]比较所得结果，可以认为这两部分褐煤蜡原料煤之成煤植物和成煤环境极为相似，而与舒兰褐煤蜡原料煤之生源与环境存在本质差异。

12.9　云南蒙旦树脂化学成分的对比研究

　　2012年，石洪凯等发表论文《云南蒙旦树脂化学成分的对比研究》[52]，下面是该论文的摘要。

　　在常温条件下用甲苯从云南三种不同产地的成品褐煤蜡中萃取蒙旦树脂—峨山树脂（ESSZ）、昭通树脂（ZTSZ）、寻甸树脂（XDSZ），然后使用尿素络合法除去正构化合物（褐煤蜡的组成成分）——正构酸、正构醇和直链化合物，最后进行 GC-MS 分析，获取了树脂中单元化合物的组成和结构。结果表明，在这三种树脂的高丰度化合物中，树脂中烷酸的含量相对较低；树脂醇类物质如烷醇和五环三萜酮类的含量相对较高；树脂中烃类物质四环及三环芳构化的五环三萜烃和二环芳构化的三环和四环萜烃类化合物含量相对较高，烷烃种类较多但含量较低。寻甸树脂中以三芳环三萜和 Hop-21-one 含量最高，峨山树脂中升藿烷含量最高，昭通树脂中 D-环单芳藿烷烃含量最高。

12.10　云南峨山褐煤蜡树脂化学成分研究

　　2014年，郭君、张籹等发表论文《云南峨山褐煤蜡树脂化学成分研究》[53]，下面是该论文的主要内容。

　　褐煤蜡树脂是精制褐煤蜡工业生产中从粗褐煤蜡里脱除的大量副产物，目前尚无有效利用途径。为实现褐煤蜡树脂的合理开发利用，本研究首次采用现代化学分离方法和波谱学方法，对云南峨山产褐煤中树脂成分进行了深入的化学成分研究，从中分离得到 10 个重要化合物：3-酮基-木栓烷酮（1），3-羟基 1-木栓烷醇（2），3-羟基-齐墩果内酯（3），24（R）-3β-豆甾醇（4），邻苯二甲酸-二（3-甲基-己烷基）酯（5），己烷酸甲酯（6），十六烷酸甲酯（7），十四烷（8），十二烷（9）和庚烷（10）。以上 10 个化合物均为首次从褐煤蜡树脂中分离得到的单体化合物。

褐煤蜡是从褐煤中经有机溶剂萃取得到的由蜡、树脂和沥青组成的混合物。它具有很好的物理化学性能，且无致癌作用，广泛用作价格昂贵的天然动物蜡和植物蜡的代用品及补充品。

褐煤蜡树脂是精制褐煤蜡工业生产中从褐煤粗蜡里脱除的大量副产物。褐煤蜡树脂在粗蜡中含量很高，约为 20%~40%。仅云南峨山一地，年产粗褐煤蜡 5000t，精制后约产生 1500t 褐煤蜡树脂；2013 年，云南南磷集团的寻甸褐煤蜡厂年处理粗褐煤蜡 2000t，精制后产生的褐煤蜡树脂达 700t[54]。大量副产物——褐煤树脂被视为废弃物，脱除后用作廉价防漏剂或填埋处理，严重阻碍褐煤产业升级调整，也造成了各种环境污染问题。迄今为止，国内鲜有对于该类成分的利用研究报道。国外有专利显示，褐煤蜡树脂可作为塑形剂加入沙粒中促进沙粒制模[55]。即便如此，应用规模和前景也较受到限制，无法实现褐煤蜡树脂的高效、绿色综合利用。为实现褐煤蜡树脂的合理开发利用，本课题组在前期研究基础上[9,25,26,48,52,56,57]，首次采用现代化学分离方法和波谱学方法，对峨山褐煤中树脂成分进行了深入的化学成分分析，进一步明确褐煤蜡树脂的物质组成。

12.10.1 试验仪器与材料

12.10.1.1 试验仪器

核磁共振谱由 Bruker DRX-500 型核磁共振仪测定；HPLC 分析及半制备试验分别在 Agilent 1200 和 LC 3000 型高效液相色谱仪上完成；分析柱为 Zorbax SB-C$_{18}$（5μm，4.6×250mm）柱；半制备柱为 Zorbax SB-C$_{18}$（5μm，9.4×250mm）柱；柱色谱用硅胶为青岛海洋化工厂生产；Sephadex LH-20（40~120）为美国 Pharmacia 公司产品；反相填充料 Lichroprep RP-18（40~63μm）Sephadex LH-20（40~120）为美国 Pharmacia 公司产品；薄层层析用硅胶 GF254 为青岛海洋化工厂生产，显色剂为 10% H$_2$SO$_4$-EtOH 溶液，喷后适当加热。

12.10.1.2 样品来源

褐煤蜡树脂由云南省玉溪市峨山县天恒通泰腐植酸有限公司提供。

12.10.2 提取与分离

云南峨山褐煤蜡粗提物浸膏（49.6g），依次用石油醚和丙酮萃取，得到褐煤树脂石油醚浸膏（34.2g）和可溶于丙酮的褐煤蜡树脂粉末（13.3g）。石油醚浸膏部分经硅胶柱色谱，石油醚-乙酸乙酯（1:0~1:1.1，V:V）梯度洗脱，得到 4 个极性段（Fr A~D）。A 段（13.5g）经硅胶柱色谱，石油醚:乙酸乙酯梯度洗脱，得到化合物 1(29242.0mg，氯仿-石油醚混合溶剂重结晶），10(8.0mg) 和 9(30.0mg)；B 段（6.4g）经硅胶柱色谱（石油醚-丙酮洗脱）和凝胶柱色谱（石油醚:丙酮=1:1），得到化合物 2(19262.0mg)；

C 段（12.5g）经硅胶柱色谱（石油醚-丙酮）得到化合物 3 的粗品，再经凝胶柱（氯仿：甲醇=1：1）色谱和半制备 HPLC（甲醇水 95%，保留时间 28.6min），得到化合物 3(8.0mg)。褐煤蜡树脂丙酮粉末部分经硅胶柱色谱，石油醚-乙酸乙酯（1：0～0：1，V：V）分为 3 个极性段（Fr Ⅰ～Ⅲ）。Ⅰ经硅胶柱色谱（石油醚-氯仿-甲醇）梯度洗脱，得到化合物 5(10.0mg)、化合物 4(35.0mg)；Ⅱ段（4.9g）经反复硅胶柱色谱（石油醚-乙酸乙酯）和凝胶柱色谱（氯仿：甲醇=1：1）得到化合物 7（26.0mg）、化合物 8(12.0mg)、化合物 6(25.0mg)。图 12-1 所示为化合物 1～5 的化学结构。

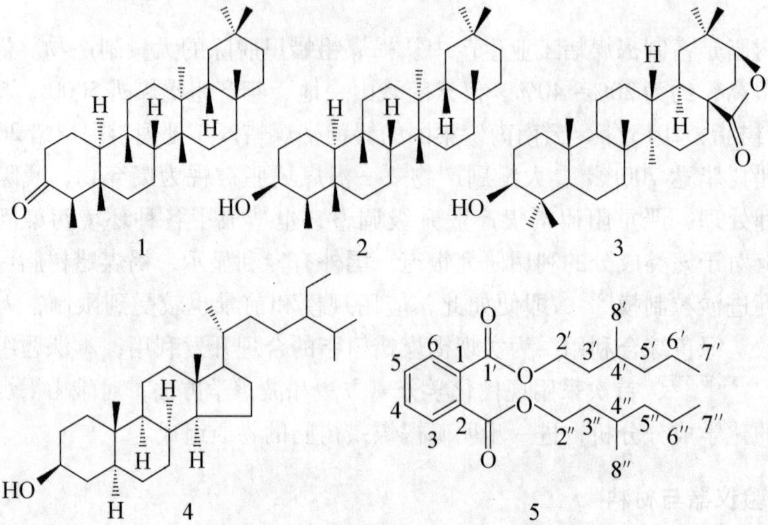

图 12-1　化合物 1~5 的化学结构

12.10.3　结构鉴定

化合物 1 白色粉末，……，鉴定化合物 1 为 3-木栓酮（Friedenlan-3-one）。

化合物 2 白色粉末，……，鉴定化合物 2 为木栓醇（3-Epifriedlinol）。

化合物 3 白色粉末，……，鉴定化合物 3 为 3-羟基-齐墩果内酯。

化合物 4 白色粉末，……，鉴定化合物 4 为 24(R)-3β-豆甾醇。

化合物 5 白色粉末，……，鉴定化合物 5 为邻苯二甲酸-二酯。

化合物 6 白色粉末，……，鉴定化合物 6 为己烷酸甲酯。

化合物 7 白色粉末，……，鉴定化合物 7 为十六烷酸甲酯。

化合物 8 白色粉末，……，鉴定化合物 8 为十四烷。

化合物 9 黄色油状，……，鉴定化合物 9 为十二烷。

化合物 10 黄色油状，……，鉴定化合物 10 为庚烷。

12.10.4　讨论

我国褐煤资源丰富，已探明的褐煤储量高达 1300 亿吨。因此开发褐煤新型利用技术和优化利用方法对我国国民经济可持续发展具有重要现实意义。较传统的燃烧利用模式，以褐煤为原料生产腐植酸与褐煤蜡是褐煤产业中附加值较高的有效利用途径。其中，褐煤蜡的粗蜡经脱树脂后制备的一系列精制蜡（如 S 蜡）产品市场价格约为 20 万~40 万元/吨。然而制备过程脱除的大量树脂既造成了资源的浪费，也引发环境问题。化学成分研究为褐煤蜡树脂合理开发利用提供了科学依据。

本研究对云南峨山褐煤蜡树脂的化学成分进行了深入研究。从中分离鉴定出 10 个化合物，分别为：3-酮基-木栓烷酮（1）、3-羟基 1-木栓烷醇（2）、3-羟基-齐墩果内酯（3）、24（R）-3β-豆甾醇（4）、邻苯二甲酸-二（3-甲基-己烷基）酯（5）、己烷酸甲酯（6）、十六烷酸甲酯（7）、十四烷（8）、十二烷（9）和庚烷（10）。10 个化合物均为首次从褐煤蜡树脂中分离得到。其中脂肪酸类及脂肪酸衍生物中间体是石油中广泛存在的成分，可通过褐煤树脂液化技术开发其作为车用油（柴油）的替代产品；而分离得到的五环三萜类化合物和甾体类化合物，是天然产物中公认的活性化合物，为褐煤树脂药用开发方面的也提供了一定的参考。

12.11　宝清褐煤蜡树脂应用初探

从褐煤的形成时代看，中国褐煤以中生界侏罗纪褐煤储量的比例最大，约占全国褐煤储量的 80% 上下，主要分布在内蒙古自治区东部。新生代第三纪褐煤资源约占全国褐煤储量的 20% 上下，主要赋存在云南省境内（寻甸、昭通、曲靖潦浒）和黑龙江省双鸭山市宝清县，四川、广东、广西、海南等省（区）也有少量第三纪褐煤，华东区的第三纪褐煤主要分布在山东省境内，东北三省也有部分第三纪褐煤。

宝清煤田：第三纪煤田，位于黑龙江双鸭山市，已经探明地质储量 65 亿吨，煤种为褐煤。

2014~2016 年，我们课题组对黑龙江双鸭山市宝清煤田 10 号煤层褐煤进行了全面而系统的研究[58]，下面是与褐煤树脂相关的内容。

12.11.1　概述

褐煤蜡树脂是褐煤蜡脱脂过程中一种主要的副产物，含量一般在 20% 上下，而宝清褐煤蜡树脂含量超过 30%，有必要研究开辟褐煤蜡树脂的应用领域。

褐煤蜡树脂是一种天然植物树脂，与松香性质相似。褐煤蜡树脂在褐煤蜡应用过程中具有双重性，作为精密铸造蜡模、道路沥青添加剂、橡胶多功能掺和剂、造纸施胶剂、电子行业浇注材料、油漆、涂料、工程塑料添加剂等应用会起到积极的作用，但在大多数情况下，如物品美容行业（鞋油、夹克油、地板蜡、汽车上光蜡等）、特殊纸行业（复写纸、铜版纸、信息记录纸、打字蜡纸等）、皮革涂饰与整理、塑料助剂等需要蜡中的树脂含量越少越好，免得使产品发黏、不滑爽。此外，在褐煤蜡深加工和浅色蜡生产过程当中，树脂是氧化剂消耗及蜡长期保持不脱色的主要原因，所以，需要脱除褐煤蜡中的树脂，不但是褐煤蜡主要用户要求，也是深加工精制浅色蜡所必须，这也是褐煤蜡提质和提升褐煤蜡经济效益主要途径之一。

德国褐煤蜡生产所用的原料——褐煤中蜡的含量高（大于 10%），所以，德国褐煤蜡树脂含量一般小于 15%；而宝清褐煤原料中蜡的含量不高（平均 5%），所以，宝清褐煤蜡树脂含量较高，在 30%~39% 之间。德国褐煤蜡售价之所以高于国内褐煤蜡售价，主要原因就是德国褐煤蜡中树脂含量低（树脂含量低，蜡的熔程就高）。褐煤蜡中的树脂可以用物理化学方法得以脱除，关键是脱下来的树脂如何开发利用，降低过程成本，才能确保生产过程有经济效益。

褐煤蜡树脂类似松香，具有防腐、防潮、绝缘、黏合、乳化、软化等优良性能，因此可应用于表面活性剂、造纸、油漆、油墨、涂料、橡胶、胶黏剂、塑料、医药、农药、电气、印染等众多部门。为了消除褐煤蜡树脂的缺陷，提高其使用价值，可以利用树脂结构中的双键和羧基两个化学反应中心进行树脂改性和制备相应的树脂衍生物。

褐煤蜡树脂为天然树脂，经有机溶剂两次萃取（褐煤蜡萃取和脱树脂萃取）后，无机杂质非常少。褐煤蜡树脂主要由 C、H、O 三种元素组成，碳多、氢少、氧微量（重量分率），基本上不含其他杂原子，尤其是金属离子。褐煤蜡树脂加热后，流动性比较好、易雾化，所以，是很好的炭黑原料油；褐煤蜡树脂不含硫、氮，加热后有较好的流动性，所以是很好的清洁工业燃料油；褐煤蜡树脂碳链较长，与非极性物质互溶性好，易于分散各组分，非常适合作为各种沥青添加剂，具有黏结促进和防水作用，如各种改性沥青、道路沥青、防水沥青、防腐沥青、聚合物沥青、调和沥青、混合沥青等。

在电气、金属加工、表面活性剂等工业部门，可利用其黏结性较好（极性基团较多）、与各种非极性物质互熔性好、脂肪烃碳链较长、防水性能好、共轭双键易干等特性找到对应相关的应用途径。如精密铸造蜡模，添加该种树脂，可减少蜡模收缩、防止蜡模龟裂。可作为防水剂应用到各种高分子防水材料当中等。

褐煤蜡树脂是天然树脂，来源于植物，为探索褐煤蜡树脂的利用价值，有必要首先对褐煤蜡树脂化学成分进行分析和探讨。褐煤蜡树脂常温下是黏稠状态的半固体，所以本试验研究特制作具有温水加热套的玻璃色谱柱用来加热甲苯，使树脂溶解，温度恒定在55℃，保证分离时树脂呈完全溶解状态。

12. 11. 2　宝清褐煤蜡树脂气质谱图及气质分析结果

宝清褐煤蜡树脂气质谱图及气质分析结果见图 12-2 和表 12-16。

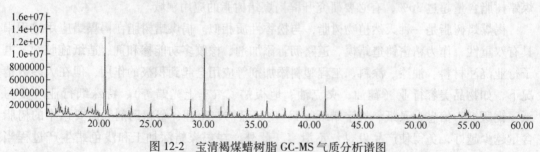

图 12-2　宝清褐煤蜡树脂 GC-MS 气质分析谱图

表 12-16　宝清褐煤蜡树脂气质分析结果

序号	保留时间/min	化学式	中 文 名 称	相似度/%
1	20. 565	$C_{14}H_{14}$	联苄	90. 3
2	22. 891	$C_{12}H_{11}N$	二苯胺	28. 9

续表 12-16

序号	保留时间 /min	化学式	中 文 名 称	相似度 /%
3	28. 810	$C_4H_{14}O_3Si_2$	1,3-二甲氧基-1,3-二甲基硅氧烷	36. 5
4	30. 119	$C_{16}H_{22}O_4$	酞酸二丁酯	40. 0
5	31. 692	$C_{19}H_{40}O_2Si$	棕榈酸、三甲基硅烷基酯	93. 7
6	35. 096	$C_{18}H_{18}$	菲, 1-甲基-7-(1-甲基乙基)-	60. 1
7	36. 024	$C_{12}H_{20}O_3Si$	3-氧杂三环［3,2,1,0(2,4)］辛烷-6-羧基酸, 8-(三甲基硅烷基)-甲基酯	20. 4
8	36. 612	$C_{21}H_{36}O_2$	1-菲羧基酸 7-乙基四氢-1,4,7-三甲基、甲酯, ［1r1π4aπ4bπ7π8aπ10aπ］	68. 3
9	37. 724	$C_{12}H_{20}O_2Si$	环丙烷羧酸、2,2-二甲基、3-（2-三丁基），甲酯, 反式	13. 5
10	39. 042	$C_{23}H_{32}O_2$	苯酚, 2,2′制［6-(1,1-二甲基乙基)］4-甲基	96. 7
11	41. 015	$C_{23}H_{46}O_2$	二十二烷酸甲酯	41. 8
12	41. 500	$C_{25}H_{54}OSi$	硅烷、三甲基-(docosyloxy)	47
13	42. 851	$C_{12}H_{20}O_3Si$	3-氧杂三环［3,2,1,0(2,4)］辛烷-6-羧基酸, 8-(三甲基硅烷基)-甲基酯	19. 2
14	44. 669	$C_{25}H_{50}O_2$	二十四烷酸甲酯	85. 4
15	45. 013	$C_{27}H_{58}OSi$	二十四烷醇	78. 4

12.11.3　宝清褐煤蜡树脂定量分析

黑龙江宝清褐煤蜡树脂定量分析图谱见图 12-3，以内标物（保留时间为 28.193min）所在峰面积为标准，计算其他主要物质峰的相对峰面积如表 12-17 所示，为了研究分析宝清褐煤蜡树脂的特点，在表 12-17 中同时还分别列出云南峨山（内标物保留时间为 28.176min）、寻甸（内标物保留时间为 28.166min）、昭通（内标物保留时间为 28.173min）褐煤蜡树脂主要物质峰的相对峰面积。

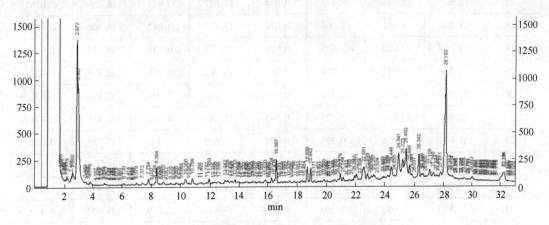

图 12-3　宝清褐煤蜡树脂定量分析气相色谱图

表 12-17　宝清、峨山、寻甸、昭通褐煤蜡树脂定量分析结果汇总表

序号	黑龙江宝清		云南峨山		云南寻甸		云南昭通	
	保留时间	相对峰面积	保留时间	相对峰面积	保留时间	相对峰面积	保留时间	相对峰面积
1	2.179	0.030	2.552	0.126	7.376	0.035	6.568	0.022
2	2.481	0.021	2.860	0.697	7.802	0.060	7.347	0.026
3	2.560	0.085	7.787	0.040	8.223	0.054	7.764	0.053
4	2.872	0.712	8.348	0.108	8.374	0.292	8.331	0.122
5	2.937	0.666	10.751	0.025	8.647	0.091	9.608	0.024
6	3.779	0.021	11.497	0.024	8.797	0.047	10.339	0.055
7	7.373	0.020	13.096	0.041	10.301	0.057	10.744	0.042
8	7.794	0.042	13.409	0.031	11.765	0.038	12.160	0.021
9	8.364	0.090	13.579	0.020	12.535	0.030	13.172	0.076
10	8.819	0.022	13.710	0.024	13.118	0.088	13.552	0.041
11	10.350	0.048	15.073	0.023	13.425	0.128	13.681	0.023
12	10.788	0.041	15.819	0.021	13.726	0.134	13.870	0.040
13	11.950	0.031	16.439	0.125	13.895	0.045	14.370	0.020
14	12.595	0.027	17.084	0.035	14.305	0.091	14.529	0.036
15	13.042	0.026	17.407	0.023	15.076	0.030	14.749	0.049
16	13.209	0.033	17.780	0.023	15.396	0.049	14.898	0.041
17	13.713	0.026	17.991	0.085	15.816	0.068	15.068	0.033
18	15.820	0.029	18.276	0.039	15.976	0.033	15.316	0.038
19	16.234	0.031	18.655	0.037	16.227	0.040	15.619	0.022
20	16.567	0.130	18.912	0.022	16.426	0.048	15.827	0.128
21	18.277	0.020	19.084	0.022	16.536	0.034	15.989	0.145
22	18.699	0.085	19.177	0.024	17.077	0.052	16.219	0.076
23	18.942	0.081	19.469	0.024	17.477	0.042	16.406	0.028
24	19.860	0.022	19.605	0.029	17.772	0.036	16.528	0.035
25	20.976	0.052	19.784	0.060	18.002	0.039	16.935	0.023
26	21.164	0.030	20.128	0.085	18.299	0.086	17.076	0.051
27	21.947	0.036	20.520	0.041	18.480	0.043	17.460	0.075
28	22.071	0.056	20.556	0.022	18.679	0.109	17.768	0.024
29	22.304	0.023	20.721	0.032	18.934	0.127	18.290	0.116
30	22.581	0.182	20.945	0.199	19.178	0.036	18.475	0.111
31	22.839	0.058	21.194	0.060	19.458	0.039	18.674	0.119
32	23.117	0.040	21.303	0.041	19.636	0.041	18.911	0.046

序号	黑龙江宝清		云南峨山		云南寻甸		云南昭通	
	保留时间	相对峰面积	保留时间	相对峰面积	保留时间	相对峰面积	保留时间	相对峰面积
33	23.257	0.073	21.615	0.104	19.856	0.077	19.174	0.031
34	23.504	0.020	21.796	0.051	20.163	0.113	19.448	0.041
35	23.889	0.044	21.938	0.116	20.456	0.046	19.645	0.041
36	23.997	0.035	22.097	0.179	20.598	0.044	19.838	0.072
37	24.189	0.040	22.507	0.287	20.696	0.041	20.078	0.036
38	24.446	0.147	22.750	0.112	20.811	0.037	20.593	0.120
39	24.655	0.043	22.979	0.046	20.974	0.206	20.807	0.098
40	24.941	0.291	23.132	0.167	21.168	0.090	20.978	0.225
41	25.223	0.206	23.292	0.200	21.357	0.057	21.145	0.052
42	25.450	0.344	23.554	0.134	21.591	0.057	21.389	0.037
43	25.695	0.102	23.716	0.075	21.786	0.034	21.680	0.062
44	25.844	0.063	23.842	0.153	21.931	0.156	21.942	0.427
45	26.342	0.206	24.101	0.329	22.088	0.125	22.063	0.071
46	26.550	0.033	24.192	0.237	22.228	0.051	22.246	0.046
47	26.641	0.046	24.527	0.321	22.492	0.138	22.479	0.111
48	26.800	0.028	24.673	0.034	22.632	0.107	22.640	0.088
49	27.109	0.111	24.719	0.026	22.750	0.074	22.762	0.103
50	27.348	0.067	24.979	0.483	22.975	0.057	23.130	0.462
51	27.544	0.037	25.212	0.373	23.121	0.179	23.256	0.189
52	27.811	0.066	25.471	0.352	23.247	0.070	23.516	0.056
53	28.193	1.000	25.720	0.455	23.339	0.077	23.693	0.111
54	28.464	0.024	26.073	0.118	23.530	0.124	23.818	0.049
55	28.624	0.023	26.215	0.122	23.693	0.100	24.015	0.287
56	29.992	0.033	26.365	0.125	24.066	0.368	24.184	0.387
57	32.194	0.101	26.562	0.230	24.179	0.154	24.494	0.158
58	32.230	0.055	26.848	0.248	24.413	0.195	24.699	0.127
59			27.131	0.318	24.696	0.124	24.936	0.303
60			27.294	0.197	24.932	0.351	25.200	0.397
61			27.609	0.185	25.179	0.241	25.442	0.111
62			27.778	0.121	25.421	0.302	25.475	0.115
63			27.891	0.125	25.661	0.178	25.672	0.169
64			28.176	1.000	25.802	0.098	25.816	0.067
65			28.363	0.170	26.008	0.052	25.919	0.087
66			28.708	0.079	26.164	0.080	26.186	0.135
67			28.874	0.039	26.307	0.088	26.340	0.077

序号	黑龙江宝清		云南峨山		云南寻甸		云南昭通	
	保留时间	相对峰面积	保留时间	相对峰面积	保留时间	相对峰面积	保留时间	相对峰面积
68			28.927	0.065	26.505	0.117	26.610	0.136
69			29.175	0.050	26.824	0.146	26.867	0.123
70			29.445	0.112	27.094	0.190	27.101	0.140
71			29.758	0.060	27.253	0.123	27.265	0.111
72			30.037	0.133	27.524	0.103	27.546	0.171
73			30.610	0.028	27.847	0.104	27.771	0.096
74			30.772	0.023	28.166	1.000	28.173	1.000
75			31.155	0.030	28.304	0.089	28.530	0.124
76			31.607	0.039	28.655	0.053	28.878	0.048
77			32.191	0.134	28.897	0.056	29.048	0.029
78					29.443	0.067	29.389	0.097
79					29.708	0.040	29.743	0.062
80					29.976	0.047	30.006	0.057
81					32.130	0.056	30.241	0.020
82							30.568	0.020
83							31.127	0.025
84							32.160	0.105

宝清、峨山、寻甸、昭通四地褐煤蜡树脂组成气质结构分析，结果表明褐煤产地不同，化学组分虽然相似但各组分的含量不同，说明在相同工艺下，褐煤蜡脱树脂过程中产生的树脂成分化学组成大致相同，但各组分的相对含量不同。因此，在一定程度上说明，不同产地的树脂开发利用相同工艺条件可能不同，这是值得引起注意的问题。

由宝清、峨山、寻甸、昭通褐煤蜡及树脂物出峰数不同（表 12-18）可以看出，由产地不同的褐煤生产出的褐煤蜡及树脂，其组成数量及相对含量不同，所以，性质也会有所差别。

表 12-18 宝清、峨山、寻甸、昭通褐煤蜡及树脂物出峰数

项 目	黑龙江宝清	云南峨山	云南寻甸	云南昭通
褐煤蜡成分	77	64	57	84
树脂物成分	58	77	81	84

12.12 褐煤树脂研究进展与本章结束语

12.12.1 褐煤树脂研究进展述评

本章后面所列的参考文献或前面十节就是褐煤树脂研究进展的历史痕迹，我们这里只针对这些文献资料记载的信息作一个简单的述评。

卢冰等[1]采用气相色谱法对云南寻甸褐煤蜡树脂和吉林舒兰褐煤蜡树脂，进行了多环芳烃分布特征的研究，共从褐煤树脂中鉴定出 68 个化合物的同系物。寻甸、舒兰两地树脂样均以菲系化合物占有优势，舒兰树脂中菲系列量约 3 倍于寻甸树脂的对应量，除菲系化合物之外，还有萘、蒽、芴和芘等系列，只不过菲系化合物含量占有优势而已。除上述化合物外，尚有蒽、萤蒽、o-三联苯、p-三联苯、4-甲基联苯、3，3′-甲基联苯和 1-1′联苯等化合物，总计鉴定出 68 个化合物的同系物。

卢冰等[16]在《褐煤蜡中树脂组分的化学研究——生物标志化合物》一文中，研究对象寻甸褐煤蜡树脂和吉林舒兰褐煤蜡树脂没变，只是采用的手段——分析仪器由气相色谱变为气相色谱-质谱联用，进而从这相同的寻甸褐煤蜡树脂和吉林舒兰褐煤蜡树脂中鉴定出生物标志化合物：三萜类化合物中含有四环三萜、五环三萜、芳香五环三萜和含氧化合物，其中以 C_{25}，A、B、C、D 环-四芳-乌散烷和 C_{25}，A、B、C、D 环-四芳-奥利烷烃量最高；舒兰树脂这两种化合物的含量高于寻甸树脂约 10 倍；无羁萜和 3-氧代别桦木烷量亦舒兰树脂占优势。他们同时鉴定出的化合物还有：C_{32}-二升藿烷、C_{33}-三升藿烷、C_{34}-四升藿烷、C_{35}-五升藿烷、西蒙内利烯、降西蒙内利烯、惹烯（$C_{18}H_{18}$，基峰 219，相对分子质量 234），C_{20}，B 环-单芳二萜烷、C_{21}，三芳-脱 A-乌散烷；C_{28}，A 环-单芳-五环三萜烷、C_{25}，A、B、C、D 环-四芳-乌散烷、C_{25}，A、B、C、D 环-四芳-奥利烷、C_{26}，A、B、C 环-三芳-18β（H）-奥利烷等。

上面两篇论文，研究对象都是寻甸褐煤蜡树脂和吉林舒兰褐煤蜡树脂，只是所用的手段不同，为什么会得到两组完全不同的化合物组合。

在上一节中，我们对宝清、峨山、寻甸、昭通褐煤树脂成分的分析，是在完全相同的条件下（溶剂及分析仪器等）所得的结果，而宝清、峨山、寻甸、昭通四地褐煤树脂组分数分别是：58、77、81、84。84-58＝26，仅组分数就相差 26 种，何况是各种组分所占的比例。

李宝才等[25,26,33,35]认为褐煤树脂的组成与粗褐煤蜡类似，可分为烷烃、烷醇、游离烷酸和结合烷酸四大类（这是本书前面所说物质层面上的组成），进而可把四大类（烷烃、烷醇、游离烷酸和结合烷酸）进一步分离为单质化合物（分子层面），例如，他们从褐煤树脂中分离出的主要的化合物包括（以昭通树脂为例）：

（1）树脂烃：D-环单芳藿烷及 17β（H）-21β-升藿烷为含量最高的特征化合物，其他五环三萜及芳构化物质虽有分布，但量极低。

（2）树脂游离酸：正构烷酸为主要化学成分，C_{14} ~ C_{30} 都有分布，其中 C_{16}、C_{18}、C_{24}、C_{28} 构成了含量上优势化合物，C_{16} 为含量最高的化合物。

（3）树脂结合酸中 C_{14} ~ C_{30} 正构烷酸其含量占绝对优势，并按 C_{16}>C_{18}>C_{20}>C_{22}>C_{24}>C_{26}>C_{28} 顺序递减。

（4）树脂醇：C_{15} ~ C_{30} 正构烷醇（C_{24}，C_{26} 为该系列重要化合物），C_{18}、C_{23}、C_{25}、C_{27}、C_{29}-甲基酮，以及羽扇-3-酮、桦木-3-酮、24-甲基-5β（H）-胆甾烷-3-醇、24-乙基胆甾-5、22-二烯-3β-醇、24-乙基-5α（H）-胆甾烷-3β-醇、23，24-二甲基胆甾-5-烯-3β-醇、C_{29}-5β（H）、3β（OH）-甾醇等。

12.12.2　本章结束语

在本书中，我们一直强调褐煤蜡系列产品：褐煤（原料）→褐煤蜡（萃取剂）→脱脂蜡（脱脂剂）→酸性 S 蜡（氧化精制：氧化剂）→合成蜡（合成剂），过程中每一步都涉及化学试剂，并强调在这个过程中每一步所得的产品褐煤蜡、脱脂蜡及树脂、酸性蜡、合成蜡的"功效"由"组成"和"晶体结构"两个因素决定。

产品的"组成"和"晶体结构"与"所用化学试剂"、"加工工艺线路、生产工艺参数（温度、压力等）"及加工"过程"的"速度"有关。即使所采用的"化学试剂"（萃取剂、脱脂剂、氧化剂、合成剂）相同，如果制备工艺条件不同，则产品的"功效"也不同。产品的"功效"由其"组成"和"晶体结构"决定，而产品的"组成"和"晶体结构"由工艺线路、工艺参数及加工实施过程决定。

至于褐煤树脂组成的研究，到目前为止，还没有研究者能够跳出上面提到的卢冰、李宝才论文中所讲的方法，最多不过换一种"新式武器"——分析测试手段。

所以，编者认为，应该尽快建立向组成物质三个层次级别（元素→物质→分子）中的"大分子甚至超大分子"进军的分离鉴定方法，但所谓的现代科学仪器对"大分子甚至超大分子"可能束手无策，至少目前如此。

存在并不等于现实——这，通常都会导致一些所谓的重大发现或重大发明。

参 考 文 献

[1] 卢冰，唐运千，姚龙奎，等．褐煤蜡树脂中多环芳烃组成的研究［J］．燃料化学学报，1999，27（2）：171~175.

[2] Radke M, Willsch M, Leythaneser D, et al. Org Geochem, 1982 (6)：423.

[3] Radke M, Rullkotter J, Vriend S P. Geochim Cosmochim Acta, 1994 (58)：3675.

[4] Budzinski H, Garrigues P, Connan J, et al, Geochim Cosmochim Acta, 1995 (59)：2043.

[5] Платонов В В, Костюрниа И А, Клевина О А. Идр, Химия Тæрдого Топлниа. 1992 (5)：6.

[6] 顾永达，相宏伟，肖贤明，等．燃料化学学报，1996，24（4）：335.

[7] Wang T G, Simoneit B R T. Fuel, 1990 (69)：12.

[8] 唐运千，霍宏昭，程琦．燃料化学学报，1982，10（2）：129.

[9] 李宝才，戴以忠，张惠芬，等．蒙旦树脂化学组成的研究［J］．燃料化学学报，1995，23（4）：429~434.

[10] Alexander R, Noble R A, Kagi R I. APEA J, 1987 (27)：63.

[11] Strachan M G, Alexander R, Kagi R I. Geochim Cosmochim Acta, 1988 (52)：1255.

[12] Mackenzie A S. Advance in Petroleum Geochemistry, Brooks J & D Welte eds. Academic Press, 1984：115.

[13] Alexander R, Bostow T P, Fishes S T, Kagi R I. Geochim Cosmochim Acta, 1995 (59)：4259.

[14] Philp R P, Bakel A, et al. Org Geochem, 1988 (13)：915.

[15] Simoneit B R T, Grimalt J O, Wang T G. Org Geochem, 1986 (10)：877.

[16] 卢冰，唐运千，姚龙奎，等．褐煤蜡中树脂组分的化学研究——生物标志化合物［J］．燃料化学学报，1999，27（3）：262~267.

[17] Платонов В В, Калявина О А И, Окушко ВД ХТТ, 1990 (4)：71.

[18] Евстафев С Н, Лнидинау Н М И Плюснин С Н, 1991 (5)：71.

[19] 顾永达，王郁，晏德福．燃料化学学报，1986，14（1）：69.

[20] 孙玉麟, 顾永达, 杨秀瑾, 等. 燃料化学学报, 1988, 16 (2): 136.

[21] Thompson K F M, Kenncutt I M. Org Geochem, 1992, 18 (1): 103.

[22] 王培荣. 生物标志物质量色谱图集 [M]. 北京: 石油工业出版社, 1993.

[23] Christmann C M, et al. Geochim·Cosmochim, Acta, 1991, 55 (11): 3475.

[24] Chaffee A L, Johns R B. Geochim Cosmochim, Acta, 1983, 47 (12): 2141.

[25] 李宝才, 卜贻孙, 等. 褐煤树脂中游离酸的化学组成与结构特征 [J]. 燃料化学学报, 2000, 28 (2): 162~169.

[26] 李宝才, 戴以忠, 张惠芬, 等. 蒙旦树脂烃化学组成及结构特征 [J]. 燃料化学学报, 1999, 27 (1): 80~90.

[27] 李宝才, 张惠芬. 云南褐煤蜡氧化精制的研究 [J]. 燃料化学学报, 1999, 27 (3): 277~281.

[28] 李宝才, 孙淑和, 吴奇虎, 等. 阴离子交换色谱和硅胶柱色谱法用于褐煤蜡族组成的分离 [J]. 燃料化学学报, 1988, 16 (1): 30~34.

[29] 韩广甸, 等. 有机制备手册（下卷）[M]. 北京: 石油化学工业出版社, 1987: 134~136.

[30] 丛浦珠. 质谱学在天然有机化学中的应用 [M]. 北京: 科学出版社, 1987.

[31] 李宝才, 孙淑和, 吴奇虎. 云南工学院学报. 1989, 5 (2): 61~64.

[32] 叶显彬, 周劲风. 褐煤蜡化学及应用 [M]. 北京: 煤炭工业出版社, 1989.

[33] 李宝才, 张健, 等. 褐煤树脂醇类化学组成与分布特征 [J]. 昆明理工大学学报（理工版）, 2004, 29 (3): 82~90.

[34] 李宝才, Katherine Ficken, Geoffery Eglinton, 等. 褐煤树脂烃化学组成及结构特征 [J]. 燃料化学学报, 1999, 27 (1): 80~90.

[35] 李宝才, 卜贻孙, 傅家谟, 等. 蒙旦树脂中结合酸的化学组成与结构特征 [J]. 昆明理工大学学报, 2000, 25 (3): 79~84.

[36] 李宝才, 孙淑和, 吴奇虎, 等. 褐煤树脂化学组成的研究 [J]. 燃料化学学报, 1995, 23 (4): 429~434.

[37] 姚龙奎, 唐运千. 舒兰褐煤树脂组分中某些分离物的化学研究 [J]. 燃料化学学报, 2002, 30 (1): 86~88.

[38] Hamilton R J, Hanilton S. Lipid Analysis, A Practical Approach [M]. Oxford University Press, 1992: 293~298.

[39] 林启寿. 中草药成分化学 [M]. 北京: 科学出版社, 1977: 56~454.

[40] 姚新生. 天然药物化学（第三版）[M]. 北京: 人民卫生出版社, 2000: 276~420.

[41] Патонов В В, Калявина О А, Окушико ВД и ДР. Ступенчатая экстракдия бурого угля [J]. Химия Твердого Топлива, 1990 (4): 74~83.

[42] 唐运千, 霍宏昭, 程琦. 广东遂溪泥煤蜡和云南寻甸褐煤蜡的化学组成研究 [J]. 燃料化学学报, 1982, 10(2): 129~136.

[43] 王培荣, 侯读杰, 林壬子. 黄县褐煤萃取物的芳烃组成和热演化历史 [J]. 地球化学, 1993 (4): 313~325.

[44] 王晓峰, 李继尧, 于吉人. 齐墩果酸对肝损 [J]. 中国药学杂志, 1999, 34 (6): 377~378.

[45] 朱晓薇. 国外抗炎植物药研究进展 [J]. 国外医药——植物药分册, 1998, 13 (2): 51~59.

[46] 李宝才, 等. 云南昭通褐煤树脂物化学组成与分布特征 [J]. 煤炭学报, 2004, 29 (3): 328~332.

[47] 戴以忠, 李宝才. 昭通褐煤制取褐煤蜡的研究 [J]. 云南化工, 1989 (2): 5~10.

[48] 李宝才, 卜贻孙, 傅家谟, 等. 褐煤树脂中结合酸的化学组成与结构特征 [J]. 煤炭学报, 2001, 26 (2): 213~219.

［49］Ficken K J，Li Baocai，Eglinton G. An n-alkane proxy for the sedimentary input of submerged/floating fresh water aquatic macro-phytes ［J］. Organic Geo-chemistry，2000，31：745~749.

［50］Philp R R. Fossil fuel biomankers，application and spectra ［M］. UK：Elsevier，1985：1~268.

［51］Hamitton R J，Hamittin S. Lipid analysis，a practical approach ［M］. Oxford：Oxford University Press，1992.

［52］石洪凯，李宝才. 云南蒙旦树脂化学成分的对比研究 ［J］. 天然产物研究与开发，2012，24(2)：11~16.

［53］郭君，张敉，何静，等. 云南峨山褐煤蜡树脂化学成分研究 ［J］. 云南中医中药杂志，2014，35(5)：83~86.

［54］目前国内外褐煤蜡生产和市场情况 ［DB/OL］. 2012-6-28.

［55］Blenenstein J M. Process for mixing a novalak resin and sand with an a-stage resin and sand to obtain a shell molding sand ［P］. US，US 2999833 A 1954-04-09.

［56］李宝才. 蒙旦蜡化学组成的研究——酯中酸 ［J］. 云南工学院学报，1991 (4)：22~32.

［57］李宝才，张惠芬，毕莉，等. 蒙旦树脂醇类生物活性物质的研究 ［J］. 林产化学与工业报，2004，24 (3)：73~77.

［58］昆明理工大学. 神华国能宝清煤电化有限公司褐煤生产褐煤蜡系列产品项目的前期研究，结题报告，2016-12.

13 褐煤蜡系列产品的应用

13.1 概述

从前面章节中我们已经知道，产品的"功效"——理化性质由"组成"和"晶体结构"两个因素决定，所以，要改善产品的"功效"性能，就必须从产品"组成"和加工过程的"工艺条件"及实施过程入手。

这里所说的"功效"，实际就是产品的理化性质。对褐煤蜡系列产品而言，决定其应用领域的主要理化性质有：熔点、酸值、皂化值、密度、硬度、导电性能、颜色等。但是，密度、硬度往往都与熔点有关，一般情况下，熔点越高，密度、硬度也越大。所以，决定褐煤蜡系列产品应用领域的主要理化性质为：熔点、酸值、皂化值、导电性能（绝缘性能）、颜色五个指标。蜡用户一般都会根据这五个指标中的一个或几个指标组合选择他们的用蜡。

熔点越高，应用越广，或越受蜡用户欢迎。例如，用于电子电器设备的集成电路板，就要求蜡熔点要高一些好，因为电子电器设备的集成电路板一般都在两倍于室温或更高的温度下工作，熔点低就易熔化而导致电器设备不能正常工作。颜色越浅，应用越广，或越受蜡用户欢迎。几乎所有用蜡部门对蜡的颜色都有要求。有的用蜡行业要求深色，如深色皮夹克、皮鞋高级上光用蜡；而有的用蜡行业要求浅色或无色（但目前还不能生产无色蜡），例如，高级化妆品用蜡、高级地板上光用蜡、高级汽车用蜡等。所以，熔点、颜色是褐煤蜡系列产品指标要求中最重要的两个指标。

导电性能通常从反面说，即绝缘性能，对导电需要绝缘的用蜡行业才有要求（如电线电缆），一般蜡用户不太关心蜡的绝缘性能。

皂化值=酸值+酯值。不同的蜡用户，对酸值的要求也不同。但大部分蜡用户可能不太关心蜡的酸值。

一般情况下，褐煤蜡系列产品熔点越高、硬度越大（针入度越小）、机械强度越高、揩擦光亮度越好、导电率越低、电绝缘性越好，从而也越受用户欢迎。

值得强调的是，褐煤蜡系列产品属于天然植物蜡，只要加工工艺控制合理，褐煤蜡系列产品就属于安全蜡，可以用于所有用蜡行业，包括食品行业与医药行业，即使直接与食品或药物接触，也不会导致安全问题。例如，食品包装纸用蜡。

褐煤蜡系列产品大的方面可用于近百个行业，例如，化工、轻工、冶金、机电、建材、造纸、塑料、汽车、家装等行业；小的方面可广泛应用于橡胶、塑料、包装、炸药、纤维板、蜡烛、化妆品、纸浆、药丸、口香糖、水果保鲜等领域。

前面各章已经分别涉及褐煤蜡系列产品的应用，本章只对褐煤蜡系列产品的应用作一简单的归纳总结。

表 13-1 是德国、美国、中国褐煤蜡基本性质比较表。从表 13-1 中不难看出：前东德 ROMONTA 型褐煤蜡的典型特点是熔点高、酸值小、树脂含量低；美国 ALPCO 型褐煤蜡的熔点没有东德 ROMONTA 型褐煤蜡的熔点高，但酸值小、树脂含量低；中国寻甸、漯浒、舒兰、宝清四地褐煤蜡中，只有舒兰褐煤蜡的熔点相对较高，但其树脂含量超过15%，而宝清褐煤蜡的树脂含量超过30%。

表 13-1　德国、美国、中国褐煤蜡基本性质比较

国别	蜡型号	熔点/℃	酸值 /mg KOH·g^{-1}	皂化值 /mg KOH·g^{-1}	树脂 /%	地沥青 /%
德国	ROMONTA	84~88	28~34	85~100	11~15	4 左右
	ROMONTA 6715	86~90	16~22	90~105	7~11	
	ROMONTA 76	86~90	9~15	80~95	8~12	
	ROMONTA Y	84~88	27~33	83~98	11~15	
美国	ALPCO 16	86	44	93	14	12
	ALPCO 1630	85	28	97	13	18
中国	寻甸褐煤蜡	81.3	38.80	107.10	22.12	9.12
	漯浒褐煤蜡	80.6	46.45	102.8	28.12	6.00
	舒兰褐煤蜡	85.9	64.90	98.90	16.09	6.99
	宝清褐煤蜡	83	30~35	60~89	36.4	8.05

13.2　褐煤蜡在工业中的应用

褐煤蜡可应用于工业、农业、商业、医药、食品、航空等诸多行业领域，我们以其在工业领域中的应用为例加以说明。

褐煤蜡的性质在许多方面与巴西棕榈蜡相似。粗褐煤蜡的主要缺点是颜色太深，不然，它会在更多方面代替价格昂贵的巴西棕榈蜡。但当颜色不成为主要问题时，褐煤蜡经常作为巴西棕榈蜡的廉价代用品和补充品使用[1]。

粗褐煤蜡及其加工提质品（脱脂蜡、改质蜡、漂白蜡、合成蜡）现已广泛用于所有的用蜡部门，擦亮蜡工业、复写纸工业、电气工业、机械工业、制革工业、橡胶工业、印刷工业、造纸工业、纺织工业、包装工业以及日用化学工业、电子通讯、工程塑料、食品、医药等部门生产的近百种产品，都需要采用褐煤蜡或其提质品作为原料或密封剂。下面简单介绍粗褐煤蜡在工业中应用的几个方面。

13.2.1　上光增亮蜡制品

13.2.1.1　皮鞋油

褐煤蜡具有熔点高、硬度大（针入度小）、揩擦光亮度好、易乳化、溶色性能好等优点，因此被广泛用于皮鞋油（尤其是乳化型皮鞋油）、地板蜡、汽车上光蜡等擦亮蜡产品的硬性蜡原料，以代替原配方中的巴西棕榈蜡，这是粗褐煤蜡的主要用途之一。

当皮夹克、皮鞋、皮靴及皮革制品表面涂上一层鞋油后，溶剂很快挥发，剩下的蜡和染料部分，经揩擦后表面便出现一层光亮的薄蜡膜，蜡膜不但有清洁光亮感，而且具有保护皮革制品的功能。

皮鞋油主要由染料、溶剂和蜡三大组分等组成。鞋油使用的光亮度取决于蜡膜的光亮度，因此，在鞋油的配方中，必须含有一定数量的光亮蜡，这样皮鞋才能擦得光亮。光亮蜡一般指褐煤蜡、虫白蜡（川蜡）和甘蔗蜡等，而石蜡一般只能作配方中的辅助蜡。

皮鞋油中使用的黑色染料，一般是油溶黑，其与脂肪酸结合后才能在热有机溶剂中溶解。目前鞋油中使用的溶剂一般为 200 号汽油和优级松节油两种。

皮鞋油的生产工艺过程是：首先将各种蜡原料按配方中的比例配好，然后投入熔化锅内加热熔化，同时在另一锅内加入部分溶剂和染料加热熔化，最后将剩余的溶剂、已熔化的各种蜡混合液及染料溶液一同投入蒸缸内加热混合均匀，经保温片刻后，即可送车间包装。

软管皮鞋油与铁盒皮鞋油不同在于，在原料配方上增加一定量的硬脂酸、氨水和水等，工艺方面多一道乳化工序。当油、蜡、染料混合均匀后，加入氨水溶液，并搅拌乳化，冷却后，即可包装成软管皮鞋油。

由于在皮鞋油配方中使用了大量的溶剂和蜡，因此，一定要注意操作安全。表 13-2、表 13-3 是五种常用皮鞋油配方。

表 13-2 三种皮鞋油配方[1]

皮鞋油配方之一		皮鞋油配方之二		皮鞋油配方之三	
原 料	%	原 料	%	原 料	%
褐煤蜡	2.83	褐煤蜡	5.3	褐煤蜡	5.1
川蜡	2.60	地蜡（天然）	3.2	地蜡	3.1
甘蔗蜡	1.89	蜂蜡	2.8	蜂蜡	2.7
川蜡钙皂	1.18	石蜡	4.0	石蜡	6.0
糠蜡钙皂	2.13	硬脂酸	4.7	平平加	1.2
蔗蜡钙皂	0.94	SE-10	3.2	SE-10	2.2
硬脂酸	3.31	平平加	1.27	油化黑	2.9
油溶黑	4.72	油化黑	3.0	松节油	20.5
油溶黄	0.09	酸性元青	0.53	200 号汽油	22.0
200 号汽油	66.13	200 号汽油	20.0	三乙醇胺	1.3
氨水	1.89	松节油	15.9	水	33
水	12.28	三乙醇胺	2.1		
		水	34.0		

表 13-3 前东德——民主德国两种皮鞋油配方[1]

常规皮鞋油		自亮型乳化液配方	
原 料	%	原 料	%
ROMONTA 665 型褐煤蜡	5	ROMONTA 型褐煤蜡	10
Hoechse 或 BASF 的 OP 蜡	3.5	乙氧基化得烷基酚	3
石蜡	16.5	石蜡	1

常规皮鞋油		自亮型乳化液配方	
原　料	%	原　料	%
天然矿地蜡	2	四硼盐酸	0.1
聚乙烯醇	2	水	85.9
油溶苯胺黑水解产物	1		
石油溶剂/松节油	69		

13.2.1.2　地板蜡

为了保护木质、使地板保持清洁明亮，并延长地板的使用寿命，通常需要涂擦地板蜡。表 13-4 列出两种地板蜡常用配方。

13.2.1.3　汽车上光蜡

汽车上光蜡可用于汽车、自行车等保护油漆表面以延长寿命。表 13-4 列出一种汽车上光蜡配方。

表 13-4　两种地板蜡配方和一种汽车上光蜡配方

地板蜡配方之一		地板蜡配方之二		汽车上光蜡配方	
原　料	%	原　料	%	原　料	%
褐煤蜡	8.3	褐煤蜡	7.0	褐煤蜡	12.0
糠蜡钠皂	6.6	褐煤蜡酸钠	8.4	褐煤蜡酸钠	8.0
糠蜡钙皂	0.98	地蜡	0.2	地蜡	1.2
石蜡	7.3	石蜡	7.9	石蜡	10.8
硬脂酸	0.98	硝基苯	0.2	石铅	0.4
200 号汽油	75.0	石铅	0.2	酯化松香	0.2
油溶黄	0.02	200 号汽油	76	硬脂酸	0.8
				凡士林	0.1
				松节油	24
				200 号汽油	42

13.2.1.4　蜡饼

蜡饼用于皮鞋工业，其配方如表 13-5 所示。

表 13-5　蜡饼配方和黄色抛光膏配方

蜡饼配方		黄色抛光膏配方	
原　料	%	原　料	%
褐煤蜡	20.8	褐煤蜡	4.5
石蜡	41.62	地蜡	2.5
炭黑	37.58	硬脂酸	4.5
		黄丹	4.8

蜡饼配方		黄色抛光膏配方	
原　料	%	原　料	%
		长石粉	76.27
		氧化铁红	
		糠油	7.15
		松香	2.5
		石灰	0.62

13.2.1.5　黄色抛光膏

抛光表面时添加少量褐煤蜡可提高产品硬度和光亮度，并在表面形成蜡膜保护层以延长制品寿命。表 13-5 中列出一种黄色抛光膏配方。

13.2.2　复写纸

粗褐煤蜡中含有较多的长碳链脂肪酸（碳链长相当于植物纤维长），对色素有很好的溶解力（油溶性及脂溶性染料）。在复写纸配方中，加进适量褐煤蜡，可吸收配方中较多的蓖麻油和溶化了色素的油酸，使复写纸涂面色泽均匀，光滑而不粘纸，从而提高复写质量。褐煤蜡因具有吸油性好、溶色性好等优点，所以它一直是复写纸工业不可缺少的一种重要原料。复写纸工业也是褐煤蜡的大用户之一，表 13-6、表 13-7 分别列出国内四种常用复写纸配方和前东德——民主德国一次/多次复写纸配方[1]。

表 13-6　四种复写纸配方

复写纸配方之一		复写纸配方之二		复写纸配方之三		复写纸配方之四	
原　料	%	原　料	%	原　料	%	原　料	%
褐煤蜡	21	褐煤蜡	25	褐煤蜡	27.5	褐煤蜡	21
地蜡	6	甘蔗蜡	5	甘蔗蜡	10	甘蔗蜡	15
石蜡	6.5	地蜡	5	石蜡	6.5	硬脂酸钙皂	5
硬脂酸钙	14	石蜡	6	硬脂酸钙皂	5	溶油兰	1.5
松香钙	4	硬脂酸钙皂	7	溶油兰	2.5	溶油青莲	1.5
蓖麻油	11.5	溶油兰	2.5	溶油青莲	2.5	蓖麻油酸	12
溶油兰	2.5	溶油青莲	3.5	油酸	5	碳黑浆	41
溶油紫	3.5	油酸	7	蓖麻油酸	12	24 号汽油	3
动物油酸	8	蓖麻油酸	8	华兰浆	12		
蓖麻油酸	8	油黑浆	3	酞青兰浆	2		
碳黑浆	1.5	华兰浆	15	蓖麻油	15		
华兰浆	10	酞青兰浆	4				
酞兰浆	8.5	蓖麻油	9				

表 13-7　前东德——民主德国一次／多次复写纸配方

一次复写纸配方		多次复写纸配方	
原　料	%	原　料	%
ROMONTA6715 褐煤蜡	12	ROMONTA6715 褐煤蜡	15
石蜡	22	巴西棕榈蜡	15
凡士林	18	石蜡	10
炭黑	20	矿物油（100SUS）	34.5
矿物油（100SUS）	22.5	炭黑	20
黏土（无水的）	5	铁兰	5
甲基紫碱	0.5	甲基紫碱	0.5

特别说明：现在的激光打印和复印每年需要消耗大量的碳粉，如果在碳粉中添加适量的粗褐煤蜡（颜色越深越好，树脂含量越高越好），可以大大提高打印的效果与质量，并可延长打印文件的寿命。

13.2.3　电线、电缆

褐煤蜡电导率低、电绝缘性好。在电线、电缆外面涂上一层含有褐煤蜡的表层，可防潮、防粘、防龟裂，并能提高其电绝缘性和延长电线、电缆的使用寿命。涂褐煤蜡后可增加褐煤蜡的柔韧性、耐颤动，并使电线、电缆表面光滑美观。褐煤蜡最大特点是干燥快，不会影响生产工序的正常进行。表 13-8 列出四种电线、电缆涂料配方[1]。

表 13-8　四种电线、电缆涂料配方

原　料	第一道涂料/%				第二道涂料/%			
	一	二	三	四	一	二	三	四
褐煤蜡	7		6	15	8	10	15	15
石蜡	55	57	52	40	40	30	47	40
沥青	35	40	42	45	52	60	38	45
松香	3	3						

褐煤蜡用量因电线电缆粗细、规格和所用编织物的不同而有差异，具体用量可参考表 13-9 进行计算[1]。

13.2.4　铁绑线

铁绑线用于固定电瓷瓶和电线等，一般由 16~22 号铁丝、玻璃纤维和涂料等组成。铁绑线原来使用棉纺线，后来改用玻璃纤维线，使用玻璃纤维后易发脆、起毛。添加褐煤蜡后，可使铁绑线绝缘性能提高、不黏、冷却快，并能增加铁绑线的黏温。温度 40~45℃时不走油、不熔化、涂层平滑、耐用。

表 13-10 中列出一种铁绑线配方[1]。

表 13-9　电线、电缆涂料混合配料计算表

标称面积	规格	棉线纺织（每 km 耗量）/kg	玻璃纤维纺织/kg			备注
			合计	一道	二道	
2.5	1.76	4.28	3.69	2.46	1.23	
4	2.24	5.28	3.74	2.49	1.25	
6	2.73	5.41	4.85	3.20	1.65	
10	3.53	7.96	5.94	3.96	1.98	
16	7/1.68	9.20	6.48	4.32	2.16	标称截面指电线的横截面积，mm²；
26	7/2.11	11.16	7.86	5.21	2.65	规格指电线的直径，mm
35	7/2.49	11.62	10.73	7.15	3.58	
50	19/1.81	15.06	12.38	8.25	4.13	
70	19/2.14	18.82	15	10	5	
95	19/2.49	22.35	16.35	10.9	5.45	

表 13-10　铁绑线配方和配偶补偿线外层配方

铁绑线配方		配偶补偿线外层配方	
原料	%	原料	%
褐煤蜡	40	褐煤蜡	10
石蜡	10	石蜡	20
沥青	50	沥青	70

13.2.5　配偶补偿线

配偶补偿线是仪器、仪表和热电偶的补偿导线。它由一根镍铬丝和一根康铜丝分别绕丝，然后缠在一起，外层涂料中加入褐煤蜡后，可防止其发黏。

表 13-10 中列出一种配偶补偿线外层涂料配方[1]。

13.2.6　熔模精密铸造的蜡料

熔模精密铸造是新近发展起来的特种铸造工艺。由于它具有铸件尺寸精度高、表面光洁度好，适于铸造形状复杂、难切削加工的机械零件，因而被广泛应用于航空航天、机械工业及精密机械工业等。

发展熔模精密铸造的一个关键问题是制造蜡模用的模料，而褐煤蜡则是制造蜡模的一种优良材料。

精密铸造生产实践表明[1]，对于模料性能的基本要求是：

（1）熔点适中（一般在 60~120℃ 范围内）；

（2）流动性及成型性好；

（3）膨胀率和收缩率小（一般希望小于 1%）；

（4）具有一定的强度和表面硬度；

（5）焊接性和涂挂性好；

（6）灰分含量低。

此外，还要求模料的导热性和组分稳定性好、配制容易、回收方便、复用性好、无污染、资源丰富、价格便宜。

对模料性能的要求，最重要的是热稳定性、强度、收缩率和灰分。

从本书第 10 章"褐煤蜡的化学组成"中知道，褐煤蜡中树脂属于植物树脂类，因此，它的某些特性类似于天然松香，褐煤蜡中的适量树脂可以改善模料的韧性，降低收缩率，因而有利于蜡模尺寸精度。而褐煤蜡中地沥青是一种有害组分，含量越少褐煤蜡质量越好。

前东德——民主德国生产一种改制褐煤蜡，商标为 ROMONTA Y 型，是专供熔模精密铸造模料之用。

这是一种具有结晶结构且非常坚硬的深色蜡。它与商标为 ROMONTA 标准型褐煤蜡的主要区别是灰分含量低。

ROMONTA Y 型蜡的理化性质如下[1,2]：

熔点 84~88℃，酸值 27~32mg KOH/g，皂化值 83~93mg KOH/g，灰分不超过 0.2%，苯不溶物最高含量 0.4%，丙酮可溶物（树脂）含量 11%~15%，针入度最大是 1。

据前东德——民主德国"古斯坦夫·萨邦特卡"褐煤联合企业提供的样品说明书介绍，表 13-11 中列出用 ROMONTA Y 型蜡配制成的质量良好的精密铸造用蜡料组成、特性和 25kg/cm² 压力下相对于温度 20℃时的体积膨胀率。

表 13-11 前东德 ROMONTA Y 型精密铸造蜡料组成、特性和体积膨胀率

蜡料的组成		蜡料的特性		蜡料的体积膨胀率	
原料	%			温度/℃	体积膨胀率/%
ROMONTA Y 型褐煤蜡	35	滴点/℃	79	20	0.0
褐煤树脂	25	凝固点/℃	70	30	0.1
褐煤沥青	40	酸值/mg KOH·g⁻¹	18	40	1.6
		皂化值/mg KOH·g⁻¹	57	50	3.7
		灰分/%	0.10	60	7.1
				70	9.6
				80	11.4
				90	12.9
				100	13.6
				120	15.1

前苏联在 60 年代就广泛采用褐煤蜡作为精密铸造模料的基本材料，现举 8 个精密铸造具体应用模料配方如表 13-12 所示[1,3]。

我国使用的"石蜡-硬脂酸"低温模料，有流动性好、灰分低、对硅酸乙酸或水玻璃黏结剂涂料的涂挂性好、配制方法简单、能多次复用等优点。其主要缺点是热稳定性差，夏天气温高时易软化变形，当冬季室内温度较低时（小于 5℃左右），蜡模及胶棒易出现龟裂现象、强度低，不利于精铸工艺采用。因此，研究一种热稳定性好、强度高、耐寒的新中温模料对于加速我国的精密铸造工业具有十分重要的意义[1,4]。

表 13-12　前苏联精铸模料配方

模料序号	模料组成/%					
	石蜡	合成地蜡	褐煤蜡	泥炭蜡	松香	其他组分
1	58	25	12			
2	70		8			
3	60		17			石蜡热裂解的馏渣 5
4	60		18	15	7	润膏 22
5	30	10	30	30		西伯利亚蜡 23
6	20		50	25		三乙醇胺 5
7	54		21			西伯利亚蜡 5
8	58		39		10	

20 世纪 70 年代，我国褐煤蜡工业得到迅速发展，这就为当时研究中温模料提供了物质条件。

由北京油泵油嘴厂、煤炭科学研究院北京煤化学研究所、沈阳铸造研究所、中国科学院山西煤炭化学研究所和河北省唐山市精密铸造模料厂等单位组织协作组，研制出一种新型中温模料——"褐煤蜡–石蜡系"模料，经当时的北京油泵油嘴厂连续长期生产试验，表明其性能基本稳定并正式投产使用。

该模料的主要技术性能[1,5]见表 13-13。

表 13-13　新中温模料的主要技术性能[1,5]

滴点/℃	69
酸值/mg KOH·g^{-1}	10
皂化值/mg KOH·g^{-1}	17
灰分/%	0.057
黏度（90℃）/Pa·s	0.00675
密度/g·cm^{-3}	0.8
热稳定性（40℃，2h）/mm	1.20
收缩率/%	1.20
抗弯强度/kg·cm^{-2}	62.4

13.2.7　道路沥青添加剂

社会发展、科学进步先修路。世界各地都普遍使用沥青铺道路。为了提高道路的耐水性能并承受强大的机械应力，需要借助沥青道路黏结剂将石料等固结在一起。

由于褐煤蜡具有极性，试验室已经证明褐煤蜡是一种优良的黏结促进剂。加入 0.5%~1% 褐煤蜡，就可以把沥青黏结剂与石料之间的结合强度提高 3~4 倍。

褐煤蜡不同于其他胺基抗剥落添加剂，它具有热稳定性好，甚至在长期储存和暴露于 100℃ 以上条件下，这种促进黏结性质仍然存在。褐煤蜡还能使道路沥青在低温下更加稳定。

用于建筑物的其他沥青浸渍剂和防护剂（如防水防漏剂）加入适量褐煤蜡，可提高其耐水性并延长寿命。

从生理学观点看，褐煤蜡完全无害，所以，作为黏结剂使用无需任何限制。

13.2.8　橡胶添加剂

褐煤蜡用于橡胶工业已经有几十年历史。试验室被用作多功能的掺和剂，同时起着分散剂和润滑剂的作用。

褐煤蜡用作非极性橡胶和极性橡胶之间的一种胶合剂，在橡胶混合物中，这种添加剂的优点特别明显。在橡胶配料中加入1%~5%褐煤蜡，可使所得混合物产生显著的均匀化作用，这样就有可能在纤维上得到没有应力的光滑橡胶涂层。

在压延橡胶制品中添加适当褐煤蜡可使制品不易渗漏，延长贮存期[1]。

13.2.9　混凝土的内部密封剂

混凝土的内部密封是一种憎水过程。在混凝土中添加2%~3%细颗粒的褐煤蜡混合物，在混凝土完全固化之后，再从其外部加热到90℃以上。这时褐煤蜡熔化，并流进混凝土中的所有微细孔中。通过这种方法可以达到混凝土中微孔结构密封的效果，这样可以防止水和溶盐的渗透。

内部密封的混凝土特别适用于桥梁，可提高混凝土铺面的耐用性。内部密封技术用于其他领域也能获得很大的经济效益，例如，地下电缆管道和铺路石的混凝土模制件。

由于褐煤蜡含有极性组分，因而它能使密封材料与无机物质之间结合得更牢。蜡混合物的最佳配比是：褐煤蜡20%~30%，石蜡70%~80%。

13.2.10　作加工助剂的褐煤蜡乳化液

由于褐煤蜡所含的亲水基团与憎水基团的合理比例，很容易把褐煤蜡制成极细分散的稳定乳化液。

褐煤蜡乳化液是一种很有前途的产品，当乳化液的水分蒸发后，留下似胶膜的蜡保护层，其耐热性强，与基础物质黏结牢固。此外，这种蜡膜具有憎水作用，可防止处理过的表面渗入水。

褐煤蜡的这种特性在现代加工技术中作为一种加工助剂得到广泛应用。

13.2.11　混凝土构件的脱模剂

在工业化生产用于大型建筑物的建筑构件中，褐煤蜡乳化液可以作为一种脱模剂，其配方见表13-14。混凝土构件不用脱模剂常常会与模子黏结在一起，这样不仅造成脱模困难，而且会损坏构件表面。

表13-14　前东德混凝土构件的脱模剂配方

原　　料	%
ROMONTA型褐煤蜡	20
石蜡（54~56号）	0.8

原　　料	%
四硼酸钠	0.2
乙氧基化的烷基酚	4
水	75

把含水且细分散的褐煤蜡乳化液涂在预热过的金属模上，就可以防止混凝土与模架黏结，从而降低脱模的劳动强度并保护构件不被损坏。

乳化液中褐煤蜡的含量为 10%~18%。

以上从褐煤蜡在工业应用中的 11 个方面简单介绍了褐煤蜡的应用，但褐煤蜡的应用不止这 11 个方面。如果再考虑褐煤蜡系列产品中的树脂、脱脂蜡、氧化漂白蜡及合成蜡，则褐煤蜡系列产品的应用行业领域可涉及国民经济的方方面面，包括高端的航空航天、电子通讯、电器设备和精密仪器，以及常规的食品、医疗、医药等。从下一节开始，我们将以几篇褐煤蜡系列产品应用的综合结果简介其应用。只要理解褐煤蜡系列产品的应用行业领域主要由 5 个理化指标"熔点、酸值、皂化值、导电性能（绝缘性能）、颜色"决定，并知道其中"熔点、颜色"是关键指标，就不难预知褐煤蜡系列产品应用领域。

13.3　褐煤蜡系列产品应用综述

13.3.1　褐煤蜡在精密铸造中的应用

1978 年，叶显彬发表论文《褐煤蜡在精密铸造中的应用》[4]，这虽然是 40 年前的资料，但该论文中所涉及的内容并没有时效限制，所以全文引用如下。

在我国熔模精密铸造生产中，广泛采用的是"石蜡-硬脂酸"低温模料。蜡模质量的优劣是影响铸造件质量的基本因素。为此，合理选择优质的蜡模材料和制备高质量的蜡模，对于发展熔模精密铸造具有重要的意义。自 1975 年以来，由北京油泵油嘴厂、煤炭科学研究院北京煤化学研究所、沈阳铸造研究所、太原燃料化学研究所和唐山市东矿区日化厂等单位联合组成的研制组，对"石蜡-褐煤蜡"系的中温模料进行了较为系统的试验研究。其中一种模料在北京油泵油嘴厂正式投产使用了三个多月过程中，性能基本稳定，达到了中温模料水平，能满足一般精铸件要求，为取代硬脂酸、提高精铸件质量、加快发展精铸件生产找到了一条有效途径。

13.3.1.1　原料选择

褐煤蜡：用有机溶剂从褐煤中萃取而得的一种产物。性脆硬，有较高的熔点和机械强度，良好的表面光洁度，与石蜡的混匀性好。具有强的耐酸性，但遇碱在适当条件下会皂化和乳化。

褐煤蜡中树脂，其某些特性类似于天然松香，所以它用于精铸模料中可改善韧性、降低收缩，因而有利于提高蜡模的尺寸精度。所以树脂是一种有利组分，但含量必须适当。

褐煤蜡中地沥青，其熔点显著高于模料中其他组分，因此在整个制模过程中易于析出，造成模料不匀。地沥青在受热时呈黏滞状，很难流动和扩散，因此在熔蜡时特别容易在狭窄的模壳截面形成所谓"柱塞"，影响蜡模完全熔出。

褐煤蜡中灰分（与有机物相结合的矿物部分）主要也富集在地沥青中，造成铸件缺陷（如砂眼）。地沥青也是造成蜡模在凝固时产生表面变形的原因之一，所以地沥青含量越低越好。

70年代初前东德——民主德国开始生产褐煤蜡新品种 ROMONTA Y 型蜡，专供精密铸造使用。

几种褐煤蜡特性见表 13-15。由表 13-15 可以看出，寻甸（汽油）褐煤蜡的性能与寻甸脱地沥青蜡、东德 ROMONTA Y 型蜡有些类似，而与（苯）蜡相比较，前者灰分和地沥青含量较少，黏度较低。模料性能试验表明，脱树脂蜡不适于作精铸模料，而（汽油）褐煤蜡则基本可达到精铸要求。因此，选择云南寻甸化工厂产的（汽油）褐煤蜡作为中温模料的一个组分。

表 13-15　几种褐煤蜡特性

褐煤蜡品种	熔点/℃	酸值/mg KOH·g^{-1}	皂化值/mg KOH·g^{-1}	灰分/%	黏度/cP	比重d_{20}^{90}	树脂/%	地沥青/%	苯不溶物/%	成本/千元·吨$^{-1}$
寻甸（苯）褐煤蜡	84.8	34.0	103	0.62	698	0.93	20.55	27.38	3.66	4
寻甸脱树脂蜡	85.2			0.82	①	①	7.03	32.44		
寻甸脱地沥青蜡	76.6	30.0	98	0.21	314	0.92	25.90	11.33	1.23	
寻甸（汽油）蜡	82.9	33.0	69	0.09	73	0.88	20.80	11.53	0.55	5
ROMONT Y 型蜡	84~88	27~32	83~93	≤0.2			11~15		≤0.4	

注：东德"Gustv Sobotta"褐煤联合企业提供的分析数据；
① 因太粘滞无法测定。

石蜡：选取熔点为 62~64℃。

聚合松香：选取（环球法）软化点 115℃。

低分子聚乙烯：选取兰化公司产的副产物。

13.3.1.2　配方试验

为了适应生产需要，而又不使新模料在推广使用中造成原有模具报废，研制的新中温模料拟达到下列指标：热稳定性（40℃，2h）≤2mm，收缩率≤1.2%，抗弯强度≥45kg/cm^2，灰分≤0.06%。

通过配方试验和批量生产验证，确定 1、2、3 号模料可用于精铸生产，表 13-16 为新中温模料性能表。

表 13-16　新中温模料性能表

模料号	配方	熔点/℃	酸值/mg KOH·g^{-1}	皂化值/mg KOH·g^{-1}	灰分/%	黏度/cP	热稳定性/mm	收缩率/%	抗弯强度/kg·cm^{-2}
1 号	褐煤蜡 30% 聚合松香 10% 石蜡 60%	76.2	24.0	51	0.03	13	1.26	1.10	59.92
2 号	褐煤蜡 15% 低分子聚乙烯 5% 石蜡 80%	73.5	9	15	0.07	10.09	1.12	0.85	

模料号	配　　方	熔点 /℃	酸值 /mg KOH·g^{-1}	皂化值 /mg KOH·g^{-1}	灰分 /%	黏度 /cP	热稳定性 /mm	收缩率 /%	抗弯强度 /kg·cm^{-2}
3 号	褐煤蜡 5% 低分子聚乙烯 5% 聚合松香 5% 石蜡 86%	69.5	10	17	0.06	6.8	1.20	1.20	62.4
4 号	石蜡 50% 硬脂酸 50%		51	15			2.97 (36℃)	1.01	40

上述三种模料配方，可根据地区、工艺条件以及产品的不同而适当调整成分比例。对直浇口棒工艺，由于冬季有"裂棒"问题，以采用 3 号模料配方为宜。

13.3.1.3　模料回收

褐煤蜡基本上是一种酸性蜡，虽含有一部分游离树脂酸等，但酸值并不高（一般只有 30mg KOH/g 左右），聚合松香的酸值稍高些（达 120mg KOH/g 左右），但比起硬脂酸的酸值（210mg KOH/g 左右）还是低得多。由于它们在模料中含量不高，所以模料在循环使用过程中皂化程度并不严重，采用重熔法使皂化物等杂质从洁净的蜡液中沉淀分离出去回收模料是可行的。从回收模料性能的测定结果来看没有什么变化。

13.3.1.4　技术经济效果

综合考察所研制的新中温模料技术经济效果有以下几点：

（1）新中温模料由于完全不用硬脂酸，每年可为国家节约几百万斤食用油。

（2）模料性能良好，提高了精铸件质量，也有利于精铸新工艺的推广使用。

（3）模料成本较低。1 号模料成本为 2910 元/吨，2 号为 2365 元/吨，3 号为 1920 元/吨，而石蜡-硬脂酸为 2850 元/吨。

13.3.1.5　结语

（1）以石蜡-褐煤蜡系组成的新中温模料是取代硬脂酸，是提高精铸件质量的一条有效途径。

（2）研究试验表明，1、2、3 号模料配方用于生产是可行的。

（3）新中温模料回收简便，回用模料皂化物少，复用性能良好。

（4）可降低模料的成本。

13.3.2　蒙旦树脂作为固体软化——增黏剂在轮胎胶料中的应用

1999 年，李宝才等发表论文《蒙旦树脂作为固体软化——增粘剂在轮胎胶料中的应用》[6]，这是一篇难得一见的直奔褐煤蜡系列产品——树脂应用的稀有文章，故全文引用如下。

根据蒙旦树脂化学组成及结构的研究结果，提出蒙旦树脂作为多功能助剂可应用于橡胶工业。经载重胎内层帘线胶中应用蒙旦树脂和蒙旦树脂代替古马隆树脂、在农用胎胎面胶中应用小配合试验表明，蒙旦树脂作为固体软化——增黏剂具有发展潜力。该研究为蒙旦树脂的批量生产和应用提供了依据。

蒙旦树脂作为褐煤蜡中的一个不希望的成分，被溶剂自煤中一起萃取出来。中国粗褐煤蜡中含近30%的树脂物，生产脱脂蜡的同时，产生大量的副产物——蒙旦树脂。过去对蒙旦树脂化学组成研究较少，树脂应用方向不明确。如何利用蒙旦树脂，一直是企业想解决又无法解决的难题，制约了蒙旦蜡工业的发展。因此，作者开展了蒙旦树脂化学组成及应用的研究工作[7,8]，提出蒙旦树脂可作为配合剂应用到橡胶工业上，同时还具有配合剂的其他性能。

橡胶配合剂为制造各种橡胶制品的化学原材料，用来改善橡胶在制造中的工艺性质，使制品经硫化后，得到所需求的使用性能，提高橡胶的使用价值，达到降低制品成本的目的。配合剂的化学成分，有纯粹的化学组成与混合的化学组成，配合剂在橡胶中的变化，有的为化学变化，有的为物理变化，也有两种变化同时存在的。在天然橡胶中所用的配合剂，几乎都能适用于大部分合成橡胶中[9]。蒙旦树脂可作为操作配合剂，其根据是：当橡胶在制造过程中，如轧炼、压出、压延等，由于橡胶的可塑性差，较坚硬及缺乏黏性，常使操作困难，故在配合时加入塑解剂、增塑剂、软化剂或增黏剂等操作剂，以缩短加工时间，提高橡胶的塑性、柔软性或黏性，以此改善工艺条件。工业上常用的软化剂为沥青、松焦油、石蜡、硬脂酸、柏油、矿物油、煤焦油、松香、去氢松香酸、二氢松脂酸、苯骈呋喃—茚树脂，而增黏剂一般是松香、松焦油、各种树脂、苯骈呋喃—茚树脂、松香酸酯、苯乙烯衍生物（styrenederivatives）、聚丁烯、松香酸锌等。蒙旦树脂具备了作为橡胶制品配合剂的各种性质，因此，我们选择了不同含蜡量的蒙旦树脂在云南省轮胎厂进行了小配合试验。

13.3.2.1 试验部分

A 样品制备

试验样品由云南省煤炭厅煤炭化工厂提供，有关蒙旦树脂的制取，蒙旦树脂化学组成及性质见文献 [6，7]。

B 仪器、设备

（1）开炼机：ϕ152mm；

（2）流变仪：美国孟山都 2000E 型。

C 试验方法

采用云南轮胎厂实际配方，在开炼机上制胶，各项物理机械性能均按国家标准测定。载重胎内层帘线中应用蒙旦树脂小配合试验，蒙旦树脂代替古马隆在农用胎胎面胶中应用小配合试验，试验均在云南轮胎厂完成。配方中改变松香和松焦油的用量。配方特征是以各组分材料的重量份数计，配方变量方案见表 13-17，试验结果由表 13-18 给出。

表 13-17　载重胎内层帘线胶应用蒙旦树脂试验配方方案表

项　目 ＼ 编　号	1 号	2 号	3 号	4 号	5 号
蒙旦树脂	0	1	1	3	6
松　香	1	0	1	1	1
松焦油	8	8	7	6	6

表 3-18 载重胎内层帘线胶中应用蒙旦树脂小配合试验结果

配方编号 项　　目		1 号	2 号	3 号	4 号	5 号
硫化特性（流变仪） 142℃	T_{10}：S	5：58	5：46	5：48	6：01	7：09
	T_{90}：S	18：29	17：31	18：22	19：59	22：05
硫化条件（142℃）/min		20　30	20　30	20　30	20　30	20　30
扯断强度/MPa		20.9　20.3	19.8　17.2	19.7　19.9	20.0　21.0	18.6　19.4
扯断伸长率/%		590　529	580　493	596　586	619　610	629　632
300%定伸应力/MPa		8.3　8.9	7.7　8.4	7.3　8.0	7.3　7.9	5.9　6.6
扯断永久变形/%		20　14	16　16	18　20	20　20	22　24
硬度/邵尔 A		64　65	64　66	64　66	66　66	64　66
弹回率/%		47　47	47　48	48　47	45　45	41　42
撕力/kN·m^{-1}		69　62	79　60	100　64	83　80	79　67
热老化系数（100℃×24h）		0.70　0.72	0.70　0.81	0.73　0.68	0.78　0.53	0.81　0.64
疲　劳	老化前 （万次）	全裂　全裂 15.3　13.2	全裂　全裂 15.0　14.4	D 级　D 级 30.6　30.6	B 级　F 级 30.0　30.6	全裂　全裂 28.2　30.6
	老化后 （万次）	全裂　全裂 6.0　7.5	全裂　全裂 6.9　8.1	全裂　全裂 10.8　7.5	全裂　全裂 9.0　9.3	全裂　全裂 9.6　9.9
H 抽出 N/根	老化前	162　190	147　159	155　165	167　168	142　158
	老化后	155　163	135　161	151　112	175　181	121　141

13.3.2.2 结果与讨论

A　载重胎内层帘线胶中应用蒙旦树脂小配合试验结果

从表 13-8 可以看出，1 号和 2 号配方相比较，蒙旦树脂取代松香后，H 抽出略降低，即胶与线附着力有所下降，扯断强度和定伸应力相近，焦烧时间和正硫化点有所提高，撕力增加，其他指标变化不大。附着力下降的原因可能是蒙旦树脂较高，蜡迁移到胶和线结合的界面处，使胶线附着力下降，解决的办法是控制脱树脂工艺条件，使蜡和蒙旦树脂尽量分开。另一个原因是蒙旦树脂中低沸点（或溶剂）的组分在硫化时受热挥发，产生气体，尤其是在线胶结合界面处，将会对附着力产生显著的影响。解决的办法是将蒙旦树脂在使用前，于 145~150℃加热处理，将其中的低沸点成分除去。按上述办法，经云南轮胎厂试验，结果表明：蒙旦树脂取代松香或古马隆是可行的。

3 号、4 号、5 号配方试验表明，在一定用量范围，蒙旦树脂部分代替松焦油是可行的。在 4 号配方中，H 抽出即胶与线的附着力增加，且老化后显著增加。但随着蒙旦树脂的增加，胶料定伸应力有所下降，扯断伸长率增加，反映出硫化交联程度有所下降，胶与线附着力下降，焦烧时间和正硫化点滞后。因此蒙旦树脂取代松焦油以 2~3 份为佳。

B　蒙旦树脂代替古马隆树脂在农用胎胎面胶中应用小配合试验结果

本试验样品为含蜡量不同的三种蒙旦树脂 R$_1$、R$_2$、R$_3$。对比试验为未加入蒙旦树脂而加入了 3 份古马隆树脂，其结果如表 13-19 所示。

表 13-19　蒙旦树脂代替古马隆树脂在农用胎胎面胶中应用小配合试验结果

项　目	配方特征	3 份古马隆	3 份 R_1	3 份 R_1 减 0.3 份石蜡	3 份 R_2	3 份 R_3
硫化特性（流变仪）142℃	T_{10} : S	5 : 41	5 : 58	5 : 44	5 : 37	6 : 01
	T_{90} : S	18 : 43	19 : 59	19 : 37	20 : 04	20 : 19
硫化条件（142℃）/min		30　40	30　40	30　40	30　40	30　40
扯断强度/MPa		16.9　16.9	16.0　16.3	16.6　16.9	16.7　16.5	16.3　16.5
扯断伸长率/%		589　555	601　585	605　576	585　556	556　571
300%定伸应力/MPa		6.8　7.0	6.0　6.3	6.5　6.6	6.6　7.1	6.7　6.8
扯断永久变形/%		20　20	20　20	20　20	22　22	20　20
硬度/邵尔 A		68　70	68　68	70　70	70　70	70　70
弹回率/%		32　32	32　33	32　32	32　32	32　32
撕力/kN·m^{-1}		102　94	93　86	105　96	99　92	94　92
热老化系数（100℃×24h）		0.75　0.84	0.75　0.73	0.69　0.71	0.72　0.72	0.79　0.79
疲劳	老化前（万次）30　30	A 级　A 级	A 级　A 级	B 级　B 级	微　微	微　无裂
	老化后（万次）30　30	E 级　B 级	C 级　B 级	B 级　B 级	C 级　B 级	B 级　B 级
H 抽出 N/根	老化前	0.187 0.144	0.191 0.193	0.190 0.174	0.204 0.178	0.173 0.163
	老化后	0.196 0.183	0.202 0.191	0.209 0.175	0.158 0.181	0.213 0.218

　　轮胎胎面胶配方中使用固体古马隆的作用是：作为软化剂改善胶料的流动性；作为黏合剂提高胶料黏合性能；在常温下固化，提高胶料挺性以保证胎面半成品尺寸稳定性。试验结果表明，蒙旦树脂用于胎面胶配方中，前两项功能优于固体古马隆树脂，后一项功能略次于古马隆树脂，但随着轮胎含胶率的降低，胶料挺性得以提高，而流动性和黏合性成为主要问题。因此，用蒙旦树脂代替固体古马隆树脂对保证轮胎成品质量是有利的。使用蒙旦树脂的配方胶料正硫化点略滞后，可通过适当降低蒙旦树脂酸值或增加配方促进剂用量调整；用蒙旦树脂的配方硫化胶扯断强度略有降低，这与硫化点滞后有关，总的强度水平也比较接近，其顺序为：古马隆>R_1（减 0.3 份石蜡）>R_2>R_3>R_1，其余性能相近。

13.3.2.3　结论和建议

（1）蒙旦树脂化学组成及结构特征表明，蒙旦树脂可作为橡胶的增塑剂，操作剂—软化剂，增黏剂。

（2）通过载重胎内层帘线中应用蒙旦树脂小配合试验和在农用胎胎面配方中蒙旦树脂代替古马隆小配合试验，上述两种胶料物理机械性能测试表明：蒙旦树脂作为固体软化—增黏剂是可行的，具有发展潜力。

（3）蒙旦树脂是一种在室温下黏性较强的固体混合物，随温度升高而软化。以目前之物态，配料时难于操作，应加工成粒状、片状或易加工成粒状的块状物。

13.3.3　德国浅色褐蜡煤的性质和应用

　　1986 年，李宝才等发表综述论文《浅色褐蜡煤》[10]，表 13-20 是该论文中关于德国浅色褐蜡煤的性质和应用归纳总结。

表 13-20　典型浅色蜡的性质和应用范围[10]

种　类		滴点/℃	酸　值/mg KOH·g⁻¹	皂化值/mg KOH·g⁻¹	20℃比重/g·cm⁻³	颜色	主要应用范围
硬蜡酸性蜡	S	81~87	135~155	155~175	1.00~1.20	淡黄	擦亮剂、乳化液、发色体显色
	L	81~87	120~140	140~160	1.00~1.02	黄	塑料润滑剂、平光浆。用于纺织品、木材、纸张等乳化剂
	LP	81~87	115~130	140~160	1.00~1.02	黄	
酯型蜡	E	79~85	15~20	125~155	1.01~1.03	淡黄	擦亮剂、乳化液、含溶剂的擦亮剂糊
	X22	78~86	25~35	120~150	1.01~1.03	淡黄	含溶剂的擦亮剂糊
	F	77~83	6~10	85~105	0.97~0.99	淡黄	含溶剂的擦亮剂糊
	KP	81~87	20~30	115~140	1.01~1.03	黄	复写纸
	KPS	79~85	30~40	135~150	1.00~1.02	黄	擦亮剂，特别是自身发亮乳状液
	KSL	81~87	25~35	120~145	1.00~1.02	黄	擦亮剂，特别是自身发亮乳状液
	KSS	82~88	25~35	100~130	1.00~1.02	黄	自身发亮乳状液
	KFO	83~89	85~95	120~145	1.00~1.02	黄	自身发亮乳状液
	U	82~88	78~88	120~135	1.00~1.02	黄	自身发亮乳状液
含乳化剂酯型蜡	KPE	79~85	20~30	100~130	1.00~1.02	黄	自身发亮乳状液
	KSE	82~88	20~30	80~110	1.00~1.02	黄	自身发亮乳状液
	KLE	82~88	25~35	80~110	1.00~1.02	黄	自身发亮乳状液
	DPE	89~94	20~30	80~110	1.00~1.02	黄	用于纸面涂层的乳状液
部分皂化酯型蜡	OP	98~104	10~15	100~115	1.01~1.03	黄	含溶剂的擦亮剂、塑料润滑剂
	X55	98~104	10~15	90~110	1.01~1.03	附加	含溶剂擦亮剂，特别是糊状的
	特殊	97~107	13~18	75~108	1.00~1.02	褐黑	含溶剂擦亮剂，特别是糊状的
	O	100~105	10~15	100~115	1.01~1.03	黄	含溶剂擦亮剂，特别是糊状的
	OM	90~97	20~25	110~125	1.00~1.02	黄	含溶剂擦亮剂，特别是糊状的
	FL	94~100	35~45	80~100	0.99~1.01	黄	带溶剂的液态或固态擦亮剂
软蜡酯型蜡	BJ	77~83	17~25	125~150	0.97~0.98	黄	擦亮剂乳状液
	RJ	75~80	17~24	80~100	0.97~0.99	黄	含溶剂擦亮剂，擦亮剂乳状液
含乳化剂酯型蜡	NE	74~82	45~45	110~135	0.97~0.99	黄	擦亮剂乳状液

13.3.4　国内外特种蜡公司的发展及特种蜡开发方向

2010 年，潘金亮发表《国内外特种蜡公司的发展及特种蜡开发方向》[11]，该论文较长，引用与蜡应用相关的主要结论如下。

文章介绍了国内外主要特种蜡的生产厂家，提出了具有发展前途的特种蜡品种，如橡胶防护蜡、炸药蜡、电子蜡、包装蜡、杯蜡烛专用蜡、人造板专用蜡、氯化石蜡专用蜡、汽车防锈蜡、中温铸造蜡、有机硅蜡、脂蜡、酰胺蜡、树脂蜡、氧化石蜡皂、微粉化蜡及乳化蜡等。分析了大型石化国有企业发展特种蜡的优势与劣势，并提出了发展对策。

13.3.4.1　国外特种蜡公司的发展现状

特种蜡主要产品有橡胶防护蜡、炸药蜡、汽车防护蜡、电力电容器蜡、纤维板蜡、铸造蜡、陶瓷蜡、硬质合金专用蜡、感温蜡、热熔胶蜡、脱模蜡、柑橘保鲜蜡等。

特种蜡应用领域非常广泛，可广泛应用于橡胶、塑料、包装、炸药、纤维板、蜡烛、口香糖、化妆品、纸浆、药丸、水果保鲜等领域。国外主要特种蜡生产商情况见表13-21。

表 13-21　国外主要特种蜡生产商[11]

公司名称	基本概况	主要产品	应用领域
百瑞美特殊化学品有限公司	总部设在荷兰的阿姆斯特丹，总公司成立于1896年，是欧洲最大的专业生产蜡的企业	橡胶蜡、热熔胶、涂层蜡、纸板箱蜡、家禽脱毛蜡、口香胶、乳状炸药蜡及光导纤维填充物等	轮胎、炸药、纸板、纸箱、口香糖、光导纤维
日本精蜡株式会社	（Nippon Seiro Co）远东地区的大型石油蜡生产商。年生产专用蜡5万吨，近300个品种	石蜡、微晶蜡、氧化蜡、氧化石油脂、橡胶蜡、电子蜡、乳化蜡、防锈蜡	轮胎、电子、防锈
英国Astor STAG公司	世界上最大的特种蜡公司。在比利时、美国还有4个生产厂。现有生产能力75kt/a，共生产六大类100余种产品	橡胶蜡、光导纤维蜡、热熔胶蜡、电缆蜡、防锈蜡	橡胶、塑料、包装、医药、电缆、光纤填充剂、汽车防护、建筑、运输、热熔粘合剂
美国史东毕斯公司	（STRAH L & P ITSCH, INC.）专门研发各种专业配方，被各大化妆品公司及药品公司所采用。有上百种产品	石蜡、微晶蜡、各种天然蜡和动植物蜡、化妆品蜡	化妆品、药品、光亮剂、润滑剂、蜡烛制造、纸浆、药丸及水果的覆盖物
加拿大IG I公司	北美最大的蜡精炼和调和工厂，世界级公司	石蜡、微晶蜡、蜡烛蜡、口香糖蜡、化妆品蜡、电缆蜡、蜡笔蜡、热熔胶、奶酪蜡	蜡烛、口香糖、化妆品、蜡笔、保鲜膜、粘合剂、标签、杯子、电缆
德国Shumann集团	在40多个国家设有代理公司，并已向世界90多个国家与地区销售其产品500余种		在数十个行业中得以应用
美国联合化学公司的伯乐公司	年产数万吨石油蜡，加工成100多个品种的特种蜡，仅热熔胶就达几十个品种，年产量约5万吨		热熔胶
TER HELL & CO. GM BH	德国公司，以化学品原料为主的供货商，有100年的历史	其产品供应范围包括来自天然的合成树脂、塑料制品以及各种各样的蜡，各种涂料和特别的化学制品，以及提供来自自然的食品工业原料	

13.3.4.2 国内特种蜡公司发展现状

国内特种蜡研究和生产公司 10 余家。产品主要有橡胶防护蜡、乳化炸药蜡、精密铸造用蜡、汽车防护蜡、电子元器件用蜡、水果包装用蜡、热熔胶用蜡和感温蜡、中温铸造蜡、水果保鲜蜡、汽车防锈蜡、汽车上光蜡、牙科蜡、化妆品蜡、奶酪蜡、合成聚乙烯蜡、合成聚丙烯蜡、氧化聚乙烯蜡、氧化聚丙烯蜡、纳米乳化蜡等。

国内主要特种蜡生产商情况见表 13-22。

表 13-22　国内主要特种蜡生产商[11]

公司名称	基本概况	主要产品	应用领域
上海焦耳蜡业有限公司	拥有多项专利和高新技术，有 200 多个产品	微粉蜡系列产品、乳化蜡系列产品、合成蜡系列产品	涂料、油墨、皮革、汽车、塑料、橡胶、电子、蜡烛
南阳石蜡精细化工厂	燃料、特种蜡（油）、化工型综合企业。特种蜡产品有 28 个品种，72 个牌号	石蜡、微晶蜡、橡胶防护蜡、乳化炸药蜡、口香糖蜡、储能蜡、地板防潮蜡、铸造蜡、防锈蜡、缓释肥专用蜡	橡胶、炸药、口香糖、建筑、化肥、木材
茂名石化华粤企业集团特种蜡厂	以生产专用料和特种蜡为主的中型企业，生产能力 60kt/a	微晶蜡、混晶蜡、工业凡士林、美容蜡、塑料专用蜡、乳化炸药复合蜡、橡胶防护蜡、电子用蜡、软蜡	橡胶、炸药、陶瓷、合金、电子、日化
抚顺石油化工研究院	主要从事石油蜡类及特种溶剂油产品加氢精制催化剂及工艺技术开发、特种蜡产品生产技术开发	粉状乳化炸药专用蜡、氧化微晶蜡、电力电容器用绝缘浸渍灌封蜡、感温蜡、汽车内腔防护用蜡、橡胶防护蜡	橡胶、炸药、电子、汽车、热熔胶
广州市德隆化工贸易有限公司	主要从事各种特种蜡、天然蜡、石油蜡及其他石油化工产品的技术开发、技术咨询、销售业务	石油蜡系列、合成蜡系列、天然蜡系列、改性蜡系列、特种蜡系列、蜡乳液	皮革、日化、金属加工、电子
镇江市润州区泽众专用蜡厂	专门从事专用蜡制品研究开发和生产的企业	石蜡、微晶蜡、聚乙烯蜡、蜡膏、凡士林、专用蜡	造纸、塑料、皮革、汽车、金属加工、防锈、电子、医药、日化
华东理工大学	主要从事合成蜡、微粉蜡、乳化蜡的研究开发及技术转让	有机硅蜡、硅氟蜡、酰胺蜡、聚乙烯蜡、聚丙烯蜡、乳化蜡、电子蜡、汽车蜡、高熔点蜡、储能蜡	橡胶、塑料、涂料、油墨、皮革、纤维板

13.3.4.3 具有发展前途的特种蜡品种

我国是一个经济大国，欲研究生产特种蜡的公司很多，这是因为生产特种蜡存在很大的利润空间。但是由于特种蜡品种多、用量少，单个特种蜡绝对产值较小、研究难度较大、需要的专业知识面较广，所以到目前为止，中国还没有出现类似国外那样的 10 万吨级特种蜡专业公司。特种蜡生产量最大的南阳石蜡精细化工厂也只有 3 万吨/年的产销量，而且生产的特种蜡集中在橡胶防护蜡和炸药蜡这两个产品，其他的高附加值特种蜡品种生产量很小，其原因是还没有在特种蜡生产技术方面和特种蜡质量方面真正得到突破。有些特种蜡品种国内虽有生产，但是产品质量与国外相比相距甚远，因此还不能形成生产规模。近年来，随着子午线轮胎、炸药、塑料、橡胶、电子电力器件、陶瓷、建材、汽车生产等工业部门技术的发展，各行业对特种蜡产品形成了越来越广阔的市场需求，给特种蜡发展带来了新的机遇。具有发展前途的特种蜡品种主要有以下几类。

A　物理改性蜡

物理改性蜡主要有：炸药蜡、橡胶防护蜡、杯蜡、人造板专用蜡、汽车防护蜡。

汽车防护蜡有汽车表面防锈蜡、汽车内腔防锈蜡、汽车底盘防锈蜡、汽车发动机防锈蜡、上光蜡等。我国已经达到了 1000 万辆的汽车销售规模。我国每年均需大量进口防护蜡，进口防护蜡价格为普通石蜡的 2~5 倍。一辆轿车平均用蜡 3~6kg，年用蜡量超过 3 万吨。

B　合成蜡

合成蜡主要有：脂蜡、有机硅蜡、酰胺蜡、聚烯烃蜡、氧化石蜡皂。

C　乳化蜡

乳化蜡应用领域相当广泛，可以说量大面广。其主要的应用领域是纺织、造纸、皮革、纤维板、上光、石膏、水果保鲜、建筑、园艺、陶瓷等。

本章结束语：褐煤蜡系列产品的应用行业领域涉及国民经济的方方面面，从常规的食品、医疗、医药等到高端的航空航天、电子通讯、电器设备和精密仪器，无不涉及。

到目前为止，褐煤蜡系列产品的应用至少已经涉及以下 12 个方面：

（1）日用化学工业：用褐煤蜡的深加工产品精蜡作为特效化妆品，如口红、霜膏、发胶，用量非常大。

（2）精密铸造工业：作为中高温蜡模，可提高铸件的精密度和光洁度。

（3）橡胶、塑料、纺织工业：用作增塑剂、润滑剂等，尤其是 PVC 工程塑料用作模压及反黏附的润滑剂。

（4）造纸工业：用作施胶剂。

（5）电气工业：电线、电缆等用作绝缘材料，用以防水、防腐、防粘、防老化等。

（6）印刷行业：高速印刷油墨、复写纸、打字蜡纸、打印机或复印机碳粉等用作涂料或添加齐，不易干裂、字迹不扩散和渗化，保持时间长。

（7）包装工业、热熔胶工业和蜡烛工业。

（8）应用于钻井、公路路面维护、水库堵漏、矿山除尘等。

（9）汽车、家具、地板、自行车等作为优质上光蜡且用量非常大。

（10）鞋油工业：皮革、皮鞋油中作为光亮剂。

（11）精密仪器、航空航天。

（12）食品、医药及医疗器械。

参 考 文 献

[1] 叶显彬，周劲风. 褐煤蜡化学及应用 [M]. 北京：煤炭工业出版社，1989.

[2] Erich Kliemchen. 75 Years production of montan wax, 50 Years montan wax from Amsdorf. DDR Röblingen am See. 1972.

[3] Я. И. Шкленника, Литье по выплавляемым моделям. москва, 1971.

[4] 叶显彬. 褐煤蜡在精密铸造中的应用 [J]. 煤炭科学技术，1978，(8)：40~41.

[5] 叶显彬. 云煤科技，1980 (4)：14.

[6] 李宝才，周梅村，刘伯林，等. 蒙旦树脂作为固体软化——增粘剂在轮胎胶料中的应用 [J]. 云南工业大学学报，1999，15 (3)：46~48.

[7] 李宝才，戴以忠，张惠芬，等. 燃料化学学报，1995，23 (4)：429.

[8] 李宝才，戴以忠，张惠芬. KathFicken，GeofferyEglinton. YongsongHuang 等. 燃料化学学报，1999，(27)：80~90.

[9] 凌鼎钟，顾延和，林兆祥. 橡胶配合剂 [M]. 2 版. 上海：上海科学技术出版社，1963.

[10] 李宝才，孙淑和，吴奇虎. 浅色褐蜡煤 [J]. 江西腐植酸，1986 (2)：15~21.

[11] 潘金亮. 国内外特种蜡公司的发展及特种蜡开发方向 [J]. 现代化工，2010，30 (8)：4~9.

14 褐煤蜡质量指标及分析检验

14.1 概述

本章重点是褐煤蜡及分析检验方法。本书前面十三章已经讲完褐煤高效清洁综合利用第一步中褐煤（原料）→褐煤蜡（萃取）→脱脂蜡（脱脂）→酸性 S 蜡（氧化精制）→合成蜡（合成）全部过程。在这个完整过程中，每一步都会涉及原料与产品是否合格的问题，这就必须有相关的"质量标准"来衡量对应原料或产品的"质量指标"——"质量标准"与"质量指标"对应。

在褐煤蜡系列产品研究、生产、分析化验过程中，通常会涉及下面五个质量"质量标准"：

(1) 煤炭分析试验方法一般规定：GB/T 483—2007[1]；
(2) 褐煤的苯萃取物产率测定方法：GB/T 1575—2001[2]；
(3) 褐煤蜡测定方法：GB/T 2559—2005[3]；
(4) 褐煤蜡技术条件：MT/T 239—2006[4]；
(5) 煤的工业分析方法：GB/T 212—2008[5]。

表 14-1、表 14-2 分别是褐煤理化性质分析典型报告单和国内外褐煤含蜡量和蜡品质情况汇总，本章中我们将根据表 14-1 表头要求的分析化验项目和表 14-2 表头要求的质量指标内容进行阐述。

表 14-1　褐煤理化性质分析典型报告单

样品编号	全水分/%	分析基水分/%	灰分（干基）/%	总腐植酸（干基）/%	游离腐植酸（干基）/%	甲苯萃取率（干基）/%
1	48.75	8.01	31.52	61.04	58.11	7.12
2	50.29	7.92	30.17	58.33	57.33	7.51
3	49.97	7.74	31.73	58.74	57.52	7.09
平均	49.67	7.89	31.14	59.37	58.32	7.24

表 14-2　国内外褐煤含蜡量和蜡品质情况汇总

国家及地区	煤含蜡量/%	熔程/℃	树脂/%	地沥青/%	酸值/mg KOH·g⁻¹	皂化值/mg KOH·g⁻¹	灰分/%
德　国	10.0~15	85~87	10~15	<5	30~40	90~105	<0.4
美　国	7.0~9.0	84~87	10~15	<12	40~50	90~120	<0.5
乌克兰	8.0~10	83~85	16~25	<6	30~40	100~150	<0.5
吉林春化	7.0~9.0	82~85	28~35	<5	45~55	100~130	<0.4
内蒙赤峰	3.5~5.5	84~86	23~28	<6	50~60	110~130	<0.7

国家及地区	煤含蜡量/%	熔程/℃	树脂/%	地沥青/%	酸值/mg KOH·g⁻¹	皂化值/mg KOH·g⁻¹	灰分/%
云南寻甸	4.5~6.5	82~84	27~35	<15	35~45	70~90	<0.5
云南峨山	5.0~6.0	82~84	22~25	<15	30~40	70~90	<0.5
宝 清	3.0~8.0	79~83	30~39	<9	30~35	60~90	<0.5

14.2 粗褐煤蜡的质量要求和质量指标

粗褐煤蜡是一种由多种化合物组成的复杂组分的混合物，可粗略分为三个主要物质（混合物）组分：蜡质、树脂和地沥青[6]。由不同产地的褐煤萃取所得的粗褐煤蜡，或同一产地的褐煤，由于采用的萃取剂及工艺不同，所得粗褐煤蜡的三个物质组分的比例和性质也不同。

从使用要求看，蜡质的含量越高，蜡的质量就越好；一般来说，对褐煤蜡而言，树脂和地沥青是有害组分，其含量越少，蜡的质量就越好。

褐煤蜡中的树脂属于植物树脂类，因此，褐煤蜡的某些特性类似于天然松香，带有黏性。含有树脂的粗褐煤蜡，在应用方面带有双重性。当褐煤蜡用于精密铸造的模料时，树脂使蜡模具有必要的柔韧性，且可减少收缩，提高蜡模尺寸精确性。但是，蜡模中树脂含量也有一定限度，否则发黏，使模料性能变差。当褐煤蜡用于生产皮鞋油和地板蜡等产品时，树脂使擦过鞋油的鞋面或上过蜡的地板表面不滑爽，使地板打蜡费劲，同时易黏附灰尘。在复写纸生产中，树脂是造成复写纸在复写时粘纸的主要原因。因此，对皮鞋油、地板蜡和复写纸等产品的生产，褐煤蜡的树脂含量越少越好。

褐煤蜡中地沥青是一种高熔点组分，加热后呈现出黏滞并很难流动和很难扩散状况，黏度增高，流动性变差。粗褐煤蜡中与有机物相结合的那部分矿物主要富集在地沥青中。

用高含量地沥青的粗褐煤蜡生产复写纸时，往往难以使其很好地溶化，并均匀地分散于复写纸的油墨浆料中，并且产生较多的结块和沉淀，增加了涂覆作业的难度。这种蜡用于精密铸造的模料时，在制模过程中地沥青容易析出，造成模料不均匀；熔化蜡料时，地沥青容易在狭窄的模壳截面形成所谓"柱塞"，影响蜡模彻底熔出，造成精铸件缺陷（如砂眼）；另外，地沥青也是造成蜡模在凝固时产生表面变形的原因之一。

为了检验褐煤蜡质量，使其满足用户使用要求，需要对褐煤蜡确定一系列必要的质量指标。前东德——民主德国早在1962年就已经制定出褐煤蜡质量指标国家标准[6,7]（详见本书第11章表11-4），这是世界上第一个国家级的褐煤蜡正式质量标准。美国、苏联等国则由褐煤蜡生产厂家制定产品质量标准。

前东德——民主德国、美国、苏联和前西德——联邦德国等主要生产褐煤蜡的国家对褐煤蜡质量指标也规定不一。前东德——民主德国科学工作者早在1953年首次发表了关于粗褐煤蜡中地沥青组分的较系统研究论文[6,8]，明确指出了这种有害组分的影响。至今仍然被公认为是一篇研究地沥青方面的重要文献。前东德——民主德国所产 ROMONTA 型褐煤蜡中地沥青含量较低，一般为3%~5%[6,9]，不影响正常使用，因此在1962年前东德——民主德国制定的国家标准中没有列入地沥青这项指标。而其他国家所产褐煤蜡中地沥青含量均较高，因此，20世纪70年代以来，逐渐引起各国科学工作者的重视。

　　我国科技工作者根据自己多年来所积累的褐煤蜡科学知识，并注意有分析、有选择地吸取国际一些研究成果，同时认真全面分析研究了我国褐煤蜡生产和应用现况及褐煤蜡特性，最后拟定出一套既能反映出褐煤蜡的主要性质，又能满足国内用户要求和适应国际市场需要并具有中国特色的质量分析方法标准项目。

　　现在通行的标准是 GB/T 2559—2005：褐煤蜡测定方法[3]。GB/T 2559—2005 替代了之前的 GB/T 2559~2564—1981 和 GB/T 3812~3816—1981 共 11 个标准。

　　标准 GB/T 2559—2005 规定了褐煤蜡样的采取和制备、褐煤蜡熔点、褐煤蜡滴点、褐煤蜡中溶于丙酮物质（树脂物质）、褐煤蜡中苯不溶物、褐煤蜡灰分、褐煤蜡酸值和皂化值、褐煤蜡密度、褐煤蜡黏度、褐煤蜡加热损失量、褐煤蜡中地沥青含量共 11 个指标的试验测定方法。

14.3　GB/T 2559—2005 褐煤蜡测定方法及说明[3]

　　为使一般化验人员能较快、较准确地掌握褐煤蜡的分析方法，我们根据在制定褐煤蜡质量分析方法国家标准中所取得的研究成果，在每一个测定方法后，就测定过程中需要注意的问题作一扼要说明[6]。

　　采样制样工具：

　　（1）铲子；（2）小锤；（3）带盖铁盒；（4）镀锌铁盘或搪瓷盘；（5）标准筛 5mm 圆孔筛和 1mm 网筛；（6）镀锌铁板 1m×1m；（7）研钵；（8）长 250mm~300mm 杵状硬质木棒；（9）二分器或十字分样板；（10）簸箕；（11）磨口玻璃瓶。

一、褐煤蜡试样的采取和缩制方法

　　1. 采样方法

　　采样单元：整批袋装褐煤蜡产品的总袋数为一个采样单元。

　　子样数目：用洁净、干燥的铲子作采样工具、整批袋装褐煤蜡产品中，总袋数大于或等于 50 袋时，最少子样数目为总袋数的 10%；总袋数少于 50 袋时，最少子样数目为 5 个。

　　子样点布置：以一袋褐煤蜡产品为一个子样点，子样点的确定应遵循"均匀分布，使每一个子样点都有机会被选出"的原则。

　　子样量和总样量：子样量不得少于 20g，总样量不得少于 1000g。

　　对于片状或粒状的产品，应离表面 1/3 处用铲子取出一个子样，各袋中所取试样量应大约相等，试样装入铁盒中，盒内外各附一张标签，密封保存。

　　对于模铸块状的产品，每个采样袋中取出两块，用小锤在每块试样上从 3 处取大小近似相等的小块，试样装入铁盒中，盒内外各附一张标签，密封保存。

　　2. 试样缩制方法——试样的制备

　　将采取的褐煤蜡样用研钵、研棒捣碎成粒度不大于 5mm 的颗粒，并全部过 5mm 圆孔筛。

　　用堆锥四分法或二分器缩分褐煤蜡样，直至缩分成 2 个 500g 的褐煤蜡样，其中一个 500g 褐煤蜡样装入清洁干燥磨口玻璃瓶中。贴上标签，密封保存，供仲裁之用。

　　用堆锥四分法或二分器从另一个 500g 褐煤蜡样中缩分出 100g，并用研棒捣碎成粒度不大于 1mm 的颗粒，全部过 1mm 网筛；将 400g 小于 5mm 的褐煤蜡样和 100g 小于 1mm 的褐煤蜡样分装在两个清洁干燥带磨口塞的玻璃瓶中，贴上标签，送化验室分析检验。

堆锥四分法缩分褐煤蜡样：把已破碎过筛的褐煤蜡样用铲子铲起堆成圆锥体，再交互地从褐煤蜡样堆两边对角贴底逐铲铲起堆成另一个圆锥。每铲铲起的褐煤蜡样不应过多，并分两三次撒落在新锥顶端，使之均匀地落在新锥的四周。如此反复三次，再由褐煤蜡样堆顶端从中心向周围均匀地将褐煤蜡样压平成厚度适当的扁平体。将十字分样板放在扁平体的正中，向下压至底部，褐煤蜡样被分成四个相等的扇形体，将相对的两个扇形体去掉，留下的两个扇形体再混合，按上述步骤直至缩分出合适质量的褐煤蜡样。

二分器缩分褐煤蜡样：入料时，簸箕应向一侧倾斜，并要沿二分器的整个长度往复摆动，以使褐煤蜡样比较均匀地通过二分器。缩分后任取一边的褐煤蜡样。

标签上应注明：生产厂名称、产品名称、等级批号、采样日期、制样人和检测项目。

说明[6]：采制样品虽然是一种较简单的操作，但是试验却是进行各个分析项目的基础，其关键点在于所采试样须具有代表性，即试样的质量应尽可能接近全部产品的平均质量。因此，采制样工作要求采制人员有责任心的经验。

由于煤质本身的不均匀性及生产过程的波动性都会影响蜡的质量，因此，不可能采到同该批蜡产品质量绝对相同的蜡样，只能做到蜡样性质同整批蜡样相比不系统偏向一方，而是互有高低，并且偏差在一定限度，这个偏差的限度就是采样的准确度。在这一限度内所采的蜡样就称为具有代表性的蜡样。

本测定方法以褐煤蜡的灰分作为采样准确度指标，即以任意 10 袋蜡为子样，分别测出灰分，计算出最少要采多少子样，合成一个总样时的误差不超过±1%。

二、褐煤蜡熔点测定方法

方法要点：将装有蜡样的开口毛细管浸入熔点测定管水浴中，以一定升温速度加热，蜡柱刚刚开始上升时的温度作为蜡样的熔点。

1. 仪器、设备

熔点测定装置如图 14-1 所示。

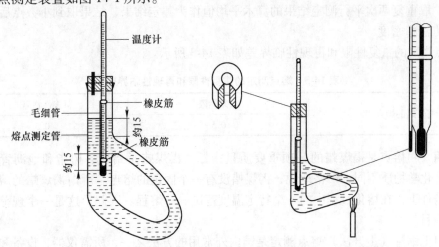

图 14-1　毛细管熔点测定装置

（1）熔点测定管。

（2）瓷坩埚：50mL。

（3）鼓风干燥箱：能保持在 100~110℃ 的温度范围内。

（4）可调电炉（0~500W）或小本生灯。

（5）水银温度计：100~110℃，分度为 0.1℃（事先应加以校正）。

（6）毛细管：内径 0.8~1.2mm 长约 70mm，管壁厚度为 0.2~0.3mm，两头开口。

（7）天平：感量 1g。

（8）支架。

（9）带孔橡皮塞。

（10）刀片。

2. 测定步骤

（1）称取粒度小于 5mm 的褐煤蜡样（20±1）g 放入瓷坩埚中，再将坩埚放到已加热到 102~105℃ 的鼓风干燥箱中，待蜡样熔化后不时搅拌并保温 1h，然后在该温度下静置至少 30min。

（2）将洗净干燥的毛细管一端垂直浸入熔化的蜡样中约 10mm 深，在毛细管中形成蜡柱后取出（蜡柱内不应有气泡存在），待凝固后用刀片将粘附在毛细管外的蜡刮掉。管口蜡柱应削平，在常温下放置 12h 以上或在冰水（0℃）中冷却 10min 后即可进行测定。

（3）把煮沸过并冷却到室温的蒸馏水倒入熔点测定管中使液面高出支管口上 15mm 左右，然后把熔点测定管固定在支架上。

（4）将装有蜡样的毛细管上部用橡皮筋缚于水银温度计上，使毛细管内蜡柱的一端紧贴在温度计水银球的侧面，并用一细橡皮筋缚在蜡柱的上平面上，以便于观察蜡柱的上升。

（5）用带孔的橡皮塞将温度计固定在熔点测定管中，温度计的水银球要位于熔点测定管支管口下 15mm 处（见图 14-1）。

（6）用电炉或小本生灯加热熔点测定管，当距预测熔点 10℃ 时，控制升温速度为（1±0.1）℃/min，观测蜡柱刚刚开始上升时的温度，即为蜡样的熔点，读数取小数点后两位。

（7）取重复两次平行测定结果的算术平均值作为测定结果，结果取到小数点后一位。

3. 方法精密度

熔点测定的重复性限和再现性临界差如表 14-3 所示。

表 14-3　熔点测定的重复性限和再现性临界差

褐煤蜡的熔点/℃	重复性限	再现性临界差
	0.5	0.5

说明[6]：熔点是褐煤蜡的一项重要质量指标。褐煤蜡是蜡质、树脂和地沥青的混合物，与纯化学物质不同，严格地说，褐煤蜡没有一个固定的熔点。所谓褐煤蜡的熔点是指在规定条件下，在熔化过程中的一个特定温度范围——熔程。因此，这是一个规范性很强的测定项目。

开口毛细管（上升法）熔点测定是国内外常用的方法之一，所需仪器、设备和材料简单，操作容易掌握。在测定过程中需要特别注意以下几点：

（1）毛细管必须事先用洗液洗净、烘干。

（2）毛细管内径应在 0.8~1.2mm。

（3）将蜡熔化后保温及用毛细管沾取蜡样的温度都应高于预测熔点至少 10~20℃。

（4）毛细管所沾蜡柱长约 10mm。如果蜡柱长度小于 8mm，则熔点测定结果会出现偏低。

（5）按照测定方法规定，蜡柱那也得要有足够的冷却时间。

（6）要严格控制升温速度。

（7）为了看清蜡柱开始上升时的瞬间情形，有条件的地方，可在熔点测定管旁、在蜡柱水平方向上安装一个带手把的低倍放大镜。

三、褐煤蜡滴点测定方法

方法要点：褐煤蜡样装入滴点计的脂杯中，在规定的加热条件下，记录褐煤蜡样从脂杯中滴出第一滴褐煤蜡液或流出 25mm 长褐煤蜡液时的温度，即为滴点。

1. 仪器和材料

（1）滴点计（GB/T 514—2005）：由温度计、金属套管和玻璃脂杯组成，脂杯细口的边缘是磨平的。

（2）玻璃试管：直径 40~50mm，长 180~200mm。

（3）高形烧杯：1000~2000mL。

（4）搅拌器：金属或玻璃制。

（5）砂浴电炉：温度可调节。

（6）瓷坩埚：50mL。

（7）玻璃板。

（8）鼓风干燥箱：能保持在 100~110℃ 的温度范围内。

（9）天平：感量 1g。

（10）支架。

（11）液体石蜡或甘油等加热介质。

（12）橡皮塞：中心开口，侧面开切口。

2. 测定步骤

（1）称取粒度小于 5mm 的褐煤蜡样（20±1）g 放入瓷坩埚中，再将瓷坩埚放到 102~105℃ 的干燥箱中，待蜡样熔化后不时搅拌并保温 1h，然后在该温度下静置至少 30min。

（2）将干燥的脂杯细口平放在一块玻璃板上，然后将准备好的蜡样从干燥箱中取出并立即小心地倒入脂杯中至接近宽口表面（蜡样不能带有气泡）。当脂杯边缘的蜡刚凝固时，将干燥的装上金属套管的温度计垂直插入脂杯中，使脂杯宽口的边缘与套管内部凸出边缘紧密贴合。注意金属套管上的侧孔不要被蜡堵塞。待温度计的指示温度降到25℃以下时再进行滴点的测定。

（3）在清洁干燥的玻璃试管底部放一张圆形白纸，紧贴管底。

（4）将带有脂杯和蜡样的温度计用一个中心开孔、侧面开切口的橡皮塞固定在玻璃试管当中，使温度计和玻璃试管的轴心线互相重合，并使脂杯细口边缘与玻璃试管底部的白纸相距 25mm，用支架上的夹子将玻璃试管固定在高型烧杯中，使其成垂直状态，并使其底部与烧杯底相距 10~20mm，然后向烧杯中加入加热介质，玻璃试管在加热介质中要浸入 120~150mm。

（5）烧杯中的加热介质要在不断搅拌下用砂浴电炉加热。当滴点计的温度达到预测滴点前 10℃时，控制升温速度为 1~2℃/min。

（6）脂杯中滴出第一滴蜡液时或从脂杯中流出的蜡接触到白纸时立即读出温度，作为此蜡样的滴点。读取小数点后一位。

（7）取重复两次试验结果的算术平均值作为试验结果，结果取整数。

3. 方法精密度

滴点测定的重复性限和再现性临界差见表 14-4 规定。

表 14-4　滴点测定的重复性限和再现性临界差

褐煤蜡的滴点/℃	重复性限	再现性临界差
	0.5	0.5

说明[6]：对一些高熔点蜡或高黏度、收缩性大的蜡，不适于用毛细管（上升法）测定熔点，这时可采用滴点法。

测定时需要注意以下几点：（1）对装入滴点计脂杯中的蜡样必须要有足够的冷却时间；（2）升温速度以 1~2℃/min 为宜；（3）对于滴点大于 95℃的蜡样，宜采用工业甘油为加热介质。

四、褐煤蜡中溶于丙酮物质（树脂物质）的测定方法

方法要点：褐煤蜡样用丙酮在 18~22℃下萃取。可溶部分经离心分离后蒸除溶剂，干燥至恒重。用恒重的残渣质量计算出溶于丙酮物质（树脂物质）的质量百分数。

注：在测定过程中由于丙酮的高度选择性需要有一个严格控制的温度，丙酮温度和室温应在 18~22℃范围内，且在测定开始和终了时的室温温差不应超过 0.5℃。

1. 仪器和试剂

（1）离心机：转速 3000r/min。

（2）玻璃锥形离心管：容量 10mL，配 1 号橡皮塞。

（3）蒸发皿：高 20mm，口径 60mm。

（4）量筒：10mL（或 10mL 移液管）。

（5）锡箔或铝箔。

（6）恒温水浴。

（7）鼓风干燥箱：能保持在 100~110℃的温度范围内。

（8）干燥器。

（9）分析天平：感量 0.0002g。

（10）水银温度计：0~100℃，分度为 0.1℃。

（11）研钵。

（12）标准筛：0.1mm 网筛。

（13）磨口玻璃瓶。

（14）丙酮（GB/T 686—2008）。

2. 0.1mm 褐煤蜡样的制备

（1）将粒度小于 1mm 的褐煤蜡试样用四分法缩分出一份质量 10g 左右的蜡样。

（2）把缩分出的蜡样用研钵研碎，直至全部通过 0.1mm 网筛为止，把褐煤蜡样搅拌均匀后装入清洁干燥的磨口玻璃瓶中待用。

3. 测定步骤

（1）称取粒度小于 0.1mm 的褐煤蜡样 0.5g（称准至 0.0002g）放入离心管中。记下开始操作时的室温（读至 0.1℃）。

（2）向离心管中加入 7mL 丙酮，同时测出丙酮的温度（读至 0.1℃），用外包铝箔的橡皮塞将离心管口塞紧。将离心管上端边缘握在食指和中指之间，大拇指压紧橡皮塞（必须戴乳胶手套），用手剧烈摇动 2min。手的振动频率约 90 次/min，试管底部样品必须与丙酮充分混合。

（3）打开橡皮塞，将粘附在塞子和离心管壁上的褐煤蜡样用 1mL 的丙酮冲洗入离心管内。然后把离心管放入离心机中离心 2~3min，此时管内溶液应澄清。如浑浊，应再离心一次。

（4）将离心管内澄清的溶液倾析到已在 105℃下干燥并已称量的蒸发皿中，再将蒸发皿放在蒸馏水水浴上（或用红外灯）缓慢蒸干溶剂。

（5）向离心管内再加入 7mL 丙酮，沉淀物先用玻璃棒搅松，用少量丙酮把残留在玻璃棒上的沉淀物洗入离心管内，重复（2）~（4）步骤的操作 4 次以上，直至萃取液无色为止。记下操作完时的室温（读至 0.1℃）。

测定过程中需要严格控制温度，测定开始和终了时的室温温差不应超过 0.5℃，试验室的温度应控制在 18~22℃ 范围内。

将蒸除溶剂后的蒸发皿放在 100~105℃ 的鼓风干燥箱中干燥 1~2h，取出蒸发皿放入干燥器中冷却 30min，进行称量（称准至 0.0002g）。进行检查性干燥，每次 30min，直至连续两次干燥后的质量变化不超过 0.0004g。

4. 结果计算

褐煤蜡样中溶于丙酮物质（树脂物质）的质量分数按式（14-1）计算。

$$A_{C20} = \frac{K(m_2 - m_1)}{m} \times 100 \qquad (14-1)$$

式中　A_{C20}——20℃时褐煤蜡中溶于丙酮物质（树脂物质）的质量百分数,%；

　　　m——褐煤蜡样的质量，g；

　　　m_1——蒸发皿的质量，g；

　　　m_2——蒸发皿与溶于丙酮物质的质量之和，g；

$$K = 100 + 2.5 \times (20 - t)$$

其中，$t = \frac{t_1 + t_2 + t_3}{3}$，$t_1$ 为萃取时所用丙酮的温度,℃；t_2 为测定开始时的温度,℃；t_1 为测定终了时的温度,℃。

注：水浴（用蒸馏水）的温度用以保持蒸发皿内的溶剂有一缓慢蒸发速度，如蒸发太快，丙酮可溶物会爬行到皿的外部边缘，影响结果的准确性。也可用红外灯蒸发溶剂。

取重复平行测定结果的算术平均值作为测定结果，结果取小数点后一位。

5. 方法精密度

溶于丙酮物质（树脂物质）测定的重复性限和再现性临界差如表 14-5 所示。

表 14-5　溶于丙酮物质（树脂物质）测定重复性限和再现性临界差

丙酮可溶物的质量分数/%	重复性限/%	再现性临界差/%
<20	0.3（绝对值）	0.5（绝对值）
20~30	0.4（绝对值）	0.7（绝对值）
>30~50	0.5（绝对值）	0.9（绝对值）
>50	1.0（绝对值）	1.8（绝对值）

五、褐煤蜡中苯不溶物测定方法

方法要点：将褐煤蜡样放入滤纸筒内，然后将滤纸筒放入萃取装置中，用苯在水浴中加热回流萃取，取出滤纸筒，烘干至恒重，由滤纸筒中残渣的质量计算出苯不溶物的质量分数。

1. 仪器和试剂

（1）苯不溶物萃取装置——三角瓶萃取器，如图 14-2 所示。磨口锥形瓶：500mL；金属钩；球形冷凝管：末端磨口与锥形瓶配合，冷凝管下口有 2 个对称小孔作挂钩用；滤纸筒：直径 20mm，高 80mm。将大张中速定性滤纸（GB/T 1914—2007）裁成 75mm×75mm 的正方形和 50mm×50mm 的正方形，用蒸馏水浸湿，贴在干净玻璃板上，用手指轻轻搓去四边的滤纸毛。先将大正方形的滤纸裹在直径 16mm 的玻璃管外壁上，后将小正方形的滤纸裹在玻璃管底部（管底部带有一个小孔）。这样两者交替相裹，管壁、管底各 3 层。然后将其取下放在 105℃干燥箱内烘干；

（2）电热恒温水浴：恒温范围 37~100℃；

（3）电热鼓风干燥箱：温度能保持在 100~110℃；

（4）红外灯；

（5）干燥器；

（6）带磨口盖的高型称量瓶：直径 28mm，高 95mm；

（7）分析天平：感量 0.0002g；

（8）苯：分析纯（GB 690—2008）；

（9）方形中速定性滤纸（GB 1915—1980）。

2. 测定步骤

（1）将滤纸筒装入高型称量瓶内。打开称量瓶盖，放入预先鼓风并已加热到 102~

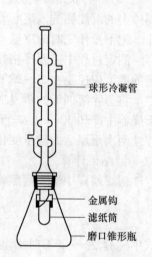

图 14-2　苯不溶物萃取装置

（图中标注）球形冷凝管　金属钩　滤纸筒　磨口锥形瓶

105℃干燥箱中干燥 1h。取出称量瓶，立即盖上盖，放入干燥器中，冷却 30min 后称量（称准至 0.0002g）。进行检查性干燥，每次 30min，直至连续两次干燥后的质量变化不超过 0.0005g 为止。

（2）称取粒度小于1mm 的褐煤蜡样（5±0.1）g（称准至 0.0002g），放入已质量恒定的滤纸筒内。在萃取装置的磨口锥形瓶中加入 100mL 苯按图 14-2 所示接好萃取装置，滤纸筒不能与锥形瓶中的苯液相接触。在 90℃水浴中萃取 2h 以上，直至滤纸筒中滴出无色苯液为止。

（3）待滤纸筒内残留苯沥干后，取出滤纸筒放到原称量瓶中。打开称量瓶盖，先在红外灯下预干燥，再放入鼓风干燥箱中，在 102~105℃下干燥 1h，取出放入干燥器中冷却 30min 后称量（称准到 0.0002g）。再进行检查性干燥，每次 30min，直到相继两次干燥的重量损失小于 0.0005g 为止。

3. 结果计算

褐煤蜡中苯不溶物的质量分数按式（14-2）计算：

$$w_{(苯不溶物)} = \frac{m_2 - m_1}{m} \times 100 \qquad (14\text{-}2)$$

式中　$w_{(苯不溶物)}$——苯不溶物的质量分数，%；

　　　　m——褐煤蜡蜡样质量，g；

　　　　m_1——高型称量瓶与滤纸筒质量之和，g；

　　　　m_2——高型称量瓶、滤纸筒和不溶物质量之和，g。

取两次重复平行测定结果的算术平均值作为测定的结果，结果取到小数点后两位。

4. 方法精密度

苯不溶物测定的重复性限和再现性临界差见表 14-6 规定。

表 14-6　苯不溶物测定的重复性限和再现性临界差

褐煤蜡中苯不溶物/%	重复性限	再现性临界差
	0.10	0.15

说明[6]：前东德——民主德国制定有褐煤蜡中苯不溶物测定标准方法（TGL-5881）。该测定方法写得比较简单，按该方法测定的结果不精确。此外，它也没有规定测定允许误差。

现就本测定方法作如下说明：

（1）蜡样量取 5g。

（2）蜡样粒度小于 1mm。

（3）萃取时间：时间从回流液滴下第一滴开始算起。一般经 1~1.5h 后，液滴呈无色时，即为终点。所以测定方法中萃取时间规定是 2h，即液滴无色后约 0.5h 停止加热。

（4）控制加热回流速度，一般苯液高度为滤纸筒高度的 2/3。

（5）由于烘干的滤纸筒极易吸水，不易恒重，所以在操作时特别要注意以下三点：

1）空滤纸筒及装有苯不溶物的滤纸筒必须装在带磨口盖的特制高型玻璃称量瓶中，再放到干燥箱中进行烘干（此时磨口盖呈半开状态）。

2）从干燥箱取出后，要立即盖好磨口盖，否则用天平称量时，质量称不准。

3）在称样时，先用托盘天平称出约5g，然后通过小玻璃漏斗迅速将其倒入已干燥恒重的滤纸筒内，并立即盖好磨口盖，再放入分析天平上称准质量。

六、褐煤蜡灰分的测定方法

方法要点：称取一定量的褐煤蜡样，经高温灼烧后，以残留物的质量占褐煤蜡样质量百分数作为褐煤蜡样的灰分。

1. 仪器和设备

（1）瓷坩埚：50mL，带有坩埚盖（只在样品着火时灭火用）；

（2）可调电炉：0～1000W；

（3）马弗炉：能升温到850℃，可调节温度，通风良好；

（4）坩埚钳：长把、短把各一个；

（5）干燥器；

（6）分析天平：感量0.0002g。

2. 测定步骤

（1）将坩埚洗净、干燥，然后放入马弗炉内，在（800±10）℃温度下灼烧1h，取出坩埚放在空气中冷却3min，再移入干燥器中冷却30min后，进行称量（称准至0.0002g）。进行检查性灼烧。每次30min，直至连续两次灼烧后的质量变化不超过0.0004g为止。

（2）称取粒度小于1mm的褐煤蜡样（1±0.1）g（称准至0.0002g），放入已称量的坩埚（1）中，将装有褐煤蜡样的坩埚放在通风橱内的电炉上缓慢加热炭化。控制加热温度，避免褐煤蜡样自坩埚内溢出或挥发物着火。如发生着火，应立即用坩埚盖将坩埚盖上，使火熄灭，试验作废。

（3）当坩埚中仅剩下炭状残留物时，将其移入温度不高于100℃的马弗炉内。炉门开启10～15mm的缝隙，然后缓慢升温到（800±10）℃（如着火试验作废），关闭炉门在此温度下灼烧1h。

（4）取出坩埚放在空气中冷却3min，再移入干燥器中冷却30min后进行称量（称准至0.0002g）进行检查性灼烧，每次30min，直至连续两次灼烧后的质量变化不超过0.0004g为止。

3. 结果计算

褐煤蜡样的灰分按式（14-3）计算蜡样的灰分质量百分数。

$$A_{灰分} = \frac{m_2 - m_1}{m} \times 100 \tag{14-3}$$

式中　$A_{灰分}$——褐煤蜡的灰分，%；

m——褐煤蜡蜡样质量，g；

m_1——坩埚质量，g；

m_2——盛有灰的坩埚质量，g。

取两次重复平行测定结果的算术平均值作为测定结果，结果取到小数点后两位。

4. 方法精密度

灰分测定的重复性限和再现性临界差见表14-7规定。

表 14-7　灰分测定的重复性限和再现性临界差

褐煤蜡灰分/%	重复性限	再现性临界差
	0.02	0.03

说明[6]：

（1）蜡样量取 5g 左右；

（2）蜡样粒度小于 1mm；

（3）蜡样灰化完全是测定灰分的一个关键操作，要分两步进行：

1）先将恒重的坩埚中蜡样放在万用电炉上（0~1000W），在通风橱内缓慢加热炭化。

2）当坩埚中仅剩炭状残留物时，再将其移入马弗炉内灼烧，此时要特别注意防止从炉门口缓慢推向炉膛中心时出现剧烈着火。

（4）灼烧温度为 800℃±10℃。

七、褐煤蜡酸值和皂化值的测定方法

方法要点：褐煤蜡用热的乙醇和二甲苯混合溶剂溶解，然后用氢氧化钾-乙醇标准溶液进行滴定，算出酸值。再加入氢氧化钾-乙醇标准溶液，包括测定酸值所用的量在内总共加 20mL，在水浴上加热回流。然后用盐酸标准溶液进行反滴定，算出皂化值。

1. 仪器和试剂

（1）酸值和皂化值的萃取装置——三角瓶萃取器，如图 14-3 所示。磨口锥形瓶：300mL；球形冷凝管：末端磨口与锥形瓶配合，水套长度约 300mm；

（2）酸滴定管：25mL，分度 0.1mL；

（3）碱滴定管：25mL，分度 0.1mL；

（4）电热恒温水浴：恒温范围 37~100℃，恒温控制精确到±2℃；

（5）荧光滴定台；

（6）量筒：100mL 和 5mL；

（7）吸液管：25mL 和 25mL；

（8）容量瓶：1000mL；

（9）滴瓶：25mL；

（10）分析天平：感量 0.0002g；

（11）电热鼓风干燥箱：温度能保持在 100~150℃；

（12）干燥器：内装干燥剂；

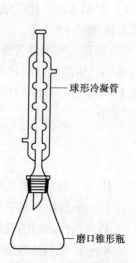

图 14-3　三角瓶萃取器

（球形冷凝管）

（磨口锥形瓶）

（13）混合溶剂：95%乙醇（GB/T 679）和二甲苯（GB/T 16494），（1：1 体积）混合；

（14）溴百里香酚蓝指示剂：称取 0.1g 溴百里香酚蓝（GB/T 15352），称准至 0.01g，溶于 100mL 95%乙醇中。每两周配制一次；

（15）酚酞指示剂：称取 1g 酚酞（GB/T 10729），称准至 0.01g，溶于 100mL 95%乙醇中；

（16）0.1mol/L 氢氧化钾乙醇标准溶液：

1）配制方法：称取氢氧化钾（GB/T 2306）6.9g，用150mL 蒸馏水溶解后，倒入 1000mL 容量瓶中，再用95%乙醇（GB/T 679）稀释至1000mL，摇匀。

2）标定：将邻苯二甲酸氢钾（GB/T 1291）放在称量瓶中。打开盖放在120℃干燥箱 烘干 2h，盖上盖取出，放在干燥器中冷却至室温。然后称取 0.3~0.4g（称准至 0.0002g）置于250mL 烧杯中，加蒸馏水 100mL，温热使其溶解。加 1%酚酞指示剂 2~3 滴，用上述 配好的氢氧化钾乙醇溶液滴定至淡红色即为终点。至少需做 4 次重复标定，取极差不大于 0.0010mol/L 的四次标定结果的算术平均值作为结果。

3）计算：

$$M = \frac{G}{V \times 0.2042} \qquad (14-4)$$

式中　M——氢氧化钾乙醇标准溶液的浓度，mol/L；

　　　V——滴定所消耗氢氧化钾乙醇溶液的体积，mL；

　　　G——邻苯二甲酸氢甲的质量，g；

0.2042——邻苯二甲酸氢钾的毫摩尔质量，g/mmol。

（17）0.1mol/L 盐酸标准溶液：

1）配制方法：用吸液管吸取盐酸（密度 1.09）8.3mL，放入 1000mL 容量瓶中，及 蒸馏水稀释至 1000mL。

2）标定：用吸液管吸取上述已经标定过的氢氧化钾乙醇溶液 20mL，加入 2~3 滴酚 酞指示剂，用刚配好的盐酸溶液滴定到由红色变为无色为终点。至少需做四次平行标定， 取相差不大于 0.0010 的四次的算术平均值作为结果。

3）计算：

$$M_2 = \frac{M_1 V_1}{V_2} \qquad (14-5)$$

式中　M_1——氢氧化钾乙醇标准溶液的浓度，mol/L；

　　　V_1——所取氢氧化钾乙醇标准溶液的体积，mL；

　　　V_2——标定时消耗盐酸溶液的体积，mL；

　　　M_1——配制盐酸溶液的浓度，mol/L。

2. 酸值测定步骤

（1）准确称取破碎至小于 1mm 的褐煤蜡样 0.3g（称准到 0.0002g），放入干燥的 300mL 锥形瓶中，用量筒加入 60mL 混合溶剂，按图 14-3 接上球形冷凝管，在 86~90℃的 电热恒温水浴上加热回流 15min（时间从第一滴溶剂由冷凝管末端滴下时算起），并不时 振荡瓶内容物。

（2）取出锥形瓶，立即加入 1.5mL 溴百里香酚蓝指示剂，在荧光滴定台上趁热用 0.1mol/L 氢氧化钾乙醇标准溶液滴定到蓝色不变为止，记下氢氧化钾乙醇标准溶液用量 （读至 0.01mL）。在每次滴定过程中，从锥形瓶停止加热到滴定完毕所经过的时间不应超 过 4min。

（3）测定蜡样时需同时做空白试验。

3. 皂化值测定步骤

（1）测定酸值后的溶液再加 0.1mol/L 氢氧化钾乙醇标准溶液，使溶液总容量达到 20mL。

（2）在 86~90℃的电热恒温水浴上加热回流 1.75h，然后从冷凝管开口处用量筒加入 50mL 95%乙醇，再回流 15min。

（3）取出锥形瓶，立即加入 1mL 溴百里香酚蓝指示剂，在荧光滴定台上趁热用 0.1mol/L 盐酸标准溶液滴定到溶液由蓝色变为黄色，稍停如又出现蓝丝，再继续滴定到蓝丝消失。如此重复多次，直至不再出现蓝丝即为终点。

4. 结果计算

（1）褐煤蜡的酸值按式（14-6）计算：

$$酸值 = \frac{56.11M(V_3 - V_4)}{m} \tag{14-6}$$

式中 酸值——褐煤蜡的酸值，mg KOH/g；

M——氢氧化钾乙醇标准溶液的浓度，mol/L；

V_3——测定蜡样时滴定所消耗氢氧化钾乙醇溶液的体积，mL；

V_4——空白试验时滴定所消耗氢氧化钾乙醇溶液的体积，mL；

m——单位为蜡样的质量，g。

（2）褐煤蜡的皂化值按式（14-7）计算：

$$皂化值 = \frac{56.11M_1(V_6 - V_5)}{m} \tag{14-7}$$

式中 皂化值——褐煤蜡的皂化值，mg KOH/g；

M_1——盐酸标准溶液的摩尔浓度，mol/L；

V_5——测定蜡样时滴定所消耗盐酸溶液的体积，mL；

V_6——空白试验时滴定所消耗盐酸溶液的体积，mL；

m——褐煤蜡蜡样的质量，g。

（3）取两次平行测定结果的算术平均值作为测定结果，结果取整数。

5. 方法精密度

酸值和皂化值测定的重复性限和再现性临界差见表 14-8 规定。

表 14-8　酸值和皂化值测定的重复性限和再现性临界差

	重复性限	再现性临界差
褐煤蜡的酸值/mg KOH·g⁻¹	4	5
褐煤蜡皂化值/mg KOH·g⁻¹	6	10

说明[6]：根据国外有关资料介绍，由于用的测定方法不同，用同一样品所得的酸值可波动 15 个单位，皂化值甚至可波动 10 个单位。由此可见，酸值和皂化值是规范性很强的测定项目。

国外测定褐煤蜡酸值和皂化值的基本上都是采用酸碱滴定法，只是在溶剂、指标剂和温度等方面有所不同。

我们将各主要褐煤蜡生产国的测定方法进行要件比较，并以国际公认的前东德——民主德国国家标准 TGL-5881 作为基础，针对我国褐煤蜡的特点进行试验研究，最后确定了既适合于国产褐煤蜡的特点，也能满足国外褐煤蜡分析需要的测定方法。现扼要说明如下：

（1）我们对前东德——民主德国、前西德——联邦德国、英国和美国等国家的测定方法进行了试验比较，认为前东德——民主德国采用的酸值和皂化值连续测定方法比较好，因此，我们也采用连续测定法。

（2）鉴于我国粗褐煤蜡颜色较深，为了便于看清滴定终点，取样量减少到 0.3g，同时最好采用荧光滴定台。

（3）指示剂的选择及用量。由于我国粗褐煤蜡颜色较深，若用酚蓝指示剂，则不易看清滴定终点。经多种指示剂试用后表明，溴百里香酚蓝指示剂较合适，不仅易看清滴定终点，而且变色范围也小。

试验还表明，该指示剂用量以 1.5mL 为宜。因为溴百里香酚蓝指示剂显酸性，乙醇中也含有极少量的酸，加之在滴定过程中会吸收空气中二氧化碳，这些都要消耗 KOH 溶液。因此，为了测得精确的结果，必须在测定蜡样的同时，进行空白试验。

（4）关于溶剂问题。为了在测定皂化值时使蜡样尽可能皂化完全，试验研究表明，以95%乙醇和二甲苯（1∶1体积）混合溶剂为宜。

为简化操作手续，本标准采用不精制乙醇和非中性乙醇（即分析纯乙醇）。因为精制的目的主要是为了去掉醛、避免乙醇颜色变黄。经试验表明，如果用分析纯95%乙醇，那么配制好后放置长达几个月也不会出现变黄现象。

在测定皂化值时，为了防止水解而使结果偏离，必须注意，当滴定到最后时，乙醇的浓度需保持在40%以上[10]。因此，为了得到正确的结果，本测定方法，在滴定前15min再补加 50mL 95%乙醇。

（5）回流时间。试验表明，用 0.3g 蜡样，加入溶剂后，加热回流 10~15min 就足以使蜡完全溶解。所以，本方法规定回流 15min。

八、褐煤蜡密度的测定方法

方法要点：用广口密度瓶测出 20℃下褐煤蜡样的体积，根据同温度下蜡样的质量和体积计算出蜡样的密度。

1. 仪器、材料和试剂

（1）广口密度瓶：瓶身高 70mm，外径 25mm，带有一直径 1.6mm 小孔的磨口玻璃塞，见图 14-4 所示。

（2）电热恒温水浴：能保持（20±0.5）℃的恒温。

（3）分析天平：感量 0.0002g。

（4）托盘天平：感量 0.5g。

（5）鼓风干燥箱：温度能保持在 100~110℃。

（6）干燥器。

（7）水银温度计：0~30℃，分度为 0.2℃（事先应加以校正）。

（8）移液管：容量 5mL。

（9）有柄瓷蒸发皿：100mL。

（10）脱脂棉。

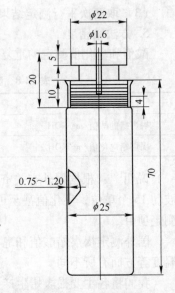

图 14-4　广口密度瓶

（11）定性滤纸。

（12）50%乙醇水溶液：用95%乙醇（GB/T 679—2002）配制。

2. 测定步骤

（1）称量清洁、干燥已恒重的密度瓶质量（a）（称到0.0002g，以下同）。

（2）用移液管沿瓶壁向密度瓶加入1mL 50%乙醇水溶液，再把新煮沸过并冷却到20℃左右的蒸馏水倒入空密度瓶中，然后放在（20±0.5）℃的恒温水浴中保持30min。恒温水浴的水面应低于密度瓶口约10mm。在恒温水浴中小心地塞上瓶塞，过剩的水即由塞上的毛细管中溢出，此时应注意小孔中不应有气泡存在。用一小条滤纸吸去瓶塞上小孔口的水至齐口，取出密度瓶，擦净密度瓶外壁附着的水，立即称其质量（b），此值每月至少检查一次。

（3）称取40g粒度小于5mm的褐煤蜡样，放入有柄瓷蒸发皿中，再将瓷蒸发皿放到102~105℃的干燥箱中，在褐煤蜡样熔化后应不时搅拌，保温1h，然后在该温度下静置30min。

（4）在干燥、预先温热的空密度瓶中用熔化的蜡样装至约2/3高度，然后在102~105℃的干燥箱中放置1h，以便使可能包含的气体逸出（可轻敲或轻摇密度瓶，以促使空气除去，必要时也可用温热的细玻璃棒搅拌褐煤蜡样）。

（5）将装有蜡样的密度瓶冷却至室温后称其重量（c）。然后沿密度瓶壁加入1mL 50%乙醇水溶液，使其充满蜡样与瓶之间的空隙，用新煮沸过并冷却到20℃左右的蒸馏水将其充满，再放入（20±0.5）℃的恒温水浴中保持1h。

在恒温水浴中，小心地塞上瓶塞，过剩的水溢出后，毛细管中不应有气泡。用一小条滤纸吸去瓶塞上毛细管口的水至齐口。取出密度瓶干后立即称其质量（d）。

3. 结果计算

按式（14-8）计算褐煤蜡密度（ρ_{20}）：

$$\rho_{20} = \frac{0.9982(c-a)}{(b+c)-(a+d)} \qquad (14\text{-}8)$$

式中　ρ_{20}——褐煤蜡在20℃时的密度，g/cm^3；

　　　a——空密度瓶的质量，g；

　　　b——装满水的密度瓶质量，g；

　　　c——装有部分褐煤蜡的密度瓶质量，g；

　　　d——用蜡和水装满密度瓶质量，g；

　0.9982——水在20℃时的密度，g/cm^3；

取两次重复平行测定结果算术平均值作为测定结果，结果取4位有效数字。

4. 方法精密度

密度测定的重复性限和再现性临界差见表14-9规定。

表14-9　密度测定的重复性限和再现性临界差

褐煤蜡密度 $\rho_{20}/g \cdot cm^{-3}$	重复性限	再现性临界差
	0.0100	0.0200

说明[6]：褐煤蜡的密度是用来评价其物理特性的一项指标，其含义是单位体积的质

量。密度瓶法是测定密度比较精确的一种方法。由于褐煤蜡的熔点在80℃以上，如采用普通的小口胖肚形密度瓶，按常规办法将熔化蜡样充满密度瓶，在20℃恒温下，褐煤蜡在冷却凝固过程中收缩较大，由此产生的蜡样也因冷凝收缩使蜡的容积与空密度瓶的容积不一致，影响测定结果的准确性。

本方法针对褐煤蜡特点，参考国外有关资料[11]，设计了一种广口度瓶（又称直形密度瓶），较过去密度瓶，在装蜡方面作了改进。

以前是采用将熔化蜡样全部充满密度瓶，这样不仅会带来上述问题，而且只能测得 ρ_{20}^{00}，无法准确测得 ρ_{20}^{20} 值，这样测得的结果往往偏低。

现在我们将蜡样装到密度瓶的2/3高度，并相应地修改了计算方法。这样不仅操作方便，更重要的是测定结果比较精确。以前东德——民主德国 ROMONTA 型褐煤蜡为例，按此方法测得的密度值与一般文献上所列的结果十分接近。

根据新的密度计算公式，结合不同温度下的密度，可方便地计算出相应不同温度下褐煤蜡的密度值，为满足不同需要提供了便利条件。

在温 t 度时褐煤蜡的密度 ρ_t 按式（14-9）计算：

$$\rho_t = \frac{(c-a)}{(b+c)-(a+d)} \times \rho_{t(H_2O)} \tag{14-9}$$

式中　$\rho_{t(H_2O)}$——水在 t℃时的密度，可以由表 14-10 查得。

表 14-10　常压下无空气水的密度 $\rho_{t(H_2O)}$

$t/$℃	$\rho_{t(H_2O)}$
0	0.99984
3.98	0.99997
10	0.99970
15	0.99910
20	0.99821
25	0.99705
30	0.99705
40	0.99565
50	0.99221
60	0.98321
80	0.87180

此外，为增加水在密度瓶微小空隙的浸润性，使测得的体积更加精确，需添加少许浸润剂。试验结果表明，以采用50%乙醇水溶液为宜。

九、褐煤蜡黏度的测定方法

方法要点：在规定温度下，通过测定球在充满褐煤蜡试液的倾斜试管中落下的时间，计算出液态褐煤蜡黏度。

1. 试器、材料和试剂

（1）倾斜式滚动落球黏度计（JJG 214），仪器结构见图 14-5。

（2）恒温槽：恒温控制（90±0.1）℃，装有恒温液体输出循环泵。

（3）秒表：分度为 0.2s。

（4）日光灯：40W。

（5）干燥箱：温度能控制在（110±2）℃。

（6）电热吹风机、瓷盘、镊子、耐热橡胶管（硅橡胶管）、脱脂棉、玻璃棒。

（7）玻璃烧杯：250mL。

（8）苯：化学纯（GB 690—2008）。

2. 仪器准备

（1）将黏度计的试料管、测定球排气塞、密封盖用苯洗干净，电吹风机吹干。

（2）在操作平台上安装好黏度计、调整水平。黏度计进水管、出水管和恒温槽供液管用耐热橡胶管连接。

（3）选用（80~100±0.1）℃，将其安装在温度计的玻璃外筒内，接通恒温槽，使恒温液循环，调节恒温液温度，使玻璃外筒内温度恒定在（80±0.1）℃。

（4）选择测定球，以保证测定球在试液中通过测定管线时间稍长于 30s。对于褐煤蜡90℃时黏度，选用 2 号或 3 号测定球。

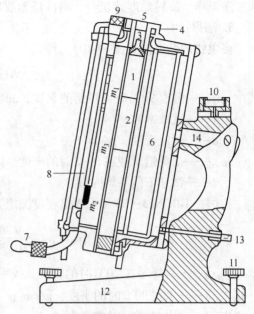

图 14-5　滚动落球贴度计

1—试料管；2—测定球；3—排气塞；4—密封盖；
5—螺帽；6—玻璃外筒；7—进水管；8—出水管；
9—温度计；10—水准泡；11—水平螺钉；12—支架；
13—定位销钉；14—转轴；
m_1，m_2，m_3—试料管环形标记线

（5）将测定球、排气塞、密封盖放入瓷盘内，置于 110℃干燥箱内预热 10min。

3. 试样准备

取 60~70g 试样放入 250mL，洁净的烧杯内，置于已恒温（110±2）℃的烘箱内，熔融和静止沉降共 30min。

取 60~70g 粒度小于 5mm 的褐煤蜡样放入 250mL 烧杯内，置于已恒温（110±2）℃的干燥箱内熔融，熔融和静止沉降共需 30min。

4. 测定步骤

（1）拧开黏度计试料管管盖，迅速将已熔化的褐煤蜡试液沿试料管内壁注入，直到离试料管顶端约 15mm。用镊子将预热的测定球轻轻放入试料管中，放上排气塞。待褐煤蜡试液中气泡消失后，盖上密封盖，旋紧螺帽。至少放置 30min 以后开始测定。

（2）测定球下落时间的测定：使黏度计处于工作位置，开启日光灯，待测定球的下缘下降到与试料管的上环形标记线相切时，开始计时，当测定球的下缘下降到与试料管的下环形标记线 m_2 相切时，停止计时，记录测定球下落时间。然后再使黏度计处于工作位置，进行第二次测定。连续测定 5 次，取后 3 次测定值的算术平均值作为落球时间。各次测定结果的极差，不应超过其算术平均值的 1%。

（3）测定结束后，拧开螺帽，取出密封盖、排气塞，然后将黏度计机身倒转，使试料管中褐煤蜡试液及测定球流入烧杯中，立即用镊子取出测定球，用脱脂棉擦去测定球上褐煤蜡试液后放入有苯的烧杯中，洗涤、擦干。试料管壁上的褐煤蜡试液用脱脂棉擦去并用

苯洗涤干净。旋转黏度计机身，将洗涤苯放出。关闭恒温槽，放出玻璃外筒内恒温液体。

5. 结果计算

褐煤蜡的黏度按式（14-10）计算：

$$\eta = K(\rho - \rho_{90})t \qquad (14\text{-}10)$$

式中　η——温度 90℃时褐煤蜡的黏度，mPa·s；

K——试球常数；

ρ——试球密度，g/cm³；

ρ_{90}——褐煤蜡试液在 90℃时的密度，g/cm³；

t——试球下落平均时间，s。

按国标 GB 3813—83《褐煤蜡密度测定方法》进行测定，可依据式（14-11）计算 ρ_{90}：

$$\rho_{90} = \rho_{20} \times \frac{0.9653}{0.9982} \approx 0.9670\rho_{20} \qquad (14\text{-}11)$$

式中　ρ_{20}——褐煤蜡在 20℃时的密度，按褐煤蜡密度测定方法进行测定；

0.9653——水在 90℃时的密度，g/cm³；

0.9982——水在 20℃时的密度，g/cm³。

取重复平行测定结果的算术平均值作为测定结果，结果取小数点后一位，并注明试球号数。

6. 方法精密度

黏度测定的重复性限和再现性临界差如表 14-11 所示。

表 14-11　黏度测定的重复性限和再现性临界差

褐煤蜡黏度 η/mPa·s		重复性限	再现性临界差
	≤100	4.0	6.0
	>100	6.0	10.0

说明[6]：黏度是流体受外力作用而移动时所产生的阻力，即流体分子间所产生的内摩擦系数。

黏度有运动黏度和动力黏度之分。动力黏度常用的单位是 P，而它的百分之一为 cP，国际单位为 Pa·s。有时动力黏度也称绝对黏度，从科学观点看，这种黏度表示更精确。因此本测定方法采用此黏度表示法。

黏度也是褐煤蜡的一项重要质量指标。通过黏度测定可以判断蜡的流动性以及掺杂情况等。在复写纸工业、熔模精密铸造、精密仪器、航空航天工业中该指标尤为重要。

需要指出的是，流体的黏度与固体的黏性是两个完全不同的物理概念。

流体黏度测定方法，通常有毛细管法、旋转黏度计法和落球法等。由于褐煤蜡熔点高，采用毛细管法不合适。旋转黏度计与落球黏度计比较，后者的测定精确度较高。所以，前东德——民主德国和前西德——联邦德国均采用落球黏度计法（称为 Hoeppler 落球黏度计或 Haake 落球黏度计）。我国也采用此法。

我国使用的精密型落球黏度计过去一直靠进口。20 世纪 70 年代，为了满足我国褐煤蜡工业和橡胶工业的需要，煤炭科学研究院北京煤化学研究所、中国计量科学研究院化学室、云南乳胶研究所和浙江省肖山仪器厂等单位合作，首次研制成功国产精密型滚动式落球黏度计，并通过了部级鉴定，现已正式投入生产（1989年）。

现就测定方法中有关问题说明如下：

（1）试球的选择。所选择的试球以在试液中通过测定管线的时间稍长于30s为宜。时间可以无限延长，但决不能缩短。否则试液会发生湍流，影响测定结果的准确性。

（2）测试温度对黏度的影响。温度变化直接影响到分子间热运动状态，因此黏度值对测试温度变化十分敏感，例如，一种褐煤蜡在89.6℃时测得黏度值为0.074Pa·s，而在90.6℃时则为0.0686Pa·s。两者温度仅1℃之差。而黏度却相差0.006Pa·s，相对误差约8%。因此，在测定黏度时，不仅黏度计上的温度计必须事先校正，而且还需用超级恒温槽，以便使恒温精度控制在±0.1℃以内。

（3）借助黏度计底座上的三个调节水平螺柱，调节黏度计上的水准器（仪器正常位置时，玻璃测定管与水平面成80°角）。整个测定过程中，黏度计要始终保持这个状态。

（4）在测定粗褐煤蜡时，由于蜡液颜色较深（尤其是某些国产蜡），为了便于看清试球落下情况，可用日光灯或无影灯来照射玻璃测定管。最好再设置一个中间带有一个长条形开口的观察挡板，让灯光穿过此开口集中照射在测定管上。

另外，在深色蜡液中试球的下边缘常常难于辨清，因此本测定方法规定以试球的"赤道线"通过玻璃测定管的环形标记线的时间作为该试球经过该标记线的时间。

十、褐煤蜡加热损失量的测定方法

方法要点：褐煤蜡样5g在（105℃±2）℃下加热2h，以加热前后蜡样质量的差值占蜡样的百分数作为加热损失量。

1. 仪器

（1）称样器：5mL瓷坩埚，高45mm，上口外径52mm，下底外径30mm，壁厚1.5mm。瓷坩埚如图14-6所示。

（2）鼓风电热干燥箱：温度能保持在100~110℃。

（3）分析天平：感量0.0002g。

（4）干燥器。

2. 测定步骤

（1）称取粒度小于1mm的褐煤蜡样（5±0.1）g（称准到0.0002g）。放入预先恒重过的坩埚中。轻轻振荡坩埚，使褐煤蜡样表面平整。

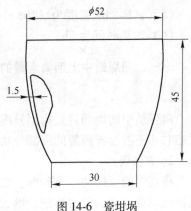

图14-6 瓷坩埚

（2）将盛有褐煤蜡样的坩埚放入（105±2）℃的干燥箱内上层水银温度计附近，一次放入干燥箱中的坩埚不得多于8个。在（105±2）℃下恒温2h。然后取出坩埚，在干燥器中冷却至室温，再进行称量（称准至0.0002g）。进行检查性干燥，每次30min，直至连续两次干燥后的质量变化不超过0.0010g。

3. 结果计算

褐煤蜡样的加热损失量按式（14-12）计算：

$$L_W = \frac{m_2 - m_3}{m_2 - m_1} \times 100 \qquad (14\text{-}12)$$

式中　L_W——褐煤蜡的加热损失量,%;

　　　m_3——加热前褐煤蜡样和坩埚质量,g;

　　　m_2——加热后褐煤蜡样和坩埚质量,g;

　　　m_1——坩埚质量,g。

取重复平行测定结果的算术平均值作为测定结果,结果取小数点后两位。

4. 方法精密度

加热损失量测定的重复性限和再现性临界差如表 14-12 所示。

表 14-12　加热损失量测定的重复性限和再现性临界差

加热损失量 L_W/%	重复性限	再现性临界差
	0.03	0.06

说明[6]：国外对褐煤蜡产品质量检定项目中没有此项。我国通过生产实践,特别是根据一些用户的反应,认为部分国产粗褐煤蜡气味较大,加热熔融时出现较多泡沫,甚至有时在蜡中尚存有少量水分等,影响正常使用。这与生产过程中浓缩蜡液在蒸煮工段蒸煮不完全有关。因此,有必要制定"加热损失量"测定项目,以便严格控制生产过程,确保产品质量。

现就本测定方法中有关问题说明如下：

（1）必须采用破碎至小于 1mm 的固体蜡样;

（2）制好蜡样后,必须在当天测定完毕;

（3）称样量一般为 5g;

（4）采用 50mL 瓷坩埚（尺寸如图 14-6 所示）;

（5）试样加热温度为（105±2）℃;

（6）加热时间为 2h。

十一、褐煤蜡中地沥青含量的测定方法

1. 定义

褐煤蜡中的地沥青是指用异丙醇溶剂在 101325Pa（1atm）大气压下为沸腾状态萃取褐煤蜡时,不溶于异丙醇的那部分物质。

2. 方法要点

将褐煤蜡试样和石英砂混合均匀,放入滤纸筒并置于萃取器中,用异丙醇在水浴上加热回流萃取,然后除去溶剂,烘干恒重从试样的质量中减去萃取物的质量,其差值即为褐煤蜡中地沥青含量的测定值。然后根据测定地点的气压换算到相当于气压为标准大气压 101325Pa（1atm）时的含量。

3. 仪器、材料和试剂

（1）地沥青萃取装置——三角瓶萃取器,如图 14-7 所示,由以下几部分组成：

1）磨口锥形瓶：500mL。

2）球形冷凝管末端磨口,与锥形瓶配合,冷凝管下口有 2 个对称小孔作挂钩用。

3）滤纸筒：直径 20mm，高 80mm。将大张中速定性滤纸（GB/T 1914）裁成 75mm×75mm 的正方形和 50mm×50mm 的正方形，用蒸馏水浸湿，贴在干净玻璃板上，用手指轻轻搓去四边的滤纸毛。先将大正方形的滤纸裹在外径 20mm 的玻璃管外壁上，后将小正方形的滤纸裹在玻璃管底部（管底部带有一个小孔）。这样两者交替相裹，管壁、管底各 3 层然后将其取下放在 105℃干燥箱内烘干。

4）镍铬丝金属钩。

（2）电热恒温水浴：恒温范围为 37~100℃。

（3）电热鼓风干燥箱：温度能保持在 105~110℃。

（4）蒸馏装置（见图 14-8），包括直形冷凝管和三角

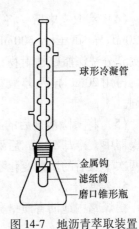

图 14-7　地沥青萃取装置

瓶——磨口锥形瓶。磨口锥形瓶：150mL；直形冷凝管；弯头：带磨口塞，与磨口锥形瓶配合。

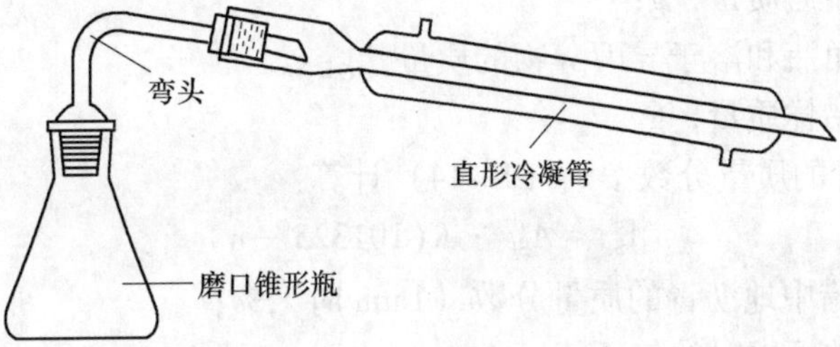

图 14-8　蒸馏装置

（5）量筒：100mL。

（6）烧杯：300mL。

（7）可调电炉：1000W。

（8）三角瓶——磨口锥形瓶：150mL。

（9）干燥器。

（10）分析天平：感量 0.0002g。

（11）托盘天平：感量 0.1g。

（12）气压计。

（13）石英砂：化学纯，粒度 0.20~0.45mm。

（14）异丙醇（HG/T 2892—2010），化学纯，沸程 81.5~83.5℃。

（15）方形中速定性滤纸（GB 1915—1980）。

（16）万用电热器：0~1000W。

4. 测定步骤

（1）称取（1±0.1）g 粒度小于 1mm 的褐煤蜡样（称准至 0.0002g），放入已盛有 10g 石英砂的滤纸筒内，用玻璃棒充分搅拌均匀。

（2）在 500mL 磨口锥形瓶内倒入 100mL 异丙醇，按图 14-7 接好萃取装置。

（3）将整个萃取器放在恒温水浴中，加热回流萃取，直至从滤纸筒中滴出无色溶剂（一般需 2h 以上）。

（4）萃取完毕后，将 500mL 磨口锥形瓶内萃取液倒入已称量的 150mL 磨口锥形瓶内。将 20mL 异丙醇倒入 500mL 磨口锥形瓶中，在电炉上加热，待异丙醇液沸腾后取下，振荡多次充分洗涤瓶壁粘附物，重复加热、振荡 2~3 次之后，将此液倒入 150mL 磨口锥形瓶中。再用 20mL 异丙醇液重复上述操作。按图 14-8 接好蒸馏装置，在水浴中加热蒸除溶剂。

（5）将蒸除溶剂后的磨口锥形瓶置于干燥箱中，在 102~105℃ 干燥 2h，取出，放入干燥器中，冷却 30min 后称量（称准至 0.0002g）。进行检查性干燥，每次 30min，直至连续两次干燥后的质量变化不超过 0.0010g。

5. 结果计算

褐煤蜡中地沥青质量分数的实测值按式（14-13）计算：

$$A_{SP}^a = \frac{m - (m_2 - m_1)}{m} \times 100 \tag{14-13}$$

式中　A_{SP}^a——气压为 a（Pa）时地沥青质量分数的实测值,%;

　　　m_1——空三角瓶质量，g；

　　　m_2——空三角瓶和溶于异丙醇物的质量，g；

　　　m——褐煤蜡样质量，g。

褐煤蜡中地沥青的质量分数按式（14-14）计算：

$$A_{SP}^0 = A_{SP}^a - K(101325 - a) \tag{14-14}$$

式中　A_{SP}^0——褐煤蜡中地沥青的质量分数（1atm 时）,%;

　　　a——测定地沥青时的气压值，Pa；

　　　K——在 79993~101325Pa 时，气压每减少 1Pa 所引起的地沥青含量的增加量，其值为 3.770×10^{-4},%。

取两次重复平行测定结果的算术平均值作为测定的结果，结果取到小数点后两位。

6. 方法精密度

地沥青含量测定的重复性限和再现性临界差见表 14-13 规定。

表 14-13　地沥青测定的重复性限和再现性临界差

褐煤蜡中地沥青质量分数/%	重复性限	再现性临界差
	1.00	2.00

说明[6]：粗褐煤蜡中地沥青含量是评价产品质量的一项重要指标。

关于褐煤蜡中地沥青测定方法，国外曾采用石油醚不溶物表示[12]，也有用石蜡不溶物来表示[13]。但近年来国外普遍都趋向采用 W. Presting 等人的研究结果，即以热的异丙醇不溶物来表示，但没有考虑大气压（也即异丙醇萃取温度）的影响[14]。

叶显彬、赵翠英等研究结果表明[15]，大气压（或海拔）对褐煤蜡中地沥青的测定结果有很大影响。通过数理统计分析，得出了把测定值折算为相同气压（或海拔）的新计算公式，为精确测定褐煤蜡中地沥青含量，获得可相互比较的结果提供了科学的依据。从而纠正了国际上普遍忽视大气压影响的偏向，使我国这项测定技术处于世界领先水平[6]。

现就测定方法中有关问题扼要说明如下：

（1）本方法采用目前国际上普遍采用的异丙醇作为萃取溶剂。

（2）蜡样中掺和石英砂对测定结果的影响：研究试验表明，必须在蜡样中掺和细石英砂，在充分混合均匀后才能进行萃取，这样可增大溶剂与蜡样的接触面积，防止蜡样在热异丙醇萃取时出现黏结现象，使萃取充分完全。否则会影响测定结果的精确性。

（3）蜡样粒度小于 1mm。

（4）萃取时间：以从滤纸筒中滴出无色溶剂为止，一般需 2h 以上。

（5）从科学角度出发，以采用大气压为参数的计算公式为宜，但对无气压计的试验室，可采用海拔为参数的计算公式作为一种弥补办法。

14.4　MT/T 239—2006 褐煤蜡技术条件[4]

MT/T 239—2006 褐煤蜡技术条件是褐煤蜡产品技术文件，引用如下。

1　范围

本标准规定了褐煤蜡产品的技术要求、试验方法、检验规则和标志、包装、运输及贮存等要求。

本标准适用于用有机溶剂萃取褐煤而制得的褐煤蜡。

2　规范性引用文件

下列文件中的条款通过本标准的引用而成为本标准的条款。凡是注日期的引用文件，其随后所有的修改单（不包括勘误的内容）或修订版均不适用于本标准，然而，鼓励根据本标准达成协议的各方研究是否可使用这些文件的最新版本。凡是不注日期的引用文件，其最新版本适用于本标准。

3　技术要求和试验方法

产品的技术要求和试验方法应符合表 14-14 的规定。

表 14-14　技术要求和试验方法

项　目	级别		试验方法
	一级	二级	
外观	黑褐色固体	黑褐色固体	
熔点/℃	83~87	81~85	
酸值/mg KOH · g^{-1}	50~70	30~50	
皂化值/mg KOH · g^{-1}	100~130	90~120	
树脂物质/%	≤20	≤27	GB/T 2559—2005
地沥青/%	≤8	≤12	
苯不溶物/%	≤0.5	≤1.0	
灰分/%	≤0.5	≤0.6	

4　检测规则

4.1　褐煤蜡样品按 GB/T 2559—2005 采取制备。

4.2　产品应由质量检验部门检验，在检验合格并出具合格证后，方可出厂。

4.3　检验后，如有一项指标不符合表 14-14 的规定，则整批产品为不合格。

5　标志、包装、运输和贮存

5.1　产品采用编织袋（内衬塑料袋）包装。每件包装物上应有下列标志：生产厂名称、产品名称、批号、级别和净重。

5.2 包装好的每批产品均应附质量合格证。

5.3 产品在运输和存贮过程中应防止雨淋和粉尘污染，远离热源。

14.5　GB/T 1575—2001 褐煤的苯萃取物产率测定方法[2]

方法要点：将褐煤试样置于萃取器中用苯萃取，然后将溶剂蒸除，并于 105~110℃ 温度下将萃取物干燥至恒重。根据干燥后萃取物的质量，算出褐煤的萃取物（即粗褐煤蜡）产率（以质量百分数表示）。

该标准包括两种方法：锥形瓶萃取器法和半自动萃取仪法。前者为仲裁方法。

一、仪器、设备、材料和试剂

（1）三角瓶萃取器（与图 14-7 相同）。

（2）蒸馏器（与图 14-8 相同）。

（3）空气干燥箱：带有自动调温装置，附鼓风机，并能保持 105~110℃ 的温度范围。

（4）干燥器。

（5）恒温水浴：恒温控制准确到±2℃。

（6）滤纸筒：直径 25mm，长 80mm，可外购或自制。

（7）苯：分析纯（GB/T 690—2008）。

二、测定步骤

称取混合均匀的空气干燥煤样（粒度小于 0.2mm）3g（称准到 0.0002g）于滤纸筒中。煤样上盖一块脱脂棉。然后，将带煤样的滤纸筒用不锈金属丝挂在萃取器冷凝管末端。

往萃取器底瓶中加入 70mL 苯，并把底瓶和冷凝管连接好。

将底瓶放入恒温水浴中，加热萃取 3h（时间由第一滴苯液冷凝管末端滴下时算起）。如从滤纸筒中滴下的苯液仍有颜色，则应继续萃取到无色为止。

注：为使萃取尽可能在 3h 内完成，萃取过程中一般应控制水浴温度，是苯从冷凝管末端滴下的速度为 4~5mL/min，并使滤纸筒中的苯液随时淹没煤样。

萃取结束后，取下底瓶。将萃取液趁热小心转移到预先干燥恒重的蒸馏三角瓶中，并用少量热苯洗涤底瓶 3 次。洗液并入三角瓶（如此时发现萃取液中有煤粉，则试验作废）。

将三角瓶连接在蒸馏器上，于水浴上蒸发至近干。

注：萃取、洗涤和蒸馏应在通风柜中进行。

取下三角瓶，放入 105~110℃ 的干燥箱中干燥 1.5h。取出，先在空气中冷却 2~3min，再放入干燥器中冷却到室温并称重（称准到 0.0002g）。

进行检查性干燥，每次 30min，直至相继两次干燥的重量损失小于 0.001g 为止。

三、结果计算和报告

褐煤的苯萃取物产率按式（14-15）计算，即

$$E_B^t = \frac{m_2}{m_1} \times 100 \tag{14-15}$$

式中 E_B^t——褐煤的分析基苯萃取物产率,%;

m_1——煤样质量,g;

m_2——干燥的萃取物质量,g。

最后结果按干基报出,即先计算分析基苯萃取物产率算术平均值,然后按下式换算成干基报出,即

$$E_B^g = \frac{100}{100 - W^t} \times E_B^t$$

式中 E_B^g——干基苯萃取物产率,%;

W^t——分析基煤样水分,%。

四、允许差

同一试验室和不同试验的允许差合并如表 14-15 所示。

表 14-15 苯萃取物产率测定允许差

苯萃取物产率/%	允许差（绝对）/%	
	同一试验室	不同试验室
$E_B^t < 5$	0.25	
$E_B^t \geqslant 5$	0.40	
$E_B^g < 5$		0.50
$E_B^g \geqslant 5$		0.70

14.6 GB/T 483—2007 煤炭分析试验方法一般规定[1]

本节摘录 GB/T 483—2007 煤炭分析试验方法一般规定的部分内容以飨读者。

A——灰分（Ash）,%;

E_B——苯萃取物产率（yield of Benzene-soluble Extract）,%;

H_A——腐植酸产率（yield of Humic Acids）,%;

M——水分（Moisture）,%。

表达结果时符号下标的含义:

ad——空气干燥基（air dried basis）;

ar——收到基（as received basis）;

d——干燥基（dry basis）;

daf——干燥无灰基（dry ash-free basis）;

dmmf——干燥无矿物质基（dry mineral matter-free basis）;

maf——恒湿无灰基（moist ash-free basis）;

m, mmf——恒湿无矿物质基（moist mineral matter-free basis）。

将有关分析数据代入上表所列的相应公式中,再乘以用已知基表示的某一分析值,即可求得用所要求的基表示的分析值（低位发热量的换算例外）。表 14-16 为煤质分析不同基的换算公式。

表 14-16 煤质分析不同基的换算公式

要求基 已知基	空气干燥基 （ad）	收到基 （ar）	干基 （d）	干燥无灰基 （daf）	干燥无矿物 质基（dmmf）
空气干燥基 （ad）		$\dfrac{100-M_{ar}}{100-M_{ad}}$	$\dfrac{100}{100-M_{ad}}$	$\dfrac{100}{100-M_{ad}-A_{ad}}$	$\dfrac{100}{100-M_{ad}-MM_{ad}}$
收到基 （ar）	$\dfrac{100-M_{ad}}{100-M_{ar}}$		$\dfrac{100}{100-M_{ar}}$	$\dfrac{100}{100-M_{ar}-A_{ad}}$	$\dfrac{100}{100-M_{ar}-MM_{ad}}$
干基 （d）	$\dfrac{100-M_{ad}}{100}$	$\dfrac{100-M_{ar}}{100}$		$\dfrac{100}{100-A_{d}}$	$\dfrac{100}{100-MM_{d}}$
干燥无灰基 （daf）	$\dfrac{100-M_{ad}-A_{ad}}{100}$	$\dfrac{100-M_{ar}-A_{ad}}{100}$	$\dfrac{100-A_{d}}{100}$		$\dfrac{100-A_{d}}{100-MM_{d}}$
干燥无矿物质基 （dmmf）	$\dfrac{100-M_{ad}-MM_{ad}}{100}$	$\dfrac{100-M_{ar}-MM_{ad}}{100}$	$\dfrac{100-MM_{d}}{100}$	$\dfrac{100-MM_{d}}{100-A_{d}}$	

参 考 文 献

［1］中华人民共和国国家标准．GB/T 483—2007 煤炭分析试验方法一般规定［S］.北京：中国标准出版社，2008.

［2］中华人民共和国国家标准．GB/T 1575—2001 褐煤的苯萃取物产率测定方法［S］.北京：中国标准出版社，2002.

［3］中华人民共和国国家标准．GB/T 2559—2005 褐煤蜡测定方法［S］.北京：中国标准出版社，2006.

［4］中华人民共和国煤炭部标准．MT/T 239—2006 褐煤蜡技术条件［S］.北京：中国煤炭工业出版社，2006.

［5］中华人民共和国国家标准．GB/T 212—2008 煤的工业分析方法［S］.北京：中国标准出版社，2008.

［6］叶显彬、周劲风．褐煤蜡化学及应用［M］.北京：煤炭工业出版社，1989.

［7］DDR-standard TGL-5881. Rohmontanwachs，1962.

［8］Presting W，Steinbach U K. Chemische Technik，1953（5）：571.

［9］Erich Kliemchen. 75 Years production of montan wax，50 Years montan wax from Amsdorf. DDR Röblingen am See. 1972.

［10］张志贤．油脂蜡检验［M］.上海：上海科技出版社，1964.

［11］Frhr G. Fette-Seifen-Anstrichmittel，1956，58（1）：13.

［12］Lakshmanan Sm. Fuel，1985，34（5）：219.

［13］Шнапер В И. Химия Тв. Топлива，1970（3）：40.

［14］Presting W，Steinbach U K. Chemische Technik，1953，5：571.

［15］叶显彬，赵翠英．煤炭学报，1984（4）：85.

15 实用统计分析与试验设计

15.1 概述

本章从实用的角度简介数据处理技术、试验设计和统计检验。

计算方法和数据处理技术都是数学学科的分支之一，但它们都不研究纯的数学理论，而是研究这些数学理论的具体应用过程与方法。概括地说，计算方法研究的是由复杂公式（模型）的组合（一般没有解析解）求过程的数值解；而数据处理技术则是研究如何由已知的成批的数据（不是公式）求一些特定要求的数值解，或者研究如何把这些成批的数据转换为反映过程本质规律的数学公式（当然这种转换所得的公式对我们非常有用）。计算方法与数据处理技术正好是两个互为相反的过程，前者求复杂模型的数值解，后者则由成批数据建立模型。

15.1.1 数据处理技术所包含的内容

顾名思义，数据处理技术（Data processing technique）处理的对象是数据——离散函数。因此，数据处理技术的内容应包括：离散点下的函数积分与微分、插值、回归分析等内容。要对数据处理技术进行充分而透彻的研究，需要写成一本专著，本章仅仅介绍其中回归分析的部分内容。

15.1.2 学习数据处理技术的重要意义

生产、科学研究和工程设计等方面的许多实际问题，我们经常接触到大量成批的数据，这些数据提供了有用的重要信息（Information），但这些有用的重要信息往往都不是一目了然，而是蕴藏在大量的数据之中，必须对这些大量的数据作出科学的分析与处理才能把那些对我们有用的信息从中提炼出来。

上述这些数据都有两个共同的特征：在一定范围内有规律地波动，对这些数据的研究和整理以及其间规律性的寻求，传统的方法都是靠人工计算，既费时又费力，且实时性和可靠性都很差，而有些重要的数据处理方法往往人工计算无法胜任，例如，多元回归分析、代数多项式回归分析等。因此，研究计算机数据处理技术，不但具有理论上的重要意义，而且具有实践中的应用价值，一方面可以充分发挥计算机的作用与潜力，另一方面又丰富了数据处理技术的理论和内容及其研究对象，更为实在的是提高自身辨别是非的能力——那些傻瓜软件给出的结果真的都对吗？

处理科研数据和研究各变量间的定量关系时，拟合（Fitting）是最常用的方法之一。下面我们主要讨论一元线性最小二乘法、多元线性最小二乘法以及可线性化的曲线拟合问题。但这些内容涉及参考文献[1]中线性代数方程组的求解问题，有需要的读者可参阅有关线性代数方程组的求解的程序设计章节。

15.2　一元线性最小二乘法

15.2.1　问题的提出

设观测物理量 x 和 y 之间存在线性关系：

$$y = f(x) = a + bx \tag{15-1}$$

当 x 取 x_1、x_2、x_3、$\cdots$、x_i、$\cdots$、x_m 时，测得 y 的对应值分别为 y_1、y_2、y_3、$\cdots$、y_i、$\cdots$、y_m，如表 15-1 所示。现在要根据这些试验数据 $(x_i, y_i)(i = 1, 2, 3, \cdots, m)$ 求式 (15-1) 中的常数 a 和 b，即建立 y 与 x 之间的函数关系式。这就是一个一元线性拟合（也称为回归）问题。

表 15-1　试验测定（观测）数据表

试验编号 i	自变量 x_i	因变量 y_I
1	x_1	y_1
2	x_2	y_2
3	x_3	y_3
…	…	…
i	x_i	y_i
…	…	…
m	x_m	y_m

如果我们把数据 (x_i, y_i) 标绘在 $x \sim y$ 直角坐标系中，所得的点（原始点）一般不会准确地落在一条直线上，这是因为即使 x 与 y 之间在理论上存在线性关系，但 (x_i, y_i) 是试验测定的数据，存在误差。误差的存在会使各原始点偏离直线。因此，为了建立 x 与 y 之间的关系式，即求式 (15-1) 式中的常数 a 和 b 的值，我们只能寻找这样一条直线，使之尽可能靠近各试验点 (x_i, y_i) $(i = 1, 2, 3, \cdots, m)$，这样求出的直线称为回归线（Regression line），与之相应的方程称为回归方程，而所求出的参数 a 和 b 则被称为回归系数。换句话说，现在我们的任务就是根据各原始数据点寻找一条回归线满足下列要求。

（1）该回归线是直线；

（2）从总体上看，该直线比其他任何直线都更靠近各原始点。

怎样判断一条直线与各原始数据点最为靠近呢？目前最常用的方法是最小二乘法（Method of least squares），也就是使回归的残差平方和最小。

所谓残差，其定义为：第 i 点的残差就是 $x = x_i$ 时的原始数据（试验测定值）y_i 与 $x = x_i$ 时按回归方程式 (15-1) 式计算的 y 的计算值 $f(x_i)$ 之间的差，用 q_i 表示，即

$$q_i = y_i - f(x_i) = y_i - (a + bx_i) \tag{15-2}$$

而残差的平方和（用 Q 表示）就是：

$$Q(a, b) = \sum_{i=1}^{m} q_i^2 = \sum_{i=1}^{m} (y_i - a - bx_i)^2 \tag{15-3}$$

在图 15-1 中绘出的示意图表明，直线 C 偏离各原始点较大，直线 B 就比较靠近各原

始点，则直线 B 的残差平方和必定小于直线 C 的残差平方和。

$$Q_B < Q_C$$

如果在一切直线中，直线 A 的残差平方和最小：

$$Q_A = \sum_{i=1}^{m} q_i^2 \Rightarrow Min$$

那么，直线 A 就是满足上述条件的回归直线。显然这条直线从总体上说最靠近各原始点，它比任何其他直线都能更好地表示 y 与 x 之间的关系。

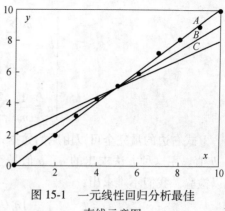

图 15-1　一元线性回归分析最佳
直线示意图

"平方"过去曾经被称为"二乘"，因此按照残差平方和最小的原则求回归直线的方法就被称为最小二乘法。当回归线是只有一个自变量和一个因变量的直线时，则称这种方法为一元线性最小二乘法。

15.2.2　一元线性最小二乘法的算法概述

对指定的一组原始数据 $(x_i, y_i)(i=1, 2, 3, \cdots, m)$，用不同的方法进行回归拟合所得的回归系数 a、b 不一定相同，故按式（15-3）计算出来的残差平方和也不同。换言之，残差平方和 Q 是回归系数 a 和 b 的函数：

$$Q = Q(a, b) \tag{15-4}$$

我们寻找最靠近各原始点的直线，就相当于计算一对 a、b 值，使对应的残差平方和 Q 值最小。为达此目的，按照高等数学中求极值的方法，a、b 必须同时满足式（15-5）~式（15-8）：

$$\frac{\partial Q}{\partial a} = 0 \tag{15-5}$$

$$\frac{\partial Q}{\partial b} = 0 \tag{15-6}$$

$$\frac{\partial^2 Q}{\partial a^2} > 0 \tag{15-7}$$

$$\frac{\partial^2 Q}{\partial b^2} > 0 \tag{15-8}$$

式（15-3）Q 分别对 a、b 求导并化简整理得到：

$$\begin{cases} ma + b\sum_{i=1}^{m} x_i = \sum_{i=1}^{m} y_i \\ a\sum_{i=1}^{m} x_i + b\sum_{i=1}^{m} x_i^2 = \sum_{i=1}^{m} (x_i y_i) \end{cases} \tag{15-9}$$

上式称为一元线性最小二乘法的正规方程（法方程）。它是一个二元线性代数方程组，由此容易求得：

$$\begin{cases} b = \dfrac{m\sum\limits_{i=1}^{m}(x_i y_i) - \sum\limits_{i=1}^{m}x_i \sum\limits_{i=1}^{m}y_i}{m\sum\limits_{i=1}^{m}x_i^2 - \left(\sum\limits_{i=1}^{m}x_i\right)^2} \\[2em] a = \dfrac{1}{m}\left(\sum\limits_{i=1}^{m}y_i - b\sum\limits_{i=1}^{m}x_i\right) \end{cases} \tag{15-10}$$

上式右边的量完全可以由原始数据式（15-1）求出，从而可以求出满足式（15-3）的 a、b 值。用这种方法求出的 a、b 值是否为回归系数，还必须用式（15-7）和式（15-8）加以检验。我们不难求出：

$$\begin{cases} \dfrac{\partial^2 Q}{\partial a^2} = 2m > 0 \\[1.5em] \dfrac{\partial^2 Q}{\partial b^2} = 2\sum\limits_{i=1}^{m}x_i^2 > 0 \end{cases}$$

两式都成立，说明由式（15-10）求出的 a、b 值就是我们要寻求的回归系数。

15.2.3 一元线性回归方差分析——显著性检验

一般地说，前面介绍的最小二乘法并不要求所有的原始数据符合某种特定的规律性，也就是说，不管我们所测定的数据如何，机械地按照式（15-10）进行计算，总能得到一条回归直线。不过这样做也许毫无意义，因为所求出的回归直线可能根本就不符合数据变化的规律性（原始数据间不是直线关系）。所以，我们下一步自然会提出这样一个问题：如何衡量回归直线与原始数据间的吻合程度？即回归的可信程度如何？这就是回归分析中的方差分析（Analysis of variance）的内容，方差分析也称为显著性检验（Test of significance）。

所谓方差分析，就是要统计回归过程中的几个统计量，它们分别是 y 的残差平方和 Q、回归平方和 U、剩余标准差 S、相关系数 R 和综合检验值 F，分别定义如下：

$$Q = \sum_{i=1}^{m}\left[y_i - f(x_i)\right]^2 \tag{15-11}$$

$$U = \sum_{i=1}^{m}\left[\overline{y_i} - f(x_i)\right]^2 \tag{15-12}$$

$$S = \sqrt{\frac{Q}{m-n-1}} = \sqrt{\frac{Q}{m-2}} \tag{15-13}$$

$$R = \sqrt{\frac{U}{U+Q}} \tag{15-14}$$

$$F = \frac{\dfrac{U}{n}}{\dfrac{Q}{m-n-1}} = \frac{U}{\dfrac{Q}{m-2}} = \frac{U}{S^2} \tag{15-15}$$

对一元线性最小二乘法，$n=1$（自变量个数），式中 $\overline{y_i}$ 为 y 的算术平均值，即：

$$\overline{y}_i = \frac{1}{m}\sum_{i=1}^{m} y_i$$

因为 Q、U、S 都是有因次的绝对量，没有统一的度量标准（一般 Q 越小越好、U 越大越好、S 越小越好，但是大或小到什么程度没有标准），所以，在应用中一般不用这三个统计量来检验回归方程的显著性，而用相关系数 R 和综合检验值 F 来检验回归结果的优劣。

从定义式（15-14）可以看出：

（1）当 $U=0$ 而 $Q\neq 0$ 时，$R=0$（这是最坏的情况）。

（2）当 $U\neq 0$ 而 $Q=0$ 时，$R=1$（这是最好的情况）。

因此我们有：$0\leqslant R\leqslant 1$。

一般情况下，R 越接近于 1 越好，$R=1$ 是最理想的情况。

对于综合检验值 F，它是对整个回归过程进行显著性检验的综合指标。由定义式（15-14）容易看出，U 越大（Q 或 S 越小）则 F 越大，所以，F 越大越好。F 检验值可由一般的数学手册中查得临界值。

15.2.4　一元线性最小二乘法通用程序设计

下面是该法的 BASIC 通用程序（很容易转换为其他高级语言）：

```
10    REM  ＊＊一元线性回归分析主程序＊＊
20    PRINT "一元线性回归分析"
30    INPUT "数据组数 M=";M
40    DIM XX(M),YY(M)
50    FOR I=1 TO M:READ XX(I):NEXT
60    FOR I=1 TO M:READ YY(I):NEXT
70    FOR I=1 TO M:PRINT XX(I), YY(I):NEXT
80    GOSUB 8000
90    END
100   DATA <X1,X2,X3,……,Xm>: REM 存放 x
110   DATA <Y1,Y2,Y3,……,Ym>: REM 存放 y
8000   REM ＊＊一元回归分析通用子程序＊＊
8010   X1=0:X2=0:Y1=0:XY=0
8020   FOR I=1 TO M:X=XX(I):Y=YY(I)
8030   X1=X1+X:X2=X2+X＊X:Y1=Y1+Y:XY=XY+X＊Y
8040   NEXT I:XY=XY-X1＊Y1/M
8050   X2=X2-X1＊X1/M:A$="+"
8060   B=XY/X2:A=(Y1-B＊X1)/M
8070   IF B<0 THEN A$=""
8080   PRINT "Y=";A;A$;B;"X"
8090   Q=0:U=0:YH=Y1/M
8100   FOR I=1 TO M:C=A+B＊XX(I)
8110   Q=Q+(YY(I)-C)＊(YY(I)-C)
8120   U=U+(YH-C)＊(YH-C)
```

```
8130   NEXT I:S=SQR(Q/(M-2))
8140   R=SQR(U/(U+Q))
8150   IF Q=0 THEN 8170
8160   F=U/S/S
8170   PRINT "Q=";Q,
8180   PRINT "U=";U,
8190   PRINT "S=";S,
8200   PRINT "F=";F,
8210   PRINT "R=";R
8220   RETURN
```

15.2.5 应用实例分析

【例 15-1】 已知一氧化碳变换反应的反应热（$-\Delta H$）与温度 T 的关系如表 15-2 所示，如果在 0~600℃ 范围内我们想用下述直线：

$$(-\Delta H) = a + bT$$

来描述反应热（$-\Delta H$）与温度 T 之间的关系，请确定参数 a 和 b，说明所得公式能否用于其他化工过程的设计中。

表 15-2 一氧化碳变换反应的反应热试验测定数据

$T/℃$	0.0	100	200	300	400	500	600
$(-\Delta H)/J \cdot mol^{-1}$	42312	41274	40236	39198	38159	37121	36083

解： 令（$-\Delta H$）= Y，T=X，则我们就可以直接利用前述一元线性最小二乘法的通用程序来解决此问题，下面是存放上述试验数据的语句。

```
100 DATA 0, 100, 200, 300, 400, 500, 600
110 DATA 42312, 41274, 40236, 39198, 38159, 37121, 36083
```

下面是运行结果：

RUN↵（↵表示回车键）

一元线性回归分析

数据组数 M=? 7↵（↵表示回车键）

自变量	因变量	计算值
0.0	42312.0	42312.21
100	41274.0	41273.99
200	40236.0	40235.77
300	39198.0	39197.55
400	38159.0	38159.33
500	37121.0	37121.11
600	36083.0	36082.99

◁ 回归公式计算值

$Y = 42312.21 - 10.38221X$

$Q = 0.4254151$ $U = 3.0181E+07$ $S = 0.2916899$ $F = 3.547E+08$ $R = 1$

即： $\qquad$ $(-\Delta H) = 42312.21 - 10.38221T$

由方差分析结果中的相关系数 R 和综合检验值 F 可以看出，回归结果高度显著，也就是原始数据间存在着良好的直线关系。读者可以用回归所得方程来计算不同 T 时的 $(-\Delta H)$ 值（上面虚框中的数据就是计算值），可以看出计算值与原始数据吻合得非常好，因而可用于其他化工过程的设计中（如果原始数据测定正确的话）。

15.3 多元线性最小二乘法

15.3.1 算法概述

前面介绍的一元线性回归方程中，只有一个自变量 x 和一个因变量 y。但是在实际问题中，影响系统性质的因素往往不止一个，这时就必须考虑因变量 y 与多个自量 x_1，x_2，x_3，$\cdots$，x_j，$\cdots$，x_n 之间的函数关系。这种关系中最基本的仍然是多维空间线性关系：

$$y = f(x_1,\ x_2,\ x_3,\ \cdots,\ x_j,\ \cdots,\ x_n) = b_0 + b_1 x_1 + b_2 x_2 + \cdots + b_j x_j + \cdots + b_n x_n$$

$$(15\text{-}16)$$

式（15-16）是一个多元线性回归方程（包含 $n+1$ 个待定参数 b_j，$j = 0$，1，2，$\cdots$，n）。此问题的解法与一元线性回归分析的求解方法十分类似。设共进行了 m 次测定，其中第 i 次测定的自变量取值分别为 x_{ij}（$j = 1$，2，3，$\cdots$，n），因变量的取值为 y_i（见表 15-3）。表 15-3 中各自变量 x_{ij}（$j = 0$，1，2，3，$\cdots$，n 代表自变量标号，而 $i = 1$，2，3，$\cdots$，m 代表测量序号）为第 j 个自变量的第 i 次测定值。请注意 $m > n+1$ 才能求出方程（15-16）中的（$n+1$）个回归系数。

表 15-3 多因素试验测定数据表

编号 i	自变量 x_j							因变量 y
1	$x_{10} = 1$	x_{11}	x_{12}	x_{13}	$\cdots\cdots$	x_{1j}	$\cdots\cdots$	x_{1n}	y_1
2	$x_{20} = 1$	x_{21}	x_{22}	x_{23}	$\cdots\cdots$	x_{2j}	$\cdots\cdots$	x_{2n}	y_2
3	$x_{30} = 1$	x_{31}	x_{32}	x_{33}	$\cdots\cdots$	x_{3j}	$\cdots\cdots$	x_{3n}	y_3
$\cdots$	$\cdots$	$\cdots$	$\cdots$	$\cdots$		$\cdots$		$\cdots$	$\cdots$
i	$x_{i0} = 1$	x_{i1}	x_{i2}	x_{i3}	$\cdots\cdots$	x_{ij}	$\cdots\cdots$	x_{in}	y_i
$\cdots$	$\cdots$	$\cdots$	$\cdots$	$\cdots$		$\cdots$		$\cdots$	$\cdots$
m	$x_{m0} = 1$	x_{m1}	x_{m2}	x_{m3}	$\cdots\cdots$	x_{mj}	$\cdots\cdots$	x_{mn}	y_m

为了处理方便，特别是为了调用解线性代数方程组的通用子程序，在表 15-3 中特别引入了一个值恒等于 1 的自变量 x_0（不需测定），即：

$$x_{i0} \equiv 1 \quad (i = 1,\ 2,\ 3,\ \cdots,\ m) \tag{15-17}$$

这相当于把回归方程（15-16）式改写为：

$$y = f(x_0,\ x_1,\ x_2,\ x_3,\ \cdots,\ x_j,\ \cdots,\ x_n) = b_0 x_0 + b_1 x_1 + b_2 x_2 + \cdots + b_j x_j + \cdots + b_n x_n$$

$$(15\text{-}18)$$

下面仍然用最小二乘法来建立此回归方程，即求此回归方程中的 $n+1$ 个回归系数 b_j（$j = 0$，1，2，3，$\cdots$，n），以使残差平方和最小，也就是：

$$q_i = y_i - f(x_0,\ x_1,\ x_2,\ x_3,\ \cdots,\ x_j,\ \cdots,\ x_n)$$

$$= y_i - \sum_{j=0}^{n}(b_j x_{ij})$$

$$Q = \sum_{i=1}^{m} q_i^2 \Rightarrow Min$$

与一元线性回归分析类似，这相当于求解下列方程组：

$$\frac{\partial Q}{\partial b_j} = \frac{\partial}{\partial b_j} \Big[\sum_{i=1}^{m} \Big(y_i - \sum_{j=0}^{n} b_j x_{ij} \Big)^2 \Big] = 0$$

上式经求导并整理后得：

$$\begin{Bmatrix} b_0 \\ b_1 \\ b_2 \\ \cdots \\ b_j \\ \cdots \\ b_n \end{Bmatrix} \begin{Bmatrix} \sum x_{i0}x_{i0} & \sum x_{i0}x_{i1} & \cdots & \sum x_{i0}x_{ij} & \cdots & \sum x_{i0}x_{in} \\ \sum x_{i1}x_{i0} & \sum x_{i1}x_{i1} & \cdots & \sum x_{i1}x_{ij} & \cdots & \sum x_{i1}x_{in} \\ \sum x_{i2}x_{i0} & \sum x_{i2}x_{i1} & \cdots & \sum x_{i2}x_{ij} & \cdots & \sum x_{i2}x_{in} \\ \cdots & \cdots & \cdots & \cdots & \cdots & \cdots \\ \sum x_{ij}x_{i0} & \sum x_{ij}x_{i1} & \cdots & \sum x_{ij}x_{ij} & \cdots & \sum x_{ij}x_{in} \\ \cdots & \cdots & \cdots & \cdots & \cdots & \cdots \\ \sum x_{in}x_{i0} & \sum x_{in}x_{i1} & \cdots & \sum x_{in}x_{ij} & \cdots & \sum x_{in}x_{in} \end{Bmatrix} = \begin{Bmatrix} \sum x_{i0}y_i \\ \sum x_{i1}y_i \\ \sum x_{i2}y_i \\ \cdots \\ \sum x_{ij}y_i \\ \cdots \\ \sum x_{in}y_i \end{Bmatrix} \quad (15\text{-}19a)$$

即：$b_j \sum_{i=1}^{m} x_{ik}x_{ij} = \sum_{i=1}^{m} x_{ik}y_i$ $(k = 1, 2, 3, \cdots, n; j = 0, 1, 2, 3, \cdots, n)$ (15-19b)

式（15-19）中增广矩阵元素的通式为：

系数矩阵：$\quad a_{kj} = \sum_{i=1}^{m} x_{ik}x_{ij}$ $(k = 1, 2, 3, \cdots, n; j = 0, 1, 2, 3, \cdots, n)$

右端向量：$\quad a_{kn+1} = \sum_{i=1}^{m} x_{ik}y_i$ $(k = 1, 2, 3, \cdots, n)$

15.3.2 多元线性最小二乘法的方差分析

关于多元线性回归的方差分析，基本与一元线性回归的方差分析一样，即：

$$S = \sqrt{\frac{Q}{m - n - 1}} \quad (15\text{-}20a)$$

$$R = \sqrt{\frac{U}{U + Q}} \quad (15\text{-}20b)$$

$$F = \frac{\dfrac{U}{n}}{\dfrac{Q}{m - n - 1}} = \frac{U}{nS^2} \quad (15\text{-}20c)$$

Q、U 的计算式与式（15-11）、式（15-12）相同，只是这时各量分别称为复合残差平方和 Q、复合回归平方和 U、复合剩余标准差 S、复合相关系数 R 和复合综合检验值 F（n 为自变量个数，m 为试验次数）。

15.3.3 多元线性回归分析通用程序设计

下面是通用程序：

```
10    REM * * 多元线性回归分析主程序 * *
15    PRINT "多元线性回归分析"
20    INPUT "自变量个数和数据组数 N,M=";N,M
30    DIM Y(M),X(M,N),B(M),YJ(M)
40    FOR I=1 TO M:READ Y(I):NEXT I
50    FOR J=1 TO N:FOR I=1 TO M
60    READ X(I,J)
70    NEXT I:NEXT J
80    FOR I=1 TO M:PRINT Y(I),
90    FOR J=1 TO N:PRINT X(I,J),
100   NEXT J:NEXT I
110   GOSUB 8400:REM 调用计算增广矩阵元素子程序计算增广矩阵
120   GOSUB 5400:REM 调用解方程组子程序求解方程组
130   GOSUB 8600:REM 调用方差分析子程序进行方程分析
140   PRINT "Y=";B(0);
150   FOR I=1 TO N
160   IF B(I)<0 THEN A$="" ELSE A$="+"
170   PRINT A$;B(I);"X";I;
180   NEXT I:PRINT
190   END
200   DATA <Y0,Y1,Y2,Y3,……,Ym>
210   DATA <X11,X12,X13,……,X1m>
220   DATA <X21,X22,X23,……,X2m>
230   DATA <X31,X32,X33,……,X3m>
240   DATA <……………………………>
900   DATA <Xn1,Xn2,Xn3,……,Xnm>
5400  REM * * 列主元高斯-约旦消去法解方程组通用子程序 * *
5410  FOR K=0 TO N
5420  C=A(K,K):P=K
5430  FOR I=K+1 TO N
5440  IF ABS(A(I,K))>C THEN C=A(I,K):P=I
5450  NEXT I
5460  IF ABS(C)<1E-09 THEN 5600
5470  FOR J=K TO N+1
5480  SWAP A(K,J),A(P,J)
5490  NEXT J
5500  FOR I=0 TO N
5510  IF I=K THEN 5550
5520  FOR J=K+1 TO N+1
5530  A(I,J)=A(I,J)-A(I,K)*A(K,J)/A(K,K)
5540  NEXT J
5550  NEXT I,K
5560  FOR I= 0 TO N
```

```
5570    B(I)=A(I,N+1)/A(I,I)
5580    PRINT "B(";I;")=";B(I),
5590    NEXT I:PRINT
5600    RETURN
8400    REM **计算增广矩阵元素通用子程序**
```

```
8410    FOR I=1 TO M:X(I,0)=1:NEXT
8420    FOR K=0 TO N
8430    FOR J=0 TO N
8440    A(K,J)=0:FOR I=1 TO M
8450    A(K,J)=A(K,J)+X(I,K)*X(I,J)
8460    NEXT I,J
8470    A(K,N+1)=0:FOR I=1 TO M
8480    A(K,N+1)=A(K,N+1)+Y(I)*X(I,K)
8490    NEXT I,K
```

```
8500    RETURN
8600    REM **方差分析通用子程序**
8610    YH=0:FOR I=1 TO M
8620    YH=YH+Y(I):NEXTI
8630    YH=YH/M:Q=0:U=0
8640    FOR I=1 TO M:YJ(I)=B(0)
8650    FOR J=1 TO N
8660    YJ(I)=YJ(I)+B(J)*X(I,J):NEXT J
8670    Q=Q+(Y(I)-YJ(I))*(Y(I)-YJ(I))
8680    U=U+(YH-YJ(I))*(YH-YJ(I))
8690    NEXT I
8700    S=SQR(Q/(M-N-1)):R=SQR(U/(U+Q))
8710    PRINT "Q=";Q,"U=";U,"S=";S;
8720    PRINT "R=";R
8730    IF Q=0 THEN 8760
8740    F=U/N/S/S
8750    PRINT "F=";F
8760    RETURN
```

请读者注意上述通用程序中虚框内"计算增广矩阵元素通用子程序"那 9 个语句所使用的妙不可言的高超技巧。

在通用程序中，循环控制变量 K 相应于矩阵各行的编号，而控制变量 J 和 I 则分别对应于矩阵的列编号和矩阵内各元素求和项的下标（试验序号）。

在通用程序中的输入量：

M：原始数据（试验次数）点数；

N：自变量个数；

X(I, J)：第 i 次测定中 n 个自变量的 x_{ij} 取值（$j=1, 2, 3, \cdots, n$）；

Y(I)：第 i 次测定的因变量 y_i 取值。

在通用程序中的输出量：

B(J)：回归系数；

Q：复合残差平方和；

U：复合回归平方和；

S：复合剩余标准差

R：复合相关系数；

F：复合综合检验值。

15.3.4 应用实例分析

【例 15-2】 在某香料的热物性参数研究中试验测得如表 15-4 所示的热物性参数，请分析混合物的黏度 y 是否可以表示成各组分的黏度与温度的线性函数。

表 15-4 香料热物性参数研究试验测定数据

混合物黏度 y	温度 x_1	组分 1 黏度 x_2	组分 2 黏度 x_3	组分 3 黏度 x_4
3.6599	25	8.4634	6.3548	1.5561
2.6261	35	5.8744	4.6514	1.2122
2.0555	45	4.6508	3.7096	1.0355
1.6241	55	3.4163	2.8078	0.9106
1.3675	65	2.8506	2.2576	0.8349
1.1514	75	2.2308	1.9725	0.7325
0.9599	85	1.7921	1.6598	0.6401
0.8654	95	1.5319	1.4081	0.6160
0.7766	105	1.3758	1.1834	0.5707
0.7277	115	1.1659	1.1148	0.5270
0.6331	125	0.9435	0.9263	0.4800

解：这一问题可用多元线性最小二乘法来解决，把表中所列试验数据按照通用程序说明存入从 200 开始的 DATA 语句中得到求解这一问题的数据程序为：

```
200 DATA 3.6599,2.6261,2.0555,1.6241,1.3675,1.1514,0.9599,0.8654,0.7766,0.7277,0.6331
210 DATA 25,35,45,55,65,75,85,95,105,115,125,8.4634,5.8744,4.6508,3.4163
220 DATA 2.8506,2.2308,1.7921,1.5319,1.3758,1.1659,0.9435,6.3548,4.6514
230 DATA 3.7096,2.8078,2.2576,1.9725,1.6598,1.4081,1.1834,1.1148,0.9263
240 DATA 1.5561,1.2122,1.0355,0.9106,0.8349,0.7325,0.6401,0.6160,0.5707,0.5270,0.4800
```

下面是程序的运行结果：

RUN↵ （↵表示回车键）

自变量个数和数据组数 N，M＝? 4，11↵

Y	X1	X2	X3	X4	计算值
3.6599	25	8.4634	6.3548	1.5561	3.6632
2.6261	35	5.8744	4.6514	1.2122	2.6131
2.0555	45	4.6508	3.7096	1.0355	2.0679
1.6241	55	3.4163	2.8078	0.9106	1.6226
1.3675	65	2.8506	2.2576	0.8349	1.3630
1.1514	75	2.2308	1.9725	0.7325	1.1577
0.9599	85	1.7921	1.6598	0.6401	0.9528
0.8654	95	1.5319	1.4081	0.6160	0.8759
0.7766	105	1.3758	1.1834	0.5707	0.7077
0.7277	115	1.1659	1.1148	0.5270	0.7264
0.6331	125	0.9435	0.9263	0.4800	0.6337

←公式计算值

Y=−1.022863+4.526082E−03X1−3.281164E−02X2+0.3621459X3+1.638201X4

Q=5.949E−04 U=8.961186 S=9.958E−03 R=0.9999668 F=22594.5

由回归的方差分析结果可以看出，回归结果高度显著，即由回归方程来预报上述混合物的黏度是可信的（见上述虚框中的计算值，只要原始数据测定准确），因而因变量 y 可以表示为上述各自变量的线性函数，即：

$$y = -1.022863 + 4.526082 \times 10^{-3} x_1 - 3.281164 \times 10^{-2} x_2 + 0.3621459 x_3 + 1.638201 x_4$$

15.4　非线性最小二乘法简介

在实际问题中，我们遇到的物理量间的关系往往是非线性关系。例如在现代工程技术中经常遇到的下列指数关系式：

$$y = Ae^{\frac{B}{x}} \tag{15-21}$$

又如数以万计的物质的饱和蒸气压和温度之间的关系都满足安东尼（Antoine）方程：

$$\ln p_s = A + \frac{B}{C + T} \tag{15-22}$$

在这些情况下，需要建立的回归方程都是非线性方程，这时用我们前面介绍的线性回归分析的知识就无法求出回归方程中的系数。

对于非线性回归分析，一般有两类求解方法：其一是把非线性拟合化为线性拟合来求解，这类方法我们称为线性化（Linearization）方法；其二是直接对非线性回归方程进行非线性拟合的方法（涉及优化，难度较大）。第一类方法通常是对原非线性方程进行适当的数学处理使之变为线性方程（这一步称为变换），然后再用前面介绍的线性回归分析技术求回归系数。

我们主要讨论可化为线性拟合的非线性回归分析。

我们首先用两个简单的例子说明两类常用的线性化方法。

【例 15-3】　设选定的回归方程为：

$$Y = Ae^{BX}$$

试用最小二乘法求回归系数 A、B。

解：对原式两边取自然对数得

$$\ln Y = \ln A + BX$$

然后令 $y = \ln Y$，$a = \ln A$，$b = B$，$x = X$，则原方程就被化为下列线性方程：

$$y = a + bx$$

这就是式（15-1），因此，通过这样的变量代换后，在程序中插入变换部分，就可用前面介绍的一元线性最小二乘法求得回归系数 a 和 b，然后再返代回去得原始方程的回归系数为：

$$A = e^a, \quad B = b$$

从而也就求出了回归方程。

【例 15-4】 如果非线性回归方程如（15-22）所示，试用最小二乘法求回归系数 A、B、C。

解： 原式两边分别乘以（$C+T$）并整理后得：

$$T \times \ln p_s = (A \times C + B) + A \times T - C \times \ln p_s$$

再令 $y = T \times \ln p_s$，$x_1 = T$，$x_2 = \ln p_s$，$b_0 = (A \times C + B)$，$b_1 = A$，$b_2 = -C$ 则原式变为：

$$y = b_0 + b_1 x_1 + b_2 x_2$$

上式为二元线性方程，在本章前面介绍的多元线性最小二乘法的通用程序中插入变换部分可以求出回归系数 b_0，b_1，b_2，然后返代回去求得原回归方程的回归系数：

$$A = b_1, \quad C = -b_2, \quad B = b_0 + b_1 b_2$$

即原回归方程为：

$$\ln p_s = b_1 + \frac{b_0 + b_1 b_2}{T - b_2}$$

请读者注意，我们在作变量代换以后所得的线性表达式的等号左边不能含有回归系数。我们只要学会在前面介绍的通用线性程序中插入变换部分，就可以解决非线性回归问题。

下面通过具体的例子说明可化为线性拟合的非线性回归分析的通用程序设计方法。

15.4.1 指数回归分析

在现代工程技术与科学研究中，指数函数是极其重要的一类函数，它在化学化工、医药食品、电子技术、航空航天等众多的工程技术领域中都有着广泛的应用，因此下面我们先介绍指数回归分析。

15.4.1.1 函数形式

$$Y = A e^{\frac{B}{X}} \tag{15-23}$$

15.4.1.2 计算方法

采用线性化方法。

对原式两边取自然对数得

$$\ln Y = \ln A + \frac{B}{X}$$

然后令 $y = \ln Y$，$a = \ln A$，$b = B$，$x = \dfrac{1}{X}$，则原方程就被化为下列线性方程：

$$y = a + bx$$

这就是式（15-1），因此，通过这样的变量代换后，在程序中插入变换部分，就可用前面介绍的一元线性最小二乘法求得回归系数 a 和 b，然后再返代回去得原始方程的回归系数为：

$$A = e^a, \quad B = b$$

15.4.1.3　通用程序设计与应用实例分析

【例 15-5】　试验测得二氧化硫催化氧化反应的平衡常数 K_P 与温度 T 之间的关系见表 15-5，现在要用式（15-23）所示的指数函数来描述二者之间的关系，请用最小二乘法建立回归方程。

表 15-5　二氧化硫催化氧化反应的平衡常数试验测定数据

T	706.6	723.8	741.0	758.3	775.5	792.7	809.9	827.1	835.8	853.0	870.2
K_P	198.1	135.41	94.23	66.66	47.89	34.91	25.77	19.28	16.75	12.75	9.81

解： 求解这一问题的完整程序为：

```
10    REM  * * 指数回归分析主程序 * *
20    PRINT "指数回归分析"
30    INPUT "数据组数 M=";M
40    DIM XX(M),YY(M)
50    FOR I=1 TO M:READ XX(I):NEXT
60    FOR I=1 TO M:READ YY(I):NEXT
70    FOR I=1 TO M:PRINT XX(I),YY(I):NEXT
75    FOR I=1 TO M:XX(I)=1/XX(I):YY(I)=LOG(YY(I)):NEXT
80    GOSUB 8000
90    END
100   DATA 706.6,723.8,741.0,758.3,775.5,792.7,809.9,827.1,835.8,853.0,870.2
110   DATA 198.10,135.41,94.23,66.66,47.89,34.91,25.77,19.28,16.75,12.75,9.81
8000  REM  * * 一元回归分析通用子程序 * *
8010  X1=0:X2=0:Y1=0:XY=0
8020  FOR I=1 TO M:X=XX(I):Y=YY(I)
8030  X1=X1+X:X2=X2+X*X:Y1=Y1+Y:XY=XY+X*Y
8040  NEXT I:XY=XY-X1*Y1/M
8050  X2=X2-X1*X1/M:A$="+"
8060  B=XY/X2:A=(Y1-B*X1)/M
8070  IF B<0 THEN A$=""
8080  PRINT "Y=";A;A$;B;"X"
8090  Q=0:U=0:YH=Y1/M
8100  FOR I=1 TO M:C=A+B*XX(I)
8110  Q=Q+(YY(I)-C)*(YY(I)-C)
8120  U=U+(YH-C)*(YH-C)
8130  NEXT I:S=SQR(Q/(M-2))
8140  R=SQR(U/(U+Q))
```

```
8150   IF Q=0 THEN 8170
8160   F=U/S/S
8170   PRINT "Q=";Q,
8180   PRINT "U=";U,
8190   PRINT "S=";S,
8200   PRINT "F=";F,
8210   PRINT "R=";R
8220   RETURN
```

下面是运行结果：

RUN↵ （↵表示回车键）

数据组数 M=? 11↵

Y=−10.694696+11293.92X

Q=3.414E−03　U=9.847　S=6.1611E−04　F=2.594E+07　R=0.9999998

即：$A=e^{-10.694696}$，$B=11293.92$，所以

$$K_{\mathrm{P}}=e^{\left(\frac{11293.92}{T}-10.694696\right)}=2.26589\times10^{-5}e^{\frac{11293.92}{T}}$$

回归结果高度显著（R=0.9999998）。

请读者注意上述非常线性回归程序只是在线性回归程序的基础上增加了：

```
75   FOR I=1 TO M:XX(I)=1/XX(I):YY(I)=LOG(YY(I)):NEXT
```

这一句的功能就是实现变换：

$$x=\frac{1}{X}\quad\text{和}\quad y=\ln Y$$

特别说明：在 BASIC 中，LOG(X) 是自然对数。

15.4.3　几何回归分析通用程序

在现代工程技术与科研过程中，另一类重要的函数就是几何函数：

$$y=Ax^{B}\qquad\qquad(15\text{-}24)$$

同样采用线性化方法可以设计出几何回归分析的通用程序。

【例15-6】 已知观测数据如下表所示，请设计程序求式（15-24）中的回归系数。

X	1.1	2.2	3.3	4.4	5.5	6.6	7.7	8.8	9.9	10.2	11.3
Y	1.21	4.84	10.89	19.5	30.6	43.9	59.3	77.5	98.0	104.1	127.7

解： 求解这一问题的完整程序为：

```
10   REM **几何回归分析主程序**
20   PRINT "几何回归分析"
30   INPUT "数据组数 M=";M
40   DIM XX(M),YY(M)
50   FOR I=1 TO M:READ XX(I):NEXT
60   FOR I=1 TO M:READ YY(I):NEXT
```

```
70    FOR I=1 TO M:PRINT XX(I),YY(I):NEXT
75    FOR I=1 TO M:XX(I)=LOG(XX(I)):YY(I)=LOG(YY(I)):NEXT
80    GOSUB 8000
90    END
100   DATA 1.1,2.2,3.3,4.4,5.5,6.6,7.7,8.8,9.9,10.2,11.3
110   DATA 1.21,4.84,10.89,19.5,30.6,43.9,59.3,77.5,98,104.1,127.7
8000  REM **一元回归分析通用子程序** Sub-prog31
8010  X1=0:X2=0:Y1=0:XY=0
8020  FOR I=1 TO M:X=XX(I):Y=YY(I)
8030  X1=X1+X:X2=X2+X*X:Y1=Y1+Y:XY=XY+X*Y
8040  NEXT I:XY=XY-X1*Y1/M
8050  X2=X2-X1*X1/M:A$="+"
8060  B=XY/X2:A=(Y1-B*X1)/M
8070  IF B<0 THEN A$=""
8080  PRINT "Y=";A;A$;B;"X"
8090  Q=0:U=0:YH=Y1/M
8100  FOR I=1 TO M:C=A+B*XX(I)
8110  Q=Q+(YY(I)-C)*(YY(I)-C)
8120  U=U+(YH-C)*(YH-C)
8130  NEXT I:S=SQR(Q/(M-2))
8140  R=SQR(U/(U+Q))
8150  IF Q=0 THEN 8170
8160  F=U/S/S
8170  PRINT "Q=";Q,
8180  PRINT "U=";U,
8190  PRINT "S=";S,
8200  PRINT "F=";F,
8210  PRINT "R=";R
8220  RETURN
```

下面是运行结果:

RUN↵（↵表示回车键）

几何回归分析

数据组数 M=? 11↵

Y=-2.083865E-03+2.000275X

Q=1.741E-04   U=21.376   S=4.398E-03   F=1104976   R=0.9999959

即: $A=e^{-0.002084}$, $B=2.000275$, 所以, $Y=0.99792X^{2.0003}$

回归结果高度显著 ($R=0.9999959$)。

请读者注意非常线性回归程序只是在线性回归程序的基础上增加了:

```
75    FOR I=1 TO M:XX(I)=LOG(XX(I)):YY(I)=LOG(YY(I)):NEXT
```

这一句的功能就是实现变换:

$$x = \ln X \quad 和 \quad y = \ln Y$$

特别说明：在 BASIC 中，LOG（X）是自然对数。

用心的读者，认真分析上述两个例子，一定会大有所得。

15.4.3 多项式（N 阶）回归分析

多项式（N 阶）回归分析是非线性回归分析中最常用的一种回归分析方法，在非线性回归分析中，比较困难的问题是选择合适的曲线类型，若一时无法确定要选择哪一种曲线类型，就可用在数学中讲到的"有相当广泛的一类曲线可以用多项式去逼近"，这种思想运用到回归分析中就是所谓的多项式（N 阶）回归分析。多项式（N 阶）回归分析可以处理很多非线性回归分析问题，因而在回归分析中占有很重要的地位。

多项式（N 阶）回归分析的数学描述为：

$$y = b_0 + b_1 x + b_2 x^2 + \cdots + b_j x^j + \cdots + b_n x^n \tag{15-25}$$

同样用线性化方法可以把上式化为：

$$y = b_0 + b_1 x_1 + b_2 x_2 + \cdots + b_j x_j + \cdots + b_n x_n \tag{15-26}$$

从而就可以用多元线性最小二乘法求解上述问题。

【例 15-7】 用多项式（N 阶）回归分析再解例 15.7，分别取 $n = 1, 2, 3, 4$。

求解此问题的完成程序为：

```
10   REM ＊＊多项式(N阶)回归分析主程序＊＊
15   PRINT "多项式(N阶)回归分析"
20   INPUT "阶数和数据组数 N,M=";N,M
30   DIM Y(M),X(M,N),B(M),YJ(M),XX(M),YY(M)
40   FOR I=1 TO M:READ YY(I):NEXT I
50   FOR I=1 TO M:READ XX(I):NEXT I
60   FOR I=1 TO M:PRINT XX(I),YY(I):NEXT I
70   FOR I=1 TO M
80   Y(I)=YY(I)
90   FOR J=1 TO N
95   X(I,J)=XX(I)^J
100    NEXT J
105    NEXT I
110  GOSUB 8400
120  GOSUB 5400
130  GOSUB 8600
140  PRINT "Y=";B(0);
150  FOR I=1 TO N
160  IF B(I)<0 THEN A$="" ELSE A$="+"
170  PRINT A$;B(I);"X";I;
180  NEXT I:PRINT
190  END
200  DATA 1.1,2.2,3.3,4.4,5.5,6.6,7.7,8.8,9.9,10.2,11.3
210  DATA 1.21,4.84,10.89,19.5,30.6,43.9,59.3,77.5,98,104.1,127.7
```

```
5400   REM * * 列主元高斯-约旦消去法解方程组通用子程序 * *
5410   FOR K=0 TO N
5420   C=A(K,K):P=K
5430   FOR I=K+1 TO N
5440   IF ABS(A(I,K))>C THEN C=A(I,K):P=I
5450   NEXT I
5460   IF ABS(C)<1E-09 THEN 5600
5470   FOR J=K TO N+1
5480   SWAP A(K,J),A(P,J)
5490   NEXT J
5500   FOR I=0 TO N
5510   IF I=K THEN 5550
5520   FOR J=K+1 TO N+1
5530   A(I,J)=A(I,J)-A(I,K)*A(K,J)/A(K,K)
5540   NEXT J
5550   NEXT I,K
5560   FOR I= 0 TO N
5570   B(I)=A(I,N+1)/A(I,I)
5580   PRINT "B(";I;")=";B(I),
5590   NEXT I:PRINT
5600   RETURN
8400   REM * * 计算增广矩阵元素通用子程序 * *
8410   FOR I=1 TO M:X(I,0)=1:NEXT
8420   FOR K=0 TO N
8430   FOR J=0 TO N
8440   A(K,J)=0:FOR I=1 TO M
8450   A(K,J)=A(K,J)+X(I,K)*X(I,J)
8460   NEXT I,J
8470   A(K,N+1)=0:FOR I=1 TO M
8480   A(K,N+1)=A(K,N+1)+Y(I)*X(I,K)
8490   NEXT I,K
8500   RETURN
8600   REM * * 方差分析通用子程序 * *
8610   YH=0:FOR I=1 TO M
8620   YH=YH+Y(I):NEXT I
8630   YH=YH/M:Q=0:U=0
8640   FOR I=1 TO M:YJ(I)=B(0)
8650   FOR J=1 TO N
8660   YJ(I)=YJ(I)+B(J)*X(I,J):NEXT J
8670   Q=Q+(Y(I)-YJ(I))*(Y(I)-YJ(I))
8680   U=U+(YH-YJ(I))*(YH-YJ(I))
8690   NEXT I
8700   S=SQR(Q/(M-N-1)):R=SQR(U/(U+Q))
```

8710　PRINT "Q=";Q,"U=";U,"S=";S,
8720　PRINT "R=";R,
8730　IF Q=0 THEN 8760
8740　F=U/N/S/S
8750　PRINT "F=";F
8760　RETURN

下面是输入不同 N 时的运行结果（这里省去原始数据）

阶数和数据组数 N,M=? 1,11↵
Q=879.7451　U=18455.46　S=9.886832　R=0.9769858　F=188.8037
Y=-28.11257+12.48984X1

即：$Y=-28.11257+12.48984X$（$R=0.9769858$，不理想）

阶数和数据组数 N,M=? 2,11↵
Q=0.1064571　U=19335.08　S=0.1153566　R=0.9999972　F=726492.7
Y=-0.1601002+0.1123801X1+0.9908808X2

即：$Y=-0.1601002+0.1123801X+0.9908808X^2$（$R=0.9999972$，比较好）

阶数和数据组数 N,M=? 3,11
Q=0.1039512　U=19335.08　S=0.1218613　R=0.9999973　F=434003.7
Y=-0.2341389+0.1707062X1+0.9796616X2+6.043201E-04X3

即：$Y=-0.2341389+0.1707062X+0.9796616X^2+6.043201\times10^{-4}X^3$

阶数和数据组数 N,M=? 4,11↵
Q=0.0628314　U=19335.12　S=0.1023323　R=0.9999984　F=461594.9
Y=0.286621-0.4201238X1+1.1700286X2-0.0222909X3+9.175519E-04X4

即：$Y=0.286621-0.4201238X+1.1700286X^2-0.0222909X^3+9.175519\times10^{-4}X^4$

由上述运行结果可以看出，当 N≥2 时，相关系数已不再有明显增加（大于 0.99999），所以，对于本例，取 N=2 已经能够满足精度要求。

请读者注意非常线性回归程序只是在线性回归程序的基础上增加了：

70　FOR I=1 TO M
80　Y(I)=YY(I)
90　FOR J=1 TO N
95　X(I,J)=XX(I)^J
100　NEXT J
105　NEXT I

这个双循环，其中的 80 和 95 现行就是完成变换：

$$y=Y \quad 和 \quad x=X^j \quad (j=1,2,3,\cdots,n)$$

15.4.4　非线性回归的一个特殊例子

【例 15-8】　已知水的饱和蒸气压 P（mmHg）与温度 T（℃）之间的关系见表 15-6，请设计求安东尼方程式（15-22）中的回归系数 A、B、C 的通用程序。

表 15-6　水的饱和蒸气压与温度之间的关系表

T	0	10	20	30	40	50	60	70	80	90	100
P	4.579	9.21	17.54	31.82	55.32	92.51	149.4	233.7	355.1	525.8	760

$$\ln p_s = A + \frac{B}{C + T}$$

解： 原式两边分别乘以 $(C+T)$ 并整理后得：

$$T \times \ln p_s = (A \times C + B) + A \times T - C \times \ln p_s$$

再令 $y = T \times \ln p_s$，$x_1 = T$，$x_2 = \ln p_s$，$b_0 = (A \times C + B)$，$b_1 = A$，$b_2 = -C$ 则原式变为：

$$y = b_0 + b_1 x_1 + b_2 x_2$$

上式为二元线性方程，在本章前面介绍的多元线性最小二乘法的通用程序中插入变换部分可以求出回归系数 b_0、b_1、b_2，然后返代回去求得原回归方程的回归系数：

$$A = b_1，\quad C = -b_2，\quad B = b_0 + b_1 b_2$$

即原回归方程为：

$$\ln p_s = b_1 + \frac{b_0 + b_1 b_2}{T - b_2}$$

可编写出求解此问题的完整程序如下：

```
10  REM  * * 非线性回归分析特例主程序 * *  Mian prog 37
15   PRINT "非线性回归分析特例 "
20   INPUT "变换后自变量个数和数据组数 N,M=";N,M
30   DIM Y(M),X(M,N),B(M),YJ(M),XX(M),YY(M)
40   FOR I=1 TO M:READ YY(I):NEXT I
50   FOR I=1 TO M:READ XX(I):NEXT I
60   FOR I=1 TO M:PRINT XX(I),YY(I):NEXT I
70   FOR I=1 TO M
80    Y(I)=XX(I)*LOG(YY(I))
90    X(I,1)=XX(I)
100   X(I,2)=LOG(YY(I))
105   NEXT I
110   GOSUB 8400
120   GOSUB 5400
130   GOSUB 8600
140   PRINT "Y=";B(0);
150   FOR I=1 TO N
160   IF B(I)<0 THEN A$="" ELSE A$="+"
170   PRINT A$;B(I);"X";I;
180   NEXT I:PRINT
182   PRINT "A=";B(1)
184   PRINT "C=";-B(2)
188   PRINT "B=";B(0)+B(1)*B(2)
```

```
190    END
200    DATA 4.597,9.210,17.54,31.82,55.32,92.51,149.4,233.7,355.1,525.8,760
210    DATA 0,10,20,30,40,50,60,70,80,90,100
5400   REM **列主元高斯·约旦消去法解方程组通用子程序**
5410   FOR K=0 TO N
5420   C=A(K,K):P=K
5430   FOR I=K+1 TO N
5440   IF ABS(A(I,K))>C THEN C=A(I,K):P=I
5450   NEXT I
5460   IF ABS(C)<1E-09 THEN 5600
5470   FOR J=K TO N+1
5480   SWAP A(K,J),A(P,J)
5490   NEXT J
5500   FOR I=0 TO N
5510   IF I=K THEN 5550
5520   FOR J=K+1 TO N+1
5530   A(I,J)=A(I,J)-A(I,K)*A(K,J)/A(K,K)
5540   NEXT J
5550   NEXT I,K
5560   FOR I= 0 TO N
5570   B(I)=A(I,N+1)/A(I,I)
5580   PRINT "B(";I;")=";B(I),
5590   NEXT I:PRINT
5600   RETURN
8400   REM **计算增广矩阵元素通用子程序**
8410   FOR I=1 TO M:X(I,0)=1:NEXT
8420   FOR K=0 TO N
8430   FOR J=0 TO N
8440   A(K,J)=0:FOR I=1 TO M
8450   A(K,J)=A(K,J)+X(I,K)*X(I,J)
8460   NEXT I,J
8470   A(K,N+1)=0:FOR I=1 TO M
8480   A(K,N+1)=A(K,N+1)+Y(I)*X(I,K)
8490   NEXT I,K
8500   RETURN
8600   REM **方差分析通用子程序**
8610   YH=0:FOR I=1 TO M
8620   YH=YH+Y(I):NEXT I
8630   YH=YH/M:Q=0:U=0
8640   FOR I=1 TO M:YJ(I)=B(0)
8650   FOR J=1 TO N
8660   YJ(I)=YJ(I)+B(J)*X(I,J):NEXT J
8670   Q=Q+(Y(I)-YJ(I))*(Y(I)-YJ(I))
```

```
8680   U=U+(YH−YJ(I))*(YH−YJ(I))
8690   NEXT I
8700   S=SQR(Q/(M−N−1)):R=SQR(U/(U+Q))
8710   PRINT "Q=";Q,"U=";U,"S=";S,
8720   PRINT "R=";R,
8730   IF Q=0 THEN 8760
8740   F=U/N/S/S
8750   PRINT "F=";F
8760   RETURN
```

下面是运行结果：

RUN↵（↵表示回车键）

非线性回归分析特例

变换后自变量个数和数据组数 N,M=? 2,11↵

0	4.597	4.586
10	9.210	9.224
20	17.54	17.564
30	31.82	31.859
40	55.32	55.341
50	92.51	92.477
60	149.4	149.247
70	233.7	233.429
80	355.1	354.873
90	525.8	525.773
100	760.0	760.913

回归方程计算结果

Q=1.142569   U=515404.8   S=0.3779168   R=0.9999989   F=1804372

Y=358.0298+18.65157X1−235.0937X2

从而可求出：$A=18.65157, B=-4026.838, C=235.0937$，所以有：

$$\ln p_s = 18.65157 - \frac{4206.838}{T + 235.0937}$$

由运行结果中的相关系数 R 与 F 可以看出，回归结果高度显著。

请读者注意，在这个通用程序中，方差分析子程序、计算增广矩阵元素子程序与解线性代数方程组子程序都与线性回归通用子程序相同，所不同的是在主控程序中增加了几个变换语句和结果输出语句，希望读者掌握这种妙不可言的解决问题的方法。

请读者注意非常线性回归程序只是在线性回归程序的基础上增加了：

```
70    FOR I=1 TO M
80    Y(I)=XX(I)*LOG(YY(I))
90    X(I,1)=XX(I)
100   X(I,2)=LOG(YY(I))
105   NEXT I
```

这一循环的功能就是实现变换：
$$y = X \times \ln Y \quad \text{和} \quad x_{i,1} = X, \ x_{i,2} = \ln p_s$$

这与前面的所谓令 $y = T \times \ln p_s$, $x_1 = T$, $x_2 = \ln p_s$ 对应，注意 Y 是 p_s。

特别说明：在 BASIC 中，LOG(X) 是自然对数。

如何线性化以下四式：

(1) $y = b_0 + b_1 x + b_2 x^2 + \cdots + b_k x^k + \cdots + b_n x^n$；

(2) $y = b_0 x_1^{b_1} x_2^{b_2} x_3^{b_3} \cdots x_k^{b_k} \cdots x_n^{b_n}$；

(3) $y = b_0 + b_1 x_1 + b_2 x_2 + b_3 x_3 + b_4 x_4 + b_5 x_1 x_2 + b_6 x_1 x_3 + b_7 x_1 x_4 + b_8 x_1^2$；

(4) $y = A + Bx + \dfrac{C}{x} + \dfrac{D}{x^2}$；

15.5 单因素试验优化设计——0.618

单因素试验优化设计是多因素试验优化设计的前提和基础，这就是上述所说最基本的 BASIC。本节我们将先简介单因素试验优化设计方法并重点说明其中的 0.618 优秀法。

优选法是合理安排试验以求迅速找到最佳点的数学方法之一，也属于系统工程或试验设计的方法之一。优选法可以帮助人们通过较少的试验次数得到较好的因素组合，形成较好的试验设计方案，通过经济合理、可行可靠的试验方案达到试验研究的目的。

优选法属于系统工程寻优（最佳点）方法之一，在现实生活、学习、工作中应用十分广泛。

15.5.1 什么叫优选法

（1）最优化问题。为了使某些目标（如产量、质量或经济指标等）达到最好的结果（如高产、优质、低耗、高质量等），往往要找出使此目标达到最优的有关因素（某些值）。这类问题在数学上称为最优化问题。

（2）近代解决最优化问题的方法大致分为两大类。一类是间接最优化（或称解析最优化）方法，另一类是直接最优化（或称试验最优化）。所谓间接最优化方法，就是要求把所研究的对象（如物理或化学过程）用数学方程描述出来（需要建立模型），然后再用数学解析方法求出其最优解。对于研究对象很难用数学形式来表达，或者表达式很复杂的过程（其中包括一切结果未知的科研过程），只能直接通过试验，根据试验结果的比较而求得最优解，这就是直接最优化方法。

本节提到的优选法都是直接最优化方法。直接最优化是以数学原理为指导，用尽可能少的试验次数，迅速求得最优解的方法。

在生产和科学试验中，人们为了达到优质、高产、低耗、经济、低投入、高质量等目标，需要对有关因素的最佳组合（简称最佳点）进行选择，关于最佳组合（最佳点）的选择问题，称为优选问题。

优选法是根据生产和科学研究中的不同问题，利用数学原理、合理安排试验，以最少的试验次数迅速找到最佳点的科学试验方法。

20 世纪 60 年代，著名数学家华罗庚亲自组织推广了优选法，并在全国工业部门得到了广泛的应用，取得了可喜的成果。

15.5.2 已经公开发表优选法

对单因素试验优化设计而言，已经公开发表的优选法有：分数法、对分法、盲人爬山法、分批试验法、纵横对折法、平行线法、二分法、0.618 法等，本节我们重点介绍快速而实用的 0.618 法。

15.5.3 黄金分割法——0.618 法

15.5.3.1 黄金分割——0.618 的来历

现在，人们一般认为黄金分割——0.618 来源于古埃及金字塔，其实不然，0.618 的最早记载是中华民族优秀传统文化中的洛书北方三个数 618，之后见于《易经》、《道德经》和《庄子》，只是当时没有这样说而已。

15.5.3.2 黄金分割——0.618 的计算式

0.618 的计算式为（我们省略推导过程）：

$$\omega = \frac{\sqrt{5} - 1}{2} = \frac{2}{\sqrt{5} + 1} = 0.6180339887$$

通常取 0.618。

15.5.3.3 黄金分割——0.618 的因素取值与试验安排

考查的单因素区间为 (a, b)，区间长度为 $(b-a)$，0.618 的因素取值与试验安排如图 15-2 所示。在图 15-2 中（特例：$a=50$，$b=100$）：

$$ax_2 = x_1b = 0.382(b - a), \quad ax_1 = x_2b = 0.618(b - a)$$
$$x_1 = a + 0.618(b - a) = b - 0.382(b - a) \approx 81$$
$$x_2 = a + 0.382(b - a) = b - 0.618(b - a) \approx 69$$

图 15-2 0.618 的因素取值与试验安排第 1 步

（1）第一次试验：在 x_2 和 x_1 下做两次试验，并测定目标函数 $f(x)$ 的值。

如果 $f(x_2) < f(x_1)$，则最优区间为 (x_2, b)，否则最优区间为 (a, x_1)。

（2）第二次试验：如果 $f(x_2) < f(x_1)$，最优区间为 (x_2, b)，此时的试验安排如图 15-3 所示（$f(x_2) > f(x_1)$，最优区间为 (a, x_1) 可作类似处理）。

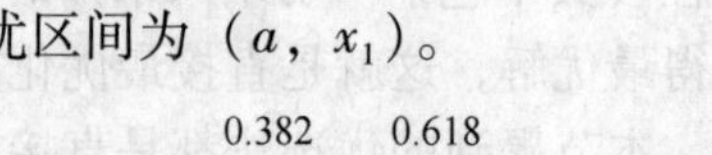

图 15-3 0.618 的因素取值与
试验安排第 2 步

此时：$a=x_2=69$，$x_1=81$，$b=100$。在（1）中已经在 x_2 和 x_1 下做了两次试验，故这时只须做第三次试验（注意 $a=x_2=69$）：

$$x_3 = a + 0.618(b - a) = 69 + 0.618(100 - 69) \approx 88$$

如果 $f(x_1) < f(x_3)$，则最优区间为 (x_1, b)，否则最优区间为 (x_3, x_2)。

实际上，用 0.618 优选法，每次都是重复上述（1）中的第 1 步，只是从第二步开始，每次只做一个因素水平试验，经过目标函数比较后，要么因素区间 (a, b) 左端点 a 右移，要么因素区间 (a, b) 右端点 b 左移，每次都舍去当前原因素区间 (a, b) 总长的 38.2%，因素区间 (a, b) 不断缩短，不用几次就可找到单因素的最佳条件。

要点提示：每次试验结果比较后都是保留最优区间（相对优点在中间），再在保留最优区间的 $0.618[a + 0.618(b - a)]$ 处进行下一次试验，每次试验都是拿本次结果与上次的优点比较，之后再保留优点——优中选优。

15.6 多因素试验优化设计——正交试验设计

对于单因素或双因素试验，因其因素少，试验的设计、实施与分析都比较简单。但在实际生产、科研工作中，常常需要同时考察 3 个或 3 个以上的试验因素，若进行全面试验，则试验的规模将会很大，往往因试验条件的限制而难于实施。正交试验设计就是安排多因素试验、寻求最优水平组合的一种高效率试验设计方法。我们认为，不懂试验设计就不够格从事科研或生产，因为，试验设计不仅仅是针对科研或生产，如上一节讲的 0.618 优选法，只要会用，无处不涉。

15.6.1 正交试验设计的概念及原理

15.6.1.1 正交试验设计的基本概念

正交试验设计是利用正交表来安排与分析多因素试验的一种试验设计方法。它是从试验因素的全部水平组合中，挑选部分有代表性的水平组合进行试验，通过对这部分试验结果的分析了解全面试验的情况，找出最优的水平组合。

例如，要考查褐煤蜡粒度 A、时间 B 和温度 C 共 3 个因素对褐煤蜡脱树脂效果的影响。每个因素可设置 3 个水平进行试验。

因素 A 是褐煤蜡粒度，设 A_1、A_2、A_3 共 3 个水平；因素 B 是时间，设 B_1、B_2、B_3 共 3 个水平；因素 C 为脱脂温度，设 C_1、C_2、C_3 共 3 个水平。这就是一个 3 因素 3 水平试验，各因素水平之间全部可能组合有 27 种（$3^3 = 27$），如图 15-4 中所示的那 27 个交点。

全面试验：可以分析各因素的效应、交互作用，也可选出最优水平组合。但全面试验包含的水平组合数较多，工作量大，在有些情况下无法完成，例如，5 因素 5 水平就需要做 3125 次试验（5^5），这不太现实。

若试验的主要目的是寻求最优水平组合，则可利用正交表来设计安排试验。

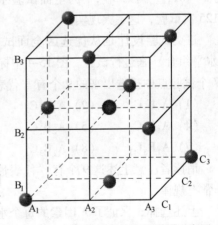

图 15-4 正交试验设计安排说明示意图

正交试验设计的基本特点是：用部分试验来代替全面试验，通过对部分试验结果的分析，了解并掌握全面试验的情况与规律。

正因为正交试验是用部分试验来代替全面试验，不像全面试验那样对各因素效应、交互作用一一分析；当交互作用存在时，有可能出现交互作用的混杂。虽然正交试验设计有上述不足，但它能通过部分试验找到最优水平组合，因而很受实际工作者青睐[2]。

15.6.1.2 正交试验设计的基本原理

在试验设计安排过程中，每个因素在研究的范围内选几个水平，就好比在选优区内打上网格，如果网上的每个点都做试验，就是全面试验。如上例中，3 个因素的选优区可以用一个立方体如图 15-4 所示，3 个因素各取 3 个水平，把立方体划分成 27 个格点（12 个小立方体），反映在图 15-4 上就是立方体内的 27 个交叉点。若 27 个交叉点都做试验，这就是全面试验，其试验方案如表 15-7 所示。

表 15-7　3 因素 3 水平全面试验方案（$3^3 = 27$）

		C_1	C_2	C_3
A_1	B_1	$A_1B_1C_1$	$A_1B_1C_2$	$A_1B_1C_3$
	B_2	$A_1B_2C_1$	$A_1B_2C_2$	$A_1B_2C_3$
	B_3	$A_1B_3C_1$	$A_1B_3C_2$	$A_1B_3C_3$
A_2	B_1	$A_2B_1C_1$	$A_2B_1C_2$	$A_2B_1C_3$
	B_2	$A_2B_2C_1$	$A_2B_2C_2$	$A_2B_2C_3$
	B_3	$A_2B_3C_1$	$A_2B_3C_2$	$A_2B_3C_3$
A_3	B_1	$A_3B_1C_1$	$A_3B_1C_2$	$A_3B_1C_3$
	B_2	$A_3B_2C_1$	$A_3B_2C_2$	$A_3B_2C_3$
	B_3	$A_3B_3C_1$	$A_3B_3C_2$	$A_3B_3C_3$

3 因素 3 水平的全面试验水平组合数为 $3^3 = 27$，4 因素 3 水平的全面试验水平组合数为 $3^4 = 81$，5 因素 3 水平的全面试验水平组合数为 $3^5 = 243$，5 因素 5 水平就需要做 $5^5 = 3125$ 次试验，这不太现实。

正交试验设计是从优选区全面试验点（水平组合）中挑选出有代表性部分试验点（水平组合）来进行试验。图 15-4 中标有九个试验号 "●"，就是利用正交表 L_9（3^4）从 27 个试验点中挑选出来的 9 个有 "代表性" 的试验点 "●"。即：

（1）$A_1B_1C_1$　　　（2）$A_2B_1C_2$　　　（3）$A_3B_1C_3$
（4）$A_1B_2C_2$　　　（5）$A_2B_2C_3$　　　（6）$A_3B_2C_1$
（7）$A_1B_3C_3$　　　（8）$A_2B_3C_1$　　　（9）$A_3B_3C_2$

请读者注意上述这 9 个有 "代表性" 的试验点 "●" 在图 15-4 和表 15-7 中的分布，非常有规律。

上述选择，保证了 A 因素的每个水平与 B 因素、C 因素的各个水平在试验中各搭配一次。对于 A、B、C 三个因素来说，是在 27 个全面试验点中选择 9 个试验点 "●"，仅是全面试验的 1/3。

从图 15-4 中容易看出，9 个试验点 "●" 在优选区中分布非常均衡，在立方体的每个平面上，都有而且只有 3 个试验点 "●"；在立方体的每条线上都有而且只有 1 个试验点 "●"。从表 15-7 中可以看出，每个大方格内都是三选一。

这 9 个试验点 "●" 均衡地分布于整个立方体内表面，有很强的代表性，能够比较全面地反映选优区内的基本情况。

我们认为：如果能加上中心（重心）"●"那个点可能会更好。

15.6.2 正交表及基本性质

由于正交试验设计安排试验和分析试验结果都要用正交表，因此，我们先对正交表作一简单介绍。

表 15-8 是一张 4 因素 3 水平正交表，记号为 $L_9(3^4)$，其中"L"代表正交表，L 右下角的数字"9"表示有 9 行，用这张正交表安排试验包含 9 个试验，括号内的底数"3"表示因素的水平数，括号内"3"的指数"4"表示有 4 列（因素），即 $L_{试验次数}$（水平因素），用这张正交表最多可以安排 4 个 3 水平因素。

表 15-8　4 因素 3 水平正交表 $L_9(3^4)$

试验号＼因素	A	B	C	D	待测目标函数
试验 1	1	1	1	1	结果 1
试验 2	1	2	2	2	结果 2
试验 3	1	3	3	3	结果 3
试验 4	2	1	2	3	结果 4
试验 5	2	2	3	1	结果 5
试验 6	2	3	1	2	结果 6
试验 7	3	1	3	2	结果 7
试验 8	3	2	1	3	结果 8
试验 9	3	3	2	1	结果 9

请读者认真分析上面这张正交表（同一列因素之下的数字为水平代号），分析到心中有数之后，都不用查资料，自己确定因素个数为各因素水平后，基本可以自己设计正交表。

（1）第 1 个因素 A：三个水平"1，2，3"重复各排水平数"3"；

（2）第 2 个因素 B：三个水平"1，2，3"按顺序排水平数"3"。

（3）第 3 个因素 C：三个水平"1，2，3"按顺序排"1，2，3"第一组，把第一组"1，2，3"中的首位"1"搬到最后得第二组"2，3，1"，再把第二组"2，3，1"首位"2"搬到最后得第三组"3，1，2"；

（4）第 4 个因素 D：三个水平"1，2，3"按顺序排"1，2，3"为第一组，把第一组"1，2，3"中的末位"3"搬到最先得第二组"3，1，2"，再把第二组"3，1，2"末位"2"搬到最先得第三组"2，3，1"。

正交表具有正交性、代表性、综合可比性三个基本性质，这三个基本性质中，正交性是核心与基础，代表性和综合可比性是正交性的必然结果，从而保证了正交试验结果的代表性和综合可比性。

15.6.3　正交试验设计的基本程序

正交试验设计的基本程序一般是：

（1）先设计表头；

（2）然后根据表头选择正交表；

（3）根据正交表安排进行试验；

（4）试验结果分析。

所谓的设计表头也称为表头设计，就是根据具体的研究对象，经过分析决定影响研究对象的因素有几个（3个还是5个等），然后再决定每个因素要取几个水平（具体值）进行试验，例如2水平、3水平、4水平。当因素个数和水平数定下来后，就可以根据上述正交表代号"$L_{试验次数}$（水平因素）"从相关资料中选择适当的正交表，其中"试验次数"要等等查到正交表才知道。但是，选择正交表时，通常会增加1个因素来选，这样或以空出一列备用，即，通常用下式选择正交表。

选择正交表：$L_{试验次数}$（水平因素个数+1）。

15.6.4　常用正交表

上面介绍的"4因素3水平正交表 $L_9(3^4)$"也可用于3因素3水平。表15-9为4水平5因素16次正交试验安排表 $L_{16}(4^5)$。表15-10为2水平7因素8次正交试验安排 $L_{16}(2^7)$。

表 15-9　4 水平 5 因素 16 次正交试验安排表 $L_{16}(4^5)$

试验号	A	B	C	D	E	试验结果
1	1	1	1	1	1	
2	1	2	2	2	2	
3	1	3	3	3	3	
4	1	4	4	4	4	
5	2	1	2	3	4	
6	2	2	1	4	3	
7	2	3	4	1	2	
8	2	4	3	2	1	
9	3	1	3	4	2	
10	3	2	4	3	1	
11	3	3	1	2	4	
12	3	4	2	1	3	
13	4	1	4	2	3	
14	4	2	3	1	4	
15	4	3	2	4	1	
16	4	4	1	3	2	

说明：本表也可用于4因素4水平。

表 15-10 2 水平 7 因素 8 次正交试验安排表 L₁₆(2⁷)

试验号	A	B	C	D	E	F	G	试验结果
1	1	1	1	1	1	1	1	
2	1	1	1	2	2	2	2	
3	1	2	2	1	1	2	2	
4	1	2	2	2	2	1	1	
5	2	1	2	1	2	1	2	
6	2	1	2	2	1	2	1	
7	2	2	1	1	2	2	1	
8	2	2	1	2	1	1	2	

15.6.5 正交试验数据处理的说明

下面以 4 因素 3 水平正交试验结果数据处理为例，简单说明正交试验结果数据处理方法，试验结果如表 15-11 最后一列所示，处理结果见表中最后 7 行，下面简单说明计算过程（见表中最后一列中文字）和结论。表 15-11 为 4 因素 3 水平正交试验与处理结果表 L₉(3⁴)。

表 15-11 4 因素 3 水平正交试验与处理结果表 L₉(3⁴)

试验号		试验因素			目标函数 试验结果
	A	B	C	D	
1	1	1	3	2	24.8
2	1	2	1	1	22.5
3	1	3	2	3	23.6
4	2	1	1	1	23.8
5	2	2	3	3	22.4
6	2	3	1	2	19.3
7	3	1	2	3	18.4
8	3	2	2	2	19.0
9	3	3	3	1	20.7
正交试验数据处理过程说明	K_1	70.9	67.0	60.2	67.0	大 K_1 之后各因素之下的数值是对应该因素 1 水平的试验结果累加，K_2、K_3 则分别与 2、3 水平的对应
	K_2	65.5	63.9	66.4	63.1	
	K_3	58.1	63.6	67.9	64.4	
	k_1	23.6	22.3	20.1	22.3	小 k 是大 K 对应的平均值，有几个水平，则大 K 除几。对本例，为 $k = K \div 3$
	k_2	21.8	21.3	22.1	21.0	
	k_3	19.4	21.2	22.6	21.5	
	极差 R	4.20	1.10	2.50	1.30	极差越大，因素越重要

15.6.5.1 优水平的确定

因为"k_1、k_2、k_3"分别是该因素（A 或 B 或 C 或 D）与水平"1、2、3"对应的三次试验结果（目标函数）的平均值，所以小 k（大 K）越大，说明因素（A 或 B 或 C 或 D）的该水平对试验结果（目标函数）的影响越大，简言之，小 k（大 K）越大越好：同一列中的三个小 k（大 K），与数值大的小 k（大 K）对应的水平就是优水平。故优水平组合是：$A_1B_1C_3D_1$。

15.6.5.2 极差计算——因素主次的确定

极差 $= R = \text{Max}\,(k_1、k_2、k_3) - \text{Min}\,(k_1、k_2、k_3)$

极差越大，说明该因素（A 或 B 或 C 或 D）对试验结果（目标函数）的影响越大，所以，极差越大，因素越重要。该试验的因素主→次：A→C→D→B。

以上就是正交试验设计的主要内容简介，在实际应用过程，如果能够用上一节中介绍的单因素试验优化设计——0.618 优选法先对影响过程的各因素进行优化试验，并确定出各因素的优化区间，进而再用正交设计安排试验。

15.7 统计分析的显著性检验

在各种各样的"概率论与数理统计"书籍中，通常都会讲到这样一句话："正态总体是最常见的总体"，但是，各种各样的"概率论与数理统计"书籍中，除讨论"正态总体"下的抽样分布"正态分布"之外，通常都会花大量的篇幅——不惜血本地讨论很多所谓的分布，诸如 χ^2 分布、t 分布、F 分布、U 分布等等；讲显著性检验时又是"单边检验"、"双边检验"等。但到最终应用的时候，几乎又回到"标准正态总体"，我们似乎花了大量的时间去学那些几乎用不到的所谓知识，等到最终显著性检验时，无外乎相关系数 R、综合检验值 F、显著性水平或置信度 $(1-\alpha)$（$\alpha = 0.05$、0.025、0.01），有些应用软件中还会给出 P 值（说明：P 值$<\alpha$ 为显著）。

其实，在实际应用中最好用的是相关系数 R（$R=0$ 最差，$R=1$ 最好，一般要求 $R>0.99$ 为显著），其次是 P 值（P 值$<\alpha$ 为显著，$\alpha = 0.05$、0.025、0.01），再次是综合检验值 F（需要查临界值）。

所以，再次把前面回归分析的结论残差平方和 Q、回归平方和 U、剩余标准差 S、相关系数 R 和综合检验值 F，列于下：

$$Q = \sum_{i=1}^{m} \left[\, y_i - f(x_i) \,\right]^2$$

$$U = \sum_{i=1}^{m} \left[\, \overline{y_i} - f(x_i) \,\right]^2$$

$$S = \sqrt{\frac{Q}{m-n-1}} = \sqrt{\frac{Q}{m-2}}$$

$$R = \sqrt{\frac{U}{U+Q}}$$

$$F = \frac{\dfrac{U}{n}}{\dfrac{Q}{m-n-1}} = \frac{U}{\dfrac{Q}{m-2}} = \frac{U}{S^2}$$

其中 y_i 第 i 次试验值，$f(x_i)$ 是计算值，$\bar{y_i}$ 就是 y_i 算术平均值——统计学中通常所说的总体期望，即：$\bar{y_i} = \mu = \dfrac{1}{m}\sum\limits_{i=1}^{m} y_i$。

参 考 文 献

[1] 角仕云，刘丽娅. 实用科学与工程计算方法 [M]. 北京：科学出版社，2000.
[2] 李云雁，胡传荣. 试验设计与数据处理 [M]. 北京：化学工业出版社，2008.
[3] 高祖新，刘艳杰. 医药数理统计方法 [M]. 北京：人民卫生出版社，2011.